"十二五"普通高等教育
本科国家级规划教材

新形态教材

全国优秀教材
二等奖

生物化学简明教程

第 6 版

主编　魏　民　张丽萍　杨建雄

编者　魏　民　张丽萍　杨建雄
　　　鲁心安　李　森　周义发
　　　俞嘉宁　田英芳　程海荣

U0363630

高等教育出版社·北京

内容提要

本书为"十二五"普通高等教育本科国家级规划教材。全书共分 16 章，围绕生物化学的基本原理和概念，重点阐述了蛋白质、核酸、糖类、脂质、酶、维生素的结构和功能，新陈代谢及生物氧化的基本规律，糖类、脂质、核苷酸、氨基酸的分解与合成代谢及物质代谢的调节控制，DNA、RNA、蛋白质的生物合成及遗传信息传递的调控机制。为便于初学者学习，在绪论一章概要地介绍了生物化学的研究内容、蛋白质和核酸的研究历程和生物化学的学习方法，并在各章末附本章小结和文献导读。

本书数字课程（http://abook.hep.com.cn/55078）与纸质教材紧密配合，包含教学课件、科学史话、知识扩展及习题解析与自测等多项教学资源，丰富生物化学知识呈现形式，为学生学习提供思考与探索的空间。

本书由东北师范大学、陕西师范大学、华东师范大学及北京师范大学多位长期讲授生物化学的教授联合编写，力求传承《生物化学简明教程》内容简明、重点突出、科学性强和适用面广的特色，同时注重反映生物化学研究领域近年取得的最新成果。可供高等院校生命科学类专业本科生作为教材使用，也可供中学生物学教师和科技工作者参考。

图书在版编目（CIP）数据

生物化学简明教程 / 魏民，张丽萍，杨建雄主编 .
--6 版 . -- 北京：高等教育出版社，2020.8（2024.11重印）
ISBN 978-7-04-055078-8

Ⅰ . ①生… Ⅱ . ①魏… ②张… ③杨… Ⅲ . ①生物化
学 – 高等学校 – 教材 Ⅳ . ① Q5

中国版本图书馆 CIP 数据核字（2020）第 182618 号

SHENGWUHUAXUE JIANMING JIAOCHENG

| 策划编辑 | 王 莉 高新景 | 责任编辑 高新景 | 封面设计 王凌波 | 责任印制 沈心怡 |

出版发行	高等教育出版社	网 址	http://www.hep.edu.cn
社 址	北京市西城区德外大街4号		http://www.hep.com.cn
邮政编码	100120	网上订购	http://www.hepmall.com.cn
印 刷	涿州市星河印刷有限公司		http://www.hepmall.com
开 本	889mm×1194mm 1/16		http://www.hepmall.cn
印 张	23	版 次	1981 年 12 月第 1 版
字 数	630千字		2020 年 8 月第 6 版
购书热线	010-58581118	印 次	2024 年 11 月第 9 次印刷
咨询电话	400-810-0598	定 价	48.00元

本书如有缺页、倒页、脱页等质量问题，请到所购图书销售部门联系调换

数字课程（基础版）

生物化学简明教程

（第6版）

主编　杨建雄　俞嘉宁　田英芳

生物化学简明教程（第6版）

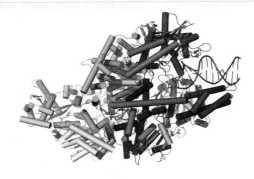

本数字课程与《生物化学简明教程》（第6版）纸质教材紧密配合，包括4部分：①"知识扩展"，提供纸质教材之外更多的拓展性知识，进一步扩大纸质教材的适用范围。②"科学史话"，介绍180多位科学家的生平和学术成就，有助于提高学生科学思维和科学素养。③"习题解析与自测"，包括多种题型，难度适中，可帮助学生提高分析问题和解决问题的能力。④"教学课件"，分为简明版与扩展版，与纸质教材配套，广大师生可以用于在线教学和复习。本数字课程丰富了生物化学知识呈现形式，为学生学习提供思考与探索的空间。

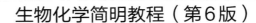

用户名：＿＿＿＿　密码：＿＿＿＿　验证码：＿＿＿＿　5360　忘记密码？　登录　注册

http://abook.hep.com.cn/55078

扫描二维码，下载 Abook 应用

生物化学简明教程（第6版）

第6版前言

今年是《生物化学简明教程》出版40周年。40年来，《生物化学简明教程》先后出版发行了5版，因内容简明扼要、条理清晰、重点突出、科学性强、适用面广而深受广大师生的欢迎，成为很多高校的首选教材。

《生物化学简明教程》的第1版和第2版由北京师范大学、东北师范大学和华东师范大学的聂剑初、吴国利、张翼伸、杨绍钟、刘鸿铭5位教授编写，分别在1981年和1986年由高等教育出版社出版。第3版由罗纪盛、张丽萍、杨建雄、秦德安、高天慧、颜卉君、鲁心安修订，于1999年出版。第4版由张丽萍、杨建雄、鲁心安、李森和周义发在第3版的基础上重新编写，张丽萍和杨建雄任主编，于2009年出版。第5版由张丽萍、杨建雄、鲁心安、李森、周义发、俞嘉宁、田英芳修订，张丽萍和杨建雄任主编，于2015年出版。2005年，《生物化学简明教程》被列入普通高等教育"十一五"国家级规划教材；2012年，又入选"十二五"普通高等教育本科国家级规划教材。2015年，《生物化学简明教程》第5版以新形态教材形式出版，即在纸质教材的基础上，增加了丰富的数字课程在线学习资源。

第5版教材出版以来，我们收到了许多师生积极的反馈，提出了许多颇有见地的意见和建议，结合这5年来生物化学学科的发展，我们组织了本教材的第5次修订。主要改进包括：①纸质教材在传承简明特色、保持原有基本框架不变的基础上，进一步凝炼文字，并结合学科进展，更新部分章节的内容。②重点优化纸质教材的图表，共替换和新增图表49项，力求简洁、清晰、易懂。③新增大量的前后呼应，帮助学生进行不同章节相关概念之间的连接。④保持第5版的知识扩展、科学史话、习题解析与自测和教学课件等数字课程模块的设置，在进一步明确定位的基础上进行了优化。其中，"知识扩展"以新进展介绍为主要内容，供学有余力的学生进一步提高之用；"科学史话"介绍科学家的学术业绩和一些重要科学发现的历程，旨在帮助学生感悟科学发现背后的学科思想，促进学生科学思维的发展；"习题解析与自测"旨在帮助学生提高分析问题和解决问题的能力；"教学课件"主要依据纸质教材内容制作，可用于教学和学生自学与复习。

第6版教材的编写和修订分工如下：第1章，东北师范大学张丽萍；第2章，东北师范大学程海荣；第3、12章，陕西师范大学田英芳和杨建雄；第4、8章，东北师范大学周义发；第5、9章，东北师范大学魏民；第6、7章，北京师范大学李森；第10、11、15、16章，华东师范大学鲁心安；第13、14章，陕西师范大学俞嘉宁和杨建雄；配套数字课程，杨建雄、俞嘉宁和田英芳。纸质教材由魏民和张丽萍统稿，配套数字课程由杨建雄统稿。

《生物化学简明教程》历时40年，得益于各版编者的精心创作和精诚合作，更得益于老一辈编者科学精神的传承与发展。在第6版问世之际，向所有参与编写《生物化学简明教程》的前辈们致以崇高的敬意。《生物化学简明教程》历时40年，还得益于高等教育出版社历任编辑的精心编辑加工和整体设计、制作，得益于数以百万计师生的喜爱与支持，在此一并表示衷心的感谢。我们还要特别感谢高等教育出版社王莉副编审和高新景副编审，他们对本版教材的倾力投入和精益求精使我们深受鼓舞和感动。还要感谢东北师范大学金鑫博士精心绘制本版纸质教材中所有替换和新增的图表，并对纸质教材各章节文字进行精心校对。感谢所有对本教材的建设与发展提出过宝贵意见的广大师生们。最后，再一次感谢选用本教材的广大师生们，正是有你们的支持，《生物化学简明教程》才得以生机勃勃地走到今天。

简明是本教材的立身之本，几代编者始终致力于用最精炼的语言，清晰勾画出生物化学学科知识体系的基本架构，并随学科的发展持续完善之。《生物化学简明教程》第 6 版的修订仍然遵循这一初衷，但囿于编者水平，本书肯定还会有许多不妥之处，恳请广大师生批评指正。请将您的宝贵意见和建议发送至 biochemistry@ nenu. edu. cn。

魏 民 张丽萍 杨建雄

2020 年 8 月

目　录

1

绪论

1.1 生物化学的内容

生物界是一个多层次的复杂结构体系，历经数亿年的发展变化，在生物的个体和群体层面，从微生物到人类，地球上大约 200 万种生物呈现出绚丽多彩、姿态万千的生命世界。生老病死，喜怒哀乐，种瓜得瓜，种豆得豆等各种神奇的生命现象一直吸引着人们上下求索，渴望知道生命是什么。自 20 世纪起，生命科学跨入了迅猛发展的时代，成为自然科学的前沿领域。生态学、细胞生物学、遗传学、发育生物学、神经生物学、生物化学、分子生物学等学科运用各种技术手段，从群体、个体、细胞、分子等多层次、多侧面地去探求生命的奥秘，其中的生物化学是在分子水平揭示生物体深层次内在规律的学科（图 1-1）。

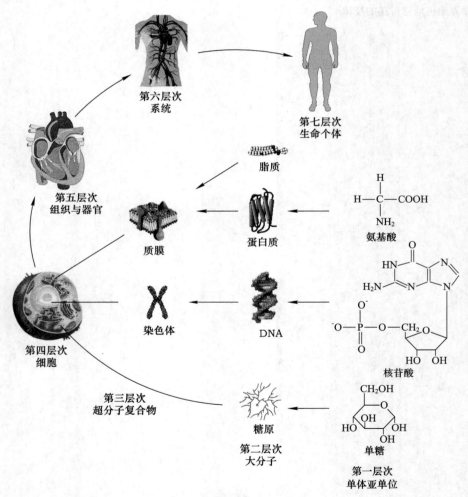

图 1-1　生命机体的结构层次

生物化学（biochemistry）顾名思义是研究生物体的化学，是研究生物体分子组成及变化规律的基础学科，是对生命现象最为基础、最为深入的分子水平的机制探讨。其研究范畴主要包括：①生物体的化学组成，生物分子的结构、性质及功能。②生物分子的分解与合成，反应过程中的能量变化，及新陈代谢的调节与控制。③生物信息分子的合成及其调控，也就是遗传信息的贮存、传递和表达。

生物化学旨在从分子水平上探索和解释生长、发育、遗传、记忆与思维等复杂生命现象的本质。

1.2 生物化学的产生与发展

生物化学的启蒙阶段可以追溯到人类早期对食物的选择和初步加工，但作为一个学科是在 19 世纪后才逐步形成的。1877 年德国医生 E. F. Hoppe-Seyler 首次提出 Biochemie 一词，但生物化学成为一门独立的学科是在 19 世纪末期至 20 世纪初期。

19 世纪有机化学和生理学的发展为研究生物体的化学组成和性质积累了丰富的知识和经验，由于生物化学对于人类能更好地生存和发展至关重要，从而吸引了众多科学家的关注和研究热情。20 世纪 50 年代之前，对生物体的物质组成已经有了相当深入的研究。在小分子方面，对维生素和激素的研究不但取得突出的理论成果，而且在医疗领域得到很好的应用，抗生素的研究极大地提高了医疗水平。在大分子方面，已经确定了各种生物大分子的基本结构。物质代谢研究的成就十分突出，生物体内各种基本的代谢途径多数是在 20 世纪 50 年代之前阐明的。但是，由于研究方法的限制，关于蛋白质和核酸等信息分子的序列分析和空间结构研究尚未取得重要突破。随着物理学、化学、数学等学科的渗透，20 世纪 50 年代之后，蛋白质和核酸的序列分析和空间结构研究突飞猛进，推动了生命科学的快速发展。遗传学、细胞生物学、发育生物学、神经生物学等相继进入了分子水平，由此诞生了分子生物学。随着计算机科学和信息科学的发展，生物化学与分子生物学的发展越来越快，已经深入生命科学的各个领域。由于生物化学与分子生物学的内容十分广泛，用较短的篇幅介绍其发展史是很不容易的，本书将在各章概要介绍有关领域的发展史，并在配套数字课程"科学史话"部分简要介绍科学大师的动人故事和学术成就。希望有助于培养学生科学思维能力，有助于培养学生不畏劳苦、积极探索的敬业精神。

生物化学有辉煌的发展历史，迄今与生物化学密切相关的诺贝尔奖达 67 项。学习这一方面的知识，了解生物化学发展的历史，可激励读者积极学习生物化学，愿意为生物化学乃至生命科学的进一步发展努力工作。

知识扩展 1-1
与 生 物 化 学 密
切 相 关 的 诺 贝
尔 奖

21 世纪的生物化学在人类探索癌症、艾滋病等威胁人类生存疾病的致病机制上，在有效治疗药物的研制上，在疑难病的临床诊断上，在利用生物工程技术改良抗寒、抗旱、抗病虫害等新作物品种上都发挥着越来越大的作用。生物化学为整个自然科学的发展、技术的进步带来了勃勃生机。

1.3 生物化学的知识框架和学习方法

生物化学与多学科知识交叉，从分子水平研究极其复杂的生物体，揭示生命活动的深层次的内在规律，内容抽象而复杂。随着生命科学的飞速发展，生物化学的理论知识、研究方法、技术手段不断地推陈出新，日益呈现出高度综合化的发展趋势，这更增加了学习生物化学的难度。《生物化学简明教程》教材试图抛砖引玉，尽量用较少的篇幅介绍生物化学的基础知识，反映学科的新进展，给学生留出自主学习的空间。

怎样学好生物化学？是刚接触"生物化学"学生的普遍问题。

生物的种类虽然千差万别，生命现象虽然错综复杂，但是从分子水平上看，生命的物质组成及其变化规律有着惊人的一致性。生命的奥妙就在于用最基本的元素，最简单的方式，组合成了最复杂的系统。建立对生命现象基本原理整体框架的认识，可以掌握生物化学知识结构的脉络，化繁为简有助于对生物化学知识的理解。

希望以下知识要点能起到一些导读的作用。

1.3.1 生命物质主要元素组成的规律

迄今为止，已经发现地球上天然存在的元素有 92 种。但在生物机体内，只有 碳（C）、氢（H）、氧（O）、氮（N）、磷（P）、硫（S）6 种是主要组成元素，约占机体的 97.3%。钙（Ca）、钾（K）、钠（Na）、氯（Cl）、镁（Mg）在机体内也占有较大比例，这些元素被称为常量元素（含量 ≥0.01%）。一般把含量 <0.01% 的称为**微量元素**（trace element），例如钒（V）、镍（Ni）、硼（B）、锡（Sn）、硅（Si）等。1995 年联合国粮农组织（FAO）/世界卫生组织（WHO）将铁（Fe）、碘（I）、锌（Zn）、锰（Mn）、钴（Co）、钼（Mo）、铜（Cu）、硒（Se）、铬（Cr）、氟（F）10 种元素列为人体不可缺少的必需微量元素。以上 26 种元素对于构成生物大分子的结构，对维持生物体的物质代谢、能量代谢及生命过程的各种生理功能起着至关重要的作用，称为生物体的**必需元素**（essential element）。

生物分子均是含碳的有机化合物。生物在长期的进化过程中之所以选择碳作为主要的生命元素，是由于碳原子具有特殊的成键性质。碳原子最外层的 4 个电子可使碳形成 4 个共价键（图 1-2a）。包括碳与自身形成可以旋转的共价单键（图 1-2b）、不可旋转的共价双键（图 1-2c）和共价三键，使得碳骨架可形成线性、分支以及环状的多种多样的化合物。生物分子之所以复杂多变、种类繁多，正是由其碳骨架的复杂多变决定的。碳还可与 N、O 和 H 原子形成共价键，构成有特定化学性质的基团，碳的特殊的成键性质适应了生物大分子多样性的需要。

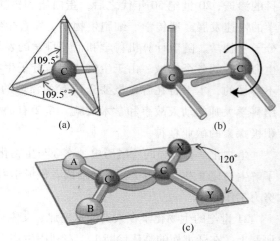

图 1-2　碳的几种成键方式

氮、氧、硫、磷、氢元素构成了生物分子碳骨架上的氨基（—NH₂）、羟基（—OH）、羰基（$-\overset{\overset{\text{O}}{\|}}{\text{C}}-$）、羧基（—COOH）、巯基（—SH）、磷酸基（—PO₄）等功能基团。这些功能基团因氮、硫和磷有着可变的氧化数，以及氮和氧有着较强的电负性而与生命物质的许多关键作用密切相关。例如功能基团形成的氢键、盐键等，对维持生物大分子空间结构起重要作用。

因为功能基团都是极性基团而具有亲水性，而水是生命活动不可缺少的媒介。蛋白质与核酸的两性解离与等电点、变性与复性、酶行使催化功能等都与功能基团的理化性质密切相关。

学习生物化学要具备较扎实的化学基础，所谓温故而知新，要经常复习并运用化学的原理去认识和理解一些生命现象。

1.3.2　生物大分子组成的共同规律

在生命机体中，生物分子极其多种多样，即使在简单而又微小的大肠杆菌中也含有大约 3 000 种蛋白质和 1 000 种核酸。

生物多样性与各种神奇的生命现象均是由蛋白质、核酸、糖类、脂质的复杂多变形成的。然而，这些复杂多变的生物大分子在结构上有着共同的规律性。

生物大分子均由相同类型的构件通过一定的共价键聚合成链状，其主链骨架呈现周期性重复。掌握其周期性重复的规律将有助于我们对生物大分子结构的学习。

构成蛋白质的构件分子是 20 种基本氨基酸，氨基酸之间通过肽键相连。肽链具有方向性（N 端和 C 端），蛋白质主链骨架呈 "肽单位" 重复。核酸的构件分子是核苷酸，核苷酸通过 3′,5′ - 磷酸二酯键相连，核酸链也具有方向性（5′和 3′），核酸的主链骨架呈 "磷酸 - 核糖（或脱氧核糖）" 重复。构成脂质的构件分子是甘油、脂肪酸和一些其他取代基，脂肪酸链具有方向性（甲基端和羧基端），其非极性烃长链也是一种重复结构。构成多糖的构件分子是单糖，单糖间通过糖苷键相连，多糖链也具有方向性（非还原端和还原端），淀粉、纤维素、糖原的糖链骨架均呈 "葡萄糖基" 的重复。

生物大分子主链的重复性是生物大分子稳定性的基础。

组成蛋白质的 20 种氨基酸的彼此差别在于 R 基的不同，氨基酸残基的磷酸化、糖基化、酯化，进一步扩大了氨基酸间的差别。英文字典中的 26 个字母以不同的数量，不同的排列组合方式即成为不同含义的英文单词。同样，核酸、蛋白质和糖类分子中的构件分子以不同的数量，不同的排列组合方式组合，成为携带不同生物信息的载体。

学习这部分知识要注意 2 点：①重视氨基酸及核苷酸等化学结构式的记忆，重要的结构式和化学反应式是生物化学的语言，对于理解生物大分子的结构、性质和功能以及分离纯化时所采取的技术原理都是十分重要的。例如，蛋白质和核酸为什么均有紫外吸收性质？因为蛋白质含有的苯丙氨酸、酪氨酸、色氨酸，核酸含有的嘌呤碱、嘧啶碱，这些物质都具有的共轭双键结构可吸收紫外线。②注重物质结构与其功能的对应关系，促进理解和记忆。如酶的特定结构决定了其催化功能，致密排列的纤维素使其有支撑和保护作用。

1.3.3　物质代谢和能量代谢的规律

新陈代谢是生命最基本的特征。生物体内可发生数千种化学反应。生物体内新陈代谢的途径错综复杂，很像地图册中的交通网络图（图 1 - 3）。更加复杂的是，几乎每一个反应都有一个特定的酶催化，都伴随着物质和能量的变化。每一个代谢途径都可以随着细胞的状态变化来调控，各个途径之间的交叉调控有条不紊。如此复杂的系统，会使初学者感到眼花缭乱无从下手。但仔细分析可以发现，生物体用最基本的化学反应、最简单的组合方式，构成了最复杂的反应系统。因此，掌握新陈代谢的基本规律和基本知识，也不是非常困难的事。

（1）新陈代谢的化学反应类型

新陈代谢中众多的化学反应都可以归纳成以下反应类型：C—C 键的断裂和形成、分子重排反应（包括分子异构化、双键的移位及顺反重排）、构件分子间脱水缩合反应、基团转移反应（包括葡萄糖基转移、磷酰基转移、酰基转移、氨基转移）和氧化还原反应（包括电子转移、氢原子转移、直接与氧原子结合），其中以基团转移和氧化还原反应最为常见。

（2）柠檬酸循环是新陈代谢的共同途径

参与新陈代谢的各种分子之间（少数除外）通常可以相互转换，其转换枢纽为柠檬酸循环。柠檬酸循环不仅是糖分解代谢的主要途径，也是其他生物大分子氧化分解的必经途径。

多糖、脂质、蛋白质、核酸首先在酶的作用下由大分子降解为小分子，即蛋白质降解为多肽→氨基酸；核酸降解为寡核苷酸→核苷酸；多糖降解为寡糖→单糖；脂质降解为甘油、脂肪酸等。有机物的碳骨架的氧化分解，是物质分解代谢的中心。脱氨后的氨基酸骨架、脂肪酸 β 氧化后形成的乙酰辅酶 A，同样也是通过柠檬酸循环彻底氧化分解成 CO_2 和 H_2O。在新陈代谢网络图（图 1-3）中，位于中心的糖酵解和柠檬酸循环被特殊加以标记即是这个道理。

熟练掌握柠檬酸循环代谢历程及各类物质的关联环节（谷氨酸与 α-酮戊二酸、天冬氨酸与草酰乙酸、丙氨酸与丙酮酸、3-磷酸甘油与磷酸二羟丙酮、脂肪酸氧化成乙酰辅酶 A 等），有助于初学者对整个生化代谢通路的整体把握。

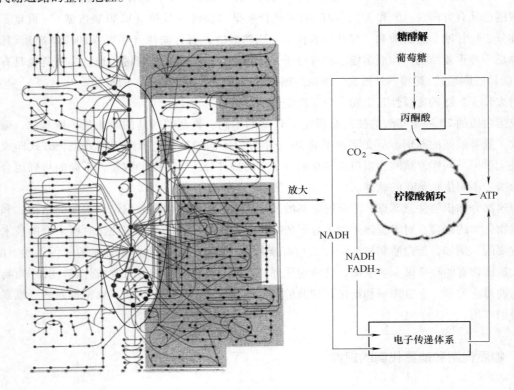

图 1-3　新陈代谢网络图

（3）生物体内的合成代谢也有共同的规律性

① 由基本的构件分子构建生物大分子时，构件分子需先经过活化，这是生物大分子合成代谢的共同规律。

以葡萄糖为原料合成淀粉、糖原时，葡萄糖要活化成 ADPG 或 UDPG；以乙酰辅酶 A 为原料合成脂肪酸时，乙酰辅酶 A 要活化成丙二酰辅酶 A；合成 DNA、RNA 时，其结构单元 dNMP 和 NMP 要活化成 dNTP 和 NTP；以氨基酸为原料合成蛋白质时，氨基酸要活化为氨酰 tRNA。

② 生物大分子合成时均有一定的方向性，糖原合成时，链由还原端向非还原端方向延伸；脂肪酸合成时，链由甲基端向羧基端方向延伸；核酸合成时，链由 5′ 端向 3′ 端方向延伸；蛋白质合成时，肽链由 N 端向 C 端方向延伸。

（4）ATP 是所有生物体内能量的共同载体

在复杂的代谢网络中，伴随着物质代谢的过程，以 ATP 为载体的能量代谢也在持续不断地进行。

ATP 的生成可以通过底物水平磷酸化（底物的高能磷酸基团直接转移给 ADP 生成 ATP）和电子传递体系磷酸化进行。

电子传递体系磷酸化是糖类、脂质、蛋白质等生物大分子在细胞内进行生物氧化都要经历的一段终端氧化过程，代谢中间物脱氢生成还原型辅酶（NADH 和 $FADH_2$），再经电子传递链在传递过程中所释放的能量驱动 ADP 与 Pi 生成 ATP，这是生成 ATP 的主要方式。一般情况下，1 mol NADH 生成 2.5 mol ATP，1 mol $FADH_2$ 生成 1.5 mol ATP。

生物大分子合成时均需要消耗能量。虽然蛋白质合成时，GTP 参与供能，糖原合成时，UTP 参与供能，磷脂合成时，CTP 参与供能，但这些能量归根到底还是由 ATP 提供的。

分解代谢以 NADH 和 $FADH_2$ 的生成步骤为切入点（再加上少数底物磷酸化的步骤），合成代谢以消耗 ATP 的步骤为切入点，来追踪代谢历程，代谢途径就变得比较清晰容易记忆。为了激发学习兴趣，本教材安排了一些统计生成或消耗多少 ATP 的习题，目的是以生成或消耗 ATP 的重点步骤为线索，综合掌握物质代谢和生物氧化的途径。

学习物质代谢和能量代谢，应注意 3 点：①新陈代谢是由基本的化学反应组合而成的，每一个反应都可用化学理论来理解。②物质代谢总是伴随着能量代谢，考虑物质代谢时，要关注与其相伴的能量变化，考虑能量代谢时，要关注与其相关的物质转化。③代谢反应的途径及其调控机制，是为一定的生物学功能服务的。关注代谢途径的生物学意义、代谢反应的化学机制，以及物质代谢和能量代谢的关系，可以加深对新陈代谢的理解，提高学习新陈代谢的效率。

1.3.4 生物界遗传信息传递的规律

遗传信息的表达，即从 DNA 转录生成 RNA，再翻译生成蛋白质，是生物体内最为复杂的生物化学过程。不过，如此复杂的过程，在生物界却是非常巧妙地用简单的碱基配对和 64 个遗传密码子实现的。

遗传物质应该具有 3 种属性，即能携带生物的遗传信息，能精确地自我复制遗传信息，能用遗传信息指导功能分子的生物合成。DNA 分子的碱基顺序携带着生物的遗传信息，DNA 双螺旋结构中碱基配对是传递和表达遗传信息的基础，世界上绝大多数生物遵循着遗传信息传递的中心法则。

蛋白质分子也可以看作是遗传信息的携带者，因为根据已知的蛋白质的结构，合成 mRNA，mRNA 可逆转录成 cDNA，再经 DNA 重组，可以实现遗传信息的逆向传递。

遗传物质的核苷酸序列通过遗传密码子转换为蛋白质的氨基酸序列，才能使遗传信息得以表达，表现出与基因相对应的生物学性状。

整个生物界，由微生物到人类基本通用一套由 64 个遗传密码子构成的密码字典。遗传密码子在分子水平上把生物界的遗传特性统一起来。正因为如此，将人类的某些基因转移到大肠杆菌中，可以合成人类的蛋白质，成为基因工程技术的理论基础。

尽管 DNA 分子的复制是非常完美精确的，但复制过程中极少数未经修复的错误会使 DNA 的核苷酸序列产生变化，从而改变遗传信息，产生变异。DNA 在世代交替过程中的重组，个体偶然发生的遗传变异与自然选择相结合，产生了绚丽多彩的生物多样性。

DNA 的半保留复制、RNA 的转录及逆转录、蛋白质的生物合成过程均涉及大量酶的参与。以遗传信息流的传递和表达为脉络，了解记忆各种酶的功能和基因表达调控的机制，将有利于对遗传信息传递机制的理解。

学习这一部分要以信息传递为线索，重点掌握序列信息的转换过程和调控机制，熟悉相关的研究方法，了解相关理论和技术的应用途径。

总之，生物化学的内容十分丰富，许多知识点需要记忆，同时也有很多知识点需要理解。在学习中应注意锻炼记忆与理解相互促进的学习方法；另外，生物化学是一门实验学科，绝大部分知识和理论都是通过实验发现的。重视实验课程的学习，有助于对理论知识的理解；最后，生物体内的物质组成、组成物质的性质、代谢和调控都是与其生物学功能相适应的。熟悉生物学的基本知识，从生物学功能的角度理解问题，可以显著地提高学习生物化学的效率。

21 世纪是生命科学的世纪。人们把与人类生存发展密切相关的 5 大社会问题，即人口、环境、食物、资源、健康问题的解决，寄希望于生命科学的发展与进步。

生物化学与社会息息相关，在人类生活中，生物化学无处不在。食品营养卫生与健康、临床医学检验与药物治疗、基因工程与安全、环境污染与治理等各个领域都与生物化学的内容紧密相连。只要用心关注，生物化学的许多知识就成为你了解社会的窗口。生物化学知识将使你对艾滋病的发生、人类基因组计划的实施、化疗药物治疗癌症等社会的热点问题不仅知其然，还能知其所以然。

小结

生物化学主要研究生物体的化学组成，生物分子的结构、性质及功能，新陈代谢过程中物质的化学变化、能量变化及调控机制，生物遗传信息的贮存、传递和表达的机制。

所有生物具有共同的生命属性，即都有相似的元素组成和分子组成，都有相似的物质代谢和能量代谢过程及相似的遗传信息传递机制。

生物化学是生命科学各分支学科共同的基础，生物化学阐述生命的物质组成及其变化规律的基本原理，是生命科学核心的知识内容。建立对生命现象基本原理整体框架的认识，有利于对生物化学知识的理解。

文献导读

[1] 王永胜. 生物学核心概念的发展. 北京：人民教育出版社，2007.

该书列举了生物科学重大事件的发展历程和研究现状，是初学者值得一读的书。

[2] 李宝健，等. 面向 21 世纪生命科学发展前沿. 广州：广东科技出版社，1996：15-25.

该节内容为邹承鲁院士对生命现象多样性和生命基本规律一致性及生命活动的基本规律的阐述。

[3] Berg J M, Tymoczko J L, Gatto G J, et al. Biochemistry. 9th ed. New York：W. H. Freeman & Company，2019.

该书是反映生物化学全貌的国外经典生物化学教材。

[4] Nelson D L, Cox M M. Lehninger Principles of Biochemistry. 7th ed. New York：W. H. Freeman & Company，2017.

该书是反映生物化学全貌的国外经典生物化学教材。

[5] 朱圣庚，徐长法. 生物化学. 4 版. 北京：高等教育出版社，2016.

该书是反映生物化学全貌的国内经典生物化学教材。

[6] 周春燕，药立波. 生物化学与分子生物学. 9 版. 北京：人民卫生出版社，2018.

该书是基础、临床、预防、口腔医学类专业用书。

思考题

1. 生物的种类极其多种多样，但生命物质的组成及其代谢有着惊人的一致性。如何理解生命系统组成一致性和生物多样性的辩证关系？

2. 生物形态的多样性是由生物分子的多样性决定的，试论述生物大分子多样性形成的原因。

3. 概述生物化学领域的重大科学研究成果，选择感兴趣的诺贝尔奖得主的科研历程，谈谈自己的收获与体会。

数字课程学习

 教学课件　　 习题解析与自测

2

蛋白质

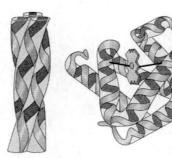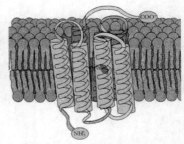

纤维状蛋白质　　　　球状蛋白质　　　　　　膜蛋白

蛋白质可以作为结构分子、生物活性分子、跨膜运输载体，或作为受体发挥多种多样的生物学作用。体内的大部分生命活动，是在蛋白质的参与下完成的。

蛋白质（protein）是由多种 α – 氨基酸按一定的序列通过肽键（酰胺键）缩合而成的具有一定功能的生物大分子，体内的大部分生命活动，是在蛋白质的参与下完成的。英文名词 protein 来自希腊文，为"第一重要"的意思。现代生命科学中许多重大的理论问题和应用层面的问题，需要通过对蛋白质结构和功能的研究来解决。

虽然蛋白质是由 mRNA 翻译生成的，但组织中 mRNA 丰度与蛋白质丰度的相关性并不好，低丰度蛋白质的相关性更差。蛋白质复杂的翻译后修饰、亚细胞定位或迁移、蛋白质 – 蛋白质相互作用等都无法从基因水平来研究。因此，蛋白质的结构和功能以及蛋白质组学的研究工作，已经成为生命科学中最令人关注的领域。

2.1 蛋白质的分类

元素分析发现蛋白质一般含碳 50% ~ 55%，氢 6% ~ 8%，氧 20% ~ 23%，氮 15% ~ 18%，硫 0% ~ 4%。有些蛋白质还含有微量的磷、铁、铜、碘、锌和钼等元素。其中，氮的含量在各种蛋白质中都比较接近，平均为 16%，这是蛋白质元素组成的特点。因此，一般可由测定生物样品中的氮，粗略地计算出蛋白质的含量（每 1 g 氮相当于 6.25 g 的蛋白质）。

蛋白质是生物体内种类最多、结构最复杂、功能多样化的大分子，研究者可以从分子形状、溶解度、化学组成和功能等不同的角度对蛋白质进行分类。

2.1.1 根据形状和溶解度分类

根据蛋白质分子的形状和溶解度，可以大体将其分为 3 类。

① 纤维状蛋白质　分子形状呈细棒或纤维状，大多不溶于水，是生物体重要的结构成分。典型的纤维状蛋白质，如胶原蛋白、弹性蛋白、角蛋白和丝蛋白等，不溶于水。有些纤维状蛋白质如肌球蛋白和血纤蛋白原是可溶性的。

② 球状蛋白质　分子形状接近球形或椭球形。其多肽链折叠紧密，疏水的氨基酸侧链位于分子内部，亲水的侧链在外部暴露于水溶剂，因此球状蛋白质的水溶性较好。蛋白质结构的复杂性和功能的多样性主要由球状蛋白质来表现。

③ 膜蛋白　分子形状一般为近球形或椭球形，与细胞的各种膜系统结合而存在，包括水溶性较好的膜周边蛋白和不溶于水但能溶于去污剂溶液的膜内在蛋白两类（见 5.6.2）。生物膜的多数功能是通过膜蛋白实现的。

2.1.2 根据化学组成分类

根据化学组成可将蛋白质分为 2 类。

（1）简单蛋白质

仅由肽链组成，不包含其他辅助成分的蛋白质称**简单蛋白质**（simple protein）。按照溶解度的差别，可将简单蛋白质分为 7 类，其主要特征如表 2 – 1 所示。

表 2–1 简单蛋白质的分类

简单蛋白质	存在	举例	溶解度
清蛋白	所有生物	血清清蛋白、卵清蛋白、麦清蛋白	溶于水和稀盐溶液，可用饱和硫酸铵沉淀，加热即凝固
球蛋白		血清球蛋白、大豆球蛋白、免疫球蛋白	不溶于水，溶于稀盐溶液，可用半饱和硫酸铵沉淀
醇溶蛋白	各类植物种子	小麦胶体蛋白、玉米蛋白	不溶于水，溶于稀酸和稀碱溶液，可溶于70% ~ 80% 乙醇
谷蛋白		米、麦谷蛋白	不溶于水，溶于稀酸和稀碱溶液，受热不凝固
精蛋白	与核酸结合成核蛋白存在于动物体中	鱼精蛋白	溶于水和稀盐，受热不凝固，分子较小，结构较简单的碱性蛋白质
组蛋白		胸腺组蛋白	溶于水和稀酸，不溶于稀氨溶液中，受热不凝固
硬蛋白	存在于毛、发、角、筋、骨等	角蛋白、胶原蛋白、弹性蛋白	不溶于水、盐溶液及稀酸和稀碱溶液中

（2）结合蛋白质

结合蛋白质（conjugated protein）又称缀合蛋白质。由简单蛋白质和辅助成分组成，其辅助成分通常称为辅基。根据辅基的不同，结合蛋白质可分为 5 类：

① 核蛋白 **核蛋白**（nucleoprotein）由蛋白质与核酸组成，存在于所有细胞中。细胞核中的核蛋白由 DNA 与组蛋白结合而成，存在于细胞质中的核糖体是 RNA 与蛋白质组成的核蛋白。现在已知的病毒也都是核蛋白。

② 糖蛋白与蛋白聚糖 **糖蛋白**（glucoprotein）与**蛋白聚糖**（proteoglycan）均由蛋白质和糖以糖苷键相连而成（见 4.5.1）。

糖蛋白中的糖基一般为短的寡糖链。糖蛋白有很多种类，各自有不同的功能。动物血浆中绝大多数蛋白质是糖蛋白；具有催化作用的酶也有不少是糖蛋白；还有不少糖蛋白具有运载功能；其他如抗体、激素、血型物质、作为结构原料或起着保护作用的蛋白质中也有许多是糖蛋白。特别要指出的是生物膜上糖蛋白的寡糖链，对细胞识别至关重要。

蛋白聚糖中的糖基由二糖重复单位组成，称糖胺聚糖（见 4.4.8）。蛋白聚糖广泛存在于动植物组织中，是结缔组织和细胞间质的特有成分，也是组织细胞间的天然黏合剂。存在于细胞表面的蛋白聚糖，可参与细胞和细胞或者细胞和基质之间的相互作用。

③ 脂蛋白 **脂蛋白**（lipoprotein）通常由蛋白质和脂质通过非共价键相连而成。脂蛋白的蛋白质部分称脱辅基蛋白，又称载脂蛋白。脂蛋白广泛存在于血浆中，因此也称血浆脂蛋白。此外，生物膜中与脂质融合的蛋白质也可看作是脂蛋白。生物膜中还有一类蛋白质是通过与某些膜脂分子共价连接，并以其为锚钩锚定在膜上，称为锚定蛋白（见 5.6.2）。

血浆脂蛋白的主要功能是经血液循环运输不溶于水的脂质。血液中游离脂肪酸绝大部分与血清清蛋白结合，输送至全身，供各组织细胞摄取利用。三酰甘油、磷脂、胆固醇和胆固醇酯是以更复杂的可溶性脂蛋白颗粒形式被转运。血浆脂蛋白颗粒中的脂质和蛋白质含量是相对固定的，颗粒中的蛋白质含量越高，其相对密度越大。按相对密度大小可将血浆脂蛋白分为乳糜微粒、极低密度脂蛋白、低密度脂蛋白和高密度脂蛋白 4 类。

④ 色蛋白 **色蛋白**（chromoprotein）由蛋白质和色素组成，种类很多，其中以含卟啉类的色蛋白最为重要。血红蛋白就是由珠蛋白和血红素组成的，血红素是由原卟啉与一个二价铁原子构成的化合物。过氧化氢酶、呼吸链中的 5 种细胞色素也都是由蛋白质和铁卟啉组成的（见 8.2.2）。

⑤ 金属蛋白 **金属蛋白**（metalloprotein）由蛋白质和金属离子结合形成。除含铁的色蛋白外，在所有已知的酶中，至少 1/3 酶的催化活性需要金属离子，如 DNA 聚合酶含 Mg，碳酸酐酶含 Zn，丙酮酸羧化酶含 Mn，固氮酶含 Mo 和 Fe 等。

2.1.3　根据功能分类

按功能可将蛋白质大体分为 10 类。

① 酶 酶是具催化活性的蛋白质，是蛋白质中种类最多的类群，新陈代谢的每步反应都是由特定的酶催化完成的。

② 调节蛋白 许多蛋白质具有调控功能，称调节蛋白。其中一类为激素，如调节动物体内血糖浓度的胰岛素、促进甲状腺发育的促甲状腺素、促进生长的生长激素等。另一类为转录因子和基因调节蛋白，参与基因表达调控。

③ 贮存蛋白 有些蛋白质的生物功能是贮存必要的养分，称贮存蛋白。例如，卵清蛋白为鸟类胚胎发育提供氮源。许多高等植物的种子含高达 60% 的贮存蛋白，为种子的发芽准备足够的氮素。铁蛋白能贮存铁原子，用于含铁蛋白如血红蛋白的合成。

④ 转运蛋白 转运蛋白主要有两类，一类存在于体液中，如血液中的血红蛋白将氧气从肺转运到其他组织，血清蛋白将脂肪酸从脂肪组织转运到各器官。另一类为膜转运蛋白，它们在膜的一侧结合代谢物跨越膜，然后在膜的另一侧将其释放，能将养分如葡萄糖和氨基酸转运到细胞内。天然膜的转运蛋白都能在膜内形成通道，被转运的物质经它进出细胞。

⑤ 运动蛋白 生物的运动也离不开蛋白质，如高等动物肌肉的主要成分是蛋白质，肌肉收缩是由肌球蛋白和肌动蛋白的相对滑动来实现的。细胞内的细胞器移动也是通过细胞骨架的某些蛋白质实现的。

⑥ 防御蛋白和毒蛋白 有些蛋白质具有防御和保护功能，如抗体能够与相应的抗原结合而排除外来物质对生物体的干扰。凝血酶作用于血纤蛋白原使血液凝固，防止血液的流失。南极和北极的鱼含有的抗冻蛋白能防止低温下血液冷冻，病毒外壳蛋白可保护其核酸免遭破坏。毒蛋白包括动物毒蛋白如蛇毒和蜂毒的溶血蛋白和神经毒蛋白、植物毒蛋白如蓖麻毒蛋白、细菌毒蛋白如白喉毒素和霍乱毒素。

⑦ 受体蛋白 受体蛋白是接受和传递信息的蛋白质，如不少激素是通过细胞膜上或细胞内的受体蛋白发挥作用的。

⑧ 支架蛋白 支架蛋白能通过蛋白质 – 蛋白质相互作用识别并结合其他蛋白质中的某些结构元件，可以将多种不同的蛋白质装配成一个复合体，参与对激素和其他信号分子胞内应答的协调和通讯，锚定蛋白或称导向蛋白也属于这一类。例如，SH2 组件（即肉瘤病毒基因表达产物 Src 蛋白及其家族成员中的 SH2 结构域）能与含有磷酸化酪氨酸残基的蛋白质结合，SH3 组件能与富含脯氨酸残基的蛋白质结合。

⑨ 结构蛋白 用于建造和维持生物体结构的蛋白质称为结构蛋白，这类蛋白质多数是不溶性纤维状蛋白质，如构成毛发、角、甲的 α – 角蛋白，存在于骨、结缔组织、腱、软骨组织和皮中的胶原蛋白等。

⑩ 异常功能蛋白 某些蛋白质具有特殊的功能，如应乐果甜蛋白有着极高的甜度，可作为人工增

甜剂。昆虫翅膀的铰合部存在一种具有特殊弹性的蛋白质，称节肢弹性蛋白。某些海洋生物如贝类分泌一类胶质蛋白，能将贝壳牢固地黏附在岩石或其他硬表面上。

2.2 蛋白质的组成单位——氨基酸

蛋白质的水解产物为氨基酸，说明氨基酸是蛋白质的基本组成单位。蛋白质的水解方法包括酸、碱和酶水解。酸水解不引起消旋，得到的是 L – 氨基酸，缺点是色氨酸被破坏，丝氨酸和苏氨酸有一小部分被分解，同时天冬酰胺和谷氨酰胺的酰胺基被水解下来。碱水解可导致多数氨基酸遭到不同程度的破坏，且产生消旋，得到的是 L – 和 D – 氨基酸的混合物，但其优点是色氨酸稳定。酶水解不产生消旋，也不破坏氨基酸，但使用一种酶往往水解不彻底，需要几种酶协同才能使蛋白质完全水解，且耗时较长。

知识扩展 2 – 1
蛋白质中 20 种氨基酸的发现

氨基酸（amino acid）广义上是指分子中既有氨基又有羧基的化合物。生物体用于合成蛋白质的基本氨基酸有 20 种，除脯氨酸外，其余 19 种都是氨基位于 α – 碳原子上的 α – 氨基酸。确切地说，脯氨酸不是氨基酸，而是一种亚氨基酸。蛋白质合成以后，某些氨基酸能被修饰成为其衍生物，所以有些蛋白质水解后释放出的氨基酸多于 20 种。

2.2.1 氨基酸的结构通式

组成蛋白质的 20 种氨基酸的结构通式见图 2 – 1，结构中心是四面体的 α – 碳原子（C_α），它共价连接一个氨基、一个羧基、一个氢原子和一个可变的 R 基团，由于 R 基团的变化形成了不同的氨基酸。

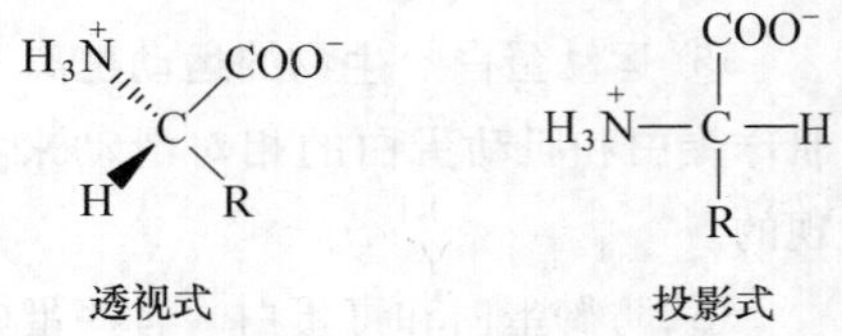

从结构通式可以看出，除甘氨酸（R 为氢原子）外，所有 α – 氨基酸分子中的 α – 碳原子都为不对称碳原子。因此，除甘氨酸外的所有 α – 氨基酸均有旋光性，能使偏振光平面左旋（–）或右旋（+）。每种氨基酸都有 D 型和 L 型两种异构体，从蛋白质水解得到的均为 L – α – 氨基酸，不过，某些抗生素中存在 D 型氨基酸。

图 2 – 1　L – α – 氨基酸的结构通式

需要强调的是，构型与旋光方向没有直接对应关系，L – α – 氨基酸有的为左旋，有的为右旋，即使同一种 L – α – 氨基酸，在不同溶剂也会有不同的旋光度或不同的旋光方向。

2.2.2 氨基酸的分类

（1）蛋白质中常见的氨基酸

蛋白质中常见的 20 种氨基酸的结构式、缩写符号及 pK_a 见表 2 – 2。氨基酸可用三个英文字母的简写符号表示，也可用单个字母简写符号表示。三个字母的简写符号多由英文的前三个字母组成，单个字母简写符号 11 种是英文的第一个字母，9 种选用其他字母，几种单个字母简写符号来自发音，如 arginine = "Rginine" = R，phenylalanine = "Fenylalanine" = F。

根据 R 基的化学结构，可将氨基酸分为脂肪族氨基酸、芳香族氨基酸、杂环氨基酸和杂环亚氨基酸 4 类，在研究氨基酸的代谢途径时，采用这种分类方式较好。

在研究氨基酸的分离方法，或考虑其在形成蛋白质分子空间结构中的作用时，较好的分类方式是按照 R 基的极性，及在中性条件下带电荷的情况，将其分作 4 类。

① 非极性 R 基氨基酸 包括 4 种带有脂肪烃侧链的氨基酸（丙氨酸、缬氨酸、亮氨酸、异亮氨酸）、脯氨酸（带有独特的环状结构）、甲硫氨酸（两种含硫氨基酸之一）、2 种芳香族氨基酸（苯丙氨酸和色氨酸）和甘氨酸。其中，色氨酸可借助吲哚环的—NH—基团与水相互作用，甘氨酸是氨基酸中结构最简单的，其 R 基是一个氢原子，因此这两种氨基酸的性质是介于非极性和极性之间，有时也被归入极性不带电氨基酸。

② 极性不带电荷的 R 基氨基酸 包括丝氨酸、苏氨酸、天冬酰胺、谷氨酰胺、酪氨酸和半胱氨酸 6 种氨基酸，这一组氨基酸的 R 基都能与水形成氢键。因此，这些氨基酸比非极性氨基酸更易溶于水。酪氨酸、苏氨酸和丝氨酸的羟基，天冬酰胺和谷氨酰胺的氨基，以及半胱氨酸的巯基都是形成氢键的关键基团。不过，由于酪氨酸分子中芳香环在低 pH 范围呈现显著的非极性特征，因此在中性 pH 下，酪氨酸溶解性很低（25℃时 0.453 g/L）。在高 pH 时，酪氨酸的酚羟基带有电荷，极性较强，溶解度会增大。

③ 极性带负电荷的 R 基氨基酸 这类氨基酸包括两种酸性氨基酸：天冬氨酸和谷氨酸。它们在中性 pH 时带有净负电荷，可以结合金属阳离子，许多蛋白质结构中均依赖这两种氨基酸形成一个或多个金属结合位点。

④ 极性带正电荷的 R 基氨基酸 这类氨基酸又称为碱性氨基酸。在中性 pH 条件下，组氨酸的咪唑基、精氨酸的胍基及赖氨酸侧链上的氨基均可接受质子，使这 3 种氨基酸带有净正电荷，后两者在 pH 7 时完全质子化。组氨酸带有 $pK_2 = 6.0$ 的侧链，在 pH 7 时只有 10% 被质子化。组氨酸是 R 基的 pK_a 值在 7 附近的唯一氨基酸。因此，组氨酸作为质子供体和受体在许多酶促反应中有着重要作用，含有组氨酸的肽具有重要的生物学缓冲功能。

表 2-2 氨基酸分类及 25℃时各氨基酸的 pK_a 和 pI 的近似值

类别	氨基酸名称	缩写符号	简写符号	化学结构式	25℃时 pK_a 和 pI 的近似值			
					pK_1 (α-COOH)	pK_2	pK_3	pI
非极性	丙氨酸 Alanine	Ala	A	$H_3\overset{+}{N}$—CH—COO$^-$ | CH$_3$	2.34	9.69		6.02
	缬氨酸 Valine	Val	V	$H_3\overset{+}{N}$—CH—COO$^-$ | CH—CH$_3$ | CH$_3$	2.32	9.62		5.97
	亮氨酸 Leucine	Leu	L	$H_3\overset{+}{N}$—CH—COO$^-$ | CH$_2$ | CH—CH$_3$ | CH$_3$	2.36	9.60		5.98

续表

类别	氨基酸名称	缩写符号	简写符号	化学结构式	25℃时 pKₐ 和 pI 的近似值			
					pK₁ (α−COOH)	pK₂	pK₃	pI
非极性	异亮氨酸 Isoleucine	Ile	I	$H_3\overset{+}{N}-CH-COO^-$ 结构式	2.36	9.68		6.02
	苯丙氨酸 Phenylalanine	Phe	F	$H_3\overset{+}{N}-CH-COO^-$ 结构式	1.83	9.13		5.48
	甲硫氨酸（蛋氨酸）Methionine	Met	M	$H_3\overset{+}{N}-CH-COO^-$ 结构式	2.28	9.21		5.75
	脯氨酸 Proline	Pro	P	H_2C-CH_2 结构式	1.99	10.96		6.48
	色氨酸 Tryptophan	Trp	W	$H_3\overset{+}{N}-CH-COO^-$ 结构式	2.38	9.39		5.89
	甘氨酸 Glycine	Gly	G	$H_3\overset{+}{N}-CH-COO^-$ 结构式	2.34	9.60		5.97
极性不带电荷	丝氨酸 Serine	Ser	S	$H_3\overset{+}{N}-CH-COO^-$ 结构式	2.21	9.15		5.68
	苏氨酸 Threonine	Thr	T	$H_3\overset{+}{N}-CH-COO^-$ 结构式	2.11	9.62		5.87
	天冬酰胺 Asparagine	Asn	N	$H_3\overset{+}{N}-CH-COO^-$ 结构式	2.02	8.80		5.41

续表

类别	氨基酸名称	缩写符号	简写符号	化学结构式	25℃时 pK_a 和 pI 的近似值			
					pK_1 (α-COOH)	pK_2	pK_3	pI
极性不带电荷	谷氨酰胺 Glutamine	Gln	Q	$H_3\overset{+}{N}$—CH—COO$^-$ $(CH_2)_2$ C=O NH$_2$	2.17	9.13		5.65
	酪氨酸 Tyrosine	Tyr	Y	$H_3\overset{+}{N}$—CH—COO$^-$ CH$_2$ OH	2.20	9.11 (α-NH$_3^+$)	10.07 (OH)	5.66
	半胱氨酸（30℃）Cysteine	Cys	C	$H_3\overset{+}{N}$—CH—COO$^-$ CH$_2$ SH	1.96	8.18 (SH)	10.28 (NH$_3^+$)	5.07
极性带负电荷	天冬氨酸 Aspartate	Asp	D	$H_3\overset{+}{N}$—CH—COO$^-$ CH$_2$ COO$^-$	1.88	3.65 (β-COO$^-$)	9.60 (NH$_3^+$)	2.77
	谷氨酸 Glutamate	Glu	E	$H_3\overset{+}{N}$—CH—COO$^-$ $(CH_2)_2$ COO$^-$	2.19	4.25 (γ-COO$^-$)	9.67 (NH$_3^+$)	3.22
极性带正电荷	组氨酸 Histidine	His	H	$H_3\overset{+}{N}$—CH—COO$^-$ CH$_2$ HN, N	1.82	6.00 (咪唑基)	9.17 (α-NH$_3^+$)	7.59
	赖氨酸 Lysine	Lys	K	$H_3\overset{+}{N}$—CH—COO$^-$ $(CH_2)_4$ $^+$NH$_3$	2.18	8.95 (α-NH$_3^+$)	10.53 (ε-NH$_3^+$)	9.74
	精氨酸 Arginine	Arg	R	$H_3\overset{+}{N}$—CH—COO$^-$ $(CH_2)_3$ NH C=$\overset{+}{N}$H$_2$ NH$_2$	2.17	9.04 (α-NH$_3^+$)	12.48 (胍基)	10.76

知识扩展 2 - 2

蛋白质中不常见氨基酸的结构式

（2）蛋白质中不常见的氨基酸

有些氨基酸存在于某些蛋白质中，但不常见。它们都是由相应的常见氨基酸修饰生成的。存在于胶原蛋白中的 5 - 羟赖氨酸和 4 - 羟脯氨酸，分别由赖氨酸和脯氨酸经羟基化而生成。存在于甲状腺球蛋白中的甲状腺素和 3，3′，5 - 三碘甲腺原氨酸，都是酪氨酸的碘化衍生物。肌肉蛋白含有甲基化的氨基酸，包括甲基组氨酸、$\varepsilon - N -$ 甲基赖氨酸和 $\varepsilon - N，N，N -$ 三甲基赖氨酸。$\gamma -$ 羧基谷氨酸存在于许多和凝血有关的蛋白质中。焦谷氨酸存在于原核细胞紫膜质中，是一种光驱动的质子泵蛋白质。**硒代半胱氨酸**（selenocysteine）是一个特殊的例子，这种稀有氨基酸是在蛋白质生物合成期间掺入，不是合成后修饰的（见 15.1.1）。硒代半胱氨酸是半胱氨酸中的硫被硒取代，只存在于少数几种已知的蛋白质中。蛋白质中某些氨基酸残基还可以发生可逆的共价修饰，以调节蛋白质的功能，如磷酰化、甲基化、乙酰化、腺苷酰化、ADP - 核糖化等。

（3）非蛋白质氨基酸和氨基酸衍生物

知识扩展 2 - 3

一些非蛋白质氨基酸和重要氨基酸衍生物的结构式

一些氨基酸及其衍生物不参与构建蛋白质，但却具有重要的作用。例如 $\gamma -$ 氨基丁酸（GABA），是由谷氨酸脱羧产生的，它是传递神经冲动的化学介质，称神经递质。由组氨酸脱羧生成的组胺和由色氨酸衍生来的血清素，也具有类似于神经递质的功能（见 11.2.2）。$\beta -$ 丙氨酸不仅在天然肽链肌肽和鹅肌肽中存在，还是组成辅酶 A 的重要部分——泛酸的成分之一（见 7.2.3）。肾上腺素是酪氨酸衍生物，鸟氨酸、瓜氨酸、精氨酸、高半胱氨酸和高丝氨酸是氨基酸代谢过程中重要的中间体（见 11.2.3）。此外，某些抗生素也含有氨基酸的衍生物，如青霉素含有青霉胺，氯霉素（氯胺苯醇）本身可看作氨基酸的衍生物。

2.2.3 氨基酸的理化性质

（1）氨基酸的两性解离和等电点

无机盐一般为离子化合物，熔点高，能溶于水而不溶于有机溶剂。氨基酸也具有这两个特点，因此推断氨基酸也是离子化合物。实验证明氨基酸在水溶液中或在晶体状态时占优势的分子形式是两性离子，所谓两性离子是指在同一个氨基酸分子上带有能放出质子的—NH_3^+ 正离子，和能接受质子的—COO^- 负离子。因此氨基酸是两性电解质，也叫两性离子或偶极离子。

$$H_2N-CH-COOH \rightleftharpoons H_3^+N-CH-COO^-$$
$$\qquad\ \ |\qquad\qquad\qquad\quad\ \ |$$
$$\qquad\ \ R\qquad\qquad\qquad\quad\ \ R$$

两性离子或偶极离子

在不同 pH 的水溶液中氨基酸可解离为正离子、两性离子或负离子。对氨基酸进行电泳时，氨基酸正离子移向阴极，负离子移向阳极。

调节氨基酸溶液的 pH，使氨基酸分子上的—NH_3^+ 和—COO^- 解离度完全相等，即氨基酸所带净电荷为零，在电场中，不向任何一极移动，此时溶液的 pH 叫做氨基酸的**等电点**（isoelectric point，pI）。

$$H_2N-CH-COO^- \underset{OH^-}{\overset{H^+}{\rightleftharpoons}} H_3^+N-CH-COO^- \underset{OH^-}{\overset{H^+}{\rightleftharpoons}} H_3^+N-CH-COOH$$
$$\qquad\ |\qquad\qquad\qquad\qquad\qquad |\qquad\qquad\qquad\qquad\qquad\ |$$
$$\qquad\ R\qquad\qquad\qquad\qquad\qquad\ R\qquad\qquad\qquad\qquad\qquad\ R$$

负离子   两性离子   正离子

知识扩展 2 - 4

氨基酸中氨基和羧基解离度的变化

氨基酸的 $\alpha -$ 氨基和 $\alpha -$ 羧基连接在同一个碳原子上，由于诱导效应，pK_a 均有明显降低。

不同氨基酸由于结构不同，等电点也不同。在水溶液中氨基和羧基的解离程度是不同的，所以氨基酸水溶液一般不呈中性。一般来讲所谓中性氨基酸，酸性比碱性稍微强一点，也就是正离子的浓度小于负离子的浓度，要调节到等电点，就需要向溶液中加酸，降低 pH，抑制羧基的解离。中性氨基酸的等电点一般在 5.0~6.3，酸性氨基酸在 2.8~3.2，碱性氨基酸为 7.6~10.9。由于氨基酸的两性电解质性质，氨基酸可以作为缓冲试剂使用。

在等电点时氨基酸的两性离子浓度最大，溶解度最小。因此，可以根据等电点分离氨基酸的混合物。常用的方法有两种，一是利用在等电点时的溶解度最小，可以将某氨基酸从混合溶液中沉淀出来；二是利用在同一 pH 下不同的氨基酸所带电荷的不同而进行分离。例如，在 pH≈6 时，甘氨酸、丙氨酸等主要以两性离子形式存在，而天冬氨酸、谷氨酸等则主要是以负离子形式存在。用阴离子交换树脂柱层析分离时，甘氨酸和丙氨酸等中性氨基酸可因 R 基极性不同先后被洗脱出来，而天冬氨酸和谷氨酸与树脂的阴离子交换而留在柱中，需根据它们的 pI，选用较低 pH 的缓冲溶液才能洗脱出来。

知识扩展 2-5
氨基酸的分离

氨基酸的等电点可由其分子上解离基团的解离常数来确定，各种氨基酸的解离常数 pK_a 和 pI 的近似值列于表 2-2。

氨基酸的 pI 除用酸碱滴定测定外，还可按可解离基团的 pK_a 计算。先写出氨基酸的解离方程，然后取两性离子两边的 pK_a 的算术平均值，即为等电点。

以谷氨酸为例，其解离方程式为：

$$
\begin{array}{ccccccc}
\text{COOH} & & \text{COOH} & & \text{COO}^- & & \text{COO}^- \\
| & & | & & | & & | \\
(\text{CH}_2)_2 & \overset{K_1}{\underset{}{}} & (\text{CH}_2)_2 & \overset{K_2}{\underset{}{}} & (\text{CH}_2)_2 & \overset{K_3}{\underset{}{}} & (\text{CH}_2)_2 \\
| & \overset{\text{OH}^-}{\underset{\text{H}^+}{\rightleftharpoons}} & | & \overset{\text{OH}^-}{\underset{\text{H}^+}{\rightleftharpoons}} & | & \overset{\text{OH}^-}{\underset{\text{H}^+}{\rightleftharpoons}} & | \\
\text{CH—COOH} & & \text{CH—COO}^- & & \text{CH—COO}^- & & \text{CH—COO}^- \\
| & & | & & | & & | \\
\text{NH}_3^+ & & \text{NH}_3^+ & & \text{NH}_3^+ & & \text{NH}_2 \\
\text{Glu}^+ & & \text{Glu}^\pm & & \text{Glu}^- & & \text{Glu}^{2-}
\end{array}
$$

用方括号表示浓度，根据质量作用定律可得

$$ K_1 = \frac{[\text{Glu}^\pm][\text{H}^+]}{[\text{Glu}^+]} \qquad [\text{Glu}^+] = \frac{[\text{Glu}^\pm][\text{H}^+]}{K_1} $$

$$ K_2 = \frac{[\text{Glu}^-][\text{H}^+]}{[\text{Glu}^\pm]} \qquad [\text{Glu}^-] = \frac{[\text{Glu}^\pm]K_2}{[\text{H}^+]} $$

根据 pI 的定义，当溶液的 pH 等于氨基酸的 pI 时，氨基酸大多以两性离子的形式存在，少量的正离子和负离子数量相等。

$$ \frac{[\text{Glu}^\pm][\text{H}^+]}{K_1} = \frac{[\text{Glu}^\pm]K_2}{[\text{H}^+]} \quad \text{即} \quad K_1K_2 = [\text{H}^+]^2 $$

方程式两边取负对数可得

$$ pK_1 + pK_2 = 2pH $$

由于此种状态下的 pH 等于 pI，可得

$$ pI = \frac{pK_1 + pK_2}{2} $$

谷氨酸 $pK_1 = 2.19$，$pK_2 = 4.25$，则 $pI = (2.19 + 4.25)/2 = 3.22$。

根据 Henderson-Hasselbalch 方程可以算出，pH 为 3.22 时谷氨酸的存在形式如下：

$$ [\text{Glu}^+]/[\text{Glu}^\pm] = [\text{Glu}^-]/[\text{Glu}^\pm] = 0.093, \quad [\text{Glu}^{2-}]/[\text{Glu}^-] = 3.5 \times 10^{-7} $$

可见氨基酸在等电点时主要以两性离子存在，氨基酸阳离子和阴离子的数量相等，浓度很低。带有两个负电荷的 $[\text{Glu}^{2-}]$ 极低，在计算等电点时完全可以忽略不计。氨基酸在 pH 大于等电点的溶液中主要以阴离子存在，在 pH 小于等电点的溶液中主要以阳离子存在。

（2）氨基酸的化学性质

氨基酸的各种活性基团均可进行相应的化学反应，还有几个基团共同参与的反应，在有关研究工作

中常用的反应主要有：

① 与水合茚三酮反应　α-氨基酸与水合茚三酮溶液一起加热，经氧化脱氨生成相应的α-酮酸，进一步脱羧生成醛，水合茚三酮则被还原成还原型茚三酮。在弱酸性溶液中，还原型茚三酮、氨和另一水合茚三酮缩合成蓝紫色复合物，反应如图2-2所示。

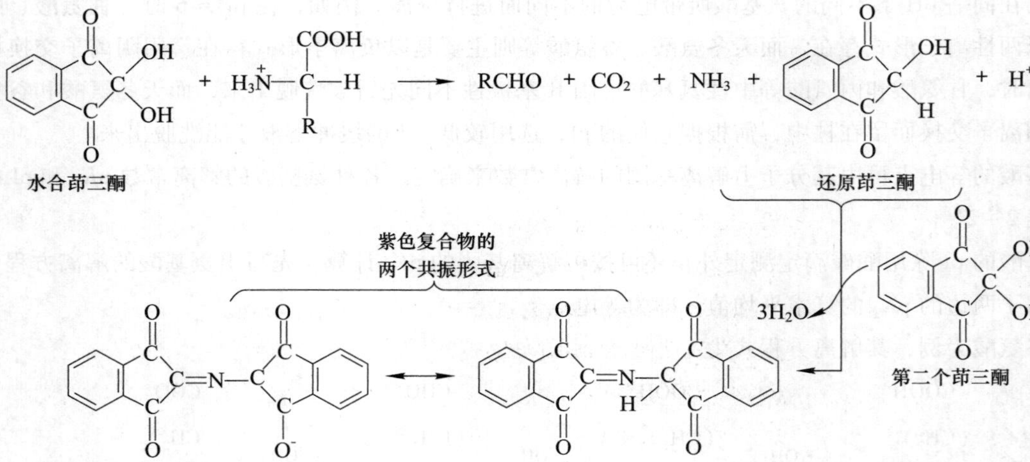

图2-2　茚三酮反应（引自：朱圣庚，徐长法，2016）

脯氨酸和羟脯氨酸与茚三酮反应不释放氨，而直接产生黄色物质。

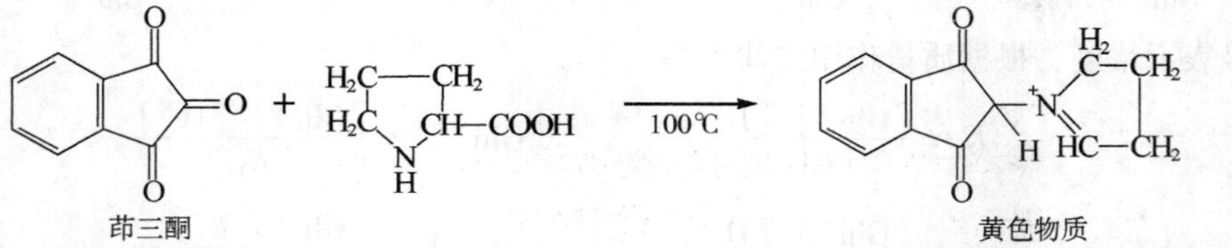

氨基酸与茚三酮反应非常灵敏，几微克氨基酸就能显色。$A_{570\,nm}$与氨基酸含量在一定范围内成正比，因此茚三酮反应可用于测定样品中氨基酸的含量。用纸层析、柱层析和电泳技术分离氨基酸时，利用水合茚三酮作为显色剂，可以定性或定量地测定各种α-氨基酸。多肽和蛋白质也能发生此反应，但灵敏度较差。

② 与甲醛反应　氨基酸氨基的pK_a较大，羧基的pK_a较小，若用滴定法测定氨基或羧基解离释放出的H^+，均找不到合适的指示剂。但若加入甲醛溶液，则氨基酸中的氨基作为亲核试剂与甲醛中的羰基发生加成反应，生成N,N-二羟甲基氨基酸，可使氨基的pK_a下降2~3个pH单位，可以用酚酞作指示剂，用NaOH滴定来测定游离氨基的含量，这一方法称氨基酸的甲醛滴定法。蛋白质水解时，释放游离的氨基，蛋白质合成时则游离氨基减少，所以可以用此方法测定游离氨基，大体判断蛋白质水解或合成的进度。

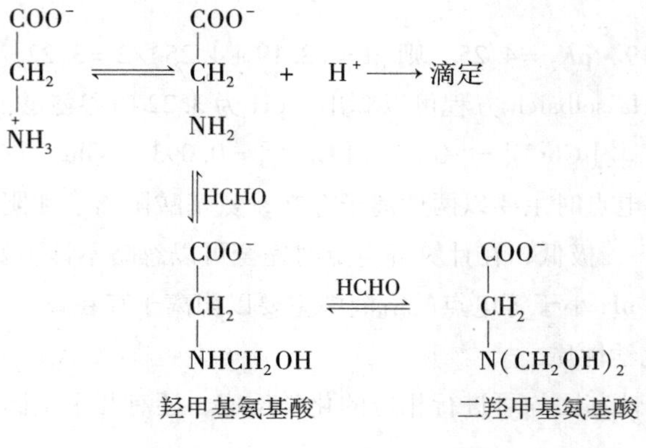

羟甲基氨基酸　　　　　二羟甲基氨基酸

③ 与 2,4 - 二硝基氟苯（FDNB）的反应 氨基酸的 α - 氨基与 2,4 - 二硝基氟苯（FDNB）在弱碱性溶液中作用，生成稳定的 2,4 - 二硝基苯基氨基酸（DNP - 氨基酸）。

生成的 DNP - 氨基酸呈黄色，用非极性溶剂（如乙醚、氯仿等）提取后，再用层析法（纸层析）与标准的 DNP - 氨基酸作比较来鉴定。多肽或蛋白质 N 端氨基酸的 α - 氨基也能与 FDNB 反应，生成 DNP - 多肽或 DNP - 蛋白质。经酸水解时，所有的肽键被切开，只有 DNP 基仍连在 N 端氨基酸上，形成黄色的 DNP - 氨基酸。用乙醚把 DNP - 氨基酸抽提出来，所得 DNP - 氨基酸进行纸层析分析，从图谱上黄色斑点的位置可鉴定 N 端氨基酸的种类和数目。这一方法被 F. Sanger 用来鉴定多肽或蛋白质的末端氨基酸，故称 Sanger 法。

用 5 - 二甲氨基萘磺酰氯（DNS - Cl，又称丹磺酰氯）代替 FDNB 试剂来测定蛋白质的 N 端氨基酸，由于产生的 5 - 二甲氨基萘磺酰氨基酸（DNS - 氨基酸）有强烈的荧光，可用荧光光度计检出，灵敏度高，只需微量蛋白质样品就可以测定其 N 端氨基酸。

④ 与异硫氰酸苯酯（PITC）反应 在弱碱性条件下，氨基酸中的 α - 氨基与异硫氰酸苯酯反应，生成相应的苯氨基硫甲酰氨基酸（PTC - 氨基酸），与酸作用，PTC - 氨基酸即环化为**苯硫乙内酰脲**（PTH），后者在酸中极其稳定。

多肽链 N 端氨基酸的 α - 氨基也可与 PITC 反应，生成 PTC - 蛋白质，在酸性溶液中，释放出末端的 PTH - 氨基酸，和比原来少一个氨基酸残基的多肽链。所得的 PTH - 氨基酸经乙酸乙酯抽提后，用层析法进行鉴定，确定肽链的 N 端氨基酸种类。剩余的肽链可以重复应用这种方法测定其 N 端的氨基酸，如此重复多次可测定出多肽链 N 端的氨基酸排列顺序。该法是由 P. V. Edman 在 20 世纪 50 年代创立的，并将其用于氨基酸序列测定，后人也称 **Edman 降解法**（Edman degradation）或 Edman 反应（见 2.6.3）。

⑤ 与亚硝酸反应 伯胺在室温下与亚硝酸反应放出氮气，同样，除脯氨酸以外的氨基酸在室温下与亚硝酸反应也生成氮气，反应所生成的氮气一个原子来源于氨基酸，另一个原子来源于亚硝酸。在标准条件下测定生成氮气的体积，即可计算氨基酸的量，此法称为范斯莱克（van Slyke）法。此反应较易进行，α - 氨基酸在常温下三四分钟即可完成，氨基不在 α 位置上的氨基酸则反应较慢。

$$R{-}\underset{\underset{NH_2}{|}}{CH}{-}COOH + HNO_2 \longrightarrow R{-}\underset{\underset{OH}{|}}{CH}{-}COOH + N_2\uparrow + H_2O$$

⑥ 与荧光胺反应 在室温下，氨基酸可与荧光胺反应产生具有荧光的产物，用激发波长 390 nm，发射波长 475 nm 测定产物的荧光强度，可测定氨基酸的含量。此反应的灵敏度很高，可检测纳克（ng）水平的氨基酸。

荧光胺　　　　　　　　　　　　　　　　荧光产物

⑦ 与 5,5 - 双硫基 - 双（2 - 硝基苯甲酸）（DTNB）反应 半胱氨酸 R 侧链上的—SH，可在 pH 8.0 和室温的条件下与 DTNB 试剂（又称 Ellman 试剂）反应，产生含有—SH 的硝基苯甲酸，产物在波长 412 nm 处有最大吸收峰，可通过测定光吸收值来确定半胱氨酸含量。反应的灵敏度很高，在 pH 8.0 条件下，$\lambda_{412\,nm}$ 的摩尔消光系数（或称摩尔吸收系数）ε 高达 $13\,600\ L\cdot mol^{-1}\cdot cm^{-1}$，这一反应可用于测定样品中的游离—SH 含量。

DTNB

pH 8.0

硫代硝基苯甲酸

知识扩展 2 - 6
氨基酸的化学反应

除此之外，较常用的反应还有：α - 氨基形成西佛碱的反应为转氨基反应的中间步骤；α - 氨基的脱氨基反应为氨基酸分解反应的重要中间步骤；α - 羧基的成盐和成酯反应可用于羧基的保护；成酰氯反应和叠氮反应可用于羧基的活化；脱羧基反应可生成生理活性胺类。

（3）氨基酸的光谱性质

氨基酸在可见光区没有光吸收，在远紫外区（$\lambda < 200$ nm）有光吸收，但由于某些溶剂在这一波段也有光吸收，故利用价值不大。苯丙氨酸、酪氨酸和色氨酸的最大紫外吸收峰分别在 257 nm、275 nm 和 280 nm。蛋白质由于含有这些氨基酸，所以具有紫外吸收能力。蛋白质一般很少含或不含色氨酸，其紫外吸收能力主要来自于酪氨酸和苯丙氨酸，最大紫外吸收峰在 280 nm 左右。

知识扩展 2-7
芳香族氨基酸的紫外吸收

核磁共振（nuclear magnetic resonance，NMR）波谱学通过分析 ^{1}H NMR 或 ^{13}C NMR 来确定氨基酸或蛋白质共价结构，高磁场 NMR 可用来测定蛋白质的三维结构。

2.3 肽

2.3.1 肽的结构

1899 年到 1908 年 H. E. Fischer 对蛋白质的组成和性质进行了开创性的研究，用合成寡肽的方法证明蛋白质是氨基酸通过肽键（酰胺键）结合所形成的多肽。

科学史话 2-1
蛋白质化学、糖化学和嘌呤化学的开创者埃米尔·费歇尔

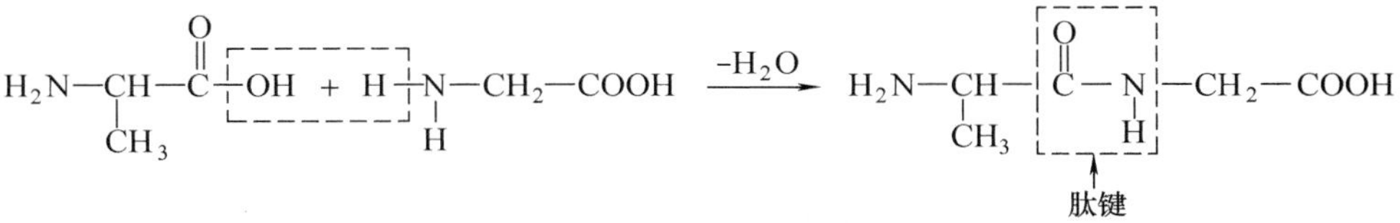

丙氨酸　　　　甘氨酸　　　　　　　丙氨酰甘氨酸（二肽）

多肽为链状结构，所以也称多肽链。肽链中的每两个氨基酸单位在形成肽键时，释放一分子的水，因此剩余部分被称为一个氨基酸"残基"。如图 2-3 所示，肽链中由酰胺 N、α-碳和羰基 C 重复单位构成的链状结构称主链，每个氨基酸残基的 R 基称侧链。

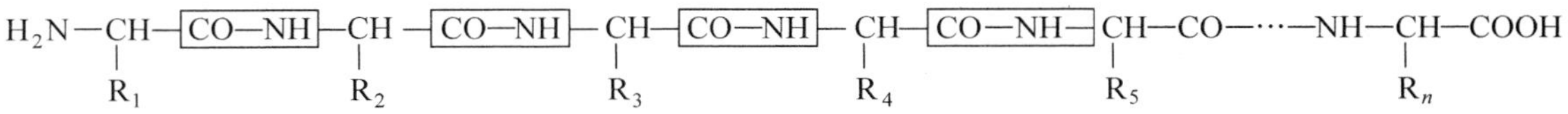

图 2-3　多肽链一个片段的结构通式

具有两个氨基酸残基的肽称为二肽，具有三个、四个氨基酸残基的分别称为三肽、四肽等。超过 12 个而不多于 20 个残基的称寡肽，含 20 个以上残基的称为多肽。蛋白质就是含几十个到几百个，甚至几千个氨基酸的多肽链。当然，这些术语的差别不是很严格。比如，几十个氨基酸残基组成的多肽，在不同的场合，被称作肽类，或被称作蛋白质，都是可以的，不需要在肽和蛋白质之间划定严格的界限。

绝大多数肽链是线性无分支的，但也有一些肽链，可利用氨基酸残基 R 基的氨基和羧基以异肽键的形式相连形成分支，如小蛋白泛素通过 C 端与其他的蛋白质相连。还可以通过异肽键或其他连接方式，使多条肽链形成交联，如血凝块中的纤维蛋白多聚体。有些寡肽可以首尾相连，形成环状。

线性肽链会有两个末端，书写时规定将 NH_2 末端氨基酸残基（N 端）放在左边，COOH 末端氨基酸残基（C 端）放在右边。命名时，从 N 端开始，连续读出氨基酸残基的名称，除 C 端氨基酸外，其他氨基酸残基的名称均将"酸"改为"酰"，例如丝氨酰甘氨酰酪氨酰丙氨酰亮氨酸（serylglycyltyrosylalanyl-leucine）。更加通用的书写方式，是用连字符将氨基酸的三字符号从 N 端到 C 端连接起来，如 Ser -

Gly - Tyr - Ala - Leu。多肽链也常用这一方式书写，但近年来由于蛋白质中氨基酸序列的信息已形成庞大的数据库，为了书写方便和减少数据库的容量，更常用的方法是，从 N 端到 C 端，连续写出氨基酸的单字符号。若只知道氨基酸的组成而不清楚氨基酸序列时，可将氨基酸组成写在括号中，并以逗号隔开，如（Ala，Cys$_2$，Gly），表明此肽由一个 Ala、两个 Cys 和一个 Gly 组成，但氨基酸序列不清楚。如果一个蛋白质是由一条多肽链组成的，则这条多肽链和这个蛋白质是同义的。有些蛋白质可能由几条多肽链组成，不同的肽链间以非共价作用力结合，如血红蛋白；也可以通过二硫键相连，如胰岛素。

　　细胞中的蛋白质合成过程非常复杂，其复杂性是出于保真度的需要，即形成肽链时每一次加上的氨基酸必须准确无误。按照事先设计的排列顺序化学合成寡肽比较困难，1953 年 V. du Vigneaud 首先完成了生物活性肽催产素的合成，并因此荣获 1955 年诺贝尔化学奖。1965 年中国科学家完成了牛结晶胰岛素的合成，这是人工合成的第一个多肽类生物活性物质。1963 年 R. B. Merrifield 建立了固相肽类合成（solid phase peptide synthesis，SPPS）的方法，随后逐步完善，并实现了自动化，Merrifield 因此荣获 1984 年诺贝尔化学奖。

科学史话 2 - 2
肽链的化学合成

知识扩展 2 - 8
肽键的电子共振

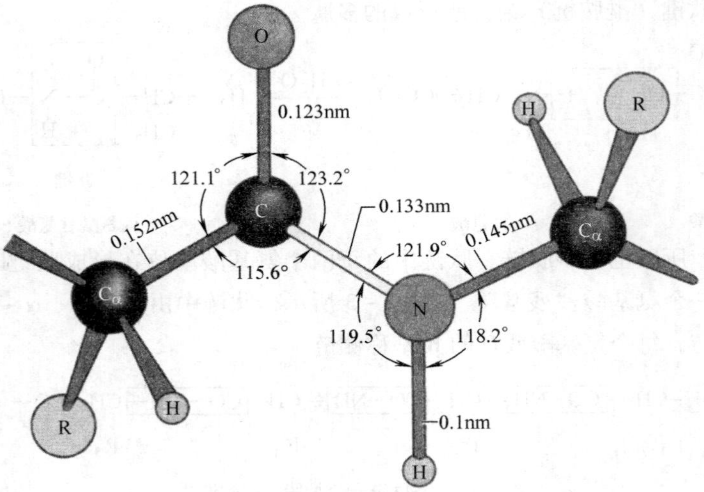

　　用 X 射线衍射法研究模型肽，测定键长和键角，发现构成肽键的 C 和 N 均为 sp^2 杂化，C 和 N 各自的 3 个共价键均处于同一平面，键角均接近 120°。C—N 键的长度为 0.133 nm，比正常的 C—N 键（如 C$_\alpha$—N 键长为 0.145 nm）短，但比一般的 C=N 键（0.125 nm）长，说明肽键具有约 40% 的双键性质（图 2 - 4）。

图 2 - 4　肽键的键角和键长

　　由于 C—N 键有部分双键的性质，不能旋转，使相关的 6 个原子处于同一个平面，称作**肽平面**（planar unit of peptide）或酰胺平面。肽平面内两个 C$_\alpha$ 多处于反式构型，肽链中的 α - 碳原子作为连接点将肽平面连接起来。N—C$_\alpha$ 键和 C$_\alpha$—C 键可以旋转，规定键两侧基团为顺式排列时为 0°，从 C$_\alpha$ 沿键轴方向观察，顺时针旋转的角度为正值，反时针旋转的角度为负值。N—C$_\alpha$ 键旋转的角度为 φ，C$_\alpha$—C 键旋转的角度为 ψ（图 2 - 5）。

知识扩展 2 - 9
寡肽净电荷的计算

　　在双键共振状态中，杂化的中间态酰胺 N 带 0.28 净正电荷，羰基 O 带 0.28 净负电荷，表明肽键具有永久偶极。然而，肽骨架的化学反应性相对较低，在 pH 0 ~ 14 范围内，肽基没有明显的质子得失。肽的等电点计算需先分别判断各解离基团的带电荷情况，再统计净电荷的量。

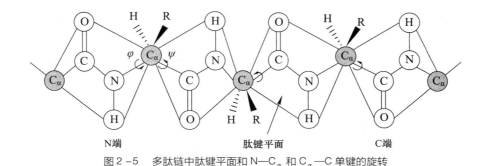

图 2-5 多肽链中肽键平面和 N—C$_\alpha$ 和 C$_\alpha$—C 单键的旋转

2.3.2 生物活性肽

生物活性肽（biological active peptide，BAP）是能够调节生命活动或具有某些生理活性的寡肽和多肽的总称。生物活性肽大多以非活性状态存在于蛋白质长链中，被酶解成适当的长度时，其生理活性才会表现出来。自然界中所有细胞都能合成多肽物质，其器官及细胞功能活动也受多肽的调节控制。其主要作用机制是调节体内的有关酶类，保障代谢途径的畅通，或通过控制转录和翻译而影响蛋白质的合成，最终产生特定的生理效应。已经在生物体内发现了几百种活性肽，参与调节物质代谢、激素分泌、神经活动、细胞生长及繁殖等几乎所有的生命活动。

科学史话 2-3
神经生长因子和表皮生长因子的发现

（1）谷胱甘肽

谷胱甘肽是存在于动植物和微生物细胞中的一种重要的三肽，由谷氨酸、半胱氨酸和甘氨酸组成，简称 GSH。它的分子中有一个由谷氨酸的 γ-羧基与半胱氨酸的 α-氨基缩合而成的 γ-肽键，其结构式如下：

知识扩展 2-10
生物活性肽的来源和应用

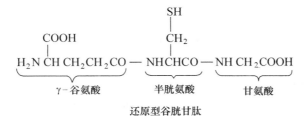

还原型谷胱甘肽

由于 GSH 含有一个活泼的巯基，很容易被氧化，两分子 GSH 脱氢以二硫键相连成氧化型谷胱甘肽（GSSG），后者又可通过以 NADPH 为辅酶的谷胱甘肽还原酶再生为 GSH。GSH 可作为重要的还原剂保护体内蛋白质或酶分子中的巯基免遭氧化，使蛋白质或酶处在活性状态。GSH 的转化如下：

此外，GSH 的巯基还具有嗜核特性，能与外源的嗜电子物质如致癌剂或药物等结合，从而阻断这些化合物与 DNA、RNA 或蛋白质结合，保护机体免遭损害。

科学史话 2-4
神经激素和放射免疫分析法的发现

（2）催产素和加压素

催产素和加压素属于神经激素，是下丘脑神经细胞合成的寡肽激素，合成后与神经垂体运载蛋白结合，经轴突运输到垂体，再释放到血液。它们都是九肽，分子中都有环状结构，仅第 3 和第 8 位的两个氨基酸不同。

催产素

加压素

催产素和加压素的结构虽然相似，但由于两个氨基酸的不同，所以两者在生理功能上截然不同。前者使子宫和乳腺平滑肌收缩，具有催产及使乳腺排乳的作用，而后者则促进血管平滑肌收缩，从而升高血压，并有减少排尿的作用，所以也称抗利尿激素。有资料指出加压素还参与记忆过程，并且已知加压素分子的环状部分参与学习记忆的巩固过程，分子的直线部分则参与记忆的恢复过程。催产素的作用正好相反，是促进遗忘的。

（3）促肾上腺皮质激素

腺垂体分泌一种由 39 个氨基酸组成的促肾上腺皮质激素（ACTH），其一级结构如下：

$$\overset{1}{Ser} - Tyr - Ser - Met - \overset{5}{Glu} - His - Phe - Arg - Trp - \overset{10}{Gly} - Lys - Pro - Val - Gly - \overset{15}{Lys} - Lys - Arg - Arg - Pro - \overset{20}{Val} -$$

$$Lys - Val - Tyr - Pro - \overset{25}{Asn} - Gly - Ala - Glu - Asp - \overset{30}{Glu} - Ser - Ala - Glu - Ala - \overset{35}{Phe} - Pro - Leu - Glu - Phe$$

它的活性部位是 4～10 位的七肽片段：Met-Glu-His-Phe-Arg-Trp-Gly。促肾上腺皮质激素能刺激肾上腺皮质的生长和肾上腺皮质激素的合成和分泌。除腺垂体分泌的 ACTH 外，尚有大脑、下丘脑等，各自分泌的 ACTH 执行不同的功能。例如，大脑分泌的 ACTH 参与意识行为的调控，腺垂体分泌的 ACTH 主要作用于肾上腺皮质。通过化学方法合成的 ACTH，临床上用于柯兴氏综合征的诊断，风湿性关节炎、皮肤和眼睛炎症的治疗。

（4）脑肽

脑肽的种类很多，其中脑啡肽是在高等动物脑中发现的镇痛作用强于吗啡的活性肽，从猪脑中分离出两种类型的脑啡肽，都是五肽，一种的 C 端氨基酸残基为甲硫氨酸，称 Met－脑啡肽；另一种的 C 端氨基酸残基为亮氨酸，称 Leu－脑啡肽，其结构如下：

甲硫氨酸型（Met－脑啡肽）Tyr－Gly－Gly－Phe－Met

亮氨酸型（Leu－脑啡肽）Tyr－Gly－Gly－Phe－Leu

由于脑啡肽是高等动物自身含有的，如果能够人工合成，必然是一类既有镇痛作用而又不会像吗啡那样使病人上瘾的药物，中国科学院上海生化所于 1982 年利用蛋白质工程技术成功地合成了 Leu－脑啡肽，这在理论和应用方面都有重要意义，它为分子神经生物学的研究开阔了思路，使得人们可以在分子基础上阐明大脑的活动。

（5）胰高血糖素

胰岛 α 细胞可分泌胰高血糖素，它是由 29 个氨基酸构成的多肽。胰高血糖素可促进肝糖原降解产生葡萄糖，以维持血糖水平。还能引起血管舒张、抑制肠的蠕动及分泌。

$$
\overset{1}{His} - Ser - Gln - Gly - \overset{5}{Thr} - Phe - Thr - Ser - Asp - \overset{10}{Tyr} - Ser - Lys - Tyr - Leu - \overset{15}{Asp} - Ser - Arg - Arg - Ala - \overset{20}{Gln} -
$$

$$
Asp - Phe - Val - Gln - \overset{25}{Trp} - Leu - Met - Asn - Thr
$$

2.4 蛋白质的结构

由长度不等、序列各异的氨基酸序列构成的蛋白质，可以折叠成复杂的三维空间结构。为了研究方便，通常将蛋白质的共价结构和空间结构分成不同的层次来描述。

2.4.1 蛋白质的一级结构

蛋白质的**一级结构**（primary structure）指多肽链中的氨基酸序列，氨基酸序列的多样性决定了蛋白质空间结构和功能的多样性。如 20 种氨基酸形成的二十肽，若每种氨基酸在肽链中只出现 1 次，可以形成的异构体为：$20! = 2 \times 10^{18}$。又如，由 283 个氨基酸残基组成的蛋白质，含 12 种氨基酸，假定在肽链的任一位置，12 种氨基酸出现的概率相等，则可以形成的异构体数目为：$12^{283} = 10^{305}$。可见，肽链中的氨基酸序列可以蕴含极其丰富的结构信息。不过，自然界存在的不同种类的蛋白质，是通过生物进化和自然选择保留下来的，其种类数并不像通过排列组合推算出来的这么多。根据现有的研究资料估算，人体内能编码蛋白质的基因不超过 3 万个，一个基因可通过不同的表达方式生成多种蛋白质，人体的蛋白质种类数可能在 10 万左右。

直接测定蛋白质的氨基酸序列是很困难的，Sanger 通过近 10 年的工作，于 1953 年完成了牛胰岛素 51 个氨基酸的序列测定。这是氨基酸序列测定的开创性工作，Sanger 因此而荣获了 1958 年的诺贝尔化学奖。现以牛胰岛素为例介绍蛋白质的一级结构。胰岛素是胰岛 β 细胞分泌的蛋白质激素，主要功能是降低体内血糖含量，促进糖原、三酰甘油和蛋白质合成，在临床上被广泛用于治疗糖尿病。

科学史话 2 – 5
蛋白质氨基酸序列的测定

科学史话 2 – 6
胰岛素的发现

胰岛素是第一个被阐明化学结构的蛋白质，由 51 个氨基酸组成，分子量为 5 734，由 A、B 两条肽链组成。A 链由 21 个氨基酸组成，B 链由 30 个氨基酸组成。A 链和 B 链之间通过两对二硫键相连，另外 A 链内部 6 位和 11 位上的两个半胱氨酸通过二硫键相连形成链内小环，图 2 – 6 为牛胰岛素的一级结构。

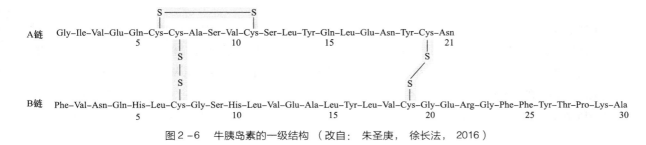

图 2 – 6　牛胰岛素的一级结构（改自：朱圣庚，徐长法，2016）

一级结构是蛋白质最基本的结构，研究一个蛋白质的结构和功能，首先要测定氨基酸序列，本章第 6 节将概要介绍测定氨基酸序列的方法。

2.4.2 蛋白质的空间结构

蛋白质的空间结构通常称作蛋白质的构象，或高级结构，是指蛋白质分子中所有原子在三维空间的分布和肽链的走向。研究蛋白质构象的主要方法是将蛋白质纯化后制成结晶，用 X 射线衍射法测定原子间的距离，得出肽链走向的数据。溶液中蛋白质的构象，可以用核磁共振法研究。其优点是不必制备蛋白质结晶，就可以研究蛋白结构的动态变化，缺点是分辨率比 X 射线衍射法低。此外，圆二色谱、紫外差光谱、荧光和荧光偏振等方法也可获得蛋白质构象的一些数据。

一个天然蛋白质在一定条件下，往往只有一种或很少几种构象，这是因为主链上有 1/3 是 C—N 键，不能自由旋转，使多肽链的构象数目受到很大的限制。另两个可旋转的键所形成的 φ 角和 ψ 角，也受到主链原子空间位阻的限制，只有一小部分二面角的搭配是空间位置所允许的。此外，侧链 R 基团有大有小，相互间或者相斥，或者吸引，使多肽链的构象数目受到进一步的限制。

蛋白质的高级结构可以从二级结构、超二级结构、结构域、三级结构和四级结构等几个结构层次进行描述。

（1）稳定蛋白质空间结构的作用力

维持蛋白质空间构象的作用力主要是次级键，即氢键和盐键等非共价键，以及疏水作用（疏水键）和范德华力等（图 2-7）。

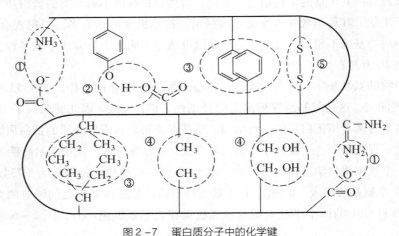

图 2-7 蛋白质分子中的化学键
① 盐键；② 氢键；③ 疏水作用；④ 范德华力；⑤ 二硫键

氢键是一个电负性原子上共价连接的氢，与另一个电负性原子之间的静电作用力。氢键比共价键弱，但生物大分子中众多的氢键可以形成很强的作用力，氢键在稳定蛋白质结构中起着极其重要的作用。

盐键既包括不同电荷间的静电引力，也包括相同电荷间的静电斥力。氨基酸的侧链可携带正电荷，如赖氨酸、精氨酸和组氨酸；也可携带负电荷，如天冬氨酸和谷氨酸。此外，蛋白质或多肽链的末端通常也会以离子状态存在，分别携带正、负电荷。带电残基通常位于蛋白质的表面，与溶剂中的水相互作用。

疏水作用是由于氨基酸疏水侧链相互聚集形成的作用力。在水溶液中，氨基酸疏水侧链的相互聚集减少了非极性残基与水的相互作用，使水分子的混乱度（即熵）增加，在能量上有利于蛋白质形成特有的空间结构。从这个意义上讲，疏水作用应该被称作水疏作用。位于蛋白质结构内部或核心的氨基酸的侧链几乎全为疏水的，少量极性氨基酸则通过形成氢键或盐键降低了其极性。蛋白质表面可能由极性和非极性氨基酸共同组成，极性氨基酸可与环境中的水相互作用。

范德华引力主要指瞬间偶极诱导的静电相互作用，它是由于邻近的共价结合原子电子分布的波动引起的。虽然范德华力是很弱的（稳定能为 1.2~4.0 kJ/mol），但许多这样的相互作用发生在同一个蛋白质中，通过力的加和，对蛋白质结构的稳定具有不容忽视的作用。

（2）蛋白质的二级结构

蛋白质的**二级结构**（secondary structure）指多肽主链有一定周期性的，由氢键维持的局部空间结构。因为蛋白质主链上的 C＝O 和 N—H 是有规则排列的，所以 C＝O 和 H—N 之间形成的氢键通常有周期性，使肽链形成 α 螺旋、β 折叠、β 转角等有一定规则的结构。

① α 螺旋　1951 年 L. C. Pauling 等通过分析 X 射线数据发现毛发中存在 α 螺旋，随后证实，**α 螺旋**（α-helix）是蛋白质主链的一种最常见的结构，广泛存在于纤维状蛋白和球蛋白中。

如图 2-8 所示，在 α 螺旋中，多肽链中的各个肽平面围绕同一轴旋转，形成螺旋结构，每一周螺旋含 3.6 个氨基酸残基，沿螺旋轴上升的距离即螺距为 0.54 nm，两个氨基酸残基之间的距离为 0.15 nm。如果侧链不计在内，螺旋的直径约为 0.6 nm。氨基酸残基的侧链伸向外侧，从而减少了与多肽骨架的空间位阻。由每个肽基的 C＝O 与其前面第四个肽基的 N—H 形成链内氢键，氢键的取向几乎与螺旋轴平行。在水溶液中，α 螺旋的 N 端带有部分正电荷，C 端带有部分负电荷，因此，α 螺旋可以构成偶极矩。

天然蛋白质的 α 螺旋大多数为右手螺旋，即用右手的拇指指示螺旋轴延伸的方向，另 4 个手指指示肽链缠绕的方向（与物理学的右手定则相同）。一般来说，由 L 型氨基酸组成的 α 螺旋多为右手螺旋，D 型氨基酸组成的 α 螺旋多为左手螺旋。同一个螺旋中的氨基酸必须是同一种构型，D 型和 L 型氨基酸的共聚物不能形成 α 螺旋。在少数蛋白质中，偶尔可以发现左手螺旋，右手螺旋比左手螺旋稳定。

科学史话 2-7
α 螺旋结构的发现

知识扩展 2-12
α 螺旋的偶极矩

知识扩展 2-13
α 螺旋的手性

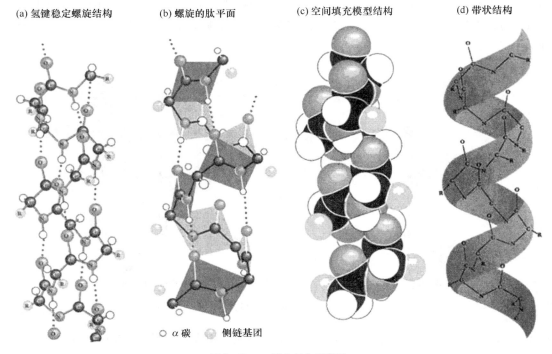

(a) 氢键稳定螺旋结构　(b) 螺旋的肽平面　(c) 空间填充模型结构　(d) 带状结构

○ α 碳　● 侧链基团

图 2-8　α 螺旋结构示意图

知识扩展 2-14
3.6₁₃ - 螺旋，3₁₀ - 螺旋和 4.4₁₆ - 螺旋的图解

由于 α 螺旋结构的每圈螺旋含 3.6 个氨基酸残基，由氢键封闭形成的环含有 13 个原子，因此被称作 3.6_{13} - 螺旋（图 2-9）。

天然蛋白质尚有其他类型的螺旋结构，其中较常见的有 3_{10} – 螺旋，每圈螺旋为 3.0 个氨基酸残基，由氢键封闭形成的环含有 10 个原子。还有 4.4_{16} – 螺旋，每圈螺旋为 4.4 个氨基酸残基，由氢键封闭形成的环含有 16 个原子。

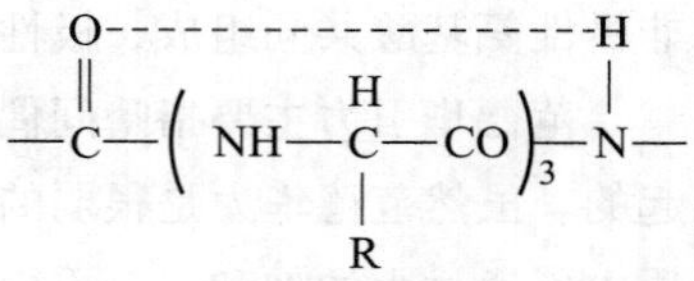

知识扩展 2 – 15
α 螺旋中氢键的计算和螺旋的帽化

在典型的 α 螺旋中，螺旋的头 4 个酰胺 H 和最后 4 个羧基 O 不参与螺旋中氢键的形成，如由 12 （或 n) 个氨基酸残基形成的 α 螺旋含 8 （或 $n-4$) 个氢键。因此，α 螺旋的两端可以与蛋白质其他部分的氢键配偶体相互作用，使其形成氢键的能力得到补偿，这一现象称作螺旋的帽化。

知识扩展 2 – 16
R 基对 α 螺旋形成的影响

不同氨基酸的 R 基对 α 螺旋的形成有明显的影响，一般来说，R 基太小（如甘氨酸）使键角自由度过大，带同种电荷的 R 基相互靠近，β – 碳原子上有分支均不利于形成 α 螺旋。由于肽链中的脯氨酸不含酰胺氢，含脯氨酸的肽段不能形成 α 螺旋。多聚亮氨酸和多聚丙氨酸很容易形成 α 螺旋，而多聚天冬氨酸和多聚谷氨酸在 pH 7 时由于 R 基具有负电荷，它与邻近的肽链互相排斥很难形成 α 螺旋，但在 pH 1.5 到 2.5 之间侧链会加上一质子，不带电后，多聚谷氨酸就会自发形成 α 螺旋结构。多聚赖氨酸在 pH 11 以下时，由于正电荷静电排斥，不能形成链内氢键而以无规则卷曲形式存在，在 pH 12 时肽链很容易形成 α 螺旋。

α 螺旋在一些纤维状蛋白中所占的比例很高，毛发的原纤维由 4 股初原纤维聚集而成，初原纤维由 2 股卷曲的螺旋构成，卷曲的螺旋是由 2 股 α 螺旋卷曲形成的左手超螺旋。不少球蛋白中含有比例不等的 α 螺旋，如肌红蛋白中的 α 螺旋比例高达 80%，但也有一些球蛋白中 α 螺旋的比例较低，或不含 α 螺旋。

② β 折叠 β 折叠（β 结构或 β 构象）是由 Pauling 和 R. Corey 于 1951 年首先提出来的，存在于许多蛋白质中。**β 折叠**（β-pleated sheet）也是一种重复性的结构，可以把它想象为由折叠的条状纸片侧向并排而成，每条纸片可看成是一肽链，在这里主链沿纸条形成锯齿状，R 基垂直于折叠平面，交替分布于平面的上下（图 2 – 10）。

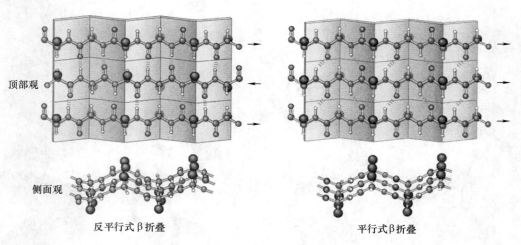

反平行式β折叠　　　　　　平行式β折叠

图 2 – 10　β 折叠结构模式

β 折叠可以由多条肽链构成，也可由同一条肽链通过回折构成。从图 2 – 10 还可看出，β 折叠中氢键主要是在股间而不是股内形成。在 β 折叠中主链处于最伸展的构象（有时称 ε 构象）。折叠可以有两种形式，一种是平行式，另一种是反平行式，在平行 β 折叠中，相邻肽链是同向的，在反平行 β 折叠片中，相邻肽链是反向的。在平行折叠中的氢键有明显的弯折，其伸展构象略小于反平行折叠中的构象。

图2–9　α 螺旋氢键形成示意图

反平行折叠中每个残基的长度是 0.347 nm，而平行折叠中的长度是 0.325 nm。

平行 β 折叠比反平行 β 折叠更规则，平行折叠一般是大结构，少于 5 条肽链的很少见。而反平行折叠可以少到仅由两条肽链组成。蚕丝中 β 折叠主要是反平行式的，一些球状蛋白质中也存在比例不等的 β 折叠，如免疫球蛋白 G、超氧化物歧化酶、刀豆蛋白 A 均有较高比例的 β 折叠。许多球蛋白如碳酸酐酶、溶菌酶，磷酸甘油醛脱氢酶在一条多肽链里同时有 α 螺旋和 β 折叠结构。

知识扩展 2 – 17
α – 角蛋白和 β – 角蛋白

③ **β 转角** 自然界的球状蛋白质种类最多，多肽链必须经过弯曲和回折才能形成稳定的球状结构。在很多蛋白质中观察到一种简单的二级结构，称 **β 转角**（β-turn）或 β 弯曲（β-bend），或发夹结构。在 β 转角中第一个氨基酸残基的 C＝O 与第四个氨基酸残基的 N—H 形成氢键，构成一个紧密的环，使 β 转角成为比较稳定的结构。如图 2 – 11 所示，由于构成 β 转角的氨基酸残基种类不同，β 转角可形成两种类型，二者的区别是中间的肽基旋转了 180°。甘氨酸侧链最小，在 β 转角中能很好地调整其他残基的空间阻碍，因此容易出现在 β 转角。肽链中的脯氨酸不能形成氢键，也容易出现在 β 转角的中间部位。

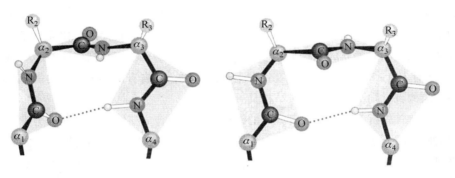

图 2 – 11 β 转角结构

④ **β 凸起** **β 凸起**（β-bugle）是一种小的非重复性结构，能单独存在，但大多数为反平行 β 折叠中的一种不规则情况。β 凸起可认为是 β 折叠链中额外插入的一个残基。蛋白质结构中各种形式的 β 凸起已知有 100 多例，图 2 – 12 所示为典型的 β 凸起。β 凸起可引起多肽链方向的改变，但改变的程度不如 β 转角。

⑤ **无规卷曲** **无规卷曲**（random coil）泛指那些不能或未能归入上述那些明确的二级结构的蛋白质肽段。需要指出的是，无规卷曲大多并非随意卷曲，也不是完全无

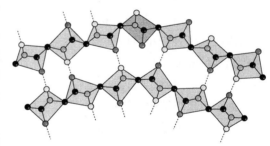

图 2 – 12 典型的 β 凸起结构

规，虽然它们的柔性较大，有一定的任意性，但也具有相对明确而稳定的结构。这类有序的非重复性结构经常构成酶的活性部分和其他蛋白质特异的功能部位。

（3）超二级结构和结构域

超二级结构和结构域是介于蛋白质二级结构和三级结构层次的过渡态构象，较复杂的球蛋白一般是由几个结构域模块组装而成的。结构域的种类并不很多，却可以组装成种类繁多的球蛋白，所以，超二级结构和结构域的研究备受关注。

① **超二级结构** **超二级结构**（super-secondary structure）的概念是 M. G. Rossman 于 1973 年提出来的，指若干相邻的二级结构中的构象单元彼此相互作用，形成有规则的，在空间上能辨认的二级结构组

合体。常见的有图 2 – 13 所示的 αα、βαβ、βαβαβ（Rossman 折叠）、ββ 和 β 曲折等。随后，在研究蛋白质与核酸相互作用时发现的一些被称作**模体**（motif）的结构元件，如螺旋 – 转角 – 螺旋、锌指、亮氨酸拉链等，也属于超二级结构。

超二级结构可以作为蛋白质的结构单元，组装成结构域或三级结构，也可作为蛋白质结构中有某种特定功能的区域。如 Rossman 折叠是许多酶蛋白中结合辅酶 NAD^+ 的区域，DNA 结合蛋白的模体可以特异性地与 DNA 结合。

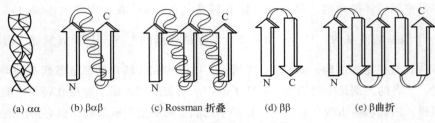

(a) αα   (b) βαβ   (c) Rossman 折叠   (d) ββ   (e) β曲折

图 2 – 13 常见的超二级结构

② 结构域   **结构域**（structural domain，domain）的概念也是 Rossman 于 1973 年提出来的，指多肽链在超二级结构基础上进一步盘绕折叠成的近似球状的紧密结构。对于较大的蛋白质分子或亚基，多肽链往往由两个或两个以上相对独立的结构域缔合成三级结构。结构域所含的氨基酸残基少则 40 个，多则 400 个以上，一般有 100 ~ 200 个。结构域在空间上彼此分隔，各自有部分生物学功能。某些较小的蛋白质分子只有一个结构域，则结构域和三级结构是一个意思。

一条长的多肽链首先折叠成几个相对独立的结构域，再缔合成三级结构，从动力学上看是合理的途径。很多多结构域的酶分子，活性部位往往分布在结构域之间的一段连接肽链（通常称为"铰链区"）上，结构域之间的相对运动，有利于活性部位结合底物，引起底物的结构变化，也有利于别构酶充分发挥别构调节效应。

根据结构域所含二级结构的种类和组合方式，结构域大体可分为 4 类：反平行 α 螺旋结构域（全 α 结构域）、反平行 β 折叠结构域（全 β 结构域）、混合型折叠结构域（α，β 结构域）和富含金属或二硫键结构域（不规则小蛋白结构域）。其中，混合型折叠结构域又可分为 α/β（α 螺旋和 β 折叠股交替出现）结构域和 α + β（α 螺旋和 β 折叠分别聚集在不同区域）结构域。图 2 – 14 呈现了分别含有以上类型结构域的蛋白质实例。

由于超二级结构和结构域的类型不是很多，不少学者致力于研究肽段的氨基酸序列与超二级结构和结构域的对应关系，以及由超二级结构和结构域组合成三级结构的规律。这一方面的研究工作，有力地推进着由氨基酸序列预测蛋白质空间结构的进程。

（4）蛋白质的三级结构

球状蛋白质的多肽链在二级结构、超二级结构和结构域等结构层次的基础上，组装而成的完整的结构单元称**三级结构**（tertiary structure）。换句话说，三级结构指多肽链上包括主链和侧链在内的所有原子在三维空间内的分布。

球状蛋白质存在多种三维结构，但是几乎所有的球状蛋白质都包含一定数量的 α 螺旋和 β 折叠。α 螺旋和 β 折叠中广泛的氢键使肽链上 N—H 和 C =O 的高极性被中和，有利于构成蛋白质的疏水核心。大多数球状蛋白质的核心部分几乎全部由 α 螺旋和 β 折叠构成，有些 α 螺旋可以完全隐蔽在蛋白质内部，如柠檬酸合酶是一个蛋白二聚体，其 α 螺旋片段存在于亚基与亚基的连接处。其中一处螺旋（260 ~ 270）是高度疏水的，只含有两个极性基团，这有助于螺旋存在于蛋白质核心之中。处于球蛋白外围的 α 螺旋通常一侧有较多的极性带电基团，会暴露在水相中，而另一侧则主要由非极性的疏水残基组成，

知识扩展 2 –18
蛋白质的三级结构与疏水作用力

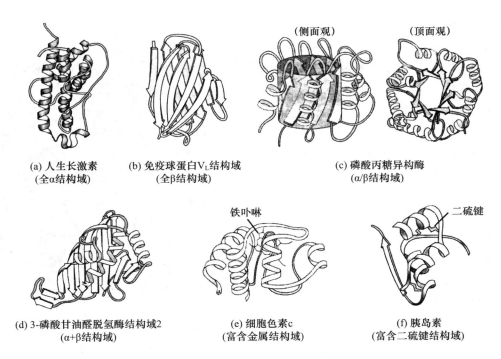

(a) 人生长激素
(全α结构域)

(b) 免疫球蛋白V_L结构域
(全β结构域)

(侧面观) (顶面观)

(c) 磷酸丙糖异构酶
(α/β结构域)

铁卟啉

二硫键

(d) 3-磷酸甘油醛脱氢酶结构域2
(α+β结构域)

(e) 细胞色素c
(富含金属结构域)

(f) 胰岛素
(富含二硫键结构域)

图 2 - 14　蛋白质的结构域 （改自：朱圣庚，徐长法，2016）

朝向内部的疏水区域，这种螺旋被称作两亲螺旋，从鱼腥草中提取的黄素氧还蛋白的第 153 至第 160 位残基就是一个典型的两亲螺旋。有的 α 螺旋其氨基酸残基大多是亲水的，可以完全暴露在溶剂中，如钙调蛋白有一个 α 螺旋处于两个结构域之间，完全暴露在水环境中，其氨基酸残基几乎全部是亲水的。可见，蛋白质的三级结构主要由疏水作用力维持。

　　多肽链中各二级结构彼此紧密装配，同时也可插入松散的肽段。用一个蛋白质中各个原子范德华体积的总和，除以蛋白质所占的体积即得装配密度，一般为 0.73 ~ 0.77。这意味着即使紧密装配，蛋白质大约还有 25% 总体积不会被组成蛋白质的原子所占据。说明蛋白质中有水分子大小或更大的空腔存在，这样的腔体结构似乎使蛋白质具有更大的空间可塑性，使其构象更容易发生符合蛋白动力学的变化。

　　20 世纪 50 年代 J. Kendrew 等研究鲸肌红蛋白的 X 射线衍射图谱，测定它的空间结构，首次成功解析了一个蛋白质的三维结构，后来 K. Wüthrich 建立了利用核磁共振谱学来解析溶液中生物大分子三维结构的方法，与建立质谱分析法分析肽链氨基酸序列的 J. B. Fenn 和 K. Tanaka 分享了 2002 年的诺贝尔化学奖。肌红蛋白是哺乳动物肌细胞储存和分配氧的主要蛋白质，这一功能和血红蛋白极为相似，因此它们在结构上也极为相似。肌红蛋白由一条多肽链构成，有 153 个氨基酸残基和一个血红素辅基，分子量为 17 800。其多肽链折叠成八段长度为 7 ~ 24 个氨基酸残基的 α 螺旋，α 螺旋之间各有一段 1 ~ 8 个氨基酸残基的松散肽链，在 C 端也有 5 个氨基酸残基组成的松散肽链。脯氨酸以及难以形成 α 螺旋体的氨基酸如异亮氨酸、丝氨酸多存在于拐角处。肌红蛋白是一种单结构域的蛋白质，整条肽链盘绕成一个致密的外圆中空的不对称结构，分子内部只有 1 个适合包涵 4 个水分子的空间。具有极性基团侧链的氨基酸残基几乎全部分布在分子的表面，与水分子结合，使肌红蛋白有良好的可溶性。而非极性的残基则被埋在分子内部，不与水接触。血红素垂直地伸出在分子表面，并通过肽链上的组氨酸残基与肌红蛋白分子相连（图 2 - 15）。

　　球蛋白分子三级结构的共同特点是含多种二级结构元件，具有明显的折叠层次，整个分子折叠成近

科学史话 2 - 8
血红蛋白和肌红蛋白空间结构的研究

科学史话 2 - 9
蛋白质结构质谱分析法和核磁共振分析法的建立

似球状的紧密实体。疏水侧链多分布在分子内部，亲水侧链多分布在分子表面。分子表面常有空穴，是结合配体，行使生物学功能的活性部位，空穴通常是一个疏水的区域。

（5）蛋白质的四级结构

许多蛋白质由两个或两个以上具有三级结构的亚单位组成，其中每一个亚单位称为**亚基**（subunit），亚基间通过非共价键聚合而形成特定的构象。蛋白质**四级结构**（quaternary structure）指分子中亚基的种类、数量以及相互关系。一个亚基可以有一条肽链，也可以有多条肽链。例如 α - 胰凝乳蛋白酶由 3 条肽链组成，肽链间通过二硫键共价连接，胰岛素的 A 链与 B 链，通过二硫键连接共同组成三级结构单位，同一个三级结构单位中的不同肽链不能称为亚基。亚基若单独存在，无生物活性或活性很小，只有相互聚合形成四级结构时，蛋白质才具有完整的生物活性。

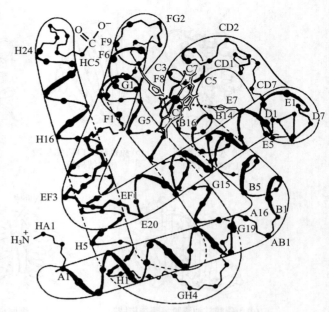

图 2 - 15 抹香鲸肌红蛋白的三级结构
（引自：朱圣庚，徐长法，2016）

存在于自然界中的许多蛋白质具有四级结构，亚基间的空间位置通常存在一定的对称关系。相同亚基的缔合称同多聚，不同亚基的缔合称杂多聚。一个蛋白质中的不同亚基通常以 α，β，γ 等命名，例如促甲状腺素和促黄体生成素各含有 1 个 α 亚基和 1 个 β 亚基，用 αβ 来表示，血红蛋白含有 2 个 α 亚基和 2 个 β 亚基，用 $\alpha_2\beta_2$ 来表示。

血红蛋白的分子量为 65 000，亚基组成为 $\alpha_2\beta_2$，α 链由 141 个氨基酸组成，β 链由 146 个氨基酸组成，每一个亚基含有一个血红素辅基。α 链和 β 链的一级结构差别较大，但三级结构却大致相同，并和肌红蛋白相似（图 2 - 16）。血红蛋白分子中的 4 条链各自折叠卷曲形成三级结构，再通过分子表面的疏水作用力、盐键和氢键相互结合，互相凹凸镶嵌排列，形成四聚体（图 2 - 17）。

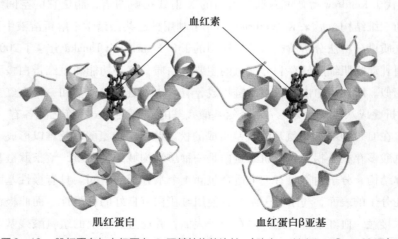

血红素

肌红蛋白　　　　　　　血红蛋白β亚基

图 2 - 16　肌红蛋白与血红蛋白 β 亚基结构的比较　（改自：Nelson，Cox，2017）

　　蛋白质形成四级结构可以增强其结构的稳定性，可以在亚基之间的结合区域形成新的功能部位，可以使某些蛋白质具有协同效应（见 2.5.2 和 6.8.2）。此外，病毒的外壳通常由数百乃至数千相同的蛋白质亚基聚集而成，如果要用一条肽链构成病毒的外壳，则需要一个特大的基因。可见，形成蛋白质亚基的多聚体，可以提高遗传物质的利用效率。总而言之，蛋白质形成四级结构有重要的生物学意义。

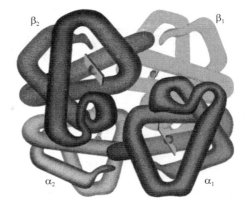

图 2-17　血红蛋白的四级结构

2.5　蛋白质结构与功能的关系

　　蛋白质分子多种多样的生物功能是以其极其复杂的化学组成和空间结构为基础的，蛋白质的一级结构和三维结构均与其特定的功能相关。

2.5.1　蛋白质一级结构与功能的关系

（1）种属差异

　　在不同机体中有同一功能的蛋白质（同源蛋白质）氨基酸序列有明显的共性，也有一定的种属差异。例如哺乳动物、鸟类和鱼类等的胰岛素由 51 个氨基酸组成的，其排列顺序大体相同，其中有 22 个氨基酸为不同种属来源的胰岛素所共有。例如，A 链、B 链中的 6 个半胱氨酸残基的位置是不变的，说明胰岛素分子中 A 链、B 链之间 3 对二硫键对维持高级结构起着重要的作用。X 射线衍射分析证明，不同来源的胰岛素空间结构大致相同，一些非极性氨基酸对维持胰岛素的高级结构起重要作用。不同种属来源的胰岛素在 A 链小环的 8、9、10 位，和 B 链 30 位氨基酸残基有差异，说明这 4 个氨基酸残基的改变并不影响胰岛素的生物活性。

　　不同种属的细胞色素 c 同样具有结构上的相似性，其 104 个氨基酸中有 35 个是各种生物所共有的。如 14 和 17 位的两个半胱氨酸与血红素共价连接，血红素的丙酸基与 48 位的酪氨酸和 59 位的色氨酸以氢键相连，血红素的铁原子有 6 个配位键，除了 4 个与卟啉环的 4 个氮原子以配位键相连外，另外 2 个分别与 18 位组氨酸咪唑环的氮原子，以及与 80 位的甲硫氨酸的硫原子配位相连。所以，这些位置的氨基酸是各种生物所共有的。

　　对约 100 个种属的细胞色素 c 一级结构进行比较，发现亲缘关系越近，其结构越相似。表 2-3 的首行和首列分别列有不同的物种，交叉处的数字表示这两个物种细胞色素 c 有差异氨基酸残基的数目。如响尾蛇和鲤鱼有差异氨基酸残基的数目为 26，和酵母有差异氨基酸残基的数目为 47。

　　用细胞色素 c 氨基酸序列差异绘制的进化树，与用传统分类学绘制的进化树相似。

　　比较肌红蛋白和血红蛋白两个亚基的序列，发现这 3 种蛋白质是由同一个祖先经趋异进化形成的。但有些蛋白质家族成员，可能是由不同的祖先经趋同进化形成的。

知识扩展 2-19

不同种属来源胰岛素的氨基酸差异

知识扩展 2-20

用细胞色素 c 氨基酸序列差异绘制的进化树

表 2 – 3   细胞色素 c 氨基酸数目在不同物种间的差异比较

	黑猩猩	绵羊	响尾蛇	鲤鱼	蜗牛	天蛾	酵母	花椰菜	欧防风
人	0	10	14	18	29	31	44	44	43
黑猩猩		10	14	18	29	31	44	44	43
绵羊			20	11	24	27	44	46	46
响尾蛇				26	28	33	47	45	43
鲤鱼					26	26	44	47	46
花园蜗牛						28	48	51	50
烟草天蛾							44	44	41
啤酒酵母								47	47
花椰菜									13

（2）分子病

知识扩展 2 – 21
蛋白质家族的趋异进化和趋同进化

分子病指某种蛋白质分子的氨基酸发生突变导致的遗传病，突出的例子是镰状细胞贫血。正常人血红蛋白（Hb – A）的 β 链第 6 位为谷氨酸，而病人的血红蛋白分子（Hb – S）β 链的第 6 位为缬氨酸。由于谷氨酸在生理条件下带负电荷，使 Hb – A 相互排斥，不能聚集。缬氨酸为疏水氨基酸，使患者的 Hb – S 在氧气缺乏时聚集成链状，丧失运氧功能，同时，红细胞呈镰刀状，易胀破发生溶血。引起患者头昏、胸闷等贫血症状，严重时可以致死。

知识扩展 2 – 22
血红蛋白的分子病

$$Hb – A：Val – His – Leu – Thr – Pro – Glu – Glu – Lys –$$
$$1 \qquad\qquad\qquad\qquad 5$$
$$Hb – S：Val – His – Leu – Thr – Pro – Val – Glu – Lys –$$

上述实例说明，每种蛋白质分子都具有其特定的结构来完成它特定的功能，甚至个别氨基酸的变化就能引起功能的改变或丧失，证实了蛋白质结构与功能的高度统一性。

2.5.2   蛋白质构象与功能的关系

蛋白质的功能通常取决于它的特定构象。某些蛋白质表现其生物功能时，构象发生改变，从而改变了整个分子的性质，这种现象称为别构效应。别构效应是蛋白质表现其生物功能的一种相当普遍而又十分重要的现象，如血红蛋白在表现其运输氧功能时的别构现象就是一个例子。如前所述，血红蛋白是由两个 α 亚基和两个 β 亚基组合而成的四聚体，具有稳定的高级结构，和氧的亲和力较弱，但当氧和血红蛋白分子中一个亚基血红素铁结合后，即引起该亚基的构象发生改变，并通过亚基之间的相互作用引起另外三个亚基相继发生构象变化，亚基间的次级键被重组，结果整个分子的构象发生改变，使所有亚基血红素铁原子的位置都变得适宜与氧结合，所以血红蛋白与氧结合的速度大大加快。别构效应使血红蛋

知识扩展 2 – 23
血红蛋白与肌红蛋白的结构和功能

白能够在氧分压较高的肺部高效率结合氧，在氧分压较低的肝和肌肉等组织高效率释放氧。肌红蛋白只有一个亚基，不存在别构效应，在氧分压较低时，与氧的结合能力比血红蛋白强，可以在氧分压较低的肝和肌肉等组织从血红蛋白获取氧，但不容易释放氧。可见，血红蛋白适合于运输氧，而肌红蛋白适合于从血红蛋白获取和保存氧，二者的结构与功能有高度的统一性。

知识扩展 2 – 24
免疫球蛋白的结构和功能

免疫球蛋白的基本结构是由两条相同的**重链**（heavy chain，H 链）和两条相同的**轻链**（light chain，L 链）通过链间二硫键连接而成的四肽链结构。不同的免疫球蛋白，重链和轻链靠近 N 端的氨基酸的序列变化很大，称为**可变区**（variable region，V 区），而靠近 C 端的其余氨基酸序列相对稳定，称为**恒定**

区（constant region，C 区）。重链和轻链的 V 区分别称为 V_H 和 V_L。V_H 和 V_L 共同组成 Ig 的**抗原结合部位**（antigen-binding site），该部位形成一个与抗原决定簇互补的表面，故又被称为**互补性决定区**（complementarity-determining region，CDR）。不同的抗体其 CDR 序列不同，并因此决定抗体的特异性。重链和轻链的 C 区分别称为 C_H 和 C_L，不同类型 Ig 重链 C_H 长度不一，有的包括 C_H1、C_H2 和 C_H3，有的更长，包括 C_H1、C_H2、C_H3 和 C_H4。同一种属动物中，同一类别 Ig 分子其 C 区氨基酸的组成和排列顺序比较恒定。因此，C 区与抗原特异性无关，但与抗体的种属特异性有关。铰链区位于 C_H1 与 C_H2 之间，含有丰富的脯氨酸，因此易伸展弯曲，而且易被木瓜蛋白酶、胃蛋白酶等水解。免疫球蛋白被木瓜蛋白酶在铰链区切割，可形成 2 个抗原结合片段（antigen-binding fragment，Fab）和 1 个容易结晶的 Fc 片段，铰链区使 2 个 Fab 段易于移动和弯曲，从而可与不同距离的抗原部位结合（图 2-18）。不难发现，免疫球蛋白不同区域的结构，与其功能有很好的对应关系。

科学史话 2-10
抗体结构的研究和单克隆抗体技术的建立

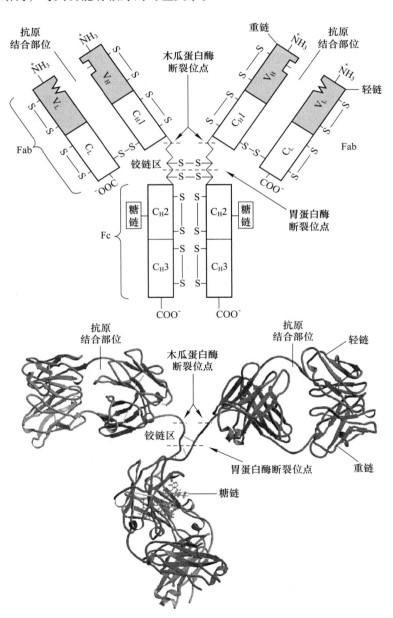

图 2-18　免疫球蛋白 G 的结构（上图引自：朱圣庚，徐长法，2016；下图改自：Nelson, Cox, 2017）

知识扩展 2-25
胶原蛋白、骨骼肌和微管蛋白的结构与功能

此外，胶原蛋白、骨骼肌和微管蛋白也是蛋白质结构与功能相一致的绝好例子。酶蛋白质结构与功能的一致性将在第 6 章介绍。

2.6 蛋白质的性质与分离、分析技术

2.6.1 蛋白质的性质

蛋白质由氨基酸组成，因此蛋白质的性质有些与氨基酸相似，但也有其特殊的性质。

（1）蛋白质的分子量

蛋白质的分子量（M_r）差异较大，一般在 $10^4 \sim 10^6$ 之间。

知识扩展 2-26
蛋白质及亚基的分子量

由于蛋白质的 M_r 很大，常用的测定小分子物质 M_r 的方法如冰点降低、沸点升高等方法都不适用。测定蛋白质 M_r 的常用方法有渗透压法、超离心法、凝胶过滤法、聚丙烯酰胺凝胶电泳等，其中渗透压法较简单，对仪器设备要求不高，但准确度较差。超离心法用于测定蛋白质 M_r 的基本原理是在 25 万 ~ 50 万 g 的离心力作用下，使蛋白质颗粒从溶液中沉降，较大的分子会有较大的沉降速度。用光学方法监测蛋白质颗粒的沉降速度，根据沉降速度可计算出蛋白质的 M_r。超速离心机最初是 T. Svedberg 于 1940 年设计制造的，一般把单位（厘米）离心场的沉降速度称沉降系数，用 S 表示。一个 S 单位，

知识扩展 2-27
蛋白质分子量的测定方法

为 1×10^{-13} s，因此 8×10^{-13} s 的沉降系数用 8S 表示。沉降系数可以近似地表示生物大分子的大小，一些标准蛋白质的 M_r 就是用这一方法测出来的。不过，需要注意的是，M_r 相同的大分子，沉降系数会随着分子相对密度的降低而减少。如核糖体的 30S 亚基和 50S 亚基结合后，沉降系数为 70S，而不是 80S，就是因为两个亚基结合后，相对密度有所降低。此外，用超离心法测定蛋白质 M_r 是昂贵和耗时的。因此，现在很少用超离心法测定蛋白质的 M_r。而常用凝胶过滤法和 SDS - 聚丙烯酰胺凝胶电泳法测定蛋白质的 M_r，其中的 SDS - 聚丙烯酰胺凝胶电泳法快速、简单、准确度较高、耗费较少。缺点是该法测出的是亚基的 M_r，若待测蛋白质是多亚基的，需要配合使用凝胶过滤法确定整个分子的 M_r。此外，测出蛋白质中某成分（如铁或某种氨基酸）的百分含量，假定该成分在蛋白质中只有一个，则可用比例关系算出蛋白质的最小 M_r。如蛋白质含 Trp（M_r：204）0.58%，其 $M_{r最小} = 100 \times 204 \div 0.58 = 35\,172$。若用其他方法测出的 M_r 为 70 350，则说明该蛋白质中含有 2 个 Trp。

科学史话 2-11
超速离心技术的建立

（2）蛋白质的两性电离及等电点

蛋白质分子中可解离的基团除肽链末端的 α-氨基和 α-羧基外，主要是氨基酸残基上的侧链基团如 ε-氨基、β-羧基、γ-羧基、咪唑基、胍基、酚基、巯基等。在酸性环境中各碱性基团与质子结合，使蛋白质带正电荷。在碱性环境中酸性基团解离出质子，与环境中的 OH⁻ 结合成水，使蛋白质带负电荷。调节溶液的 pH，使蛋白质所带的正电荷与负电荷恰好相等，总净电荷为零，在电场中既不向阳极移动，也不向阴极移动，这时溶液的 pH 称为该蛋白质的等电点（pI）。这种关系可以表示如下：

不同的蛋白质所含氨基酸的种类和数量不同，因而有不同的等电点。含碱性氨基酸较多的蛋白质，其等电点偏碱，例如从雄性鱼类成熟精子中提取的鱼精蛋白富含精氨酸，其等电点为 12.0～12.4。含酸性氨基酸较多的蛋白质，其等电点偏酸，例如胃蛋白酶含酸性氨基酸残基为 37 个，而碱性氨基酸残基仅含 6 个，其等电点为 1 左右。含酸性和碱性氨基酸残基数目相近的蛋白质，其等电点偏酸，约为 5.0。

蛋白质在等电点时，以两性离子的形式存在，其总净电荷为零，这样的蛋白质颗粒在溶液中因为没有相同电荷互相排斥的影响，容易结合成较大的聚集体，所以溶解度最小，容易沉淀析出。在蛋白质的分离、提纯时，常利用这一性质，在不同 pH 条件下，将具有不同 pI 的蛋白质沉淀出来。同时在等电点时蛋白质的黏度、渗透压、膨胀性以及导电能力均为最小。

带电的颗粒在电场中可以向电荷相反的电极移动，利用这一性质分离带电荷分子的实验技术称电泳。各种蛋白质的等电点不同，M_r 也各不相同，在一个给定 pH 的溶液中，各种蛋白质所带电荷不同，在电场中移动的方向和速度也各不相同。一般来说，颗粒越小，带电荷越多，电泳的速度越快。根据这一原理，就可以从蛋白质混合液中将各种蛋白质分离开来。电泳法通常用于研究、生产或临床诊断，来分析分离蛋白质混合物，或作为蛋白质纯度鉴定的手段。

将蛋白质溶于缓冲液中通电进行电泳，称自由界面电泳。将蛋白质溶液加在浸了缓冲液的支持物上进行电泳，不同组分形成带状区域，称区带电泳。其中用滤纸作支持物的称纸电泳，用凝胶（如淀粉、琼脂、聚丙烯酰胺等）作支持物的称凝胶电泳。在玻璃管中进行的凝胶电泳，蛋白质的不同组分形成的区带如圆盘，称圆盘电泳。在铺有凝胶的玻璃板上进行的电泳称平板电泳。纸电泳和凝胶电泳比较简便，在一般实验室中使用较多。临床上分析人血清中各类蛋白质的相对比例时，常用醋酸纤维素薄膜作支持物进行电泳，速度快、分离效果好、定量正确、电泳图谱清晰，因此已逐渐取代纸电泳。人血清中含有清蛋白，α_1、α_2、β、γ - 球蛋白等多种蛋白质，它们的等电点各不相同，在 pH 8.6 的缓冲液中都以阴离子状态存在，通电后都向阳极移动，由于它们所带电荷数目和分子量不同，在电场中泳动的速度不同，通电一定时间后，这几种蛋白质就可分开。停止通电，经染色可以区分出明显的区带。根据各个区带的宽度和色度，可以确定各类蛋白质的相对含量。用光密度扫描仪可以对各个条带进行定量分析。

此外，将电泳与等电点相结合的等电聚焦，以及电泳与免疫扩散相结合的免疫电泳等，在分离鉴定蛋白质方面都很重要。

（3）蛋白质的变性

天然蛋白质因受物理或化学因素的影响，其分子内部原有的高度规律性结构发生变化，致使蛋白质的理化性质和生物学性质都有所改变，但蛋白质的一级结构不被破坏，这种现象称**变性**（denaturation），变性后的蛋白质称变性蛋白质。

早在 1931 年我国生物化学家吴宪就指出，变性作用的实质是肽链从卷曲变伸展的过程。半个多世

知识扩展 2－28
某些蛋白质的等电点

知识扩展 2－29
我国正常成人血清蛋白质组成

纪以来的研究成果,不断地证明吴宪教授的变性学说是正确的。

能使蛋白质变性的因素很多,化学因素有强酸、强碱、尿素、胍、去污剂、重金属盐、三氯醋酸、磷钨酸、苦味酸、浓乙醇等。物理因素有加热(70～100℃)、剧烈振荡或搅拌、紫外线及 X 射线照射、超声波等。不同蛋白质对各种因素的敏感程度是不同的。

蛋白质变性后首先失去其生物活性,如酶失去催化能力、血红蛋白失去运输氧的功能、胰岛素失去调节血糖的生理功能等。蛋白质生物学性质的改变是变性作用最主要的特征。变性后的蛋白质还表现出各种理化性质的改变,如溶解度降低、易形成沉淀析出、结晶能力丧失,球状蛋白质变性后分子形状也发生改变。蛋白质变性后,肽链松散,使反应基团(如—SH、—S—S—基、酚羟基等)暴露,从而易被蛋白水解酶消化,一般认为天然蛋白质在体内消化的第一步就是蛋白质的变性。

蛋白质的变性作用,主要是分子内部的氢键等次级键被破坏,蛋白质分子从原来有秩序的卷曲紧密结构变为无秩序的松散伸展状结构,但一级结构没有破坏,其组成成分和 M_r 不变。变性后的蛋白质溶解度降低,也是由于高级结构受到破坏,使原来藏在分子内部的疏水基团大量暴露在分子表面,亲水基团相对减少,使蛋白质颗粒失去水膜,容易相互碰撞发生聚集沉淀,此外,肽链由紧密状态变成松散状态,比较容易相互缠绕,聚集沉淀,也是变性后溶解度下降的一个原因。

蛋白质的变性作用,如不过于剧烈,在一定条件下可以恢复活性,称蛋白质的复性(renaturation),例如胃蛋白酶加热至 80～90℃时,失去溶解性,也无消化蛋白质的能力,如将温度再降低到 37℃,则它又可恢复溶解性与消化蛋白质的能力。但随着变性时间的增加,条件加剧、变性程度也加深,如蛋白质的结絮作用和凝固作用就是变性程度深刻化的表现,这样就达到不可逆的变性。蛋白质的复性说明其空间结构是由一级结构决定的,但随后的研究发现,体内蛋白质形成空间结构,通常需要被称作分子伴侣的蛋白质协助。

知识扩展 2 – 30
蛋白质的复性实验

科学史话 2 – 12
核糖核酸酶的序列测定和复性实验

蛋白质的变性与凝固已有许多实际应用,如豆腐就是大豆蛋白质的浓溶液加热加盐而成的变性蛋白凝固体。临床分析化验血清中非蛋白成分,常常用三氯醋酸或钨酸盐使血液中蛋白质变性沉淀而去除,鉴定尿中是否有蛋白质常用加热法来检验。在急救重金属盐中毒(如氯化高汞)时,可给患者吃大量乳品或蛋清,其目的就是使乳品或蛋清中的蛋白质在消化道中与重金属离子结合成不溶解的变性蛋白质,从而阻止重金属离子被吸收进入体内,最后设法将沉淀物从肠胃中洗出。

在生物体的生命活动中,还有不少现象是与蛋白质的变性作用有关的,如机体衰老时,相应的蛋白质也逐渐发生变性,亲水性相应减弱。再如,种子放久后蛋白质的亲水性降低而失去发芽能力。

另外,在制备蛋白质和酶制剂过程中,为了保持其天然性质,就必须防止变性作用的发生,因此在操作过程中必须注意保持低温,避免强酸、强碱、重金属盐类,防止振荡等;相反,那些不需要的杂蛋白则可利用变性作用而沉淀除去。

科学史话 2 – 13
朊病毒的研究

蛋白质变性还同某些疾病有关,如与朊病毒(prion)相关的古鲁症(Kuru)、GSS 氏病(Gerstmann-Strassler-Scheinker disease)、羊瘙痒病(scrapie)和疯牛病(mad cow disease)等神经退化疾病。

(4) 蛋白质的胶体性质

由于蛋白质 M_r 大,在水溶液中形成的颗粒(直径在 1～100 nm 之间)具有胶体溶液的特征,如布朗运动、丁达尔现象、电泳现象、不能透过半透膜及具有吸附能力等。利用蛋白质不能透过半透膜的性质,可用羊皮纸、火棉胶、玻璃纸等半透膜来分离纯化蛋白质,这个方法称透析法。具体的操作是将含有小分子杂质的蛋白质放入一个透析袋中,然后置流水中进行透析,此时小分子化合物不断地从透析袋中渗出,而大分子蛋白质仍留在袋内,经过一定时间后,就可达到纯化目的,这是实验室或工业生产上提纯蛋白质常用的方法。

蛋白质颗粒大,在溶液中具有较大的表面积,且表面分布着各种极性和非极性基团,因此对许多物质都有吸附能力，一般极性基团易与水溶性物质结合，非极性基团易与脂溶性物质结合。

蛋白质的水溶液是一种比较稳定的亲水胶体，这是因为蛋白质颗粒表面带有许多极性基团，如—NH$_2$、—COOH、—OH、—SH、—CONH$_2$ 等，和水具有高度亲和性，当水与蛋白质相遇时，就很容易被蛋白质吸引，在蛋白质颗粒外面形成一层水膜（又称水化层）。水膜的存在使蛋白质分子不会聚集成大颗粒，因此蛋白质在水溶液中不易沉淀。另一个原因是同一种蛋白质分子在非等电状态时带有相同电荷，使蛋白质颗粒之间相互排斥，不致互相凝集沉淀。

（5）蛋白质的沉淀

蛋白质由于带有电荷和水膜，因此在水溶液中形成稳定的胶体。如果在蛋白质溶液中加入适当的试剂，破坏了蛋白质的水膜，或中和了蛋白质的电荷，蛋白质就会从胶体溶液中沉淀出来。有多种方法可以促进蛋白质的沉淀，有些温和的方法可以将非变性的蛋白质沉淀出来，一些强烈的方法则可以使蛋白质变性沉淀。

① 加高浓度盐类　用硫酸铵、硫酸钠、氯化钠等中性盐使蛋白质产生沉淀称**盐析法**（salt fractionation）。盐析法沉淀的蛋白质不变性，常用于分离制备有活性的蛋白质。不同蛋白质盐析时所需的盐浓度不同，因此调节盐浓度，可使混合蛋白质溶液中的几种蛋白质分段析出，称为分段盐析。例如血清中加硫酸铵至50%饱和度，则球蛋白先沉淀析出，继续再加硫酸铵至饱和，则清蛋白（白蛋白）沉淀析出。

② 加有机溶剂　由于乙醇、丙酮等有机溶剂和水有较强的作用，破坏了蛋白质分子周围的水膜，因此产生沉淀。蛋白质溶液的pH在等电点时，沉淀效果更好。在低温条件下，用有机溶剂沉淀的蛋白质一般不变性，且沉淀的效果比盐析法好。有些结构稳定的蛋白质，如超氧化物歧化酶（SOD），在较高温度下用有机溶剂沉淀也不变性。因此，有机溶剂沉淀法也可用于活性蛋白质的分离纯化。

③ 加重金属盐类　蛋白质在碱性溶液中带负离子，可与氯化高汞、硝酸盐、醋酸铅、三氯化铁等重金属的正离子作用生成不易溶解的盐。重金属盐类沉淀的蛋白质是变性的，但沉淀的效率很高，常用于去除样品中的蛋白质杂质。

④ 加某些酸类　苦味酸、单宁酸、三氯乙酸等能和蛋白质形成不溶解的盐而使其快速沉淀。沉淀的蛋白质是变性的，常用于沉淀去除样品中的蛋白质杂质。

⑤ 加热　加热可以使大多数蛋白质变性沉淀，是去除样品中蛋白质杂质的常用方法。烹调过程中蛋白质加热变性，有助于消化吸收。不过，有些蛋白质在加热变性后并不沉淀，如乳品中的蛋白质。

（6）蛋白质的颜色反应

在蛋白质的分析工作中，常利用蛋白质分子中某些氨基酸或某些特殊结构与某些试剂产生颜色反应，对其进行定性或定量检测。

① 双缩脲反应　双缩脲是由两分子尿素缩合而成的化合物。将尿素加热到180℃，则两分子尿素缩合成一分子双缩脲，并放出一分子氨。

$$H_2N-\overset{\overset{\displaystyle O}{\|}}{C}-NH_2 \quad + \quad H_2N-\overset{\overset{\displaystyle O}{\|}}{C}-NH_2 \quad \xrightarrow{\text{加热}} \quad H_2N-\overset{\overset{\displaystyle O}{\|}}{C}-NH-\overset{\overset{\displaystyle O}{\|}}{C}-NH_2 \quad + \quad NH_3$$

尿素　　　　　　　　　　　　　　　　双缩脲

双缩脲在碱性溶液中能与硫酸铜反应产生紫红色络合物，此反应称双缩脲反应。

蛋白质分子中含有许多和双缩脲结构相似的肽键，因此有双缩脲反应。通常可用此反应来定性鉴定蛋白质，也可根据反应产生的颜色在540 nm处比色，定量测定蛋白质。

② 酚试剂（福林试剂）反应　蛋白质分子一般都含有酪氨酸，而酪氨酸中的酚基能将福林试剂中

的磷钼酸及磷钨酸还原成蓝色化合物（即钼蓝和钨蓝的混合物）。这一反应常用来定量测定蛋白质含量，灵敏度比双缩脲法高。

此外，某些氨基酸还有米伦反应、乙醛酸反应和坂口反应，但由于试剂复杂或有害，已不多用了。

（7）蛋白质的含量测定

测定可溶性蛋白质的含量，除上述双缩脲法和酚试剂法外，常用的方法还有：

① 考马斯亮蓝染色法　蛋白质可用考马斯亮蓝在室温下染色，反应迅速，约 2 min 可完成，生成物稳定，测定蛋白质含量的灵敏度较高，因此被广泛使用。

② 紫外吸收法　由于蛋白质分子中的酪氨酸、色氨酸和苯丙氨酸在 280 nm 左右有强烈的光吸收，可用这一性质测定溶液中的蛋白质含量。此法不需要任何反应，直接测定蛋白质溶液的 $A_{280\,nm}$ 和 $A_{260\,nm}$，用下列公式可算出蛋白质质量浓度：

$$蛋白质质量浓度（mg/mL）= 1.45A_{280\,nm} - 0.47A_{260\,nm}$$

这一方法准确度不是很高，但是十分简单方便，在分子生物学实验中常用。

③ 凯氏定氮法　测定包括可溶性蛋白和不溶性蛋白的总蛋白含量，常用凯氏定氮法，这一方法的缺点是不能区分蛋白氮和非蛋白氮，计算时，将所有的氮均看作蛋白氮，因此将计算出的蛋白质含量称作粗蛋白含量。此外，计算时所用的系数 6.25 对某些蛋白质是不合适的，需要用校正后的系数。

④ 其他方法　微量的可溶性蛋白还可用胶体金法和免疫学方法测定，有活性的蛋白质，如酶和激素，可直接测定其生物学活性。对蛋白质混合物进行凝胶电泳后染色，再进行扫描分析，或用图像分析系统对照片进行分析，可以测定各种蛋白质成分的相对含量。

2.6.2　蛋白质的分离和分析技术

利用蛋白质理化性质的差异，可以对蛋白质进行分离纯化。由于蛋白质容易变性，选择的方法要尽可能温和，通过多种分离方法的合理搭配，才有可能得到回收率和纯度均较高的纯化蛋白质。

（1）根据蛋白质溶解度不同进行分离

① 盐析　蛋白质盐析常用的中性盐，主要有硫酸铵、硫酸镁、硫酸钠、氯化钠、磷酸钠等。其中硫酸铵分段盐析效果比其他盐好，不易引起蛋白质变性。硫酸铵溶液的 pH 常在 4.5~5.5 之间，当用其他 pH 进行盐析时，需用硫酸或氨水调节。

蛋白质在用盐析沉淀分离后，需要将蛋白质中的盐除去，常用的办法是透析，即把蛋白质溶液装入透析袋内（常用的是玻璃纸），用缓冲液进行透析，并不断更换缓冲液，因透析所需时间较长，所以最好在低温中进行。此外也可用葡聚糖凝胶 G-25 或 G-50 柱层析的办法除盐，所需时间较短。

② 等电点沉淀法　蛋白质在等电点状态时颗粒之间的静电斥力最小，因而溶解度也最小，各种蛋白质的等电点有差别，可调节溶液的 pH 达到某一蛋白质的等电点使之沉淀，但此法很少单独使用，可与盐析法和有机溶剂沉淀法结合使用。

③ 低温有机溶剂沉淀法　常用可以与水混溶的有机溶剂如乙醇或丙酮去除蛋白质的水膜，同时，将 pH 调到蛋白质的等电点使之沉淀，此法沉淀效率比盐析法高，但蛋白质较易变性，只用于分离某些较稳定的蛋白质，并应在低温下进行。

（2）根据蛋白质分子大小进行分离

① 透析与超滤　透析法是利用蛋白质分子不能通过半透膜的性质，使蛋白质和其他小分子物质如无机盐、单糖和氨基酸等分开。而超滤法是利用高压力或离心力，迫使水和其他小的溶质分子通过半透

膜，而蛋白质留在膜上，可选择不同孔径的滤膜截留不同分子量的蛋白质。

② 凝胶过滤法 也称分子排阻层析或分子筛层析，这是根据分子大小分离蛋白质混合物最有效的方法之一。其要点是，用凝胶颗粒填装层析柱，将蛋白质混合物加到柱上进行洗脱时，大分子沿着凝胶颗粒之间的空隙移动，先被洗脱出来，小分子可以进入凝胶颗粒内部后被洗脱出来，从而使各种蛋白质得以分离。常用的填充材料是葡聚糖凝胶（Sephadex gel）和琼脂糖凝胶（Agarose gel），近年来常用的 Sephacryl 等新型凝胶有更好的强度和稳定性，分辨率更好。

（3）根据蛋白质带电性质进行分离

① 电泳法 常用的聚丙烯酰胺凝胶电泳（PAGE），可以因不同蛋白质所带电荷的差异和大小差异高分辨率地分离或分析蛋白质。在 PAGE 系统中加入十二烷基硫酸钠（SDS），消除蛋白质所带电荷的差异，构成的 SDS – PAGE 系统，是测定蛋白质的分子量最常用的方法。等电聚焦电泳是在 PAGE 中加入一种两性电解质作为载体，电泳时两性电解质形成一个由正极到负极逐渐增加的 pH 梯度，当带一定电荷的蛋白质在其中泳动时，到达各自等电点的 pH 位置就停止，此法可用于分析和制备各种蛋白质，也可用于测定蛋白质的等电点。对于复杂的蛋白质样品，可以先用凝胶条或微型凝胶柱做等电聚焦，再将凝胶条或微型凝胶柱置于垂直凝胶板的上方，进行 SDS – PAGE，这样的双向电泳技术，是蛋白质组学分离蛋白质的主要方法。

② 离子交换层析法 离子交换剂有阳离子交换剂（如羧甲基纤维素，即 CM – 纤维素）和阴离子交换剂（如二乙氨基乙基纤维素，即 DEAE – 纤维素），当被分离的蛋白质溶液流经离子交换层析柱时，带有与离子交换剂可交换基团相同电荷的蛋白质被吸附在离子交换剂上，带同种净电荷越多，吸附力越强，随后用改变 pH 或离子强度的办法将吸附的蛋白质按吸附力从小到大的顺序先后洗脱下来。近年来常用的离子交换剂是 DEAE-Sepharose FF 和 CM-Sepharose FF，其分离效果比离子交换纤维素好。

（4）根据配体特异性进行分离

亲和层析法（affinity chromatography）是分离蛋白质的一种极为有效的方法，通常只需经过一步处理，即可将待提纯的蛋白质从很复杂的蛋白质混合物中分离出来，而且纯度很高。这种方法是将称为配体（ligand）的分子共价结合在层析柱中的固体材料上，蛋白质混合物流经层析柱时，目标蛋白与配体结合被层析柱中的固体材料截留，而非目标蛋白则不能与层析柱中的固体材料结合。先洗脱除去杂蛋白，再用含游离配体的洗脱剂将目标蛋白替换下来，从而达到目标蛋白的分离与纯化。

蛋白质在组织或细胞中是以复杂的混合物形式存在，每种类型的细胞都含有上千种不同的蛋白质，因此蛋白质的分离、提纯和鉴定是相当困难的，没有一套现成的方法能够把一种任意的蛋白质从复杂的混合蛋白质中分离出来，不同的蛋白质需要采用不同的分离策略，而且往往要多种方法联合使用。

2.6.3 蛋白质分子中氨基酸序列的确定

测定不同蛋白质的氨基酸的排列顺序，方法往往有所不同，但还是有一些原则可循的。首先要得到均一且纯度很高（≥97%）的待测肽链，才能得到明确的测序结果，因此，蛋白质的纯化和纯度鉴定对多肽链中氨基酸残基的分析鉴定均至关重要。得到高纯度的待测肽链后，蛋白质的序列测定一般可以概括为 9 个基本步骤。

（1）多肽链的分离

如果蛋白质分子含一条以上的多肽链，则首先须分离纯化各肽链。蛋白质的亚基之间是借助非共价相互作用缔合的，所以可以用尿素或盐酸胍，或高浓度盐处理，使蛋白质的亚基分开。一旦拆分后，可根据大小和/或电荷的不同分离各肽链。

知识扩展 2 – 32
凝胶层析的图解

科学史话 2 – 14
色谱技术的建立和发展

知识扩展 2 – 33
常用凝胶电泳的图解

科学史话 2 – 15
电泳技术的建立和发展

知识扩展 2 – 34
离子交换层析的图解

知识扩展 2 – 35
亲和层析的原理

（2）二硫键的断裂

断开多肽链的链内二硫键（如果是链间二硫键，步骤2须先于步骤1进行）。常用的方法有：① 过甲酸氧化切割；② 巯基化合物如2-巯基乙醇或二硫苏糖醇（DTT）还原切割，随后与碘乙酸反应保护游离的—SH。

（3）氨基酸组成的分析

常用HCl水解蛋白质，水解产物中的各种氨基酸可用氨基酸分析仪的离子交换柱分离后，用水合茚三酮法检测其含量。也可用Edman反应将氨基酸转化为PTH-氨基酸（见2.2.3），再用高效液相色谱分离，同时进行定量分析。氨基酸分析不能直接给出多肽链中每种氨基酸残基的数目，但可以得出各种氨基酸的比率或百分含量。此外，在酸水解过程中，有些氨基酸被破坏，需要通过碱水解或酶水解另行测定。

（4）N端残基的鉴定

鉴定N端的氨基酸残基常用2,4-二硝基氟苯（DNFB）反应，或丹磺酰氯反应（见2.2.3）。Edman反应也可用于鉴定N端的氨基酸残基，但主要是用于测定肽段的氨基酸序列。某些蛋白质的N端氨基被封闭，需要用氨肽酶水解来鉴定N端的氨基酸残基。

（5）C端残基的鉴定

鉴定C端的氨基酸残基常用羧肽酶法。羧肽酶可以从多肽链的C端逐个降解，释放出游离的氨基酸，常用的有4种：羧肽酶A（来自牛胰）能水解除Pro、Arg和Lys之外所有的C端残基；羧肽酶B是来自猪胰的同工酶，它只能水解以Arg和Lys为C端的肽键。因此羧肽酶A和羧肽酶B的混合物能水解除Pro以外的任意C端残基。来自柑橘叶的羧肽酶C和酵母的羧肽酶Y可以作用于任何一个C端残基。

（6）多肽链的裂解

由于现用的各种测定氨基酸序列的方法，只能连续测定较小的肽段，因此需要用两种以上不同的方法，在不同的切割位点将长肽链裂解成两套以上大小不等的小肽段，分离后分别测序，然后拼接成长肽链，常用的多肽链特异性裂解方法如图2-19所示。

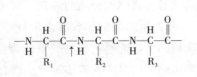

① 胰蛋白酶：R_1 = Lys 或 Arg，AECys 水解速率慢
② 糜蛋白酶：R_1 = Phe、Trp 或 Tyr，Leu、Met、His 水解速率慢
③ 梭菌蛋白酶：R_1 = Arg
④ 葡萄球菌蛋白酶：R_1 = Asp 或 Glu
⑤ 溴化氰（CNBr）：R_1 = Met
⑥ 羟胺：R_1 = Asp，R_2 = Gly

图2-19 常用的多肽链特异性裂解方法

其中的羟胺裂解法特异性不强，在pH 9条件下断裂Asp-Gly之间的肽键，在弱酸性条件下也可以水解Asn-Leu及Asn-Ala之间的肽键。

分离多肽链裂解生成的小肽段，常用层析法，这是工作量很大的环节。

（7）肽段氨基酸序列的测定

① Edman降解法　Edman反应每次只标记和除去一个N端残基，肽链的其余肽键不被水解。产生的PTH-氨基酸被移除后，肽链即暴露出一个新的N端残基，可以发生第二轮反应。得到分离的PTH-氨基酸可以用色谱法进行鉴定。在实际分析时，常把肽链的C端与不溶性树脂偶联，这样每轮Edman反应后，只需通过过滤即可回收剩余的肽链，使反应能够循环进行。利用这一方法设计出的蛋白质测序仪（Edman序列仪），一次可以连续测序几十个残基。

知识扩展2-36
Edman 降解法测序的原理

② 质谱法　质谱法的分析原理是在磁场中运动的带电粒子，由于其质量与携带电荷的比值（质荷比）不同，以不同的速度和偏转角度穿过磁场，按一定的次序进入监测器，由此来判断粒子的质量和特性。**串联质谱法**（MS/MS）可分析微量的肽链，短肽在第一台质谱仪中经电喷射电离，按质荷比分离，依次经碰撞池被裂解成离子碎片，在第二台质谱仪中测出各个离子碎片的谱线，推算出短肽的氨基酸序列。质谱法测序可以同时进行肽段的分离和序列分析，由于不需要分离肽段，分别测序再进行拼接，因此大大地提高了测序的效率，适合于对蛋白质序列进行高通量的研究，目前在蛋白质组学的研究中被广泛应用。蛋白质组学的基本方法是用双向电泳分离蛋白质，选取目标斑点，再用串联质谱法测序。质谱法的缺点是不能区分亮氨酸和异亮氨酸。

知识扩展 2 - 37
串联质谱法测定肽段的氨基酸序列的图示

③ 核苷酸序列推定法　核酸测序比蛋白质测序更简单且高效，通过得到的编码多肽的基因核苷酸序列来推定蛋白质的氨基酸序列，是目前经常使用的方法。但如果基因尚未得到鉴定，就必须通过 Edman 降解法或质谱法直接测定蛋白质的氨基酸序列。直接测定还可以提供核苷酸序列推定法所不能提供的信息，如二硫键的定位。

（8）肽段的拼接

如前所述，长肽链需要裂解成大小不等的小肽段，分离后分别测序，然后寻找有部分重叠的肽段进行拼接。目前的拼接工作主要是通过计算机软件进行。

（9）二硫键位置的确定

常用的方法是对角线电泳。其要点是在不断裂二硫键的情况下，将蛋白质水解成小肽段（常用胃蛋白酶），在一块方形滤纸上先对水解产物进行一次电泳，用过甲酸处理滤纸断裂二硫键后，将滤纸旋转90°，再用与第一次电泳完全相同的条件进行第二次电泳。在过甲酸处理时未发生变化的肽段，在两次电泳中的迁移率相同，将位于滤纸的对角线上。含二硫键的肽段由于二硫键断裂，在两次电泳中的迁移率不同，会偏离对角线。将偏离对角线的肽段洗脱下来，分别测定其序列，通过与完整肽链对比，即可找出二硫键的位置。

近年来，用质谱法测定氨基酸序列发展很快，从基因序列推断氨基酸序列的发展速度更快，每年有大量的蛋白质序列在国际通用的数据库注册。主要的蛋白质序列数据库有美国国家医学基金会主持的 PIR（protein information resource）和欧洲管理的 SWISS-PROT 等。此外，由美国政府支持的 GenBank、欧洲管理的 EMBL 和日本管理的 DDBJ 等 DNA 数据库，也可提供大量由 DNA 序列推出的蛋白质序列。

小结

蛋白质中含量较多的元素有碳、氢、氧、氮和硫。其中氮含量在各种蛋白质中都比较接近，约为16%。用凯氏定氮法测出样品的含氮量，乘以 6.25 可计算出粗蛋白质含量。

蛋白质种类繁多，根据形状和溶解度分为纤维状蛋白质、球状蛋白质和膜蛋白 3 类；根据化学组成分为简单蛋白质和结合蛋白质 2 类；根据功能分为酶、调节蛋白、贮存蛋白、转运蛋白、运动蛋白、防御蛋白和毒蛋白、受体蛋白、支架蛋白、结构蛋白和异常功能蛋白 10 类。

蛋白质中的常见氨基酸有 20 种，除 Gly 和 Pro 外，均为 L-α-氨基酸。依据 R 基的极性，氨基酸分为非极性氨基酸、极性不带电氨基酸、极性带负电氨基酸和极性带正电基氨基酸 4 类。在水溶液中，氨基酸主要以两性离子的形式存在。使氨基酸所带静电荷为零时的溶液 pH，称该氨基酸的等电点（pI）。氨基酸在 pH 大于 pI 的溶液中净电荷为负，在 pH 小于 pI 的溶液中净电荷为正，这一性质可用于不同氨基酸的分离。氨基酸与水合茚三酮、亚硝酸和荧光胺的反应可用于氨基酸的含量测定；与 DNFB、DNS-Cl 和 PITC 的反应可用于肽链 N 端氨基酸的鉴定；与甲醛的反应可用于测定蛋白质中游离氨基的含量；与 DTNB 的反应可用于测定 Cys 含量。

由一个氨基酸的 α-羧基与另一个氨基酸的 α-氨基脱水缩合形成的化合物称为肽，形成的酰胺键又称肽键。肽键具有部分双键的性质，不能自由旋转，使相关的 6 个原子处于同一个平面，称作肽平面。生物体内存在某些具有生理活性的寡肽和多肽，统称为活性肽，如谷胱甘肽等。

蛋白质的一级结构指多肽链中的氨基酸序列，空间结构指蛋白质分子中所有原子在三维空间的排列分布和肽链的走向，包括二级结构、超二级结构、结构域、三级结构和四级结构等几个结构层次。稳定蛋白质空间结构的作用力主要是氢键、盐键、疏水作用和范德华力等。

蛋白质的二级结构指多肽主链有一定周期性的、由氢键维持的局部空间结构，包括 α 螺旋、β 折叠、β 转角、β 凸起和无规卷曲。超二级结构指若干相邻的二级结构中的构象单元彼此相互作用，形成有规则的、在空间上能辨认的二级结构组合体，常见的有 αα、βαβ、βαβαβ、ββ 和 β 曲折等。结构域指多肽链在超二级结构基础上进一步盘绕折叠成的近似球状的紧密结构，在空间上彼此分隔，各自有部分生物功能的结构，主要有反平行 α 螺旋、反平行 β 折叠、混合型折叠和富含金属或二硫键结构域等 4 类。球状蛋白质的多肽链在二级结构、超二级结构和结构域等结构层次的基础上，组装而成的完整结构单元称三级结构，包括主链和侧链在内的所有原子在三维空间内的分布。三级结构的共同特点是多肽链的疏水侧链多分布在分子内部，亲水侧链多分布在分子表面。分子表面常有空穴，是结合配体、行使生物学功能的活性部位。由两个或两个以上具有三级结构的亚单位（亚基）组成的结构称为蛋白质四级结构，结构信息主要包括亚基的种类、数量以及相互关系。亚基单独存在时，无生物活性或活性很小，只有形成四级结构时，蛋白质才具有完整的生物活性。

蛋白质结构与功能有高度统一性，甚至个别氨基酸的变化就能引起功能的改变或丧失。蛋白质的功能通常取决于它的特定构象，如血红蛋白各亚基的构象变化与别构效应，以及免疫球蛋白不同区域的结构与功能都有很好的对应关系。

测定蛋白质分子量的常用方法有渗透压法、超离心法、凝胶过滤法、聚丙烯酰胺凝胶电泳等。蛋白质具有两性电离性质，不同蛋白质所含氨基酸的种类和数量不同，因而具有不同的 pI。天然蛋白质易受理化因素影响空间结构发生变化，致使其理化性质和生物活性改变，但一级结构未被破坏的现象称变性。如变性作用不过于强烈，在一定条件下也可以复性。蛋白质在水溶液中可形成胶体颗粒，颗粒外面的水膜，以及同种蛋白质分子在非等电状态时带有相同电荷，使蛋白质颗粒不易凝集沉淀。用高浓度盐类、有机溶剂、重金属盐类、某些酸类和加热等方法都可以将蛋白质从溶液中沉淀出来。蛋白质能发生多种颜色反应及具有紫外吸收能力的性质，可被用于蛋白质的定性和定量检测。

利用蛋白质理化性质的差异，可以对蛋白质进行分离纯化。根据溶解度不同的分离方法有盐析、等电点沉淀法和有机溶剂沉淀法；根据分子大小不同的分离方法有透析、超滤和凝胶过滤法；根据带电不同的分离方法有电泳法和离子交换层析法；根据与配体结合特异性不同的分离方法主要是亲和层析法。

测定蛋白质的氨基酸序列比核酸测序难得多，过去主要使用基于 Edman 降解法设计的蛋白质序列仪进行测序，近年多用串联质谱法或基因的核苷酸序列推断法获得蛋白质的氨基酸序列。

文献导读

[1] Eisenberg D. The discovery of the α-helix and β-sheet, the principal structural features of proteins. Proc Natl Acad Sci, 2003, 100 (20): 11207-11210.

该论文介绍了蛋白质二级结构 α 螺旋和 β 折叠发现的历程。

[2] Rao S T, Rossmann M G. Comparison of super-secondary structures in proteins. J Mol Biol, 1973, 76 (2): 241-256.

该论文介绍了发现蛋白质超二级结构的研究工作。

［3］Kendrew J C, Bodo G, Dintzis H M, et al. A three-dimensional model of the myoglobin molecule obtained by X – ray analysis. Nature, 1958（181）: 662-666.

该论文是对肌红蛋白三维结构的解析。

［4］Ferutz M F, Rossmann M G, Cullis F, et al. Structure of hemoglobin. Nature, 1960（185）: 416-422.

该论文是对血红蛋白三维结构的解析。

［5］Liu X, Zhang M M, Gross M L. Mass spectrometry-based protein footprinting for higher-order structure analysis: fundamentals and applications. Chem Rev, 2020, DOI 10.1021/acs. chemrev. 9b00815.

该论文综述了采用质谱技术测定蛋白质高级结构的最新进展。

思考题

1. 用于测定蛋白质多肽链 N 端、C 端氨基酸残基的常用方法有哪些，基本原理是什么？

2. 测得一种血红蛋白含铁 0.426%，计算其最低分子量。一种纯酶按质量计算含亮氨酸 1.65% 和异亮氨酸 2.48%，问其最低分子量是多少？

3. 指出下面 pH 条件下，各蛋白质在电场中向哪个方向移动，即正极、负极，还是保持原点？

（1）胃蛋白酶（pI 1.0），在 pH 5.0

（2）血清清蛋白（pI 4.9），在 pH 6.0

（3）α – 脂蛋白（pI 5.8），在 pH 5.0 和 pH 9.0

4. 何谓蛋白质的变性与沉淀，二者在本质上有何区别？

5. 下列试剂和酶常用于蛋白质化学的研究中：

CNBr、异硫氰酸苯酯、丹磺酰氯、脲、6 mol/L HCl、β – 巯基乙醇、水合茚三酮、过甲酸、胰蛋白酶、胰凝乳蛋白酶。

其中哪一个最适合完成以下各项任务？

（1）测定小肽的氨基酸序列。

（2）鉴定肽的氨基末端残基。

（3）不含二硫键的蛋白质的可逆变性。若有二硫键存在时还需加什么试剂？

（4）在芳香族氨基酸残基羧基侧水解肽键。

（5）在甲硫氨酸残基羧基侧水解肽键。

（6）在赖氨酸和精氨酸残基羧基侧水解肽键。

6. 由下列信息求八肽的序列。

（1）酸水解得 Ala, Arg, Leu, Met, Phe, Thr, 2Val。

（2）Sanger 试剂处理得 DNP – Ala。

（3）胰蛋白酶处理得 Ala, Arg, Thr 和 Leu, Met, Phe, 2Val。当以 Sanger 试剂处理时分别得到 DNP – Ala 和 DNP – Val。

（4）溴化氰处理得 Ala, Arg, 高丝氨酸内酯, Thr, 2Val 和 Leu, Phe，当用 Sanger 试剂处理时，分别得 DNP – Ala 和 DNP – Leu。

7. 一个 α 螺旋片段含有 180 个氨基酸残基，该片段中有多少圈螺旋？计算该 α 螺旋片段的轴长。

8. 一种四肽与 FDNB 反应后，用 5.7 mol/L HCl 水解得到 DNP – Val 及其他 3 种氨基酸；当这四肽用胰蛋白酶水解时发现两种碎片段；其中一个用 $LiBH_4$ 还原后再进行酸水解，水解液内有氨基乙醇和一种在浓硫酸条件下能与乙醛酸反应产生紫红色产物的氨基酸。试问这四肽的一级结构是由哪几种氨基酸组成的?

9. 概述测定蛋白质一级结构的基本步骤。

10. 用电泳技术分离下列蛋白质，选择电泳缓冲液的 pH。① 血清清蛋白（pI = 4.9）与血红蛋白（pI = 6.8），② 肌红蛋白（pI = 7.0）与胰凝乳蛋白酶（pI = 9.5）。

11. 若用凝胶过滤法分离血红蛋白与肌红蛋白时，哪一种蛋白质先被洗脱下来?

数字课程学习

📥 教学课件　　📝 习题解析与自测

3

核酸

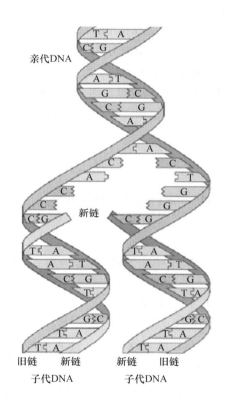

DNA 双螺旋结构的碱基配对关系，为阐明遗传信息的复制、转录和翻译奠定了基础，同时为基因重组技术打开了大门。

1869 年 F. Miescher 发现**核酸**（nucleic acid）。1944 年 O. Avery 通过细菌的转化实验证明了 DNA（deoxyribonucleic acid）是重要的遗传物质。1953 年 J. Watson 和 F. Crick 提出 DNA 的双螺旋结构模型，从此，核酸的研究成了生命科学中最活跃的领域之一。

现已证明，除少数病毒以 RNA（ribonucleic acid）为遗传物质外，多数生物体的遗传物质是 DNA。原核生物的"染色体"是由一个环状 DNA 分子和少量蛋白质构成的，真核生物的染色体则是由 DNA 和约等量的蛋白质构成的。此外，原核生物含有较小的质粒 DNA，真核生物的线粒体、叶绿体等细胞器也含有较小的环状 DNA，细胞器 DNA 约占真核生物 DNA 总量的 5%。不同生物体中 DNA 的结构差别（或 RNA 病毒中 RNA 的结构差别），决定了其所含蛋白质的种类和数量有所差别，因而表现出不同的形态结构和代谢类型。

RNA 主要存在于细胞质中，核内 RNA 只占 RNA 总量的约 10%。RNA 的主要作用是从 DNA "转录"遗传信息，并指导蛋白质的生物合成。此外，不少小分子 RNA 有重要的调节功能和催化功能。

核酸的研究加快了揭示生命奥秘的进程。特别是随着一系列工具酶的使用，使人们有可能对 DNA 和 RNA 的结构进行详细分析，并有可能将不同来源的遗传物质重新组合在一起，赋予生物体新的性状。由此产生的基因工程在工业、农业、医学等领域的应用日益广泛，已经或正在创造着越来越大的社会财富。

3.1 核酸的组成成分

核酸经部分水解生成核苷酸，核苷酸部分水解生成核苷和磷酸，核苷可以水解生成戊糖和含氮碱基。

3.1.1 戊糖

RNA 和 DNA 两类核酸是因所含的戊糖不同而分类的。RNA 含 D - 核糖，DNA 含 D - 2 - 脱氧核糖。某些 RNA 中含有少量的 D - 2 - O - 甲基核糖，即核糖的第 2 个碳原子上的羟基被甲基化，D - 核糖和 D - 2 - 脱氧核糖的结构式如图 3 - 1 所示。

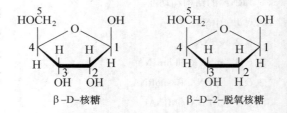

图 3 - 1 核糖和脱氧核糖的结构

在核酸中，戊糖的第一位碳原子与碱基形成糖苷键，形成的化合物称核苷。在核苷中，戊糖中的原子编号改为 1′，2′，3′，…，以区别于各碱基杂环中的原子编号。核糖和脱氧核糖均为 β - D - 型呋喃糖，通常糖环的 4 个原子处于同一平面，另一个原子偏离平面，若突出的原子偏向 C - 5′一侧，称内式（endo），若偏向另一侧则称之为外式（exo）。DNA 中的核糖通常为 C - 2′内式或 C - 3′内式（图 3 - 2）。

3.1.2 含氮碱

DNA 和 RNA 均含有腺嘌呤（adenine，A）和鸟嘌呤（guanine，G），但二者所含的嘧啶碱有所不同，RNA 主要含胞嘧啶（cytosine，C）和尿嘧啶（uracil，U），DNA 则含胞嘧啶和胸腺嘧啶（5 - 甲基尿嘧啶，thymine，T）。某些类型的 DNA 含有比较少见的特殊碱基，如小麦胚 DNA 含有较多的 5 - 甲基

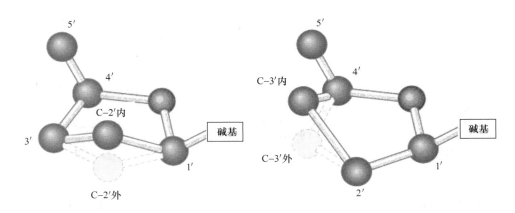

图 3-2　五碳糖的立体结构

胞嘧啶，在某些噬菌体（细菌病毒）中含有 5 - 羟甲基胞嘧啶。5 - 甲基胞嘧啶和 5 - 羟甲基胞嘧啶可看作是胞嘧啶经过化学修饰的产物，属于修饰胞嘧啶。

在一些核酸中还存在少量的其他修饰碱基。由于这些修饰碱基通常含量很少，所以也称为微量碱基或稀有碱基。核酸中的修饰碱基多是 4 种主要碱基的衍生物，其结构多种多样，如存在于 RNA 中的次黄嘌呤、二氢尿嘧啶、4 - 硫尿嘧啶等。tRNA 中的修饰碱基种类较多，含量不等，某些 tRNA 中的修饰碱基可达碱基总量的 10% 或更多。

DNA 和 RNA 常见含氮碱的结构式如图 3-3 所示，含氮碱有酮式和烯醇式两种异构体（图 3-4），在生理 pH 下，核苷酸和核酸大分子中的含氮碱主要为酮式。

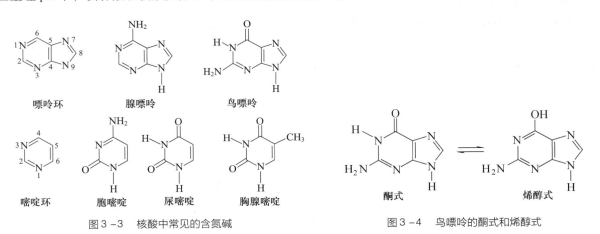

图 3-3　核酸中常见的含氮碱　　　　　　　图 3-4　鸟嘌呤的酮式和烯醇式

3.1.3　核苷

核苷（nucleoside）是戊糖和含氮碱生成的糖苷，在核苷中，戊糖的 1′ 碳原子通常与嘌呤碱的第 9 氮原子或嘧啶碱的第 1 氮原子相连。在 tRNA 中有少量尿嘧啶的第 5 位碳原子与核糖的 1′ 碳原子相连，这是一种碳苷，因为戊糖与碱基的连接方式较特殊，也称为假尿苷。

由嘌呤形成的核苷可以有顺式和反式两种构型，嘧啶形成的核苷只有反式结构是稳定的，在顺式结构中，C_2 位的取代基与糖残基存在空间位阻（图 3-5）。

核苷也常用单字母符号（A、G、C、U）表示，脱氧核苷则在单字母符号前加一小写的 d（dA、dG、dC、dT）。常见的修饰核苷符号有：次黄苷或肌苷（inosine）为 I，黄嘌呤核苷（xanthosine）为 X，

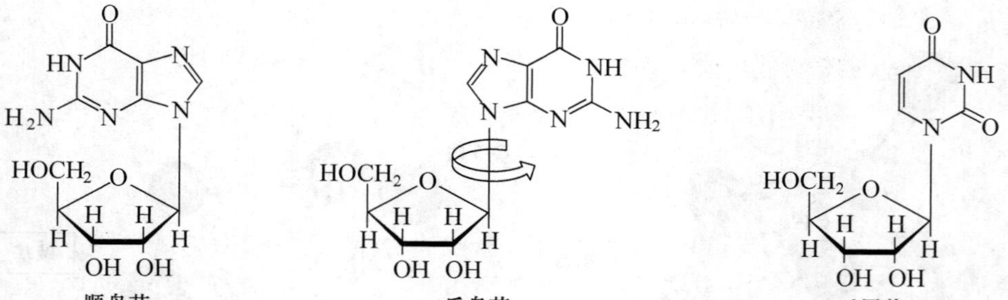

图 3-5　核苷的顺式和反式结构

知识扩展 3-1
常见修饰核苷
的结构式

二氢尿嘧啶核苷（dihydrouridine）为 D，假尿苷（pseudouridine）为 ψ。取代基团用英文小写字母表示，碱基取代基团的符号写在核苷单字母符号的左边，核糖取代基团的符号写在右边，取代基团的位置写在取代基团符号的右上角，取代基的个数则写在右下角。如 5-甲基脱氧胞苷的符号为 m^5dC，而 N^6,N^6-二甲基腺苷的符号为 m_2^6A。

3.1.4　核苷酸

（1）核苷酸的结构和功能

核苷酸（nucleotide，nt）是核苷的磷酸酯。核苷中的核糖有 3 个自由的羟基，均可以被磷酸酯化，分别生成 2′-，3′-和 5′-核苷酸。脱氧核苷的五碳糖上只有 2 个自由羟基，只能生成 3′-和 5′-脱氧核苷酸，各种核苷酸的结构已经由有机合成等方法证实。

生物体内的游离核苷酸多为 5′-核苷酸（图 3-6），所以通常将 5′-磷酸核苷简称为一磷酸核苷或核苷酸。各种核苷酸在文献中通常用英文缩写表示，如腺苷酸为 AMP（adenosine monophosphate），鸟苷酸为 GMP（guanosine monophosphate）。脱氧核苷酸则在英文缩写前加小写 d，如 dAMP、dGMP 等。

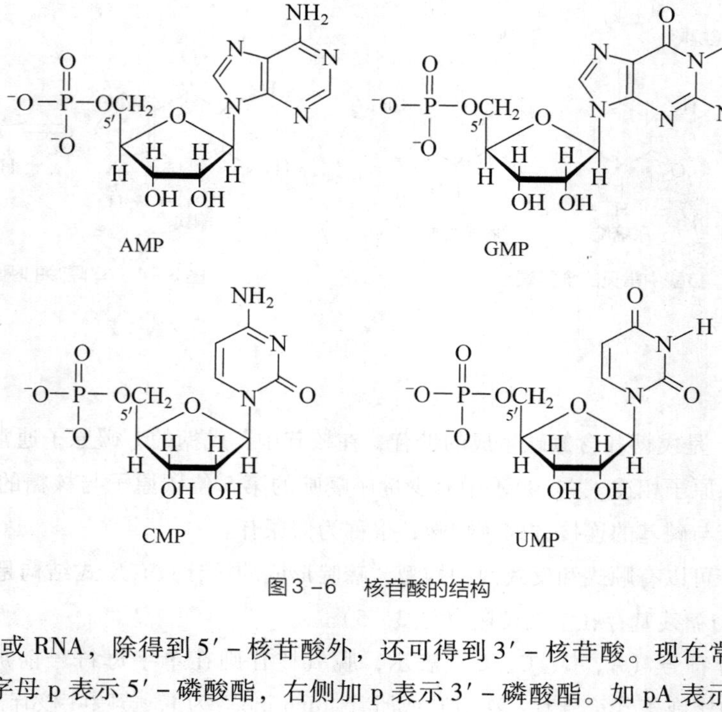

图 3-6　核苷酸的结构

用酶水解 DNA 或 RNA，除得到 5′-核苷酸外，还可得到 3′-核苷酸。现在常用的表示法是在核苷符号的左侧加小写字母 p 表示 5′-磷酸酯，右侧加 p 表示 3′-磷酸酯。如 pA 表示 5′-腺苷酸，Cp 表示

$3'$-胞苷酸。若为 $2'$-磷酸酯，则需标明，如 $G^{2'}p$ 表示 $2'$-鸟苷酸，游离的 $2'$-核苷酸在生物体内很少见。

生物体内的 AMP 可与一分子磷酸结合，生成二磷酸腺苷（adenosine diphosphate，ADP），ADP 再与一分子磷酸结合，生成**三磷酸腺苷**（adenosine triphosphate，ATP）（图 3-7）。其他单核苷酸可以和腺苷酸一样磷酸化，产生相应的二磷酸或三磷酸化合物。各种三磷酸核苷（ATP、GTP、CTP 和 UTP）是体内 RNA 合成的直接原料，各种三磷酸脱氧核苷（dATP、dGTP、dCTP 和 dTTP）是 DNA 合成的直接原料，在符号 NTP 或 dNTP 中，N 代表任一种碱基。三磷酸核苷在生物体的能量代谢中起着重要的作用，其中 ATP 在所有生物系统化学能的转化和利用中起着关键的作用、UTP 参与糖的互相转化与多糖合成、CTP 参与磷脂的合成、GTP 参与蛋白质的合成。

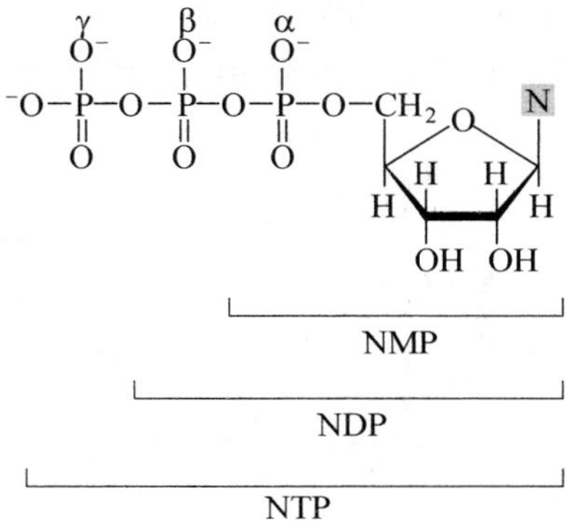

图 3-7 三磷酸核苷的结构

腺苷酸也是一些辅酶的结构成分，如烟酰胺腺嘌呤二核苷酸（辅酶 I，NAD^+）、烟酰胺腺嘌呤二核苷酸磷酸（辅酶 II，$NADP^+$）、黄素腺嘌呤二核苷酸（FAD）和辅酶 A（CoA）等（见 7.2）。

哺乳动物细胞中的 **$3',5'$-环腺苷酸**（$3',5'$-cyclic adenosine monophosphate，cAMP）是一些激素发挥作用的媒介物，被称为这些激素的第二信使。许多药物和神经递质也是通过 cAMP 发挥作用的。cGMP 在细胞的信号传递中也有重要作用。某些哺乳动物细胞中还发现了 cUMP 和 cCMP，功能不详。环核苷酸是在细胞内一些因子的作用下，由某种三磷酸核苷（NTP）在相应的环化酶作用下生成的，cAMP 和 cGMP 的结构式如图 3-8 所示。

科学史话 3-2
cAMP 的发现和第二信使学说的提出

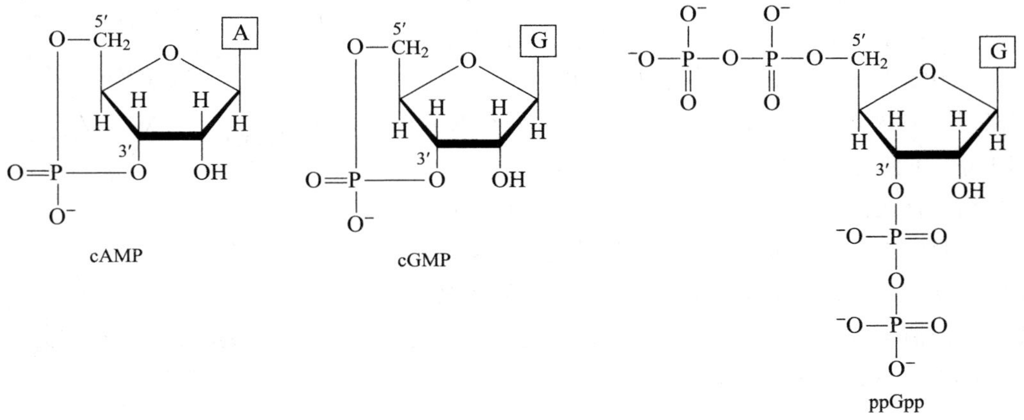

图 3-8 cAMP、cGMP 和 ppGpp 的结构

一些多磷酸核苷和多磷酸寡核苷类对代谢有重要的调控作用。如在细菌的培养基中缺少某种必需氨基酸时，几秒钟内即发生 GTP + ATP→ppGpp（图 3-8）或 pppGpp 的反应。在 ppGpp 或 pppGpp 的作用下，细菌会严格控制一系列代谢活动以减少消耗，加快体内原有蛋白质的水解以获取所缺的氨基酸，并用以合成生命活动必需的蛋白质，从而延续生命。枯草杆菌在营养不利的情况下形成芽孢时，合成 ppApp、pppApp 和 pppAppp，使细菌处于休眠状态度过恶劣时期。很多原核生物（如大肠杆菌）、真核生物（如酵母）和哺乳动物都存在 $A^{5'}pppp^{5'}A$（Ap_4A），在哺乳动物中 Ap_4A 含量与细胞生长速度有正相关关系。核苷酸及其衍生物在调控方面的作用，已成为生物体调控机制研究的一个重要领域。

（2）核苷酸的性质

核苷酸的碱基具有共轭双键结构，故核苷酸在 260 nm 左右有强吸收峰。由于碱基的紫外吸收光谱受碱基种类和解离状态的影响，故测定核苷酸的紫外吸收时应注意在一定的 pH 下进行。图 3 - 9 表示了 4 种核苷酸在不同 pH 下的紫外吸收光谱。利用碱基紫外吸收的差别，可以鉴定各种核苷酸。

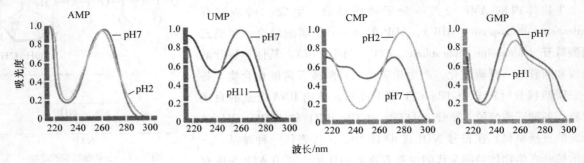

图 3 - 9　核苷酸的紫外吸收光谱

知识扩展 3 - 2

常见核苷酸可解离基团的 pK 值

核苷酸的碱基和磷酸基均含有解离基团。图 3 - 10 是 4 种核苷酸的解离曲线。当 pH 处于磷酸基一级解离曲线和碱基解离曲线的交点时，二者的解离度刚好相等，且磷酸基尚无二级解离，所以这一 pH 为该核苷酸的等电点。

各核苷酸含氮环的解离度有明显的差别，分别为 CMP（+0.84）> AMP（+0.54）> GMP（+0.05）> UMP（0），由于磷酸基的一级解离带一个负电荷，因此所有核苷酸都带净负电荷，但带负电荷的多少各不相同。在 pH 3.5 的缓冲液下进行电泳，它们便以不同的速度向正极移动，其移动的速度是 UMP > GMP > AMP > CMP，因而可以将它们分开。

用阳离子交换树脂分离上述 4 种核苷酸时，先在低 pH（例如 pH 1.0）下使它们都带上净正电荷（UMP 除外），经离子交换作用结合在树脂上，然后用 NaCl 浓度或 pH 递增的缓冲液进行洗脱，UMP 因不带正电荷，首先被洗脱下来，接着是 GMP，因为嘌呤环同离子交换树脂的非极性吸附比嘧啶环大许多倍，抵消了 AMP 和 CMP 之间正电荷的差别，故洗脱顺序是：UMP→GMP→CMP→AMP。

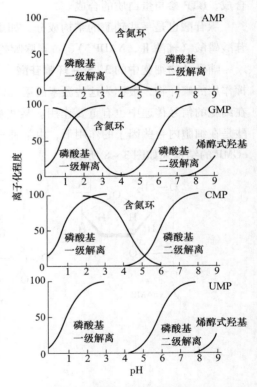

图 3 - 10　核苷酸的解离曲线

3.2　核酸的一级结构

实验证明 DNA 和 RNA 都是没有分支的多核苷酸长链，链中每个核苷酸的 3′ - 羟基和相邻核苷酸的戊糖上的 5′ - 磷酸相连，其连接键是 **3′,5′ - 磷酸二酯键**（3′,5′ - phosphodiester bond）。由相间排列的戊糖和磷酸构成核酸大分子的主链，而代表其特性的碱基则可以看成是有次序地连接在其主链上的侧链基团。由于同一条链中所有核苷酸间的磷酸二酯键有相同的走向，RNA 和 DNA 链都有特殊的方向性，而每条线形核苷酸链都有一个 5′端和一个 3′端（图 3 - 11）。

各核苷酸残基沿多核苷酸链排列的顺序（序列）称为**核酸的一级结构**（primary structure of nucleic acid）。核苷酸的种类虽不多，但因核苷酸的数目和序列的不同构成多种结构不同的核酸。由于戊糖和磷酸两种成分在核酸主链中不断重复，也可以碱基序列表示核酸的一级结构。

用简写式表示核酸的一级结构时，用 p 表示磷酸基团，当它放在核苷符号的左侧时，表示磷酸与糖环的 5′-羟基结合，右侧表示与 3′-羟基结合，如 pApCpGpU。在表示核酸酶的水解部位时，常用这种简写式。如 pApCp↓GpU 表示水解后 C 的 3′-羟基连有磷酸基，G 的 5′-羟基是游离的。而 pApC↓pGpU 则表示水解后 C 的 3′-羟基是游离的，G 的 5′-羟基连有磷酸基。在不需要标明核酸酶的水解部位时，上述简写式中的 p 亦可省去，写成 pACGU。

各种简写式从左到右表示的碱基序列是从 5′到 3′，如欲表示他种结构，应注明。如双链核酸的两条链为反向平行，同时描述两条链的结构时必须注明每条链的走向。

19 世纪 70 年代中期出现了快速测定 DNA 序列的新方法。1977 年，Sanger 测定了 ΦX174 单链 DNA 5 386 nt 的全序列。随后序列测定方法不断改进，逐渐走向自动化。由于 DNA 序列测定的原理与 DNA 的双螺旋结构有关，测序的基本原理将在本章最后一节简要介绍。

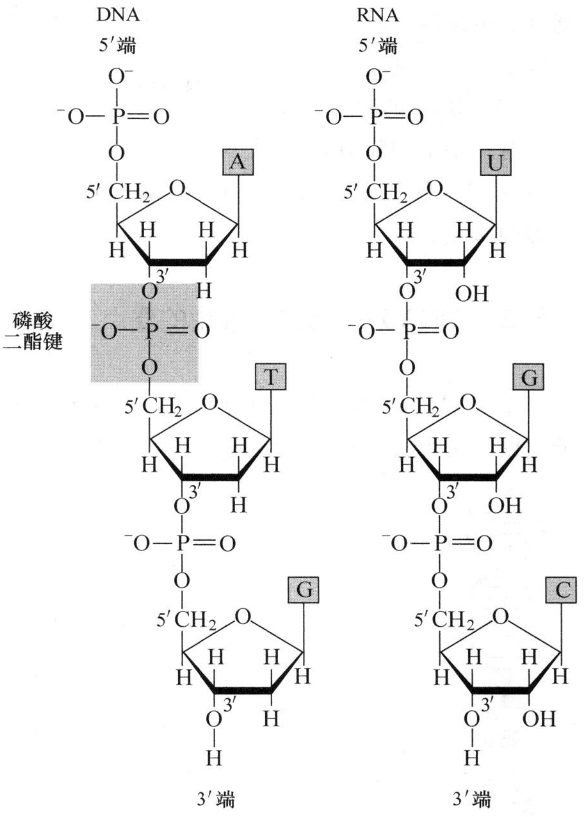

图 3-11　核酸的一级结构

3.3　DNA 的二级结构

DNA 双链的螺旋形空间结构称 **DNA 的二级结构**（secondary structure of DNA）。1953 年 Watson 和 Crick 提出 DNA 的双螺旋结构（DNA double helix，duplex）模型，是 20 世纪自然科学最重要的发现之一，对生命科学的发展具有划时代的意义。

科学史话 3-3
DNA 双 螺 旋 结
构的发现

3.3.1　DNA 双螺旋结构模型的实验依据

（1）X 射线衍射数据

M. Wilkins 和 R. Franklin 发现不同来源的 DNA 纤维具有相似的 X 射线衍射图谱，而且沿长轴有 0.34 nm 和 3.4 nm 两个重要的周期性变化，说明 DNA 可能有共同的空间结构。X 射线衍射数据说明，DNA 含有两条或两条以上具有螺旋结构的多核苷酸链。

（2）关于碱基成对的证据

E. Chargaff 等应用层析法对多种生物 DNA 的碱基组成进行分析，发现 DNA 中腺嘌呤和胸腺嘧啶的数目基本相等，胞嘧啶（包括 5-甲基胞嘧啶）和鸟嘌呤的数目基本相等，这一规律被称作 **Chargaff 规**

则（Chargaff's rules）。后来又有人证明腺嘌呤和胸腺嘧啶之间可以生成 2 个氢键，胞嘧啶和鸟嘌呤之间可以生成 3 个氢键。

（3）DNA 的滴定曲线

若将小牛胸腺 DNA 制成 pH 为 7 的溶液，分别用 HCl 滴定到 pH 为 2，用 NaOH 滴定到 pH 为 12，发现在 pH 4 ~ 11 之间，碱基的可解离基团不可滴定，一个合理的解释是 DNA 形成双链，有关基团参与了氢键的形成。

知识扩展 3 – 3
DNA 的滴定曲线

3.3.2 DNA 双螺旋结构模型的要点

① DNA 分子由两条方向相反的平行多核苷酸链构成，一条链的 5′端与另一条链的 3′端相对，两条链的糖 – 磷酸交替排列形成的主链沿共同的螺旋轴扭曲成右手螺旋（图 3 – 12）。

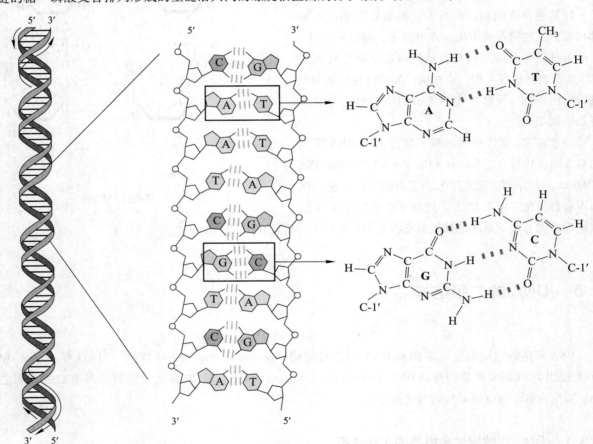

图 3 – 12　DNA 的双螺旋结构（改自：Nelson, Cox, 2017）

② 两条链上的碱基均在主链内侧，一条链上的 A 一定与另一条链上的 T 配对，G 一定与 C 配对。根据分子模型计算，一条链上的嘌呤碱必须与另一条链上的嘧啶碱相匹配，其距离才正好与双螺旋的直径相吻合。根据碱基构象研究的结果，A 与 T 配对形成 2 个氢键，G 与 C 配对形成 3 个氢键（图 3 – 12）。由于碱基对的大小基本相同，所以无论碱基序列如何，双螺旋 DNA 分子整个长度的直径相同，螺旋直径为 2 nm。

碱基之间的互补关系称**碱基配对**（base pairing）。根据碱基配对的原则，在一条链的碱基序列已确定后，另一条链必然有相对应的碱基序列。如果 DNA 的两条链分开，任何一条链都能够按碱基配对规律合成与之互补的另一条链。即由一个亲代 DNA 分子合成两个与亲代 DNA 完全相同的子代分子。事实上，Watson 和 Crick 在提出双螺旋结构模型时，已经考虑到 DNA 复制问题，并很快提出了半保留复制假说。

③ 成对碱基大致处于同一平面，该平面与螺旋轴基本垂直。糖环平面与螺旋轴基本平行，磷酸基连在糖环的外侧。相邻碱基对平面间的距离为 0.34 nm，该距离使碱基平面间的 π 电子云可在一定程度上互相交盖，形成**碱基堆积力**（base stacking force）。双螺旋每转一周有 10 个碱基对，每转的高度（螺距）为 3.4 nm（图 3 – 13）。DNA 分子的大小常用碱基对（base pair，bp）表示，而单链分子的大小则常用核苷酸数（nucleotide，nt）来表示。

由于双螺旋每转一周有 10 个碱基对，相邻碱基平面之间会绕着双螺旋的螺旋轴旋转 36°，或者说，碱基平面之间有 36°的错位，这不利于形成碱基堆积力。对 DNA 空间结构的进一步研究发现，构成碱基对的两个碱基平面之间有图 3 – 14 所示的**螺旋桨式扭曲**（propeller twisting），这种扭曲可以使相邻碱基平面之间的重叠面增加，有利于提高分子的碱基堆积力。

知识扩展 3 – 4
螺旋桨式扭曲提高碱基堆积力

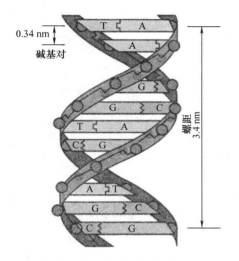

图 3 – 13　DNA 的碱基平面

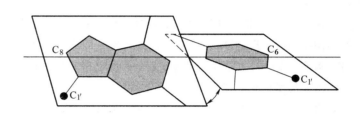

图 3 – 14　碱基对的螺旋桨式扭曲

④ 由于碱基对并不处于两条主链的中间，而是向一侧突出，碱基对糖苷键的键角使两个戊糖之间的窄角为 120°，广角为 240°。碱基对上下堆积起来，窄角的一侧形成**小沟**（minor groove），广角的一侧形成**大沟**（major groove）。因此，DNA 双螺旋的表面可看到一条连续的大沟和一条连续的小沟（图 3 – 15）。如果碱基对的两个糖呈直线相对，也就是说形成 180°，DNA 分子的表面就会形成大小相同的两条沟。大沟和小沟可以特异性地与蛋白质相互作用。特别是大沟处 A – T 和 T – A、G – C 和 C – G 的有关基团分布各不相同，可以提供与蛋白质相互识别的丰富信息。

知识扩展 3 – 5
大沟和小沟的作用

⑤ 大多数天然 DNA 属双链 DNA（double strand DNA，dsDNA），某些病毒如 ΦX174 和 M13 的 DNA 为单链 DNA（single strand DNA，ssDNA）。

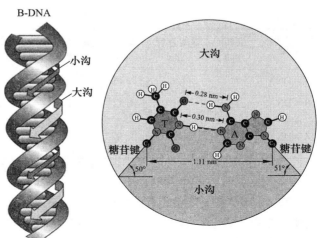

图 3 – 15　DNA 的大沟和小沟

⑥ 双链 DNA 分子主链上的化学键受碱基配对等因素影响旋转受到限制，使 DNA 分子比较刚硬，呈比较伸展的结构。但一些化学键亦可在一定范围内旋转，使 DNA 分子有一定的柔韧性。按照 Watson 和 Crick 提出的 DNA 双螺旋结构，相邻碱基平面之间会旋转 36°，但 R. Dickerson 等研究人工合成的 12 bp DNA 的空间结构，发现相邻碱基平面之间的旋转角度可在 28°~42°之间变动。研究发现，双螺旋结构可以发生一定的变化而形成不同的类型。

3.3.3 DNA 二级结构的其他类型

如图 3-16 所示，DNA 链中有不少单键可以旋转，因此，DNA 在一定的条件下会呈现不同的二级结构类型。Watson 和 Crick 依据相对湿度 92% 的 DNA 钠盐所得到的 X 射线衍射图提出的双螺旋结构称 **B-DNA**（B form DNA），细胞内的 DNA 与 B-DNA 非常相似。相对湿度为 75% 的 DNA 钠盐结构有所不同，称 **A-DNA**（A form DNA），A-DNA 的碱基平面倾斜了 20°，螺距和每一转的碱基对数目变化如表 3-1 所示。A-DNA 与 RNA 分子中的双螺旋区，以及 DNA-RNA 杂交分子在溶液中的构象很接近，因此推测在转录（见第 14 章）时，DNA 分子发生 B→A 转变。

在 A-DNA 和 B-DNA 中碱基均以反式构型存在，但二者的糖环构象不同，B-DNA 为 C-2′内式构象，而 A-DNA 为 C-3′内式构象。A-DNA 的碱基平面因此而倾斜了 20°，同时，分子表面的大沟变得狭而深，小沟变得宽而浅。

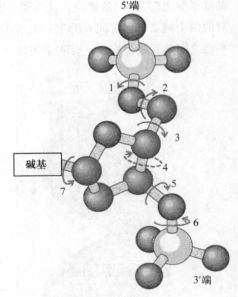

图 3-16　DNA 主链中可以旋转的单键

1979 年 A. Rich 等将人工合成的 DNA 片段 d（CpGpCpG-pCpGp）制成晶体，并进行了 X 射线衍射分析（分辨率是 0.09 nm），证明此片段糖-磷酸主链形成锯齿形（zig-zag）的左手螺旋，命名为 **Z-DNA**（Z form DNA）。Z-DNA 直径约 1.8 nm，螺旋的每转含 12 个碱基对，整个分子比较细长而伸展。Z-DNA 的碱基对偏离螺旋中心轴，并靠近螺旋外侧，螺旋的表面只有小沟没有大沟。

表 3-1　双螺旋 DNA 的类型

类型	旋转方向	螺旋直径/nm	螺距/nm	每转碱基对数目	碱基对间垂直距离/nm	碱基倾角	糖环折叠	糖苷键构型
A-DNA	右	2.6	2.46	11	0.26	20°	C-3′内式	反式
B-DNA	右	2.0	3.32	10	0.34	6°	C-2′内式	反式
Z-DNA	左	1.8	4.56	12	0.37	7°	嘧啶 C-2′内式 嘌呤 C-3′内式	嘧啶反式 嘌呤顺式

注：由于实验方法的差异，表中的数字在不同的文献中略有差异。

在 Z-DNA 中，嘌呤核苷酸的糖环为 C-3′内式，嘧啶核苷酸的糖环为 C-2′内式，嘌呤碱基为顺式构型，嘧啶碱基为反式构型。Rich 等还得到了对 Z-DNA 特异的抗体。用荧光化合物标记这种抗体后用电子显微镜观察，发现它与果蝇唾液腺染色体的许多部位结合。在鼠类和各种植物的完整细胞核等自然体系中也找到了含有 Z-DNA 的区域。说明在天然 DNA 中确有 Z-DNA，而且执行着某种细胞功能。

用甲基化的 d(GC)$_n$ 作实验材料，在接近生理条件的盐浓度时，DNA 可以从 B 型结构转变为 Z 型结构。已知当双螺旋 DNA 处于高度甲基化的状态时，基因表达受到抑制，反之则得到加强，说明 B - DNA 与 Z - DNA 的相互转换可能和基因表达的调控有关。

A - DNA、B - DNA 和 Z - DNA 的结构如图 3 - 17 所示，表 3 - 1 列举了各类双螺旋 DNA 的结构参数。

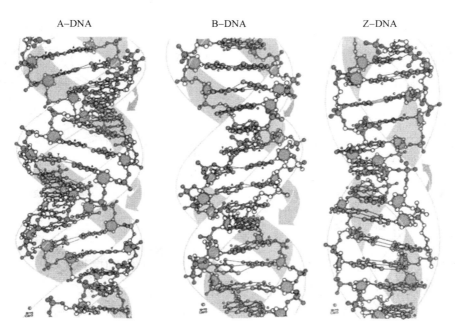

A-DNA　　　　　　B-DNA　　　　　　Z-DNA

图 3 - 17　双螺旋结构的主要类型

知识扩展 3 - 6
三种 DNA 双螺旋结构的彩图

DNA 中存在不少如图 3 - 18 所示的**二重对称**（two fold rotationally symmetry）结构，即一条链碱基序列的正读与另一条链碱基序列的反读是相同的。这种序列也可称作**反向重复顺序**（invert repeat sequence）或**回文顺序**（palindrome sequence），这样的序列很容易形成发夹结构或十字结构。有些回文顺序可以作为限制性内切核酸酶的识别位点，还有些回文顺序形成的发夹结构在转录的终止或转录活性的调控方面发挥重要作用（见 14.2.4 和 16.2.2）。

知识扩展 3 - 7
DNA 的十字结构和发夹结构

DNA 的某些区段还存在如图 3 - 18 所示的**镜像重复**（mirror repeat），这种重复序列可能形成**三螺旋 DNA**（triple-helical DNA）的结构（图 3 - 19），在三螺旋结构中，存在 T·A*T、C·G*C$^+$、T·A*A 和 C·G*G 4 种三联碱基配对（图 3 - 20）。原核生物基因组中不乏可形成三螺旋结构的 DNA 序列。在细胞外，三螺旋结构的形成需要酸性条件。但研究发现，多胺类（如精胺和亚精胺）在生理条件下可促进三螺旋结构的形成，其可能的原因是，多胺类降低了三条链的磷酸骨架之间的静电斥力。利用抗三螺旋 DNA 的抗体发现，真核生物的染色体中确实存在三螺旋 DNA。研究发现，三螺旋结构可阻止 DNA 的体外合成。一种假设的可能机制是，当 DNA 聚合酶到达镜像重复序列的中央时，模板会回折，与新合成的 DNA 形成稳定的三螺旋结构，使 DNA 聚合酶无法沿模板链移动，从而终止复制过程。细胞内是否存在这样的机制，有待实验证实。

此外，DNA 的某些特殊序列还可形成四链结构（tetrasomy structure），目前发现的四链结构均是由串联重复的鸟苷酸链构成的。对四链结构的 X 射线衍射研究发现，四链结构可以看成是由 G - 四联体片层以螺旋方式堆积而成的。G - 四联体中的每一个 G 分别来自 4 条多聚鸟苷酸链，4 条主链为平行排列，G 与戊糖形成的糖苷键为反式构象。每个片层之间的旋转角度为 30°，可使螺旋轴延伸 0.34 nm。

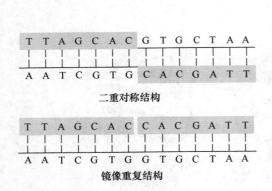

图 3-18　DNA 的二重对称结构和镜像重复结构

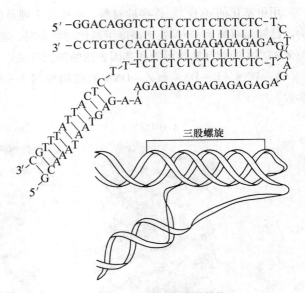

图 3-19　DNA 的三螺旋结构

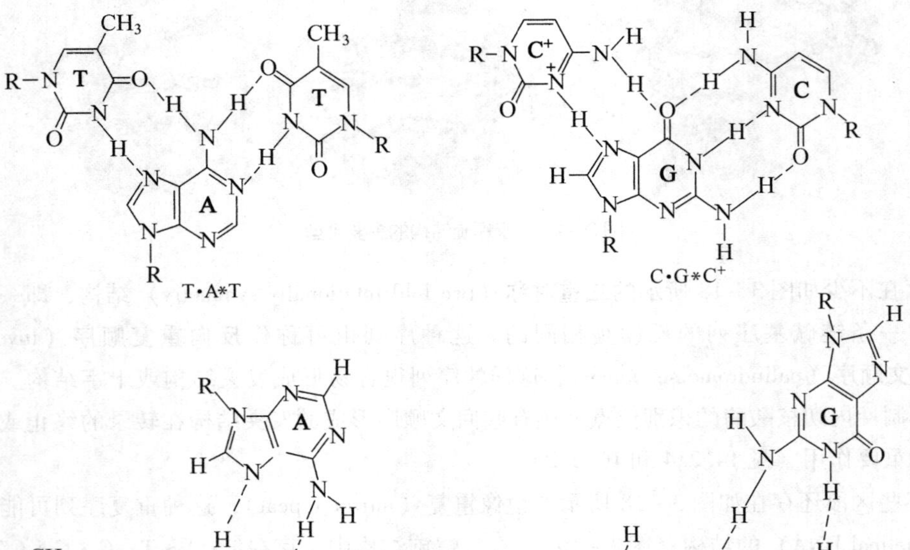

图 3-20　三螺旋 DNA 的碱基配对

真核生物染色体的端粒 DNA 中有许多鸟苷酸的串联重复，在一定的条件下，有可能形成四链 DNA 结构。研究发现，在非变性电泳中，端粒 DNA 有很高的泳动度，端粒 DNA 对水解单链核酸的酶有抗性，核磁共振和 X 射线衍射研究发现，端粒 DNA 中存在 G-G 氢键，这些实验证据支持端粒 DNA 中存在四链 DNA 结构。除端粒 DNA 外，免疫球蛋白铰链区所对应的 DNA 片段，成视网膜细胞瘤敏感基因的一些特殊序列，均存在串联重复的鸟苷酸链，有可能形成四链 DNA 结构。在酵母提取液中，发现了以四链 DNA 为底物的核酸酶，提示生物体内可能有天然存在的四链 DNA 结构。四链 DNA 结构的生物学意义有待深入研究。

3.4 DNA 的高级结构

3.4.1 环状 DNA 的超螺旋结构

真核生物的染色体 DNA 多数为双链线形分子，但细菌的 DNA、某些病毒的 DNA、细菌质粒（见 3.5.2）、真核生物的线粒体和叶绿体的 DNA，为双链环形 DNA。在生物体内，绝大多数**双链环形 DNA**（double-strand circular DNA, dcDNA）可进一步扭曲成**超螺旋 DNA**（superhelix DNA），这种结构还可被称为**共价闭环 DNA**（covalently closed circular DNA, cccDNA）。超螺旋 DNA 具有更为致密的结构，可以将很长的 DNA 分子压缩在一个较小的体积内，同时也增加了 DNA 的稳定性。由于超螺旋 DNA 的密度较大，在离心场中和凝胶电泳中的移动速度较线形 DNA 快。若超螺旋 DNA 的一条链断裂，分子将释放扭曲张力，形成**开环 DNA**（open circular DNA, ocDNA）。开环 DNA 在离心场中和凝胶电泳中的移动速度较线形 DNA 慢。若超螺旋 DNA 的两条链均断裂，就会转化为**线形 DNA**（linear DNA）。

超螺旋 DNA 是如何形成的呢？如图 3 – 21 所示，一段双螺旋圈数为 40 的 B – DNA，在 40 转螺旋均已形成的情况下连接成环形时，双链环不发生进一步扭曲，构成松弛环形 DNA。

若在 DNA 旋转酶（gyrase），即拓扑异构酶Ⅱ（TopⅡ）的作用下，使上述环形 DNA 形成 4 周右手超螺旋，两条链之间的扭曲必然使双螺旋的圈数减少 4 周，这种能使双螺旋圈数减少的超螺旋称作**负超螺旋 DNA**（negative supercoil DNA）。若在这种情况下解开负超螺旋，则双螺旋的部分区域会形成单链区。这种形式称解链环形 DNA。

在生物体内，绝大多数环形 DNA 以负超螺旋的形式存在。也就是说，一旦超螺旋解开，则会形成解链环形 DNA，解链有利于 DNA 复制或转录。在环状 DNA 的两条链均不断开的情况下，若双螺旋进一步解开，即会形成左手超螺旋，称**正超螺旋 DNA**（positive supercoil DNA）。超螺旋 DNA 复制时，两条链要不断解开，为防止正超螺旋的形成，可在拓扑异构酶的作用下，消除形成正超螺旋的扭曲张力。DNA 两条链的关系很像两股扭在一起的绳子。用具一定弹性的两股绳子（如软电线）可演示图 3 – 21 所示的各种状态。

为了更好地描述超螺旋 DNA，将 DNA 中一条链绕另一条链的总次数定义为连环数（linking number, L），双螺旋的圈数定义为扭转数（twisting number, T），超螺旋数定义为缠绕数（writhing number, W），则三者的关系式为：$L = T + W$（White 方程）。

若 DNA 双螺旋的两端连接形成环状，或在真核生物中盘绕折叠成染色体，即在两端被固定的情况下，如果两条链均不被切断，DNA 双螺旋的进一步扭曲可以改变 T 和 W，但 L 是一个定值。若 DNA 双螺旋的进一步扭曲使 T 增加某一个数值，则 W 会是相同数量的负值。T 和 W 可以是整数，也可以是小

知识扩展 3 – 8
超螺旋 DNA 的凝胶电泳图

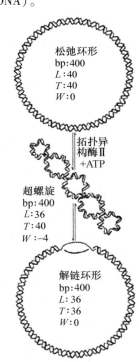

松弛环形
bp:400
L:40
T:40
W:0

拓扑异构酶Ⅱ
+ATP

超螺旋
bp:400
L:36
T:40
W:-4

解链环形
bp:400
L:36
T:36
W:0

图3 –21 DNA 的超螺旋

数，但 L 一定会是整数。若在 Top Ⅱ 的作用下，将环状 DNA 的两条链切断，使其中的一段 DNA 跨越另一段 DNA 后再连接，在消耗 ATP 的情况下，每作用一次可引入 2 个负超螺旋，使 L 减少 2，相应的 T 会增加 2，W 则要取值为 -2（图 3-22）。在不消耗 ATP 的情况，Top Ⅱ 可消除负超螺旋。拓扑异构酶 Ⅰ（Top Ⅰ）曾被称作 ω 蛋白、松弛酶等，是 M_r 为 1.1×10^5 的一条肽链，由 *top* 基因编码，可消除和减少负超螺旋，对正超螺旋不起作用。其作用机制是切开 DNA 双链中的一条链，绕另一条链一周后再连接，可以改变 DNA 的连环数，从而改变超螺旋的圈数。其作用过程不需要 ATP 提供能量。

知识扩展 3-9
Top Ⅰ 的作用机制和 DNA 超螺旋结构的图解

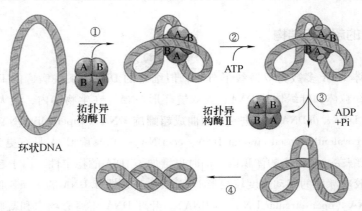

图 3-22　拓扑异构酶 Ⅱ 的作用

3.4.2　真核生物染色体的结构

知识扩展 3-10
核小体的结构

真核细胞的染色质和一些病毒的 DNA 是双螺旋线形分子，由于与组蛋白结合，其两端不能自由转动。双螺旋 DNA 分子先盘绕组蛋白形成**核小体**（nucleosome），或称核粒。许多核小体由 DNA 链连在一起构成念珠状结构。由于每个核小体核心颗粒的直径约为 10 nm，故此念珠状结构亦称为 10-nm 纤维，它是由 DNA 分子在组蛋白核心外面缠绕约 1.75 圈（约 146 bp）构成的。根据所含碱性氨基酸的比例不同，组蛋白分为 H1、H2A、H2B、H3 和 H4 五类。核小体的核心颗粒含 H2A、H2B、H3 和 H4 各两分子。连接核小体核心颗粒的 DNA 片段结合一分子 H1。

知识扩展 3-11
染色体的结构

一般认为，10-nm 纤维进一步盘绕成 30 nm 的螺线管（solenoid）形，后者形成大的突环（loop），经进一步折叠形成微带（miniband），最后折叠形成染色体，使 DNA 的长度压缩约 10 000 倍，近来的研究表明 10-nm 纤维可以交错聚集或分散存在，此结构有利于染色质的装配折叠及特定区域的散开（图 3-23）。

间期细胞核中的遗传物质有两种结构，压缩程度较低的为**常染色质**（euchromatin），其转录活性较高。压缩程度较高的为**异染色质**（heterochromatin），其转录活性较低。染色体是在细胞有丝分裂时，遗传物质紧密包装形成的特定结构。

科学史话 3-5
核酸-蛋白复合物三维结构的研究

染色体含有多种**非组蛋白**（nonhistone），由于非组蛋白主要与特异的 DNA 序列结合，亦可被称作序列特

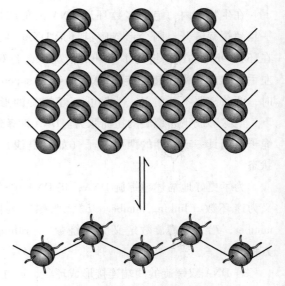

图 3-23　10-nm 纤维的聚集和分散
（引自：Krebs, Goldsein, Kilpatrick, 2018）

异性 DNA 结合蛋白（sequence specific DNA binding protein，SDBP），其中包括高迁移率蛋白（high mobil-ity group protein，HMG）、转录因子、DNA 聚合酶和 RNA 聚合酶，参与基因表达调控的蛋白质、染色体骨架蛋白等。非组蛋白在不同细胞中的种类和数量不同，代谢周转快，主要参与 DNA 复制和基因表达的调控。

3.5 DNA 和基因组

3.5.1 基因和基因组的概念

大多数生物体的遗传特征是由 DNA 中特定的核苷酸序列决定的。DNA 通过自我复制合成出完全相同的分子，从而将遗传信息由亲代传到子代。

生物体可用碱基配对的方式合成与 DNA 核苷酸序列相对应的 RNA，这一过程称转录，转录生成的 RNA 一部分用于指导蛋白质合成，称**信使 RNA**（messenger RNA，mRNA）。由 mRNA 指导蛋白质合成的过程称翻译。蛋白质是在核糖体合成的，核糖体中所含的 RNA 称**核糖体 RNA**（ribosome RNA，rRNA），而**转运 RNA**（transfer RNA，tRNA）的功能是将氨基酸转运到核糖体的特定部位用于蛋白质合成。rRNA、tRNA 和一些其他类型的 RNA 均由 DNA 转录生成。

遗传学将 DNA 分子中最小的功能单位称作**基因**（gene）。为 RNA 或蛋白质编码的基因称结构基因，DNA 中还有一些片段，只有调节基因表达的功能，而并不转录生成 RNA，称调节基因。狭义的基因是指编码蛋白质的 DNA 序列。基因之间还有一些序列，既不转录生成 RNA，也没有调节基因表达的功能，称间隔序列。某物种所含的全套遗传物质称该生物体的**基因组**（genome）。

3.5.2 病毒和细菌基因组的特点

病毒和细菌基因组有一些共同点，又有一些各自的特点。

（1）病毒和细菌基因组的共同点

① 基因组较小，通常只有一个环形或线形的 DNA 分子。

② 基因组的大部分序列是用来编码蛋白质的，基因之间的间隔序列很短。

③ 功能相关的基因常串联在一起，由共同的调控元件调控，并转录成同一 mRNA 分子，可指导多种蛋白质的合成，这种结构称**操纵子**（operon），操纵子在真核生物中很少见。

科学史话 3-6
细菌杂交实验和质粒的发现

（2）病毒基因组的特点

① 病毒基因组可以由 DNA 或 RNA 组成，但每种病毒只含有一种核酸。核酸的结构可以是单链或双链，闭合环形或线形分子。

② 不少病毒以 RNA 为遗传物质，称作 RNA 病毒，可分为 4 类。第一类病毒的 RNA 进入宿主细胞后，可直接指导蛋白质的合成，称作**正链病毒**（positive strand virus）。第二类病毒的 RNA 进入宿主细胞后，要先合成与其碱基序列互补的 RNA，才能合成相应的蛋白质，称作**负链病毒**（negative strand vi-rus）。第三类病毒的 RNA 为双链，进入宿主细胞后，要以双链 RNA 的负链为模板，合成正链 RNA 用于指导蛋白质的合成，随后合成负链 RNA，构成双链 RNA，并和蛋白质组装成新的病毒，这类病毒称作**双链病毒**（double-strand virus）。第四类病毒的 RNA 进入宿主细胞后，要在逆转录酶（见 13.4）的作用

下，合成与其碱基序列互补的 DNA，称作**互补 DNA**（complementary DNA，cDNA），再由 cDNA 转录生成 mRNA 指导蛋白质的合成，这类病毒被称作**逆转录病毒**（reverse transcription virus）。

③ 有**重叠基因**（overlapping gene），即一段核酸序列可以编码多个肽链。这一现象在噬菌体中较普遍，如 ΦX174 的 E 基因全部包括在 D 基因内，B 基因则全部包括在 A 基因内。20 世纪 80 年代中期之前，普遍认为重叠基因主要存在于病毒，但后来的研究发现，重叠基因也存在于包括人在内的脊椎动物中，重叠基因的生物学意义有待深入研究。

（3）细菌基因组的特点

① 细菌的"染色体"通常由一个环形或线形 DNA 分子组成，只有一个复制起点。不少细菌含有若干个小的环形 DNA，被称作**质粒**（plasmid）。有些质粒可以从一个细菌转移到另一个细菌，不少经过改造的质粒在基因工程中被用作基因转移的载体。

② 编码蛋白质的基因为单拷贝的，但 rRNA 基因一般是多拷贝的。

③ 基因组中有多种调控区和少量重复序列，调控元件比病毒复杂，但比真核生物简单，重复序列比真核生物少得多。

④ 基因组中存在与真核生物类似的可移动 DNA 序列（转座子）。

3.5.3 真核生物基因组的特点

（1）基因组较大

真核生物的核基因由多条线形的染色体构成，每条染色体有一个线形的 DNA 分子，每个 DNA 分子有多个复制起点。线粒体和叶绿体等细胞器中含有环形的 DNA 分子，其结构与原核生物的 DNA 相似。

（2）不存在操纵子结构

真核生物功能上密切相关的基因可以排列在一起，组成基因簇（gene cluster），也可以相距较远，甚至位于不同的染色体。即使同一个基因簇的基因，也不会像原核生物的操纵子结构那样，转录到同一个 mRNA 上。基因的协调表达是通过多种调控因子构成的复杂系统完成的。

（3）存在大量的重复序列

知识扩展 3-12
重复序列的类型

真核生物基因组中存在大量的**重复序列**（repetitive sequence），根据其重复程度的差别可将重复序列分成多种类型。

① 高度重复序列　重复率达 10^6 以上的称**高度重复序列**（highly repetitive sequence），位于异染色质，在基因组中的比例一般为 10% ~ 60%，在人类基因组中约占 20%。高度重复序列不编码蛋白质或RNA，可能与染色体结构的形成及基因表达的调控有关。高度重复序列一般富含 A - T 对或 G - C 对，富含 A - T 对的密度较小，在密度梯度离心时形成的区带比较靠近离心管口；富含 G - C 对的密度较大，在离心管中形成的区带比较靠近离心管底；非重复序列的 DNA 在离心管中形成的区带处于二者之间。因此，高度重复序列被形象地称为**卫星 DNA**（satellite DNA）。

② 中度重复序列　在基因组内有数十至数十万个拷贝的序列，称**中度重复序列**（moderately repetitive sequence）。大多数中度重复序列与其他序列间隔排列，称作**散布重复序列**（dispersed repetitive sequence）。少数中度重复序列成串排列在一个区域，称作**串联重复序列**（tandem repetitive sequence）。

串联重复序列主要包括小卫星序列、微卫星序列和 rDNA。着丝粒序列和端粒序列也是串联重复序列，但属于高度重复序列。

小卫星 DNA（minisatellite DNA）分布在常染色质内，重复单位通常为 15 ~ 40 bp，拷贝数从 10 ~ 10 000 不等。由于拷贝数存在很大的个体差异，小卫星 DNA 可用于 DNA 的指纹图谱分析。小卫星 DNA

的长度多态性以孟德尔方式遗传，因此常被用于基因定位、亲子关系判断、身份确定、遗传病的分析和诊断等领域。

微卫星 DNA（microsatellite DNA）又称**短串联重复序列**（short tandem repeats，STR）或**简单串联重复序列**（simple tandem repeats，SSR），重复单位只有 1～5 bp，拷贝数为 10～60。微卫星 DNA 存在于常染色质内，在个体之间存在高度的多态性。可作为基因组作图的分子标记。由于微卫星序列侧翼的序列十分保守，可用于设计引物和探针。

真核生物的 rDNA 在单倍体中的拷贝数为 600～8 500 个，位于核仁组织区。一个 rRNA 基因包括 18S、5.8S 和 28S rRNA 基因的编码区和基因间的间隔序列，转录区高度保守，间隔区高度可变。5S rD-NA 并不位于核仁组织区，在单倍体中的拷贝数为 1 000～50 000 个，编码区 120 bp，高度保守，间隔序列的长度在物种间高度可变。

散布重复序列主要包括短散布元件、长散布元件和转座子。

短散布元件（short interspersed element，SINE）的典型代表是 Alu 家族和 Hinf 家族。Alu 家族因含有 Alu 酶切位点而得名，其长度约为 360 bp，在人类基因组中约有 100 万个拷贝，散布于整个基因组中。Alu 序列的确切功能尚不清楚，有迹象表明，Alu 序列可能参与 RNA 的加工。**长散布元件**（long interspersed element，LINE）的长度大于 1 000 bp，其典型代表为 LINE1，在人基因组中的拷贝数为 2 万～2.5 万。人类基因组中 Alu 家族和 LINE1 序列约占散布元件的 60%。基因组中有一些中度重复序列在染色体上的位置是可移动的，这便是**转座子**（transposon），其生物学意义有待深入研究。

③ 低度重复序列　编码细胞骨架蛋白等蛋白质的基因只有数个拷贝，称低度重复序列。低度重复序列中的某些基因由于突变而丧失了表达活性，被称作**假基因**（pseudogene）。

④ 单一序列　绝大多数编码蛋白质的基因只有 1 个或几个拷贝，称作**单一序列**（unique sequence）或**非重复序列**（nonrepetitive sequence），哺乳动物基因组中，单一序列为 50%～60%。需要强调的是，单一序列只有一小部分是为蛋白质编码的，其他部分的功能尚不清楚。

（4）有断裂基因

大多数真核生物为蛋白质编码的基因都含有"居间序列"，即不为多肽编码，其转录产物在 mRNA 前体的加工过程中被切除的片段。基因中不编码的居间序列称为**内含子**（intron），而编码的片段则称作**外显子**（exon）。内含子的存在使真核生物基因成为不连续基因或**断裂基因**（split gene）。

断裂基因是 R. Roberts 和 P. Sharp 于 1997 年在研究腺病毒六邻体外壳蛋白质的 mRNA 时首先发现的，病毒 DNA 与它的 mRNA 进行分子杂交时，在电镜下观察到未与 mRNA 配对的 DNA 形成多个突环，称 R 环。R 环的形成说明腺病毒外壳蛋白质的基因具有 mRNA 中不存在的序列，这些序列就是内含子。图 3-24 中的（a）为电子显微镜照片，（b）为对电子显微镜照片进行解释的示意图，（c）为腺病毒六邻体外壳蛋白质基因结构的示意图。后来发现，鸡卵清蛋白的基因与其 mRNA 杂交也会出现与其内含子数对应的 7 个 R 环。

内含子的功能还不完全清楚。但已经发现有些内含子包含增强子和启动子等转录调控元件，有些内含子可转录生成小分子核仁 RNA，有些内含子参与了转录产物的加工。

科学史话 3-7
断裂基因的发现

知识扩展 3-13
卵清蛋白的断裂基因

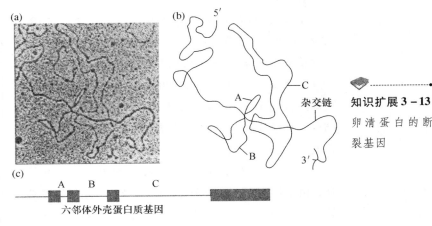

图 3-24　腺病毒外壳蛋白质基因与其 mRNA 的杂交

知识扩展 3 – 14
人类基因组的序列类型

有些较大的内含子中，甚至包含着某种蛋白质的编码区。内含子的一个重要作用可能是把基因分割成许多"可交换的单位"，在生物进化的过程中，这些单位可以重新组合构成新的基因。此外，内含子可能保留更多的突变，提高生物进化的速率。

由于真核生物的基因组中含有大量的重复序列和内含子，为蛋白质编码的序列只占 DNA 序列的一小部分。人类基因组中为蛋白质编码的序列大约只是 DNA 序列的 1.5%，非编码序列的功能有待进一步深入研究。

3.6 RNA 的结构和功能

知识扩展 3 – 15
RNA 二级结构的常见类型

RNA 的碱基组成不像 DNA 那样有 A = T 和 G = C 的规律。根据 RNA 的某些理化性质和 X 射线衍射分析研究，证明大多数天然 RNA 是一条单链。由于单链可以发生自身回折，使一些可配对的碱基相遇，在 A 与 U 之间形成 2 个氢键，G 与 C 之间形成 3 个氢键，这样构成的局部双螺旋区域，被称作臂（arm）或茎（stem），不能配对的碱基则形成单链突环（loop）。RNA 分子中有 40% ~ 70% 的核苷酸参与了双螺旋的形成，所以 RNA 分子可以形成多环多臂的二级结构。

RNA 多为单链，可折叠成复杂的空间结构，因此种类较多、功能多样。

3.6.1 tRNA

科学史话 3 – 8
tRNA 序列的测定

tRNA 约占细胞 RNA 总量的 15%，由核内形成并迅速加工后进入细胞质（见 14.6.3），主要作用是将氨基酸转运到核糖体 – mRNA 复合物的相应位置用于蛋白质合成。虽然大多数蛋白质仅由 20 种左右的氨基酸组成，但一种氨基酸可有一种以上的 tRNA，细胞内一般有 50 种以上不同的 tRNA。tRNA 分子较小，平均沉降系数为 4S。1965 年 R. Holley 等测定了酵母丙氨酸 tRNA 的一级结构，并提出 tRNA 的三叶草二级结构，近年多称其为四环四臂结构（图 3 – 25）。

其主要特征有：

① 以 76 nt 的 tRNA 分子为标准，超过 76 nt 的 tRNA 分子增加的核苷酸位于 17、20 和 47 位，均位于分子的单链环部分，可表示为 17：1、47：1、47：2 等。

② 5'端 1 ~ 7 位与近 3'端的 66 ~ 72 位形成 7 bp 的**氨基酸臂**（amino acid arm），3'端有共同的—CCA—OH 结构，其羟基可与该 tRNA 所能携带的氨基酸形成共价键。

③ 第 10 ~ 25 位形成 3 ~ 4 bp 的臂和 8 ~ 14 nt 的环，由于环上有二氢尿嘧啶（D），故称为**二氢尿嘧啶环**（dihydrouracil loop）或 D 环，相应的臂称为 D 臂。

④ 第 27 ~ 43 位有 5 bp 的反密码子臂和 7 nt 的**反**

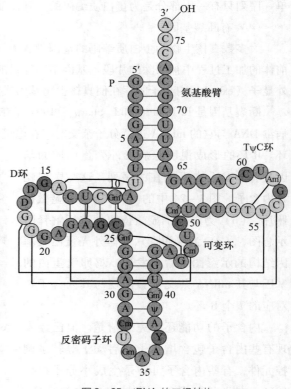

图 3 – 25 tRNA 的二级结构

密码子环（anticodon loop），其中 34~36 位是与 mRNA 相互作用的反密码子。

⑤ 第 44~48 位为**可变环**（variable loop），在不同的 tRNA 中，核苷酸的数目多少不等，80% 的 tR-NA 可变环由 4~5 nt 组成，20% 的 tRNA 可变环由 13~21 nt 组成。

⑥ 第 49~65 位为 5 bp 的 TψC 臂和 7 nt 的 **TψC 环**（TψC loop），因环中有 TψC 序列而得名。

⑦ tRNA 分子中含有多少不等的修饰碱基，某些位置上的核苷酸在不同的 tRNA 分子中很少变化，称不变核苷酸。

X 射线衍射分析表明，tRNA 的三级结构很像倒写的字母 L，氨基酸臂和 TψC 臂沿同一轴排列，形成 12 bp 的连续双螺旋，在与之垂直的方向，反密码子臂和 D 臂沿同一轴排列，D 环和 TψC 环构成倒 L 的转角，两环之间的氢键和碱基堆积力稳定了转角的构象（图 3-26）。

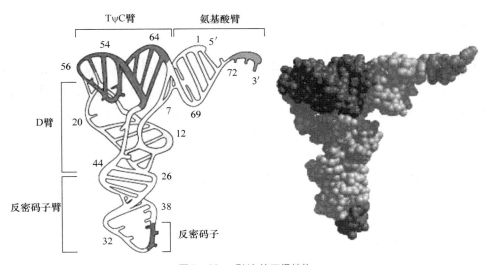

图 3-26　tRNA 的三级结构

tRNA 的倒 L 结构与核糖体上的空穴相符，TψC 环中 GTψC 序列与 5S rRNA 相应区段的序列有碱基互补关系，L 型分子表面化学基团的细微差别，与相应酶或蛋白质对特定 tRNA 分子的识别有关。

tRNA 三级结构的形成和稳定，与 D 环、TψC 环和可变环中的核苷酸残基相互靠近，形成特定的碱基对有关。酵母丙氨酸 tRNA 三级结构中形成的碱基对如图 3-25 的连线所示，仔细观察图中的连线可以看出，在形成三级结构时，形成了 6 个新的碱基配对，还有 3 个由碱基对和另一个碱基形成的三元体。

知识扩展 3-16
tRNA 三级结构
形成的碱基配对

3.6.2　rRNA

核糖体由约 40% 的蛋白质和 60% 的 rRNA 组成，rRNA 占细胞 RNA 总量的 80%。核糖体可分为大小两个亚基。原核生物的小亚基沉降系数为 30S，含有 1 种 rRNA，其沉降系数为 16S；大亚基为 50S，含有 5S 和 23S 两种 rRNA（见 14.6.2）。真核生物的小亚基 40S，含有 18S 的 rRNA；大亚基为 60S，含 5S、5.8S、28S 三种 rRNA。

随着核酸序列快速测定法和分子克隆技术的发展，多种 rRNA 的一级结构和二级结构已经确定。大肠杆菌 16S rRNA 1 542 nt 的序列确定后，发现约有一半核苷酸形成链内碱基对，整个分子约有 60 个螺旋。未配对部分形成突环，一些分子内长距离的互补使相隔很远的突环之间形成碱基配对，构成复杂的多环多臂结构。在有足够量的 Mg^{2+} 存在下，分离到的 16S rRNA 处于紧密状态，其空间结构与 30S 亚基的形状和大小非常相似。已经发现 16S rRNA 分子中的一些序列，与蛋白质合成时小亚基与 mRNA 及一些有关因子的结合有关。如 16S rRNA 1 535 ~ 1 539 位的 CCUCC 与 mRNA 的相应序列有互补关系。真核生物的 18S rRNA 除多一些臂和环结构外，空间结构与 16S rRNA 十分相似。近年来常通过比对 16S rRNA 或 18S rRNA 的序列，分析物种间的亲缘关系。

知识扩展 3 - 17
rRNA 的种类和
二级结构

大肠杆菌 23S rRNA 2 904 nt 的序列亦已确定，其中一半以上核苷酸以分子内双链形式存在。紧密状态下的电子显微镜研究表明，23S rRNA 的形状与 50S 亚基相似，再次说明 RNA 自身折叠形成的构象决定了核糖体亚基的形态。已经证明 23S rRNA 的特定区域对肽键形成有催化作用。真核生物 28S rRNA 空间结构与大肠杆菌 23S rRNA 相似。

5S rRNA 60% 以上的碱基形成分子内碱基对，已发现有一特定序列与 tRNA 分子上的 GTψCG 互补。

3.6.3 mRNA 和 hnRNA

mRNA 占细胞总 RNA 的 3% ~ 5%，代谢活跃，寿命较短。mRNA 编码区的核苷酸序列决定相应蛋白质的氨基酸序列，由于蛋白质分子大小迥异，mRNA 编码区的上游和下游均有长度不等的非编码区，mRNA 的分子大小差异很大。原核生物 mRNA 的转录和翻译在细胞的同一空间进行，两个过程常紧密偶联同时发生，即 mRNA 一般不需要剪接和加工，可直接用于蛋白质的合成。真核生物 mRNA 的前体在细胞核内合成，包括内含子和外显子的整个基因均被转录，形成分子大小极不均一的**核内不均一 RNA**（heterogeneous nuclear RNA，hnRNA）。hnRNA 需要通过剪接和加工，转化为成熟的 mRNA（见 14.6.4），才能进入细胞质，指导蛋白质合成。

3.6.4 snRNA 和 snoRNA

核小 RNA（small nuclear RNA，snRNA）主要存在于细胞核中，少数穿梭于核质之间，或存在于细胞质中。snRNA 存在广泛，但含量不高，只占细胞 RNA 总量的 0.1% ~ 1%，分子大小多为 58 ~ 300 nt。其中 5′端有帽子结构，分子内含 U 较多的称 U - RNA，不同结构的 U - RNA 称为 U1、U2 等。5′端无帽子结构的按沉降系数或电泳迁移率排列，如 4.5S RNA、7S RNA 等。同一种 snRNA 的结构差异用阿拉伯数字或英文字母表示，如 7S - 1、7S - 2 等。

snRNA 均与蛋白质连在一起，以**核糖核蛋白**（ribonucleoprotein，RNP）的形式存在。U - RNP 在 hnRNA 的剪接和加工过程中有重要作用（见 14.6.4），其他 snRNA 在控制细胞分裂和分化，协助细胞内物质运输，构成染色质等方面有重要作用。

核仁小 RNA（small nucleolar RNA，snoRNA）广泛分布于核仁区，大小一般为几十到几百个核苷酸，主要参与 rRNA 前体的加工，部分 snRNA 及 tRNA 中某些核苷酸的甲基化修饰也是由 snoRNA 指导完成的（见 14.6.2）。

3.6.5 asRNA 和 RNAi

1983 年在原核生物中发现的**反义 RNA**（antisense RNA，asRNA）可通过互补序列与特定的 mRNA 结合，抑制 mRNA 的翻译，随后在真核生物亦发现了 asRNA，并发现 asRNA 除主要在翻译水平抑制基因表达外，还可抑制 DNA 的复制和转录。asRNA 已用于抑制导致水果变软的果胶酶，及促进水果后熟的乙烯合成酶，延长水果保存期等，并可能为某些疾病的治疗提供新途径。

asRNA 的一个明显弱点是稳定性较差,使其应用受到很大的限制。1998 年 A. Fire 等发现,用 RNA 抑制基因表达时,若用一段与 asRNA 核苷酸序列互补的 RNA,与 asRNA 构成双链 RNA(dsRNA),其稳定性大大增加,对基因表达的抑制作用比单链 RNA 高 2 个数量级。这种用双链 RNA 抑制特定基因表达的技术称 **RNA 干扰**(RNA interference,RNAi)。随后发现 RNAi 现象在各种生物中普遍存在。随着构建 dsRNA 技术的日益完善,RNAi 技术已广泛用于探索基因功能,开展基因治疗和新药开发,研究信号转导通路等领域。RNAi 的发现荣获了 2006 年的诺贝尔生理学或医学奖。

🔍 ········· •
科学史话 3 − 9
反义 RNA 和 RNA
干扰 的发现

3.6.6 非编码 RNA 的多样性

随着人类基因组计划的完成和研究工作的不断深入,发现高等真核生物的转录产物超过 97% 是不编码蛋白质的。不编码蛋白质,以 RNA 形式发挥作用的 RNA 称 **非编码 RNA**(non-coding RNA,ncRNA)。新近发现,基因的非模板链、内含子、异染色质均可转录生成 ncRNA。ncRNA 种类繁多,除 rRNA 和 tRNA 以外的其他 ncRNA,可以从不同的角度对其进行分类。

(1)根据 ncRNA 的功能分类

根据 ncRNA 的功能对其进行分类,除前面讲到的 rRNA、tRNA、snRNA、snoRNA 外,还有许多其他类型。

① 催化 RNA(catalitic RNA,cRNA) 亦称核酶,是有催化功能的 RNA 分子。核酶大部分参加 RNA 的加工和成熟,但 23S rRNA 具肽酰转移酶活性,说明 RNA 的催化功能是一个很值得研究的领域。

② 类似 mRNA 的 RNA 即 3′端有 polyA、无典型 ORF、不编码蛋白质的 RNA 分子。是一类与细胞的生长和分化、胚胎的发育、肿瘤的形成和抑制密切相关的调节因子。

③ 指导 RNA(guide RNA,gRNA) 指导 mRNA 编辑的小 RNA 分子,多用来指导在 mRNA 转录产物中加入 U 的过程。

④ tmRNA 既有 tRNA 的功能,又有 mRNA 的功能,翻译时既可以转运氨基酸,又可作合成肽链的模板。

⑤ 端粒酶 RNA(telomerase RNA) 端粒酶由 RNA 和蛋白质构成,其中的 RNA 是真核染色体端粒复制的模板。

⑥ 信号识别颗粒(signal recognition particle,SRP)RNA SRP 的组成部分,与细胞内蛋白质的转运有关。

⑦ 微小 RNA(microRNA,miRNA) 由基因组 DNA 非编码区转录,长度约 22 nt,在基因表达、细胞周期及个体发育的调控中发挥重要作用。

⑧ 小干扰 RNA(small interfering RNA,siRNA) 一种与 microRNA 大小相似的外源性双链 RNA 分子,在 RNAi 途径中介导靶 mRNA 的降解。

(2)根据 ncRNA 在细胞内的分布分类

根据细胞内的分布,ncRNA 除前述的 snRNA 和 snoRNA 外,还有细胞质小 RNA(small cytoplasmic RNA,scRNA)和 Cajal 小体(Cajalbodies,CBs)小 RNA。scRNA 分布在细胞质,主要在蛋白质合成过程中起作用。CBs 小 RNA 是 CBs 特异性小 RNA,能与 U 族 snRNA 碱基配对,可能参与 U1、U2、U4 及 U5 位点特异性的 2′ − O − 核糖甲基化和假尿嘧啶形成。

(3)根据 ncRNA 的大小分类

① 21 ~ 25 nt 的 ncRNA 包括 miRNA 家族和 siRNA 家族两种类型,是真核细胞基因表达的重要调控因子,是目前备受关注、研究最多和进展最快的一类 ncRNA。

② 100~200 nt 的 small RNA　是细菌细胞的翻译调节因子。

③ 大于 10 000 nt 的 ncRNA　参与高等真核生物的基因沉默。

由此可见，ncRNA 在细菌、真菌、动植物的 DNA 复制、转录、翻译中均有一定的调控作用，还与细胞内或细胞间一些物质的运输和定位有关。对 ncRNA 进行深入研究，可能对揭示基因表达调控的机制、动植物的品种改良，以及人类疾病防治有重要意义。

由于 RNA 既可以用作遗传物质，又可以实现某些通常由蛋白质完成的使命，RNA 在生命起源和生物进化的探索方面也有重要意义。现在认为，RNA 可能是 DNA 和蛋白质的共同祖先，生物进化的早期阶段可能是一个由 RNA 主导的世界。

3.7　核酸的性质和研究方法

3.7.1　一般理化性质

核酸和核苷酸既有磷酸基，又有碱性基团，所以都是两性物质。因磷酸的酸性较强，核酸和核苷酸通常为酸性。

DNA 纯品为白色纤维状固体，RNA 纯品为白色粉末。二者均微溶于水，不溶于一般有机溶剂，故常用乙醇从溶液中沉淀核酸。

大多数 DNA 为线形分子，其长度可以达到几厘米，而分子的直径只有 2 nm。因此 DNA 溶液的黏度极高，RNA 溶液的黏度要小得多。

核酸可被酸、碱或酶水解成为各种组分，用层析、电泳等方法分离，其水解程度因水解条件而异。RNA 能在室温条件下被稀碱水解，在水解过程中，随着磷酸二酯键的断裂，先生成 2′,3′-环核苷酸中间物，最后生成 2′-核苷酸和 3′-核苷酸的混合物，DNA 由于不存在 2′-OH，不能被稀碱水解，常利用此性质测定 RNA 的碱基组成或除去溶液中的 RNA 杂质。

在酸性条件下，磷酸酯键比糖苷键更稳定，其中稳定性最差的是嘌呤与脱氧核糖之间的糖苷键。所以，若对核酸进行酸水解，首先生成的是无嘌呤酸（apurinic acid）。因此，在对核酸进行部分水解时，很少采用酸水解。

水解核酸的酶类可按其作用的底物分为**核糖核酸酶**（ribonuclease，RNase）和**脱氧核糖核酸酶**（deoxyribonuclease，DNase）。如果水解部位在核酸链的内部，称**内切核酸酶**（endonuclease），若水解部位在核酸链的末端，称**外切核酸酶**（exonuclease）。外切核酸酶可按其水解作用的方向分为 3′→5′外切核酸酶和 5′→3′外切核酸酶。

常用的 RNase 有 3 种，其一是牛胰核糖核酸酶（pancreatic ribonuclease），又称 RNase Ⅰ，是一种专一性内切酶，水解产物为 3′-嘧啶核苷酸和以 3′-嘧啶核苷酸结尾的寡核苷酸。其二是核糖核酸酶 T_1（ribonuclease T_1），水解产物为 3′-鸟苷酸和以 3′-鸟苷酸结尾的寡核苷酸。其三是核糖核酸酶 T_2，主要作用于 Ap 残基，将 tRNA 降解成以 3′-腺苷酸为末端的寡核苷酸。

常用的 DNase 也有两种，其一是牛胰脱氧核糖核酸酶 Ⅰ（pancreatic deoxyribonuclease，DNase Ⅰ），可以将单链或双链 DNA 水解为平均长度为 4 nt，以 5′-磷酸为末端的寡核苷酸。其二是牛脾脱氧核糖核酸酶（spleen deoxyribonuclease，DNase Ⅱ），可以将单链或双链 DNA 水解为平均长度为 6 nt，以 3′-磷酸为末端的寡聚核苷酸。在实验室使用十分广泛的限制性内切酶将在第 13 章介绍。

既能水解 DNA 又能水解 RNA 的称**非特异性核酸酶**（nonspecific nuclease）。有些非特异性核酸酶可以作为工具酶用于科学研究，如蛇毒磷酸二酯酶和脾磷酸二酯酶均是可以水解 DNA 和 RNA 的外切核酸酶，前者从 3′ 端开始，水解生成 5′ - 单核苷酸，后者从 5′ 端开始，生成 3′ - 单核苷酸。

D - 核糖与浓盐酸和苔黑酚（甲基间苯二酚）共热产生绿色化合物，D - 2 - 脱氧核糖与酸和二苯胺一同加热产生蓝紫色化合物。可利用这两种糖的特殊颜色反应区别 DNA 和 RNA，或分别测定二者的含量。

3.7.2 紫外吸收性质

核酸中的嘌呤环和嘧啶环的共轭体系强烈吸收 250 ~ 290 nm 波段的紫外线，其最高的吸收峰接近 260 nm，RNA 与 DNA 的吸收光谱差别不大。由于蛋白质在这一波段仅有较弱的吸收，因此可以利用核酸的这一光学特性，用紫外照相来定位测定核酸在细胞和组织中的分布，以及它们在色谱和电泳谱上的位置。在 250 ~ 290 nm 的紫外线照射下，滤纸或其他载体发出浅蓝色的荧光，但有核酸存在的区域，由于核酸吸收了入射的紫外线，从而"熄灭"了该处的荧光，所以可以看到一个暗区。

若将核酸水解为核苷酸，紫外吸收值通常增加 30% ~ 40%，这种现象被称作**增色效应**（hyperchromic effect）。这是由于在双螺旋结构中，碱基有规律的紧密堆积降低了其对紫外光的吸收。

用 1 cm 光径的比色杯测定核酸的 $A_{260\ nm}$ 时，1 μg/mL 的 DNA 溶液吸光度为 0.020，同样浓度的 RNA 吸光度为 0.024，因此，可以用下列公式计算样品中的核酸含量：

$$\text{DNA 浓度（μg/mL）} = A_{260\ nm}/0.020，\ \text{RNA 浓度（μg/mL）} = A_{260\ nm}/0.024$$

若样品溶液是稀释后的，则计算值应乘以稀释倍数。

3.7.3 核酸结构的稳定性

核酸作为遗传物质，其结构是相当稳定的，主要原因可归纳为三个方面。

（1）碱基对间的氢键

在 DNA 双螺旋和 RNA 的双螺旋区，碱基对的大小使其在螺旋内的距离很适合于形成氢键。氢键是一种较弱的非共价键，但许多氢键的集合能量是很大的。如果不能使许多氢键同时打开，局部打开的氢键有恢复原有状态，保持分子构象不变的趋势。RNA 形成三级结构时，单链突环互相靠近形成的环间碱基对，是三级结构稳定的重要因素。

（2）碱基堆积力

在 DNA 双螺旋和 RNA 的螺旋区，相邻碱基平面间的距离约为 0.34 nm，嘌呤环和嘧啶环上原子的范德华半径约为 0.17 nm，因此，嘌呤环和嘧啶环之间存在较强的范德华作用力。两个原子之间的范德华作用力是较弱的，但很多个原子的范德华作用力集合起来，就可以形成相当大的作用力，这种作用力对稳定双螺旋结构起着十分重要的作用。同时环境中的水可以同双螺旋外围的磷酸和戊糖骨架相互作用，而双螺旋内部的碱基对是高度疏水的，使环境中的水在螺旋外围形成水壳，亦有助于螺旋的稳定。碱基平面间的范德华作用力和疏水作用力统称为**碱基堆积力**（base stacking force）。RNA 单链的碱基平面在距离合适时，也能形成堆积力。碱基堆积力对维持核酸的空间结构起主要作用。

（3）环境中的正离子

DNA 双螺旋和 RNA 的螺旋区外侧带负电荷的磷酸基，在不与正离子结合的状态下有静电斥力。环境中带正电荷的 Na^+、K^+、Mg^{2+}、Mn^{2+} 等离子，原核生物细胞内带正电荷的多胺类，真核细胞中带正电荷的组蛋白等，均可与磷酸基团结合，消除静电斥力，对核酸结构的稳定有重要作用。

3.7.4 核酸的变性

(1) 变性的概念和 T_m

双链核酸的变性（denaturation of a double-stranded nucleic acid）指双螺旋区氢键断裂，空间结构破坏，形成单链无规线团状态的过程。变性只涉及次级键的变化，磷酸二酯键的断裂称核酸降解。

核酸变性后，260 nm 的紫外吸收值明显增加，即产生增色效应。同时黏度下降，浮力密度升高，生物学功能部分或全部丧失，这些性质可用于判断核酸变性的程度。凡可破坏氢键、妨碍碱基堆积作用和增加磷酸基静电斥力的因素均可促成变性。

如图 3-27 所示，加热 DNA 的稀盐溶液，达到一定温度后，260 nm 的吸光度骤然增加，表明两条链开始分开，吸光度增加约 40% 后，变化趋于平坦，说明两条链已完全分开。这表明 DNA 的热变性是个突变过程，类似结晶的熔解，因此将紫外吸收的增加量达最大增量一半时的温度值称**熔解温度**（melting temperature，T_m）。双链 RNA 比双链 DNA 稳定，同样序列的双链 RNA 比双链 DNA 的 T_m 高大约 20℃。RNA-DNA 杂合双链的 T_m 介于双链 RNA 和双链 DNA 之间。双链 RNA 较双链 DNA 稳定的物理化学基础尚不清楚。

(2) 影响 T_m 的因素

① DNA 序列的复杂性越小（小片段，或由小片段重复多次形成的大片段），T_m 的温度范围越小。

② G-C 含量越高，T_m 的值越大。如图 3-28 所示，在 0.15 mol/L NaCl，0.015 mol/L 柠檬酸钠溶液（1×SSC）中，若 G-C 的含量上升 1%，则 T_m 上升 0.41℃。即 G-C 含量和 T_m 的关系符合马默多蒂（Marmur-Doty）公式：

$$T_m = 69.3 + 0.41 (G+C)\%，或 \quad (G+C)\% = (T_m - 69.3) \times 2.44$$

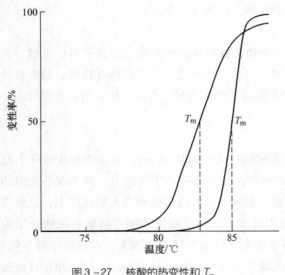

图 3-27 核酸的热变性和 T_m

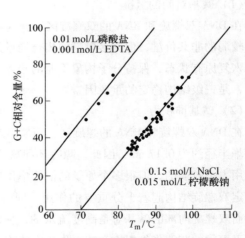

图 3-28 G-C 对和离子强度对 T_m 的影响

③ 离子强度较低的介质中，T_m 较低（图 3-28）。在纯水中，DNA 在室温下即可变性。生物化学与分子生物学研究工作中，需核酸变性时，常采用离子强度较低的缓冲溶液。

④ 高 pH 下，碱基广泛去质子而丧失形成氢键的能力。pH 大于 11.3 时，DNA 完全变性。pH 低于 5.0 时，DNA 易脱嘌呤。对单链 DNA 进行电泳时，常在凝胶中加入 NaOH 以维持变性状态。

⑤ 甲酰胺、尿素、甲醛等变性剂可破坏氢键，妨碍碱基堆积，使 T_m 下降。对单链 DNA 进行电泳时，常使用上述变性剂。

3.7.5 核酸的复性

（1）复性的概念

变性核酸的互补链在适当条件下重新缔合成双螺旋的过程称**复性**（renaturation）。变性核酸复性时需缓慢冷却，故又称**退火**（annealing）。复性后，核酸的紫外吸收降低，这种现象被称作**减色效应**（hypochromic effect）。此外，核酸溶液的其他性质也恢复为变性前的状态。

（2）影响复性速度的因素

① 复性的温度　复性时单链以较高的速度随机碰撞，才能形成碱基配对，若只形成局部碱基配对，在较高的温度下两链重又分离，经过多次试探性碰撞，才能形成正确的互补区。所以，核酸复性时温度不宜过低，$T_m - 25℃$ 是较合适的复性温度。

② 单链片段的浓度　单链片段浓度越高，随机碰撞的频率越高，复性速度越快。

③ 单链片段的长度　单链片段越大，扩散速度越慢，链间错配的概率也越高。因而复性速度也越慢。图 3-29 表明，DNA 的核苷酸对数越多，复性的速度越慢。图中的 c_0 为单链的初始浓度，t 为复性的时间，复性达一半时（图中纵坐标的 0.5 处）在横坐标上所对应的 $c_0 t$ 值称 $c_0 t_{1/2}$，该数值越小，复性的速度越快。从图中可以看出，核苷酸序列的长度（图 3-29 上方的横坐标）越长，其 $c_0 t_{1/2}$ 也越大。

④ 单链片段的复杂度　在片段大小相似的情况下，片段内重复序列的重复次数越多，或者说复杂度越小，越容易形成互补区，复性的速度就越快。真核生物 DNA 的重复序列就是通过复性动力学研究发现的。图 3-29 中 polyA + polyU，以及小鼠卫星 DNA 的 $c_0 t_{1/2}$ 很小，说明 DNA 的复杂度越小，复性速度越快。

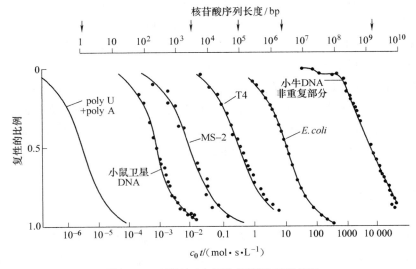

图 3-29　复性速度与核酸序列复杂度的关系

⑤ 溶液的离子强度　维持溶液一定的离子强度，消除磷酸基负电荷造成的斥力，可加快复性速度。

3.7.6　核酸分子杂交和 DNA 芯片

科学史话 3-10
Southern 杂交技术和 DNA 芯片技术的建立

在退火条件下，不同来源的 DNA 互补区形成双链，或 DNA 单链和 RNA 单链的互补区形成 DNA - RNA 杂合双链的过程称**分子杂交**（molecular hybridization）。

分子杂交广泛用于测定基因拷贝数、基因定位、确定生物的遗传进化关系等。通常对天然或人工合成的 DNA 或 RNA 片段进行放射性同位素或荧光标记，做成**探针**（probe），经杂交后，检测放射性同位素或荧光物质的位置，寻找与探针有互补关系的 DNA 或 RNA。

知识扩展 3-18
生物素标记探针检测核酸的原理

直接用探针与菌落或组织细胞中的核酸杂交，因未改变核酸所在的位置，称原位杂交；将核酸直接点在膜上，再与探针杂交称点杂交；使用狭缝点样器时，称狭缝印迹杂交。该技术主要用于分析基因拷贝数和转录水平的变化，亦可用于检测病原微生物和生物制品中的核酸污染状况。

杂交技术较广泛的应用是将样品 DNA 切割成大小不等的片段，经凝胶电泳分离后，用杂交技术寻找与探针互补的 DNA 片段。由于凝胶机械强度差，不适合于杂交过程中较高温度和较长时间的处理，E. Southern 提出一种方法，将电泳分离的 DNA 片段从凝胶转移到适当的膜（如硝酸纤维素膜或尼龙膜）上，再进行杂交操作，称 **Southern 印迹法**（Southern blotting），或 **Southern 杂交**（Southern hybridization）技术。随后，J. Alwine 等提出将电泳分离后的变性 RNA 吸印到适当的膜上再进行分子杂交的技术，被戏称为 **Northern 印迹法**（Northern blotting），或 **Northern 杂交**（Northern hybridization）。Southern 杂交和 Northern 杂交广泛用于研究基因变异、基因重排、DNA 多态性分析和疾病诊断。

杂交技术和 PCR 技术（见 13.6.2）的结合，使检出含量极少的 DNA 成为可能。促进了杂交技术在分子生物学和医学领域的广泛应用。

知识扩展 3-19
DNA 芯片技术

DNA 芯片（DNA chip）技术或 **DNA 微阵列**（DNA microarray），也是以核酸的分子杂交为基础的。其要点是用点样或在片合成的方法，将成千上万种相关基因（如多种与癌症相关的基因）的探针整齐地排列在特定的基片上，形成阵列，将待测样品的 DNA 或 cDNA 切割成碎片，用荧光基团标记后，与芯片进行分子杂交，用激光扫描仪对基片上的每个点进行检测。若某个探针所对应的位置出现荧光，说明样品中存在相应的基因。由于一个芯片上可容纳千上万个探针，DNA 芯片可对样本进行高通量的检测。若将两个样本（A 和 B）的 RNA 提取出来，用逆转录酶转化成 cDNA，分别用红色荧光标记 A 样本的 cDNA，用绿色荧光标记 B 样本的 cDNA，再与同一个 DNA 芯片杂交，则出现红色荧光的位点，其探针所对应的基因只在 A 样本中表达，出现绿色荧光的位点，其探针所对应的基因只在 B 样本中表达。若某基因在 A 样本和 B 样本中均表达，则其相应探针所在的位点会出现黄色荧光，黄色的色度（红色和绿色的相对比例）反映该基因在 A 样本和 B 样本中的相对表达量。用这种方法可以高通量地研究基因表达状况的差异。由此可以看出，DNA 芯片有极其广阔的应用前景。

3.7.7　DNA 的化学合成

知识扩展 3-20
DNA 的化学合成

DNA 的化学合成主要用于合成寡核苷酸探针和引物，有时也用于人工合成基因和反义寡核苷酸。寡核苷酸可以用 DNA 合成仪合成，大多数 DNA 合成仪是以固相磷酰亚胺法为基础设计制造的。基本原理是将末端核苷酸先固定在一种不溶性高分子固相载体上，然后按顺序逐一用磷酸二酯键连接核苷酸。每掺入一个核苷酸残基经历一轮相同的操作，由于被加长的核酸链始终被固定在固相载体上，所以过量的未反应物或反应副产物可用冲洗的方法除去。合成至所需长度后，核酸链可从固相载体上切割下来并脱去各种保护基，再经纯化即可得到最终产物。

3.8 核酸的序列测定

DNA 的序列测定多采用 F. Sanger 提出的**链终止法**(chain termination method)和新发展的高通量测序技术。

科学史话 3 – 11
DNA 序列测定方法的建立

3.8.1 链终止法测序技术

链终止法测序的技术基础主要有：①用凝胶电泳分离 DNA 单链片段时，小片段移动快，大片段移动慢，用适当的方法可分离分子大小仅差一个核苷酸的 DNA 片段。②用合适的聚合酶可以在试管内合成单链 DNA 模板的互补链。反应体系中除聚合酶和单链模板外，还应包括合适的引物、4 种 dNTP 和若干种适量的无机离子。

如果在 4 个试管中分别进行合成反应，每个试管的反应体系能在一种核苷酸处随机中断链的合成，就可以得到 4 套分子大小不等的片段，如新合成的片段序列为 – CCATCGTTGA – ，在 A 处随机中断链的合成，可得到 – CCA 和 – CCATCGTTGA 两种片段，在 G 处中断合成可得到 – CCATCG 和 – CCATCGTTG 两种片段。在 C 和 T 处中断又可以得到相应的 2 套片段。用同位素或荧光物质标记这 4 套新合成的链，在凝胶中置于 4 个泳道中电泳，检测这 4 套片段的位置，即可直接读出核苷酸的序列。

在特定碱基处中断新链合成最有效的办法，是在上述 4 个试管中按一定比例分别加入一种相应的 2′, 3′ – 双脱氧核苷三磷酸（ddNTP），若新合成的链中被掺入的是 ddNTP，由于 ddNTP 的 3′位无—OH，不可能形成磷酸二酯键，故合成自然中断。如上述在 A 处中断的试管内，既有 dATP，又有少量的 ddATP，新合成的 – CCA 链中的 A 如果是 ddAMP，则链的合成中断，如果是 dAMP，则链仍可延伸。因此，链中有几个 A，就能得到几种大小不等的以 A 为末端的片段。

如果用放射性同位素标记新合成的链，则 4 个试管中新合成的链在凝胶的 4 个泳道电泳后，经放射自显影可检测条带的位置，由条带的位置可以直接读出核苷酸的序列（图 3 – 30）。采用 T7 测序酶时，一次可读出 400 多个核苷酸的序列。

后来采用 4 种发射波长不同的荧光物质分别标记 4 种不同的双脱氧核苷酸，终止反应后，4 管反应物可在同一泳道电泳，用激光扫描收集电泳信号，经计算机处理，可将序列直接打印出来。采用毛细管电泳法测序时，由于容易散热，可以用较高的电压（20 ~ 30 kV），一次可测定 700 个左右核苷酸的序列，一台仪器可以有几十根毛细管同时进行测序，且电泳时间大大缩短，自动测序技术的进步加快了核酸测序的步伐，促进了基因组学的发展（图 3 – 31）。

3.8.2 新一代高通量测序技术

新一代高通量测序仪种类较多，其共同特点是用循环芯片测序法，即对布满 DNA 样品的芯片进行序列测定。每张芯片上有高达数百万个互不干扰的微小反应池，将基因组 DNA 随机切割成的小片段分别置于反应池中，通过原位 polony 或微乳液 PCR 等方法进行扩增获得测序模板。随后用 4 种 dNTP 循环进行聚合酶反应，有聚合反应的反应池发出的光信号被光纤传送到 CCD（电荷耦合装置图像传感器）记录下来。综合分析多次聚合反应的图像，可确定各个反应池新合成寡核苷酸链的顺序。

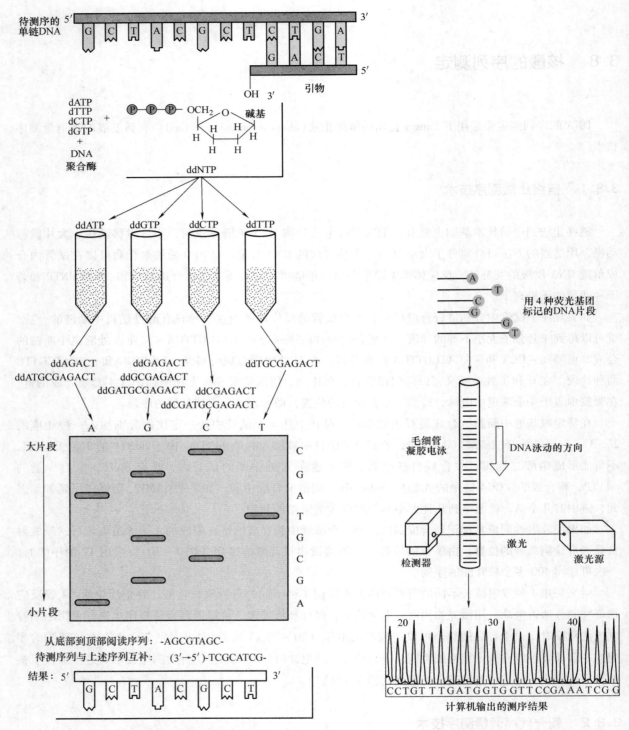

图 3 –30 链终止法测序的原理

图 3 –31 DNA 测序的自动化

使聚合反应发出光信号有多种途径，因而有多种类型的新一代测序仪。新一代高通量测序技术不需要荧光标记的引物或探针，不需要克隆挑取和质粒提取，也不需要进行电泳，使测序所需时间大大缩短。由于其高通量、试剂用量少、测序所需成本大大降低，因而得到广泛的应用。

上述测序技术的弱点是原位 polony 或微乳液 PCR 技术难度较大，CCD 价格高，使测序仪价格昂贵。

DNA 测序技术的进一步发展是单分子测序技术（第三代测序技术），其特点是不做原位 polony 或微乳液 PCR，直接高通量测定单分子寡核苷酸链的序列。正在研发的仪器基于不同的策略，比如用外切酶水解寡核苷酸链，不同的核苷酸释放不同的光信号；使寡核苷酸链穿过纳米孔，不同的核苷酸残基释放不同的电信号；用 pH 传感器测定聚合反应引起的 pH 变化；用扫描隧道显微镜（STM）或原子力显微镜（AFM）直接"阅读"核苷酸序列等。若某一策略的仪器达到准确度高、成本低和方法简单，则可使 DNA 测序成本更低，使其更广泛地用于科学研究和医学、农业等领域。

RNA 序列测定最早采用的是类似蛋白质序列测定的片段重叠法，Holley 用此法测定酵母丙氨酸 tR-NA 序列耗时达数年之久。随后发展了与 DNA 测序类似的直读法，但仍不如 DNA 测序容易，因此常将 RNA 逆转录成 cDNA，测定 cDNA 序列后推断 RNA 的序列。

蛋白质的氨基酸序列也可以通过测定 DNA 序列，用遗传密码子来推断。

知识扩展 3 – 21
各类高通量测序技术概述

小结

核苷酸由含氮碱基（嘌呤或嘧啶）、戊糖（核糖或脱氧核糖）和磷酸组成。核酸是核苷酸的多聚物，其连接键是磷酸二酯键。

RNA 含有核糖、尿嘧啶和胞嘧啶，DNA 含有 2′ - 脱氧核糖、胸腺嘧啶和胞嘧啶；在 DNA 和 RNA 中，所含的嘌呤碱基都是鸟嘌呤和腺嘌呤。此外，二者均含有一定量的稀有碱基。

B – DNA 是由反平行的两条双链构成的右手双螺旋，亲水的糖 – 磷酸构成两条主链，位于螺旋的外围。互补的碱基对（A – T 和 G – C）通过氢键相联系，构成的碱基平面垂直于螺旋轴，每一圈螺旋含有 10 个碱基对，碱基平面堆积的距离为 0.34 nm。A – DNA 的螺旋较 B – DNA 短，且具有稍大的直径。A – DNA 的结构与 DNA/RNA 杂合双链相似，因此推测 A – DNA 可能与基因的转录有关；Z – DNA 外形呈锯齿状，较 B – DNA 细而长，经甲基化修饰的 DNA 可以形成类似 Z – DNA 的结构，因此推测 Z – DNA 可能与基因表达的调控有关。

环状 DNA 一般会形成负超螺旋，这种结构可以使 DNA 的长度缩短，稳定性增强，同时可以使双螺旋的缠绕不足得到补充。超螺旋解开则形成开链环形 DNA，有利于 DNA 的复制和转录。构成真核生物染色体的基本单位是核小体，后者是由 H2A、H2B、H3、H4 各两分子构成核心，约 140 bp 的 DNA 环绕核心约 1.75 圈，连接区有组蛋白 H1 结合。多个核小体形成串珠状结构进一步聚集形成染色体。

DNA 分子的最小功能单位称基因，某物种的全套遗传物质称该物种的基因组。原核生物的基因组，一般为一个环形的 DNA 分子，通常含有若干个被称作质粒的小的环形 DNA。原核生物的多数 DNA 序列为蛋白质编码，不存在重复序列，存在操纵子和重叠基因。真核生物的基因组较大，核基因分布于若干条染色体上，其中存在大量的重复序列，包括高度重复序列、中度重复序列和低度重复序列。基因内穿插了不少非编码区称内含子，编码区称外显子，人类基因组中为蛋白质编码的序列仅占 DNA 序列的约 1.5%，非编码序列的功能有待进一步研究。真核生物的线粒体和叶绿体等细胞器中含有环形的 DNA 分子，其结构与原核生物的 DNA 相似。

RNA 多为单链，经回折形成短的双链区（茎或臂）和单链环，tRNA 的二级结构为四环四臂，三级结构为倒 L 形，主要功能是在蛋白质合成时转运氨基酸。rRNA 的二级结构是多环多臂，三级结构近球形，是核糖体的组成部分。mRNA 的核苷酸序列决定相应蛋白质的氨基酸序列，其初级转录产物含有内含子，分子大小极不均一，称 hnRNA，经剪接加工可形成成熟的 mRNA。snRNA 参与 hnRNA 的剪接加工和细胞机能的调控。snoRNA 参与 rRNA 前体的加工和某些核苷酸的修饰。asRNA 可抑制基因表达，RNAi 的抑制效率更高。ncRNA 种类繁多，除 rRNA 和 tRNA 以外的其他 ncRNA，可以从不同的角度对其进行分类。有些 RNA 还有催化功能，推测 RNA 在生命起源中有重要作用。

核酸可吸收 260 nm 的紫外线，这一性质可用于核酸的检测和定量。核酸碱基对之间的氢键、碱基堆积力和环境中的正离子，是使其结构稳定的主要因素。但加热等方法可以使核酸的双链分离，称作核酸的变性。核酸变性后生物学功能丧失，紫外吸收增加，溶液的黏度下降，浮力密度增高。核酸热变性时，紫外吸收的增加量达到最大增量一半时的温度称 T_m，T_m 受 G – C 对含量、溶液的离子强度和 pH、变性剂等因素的影响。变性核酸重新形成双链称复性，复性速度受单链浓度，片段大小，序列的复杂度，溶液的温度、离子强度和 pH 等因素影响。

在退火条件下，不同来源核酸的互补区形成双链称分子杂交。基因芯片技术是分子杂交的应用和拓展。

用链终止法测定 DNA 序列的方法已十分成熟。新一代高通量测序技术不需要荧光标记的引物或核酸探针，不需要进行建库、克隆挑取和质粒提取等工作，也不需要进行电泳，大大加快了测序的进程。RNA 和蛋白质的序列测定也可通过测定相应 DNA 的序列，再用碱基配对的规律推测 RNA 的序列，用遗传密码子推测蛋白质的序列。

文献导读

[1] Olby R C. The Path to the Double Helix：The Discovery of DNA. New York：Dover Publications Inc，1994.

该书介绍了 DNA 研究的历史。

[2] Lander E S, Linton L M, Birren B, et al. Initial sequencing and analysis of the human genome. Nature，2001（409）：860-921.

该论文是人类基因组序列框架的首次报道，包含大量的分析和许多相关的论文。

[3] Eugene V K. Evolution of genome architecture. Int J Biochem & Cell Biol，2009（41）：298-306.

该论文综述了基因组结构和进化的关系。

[4] Kapoor P, Shen X T. Mechanisms of nuclear actin in chromatin – remodeling complexes. Trends in Cell Biology，2014，24（4）：238-246.

该论文综述了核内肌动蛋白在染色体重塑中的作用。

[5] Nelson D L, Cox M M. Lehninger Principles of Biochemistry. 7th ed. New York：W. H. Freeman & Company，2017.

该书第 8 章、第 9 章和第 27 章详细介绍了核酸的结构和功能。

[6] Krebs J E, Goldstein E S, Kilpatrick S T. 基因 XII. 北京：高等教育出版社，2019.

该书第 1 章至第 8 章，第 17 章至第 23 章深入介绍了核酸的结构、功能及染色体装配。

[7] Berg J M, Tymoczko J L, Gatto G J, et al. Biochemistry. 9th ed. New York：W. H. Freeman & Company，2019.

该书第 4 章、第 6 章、第 29 ~ 31 章详细介绍了核酸的结构和生物学功能。

思考题

1. ①电泳分离 4 种核苷酸时，通常将缓冲液的 pH 调到多少？此时它们向哪极移动，移动的快慢顺序如何？②将 4 种核苷酸吸附于阴离子交换柱上时，应将溶液的 pH 调到多少？③如果用逐渐降低 pH 的洗脱液对阴离子交换树脂上的 4 种核苷酸进行洗脱分离，其洗脱顺序如何，为什么？

2. 为什么 DNA 不易被碱水解，而 RNA 容易被碱水解？

3. 一个双螺旋 DNA 分子中有一条链的 [A] = 0.30，[G] = 0.24；①请推测这一条链上的 [T] 和

[C] 的情况；②互补链的 [A]，[G]，[T] 和 [C] 的情况。

4. 对双链 DNA 而言，①若一条链中 (A + G)/(T + C) = 0.7，则互补链中和整个 DNA 分子中 (A + G)/(T + C) 分别等于多少？②若一条链中 (A + T)/(G + C) = 0.7，则互补链中和整个 DNA 分子中 (A + T)/(G + C) 分别等于多少？

5. T7 噬菌体 DNA（双链 B – DNA）的 M_r 为 2.5×10^7，计算 DNA 链的长度（设核苷酸对的平均 M_r 为 640）。

6. 如果人体有 10^{14} 个细胞，每个体细胞的 DNA 含量为 6.4×10^9 bp。试计算人体 DNA 的总长度是多少，是太阳 – 地球之间距离（2.2×10^9 km）的多少倍？已知双链 DNA 每 1 000 个核苷酸质量为 1×10^{-18} g，求人体 DNA 的总质量。

7. 有一个 X 噬菌体突变体的 DNA 长度是 15 μm，而正常 X 噬菌体 DNA 的长度为 17 μm，计算突变体 DNA 中丢失掉多少碱基对。

8. 概述超螺旋 DNA 的生物学意义。

9. 为什么自然界的超螺旋 DNA 多为负超螺旋？

10. 真核生物基因组和原核生物基因组各有哪些特点？

11. 如何看待 RNA 功能的多样性，它的核心作用是什么？

12. 什么是 DNA 变性，DNA 变性后理化性质有何变化？

13. 哪些因素影响 T_m 的大小？

14. 哪些因素影响 DNA 复性的速度？

15. 概述分子杂交的概念和应用领域。

16. 概述核酸序列测定的方法和应用领域。

数字课程学习

📥 教学课件　　📝 习题解析与自测

4

糖类

    纤维素是一种重要的多糖。棉花的纤维素含量接近100%，为天然的最纯纤维素来源。全世界用于纺织造纸的纤维素，每年达800万吨。

糖类是多羟基醛、多羟基酮或其衍生物，或水解时能产生这些化合物的多聚体，是自然界分布广泛、数量最多的有机化合物，尤以植物体中含量最为丰富，占其干重的 85% ~ 90%。

糖类是一切生物体维持生命活动所需能量的主要来源，是生物体的结构原料，也是生物体合成其他化合物的基本原料。糖类化学的研究较早。最初糖类用 $C_n(H_2O)_m$ 通式来表示，统称碳水化合物，后来发现有些化合物如鼠李糖（$C_6H_{12}O_5$）和脱氧核糖（$C_5H_{10}O_4$）等不符合此通式，而且有些糖类中除 C、H、O 外还有 N、S、P 等，用词显然不够恰当，但因沿用已久，至今还使用碳水化合物这一名称。在核酸、蛋白质研究的鼎盛时期，糖类化合物的研究一度受到冷落。直到 20 世纪 70 年代后，随着分子生物学的发展，人们逐步认识到，糖类是涉及生命活动本质的生物大分子之一。糖类具有多个羟基，糖苷键又有 α、β 构型之分，单糖的连接可能产生数目很大的异构体，例如，4 种不同单核苷酸或氨基酸可能形成 256 个序列，而 4 种不同单糖则可能形成 36 864 个序列。因此糖链结构蕴含十分丰富的生物信息，是高密度的信息载体。

细胞是生物体的基本单位，细胞表面均覆盖着一层糖被。糖常常和蛋白质构成共价复合物——糖蛋白。许多酶、免疫球蛋白、载体蛋白、激素、毒素、凝集素等大多数蛋白质都是糖蛋白。在各种糖蛋白中，糖链的长短与结构、糖链的数目均相差很大，因而含糖量也有很大差异。例如，卵清蛋白含一条糖链，而羊的颌下腺黏蛋白分子含 800 条寡糖链，胶原蛋白含糖量不到 1%，而可溶性血型物质含糖量高达 85%。细胞与细胞的相互黏附、相互识别、相互作用、相互制约与调控，均与糖蛋白的糖链有关。糖蛋白的糖链在受精、生物发生、发育、分化、炎症与自身免疫疾病，在癌细胞异常增殖及转移、病原体感染、植物与病原体相互作用、豆科植物与根瘤菌的共生过程中，都起到重要作用。糖生物学的研究方兴未艾，成为继蛋白质、核酸后的又一热点领域。

糖类按聚合度和组成分为单糖、寡糖、多糖和糖复合物。

单糖（monosaccharide）是最简单的糖，不能再被水解为更小的单位。

寡糖（oligosaccharide）是由 2 ~ 10 个单糖分子缩合而成，水解后生成单糖。

多糖由多个单糖分子缩合而成。由相同的单糖基组成的多糖称**同多糖**（homopolysaccharide），不相同的单糖基组成的多糖称**杂多糖**（heteropolysaccharide）。

糖复合物是由糖和非糖物质构成的复合物，例如糖肽（glycopeptide）、糖脂（glycolipid）、糖蛋白（glycoprotein）、蛋白聚糖（proteoglycan）等。

4.1 单糖

4.1.1 单糖的构型

单糖根据含醛基或酮基的特点可分为**醛糖**（aldose）与**酮糖**（ketose）。根据碳原子数目可分为丙糖、丁糖、戊糖与己糖等。最简单的单糖是**甘油醛**（glyceraldehyde）和**二羟丙酮**（dihydroxyacetone）。

单糖的构型是以 D-，L-甘油醛为参照物，以距醛基最远的不对称碳原子为准，羟基在左面的为 L-构型，羟基在右面的为 D-构型（图 4-1）。自然界中的单糖大多以 D-构型存在（图 4-2）。图 4-1 和图 4-2 所示糖的结构表示方法是 H. E. Fischer 于 1891 年提出的，也称 Fischer 投影式。

单糖由于具有不对称碳原子，可使平面偏振光（通过尼科尔棱镜后的普通光，只能在一个平面上振动的光波）的偏振面发生一定角度的旋转，这种性质称为旋光性，其旋转角度称为旋光度。偏振面向左

科学史话 2-1
蛋白质化学、糖化学和嘌呤化学的开创者埃米尔·费歇尔

旋转称为左旋，用 l 或（−）表示；向右旋转则称为右旋，用 d 或（+）表示。糖的旋光方向与构型并无直接关系。1 mL 含 1 g 溶质的溶液在 1 dm 长度的旋光管测出的旋光度被定义为比旋光度，用 $[\alpha]_D^t$ 表示。

$$[\alpha]_D^t = \frac{\alpha_D^t}{cL}$$

式中，L 为旋光管的长度（dm）；c 为溶液的浓度（g/mL）；$[\alpha]_D^t$ 为比旋光度，通常以钠光灯为光源，在温度 t 时测定旋转角度，通常在 20℃ 测定。不同单糖的比旋光度为常数，如 D−葡萄糖的 $[\alpha]_D^{20}$ 为 +52.2°，D−果糖的 $[\alpha]_D^{20}$ 为 −92.4°。

4.1.2　单糖的结构

科学史话 4−1
糖环状结构的发现

知识扩展 4−1
单糖环状结构的实验证据

自然界的戊糖、己糖等都有两种不同的结构，一种是多羟基醛的开链形式，另一种是单糖分子中醛基和其他碳原子上羟基成环反应生成的产物**半缩醛**（hemiacetal）。如果是 C_1 与 C_5 上的羟基形成六元环，称为**吡喃糖**（pyranose），而 C_1 与 C_4 上羟基形成五元环，则称为**呋喃糖**（furanose）。呋喃环结构不如吡喃环结构稳定，但戊糖多为呋喃糖形式。图 4−3 表示葡萄糖链状结构和环状结构在水溶液中的相互转化，可以看出葡萄糖是以吡喃结构为优势存在的。图中表示单糖环状结构的方法是 W. N. Haworth 于 1926 年提出的，被称为 Haworth 投影式。环中省略了构成环的碳原子，浓粗的环边表示向着读者，细线的环边表示离开读者。

单糖分子环化后，在羰基碳原子上形成的羟基称半缩醛羟基，反应活性很高。连接半缩醛羟基的碳原子为异头碳，因所连接半缩醛羟基的位置不同形成的差向异构体称异头物。在 Haworth 投影式中，异头碳的羟基与末端羟甲基处于异侧的称 α 异头物，处于同侧的称 β 异头物。此外，在 Haworth 投影式中，羟甲基在环状结构上方的为 D−构型糖，在下方的为 L−构型糖。

4.1.3　单糖的构象

以葡萄糖为例，半缩醛环上的 C—O—C 键角（111°）与环己烷的键角（109°）相似，故葡萄糖的吡喃环和环己烷相似，也有**船式构象**（boat conformation）和**椅式构象**（chair conformation），其中椅式构象使扭张强度减到最低因而比较稳定（图 4−4）。

在 β−D−吡喃葡萄糖与 α−D−吡喃葡萄糖椅式构象中，—OH，—CH₂OH 大型基团对通过环的轴线来说均为平伏方向而不是直立的，从热力学上来说是较稳定的。其中 β−D−吡喃葡萄糖椅式构象（全部为平伏键），较 α−D−吡喃葡萄糖椅式构象（半缩醛羟基为直立键）更加稳定一些，故在溶液中 β−异构体较占优势。

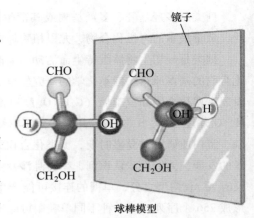
镜子
球棒模型

D−甘油醛　　　　L−甘油醛
投影式

D−甘油醛　　　　L−甘油醛
透视式

图 4−1　甘油醛的立体结构

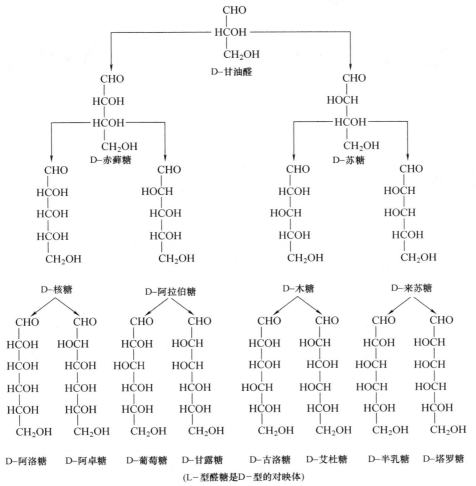

知识扩展 4－2
D－系列酮糖的
结构

图 4－2　几种 D－型醛糖的开链式结构

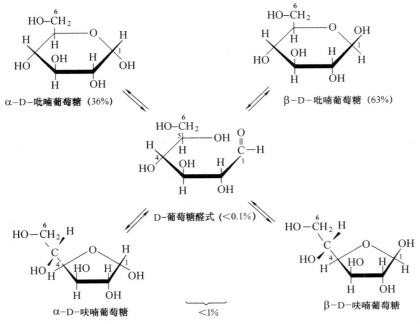

图 4－3　葡萄糖环状结构与链状结构的互变

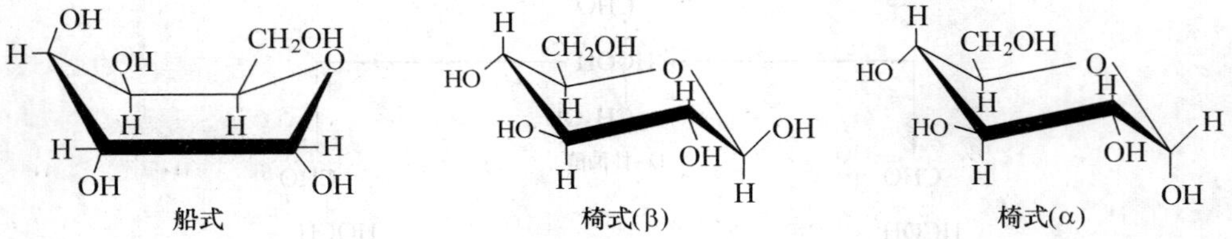

船式　　　　　　　椅式(β)　　　　　　椅式(α)

图 4 – 4　葡萄糖的构象

4.2　重要单糖及其衍生物

单糖是糖类的最小单位，自然界存在的单糖少于其光学异构体的理论数目。常见的单糖衍生物有**糖醇**（sugar alcohol）、**糖醛酸**（alduronic acid）、**氨基糖**（amino sugar）及**糖苷**（glycoside）等。表 4 – 1 列举了一些较重要的单糖及其衍生物。

表 4 – 1　常见单糖及其衍生物

糖名	英文缩写	$[\alpha]_D^{20}$	存在
L – 阿拉伯糖	Ara	105°	也称果胶糖，存在于半纤维素、树胶、果胶、细菌多糖中
D – 核糖	Rib	– 29.7°	为 RNA 的成分，也是一些维生素、辅酶的组成成分
D – 木糖	Xyl	19°	存在于半纤维素、树胶中
D – 半乳糖	Gal	80°	是乳糖、蜜二糖、棉子糖、脑苷脂和神经节苷脂的组成成分
D – 葡萄糖	Glc	52.7°	广泛分布于生物界，游离存在于植物汁液、蜂蜜、血液、淋巴液、尿等中，是许多糖苷、寡糖、多糖的组成成分
D – 甘露糖	Man	146°	存在于多糖或糖蛋白中
D – 果糖	Fru	– 92.4°	为吡喃型，是最甜的单糖，是蔗糖、果聚糖的组成成分
D – 山梨糖	Sor	– 43°	是维生素 C 合成的中间产物，在槐树浆果中存在
L – 岩藻糖	Fuc	– 76°	为海藻细胞壁和一些树胶的组成成分，也是动物多糖的普遍成分
L – 鼠李糖	Rha	8.9°	常为糖苷的组分，也为多种多糖的组成成分，在常春藤花及叶中游离存在
葡糖醛酸	GlcA	36°	动物体内葡萄糖经特殊氧化途径后的产物，是人体内的重要解毒剂
N – 乙酰葡糖胺	GlcNAc	64°	是一种氨基糖，广泛存在于糖蛋白和蛋白聚糖中
N – 乙酰神经氨酸	NeuNAc	– 32°	也称唾液酸，是动物细胞膜上的糖蛋白和糖脂的重要成分

知识扩展 4 – 3
糖酸的结构和形成

糖醇较稳定，有甜味。广泛分布于自然界的有甘露醇、山梨醇、木糖醇、肌醇和核糖醇（图 4 – 5）。甘露醇在临床上用来降低颅内压和治疗急性肾衰竭；山梨醇氧化时可生成葡萄糖、果糖或山梨糖，可作为化工和医药辅料；木糖醇是木糖的衍生物，是无糖咀嚼胶的成分；肌醇常以游离态存在于肌肉、心、肺、肝中，还可作为某些磷脂的组成成分（见 5.3.1）；核糖醇是黄素辅酶 FMN 和 FAD 的组成成分（见 7.2.2）。

糖醛酸由单糖的伯醇基氧化而得，其中最常见的有**葡糖醛酸**（glucuronic acid）（图 4 – 6）、**半乳糖醛酸**（galacturonic acid）等。葡糖醛酸是人体内一种重要的解毒剂。

糖中的羟基为氨基所取代称为氨基糖。常见的有 D – 氨基葡糖胺和半乳糖胺（图 4 – 6），D – 氨基

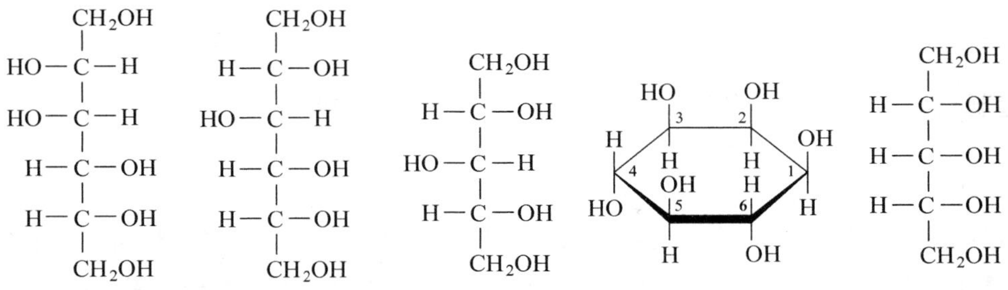

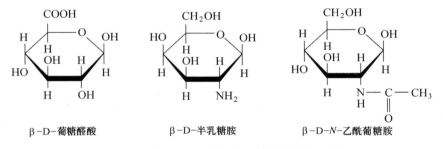

图4-5　常见的糖醇

葡糖常以乙酰葡糖胺（图4-6）的形式存在于甲壳质、黏液酸中，氨基半乳糖常以乙酰氨基半乳糖的形式存在于软骨中。N-乙酰神经氨酸是许多糖蛋白的重要组成部分。

脱氧糖主要有2-脱氧核糖、鼠李糖、岩藻糖。此外，糖代谢过程中会生成一些糖的磷酸酯。

β-D-葡糖醛酸　　　β-D-半乳糖胺　　　β-D-N-乙酰葡糖胺

图4-6　葡糖醛酸、半乳糖胺、乙酰葡糖胺的结构

知识扩展4-4
N-乙酰神经氨酸的结构

知识扩展4-5
常见的脱氧糖

知识扩展4-6
单糖及衍生物的符号

单糖的半缩醛羟基与非糖物质（醇、酚等）的羟基形成的缩醛结构称为糖苷，形成的化学键称为**糖苷键**（glycosidic bond）。半缩醛羟基有 α 和 β 两种构型，因此糖苷键也有 α 与 β 两种构型。糖苷键对碱稳定，易被酸水解成相应的糖和配糖体（或配基）。

糖苷是糖在自然界存在的重要形式。许多天然糖苷具有重要的生物学作用。如洋地黄苷为强心剂，皂角苷有溶血作用，苦杏仁苷（图4-7）有止咳作用，根皮苷能使葡萄糖随尿排出，人参皂苷（图4-7）有抗疲劳、抗感染等功效。糖苷中常见的糖基有葡萄糖、半乳糖、鼠李糖等，配糖体有醛类、醇类、酚类、固醇类等多种类型的化合物。

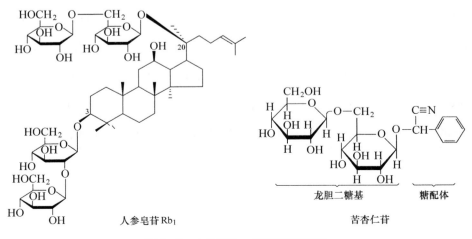

人参皂苷Rb₁　　龙胆二糖基　糖配体　苦杏仁苷

图4-7　人参皂苷、苦杏仁苷的结构

4.3 寡糖

寡糖是少数单糖（2~10个）缩合的聚合物。低聚糖通常指20个以下的单糖缩合的聚合物。激素、抗体、生长素和其他各种重要分子中都普遍含有寡糖。整个细胞表面都为寡糖覆盖，它是细胞间识别的物质基础。

自然界中最常见的寡糖是二糖。其中**麦芽糖**（maltose）可看作是淀粉的重复结构单位，饴糖即是通过淀粉水解得到的麦芽糖的浓缩物。**蔗糖**（sucrose）在甘蔗和甜菜中含量最丰富，是植物体中糖的运输形式。**乳糖**（lactose）存在于乳汁中，人乳中含量为6%~7%。**纤维二糖**（cellobiose）是纤维素中重复的二糖单位，纤维素降解可以释放出纤维二糖。自然界中常见三糖有棉子糖、龙胆糖和松三糖等。一些寡糖的结构见表4-2和图4-8。

有些低聚糖具有防病抗病及增强健康等生理功效，被称为功能性食品，如异麦芽糖、大豆低聚糖等能促进双歧杆菌的增殖，促进老年人对钙离子的吸收，预防骨质疏松。在植物的生长发育过程中，低聚糖具有调节功能。

知识扩展4-7

常见寡糖的结构和性质

表4-2 寡糖的结构和来源

名称	结构	来源
麦芽糖（maltose）	α-葡糖（1→4）葡糖	淀粉水解（麦芽糖酶）产物
异麦芽糖（isomaltose）	α-葡糖（1→6）葡糖	支链淀粉的酶法水解产物
槐二糖（sophorose）	β-葡糖（1→2）葡糖	甘薯淀粉的糖胶
纤维二糖（cellobiose）	β-葡糖（1→4）葡糖	纤维素、地衣的酶解产物
龙胆二糖（gentiobiose）	β-葡糖（1→6）葡糖	龙胆根
海藻糖（trehalose）	α-葡糖（1→1）α-葡糖	海藻及真菌
蔗糖（sucrose）	α-葡糖（1→2）β-果糖	植物
乳糖（lactose）	β-半乳糖（1→4）葡糖	哺乳动物的乳汁
樱草糖（primrose sugar）	β-木糖（1→6）葡糖	白珠树
龙胆糖（gentianose）	β-葡糖（1→6）α-葡糖（1→2）β-果糖	龙胆根
松三糖（melezitose）	α-葡糖（1→2）β-果糖（3←1）α-葡糖	松科植物等
棉子糖（raffinose）	α-半乳糖（1→6）α-葡糖（1←2）β-果糖	甜菜，糖蜜

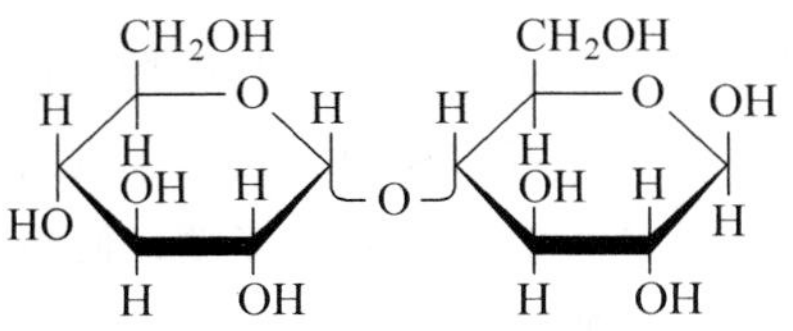

麦芽糖
α-D-吡喃葡糖基-(1→4)-β-D-吡喃葡糖

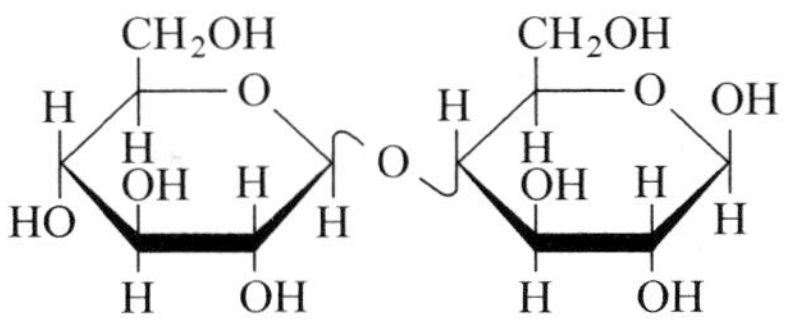

纤维二糖
β-D-吡喃葡糖基-(1→4)-β-D-吡喃葡糖

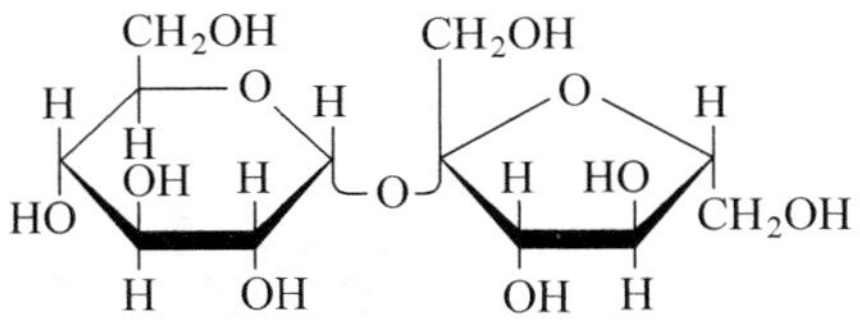

蔗糖
α-D-吡喃葡糖基-(1→2)-β-D-呋喃果糖

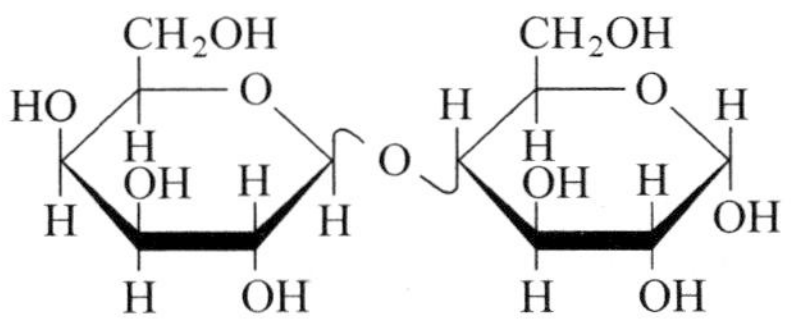

乳糖
β-D-吡喃半乳糖基-(1→4)-α-D-吡喃葡糖

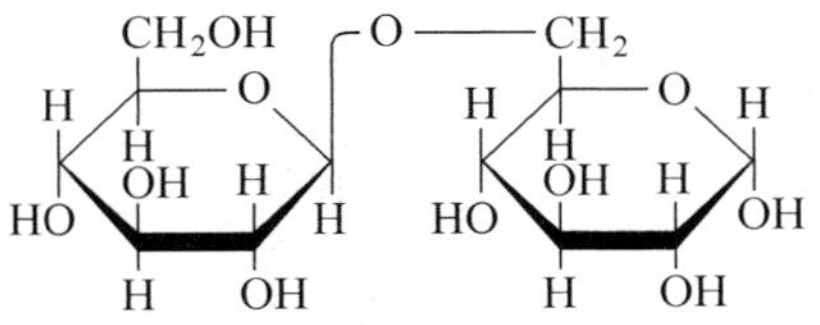

龙胆二糖
β-D-吡喃葡糖基-(1→6)-α-D-吡喃葡糖

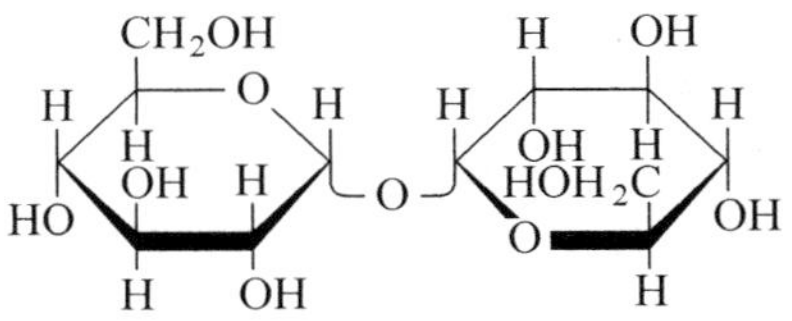

海藻糖
α-D-吡喃葡糖基-(1→1)-α-D-吡喃葡糖

图 4-8 某些寡糖的结构式

4.4 多糖

　　多糖是由多个单糖基以糖苷键相连而形成的高聚物。多糖完全水解时，糖苷键断裂生成单糖。多糖在自然界分布很广，植物的骨架纤维素、动植物贮藏成分淀粉和糖原、昆虫与节肢动物的黏液、树胶、果胶等许多物质，都是由多糖组成。

　　多糖没有还原性和变旋现象，无甜味，大多不溶于水，有的与水形成胶体溶液。

　　多糖的结构很复杂，包含单糖的组成、糖苷键的类型、单糖的排列顺序 3 个基本结构因素。由相同的单糖基组成的多糖称同多糖，由不同的单糖基组成的多糖称杂多糖。同多糖因只含一种单糖，其一级结构只包括糖苷键的构型（α 或 β）、相邻糖基的连接位置、有无分支等。如淀粉、纤维素、右旋糖酐（dextran，酵母、细菌的贮存多糖）虽然都是葡聚糖，但它们的一级结构各不相同。直链淀粉是 α(1→4) 糖苷键连接的线型葡聚糖，纤维素是 β(1→4) 糖苷键连接的线型葡聚糖，右旋糖酐是主链由 α(1→6) 糖苷键连接，带有分支的葡聚糖。由于一级结构的不同，其高级结构、性质、功能也都是不同的。杂多糖因含有不同种类的单糖，结构更为复杂。

　　多糖的高级结构由其一级结构决定。二级结构通常是指多糖分子骨架的形状，例如纤维素分子是锯齿形带状，直链淀粉是空心螺旋状，右旋糖酐是无规卷曲状。多糖的高级结构概念（指三级、四级），可以推测为多条带状堆砌成束、几股螺旋拧成一束、不同多糖链间协同结合等。

　　多糖的功能是多种多样的。除作为贮藏物质、结构支持物质外，还具有许多生物活性。如细菌的荚

知识扩展 4-8

同多糖和杂多糖的图示

膜多糖有抗原性，分布在肝、肠黏膜等组织中的肝素对血液有抗凝作用。存在于眼球玻璃体与脐带中的透明质酸黏性较大，为细胞间黏合物质，由于其具有良好的润滑性，可以对组织起保护作用。多种多糖因其特殊的生物活性，而被采用为临床用药。值得注意的是，单糖形成多糖时，由于单糖有异构物，而且有异头物（α－或β－型）和多羟基等特点，可以形成种类繁多的不同结构的多糖，使得糖链的生物信息容量远超过肽链和多核苷酸链，这些丰富的信息在细胞识别等重要生命活动中起着决定性作用。

此外，某些多糖因其特殊的理化特性而应用于石油工业、轻纺工业、食品工业等方面。

知识扩展 4 – 9
多糖的生物学活
性和应用前景

4.4.1　淀粉

淀粉（starch）广泛存在于植物的根、茎或种子中，是贮存多糖。天然淀粉一般由**直链淀粉**（amylose）与**支链淀粉**（amylopectin）组成，直链淀粉是 D－葡萄糖基以 α(1→4) 糖苷键连接的多糖链，M_r 由几千到几十万不等。直链淀粉分子的空间构象是卷曲成螺旋形的，每一回转为 6 个葡萄糖基，淀粉在水溶液中混悬时就形成这种螺旋圈（图 4 – 9）。支链淀粉分子中除有 α(1→4) 糖苷键的糖链外，还有 α(1→6) 糖苷键连接的分支，每一分支平均含 20 ~ 30 个葡萄糖基，各分支也都是卷曲成螺旋。碘分子可进入淀粉螺旋圈内，糖游离羟基成为电子供体，碘分子成为电子受体，形成淀粉碘络合物，其颜色与糖链的长度有关。当链长小于 6 个葡萄糖基时，不能形成一个螺旋圈，因而不能呈色。当平均长度为 20 个葡萄糖基时呈红色，红糊精、无色糊精也因而得名。大于 60 个葡萄糖基的直链淀粉呈蓝色。支链淀粉 M_r 虽大，但分支单位的长度只有 20 ~ 30 个葡萄糖基，故与碘反应呈紫红色。

图 4 – 9　淀粉螺旋结构示意图

直链淀粉水溶性较相等分子量的支链淀粉差，可能由于直链淀粉封闭型螺旋线型结构紧密，利于形成较强的分子内氢键而不利于与水分子接近；支链淀粉则由于高度分支性，相对来说结构比较开放，利于与溶剂水分子形成氢键，有助于支链淀粉在水中分散。

天然淀粉多数是直链与支链淀粉的混合物，但品种不同，两者比例也不同。如糯米、粳米的淀粉几乎全部为支链淀粉，而玉米中约 20% 为直链淀粉，其余为支链淀粉。

4.4.2　糖原

糖原（glycogen）是人和动物体内的贮存多糖，相当于植物体中的淀粉，所以又称动物淀粉。主要贮存于动物的肝与肌肉中，在软体动物中也含量甚多。在谷物和细菌中也发现有糖原类似物。

糖原与支链淀粉相似，分支较支链淀粉更多，但分支较短（与碘反应呈红紫色）。糖原高度分支的结构特点使其较易分散在水中，并有利于糖原磷酸化酶作用于非还原末端，促进糖原的降解（见 9.1.1）。糖原在维持人和动物体能量平衡方面起着重要作用，例如当激烈运动时，糖原迅速降解为葡萄糖，以保证能量的供应。糖原中含有少量蛋白质（1%）为糖原蛋白，是糖原的多糖链合成的初始引物（见 9.3.1）。

如图 4 – 10 所示，多糖分子末端有半缩醛羟基（C1）者为还原端，否则为非还原端（C4）。支链淀粉或糖原有多个分支，但只有 1 个还原端。

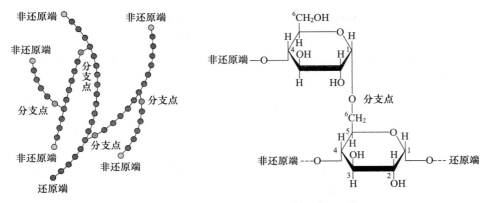

图 4 - 10　支链淀粉和糖原的还原端和非还原端

4.4.3　纤维素

自然界中最丰富的有机化合物是**纤维素**（cellulose），棉花中纤维素含量达 97% ~99%，木材中纤维素占 41% ~53%。纤维素是植物细胞壁的主要组成成分，是植物中的结构多糖，但在某些海洋无脊椎动物中也有发现。

纤维素是一种线性的由 D - 吡喃葡糖基以 β(1→4) 糖苷键连接的没有分支的同多糖。在纤维中，纤维素分子以氢键构成平行的微晶束（图 4 - 11），由于纤维素微晶间氢键很多，故微晶束相当牢固，人和哺乳动物体内没有**纤维素酶**（cellulase），因此不能将纤维素水解成葡萄糖。一些细菌、真菌和某些低等动物（昆虫、蜗牛），尤其是反刍动物胃中共生的细菌含有活性很高的纤维素酶，能够水解纤维素，所以，牛、羊、马等动物可以靠吃草维持生命。虽然纤维素不能作为人类的营养物，但人类食品中必须含纤维素。因为它可以促进胃肠蠕动、促进消化和排便。近年来的研究表明，食品中缺乏纤维素容易导

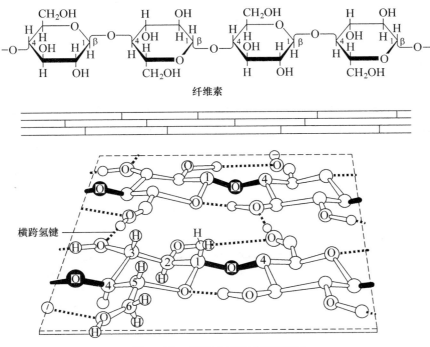

图 4 - 11　纤维素的平行分子间氢键

致肠癌。

由于纤维素含有大量羟基，所以具亲水性；其羟基上的 H 被某些基团取代后，可制成不同种类的高分子化合物，例如 DEAE - 纤维素、羧甲基纤维素、磺酸纤维素等，这些阴、阳离子交换纤维素，可作为层析分离的载体，在生物化学研究中发挥重要的作用。

4.4.4 半纤维素

半纤维素（hemicellulose）是碱溶性植物细胞壁多糖，指植物细胞壁中除纤维素、果胶质与淀粉以外的全部糖类，包括木葡聚糖、葡甘露聚糖、木聚糖等不同类型。半纤维素主要存在于植物的木质化部分，如秸、种皮、坚果壳、玉米穗轴等，其含量依植物种类、部位和老幼而异。

4.4.5 琼脂

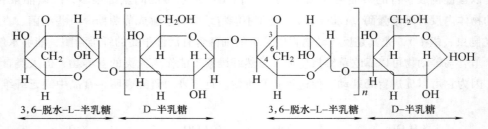

知识扩展 **4 –10**
琼脂凝胶的结构和应用

在植物组织中，用作细胞壁或结构成分的多糖，还包括海藻中的琼脂（图 4 - 12）。**琼脂**（agar）含有 D – 与 L – 半乳糖基，其中有些是半乳糖基的硫酸酯，琼脂是琼脂糖和琼脂胶两种多糖的混合物。分离除去琼脂胶的纯琼脂糖是生物化学分离分析常用的凝胶材料。琼脂不被一般微生物所利用，被广泛用作微生物的固体培养基。

图 4 - 12 琼脂糖的结构

4.4.6 壳多糖

壳多糖（chitin）又名甲壳素、几丁质（图 4 - 13），自然界中每年生物合成的壳多糖量高达 10 亿吨，是地球上仅次于植物纤维的第二大生物资源。壳多糖是由 N – 乙酰 – D – 葡糖胺以 β（1→4）糖苷键缩合成的同多糖。同纤维素伸展的链式结构类似（将乙酰氨基换成羟基便成为纤维素），壳多糖在链间以氢键交联集合成片；由于氢键比纤维素多，因而比较坚硬，是藻类、昆虫、甲壳动物的结构材料。

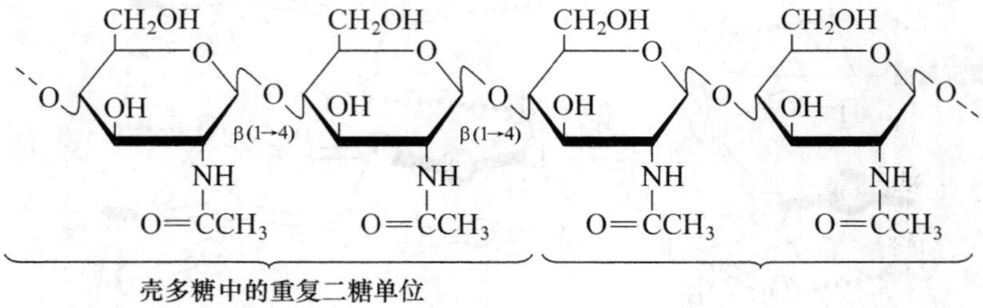

图 4 – 13 壳多糖的结构

壳多糖是天然多糖中唯一大量存在的带正电荷的氨基多糖,具有生物相容性好、毒性低,以及能被生物降解和可以食用一系列特殊功能性质。因此被广泛应用在食品、化妆品、废水处理、重金属回收、生物、医药、纺织、印染、造纸等领域。壳多糖的脱乙酰基的产物为**壳聚糖**(chitosan)。

4.4.7 右旋糖酐

右旋糖酐(dextran)(也译为葡聚糖)是 D - 葡萄糖以 α(1→6) 糖苷键缩合为主链骨架,以 α(1→3)、α(1→2) 和 α(1→4) 糖苷键构成支链。整个分子形成网状,在水的作用下可形成凝胶。用右旋糖酐凝胶制成的分子筛在生物化学研究中可用于分离不同分子量的物质(例如商品名为 Sephadex 的交联葡聚糖),在临床上又可代替血浆,以维持血液的渗透压。

知识扩展 4 - 11
右旋糖酐及其利用

4.4.8 糖胺聚糖

糖胺聚糖(glycosaminoglycan)由己糖醛酸和己糖胺重复单位构成,因多数含糖醛酸、硫酸基或磺酸基,有较强的酸性和较大黏稠性,也被称为酸性黏多糖。重要的糖胺聚糖见表 4 - 3,其结构如图 4 - 14 所示。

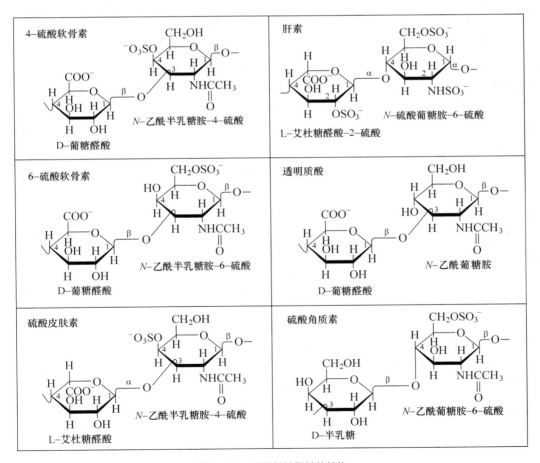

图 4 - 14　几种糖胺聚糖的结构

表4-3　几种重要的糖胺聚糖

糖胺聚糖	己糖胺	糖醛酸	SO₄²⁻	存在
透明质酸	N-乙酰葡糖胺	D-葡糖醛酸	无	结缔组织、角膜、皮肤
肝素	N-硫酸葡糖胺-6-硫酸	L-艾杜糖醛酸-2-硫酸 D-葡糖醛酸（少量）	有	皮肤、肺、肝
硫酸软骨素	N-乙酰半乳糖胺-6-硫酸 N-乙酰半乳糖胺-4-硫酸	D-葡糖醛酸	有	骨、软骨、角膜、皮肤
硫酸皮肤素	N-乙酰半乳糖胺-4-硫酸	L-艾杜糖醛酸 D-葡糖醛酸（少量）	有	皮肤、血管壁和心瓣膜
硫酸角质素	N-乙酰葡糖胺-6-硫酸	无	有	角膜、软骨、骨髓

（1）**透明质酸**（hyaluronic acid）　由 D-葡糖醛酸通过 β(1→3) 糖苷键与 N-乙酰葡糖胺缩合成双糖单位，再通过 β(1→4) 糖苷键将许多个双糖单位连接成长的直链，在体内常与蛋白质结合，构成蛋白多糖。

透明质酸广泛存在于高等动物眼球玻璃体及鸡冠等组织和某些微生物的细胞壁中。在具有强烈侵染性的细菌、迅速生长的恶性肿瘤以及蜂毒和蛇毒中含有透明质酸酶，能引起透明质酸的分解。

透明质酸在外科手术上有防止感染、防止肠粘连、促进伤口愈合等特殊效果。透明质酸还具有较强的吸水性，有利于增加皮肤营养，使皮肤充实而有弹性，因而在化妆品中大量使用。近年来透明质酸生产发展很快，除利用鸡冠等动物组织提取之外还可利用微生物发酵生产。

（2）**肝素**（heparin）　广泛分布在动物的肺、血管壁、肠黏膜中，以肝中含量最多，肝素在体内以与蛋白质结合的形式存在。肝素是动物体内天然的抗凝血物质，可以抑制凝血酶原转变为凝血酶，对于维持血液在血管内流通起着重要作用。临床上应用的肝素几乎都来自猪肠黏膜，主要用于防止血栓的形成及输血用的抗凝剂。

肝素分子由葡糖胺和糖醛酸（主要是 L-艾杜糖醛酸，也有少量 D-葡糖醛酸）组成基本二糖单位，再以 α(1→4) 糖苷键相连接形成多糖。L-艾杜糖醛酸的 C2 位、葡糖胺的氨基和 C6 位通常发生硫酸化。其中，葡糖胺的氨基发生硫酸化是肝素独有的结构。

（3）**硫酸软骨素**（chondroitin sulfate）　广泛存在于软骨及结缔组织中的氨基多糖，硫酸软骨素的基本结构与透明质酸相似，只不过其重复双糖单位中的 N-乙酰葡糖胺被 N-乙酰半乳糖胺取代。硫酸软骨素的 N-乙酰半乳糖胺 C4 位或 C6 位通常发生硫酸化。

硫酸软骨素在临床上能较好地降低高血脂患者血清中的胆固醇、三酰甘油，可减少冠心病的发病率和死亡率。

（4）**硫酸皮肤素**（dermatan sulfate）　广泛存在于皮肤、胃黏膜、脐带、心瓣膜等组织。硫酸皮肤素由 L-艾杜糖醛酸与 N-乙酰半乳糖胺以 α(1→3) 糖苷键相连，构成重复双糖单位。硫酸基团位于半乳糖的 C4 位。硫酸皮肤素中仍存在少量的葡糖醛酸。二糖重复单位之间以 β(1→4) 糖苷键连接。

（5）**硫酸角质素**（keratan sulfate）　广泛存在于角膜、软骨、骨髓中。硫酸角质素是 N-乙酰葡糖胺与半乳糖以 β(1→4) 糖苷键构成重复双糖单位，重复单位间以 β(1→3) 糖苷键相连。硫酸基团位于 N-乙酰葡糖胺的 C6 位及某些半乳糖基上。

4.5 糖复合物

糖复合物是糖类的还原端和其他非糖组分以共价键结合的产物，主要有糖蛋白、蛋白聚糖、糖脂和脂多糖等。

4.5.1 糖蛋白与蛋白聚糖

糖与蛋白质的复合物可分为**糖蛋白**（glycoprotein）与**蛋白聚糖**（proteoglycan）两类。糖蛋白是蛋白质与寡糖链形成的复合物，糖成分的含量在 1% ~ 80% 之间变动。而蛋白聚糖是蛋白质与糖胺聚糖形成的复合物，糖成分的含量一般较高，可高达 95%。

蛋白质或多肽与糖类的结合有两种不同类型的糖苷键，一种是肽链上天冬酰胺的酰胺氮与糖基上的异头碳形成 N-糖苷键，另一种是肽链上苏氨酸或丝氨酸（或羟赖氨酸、羟脯氨酸）的羟基与糖基上的异头碳形成 O-糖苷键（图 4-15）。

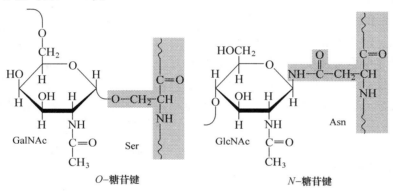

图 4-15 O-糖苷键和 N-糖苷键的结构

糖蛋白分布广泛、种类繁多、功能多样。例如人和动物结缔组织中的胶原蛋白，黏膜组织分泌的黏蛋白，血浆中的转铁蛋白、免疫球蛋白、补体等，都是糖蛋白。核糖核酸酶、唾液中的 **α-淀粉酶**（α-amylase）过去被认为是简单蛋白质，现在发现也是糖蛋白。生命现象中的许多重要问题，如细胞的定位、胞饮、识别、迁移、信息传递、肿瘤转移等均与细胞表面的糖蛋白密切相关。糖蛋白中的糖基可能是蛋白质的特殊标记物，是分子间或细胞间特异结合的识别部位。例如在 ABO 血型系统中，决定人体血型的是糖蛋白中的寡糖，O 型血型物质糖链末端半乳糖连接的仅是岩藻糖；A 型的半乳糖上除连接岩藻糖外还连有 N-乙酰半乳糖胺；B 型血型物质与 A 型相比，是由半乳糖代替了 N-乙酰半乳糖胺；AB 型是 A 型与 B 型末端糖基的总和（图 4-16）。

糖蛋白（和糖脂）的糖基总是位于细胞的外表面，成为某些病毒、细菌、激素、毒素和凝集素的受体。除识别作用外，糖蛋白中的糖基还具有稳定蛋白质的构象，增加蛋白质的溶解度等功能。

在糖蛋白和蛋白聚糖中，有的仅有一种或少数几种糖基，有的则存在大量的线性或分支寡糖链。软骨中的氨基葡聚糖具有众多的寡糖链，是典型的蛋白聚糖，它含有 150 多个糖链，每个糖链都共价结合于多肽链为核心的支肽链上，整个结构是高度水化的。**软骨蛋白聚糖聚集体**（cartilage proteoglycan aggregate）的 M_r 非常大，其中含有透明质酸、硫酸角质素、硫酸软骨素、**连接蛋白**（link protein）、**核心蛋**

知识扩展 4-12

糖蛋白的生物学功能

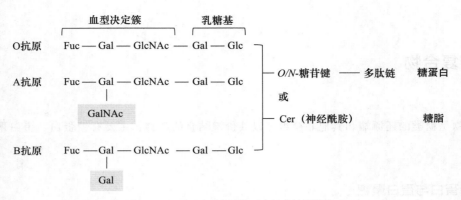

图 4 – 16   人 ABO 血型物质中的寡糖链结构

白（core protein）和大量的寡糖链。

如图 4 – 17，软骨蛋白聚糖聚集体的形状像羽毛。中心的透明质酸链穿过聚集体，带有糖胺聚糖的核心蛋白黏附在透明质酸链的侧面，像是透明质酸链长出的支链。透明质酸是通过非共价键（主要是静电作用）与核心蛋白相互作用，这些相互作用又被大量的连接蛋白与透明质酸和核心蛋白的相互作用（主要是静电作用）所稳定。每个核心蛋白大约共价结合 100 个分子的硫酸软骨素。聚集体可吸附非常多的水分，当压力增大时，水分子被挤压出；当压力释放时，水分子回复到吸附状态，这使得聚集体具有强大缓冲压力的能力。

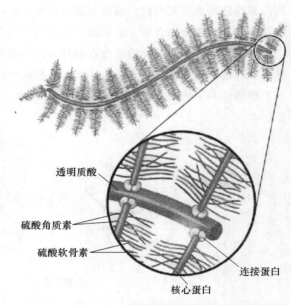

透明质酸
硫酸角质素
硫酸软骨素
连接蛋白
核心蛋白

图 4 – 17   软骨蛋白聚糖聚集体的结构

4.5.2   糖脂与脂多糖

糖脂（glycolipid）广泛存在于动物、植物和微生物中，是脂质与糖半缩醛羟基结合的一类复合物。

动物糖脂主要为鞘糖脂，是由一个或多个糖基与神经酰胺连接而成（见 5.4.2）。根据糖的组成可分为中性鞘糖脂（脑苷脂和红细胞糖苷脂）和酸性鞘糖脂（硫苷脂和神经节苷脂）。**脑苷脂**（cerebroside）中的糖基主要是半乳糖、葡萄糖和甘露糖等单糖，以半乳糖最为常见，形成的半乳糖脑苷脂是神经组织细胞质膜所特有。**红细胞糖苷脂**（globoside）的糖基主要是寡糖，如人 ABO 血型的细胞表面血型抗原决定簇，该寡糖决定簇通过乳糖基与神经酰胺相连（图 4 – 16）。含有硫酸化修饰糖基的脑苷脂称为**硫苷脂**（sulfatide），广泛存在于哺乳动物的各器官中，以脑中含量最为丰富。寡糖基中含一个或多个唾液酸的鞘糖脂称为**神经节苷脂**（ganglioside），在神经系统特别是神经末梢中含量最为丰富。

细胞膜含有各种糖脂，暴露于膜表面的糖脂和糖蛋白是细胞识别的分子基础。

脂多糖（lipopolysaccharide）主要是革兰氏阴性细菌细胞壁所具有的复合多糖，它种类甚多，一般的脂多糖由三部分组成，由外到内为专一性低聚糖链、中心多糖链和脂质。外层专一性低聚糖链的组分随菌株不同而异，是细菌使人致病的部分。中心多糖链则多极相似或相同，脂质与中心糖链相连接。

4.6 糖类研究方法

糖生物学的研究是从 19 世纪有机化学的发展和对葡萄糖酵解过程的研究开始的，早期对多糖的认识仅停留在其作为重要的能源物质（如淀粉、糖原）及细胞的组成成分上（如纤维素和几丁质）。20 世纪 50 年代发现真菌多糖具有抗肿瘤作用，90 年代发现多糖及其复合物具有多种生物学功能，而且几乎无毒性。糖类研究受到关注，研究方法不断进步。

知识扩展 4 – 15
糖类的研究方法

多糖的提取方法主要有热水浸提法、微波辅助热水浸提法、酸提法、碱提法、有机溶剂提取法、超声波法和酶法等，其中较常用的是水提法和碱提法。

多糖粗提物一般先用乙醇或丙酮进行反复沉淀，除去一部分极性小的杂质。沉淀得到的粗多糖中含蛋白质等非多糖成分，颜色也比较深，需进行脱色和去除蛋白质。多糖的纯化是将多糖混合物分离为分子量或极性均一的多糖。主要方法包括有机溶剂沉淀法、离子交换层析、凝胶过滤层析、透析及超滤法等。其分离纯化的方法及原理，与蛋白质分离纯化非常类似（见 2.6.2）。

多糖的结构分析主要是对其一级结构进行测定，包括多糖的分子量范围、单糖组成和比例、单糖的连接顺序和连接点的类型、糖苷键的构型，以及糖链有无分支、分支的位置及长短，是否有羧基、氨基以及硫酸基的取代及重复单元等。多糖的结构分析方法一般来说可以分为传统的化学方法、仪器分析法和酶法。

对糖复合物如糖蛋白中糖链的研究策略是，先采用分离纯化蛋白质的方法和技术获得所要的糖蛋白纯品；然后采用专一的酶或化学试剂处理，从糖蛋白中释放完整的寡糖链。寡糖的纯化、纯度鉴定和结构分析等方法与多糖的研究方法类似。

小结

糖类包括单糖、寡糖、多糖及糖复合物。

单糖是不能再水解的多羟基醛或多羟基酮。单糖分子（二羟丙酮除外）都含有不对称碳原子，因此有 D 和 L 两种构型，且具有旋光性，"＋"表示右旋，"－"表示左旋，旋光方向与构型无直接联系。单糖有链状结构和环状结构，在水溶液中主要以环状结构存在。单糖分子环化后可形成 α 和 β 差向异构体（异头物）。在 Haworth 投影式中，异头物的半缩醛羟基与决定构型的羟基在异侧者为 α 型，在同侧者为 β 型。单糖一般有船式构象和椅式构象，椅式构象相对稳定。

重要的单糖有核糖、葡萄糖、半乳糖、果糖等。单糖衍生物包括糖醇、糖醛酸、氨基糖、脱氧糖和糖苷等。糖苷是单糖的半缩醛羟基与非糖有机分子的羟基形成的缩醛，一般具有生物活性。

寡糖是少数单糖缩合的聚合物。4 种重要的二糖是麦芽糖、蔗糖、乳糖和纤维二糖。麦芽糖和纤维二糖分别是淀粉和纤维素的重复结构单位；蔗糖是植物中糖的运输形式，是自然界最丰富的寡糖；乳糖是乳汁中的主要糖。

多糖是由多个单糖分子脱水缩合而成的高聚物，按其功能可分为贮存多糖、结构多糖和活性多糖；按其单糖组成可分为同多糖（淀粉、糖原、纤维素、壳多糖、右旋糖酐等）和杂多糖（半纤维素、琼脂、糖胺聚糖等）。糖胺聚糖主要包括透明质酸、肝素、硫酸软骨素、硫酸皮肤素和硫酸角质素，它们的核心结构是一分子的己糖胺和一分子的糖醛酸组成的重复二糖单位。

糖复合物由糖和非糖物质共价结合而成，包括糖蛋白和蛋白聚糖、糖脂和脂多糖。糖蛋白是寡糖以

O-糖苷键或N-糖苷键与蛋白质连接而成，糖脂是由一个或多个糖基与神经酰胺连接而成。糖蛋白或糖脂中的寡糖具有重要功能，如决定人的ABO血型、作为细胞识别的分子基础等。蛋白聚糖中的糖是糖胺聚糖，通过与蛋白质共价连接形成分子巨大的复杂聚集体，如软骨蛋白聚糖聚集体。脂多糖是革兰氏阴性菌细胞壁特有的复合多糖，对人和动物具有毒性。

多糖和寡糖分离纯化的方法和原理与蛋白质的分离纯化非常类似。分离纯化后的结构分析主要是对一级结构进行测定，包括化学方法、仪器分析法和酶法。

文献导读

［1］Varki A. Essentials of Glycobiology. 3rd edition. New York：Cold Spring Harbor Laboratory Press，2017.

该书是反映糖生物学研究全貌的国际权威著作。

［2］McEver R P，Moore K L，Cummings R D. Leukocyte trafficking mediated by selectin-carbohydrate interactions. J Biol Chem，1995，270（19）：11025-11028.

该论文综述了选择素与糖配体间的相互作用介导白细胞的黏附。

［3］Lv M，Leach F E，Toida T，et al. The proteoglycan bikunin has a defined sequence. Nat Chem Biol，2011，7（11）：827-833.

该论文系统介绍了糖胺聚糖的糖链结构分析方法。

［4］Reynolds A，Mann J，Cummings J，et al. Carbohydrate quality and human health：a series of systematic reviews and meta-analyses. Lancet，2019，393（10170）：434-445.

该论文系统研究了各种类型糖类的摄入量和非传染性疾病发病率及死亡率的相关性。

思考题

1. 写出 α-D-吡喃葡萄糖，L-（-）-葡萄糖，β-D-（+）-吡喃葡萄糖的结构式，并说明 D、L、+、-、α 和 β 各符号代表的意义。

2. 写出下列糖的结构式：α-D-1-磷酸葡糖、2-脱氧-β-D-呋喃核糖、α-D-呋喃果糖、D-3-磷酸甘油醛、蔗糖、葡糖醛酸。

3. 根据下列单糖和单糖衍生物的结构：① 写出其构型（D 或 L）和名称；② 指出哪些能发生成苷反应。

（a）　　　　（b）　　　　（c）　　　　（d）

4. 透明质酸是细胞基质的主要成分，是一种黏性的多糖，M_r 可达 100 000，由两单糖衍生物的重复单位构成，请指出该重复单位中两组分的结构名称和糖苷键的结构类型。

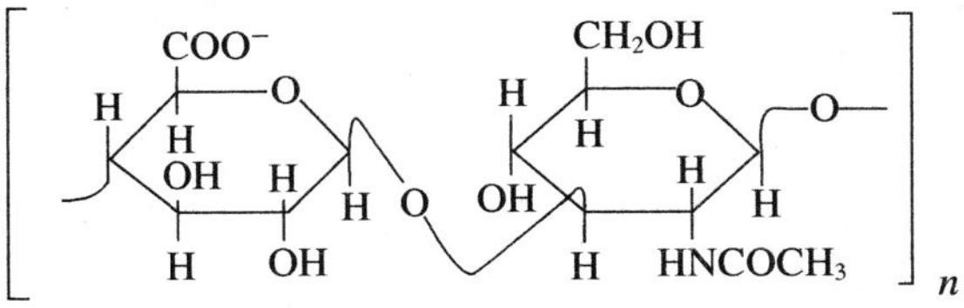

5. 纤维素和淀粉都是由（1→4）糖苷键连接的 D - 葡萄糖聚合物，M_r 也相当，但它们在性质上有很大的不同，请问是什么结构特点造成它们在物理性质上的如此差别？解释它们各自性质的生物学优点。

6. 说明下列糖所含单糖的种类、糖苷键的类型及有无还原性？
（1）纤维二糖　　（2）麦芽糖
（3）龙胆二糖　　（4）海藻糖
（5）蔗糖　　　　（6）乳糖

7. 人的红细胞质膜上结合着一个寡糖链，对细胞的识别起重要作用，被称为抗原决定基团。根据不同的抗原组合，人的血型主要分为 A 型、B 型、AB 型和 O 型 4 类。不同血型的血液互相混合将发生凝血，危及生命。

$$—GlcNAc—Gal—Fuc$$
$$|$$
$$X$$

已知 4 种血型的差异仅在 X 位组成成分的不同。请指出不同血型（A 型、B 型、AB 型、O 型）X 位的糖基名称。

8. 请写出下列结构式：
（1）α - L - 岩藻糖　　　　　（2）α - D - 半乳糖
（3）N - 乙酰 - α - D - 葡糖胺　（4）N - 乙酰 - α - D - 半乳糖胺

9. 随着分子生物学的发展，生命的奥秘正在逐渐被揭示。大量的研究已表明，各种错综复杂的生命现象和疾病的形成均与糖蛋白的糖链有关。请阅读相关资料，列举你感兴趣的糖的生物学功能。

数字课程学习

📥 教学课件　　📝 习题解析与自测

5

脂质和生物膜

细胞器

细胞

细胞内充满了膜系统，由脂质和蛋白质构成的膜系统对于构成细胞和细胞器结构至关重要。

脂质是生物体内一大类不溶于水而易溶于非极性有机溶剂的有机化合物。脂质具有许多重要的生物功能。三酰甘油（脂肪）是生物体贮存能量的主要形式；脂肪酸是生物体的重要代谢燃料；生物体表面的脂质有防止机械损伤和热量散发的作用。磷脂、糖脂、固醇等是构成生物膜的重要物质，它们作为细胞表面的组成成分与细胞的识别、物种的特异性以及组织免疫性等密切相关。还有些脂质如类固醇、脂溶性维生素、磷脂酰肌醇等可作为激素、酶的辅因子及胞内信使等发挥重要作用。

脂质与人类的日常生活密切相关，千家万户最常用的洗涤剂和化妆品都是以油脂为主要原料，一些类固醇激素作为药物被广泛用于抗炎、抗过敏等临床治疗中。

按照化学组成，脂质大体上可分为3类：①单纯脂质，由脂肪酸和甘油或长链醇形成的酯，如三酰甘油和蜡；②复合脂质，除了脂肪酸和醇外，还含有其他非脂质成分（磷酸、含氮碱和糖类），如甘油磷脂、鞘磷脂、鞘糖脂、甘油糖脂；③衍生脂质，是单纯脂质和复合脂质的衍生物，具有脂质的一般性质，如脂肪酸、甘油、固醇、萜及前列腺素等。

5.1 三酰甘油

5.1.1 三酰甘油的结构

动植物油脂的化学本质是脂酰甘油，其中主要是**三酰甘油**（triglyceride）或称甘油三酯。三酰甘油是三分子脂肪酸与一分子甘油的醇羟基脱水形成的化合物，其结构通式如下：

$$
\begin{array}{ccc}
^1CH_2-O-\overset{\displaystyle O}{\overset{\|}{C}}-R_1 & & ^1CH_2O-\overset{\displaystyle O}{\overset{\|}{C}}-R_1 \\[2ex]
^2CH-O-\overset{\displaystyle O}{\overset{\|}{C}}-R_2 & \text{或} & R_2-\overset{\displaystyle O}{\overset{\|}{C}}-O-^2CH \\[2ex]
^3CH_2-O-\overset{\displaystyle O}{\overset{\|}{C}}-R_3 & & ^3CH_2O-\overset{\displaystyle O}{\overset{\|}{C}}-R_3
\end{array}
$$

若 R_1、R_2、R_3 是相同的脂肪酸，则称为简单三酰甘油（如三硬脂酰甘油酯、三油酰甘油酯）；若部分不同或完全不同，则称为混合三酰甘油（如 1 - 软脂油酰 - 2 - 硬脂酰 - 3 - 豆蔻酰 - 甘油）。

5.1.2 三酰甘油的理化性质

纯的三酰甘油一般无色、无臭、无味。常用乙醚、氯仿、苯和石油醚等非极性有机溶剂提取，先用萃取法粗分离，再用酸或碱处理，水解成可用于分析的成分（如脂肪酸甲酯），然后用色谱法进行分析。

天然的油脂大多是简单和混合三酰甘油的混合物，因此没有明确的熔点，其熔点与脂肪酸的组成相关。动物中的三酰甘油饱和脂肪酸含量高，熔点亦高，常温下呈固态，俗称脂肪；植物中的三酰甘油不饱和脂肪酸含量高，熔点亦低，常温下呈液态，俗称油。因此，三酰甘油又通称为油脂。

三酰甘油的化学性质可概括如下：

（1）水解与皂化

在酸、碱或脂肪酶的作用下，三酰甘油可逐步水解成二酰甘油、单酰甘油，最后水解成甘油和脂肪酸（见 10.1.1）。

知识扩展 5 - 1
脂质的研究方法

知识扩展 5 - 2
三酰甘油脂肪酸构成和物理性质的关系

酸水解是可逆的。碱水解因生成脂肪酸盐类（如钠、钾盐）俗称皂，所以油脂的碱水解反应又称为皂化反应。皂化 1 g 油脂所需的 KOH 的质量（mg）称为皂化值。测定油脂的皂化值可以衡量油脂的平均 M_r 大小。

$$油脂的平均 M_r = \frac{3 \times 56 \times 1\,000}{皂化值}$$

式中，56 是 KOH 的 M_r；中和 1 mol 三酰甘油需要 3 mol KOH，因此皂化值 = 3 mol KOH/1 mol 三酰甘油 = $3 \times 56 \times 1\,000$/油脂的平均 M_r。

（2）氢化与卤化

三酰甘油中的双键可与氢或卤素等起加成反应，称三酰甘油的氢化或卤化。催化剂如金属 Ni 催化的氢化作用，可以将液态的植物油转变成固态脂或半固态脂，称氢化油。氢化油有类似奶油的起酥性和口感，还可防止油脂酸败，作为人造奶油被广泛用于食品加工。

卤化反应中吸收卤素的量可用碘值表示，碘值指 100 g 油脂吸收碘的质量（g），用于测定油脂的不饱和程度。不饱和程度越高，碘值越高。

（3）酸败

油脂在空气中暴露过久可被氧化，产生难闻的气味，称为油脂酸败作用（俗称变蛤）。酸败的主要原因是油脂中的不饱和脂肪酸的双键发生了自动氧化，产生过氧化物并进而降解成挥发性的醛、酮、酸的复杂混合物。酸败程度一般用酸值（价）来表示，酸值指中和 1 g 油脂中的游离脂肪酸所需的 KOH 质量（mg）。

知识扩展 5 – 3
脂质过氧化作用

5.2 脂肪酸

5.2.1 脂肪酸的种类

脂肪酸是许多脂质的组成成分。从动物、植物、微生物中分离出的脂肪酸有上百种，绝大部分脂肪酸以结合形式存在于三酰甘油、磷脂和糖脂中，但也有少量以游离状态存在。脂肪酸分子是一条长的烃链（"尾"）和一个末端羧基（"头"）组成的羧酸。根据烃链是否饱和，可将脂肪酸分为饱和脂肪酸和不饱和脂肪酸。不同脂肪酸之间的主要区别在于烃链的长度（碳原子数目）、双键数目和位置。每个脂肪酸都有一个通俗名、系统名和简写符号。简写符号的标准惯例是，先写出碳原子数目和双键数目，再在二者之间用"："隔开。例如，硬脂酸简写为 18：0，亚油酸简写为 18：2。双键位置用"Δ"及其右上标的数字表示，数字是指形成双键的两个碳原子的编号（从羧基端开始计数）中较低者。例如，亚油酸简写为 $18：2\Delta^{9,12}$。有时在编号后面用 c（cis，顺式）和 t（trans，反式）标明双键的构型。例如，亚油酸简写为 $18：2\Delta^{9c,12c}$（表 5 – 1）。

5.2.2 脂肪酸的结构特点

① 大多数脂肪酸的碳原子数在 12 ~ 24 之间，且为偶数，其中又以 16 碳和 18 碳最为常见。饱和脂肪酸中最常见的是软脂酸和硬脂酸；不饱和脂肪酸中最常见的是油酸。在哺乳动物乳脂中，大量存在 12 碳以下的饱和脂肪酸。

② 分子中只有一个双键的不饱和脂肪酸，称为单不饱和脂肪酸，双键位置一般在第9、10位碳原子之间，如油酸；含有两个或两个以上双键的，称为多不饱和脂肪酸（PUFA），其双键中，一般总有一个位于第9、10位碳原子之间，其他的双键比第一个双键更远离羧基，如亚油酸、花生四烯酸等（表5-1）。也有少数植物的不饱和脂肪酸中含有共轭双键，如双酮油酸。

表5-1 天然存在的脂肪酸

碳原子数目		通俗命名	分子结构式	简写
饱和脂肪酸	12	月桂酸	$CH_3(CH_2)_{10}COOH$	12:0
	14	豆蔻酸	$CH_3(CH_2)_{12}COOH$	14:0
	16	软脂酸（棕榈酸）	$CH_3(CH_2)_{14}COOH$	16:0
	18	硬脂酸	$CH_3(CH_2)_{16}COOH$	18:0
	20	花生酸	$CH_3(CH_2)_{18}COOH$	20:0
不饱和脂肪酸	16	软脂油酸（棕榈油酸）	$CH_3(CH_2)_5CH=CH(CH_2)_7COOH$	$16:1\Delta^9$
	18	油酸	$CH_3(CH_2)_7CH=CH(CH_2)_7COOH$	$18:1\Delta^9$
	18	亚油酸	$CH_3(CH_2)_4CH=CHCH_2CH=CH(CH_2)_7COOH$	$18:2\Delta^{9,12}$
	18	α-亚麻酸	$CH_3CH_2CH=CHCH_2CH=CHCH_2CH=CH(CH_2)_7COOH$	$18:3\Delta^{9,12,15}$
	20	花生四烯酸	$CH_3(CH_2)_4CH=CHCH_2CH=CHCH_2CH=CHCH_2CH=CH(CH_2)_3COOH$	$20:4\Delta^{5,8,11,14}$

③ 不饱和脂肪酸大多为顺式结构（氢原子分布在双键的同侧），只有极少数为反式结构（氢原子分布在双键的两侧）。植物油部分氢化易产生反式不饱和脂肪酸，例如食品加工使用的人造黄油、起酥油等，摄入过多有增加患动脉硬化和冠心病的危险。

5.2.3 必需脂肪酸

哺乳动物体内能够自身合成饱和及单不饱和脂肪酸，但不能合成机体必需的亚油酸、α-亚麻酸等PUFA。我们将这些自身不能合成、必须从膳食特别是植物性膳食中获取的脂肪酸称为**必需脂肪酸**（essential fatty acid）（见10.3.2）。因为这些PUFA的生理作用与靠近碳链甲基端的第一个双键的关系更大，所以对这些脂肪酸有时也采用另一种命名规则：将末端的甲基碳称为 ω 碳，并编号为C1。按此规则，亚油酸和α-亚麻酸分别属于 ω-6 和 ω-3 脂肪酸家族。亚油酸是 ω-6 家族的原初成员，人和哺乳动物体内能将其转变为 γ-亚麻酸，并进而延长为花生四烯酸。α-亚麻酸是 ω-3 家族的原初成员，可以衍生出二十碳五烯酸（EPA）和二十二碳六烯酸（DHA），二者对婴幼儿视力和大脑发育、成人改善血液循环有重要意义。

5.2.4 类二十碳烷

类二十碳烷是由 20 碳 PUFA 衍生而来的，包括前列腺素（prostaglandin）、凝血噁烷（thromboxane）和白三烯（leukotriene）等几类信号分子，合成的前体主要是花生四烯酸。前列腺素最早从前列腺的脂质提取物中被分离，后来证明其存在广泛，种类较多，不同的前列腺素或同一前列腺素作用于不同的细胞，产生不同的生理效应，如升高体温、促进炎症、控制跨膜转运、调节突触传递、诱导睡眠、扩张血

知识扩展 5-4

类二十碳烷的合成和阿司匹林的作用

科学史话 5-1
前列腺素和相关分子的研究

管等。凝血噁烷最早从血小板分离获得，能引起动脉收缩，诱发血小板聚集，促进血栓形成。白三烯最早从白细胞分离获得，含 3 个共轭双键，是强力的生物信号，能促进趋化性、炎症和变态反应。其主要作用机制是能引起平滑肌的强烈收缩，如过度产生会引起哮喘发作。阿司匹林（乙酰水杨酸）具有消炎、镇痛、退热药效的原因是抑制前列腺素的合成，因其同时也可抑制凝血噁烷合成，所以也具有抗凝血作用。

5.3 磷脂

磷脂包括甘油磷脂和鞘磷脂两类，它们是生物膜的主要成分，其中甘油磷脂是第一大类膜结构脂质。鞘磷脂也可与鞘糖脂归为一类，称为鞘脂。

5.3.1 甘油磷脂的结构通式

甘油磷脂（又称磷酸甘油酯）分子中甘油的两个醇羟基与脂肪酸成酯，第三个醇羟基与磷酸成酯或磷酸再与其他含羟基的物质（如胆碱、乙醇胺、丝氨酸等醇类衍生物）结合成酯。结构通式如下：

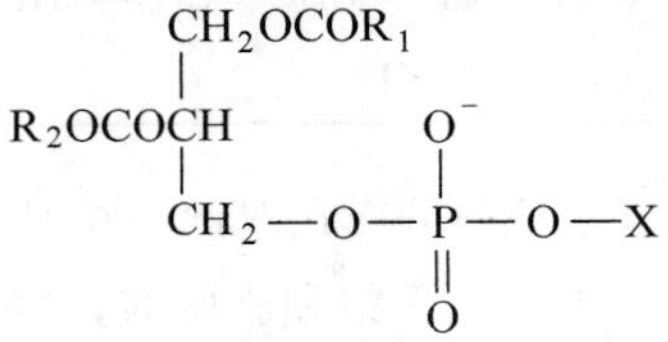

$$
\begin{array}{c}
CH_2OCOR_1 \\
R_2OCOCH \quad\quad\quad O^- \\
| \quad\quad\quad\quad | \\
CH_2-O-P-O-X \\
\| \\
O
\end{array}
$$

式中，X 代表有羟基的含氮碱或其他醇类衍生物。X 不同，则甘油磷脂的类型亦不相同，一些重要的甘油磷脂结构见表 5-2。

表 5-2 甘油磷脂

X 基团	化合物名称
—H	磷脂酸
$-CH_2CH_2-\overset{+}{N}(CH_3)_3$	磷脂酰胆碱（卵磷脂）
$-CH_2CH_2-\overset{+}{N}H_3$	磷脂酰乙醇胺（脑磷脂）
$-CH_2CH-COO^-$ ，$\overset{+}{N}H_3$	磷脂酰丝氨酸
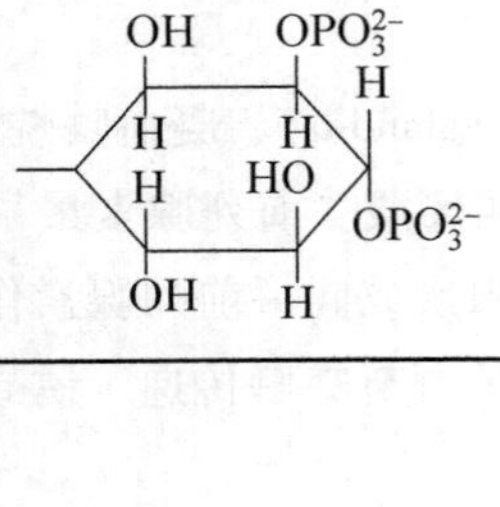 肌醇环（4,5-二磷酸）	4,5-二磷酸磷脂酰肌醇

甘油磷脂所含的两个长的烃链构成分子的非极性尾，磷酸基或磷酸基与高极性或带电荷的醇酯化构成分子的极性头，因此甘油磷脂为两亲分子。在水中它们的极性头指向水相，而非极性的烃链由于对水的排斥力而聚集在一起形成双分子层的中心疏水区。这种脂质双分子层结构在水中处于热力学的稳定状态，是构成生物膜结构的基本特征之一。纯的甘油磷脂是白色蜡状固体，溶于大多数含少量水的非极性溶剂，但难溶于无水丙酮。用氯仿－甲醇混合溶剂可从细胞和组织中提取甘油磷脂。

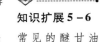

知识扩展 5 − 5
甘油磷脂的结构和其所带的净电荷

5.3.2　几种重要的甘油磷脂

磷脂酸是甘油磷脂的母体化合物，也是其他甘油磷脂生物合成的前体。

磷脂酰胆碱又称卵磷脂，磷脂酰乙醇胺又称脑磷脂，二者是细胞膜中含量最丰富的脂质物质。磷脂酰胆碱和磷脂酰乙醇胺的 R1 脂酰基（见甘油磷脂的结构通式）主要来自软脂酸和硬脂酸，但 R2 脂酰基则更多由 PUFA 提供，如花生四烯酸或 DHA。磷脂酰胆碱在蛋黄和大豆中含量特别丰富。

磷脂酰丝氨酸常见于血小板的膜中，也称血小板第三因子。当组织受损血小板被激活时，膜中的磷脂酰丝氨酸由内转为外侧，作为表面催化剂与其他凝血因子一起致使凝血酶原活化。

4，5 − 二磷酸磷脂酰肌醇（PIP_2）广泛存在于真核细胞质膜，它是两个胞内信使——1，4，5 − 三磷酸肌醇（IP_3）和二酰甘油（DAG）的前体，这些信使参与激素信号的放大。

知识扩展 5 − 6
常见的醚甘油磷脂

某些动物组织和某些单细胞生物富含醚甘油磷脂，其甘油骨架上的 C1 通过醚键与脂链相连。常见的醚甘油磷脂为缩醛磷脂和血小板活化因子。

5.4　鞘脂

鞘脂是第二大类膜结构脂质，与甘油磷脂类似的是，也具有一个极性头和两个非极性尾。其中，两个非极性尾是由一分子的长链脂肪酸通过酰胺键与鞘氨醇或其衍生物 C2 上的氨基连接而成，连接形成的化合物又称为神经酰胺，是所有鞘脂的结构母体（表 5 − 3）。鞘脂依据所含极性头的不同可分为两类，即鞘磷脂和鞘糖脂。其中，鞘磷脂的极性头含磷酸；鞘糖脂含一个或多个糖基。鞘脂的结构通式如下：

式中，X 代表鞘脂的极性头基团。几种重要的鞘脂结构见表 5 − 3。

5.4.1　鞘磷脂

鞘磷脂存在于动物细胞的质膜，特别是髓鞘（延展的质膜）中。鞘磷脂的极性头为磷酰胆碱或磷酰乙醇胺，通过磷酸二酯键与神经酰胺的鞘氨醇 C1 上的羟基连接（表 5 − 3）。因为鞘磷脂分子中含磷酸，故也常将其与甘油磷脂一起归为磷脂。

科学史话 5 – 2

鞘脂的发现

表 5 – 3　几种重要的鞘脂

鞘脂的名称	极性头	X 基团
神经酰胺	—	—H
鞘磷脂	磷酰胆碱	$-P(=O)(O^-)-O-CH_2-CH_2-\overset{+}{N}(CH_3)_3$
半乳糖脑苷脂	半乳糖	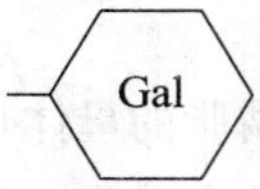 Gal
神经节苷脂 GM1	酸性寡糖	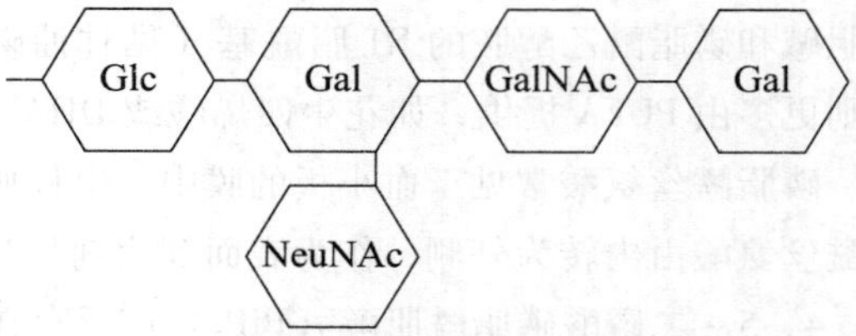 Glc—Gal—GalNAc—Gal（Gal 在上，NeuNAc 在下）

5.4.2　鞘糖脂

知识扩展 5 – 7

鞘脂贮积症

　　鞘糖脂主要存在于质膜的外表面。鞘糖脂的极性头为一个或多个糖基，通过 O – 糖苷键与神经酰胺的鞘氨醇 C1 上的羟基连接。根据糖基是否含有唾液酸或硫酸成分，鞘糖脂又可分为中性鞘糖脂（如脑苷脂和红细胞糖苷脂）和酸性鞘糖脂（如神经节苷脂和硫苷脂）。

　　构成中性鞘糖脂极性头的常见糖基有半乳糖、葡萄糖等单糖，或二糖、三糖等寡糖。第一个被发现的鞘糖脂是由一个半乳糖与神经酰胺连接而成的半乳糖基神经酰胺，因为最先是从人脑中获得，所以又称其为脑苷脂或半乳糖脑苷脂（表 5 – 3）。现已知脑苷脂除半乳糖脑苷脂外，还有葡萄糖脑苷脂，前者是神经组织中的细胞质膜特有的，后者存在于非神经组织的细胞质膜中。作为血型抗原的红细胞糖苷脂是以寡糖作为极性头基团的中性鞘糖脂（见 4.5.1）。

　　神经节苷脂也称唾液酸鞘糖脂，是最复杂的一类鞘脂，它们以寡糖链作为极性头基团。在寡糖链内部的或末端的半乳糖残基上常以 $\alpha – 2，3$ 糖苷键连接一个或多个 N – 乙酰神经氨酸（NeuNAc），也称唾液酸。唾液酸使神经节苷脂分子呈酸性，在 pH 7 时带负电荷。神经节苷脂在神经系统特别是神经末梢中含量丰富，种类多样，可能在神经冲动传递中起重要作用。此外，神经节苷脂还是某些细菌蛋白毒素如霍乱毒素的受体。

　　植物细胞中占优势的脂质是甘油糖脂，是由糖基（如一个或两个半乳糖基）作为极性头基团，通过 O – 糖苷键与二酰甘油 C3 上的羟基连接而成。甘油糖脂与鞘糖脂又统称为糖脂。

5.5　类固醇

　　类固醇（又称甾族化合物）在动植物中广泛存在，其母体结构是带有两个甲基的环戊烷多氢菲，即类固醇核（图 5 - 1）。类固醇中有一大类称为固醇，是第三大类膜结构脂质，存在于大多数真核细胞的膜系统中，其结构特点是在类固醇核的 C3 上有一个羟基，C17 上有一个含 8 ~ 10 个碳原子的烃链。

胆固醇（cholesterol）是动物组织中含量最丰富的固醇，在脑、肝、肾和蛋黄中含量很高。如图 5 - 2 所示，胆固醇分子的一端（C3）含有极性的基团（羟基）构成分子的极性头，但极性较弱；其余部分构成分子的非极性尾，因此它也是一种两亲分子。胆固醇的两亲性质使它对膜中脂质的物理状态具有独特的调节作用（见 5.6.3）。

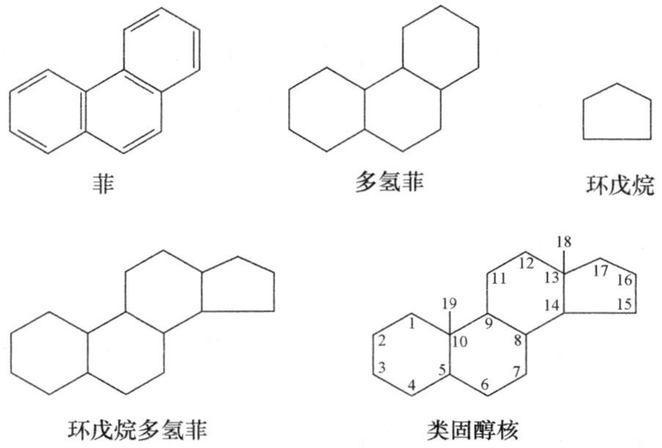

知识扩展 5 - 8
常见的固醇衍生物

图 5 - 1　类固醇核的结构

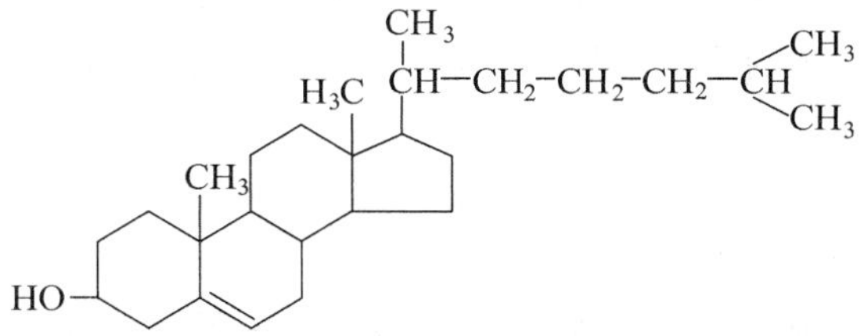

图 5 - 2　胆固醇的结构

胆固醇 C3 上的羟基还可与高级脂肪酸（如软脂酸、硬脂酸和油酸等）结合形成胆固醇酯。胆固醇及其酯是血液中脂蛋白复合体的主要成分之一，且与动脉粥样硬化斑块的形成有关。此外，胆固醇还是多种类固醇激素、维生素 D 和胆汁酸等重要物质的生物合成前体（见 10.5）。

科学史话 5 - 3
胆固醇及相关分子的研究

植物很少含胆固醇，但含有植物固醇，如 β - 谷固醇、豆固醇等。植物固醇很少被人的肠黏膜细胞吸收，但其可抑制胆固醇的吸收。

固醇在体内可由乙酰辅酶 A 为原料，经异戊二烯单位合成而来（见 10.5）。此外，由两个及以上异戊二烯单位还可构成许多具有活性的萜，萜中的异戊二烯单位可头尾连接，亦可尾尾连接。由两个异戊二烯单位构成的称单萜（10 碳），许多是植物精油的成分；三个异戊二烯单位构成的称倍单萜（15 碳），存在于某些中草药中；叶绿素分子的叶绿醇以及植物激素赤霉素等属于双萜；鲨烯和羊毛固醇等胆固醇和其他类固醇的前体属于三萜；还有约 70 种的类胡萝卜素都属于四萜；天然橡胶属于多萜。

知识扩展 5 - 9
常见的萜

5.6　生物膜

5.6.1　细胞中的膜系统

细胞中各种不同的膜统称为生物膜，包括质膜（细胞膜）、细胞核膜、线粒体膜、内质网膜、溶酶体膜、高尔基体膜等。生物膜以不同的形式存在，而且功能也各有差异。但不同的膜系统在电镜下却表现出大体相同的形态，即厚度为 6 ~ 9 nm 的 3 片层结构。生物膜结构是细胞结构的基本形式，它对细胞内很多生物大分子的有序反应和整个细胞的区域化都提供了必需的结构基础，从而使整个细胞活动能够有条不紊、协调一致地进行。

生物体内许多重要活动，如物质运输、能量转换、细胞识别、细胞免疫、信号转导、神经传导和代谢调控等都与生物膜密切相关。

5.6.2 生物膜的化学组成

生物膜主要由蛋白质和脂质两大类物质组成。此外尚含少量糖、水，以及金属离子等。

知识扩展 5–10
生物膜的化学
组成

因生物膜的种类不同，膜的组分也有很大的差异。一般来说，功能越复杂的膜，其蛋白质的种类和含量越多；相反，膜功能越简单，蛋白质的种类和含量越少。例如，线粒体内膜的功能复杂，含参与电子传递和偶联磷酸化的蛋白质多达 60 余种；而神经髓鞘主要起绝缘作用，仅含 3 种蛋白质。

（1）膜脂

生物膜的脂质主要包括磷脂、糖脂及固醇。

磷脂是生物膜的主要成分，其中又以甘油磷脂为主，特别是其中的磷脂酰胆碱和磷脂酰乙醇胺最为丰富。

糖脂存在于几乎所有类型的细胞质膜。动物细胞质膜中的糖脂主要是鞘糖脂；而在细菌和植物细胞质膜中，则大多为甘油糖脂。

知识扩展 5–11
生物膜的脂质
组成

固醇在动物细胞的含量要高于植物细胞，且固醇在质膜的含量要高于在内膜系统。动物细胞的固醇主要是胆固醇，植物细胞主要是 β–谷固醇和豆固醇，细菌细胞一般不含固醇。

（2）膜脂的多态性

膜脂分子都具有两亲性质，在水中的溶解度十分有限。当向水中加入少量膜脂如磷脂时，在水–空气界面处的磷脂分子倾向于形成单分子层，其极性头与水接触，疏水尾伸向空气。如果加入更多的磷脂，使水–空气界面达到饱和时，磷脂分子将以微团、脂双层和脂质体的形式存在（图 5–3）。这些形式都是使磷脂分子的极性头通过氢键与水接触，同时疏水尾之间通过疏水作用和范德华力彼此靠近，并将水从其中排除。

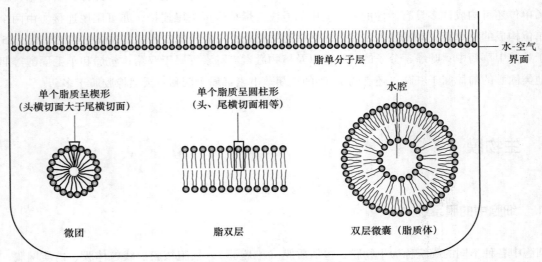

图 5–3 膜脂的多态性（改自：王镜岩，朱圣庚，徐长法，2008）

膜脂在水中形成何种形式取决于脂质分子的类型和环境条件。例如，一个极性头和一条疏水尾的分子，倾向于形成微团；一个极性头和两条疏水尾的分子，倾向于形成脂双层。因脂双层的形式存在不稳定因素，即其边缘区暴露于极性的水中，故当脂双层形成后，可自发回折封合为双层微囊，即脂质体。

脂质体的连续表面消除了疏水区的暴露，使脂双层结构在极性环境中达到了最大的稳定性。膜脂分子在极性环境中多态性的形成过程都是熵增加的过程，是自发进行的。

脂质体本质上仍是一类人工膜，但其理化性质与天然生物膜十分接近，而且在其制备过程中还可掺入膜蛋白，因而是研究膜质、膜蛋白及其生物学性质的极好材料。此外，脂质体还可以有效地将裹入其中的 DNA 或某种具有特殊功能的分子导入细胞，这使得它在转基因研究和临床治疗中得到了广泛应用。

（3）膜蛋白

根据膜蛋白在膜上的定位和与膜脂结合的牢固程度，一般将其分为膜内在蛋白和膜周边蛋白两类（图5－4）。

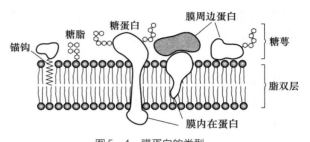

图5－4 膜蛋白的类型
（引自：王镜岩，朱圣庚，徐长法，2008）

膜内在蛋白主要借疏水作用与膜结合，这类蛋白的水溶性较差。蛋白质中的非极性氨基酸残基常以 α 螺旋形式与脂双层的疏水部分相互作用，这是因为 α 螺旋能最大程度地降低肽键本身的亲水性，使之在疏水环境中更稳定。膜内在蛋白有的是部分嵌在脂双层中，有的是横跨全膜（含一个或多个跨膜肽段），还有些是本身不进入膜内而是通过与某些膜脂分子共价连接，并以其为锚钩锚定在膜上（图5－4）。这类蛋白质与膜结合比较牢固，必须使用去污剂（如 SDS）、有机溶剂或超声波等比较剧烈的条件才能将它们分离出来。膜内在蛋白占膜蛋白的 70% ~ 80%。

知识扩展 5 – 12
跨膜肽段的类型

膜周边蛋白分布于脂双层（包括内、外层）表面，通过静电作用或其他非共价键与膜脂的极性头或膜内在蛋白结合。这类蛋白质的水溶性较好，且易于分离。通常使用高浓度中性盐改变离子浓度或使用金属螯合剂等温和的方法即可提取。膜周边蛋白占膜蛋白的 20% ~ 30%。

（4）膜糖

生物膜中含有一定量的糖类，主要以糖蛋白和糖脂的形式存在于质膜表面，一般占真核细胞质膜总量的 2% ~ 10%。分布于质膜表面的糖往往与蛋白质形成一层寡糖 – 蛋白质复合体，称糖萼。与膜蛋白和膜脂结合的单糖见表 5 – 4。这些如天线般的寡糖链被认为与细胞识别、细胞黏着和细胞免疫特性密切相关。

表 5 – 4　常见的组成膜糖的单糖

类别	单糖组成及符号
中性糖	葡萄糖（Glc）、半乳糖（Gal）、甘露糖（Man）、岩藻糖（Fuc）
氨基糖	N – 乙酰葡糖胺（GlcNAc）、N – 乙酰半乳糖胺（GalNAc）
酸性糖	唾液酸（SA）

5.6.3　生物膜的结构

生物膜是由膜脂、膜蛋白、膜糖定向、定位排列，高度组织化的分子装配体。它是一种超分子复合物，具有特定的分子结构。脂质双分子层是所有生物膜具有的共同结构特征，即非极性（疏水）的尾部在双层膜的内部，靠疏水作用聚在一起，极性（亲水）头部在膜的内、外表面。

通过对各种天然生物膜和人工膜的研究发现，生物膜最显著的特征是膜组分的不对称性分布和膜的流动性，它们是膜行使生物功能的基础。

（1）生物膜组分的不对称性分布

膜脂、膜蛋白和膜糖在脂双层的两侧分布是不对称的，这使膜有"正、反面"的区别。某些脂质主要存在于外侧单层，另一些则处于内侧单层，但一种脂质很少只存在于一侧而不处于另一侧。对于膜蛋白来说，有的膜周边蛋白只附着在外层，有些只附着在内层。膜内在蛋白也一样，有的嵌在内层，有的嵌在外层，有的虽然横跨内、外两层，但暴露在两侧的结构域是不同的。此外，膜蛋白不能从脂双层的一层翻转到另一层，这有利于膜蛋白不对称分布的维持。膜糖在脂双层的分布也是不对称的，主要表现在糖脂和糖蛋白上寡糖分布的不对称。

知识扩展 5-13
膜脂质的不对称性

膜组分的这种不对称分布反映出膜在功能上的不对称性，具有重要的生理意义。例如在红细胞的质膜中，磷脂酰丝氨酸更多分布在胞质侧单层中，当其移到外层时，才能激活凝血酶原促进血凝块形成。又如，作为信号受体的膜蛋白，只有当其与信号结合的结构域伸向膜外侧时才能发挥作用。此外，质膜上的糖蛋白和糖脂总是把带有寡糖的结构域定向分布在细胞的外表面，用于细胞识别。

（2）生物膜的流动性

膜的流动性主要指膜脂和膜蛋白各种形式的运动。膜质的流动性主要取决于磷脂组分，其运动方式主要有：膜脂的脂酰链在脂双层内作热运动、膜脂分子在脂双层的一层内作侧向扩散和膜脂分子在脂双层的两层之间作翻转扩散。脂酰链的热运动是指脂肪酸烃链绕脂酰链 C—C 键的旋转运动。低温时膜脂运动慢，脂双层以近乎晶态的形式有序排列；在某一温度（相变温度）之上，膜脂快速运动，由类晶态（固体）转变为流体，脂双层混乱度增加。膜质流动性的大小与磷脂分子中脂肪酸链的长度和不饱和程度相关。链越长，不饱和程度越高，流动性越大。膜中固醇含量是决定流动性的另一重要因素。由于固醇具有刚性平面结构，因此当低于相变温度时，固醇阻挠脂酰链的有序排列，增加膜的流动性；高于相变温度时，固醇减小邻近脂酰链的热运动，相对降低膜的流动性。侧向扩散是指整个膜脂分子在同一层内与邻近分子发生的快速交换。例如，红细胞质膜外层中的脂质分子在几秒钟内能绕红细胞一周。翻转扩散是指膜脂分子从脂双层的一面翻转到另一面。此过程涉及穿过脂双层的疏水区，因此是一个吸能过程，发生频率也比前两种运动形式小得多。

生物膜中的蛋白质也经常处于运动之中。膜蛋白在膜上至少可做两种形式的运动：一是沿着与膜平面垂直的轴作旋转运动；另一是沿着膜表面作侧向扩散运动，这种侧向扩散在多数情况下是随机的。

知识扩展 5-14
膜脂质的流动性

生物膜的流动性对生物膜的功能具有深刻的影响。比如，随着膜的流动性增强，膜对水和其他亲水性的小分子的通透性就增加。膜蛋白的流动性与膜脂的流动性密切相关，例如当膜脂流动降低时，膜内在蛋白暴露于膜外水相；反之，如果膜脂流动性增加，膜内在蛋白则更多地深入脂层中。这种相关性将影响膜蛋白的构象与功能。总之，合适的流动性与膜正常功能的实现有十分密切的关系。

（3）生物膜的结构模型

自 1935 年 J. F. Daneilli 提出连续的脂质双分子层组成生物膜的主体的理论以来，曾提出过许多种说明膜结构的理论模型，其中被广泛接受的是 1972 年由 S. J. Singer 和 G. L. Nicolson 提出的流动镶嵌模型（图 5-5）。

科学史话 5-4
流动镶嵌模型的提出

流动镶嵌模型认为，生物膜是一种流动的、嵌有各种蛋白质的脂质双分子层结构，其中蛋白质犹如一座座冰山漂移在流动脂质的"海洋"中。流动镶嵌模型不仅强调了膜脂和膜蛋白的相互作用，还突出了膜的动态性质和膜组分分布的不对称性，因而得到广泛支持和接受。

这个模型的要点是：①膜的基质或膜结构的连续主体是极性的脂质双分子层；②由于极性脂质的疏

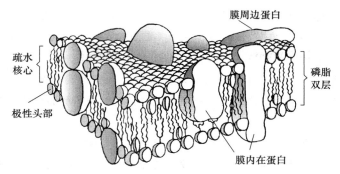

图 5–5　膜结构的流动镶嵌模型（引自：王镜岩，朱圣庚，徐长法，2008）

水尾部含有一定量的饱和或不饱和脂肪酸，而这些脂肪酸在细胞的正常温度下呈液体状态，因此脂质双分子层具有流动性；③膜内在蛋白的表面具有疏水的氨基酸侧链基团，故可使此类蛋白"溶解"于双分子层的中心疏水部分中；④膜周边蛋白的表面主要含有亲水性 R 基，可与脂质双分子层的极性头部连接；⑤膜质和膜蛋白能做旋转和侧向运动。

流动镶嵌模型虽然可以解释许多膜的物理、化学和生物学性质，但还是有其局限性，如该模型无法解释近年来发现的膜各部分的流动性是不均匀的现象。1988 年 K. Simons 提出了脂筏模型，为膜的流动性提供了新见解。实际上，生物膜的真实结构可能比我们想象得更为复杂和更具动态。

5.6.4　细胞膜的基本功能

与内膜系统的生物膜相比，细胞膜的结构更为复杂，功能也更为多样。

（1）内外分界　细胞膜具有自我封闭的特点，可为细胞的生命活动提供相对稳定的内环境。

（2）物质运输　细胞在生命活动过程中，需要不断与外界进行物质交换，这是依赖细胞膜上的特异性载体蛋白或通道蛋白来实现的。

（3）信息传递　细胞膜上有各种受体，能特异性地结合激素等信号分子，并将信号跨膜传递到细胞内，产生特定的生理效应。

（4）细胞识别　细胞识别是指细胞识别异己的能力，其本质是通过细胞膜上特异性的膜受体或膜抗原与外来信号物质的特异结合。鉴于已知的这些膜受体或膜抗原都是糖蛋白或糖脂，因此糖链结构的特异性被认为是细胞识别的重要分子基础。

小结

脂质是细胞的水不溶性成分，能用乙醚、氯仿等非极性有机溶剂进行提取。

脂质按生物功能可分为贮存脂质、结构脂质和活性脂质；按化学组成可分为单纯脂质、复合脂质和衍生脂质。

三酰甘油或甘油三酯是由脂肪酸与甘油形成的三酯。根据含脂肪酸的种类，分为简单三酰甘油和混合三酰甘油。天然油脂大多是简单和混合三酰甘油的混合物。三酰甘油的理化性质主要取决于脂肪酸烃链的长度与不饱和程度。不饱和程度越高，熔点越低。三酰甘油可以发生水解与皂化、氢化与卤化以及酸败。

大多数脂肪酸为偶数碳原子，链长为 12～24 个碳。脂肪酸可分为饱和、单不饱和与多不饱和脂肪酸。可以用简写符号表达脂肪酸的结构信息，如在 $18:2\Delta^{9c,12c}$ 中，18 表示脂肪酸的碳原子数目；2 为双键数目；Δ 及其右上标的数字表示双键位置；双键位置数字后的 c 表示该双键是顺式构型。

必需脂肪酸是指对人体的功能不可缺少，但自身又不能合成、必须从膳食中获取的不饱和脂肪酸，如亚油酸（ω-6家族）和α-亚麻酸（ω-3家族）。亚油酸在人体内可转化为花生四烯酸；亚麻酸在人体内可以衍生出二十碳五烯酸（EPA）和二十二碳六烯酸（DHA）。

磷脂包括甘油磷脂和鞘磷脂。其中，甘油磷脂是第一大类膜结构脂质。最简单的甘油磷脂是磷脂酸，它是其他甘油磷脂生物合成的前体，可进一步生成磷脂酰胆碱、磷脂酰乙醇胺、磷脂酰丝氨酸和磷脂酰肌醇等。

鞘脂是第二大类膜结构脂质，主要包括鞘磷脂和鞘糖脂。鞘脂的结构母体是神经酰胺，是鞘脂分子中的非极性部分，由一分子的长链脂肪酸通过酰胺键与鞘氨醇C2上的氨基连接而成。鞘磷脂的极性头一般为磷酰胆碱或磷酰乙醇胺。鞘糖脂的极性头含一个或多个糖基。根据糖基是否含有唾液酸成分，鞘糖脂又可分为中性鞘糖脂（如脑苷脂）和酸性鞘糖脂（如神经节苷脂）。

类固醇的母体结构是带有两个甲基的环戊烷多氢菲，称为类固醇核。固醇是类固醇中的一大类，是第三大类膜结构脂质，其结构特点是在类固醇核的C3上有一个羟基，C17上有一个含8~10个碳的烃链。胆固醇是动物组织中含量最丰富的固醇，对膜脂的物理状态具有独特的调节作用。

生物膜是由膜脂、膜蛋白、膜糖定向、定位排列形成的超分子复合物，其最显著的特征是膜组分分布的不对称性和膜的流动性。膜结构的流动镶嵌模型认为，生物膜是一种流动的、嵌有各种蛋白质的脂质双分子层结构，其中蛋白质犹如一座座"冰山"漂移在流动脂质的"海洋"中。流动镶嵌模型不仅强调了膜脂和膜蛋白的相互作用，还突出了膜的动态性质和膜组分分布的不对称性，因而得到广泛支持和接受。

与内膜系统的生物膜相比，细胞膜的结构更为复杂，功能也更为多样，其基本功能有细胞内外分界、物质运输、信息传递和细胞识别等。

文献导读

[1] Singer S J, Nicolson G L. The fluid mosaic of the structure of cell membranes. Science, 1972, 175: 720-731.

该论文首次提出膜结构的流动镶嵌模型。

[2] Simons K, van Meer G. Lipid sorting in epithelial cell. Biochemistry, 1988, 27: 6197-6202.

该论文首次提出膜结构的脂筏模型。

[3] Spector A A, Yorek M A. Membrane lipid composition and cellular function. Journal of Lipid Research, 1985, 26: 1015-1035.

该论文系统综述了膜脂的组成及功能。

思考题

1. 简述脂质的生物学作用和化学组成分类。
2. 概述脂肪酸的结构和性质。
3. 何为必需脂肪酸？哺乳动物体内所需的必需脂肪酸有哪些？
4. 概述磷脂和鞘脂的结构特点，并比较其异同。
5. 概述胆固醇的结构特点及其生物学作用。
6. 何为生物膜？其主要组成成分有哪些，各有何作用？
7. 生物膜行使正常生理功能的结构基础是什么？
8. 一些药物必须在进入活细胞后才能发挥药效，但它们中大多是带电或有极性的，因此不能靠被动扩散跨膜。人们发现利用脂质体运输某些药物进入细胞是很有效的办法，试解释脂质体是如何发挥作用的。

数字课程学习

 教学课件　　 习题解析与自测

6

酶

　　HIV-1 蛋白酶与其抑制剂（Saquinavir）结构图，该抑制剂是一种重要的治疗艾滋病的药物。

酶在生物体中无处不在，没有酶，生物就不能生存。生物体内众多的化学反应之所以能在温和的条件下进行，原因就是酶的存在。酶对人类的生产与生活具有重要的意义，利用酶，人们可以酿造美酒、制作美食、生产舒适的衣服，还可以诊断和治疗各种疾病。酶使生命得以存在，酶使生活如此美好。

对酶的早期研究可追溯至 1833 年 A. Payen 和 J. Persoz 从麦芽制备淀粉糖化酵素（现称淀粉酶），1897 年 E. Buchner 证实发酵是不需要活酵母的酶促反应过程，推进了对酶的广泛和深入研究。

酶是具有高效性与特异性的生物催化剂，对酶的特性认识越深入，对酶的作用机制与调控机制了解越透彻，人们就越能明了生命的奥秘。利用酶或酶的抑制剂对抗来自体内与体外的各种致病因素，制备、利用、改造、设计神奇的酶，将酶工程发扬光大，可带给人类更加美好的明天。

科学史话 6-1
酶的早期研究

6.1 酶的概念与特点

6.1.1 酶的概念

酶是**生物催化剂**（biological catalyst）。这个概念包含两层含义：首先，酶是催化剂，具有一般催化剂的共性。第二，酶是生物催化剂，一般的催化剂多为小分子物质，例如金属离子和金属氧化物等，但酶是生物大分子，具有复杂的结构，绝大多数的酶是蛋白质，也有一些 RNA 具有催化功能，称为核酶。因此，酶具有不同于一般催化剂的一些特点。

6.1.2 酶的特点

酶作为一种催化剂，具有一般催化剂的共性，即能够显著提高化学反应速率，使化学反应很快达到平衡，但酶对反应的平衡常数没有影响，因为酶使正、逆反应按相同的倍数加速。另外，酶参与化学反应过程，但其自身的数量和化学性质在反应前后均保持不变，因此可以反复使用。

酶作为生物催化剂，最重要的特点是：

① 酶具有高效性（high catalytic power），高效性指酶具有很高的催化效率。酶催化反应的反应速率比非催化反应高 $10^5 \sim 10^{17}$ 倍。以胰凝乳蛋白酶为例，该酶催化蛋白质中特定肽键的水解反应，酶催化反应速率是非催化反应速率的 10^{12} 倍。生物体内的绝大多数反应，在没有酶的情况下几乎都不能进行，而酶的存在则使这些反应在很短的时间内就能发生。酶的催化效率可以用**转换数**（turnover number，TN）来表示，它的定义是在酶被底物饱和时，每个酶分子单位时间内（通常为 1 s）转换底物的分子数。不同酶具有不同大小的转换数，高的可到 4 000 万（如过氧化氢酶），低的不足 1（如溶菌酶）。

知识扩展 6-1
几种代表性酶
的催化效率

② 酶具有**专一性**（specificity），专一性是指酶对其催化反应的类型和反应物有严格的选择性。酶催化的化学反应称酶促反应，反应物通常称为酶的**底物**（substrate）。与一般的催化剂不同，酶只能作用于一类甚至是一种底物。例如氢离子可以催化淀粉、纤维素和蔗糖的水解反应，而淀粉酶只能催化淀粉的水解反应，纤维素酶只能催化纤维素的水解反应，蔗糖酶只能催化蔗糖的水解反应。酶作用的专一性是由酶的结构特别是酶活性部位的结构特异性决定的。

③ 酶容易失活，一些能使生物大分子变性的因素，如高温、强酸、强碱、高盐等都能使酶失去催化活性，除少数特例外，酶与普通的生物大分子相比更容易因变性失去生物功能，因此酶促反应通常需要比较温和的条件，例如常温、常压、低盐和接近中性的 pH。

④ 酶活性受到调控，在生物体内，酶的催化活性还受到调节和控制，新陈代谢以及其他众多的生命活动在正常情况下处于错综复杂、有条不紊的动态平衡中，酶活性的调控是维持这种平衡的重要环节。生物体通过各种调控方式影响酶的催化活性，使其能适应生理功能的需要，促进体内新陈代谢的协调统一，保证生命活动的正常进行。

6.2 酶的化学本质与组成

6.2.1 酶的化学本质

科学史话 6-2
早期的结晶酶制备

大多数酶是蛋白质。它们的催化活性依赖于其蛋白质结构的完整性，当酶的一级结构或者二级、三级、四级结构发生改变时，酶活性会随之改变。

核酶（ribozyme）是指具有催化能力的 RNA。这一概念是美国科学家 T. R. Cech 在 1982 年提出的。Cech 等在研究原生动物嗜热四膜虫的 rRNA 时发现，rRNA 的前体可以在鸟苷与 Mg^{2+} 存在下，切除自身内部的一段内含子，剩余两个外显子可拼接为成熟 rRNA 分子。该反应的产生不需要任何蛋白质类型的酶参与，因此 Cech 认为该 rRNA 前体具有催化功能并将其命名为核酶。1985 年 Cech 等从切除的内含子中分离得到一段 RNA 序列，称为 L19RNA，并发现 L19RNA 可在体外催化一系列分子间的反应，如转核苷酸反应、水解反应、转磷酸反应等。1983 年 S. Altman 等研究来自大肠杆菌的一种核糖核酸酶 RNase P，发现该酶由 RNA 和蛋白质两部分组成，其中的 RNA 组分被称为 M1 RNA，在单独存在下具有催化功能，将 M1 RNA 的基因进行体外转录，转录产物也具有催化活性，这一研究结果证明 RNA 确实有催化功能。由于 Cech 和 Altman 的实验是同时且各自独立进行的，他们的发现具有重大意义，因此两人被授予 1989 年诺贝尔化学奖。

知识扩展 6-2
L19RNA 的形成和催化功能

知识扩展 6-3
23S rRNA 催化的反应

严格地讲，Cech 最初发现并命名的核酶（rRNA 前体）不是真正意义上的催化剂，因为该 RNA 自身的结构与性质在反应后发生了改变。L19RNA、M1 RNA 及后来被发现的多种核酶是真正意义的催化剂，它们多催化分子间反应，并被证明具有经典的酶的标志性特点，如具有活性部位、高度专一性、对竞争性抑制剂的敏感性、有 Michaelis-Menten 动力学特征等。

科学史话 6-3
核酶的发现

核酶的发现具有重要的理论价值与实践价值。这不仅证明了 RNA 也可以是酶，酶不都是蛋白质，而且由于 RNA 既能够携带遗传信息，又具有生物催化功能，所以人们推测 RNA 很可能是生物进化史中早于 DNA 和蛋白质出现的生物大分子，这是一种生命起源的新概念。此外，对核酶结构与作用机制的研究可帮助人们设计生物体内本不存在的核酶，作为工具酶去催化特定的反应。

本章以下部分重点介绍化学本质为蛋白质的酶。

6.2.2 酶的化学组成

根据化学组成，酶可分为单纯蛋白质与缀合蛋白质两类。属于单纯蛋白质的酶仅由氨基酸残基组成，不含其他化学成分，如脲酶、淀粉酶、核糖核酸酶、溶菌酶等。属于缀合蛋白质的酶除了氨基酸残基组分外，还含有金属离子（Zn^{2+}、Fe^{2+}、Cu^{2+}、Mg^{2+}、Mn^{2+} 等）、有机小分子、金属有机分子等化学成分，这类酶又被称为**全酶**（holoenzyme），全酶中的蛋白质部分称为**脱辅酶**（apoenzyme），非蛋白质部分称为**辅因子**（cofactor）。脱辅酶与辅因子单独存在时一般无催化活性，只有由二者结合而成的全酶分子才具有完整的催化活性（图 6-1）。

属于有机小分子和金属有机分子的辅因子被称为**辅酶**（coenzyme），如烟酰胺腺嘌呤二核苷酸（NAD$^+$）、黄素单核苷酸（FMN）、黄素腺嘌呤二核苷酸（FAD）、磷酸吡哆醛和 5′-脱氧腺苷钴胺素等（见 7.2）。与酶的辅因子相关的另外一个常用概念是**辅基**（prosthetic group），指的是与脱辅酶牢固结合、甚至通过共价键结合的辅酶或金属离子，用透析法等温和的物理方法不易除去，如 NADH 脱氢酶中的 FMN、琥珀酸脱氢酶中的 FAD 等。

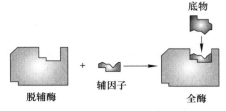

图 6-1 全酶、脱辅酶与辅因子

脱辅酶具有结合底物的作用，也可参与催化作用。辅因子可作为电子、原子或某些化学基团的载体起作用，例如 FMN 和 FAD 可在许多酶促反应中起传递氢和电子的作用，磷酸吡哆醛可在转氨酶催化的反应中起转移氨基的作用，常见辅酶或辅基的作用见表 7-1。维生素通常是许多辅酶的前体，这是维生素成为生物生存必需物质的原因之一。作为辅因子的金属离子除了转移电子的作用外，还具有提高水的亲核性能、静电屏蔽、为反应定向等功能。

6.2.3 酶的类型

根据酶蛋白分子结构不同，酶可分为单体酶、寡聚酶和多酶复合体三类。单体酶通常只具有一条多肽链，大多是催化水解反应的酶，如核糖核酸酶、蔗糖酶、羧肽酶 A 等。由两个或两个以上的亚基组成的酶称为寡聚酶，亚基可以是相同的，也可以是不同的，例如肌酸激酶由两个相同的亚基组成，而二磷酸核酮糖羧化酶/加氧酶（Rubisco）由 8 个大亚基与另外 8 个小亚基组成。寡聚酶的亚基间以非共价键结合，容易在酸碱或化学变性剂的作用下彼此分离，从而使酶失去活性，这表明寡聚酶完整的四级结构是酶活性所必需的。由几种酶彼此嵌合形成的复合体称为多酶复合体，多酶复合体的存在有利于细胞中系列反应的连续进行，以提高酶的催化效率，同时便于机体对酶的调控，例如丙酮酸脱氢酶复合体由属于三种酶的 60 个亚基组成，可催化丙酮酸氧化脱羧的系列反应，各种酶在空间上的密切联系及在催化中的协调作用保证了该系列反应的连续性与高效性。单体酶、寡聚酶和多酶复合体的代表物见图 6-2。

  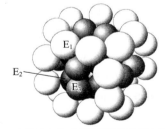

单体酶（羧肽酶A）　　寡聚酶（肌酸激酶）　　多酶复合体（丙酮酸脱氢酶复合体）

图 6-2 单体酶、寡聚酶与多酶复合体

E$_1$：丙酮酸脱氢酶；E$_2$：二氢硫辛酰转乙酰基酶；E$_3$：二氢硫辛酰脱氢酶

6.3 酶的命名与分类

6.3.1 酶的命名

酶的命名法有两种：习惯命名法与系统命名法。习惯命名法是约定俗成的方法，根据酶的底物和酶促反应的类型命名，例如蔗糖酶、麦芽糖酶、淀粉酶根据其各自作用的底物是蔗糖、麦芽糖、淀粉来命名，水解酶、转移酶、脱氢酶根据其各自催化底物发生水解、基团转移、脱氢反应来命名；当一些酶促反应具有相同名称的底物时，还需要利用酶的来源为酶命名，例如胃蛋白酶、胰蛋白酶，同时根据其作用底物是蛋白质以及分别来源于动物胃与胰来命名。习惯命名法简单实用，但系统性与准确性较差。

为规范酶的名称，1961 年国际生物化学协会**酶学委员会**（enzyme commission，EC）提出了酶的系统命名法。系统命名法规定各种酶的名称需要明确标示酶的底物与酶促反应的类型，如果一种酶有两个底物，应同时写入两种底物的名称，用"："把它们分开，如果底物之一是水，则水可省略不写。自系统命名法规定以后，每一种酶有两个名称，一个是习惯名称，另一个是系统名称。例如乙醇脱氢酶的系统名称是乙醇：NAD^+ 氧化还原酶，脂肪酶的系统名称是脂肪（：水）水解酶，在此水略去不写。系统命名法的优点是严谨规范、系统性强，缺点是名称过于冗长，使用不便。在日常工作中，人们仍然多使用习惯命名法，但在正式发表的文章中，需要指出所研究的酶的系统名称及其分类编号。

在酶的英文名称中，习惯名称与系统名称所使用的后缀均为"-ase"。

6.3.2 酶的分类

国际酶学委员会给每一种酶规定了统一的分类编号，由 EC 和 4 个用圆点隔开的阿拉伯数字组成。EC 是酶学委员会的缩写，第一个数字表示酶的类别，第二个数字表示酶的亚类，第三个数字表示酶的亚亚类，第四个数字表示酶在亚亚类中的序列号。酶类别的分类标准是酶促反应的类型，有氧化还原酶类、转移酶类、水解酶类、裂合酶类、异构酶类、合成酶类和易位酶类七大类别。亚类与亚亚类的分类标准是底物中被作用的基团或键的特点，以乙醇脱氢酶为例，它的分类编号是 EC1.1.1.1，第一个 1 代表它属于氧化还原酶类，第二个 1 代表它作用于底物中作为氢供体的 CH – OH 基，第三个 1 代表底物中的氢受体是 NAD^+ 或 $NADP^+$，第四个 1 代表它在相同类型酶中的序列号是 1。根据该分类编号规则，一种酶只有一个分类编号，一个分类编号只对应一种酶，根据酶的分类编号可以了解到该酶的一些催化特性。

（1）氧化还原酶类（oxido-reductases）

催化底物发生氧化还原反应的酶称为氧化还原酶，其成员包括**氧化酶**（oxidases）和**脱氢酶**（dehydrogenase）等。氧化酶催化底物上的 H 与 O_2 结合生成 H_2O 或生成 H_2O_2，例如葡糖氧化酶催化葡萄糖与 O_2 反应生成葡糖酸，并产生 H_2O_2。脱氢酶催化直接从底物上脱氢的反应及其逆反应，其特点是需要辅酶 I（NAD^+/NADH）或辅酶 II（$NADP^+$/NADPH）作为氢受体或氢供体参与反应（见 7.2），例如乙醇脱氢酶以 NAD^+ 为辅酶使乙醇被氧化成乙醛，同时 NAD^+ 被还原为 NADH（见 9.2.1.4）。

氧化酶催化反应的通式为：

$$A \cdot 2H + O_2 \rightleftharpoons A + H_2O_2$$

$$或 \ 2(A \cdot 2H) + O_2 \rightleftharpoons 2A + 2H_2O$$

脱氢酶催化反应的通式为：

$$A \cdot 2H + NAD(P)^+ \Longrightarrow A + NAD(P)H + H^+$$

（2）转移酶类（transferases）

催化不同化合物之间基团转移反应的酶称为转移酶。转移不同基团的反应由不同的转移酶催化，如转移氨基的反应由氨基转移酶催化，转移甲基的反应由甲基转移酶催化。丙氨酸氨基转移酶可催化丙氨酸与 α - 酮戊二酸之间氨基转移的反应，反应生成谷氨酸与丙酮酸，该反应的逆反应同样被该酶催化（见 11.2.1）。激酶也是一类极具代表性的转移酶，可催化特定分子与 ATP 之间磷酸基团的转移反应，如己糖激酶催化葡萄糖与 ATP 的反应，反应生成 6 - 磷酸葡糖与 ADP（见 9.2.1.1）。

转移酶催化反应的通式为：

$$A \cdot X + B \Longrightarrow A + B \cdot X$$

（3）水解酶类（hydrolases）

催化底物发生水解反应的酶称为水解酶。常见的水解酶有淀粉酶、蔗糖酶、麦芽糖酶、蛋白酶、肽酶、脂肪酶及磷酸酯酶等，例如淀粉酶催化淀粉分子中 α（1→4）糖苷键的水解反应，蛋白酶催化蛋白质肽链中特定肽键的水解反应。水解酶是生物体内一类有重要生理意义的酶，在食物的消化、酶原的激活、外来病原体的破坏等生理活动中起关键作用。

水解酶催化反应的通式为：

$$A - B + H_2O \longrightarrow AOH + BH$$

（4）裂合酶类（lyases）

催化一种化合物裂解为几种化合物，或由几种化合物缩合为一种化合物的酶称为裂合酶。有代表性的裂合酶包括醛缩酶、色氨酸合酶、假尿苷酸合酶等。裂合酶所催化反应的特点是这些反应均涉及从一个化合物移去一个基团形成双键的反应或其逆反应。裂解反应通常涉及双键的形成，而缩合反应则相反。例如醛缩酶催化 1，6 - 二磷酸果糖裂解为 3 - 磷酸甘油醛和磷酸二羟丙酮的反应，此反应中，3 - 磷酸甘油醛的醛基所带的双键即是新生成的双键（见 9.2.1.2）。

裂合酶催化反应的通式为：

$$A \cdot B \Longrightarrow A + B$$

（5）异构酶类（isomerases）

催化各种同分异构物（即分子式相同、结构式不同的化合物）之间相互转变反应的酶称为异构酶。异构酶催化的异构反应是分子内部基团进行重新排列的反应，例如在磷酸丙糖异构酶所催化的 3 - 磷酸甘油醛（醛化合物）与磷酸二羟丙酮（酮化合物）之间的异构反应中，通过氢在分子内的转移，双键位置发生改变（见 9.2.1.2）。肽酰脯氨酰顺反异构酶可催化底物蛋白质围绕肽酰脯氨酰键（脯氨酸残基与其他残基之间的肽键）进行的顺反异构化反应，从而帮助该蛋白质进行折叠。

异构酶催化反应的通式为：

$$A \Longrightarrow B$$

（6）合成酶类（synthetases）

催化由两种化合物合成一种化合物及其逆反应的酶称为合成酶，又称为**连接酶**（ligases）。有代表性的合成酶包括谷氨酰胺合成酶、氨酰 tRNA 合成酶、DNA 连接酶等。由合成酶催化的反应一般是吸能反应，因而需要有 ATP 等高能物质参与反应，这也是区分合成酶与裂合酶的重要依据。例如谷氨酰胺合成酶催化由谷氨酸与氨反应生成谷氨酰胺的反应，反应需要 ATP 的参与，反应产物除谷氨酰胺外，还有 ADP 与无机磷酸（见 11.2.3）。

合成酶催化反应的通式为：

$$A + B + ATP \rightleftharpoons AB + ADP + Pi$$
$$或 \quad A + B + ATP \rightleftharpoons AB + AMP + PPi$$

（7）**易位酶类**（translocases）

催化离子或分子跨越生物膜或在生物膜内进行移动的酶称为易位酶，又称为转位酶。在易位酶的催化作用下，离子或分子可从膜的一侧转移到另一侧。易位酶是由国际生物化学与分子生物学联盟的命名委员会在 2018 年 8 月发布消息，新添加的第七大类酶。有代表性的易位酶包括 ATP 合酶、NADH – Q 还原酶（复合物 Ⅰ）、细胞色素氧化酶（复合物 Ⅳ）等。

6.4 酶的结构与功能

酶是具有催化功能的生物大分子，生物分子的结构决定其功能，同样酶的结构决定了其功能。

6.4.1 酶的活性部位和必需基团

在酶分子中，只有小部分区域的化学基团（如氨基酸残基、全酶的辅因子等提供的基团）参与对底物的结合与催化作用，这些特异的化学基团比较集中的区域是酶活力直接相关的区域，称酶的**活性部位**（active site）或**活性中心**（active center）。酶的活性部位是酶结合和催化底物反应的场所。不同酶有不同的活性部位，但活性部位有一些共同的特点。

① 酶的活性部位在酶分子整体结构中只占很小的部分，其体积通常只占酶总体积的 1% ~ 2%。如果将酶比喻为一株大树，将底物比喻为飞鸟，酶的活性部位就可比喻为树上的鸟巢。活性部位体积虽小，却是酶最重要的部分，所以又可以把它比喻为刀的刃。

② 酶活性部位是酶整体三维立体结构的一部分，其形状、大小、电荷性质、亲水和疏水性质等方面与底物分子具有较好的互补性。参与组成酶活性部位的氨基酸残基在一级结构上可能相距很远，但是通过肽链的折叠，它们最终在酶的高级结构中相互靠近（图 6 – 3）。例如参与组成溶菌酶活性部位的 6 个氨基酸残基在酶的一级结构中分散分布，在天然酶的三维结构中却聚集在一起。

图 6 – 3 酶活性部位的形成

③ 酶的活性部位含有特定的**催化基团**（catalytic group），可帮助和促使底物发生特定的化学变化。常见的催化基团包括特定氨基酸侧链上的羟基、巯基、氨基、咪唑基、羧基等。除氨基酸侧链基团外，某些酶的辅因子也可作为酶的催化基团，例如丙酮酸脱羧酶的硫胺素焦磷酸、转氨酶的磷酸吡哆醛、细胞色素氧化酶的铁卟啉等。除催化基团外，酶的活性部位还有参与底物结合的**结合基团**（binding group），催化基团与结合基团共同构成酶的活性部位。在某些酶的活性部位，一些化学基团既是催化基团，也是结合基团。

知识扩展 6 – 4
酶活性部位氨基酸残基的探测

④ 酶的活性部位具有柔性，酶的活性部位在结构上并非与底物完全匹配，在酶和底物结合的过程中，酶分子和底物分子的构象均发生了一定的变化才形成互补结构（图 6 - 4）。中国科学院生物物理研究所的邹承鲁先生的研究结果表明酶的活性部位相比于整个酶分子更具柔性，它容易在蛋白变性剂或底物的诱导作用下发生构象的变化。

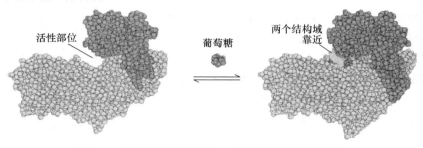

图 6 - 4 己糖激酶与其底物之一葡萄糖结合后构象的改变

⑤ 酶的活性部位通常是酶分子上的一个裂隙，为底物分子即将发生的反应提供一个区别于溶剂环境的局部微环境。这种微环境通常是疏水的环境，比较有利于酶与底物的结合以及底物分子与酶催化基团之间的相互作用。

酶的活性部位对酶的整体结构具有较高的依赖性，酶活性部位的形成要求酶分子具有完整的天然空间结构，没有酶的整体空间结构，就没有酶的活性部位，一旦酶的整体空间结构被破坏，酶的活性部位也就被破坏，酶就会失活。通常将维持酶空间构象所必需的基团和酶活性部位的催化基团、结合基团一起，统称为酶的**必需基团**（essential group）。酶的其他部位除了提供酶分子结构的完整性外，还在酶活性的调节中起到重要作用。酶的活性部位与酶蛋白的整体结构之间，酶的活性部位和酶分子其他部位之间具有协调统一的关系。

知识扩展 6 - 5
酶的必需基团

探测酶分子中哪些氨基酸残基属于活性部位的方法有切除法、化学修饰法、X 射线衍射法和定点诱变法等。

6.4.2 同工酶

同工酶（isozyme）指能催化相同的化学反应，但酶本身的分子结构组成、理化性质、免疫性能和调控特性等方面有所不同的一组酶。活性部位空间构象的相似性以及具有相同的功能相关基团，使得这一组酶都可以结合相同的底物，催化相同的反应；但一级结构和高级结构的差异又赋予了它们不同的理化性质、免疫性能和调控特性。

知识扩展 6 - 6
氨基酸合成代谢中的同工酶调控

同工酶不仅存在于同一生物体的不同组织中，也存在于同一组织、同一细胞的不同亚细胞结构中，甚至存在于不同发育时期的组织中，是研究代谢调控、分子遗传、生物进化等机制的有力工具。

同工酶概念在 1959 年由 C. L. Markert 和 F. Moller 提出，他们发现的同工酶是乳酸脱氢酶（lactate dehydrogenase，LDH）。到目前为止，已经发现的同工酶有数百种之多，如己糖激酶、6 - 磷酸葡糖脱氢酶、肌酸激酶、糖原磷酸化酶等。作为最早发现的同工酶，LDH 的结构与功能已经被研究得比较透彻，该酶有 5 种同工酶，均由 4 个亚基组成。LDH 的亚基有骨骼肌型（M 型）和心肌型（H 型）两种，分别由不同的基因编码。M 型与 H 型亚基的氨基酸组成有差别，可用电泳法分离。两种亚基以不同比例组成四聚体，因此共产生 5 种同工酶：LDH_1（H_4）、LDH_2（H_3M）、LDH_3（H_2M_2）、LDH_4（HM_3）和 LDH_5（M_4）。这 5 种同工酶同样可以用电泳法分离，其中电泳结束后距离阴极最近的是 LDH_5，距离阳极最近的是 LDH_1（图 6 - 5）。

LDH 催化的反应为：乳酸 + NAD$^+$ $\rightleftharpoons$ 丙酮酸 + NADH + H$^+$

　　不同类型的 LDH 同工酶在不同组织中的比例不同，心肌中 LDH$_1$ 含量较高，骨骼肌及肝中含 LDH$_5$ 较多。这种分布情况与这些器官生理功能以及代谢环境的差异密切相关，在骨骼肌中，O$_2$ 经常供应不足（特别在剧烈运动时），糖酵解产生的丙酮酸需要被还原为乳酸，以便再生 NAD$^+$，使糖酵解能够持续进行并供能；在心肌中有充足的 O$_2$，由血液运输来的乳酸被氧化为丙酮酸，并进一步通过有氧呼吸途径被降解并释放能量。在各 LDH 同工酶中，LDH$_1$ 在有氧环境中活力高，LDH$_5$ 在低氧环境中活力高，这样不同的 LDH 同工酶在催化活力与调节特性上的设计与其所处的生理环境非常匹配，保证了心肌与骨骼肌中的相应反应都能顺利进行。

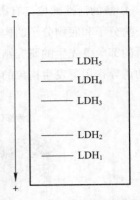

图 6 – 5　LDH 同工酶的电泳分离

　　在临床检验方面，观测病人血清中 LDH 同工酶的电泳图谱可辅助诊断哪些器官组织发生病变，该方法比单纯测定血清 LDH 总活性的方法更为有效，例如心肌受损病人血清中 LDH$_1$ 含量会上升，肝细胞受损者血清中 LDH$_5$ 含量会增高。

　　在代谢调控方面，同工酶的存在可以使同一个反应步骤分别受多种代谢产物相互独立的反馈调控，使代谢调控非常精巧。

6.5　酶的专一性

6.5.1　酶专一性的类型

　　酶专一性即对底物的严格选择性。酶的专一性可分为两种类型，一是结构专一性，二是立体异构专一性。

　　（1）结构专一性

　　有些酶对底物具有相当严格的选择，通常只作用于一种特定的底物，这种专一性称为**绝对专一性**（absolute specificity），例如蔗糖酶只作用于蔗糖，麦芽糖酶只作用于麦芽糖，二者均不作用于其他二糖。

　　有些酶的作用对象是一类结构相近的底物，这种专一性称为**相对专一性**（relative specificity），相对专一性又分为两种类型。

　　具有族专一性（或称基团专一性）的酶对底物被作用的化学键一侧的基团有严格要求，其典型代表是一些蛋白酶，如胰蛋白酶专一地水解赖氨酸或精氨酸羧基参与形成的肽键，胰凝乳蛋白酶专一地水解芳香氨基酸或带有较大非极性侧链氨基酸羧基参与形成的肽键（见 6.6.3）。

知识扩展 6 – 7
一些蛋白酶的专一性

　　具有键专一性的酶作用于底物特定的化学键，对于键两端的基团没有严格的要求，典型例子是酯酶催化酯键的水解，对酯键两端的基团没有严格的要求，其底物包括甘油酯、磷脂、乙酰胆碱等。

　　当酶的底物是大分子时，酶主要对此大分子的局部结构有要求，例如蛋白酶对肽键附近的基团有要求，限制性内切酶对 DNA 的局部核苷酸序列有要求。

　　（2）立体异构专一性

　　立体异构专一性指的是当反应物具有立体异构体时，酶只选择其中的一种立体异构体作为其底物。常见的立体异构专一性包括旋光异构专一性和几何异构专一性。具有旋光异构专一性的酶只能专一地与反应物中的一种旋光异构体结合并催化其发生反应，例如淀粉酶只能选择性地水解 D - 葡萄糖参与形成的糖苷键，L - 精氨酸酶只催化 L - 精氨酸的水解反应。具有几何异构专一性的酶只能选择性地催化某种几何异构体底物的反应，如延胡索酸水合酶（延胡索酸酶）只能催化延胡索酸（反丁烯二酸）水合生成苹果酸（见 9.2.2.1），对马来酸（顺丁烯二酸）则不起作用。

酶的专一性具有非常重要的生理意义，可使生物体内的各种化学反应能够协调进行，并受到精密的调控，例如酶的立体异构专一性可帮助保持新陈代谢的有序性与稳定性，生物体对具有某种构型分子（如 D 型糖与 L 型氨基酸）的偏好就来自于酶的立体异构专一性。

在生产实践中，可利用酶的立体异构专一性制造单一的立体异构体，例如某些药物只有某一种构型才有生理效用，而通过有机合成手段得到的药物通常是多种立体异构体的混合物，若利用相应的酶促反应进行生产，则能够得到具有特定构型的单一立体异构体。

6.5.2　酶专一性的学说

酶作用的专一性来自于酶与底物的相互作用，用于解释酶作用专一性的学说主要有 3 种。

1894 年 E. Fischer 提出**锁与钥匙**（lock and key）学说，认为酶像一把锁，底物分子像钥匙那样，与酶分子在结构上具有紧密的互补关系。该假说的局限性在于不能解释酶如何能同时催化可逆反应的正、逆反应，酶和底物的刚性结构不可能既与反应底物互补，又与反应产物互补。

1946 年 α 螺旋结构的发现者 L. Pauling 提出**过渡态互补学说**（transition state theory），认为酶与底物相互影响，底物诱导酶构象的变化，酶也可以使底物的结构发生变化，二者均形成过渡态，才能形成互补结合的复合物。更重要的是，底物的过渡态使其容易形成产物。因此，过渡态互补学说不但很好地解释了酶的专一性，而且在一定程度上解释了酶催化作用的机制。由于底物的过渡态形式难以分离和研究，过渡态互补理论一度得不到实验证据，因而未能得到广泛认同。几十年后发现底物过渡态的类似物与酶结合的亲和力远大于底物类似物，一些酶 - 底物过渡态类似物复合物被制成晶体，并进行了 X 射线衍射研究，特别是 1986 以后用底物过渡态类似物为半抗原，成功地制备了多种抗体酶，人们才认识到过渡态互补学说是正确的。

1958 年 D. E. Koshland 提出**诱导契合**（induced fit）学说，认为当酶分子结合底物时，在底物的诱导下，酶的构象发生变化，成为能与底物分子密切契合的构象。这一学说能够解释为什么酶既可以催化可逆反应的正反应，又可以催化其逆反应，一度得到广泛认同。后来对酶 - 底物过渡态类似物复合物的 X 射线晶体结构研究结果证明，当酶与底物结合时，其构象发生了明显的变化。诱导契合学说的不足是没有关注酶与底物结合时，底物的结构所发生的变化。

科学史话 2 - 1
蛋白质化学、糖化学和嘌呤化学的开创者埃米尔·费歇尔

科学史话 6 - 4
酶专一性的有关学说

6.6　酶的作用机制

酶作为一种催化剂，其提高化学反应速率的基本原理与一般催化剂是相同的：在一个化学反应体系中，产物与反应物之间 Gibbs 自由能（Gibbs free energy，G）的变化决定了自发反应的方向以及可逆反应达平衡后产物与反应物的浓度之比，但是该 Gibbs 自由能变化不能决定反应速率。如图 6 - 6 所示，反应物若要转化为产物，必须首先进入一种能量更高的状态，这种状态称为**过渡态**（transition state），能量较低的反应物分子所处的状态称为**基态**（ground state），过渡态分子比基态分子多出来的

Gibbs 自由能称为**活化能**（activation energy）。活化能是进行反应必须克服的能量障碍（又称为"能垒"），反应所需的活化能越高，反应物分子越难以进入过渡态，反应速率越慢。反之亦然。酶能降低反应所需活化能，反应速率因此提高。上述原理可用一句话总结：即酶通过降低反应活化能使反应速率加快。

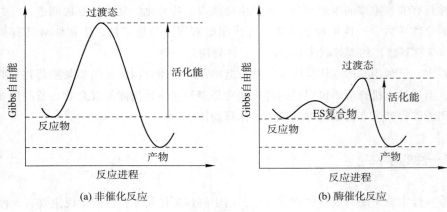

图 6-6　酶的作用机制

为什么酶能够降低反应活化能，提高化学反应速率？为什么酶具有高效性与专一性？为了回答这些问题，需要分析酶如何与底物形成复合物，如何加快酶促反应的速率。

6.6.1　酶与底物复合物的形成

1903 年 V. Henri 等利用蔗糖酶水解蔗糖进行实验，研究底物浓度与反应速率之间的关系，并提出了酶与底物中间复合物学说来解释其实验结果。该学说认为当酶催化某一化学反应时，酶（E）首先和底物（S）结合生成中间复合物（ES），中间复合物继续反应以生成产物（P），并释放出游离的酶，如下所示：

$$E + S \rightleftharpoons ES \rightarrow P + E$$

酶和底物形成复合物的学说已经得到许多实验结果的证明：例如利用电子显微镜可观察到 ES 复合物；已分离得到酶与底物相互作用生成的 ES 复合物，并且通过 X 射线晶体结构分析法得到了它们的三维结构（图 6-7 为核黄素激酶-底物复合物的结构）；一些酶和底物的光谱特性在形成 ES 复合物后发生变化；酶的物理性质（例如溶解性质或热稳定性）可在形成 ES 复合物后发生变化。

ES 复合物可视为酶促反应的中间物，在图 6-6 中，过渡态处于自由能变化曲线的顶点，存在时间非常短暂，ES 复合物处于两变化曲线之间的凹谷处，自由能比过渡态低，可稳定存在一定时间。底物通过较弱

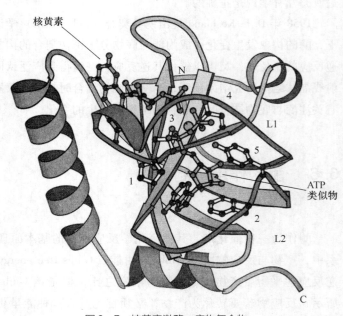

图 6-7　核黄素激酶-底物复合物

的化学键结合于酶的活性部位，这些键主要是非共价键，如氢键、范德华力、疏水相互作用、盐键等。酶与底物通过这些非共价作用所产生的能量称为**结合能**（binding energy），这类结合能对酶的高效性与专一性均有贡献，例如结合能可用于降低反应活化能，从而有助于提高酶促反应速率。

6.6.2　酶具有高催化效率的分子机制

酶具有高催化效率的分子机制是：酶分子的活性部位结合底物形成酶 – 底物复合物，在酶的作用下（包括共价作用与非共价作用），底物进入特定的过渡态，由于形成此类过渡态所需要的活化能远小于非酶促反应所需要的活化能，因而反应能够顺利进行，形成产物并释放出游离的酶，使其能够参与其余底物的反应。具体来看，该分子机制有以下几种：

（1）邻近效应与定向效应

邻近（approximation）效应指酶与底物结合以后，使原来游离的底物集中于酶的活性部位，从而减小底物之间或底物与酶的催化基团之间的距离，使反应更容易进行，是增加反应速率的一种效应。

定向（orientation）效应指底物的反应基团之间、酶的催化基团与底物的反应基团之间的正确定位与取向所产生的增进反应速率的效应。所谓正确定位与取向，指的是两个发生作用的化学基团以最有利于化学反应进行的距离和角度分布，化学基团的正确定位与取向通过限制化学基团的自由度，拉近化学基团之间的距离，调整化学基团之间的角度，使化学基团能够更有效地相互作用，从而提高了反应速率。

邻近效应与定向效应在酶促反应中所起的促进作用可以累积，两者共同作用可使反应速率升高 10^8 倍左右。

（2）促进底物过渡态形成的非共价作用

过渡态互补学说认为，酶与底物之间的非共价作用可以使底物分子围绕其敏感键发生**形变**（distortion），相应电子重新分配，促进底物形成过渡态，降低反应活化能，反应速率得以加快。同时，酶活性部位的构象也在底物的作用下发生改变，可更好地与底物过渡态结合。酶与底物过渡态的亲和力要远大于酶与底物或产物的亲和力。

这一原理已经被人们的科研与生产实践所证明，例如用底物过渡态类似物做半抗原，才能成功制备抗体酶。使用底物过渡态类似物做抑制剂，其抑制率远大于底物类似物抑制剂。

抗体酶（abzyme）是具有催化能力的免疫球蛋白，又称为催化性抗体。20 世纪 80 年代，在过渡态理论的启发下，R. A. Lerner 与 P. G. Schultz 所领导的两个研究小组分别以不同的底物过渡态类似物作为半抗原免疫动物，并筛选得到了具有催化活性的单克隆抗体，能分别催化相应底物的化学反应，使反应速率显著增加，其催化反应的动力学行为符合米氏方程，同时这些催化性抗体还具有专一性、易受 pH 变化影响等酶的特点。

Lerner 与 Schultz 等所使用的方法现称为诱导法，即用酶底物过渡态的类似物作为半抗原免疫动物，进一步筛选得到有催化活性的抗体酶。利用诱导法产生抗体酶的基本原理是：以底物过渡态类似物作为半抗原诱导出抗体，该抗体的抗原结合部位与底物过渡态类似物有互补构象，因此该抗体可与底物结合并促使底物进入过渡态，从而降低反应活化能，产生催化作用。除诱导法之外，产生抗体酶的方法还包括引入法、拷贝法等，均在科学研究与生产实践中获得了应用。

对抗体酶的制备和研究不仅为过渡态理论及诱导契合假说提供了有利的实验证据，所制备的各种抗体酶在医学与工业领域也具有良好的应用前景，例如具有立体异构专一性的抗体酶可在制药工业上用于制备单一构型的药物分子，某些将抗体与抗体酶各取一半组装在一起形成的新型抗体酶，可以凭借其抗体部分特异性地识别癌细胞表面的特殊抗原，与癌细胞结合，再凭借其抗体酶部分催化无活性药物前体的转化反应，从而靶向治疗癌症（图6-8）。

（3）酸碱催化

根据布朗斯特的酸碱定义，酸是能够释放质子的物质，碱是能够接受质子的物质。酸碱催化（acid-base catalysis）指催化剂通过向反应物提供质子或从反应物接受质子，从而稳定过渡态、降低反应活化能、加速反应的一类催化机制。狭义的酸碱催化指水溶液中通过质子和氢氧根离子进行的催化；广义的酸碱催化指通过质子、氢氧根离子以及其他能提供质子或接受质子的物质进行的催化，广义的酸碱催化可提高反应速率10^2到10^5倍。

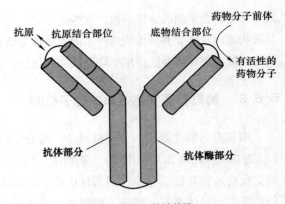

图6-8 新型的抗体酶

在生理条件下，因质子和氢氧根离子的浓度太低，因此生物体内的反应以广义的酸碱催化为主，由酶活性部位的一些功能基团来完成提供质子或接受质子的任务，这些功能基团包括谷氨酸/天冬氨酸残基侧链的羧基、赖氨酸残基侧链的氨基、精氨酸残基侧链的胍基、组氨酸残基侧链的咪唑基等，这些侧链基团能在接近中性 pH 的生理条件下，作为催化性的质子供体或受体，参与酸碱催化作用。组氨酸咪唑基的 pK_a 值约为6，在生理条件下既可作为质子供体，又可作为质子受体，同时咪唑基接受质子和供出质子的速率相当大，因此组氨酸残基在酶的催化功能中占据重要地位。

图6-9a 所示为酮和烯醇的互变异构反应，在此反应中有一个过渡态形成，形成此过渡态所需要的活化能很高，因此限制了反应的速率。在酸催化的情况下（图6-9b），催化剂（酶）的质子被提供给酮，形成过渡态所需要的活化能较低，因此提高了反应速率；在碱催化的情况下（图6-9c），催化剂（酶）从酮得到质子，导致了另一种过渡态的产生，形成此过渡态所需要的活化能也较低，因此同样提高了反应速率。

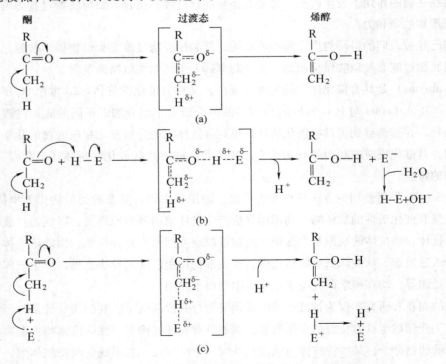

图6-9 酶作为广义酸（b）或广义碱（c）的催化作用

知识扩展6-8
酶分子中的广义酸和广义碱

（4）共价催化

共价催化（covalent catalysis）指催化剂通过与底物形成相对不稳定的共价中间复合物，改变了反应历程，使活化能降低，因此反应速率得以提高。其具体机制分亲核催化与亲电催化两种，亲核催化指催化剂作为提供电子的亲核试剂攻击反应物的缺电子中心，与反应物形成共价中间复合物；亲电催化指催化剂作为吸取电子的亲电试剂攻击反应物的负电中心，与之形成共价中间复合物。

参与共价催化的基团主要包括组氨酸残基侧链的咪唑基、半胱氨酸残基侧链的巯基、丝氨酸残基侧链的羟基等，它们一般作为亲核试剂攻击底物的缺电子中心，形成共价中间复合物。例如在 3 − 磷酸甘油醛脱氢酶的催化机制中，其半胱氨酸的巯基攻击底物的酰基形成酰基 − 酶共价中间复合物，所形成的不稳定的共价中间复合物被第二种底物攻击后，迅速分离出游离的酶并给出反应产物。

图 6 − 10 所示为共价催化剂 E（酶）催化的水解反应，酶的亲核基团 X 攻击底物分子的亲电子中心，形成底物与 E 的共价中间复合物，并从底物释放出一个带负电荷的基团。此后在水分子攻击下，底物 − E 共价中间复合物解离，释放游离的 E。在此反应中，共价催化剂 E（酶）的作用是使原来的一步反应变为两步反应，每一步反应所需的活化能都远小于无催化剂存在下反应需要的活化能，从而加快了反应的速率。

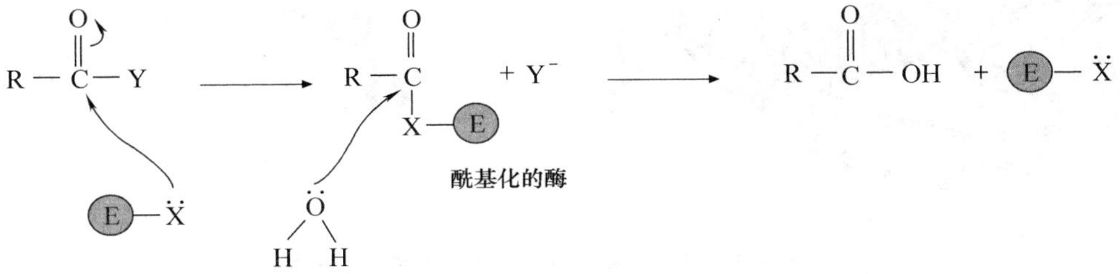

图 6 − 10　酶作为共价催化剂催化的水解反应

（5）金属离子催化

金属离子可通过多种途径参加酶促反应过程：①提高水的亲核性能，如碳酸酐酶活性部位的锌离子可与水分子结合，使其离子化产生羟基，与金属离子结合的羟基是强的亲核试剂，可进攻 CO_2 分子的碳原子而生成碳酸根。②通过静电作用屏蔽负电荷，如多种激酶的真正底物是 Mg^{2+} − ATP 复合物，镁离子静电屏蔽 ATP 磷酸基的负电荷，使其不会排斥亲核基团的攻击。③利用其所带的正电荷稳定反应时形成的负电荷，利于底物进入过渡态。④通过结合底物为反应定向。⑤在氧化还原反应中起传递电子的作用等。

（6）酶活性部位微环境的作用

酶活性部位可为酶促反应提供微环境（疏水环境、酸性环境、碱性环境等），有利于酶与底物的结合，以及酶催化基团与底物分子之间的相互作用。

一种酶的催化作用常常是以上多种催化机制的综合作用，多种机制配合在一起共同起作用，称多元催化。酶作为生物大分子，具有多个能起催化作用的基团，这些基团通过协同的方式作用于底物，从而大幅度提高酶促反应速率。这些因素是酶具有高效性的重要原因。

6.6.3　酶作用机制的实例

有多种酶的作用机制已经比较清楚，本节主要介绍胰凝乳蛋白酶的作用机制。

胰凝乳蛋白酶（chymotrypsin）属于蛋白酶家族中的丝氨酸蛋白酶家族，该家族中常见的酶有胰凝乳蛋白酶、胰蛋白酶、弹性蛋白酶 3 种消化酶及其他蛋白酶。胰凝乳蛋白酶作为最早被发现的蛋白酶之

知识扩展 6 − 9

溶菌酶和天冬氨酸蛋白酶的作用机制

一，其作用机制被研究得较为透彻。

天然有活性的胰凝乳蛋白酶由三段肽链组成，这三段肽链通过 5 个二硫键连接在一起，在折叠后形成椭球状的三级结构。如图 6 - 11 所示，胰凝乳蛋白酶的活性部位处于酶表面的一个裂隙中，主要包含 Ser[195]、His[57] 与 Asp[102] 三个关键残基。

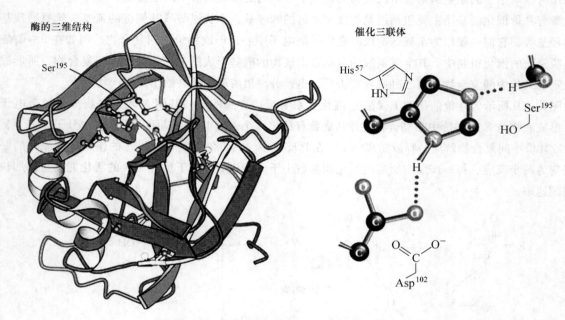

图 6 - 11　胰凝乳蛋白酶的三维结构和催化三联体

用化学修饰试剂二异丙基氟磷酸（DFP）专一性地修饰胰凝乳蛋白酶第 195 位的丝氨酸 Ser[195]，发现被修饰的酶完全失活，表明 Ser[195] 是酶活性必需氨基酸（图 6 - 12）。用对甲苯磺酰 - L - 苯丙氨酰氯甲基酮（TPCK）修饰胰凝乳蛋白酶第 57 位的组氨酸，证明了 His[57] 同样参与组成酶活性部位。1967 年 D. Blow 通过 X 射线衍射确定了酶的活性部位不仅有 Ser[195] 与 His[57]，还包含 Asp[102]，它们在酶的三维空间结构中互相靠近，形成一个**电荷中继网**（charge relay network），其作用是使 Ser[195] 的羟基具有非常活泼的亲核特性。这三个氨基酸残基又被称为**催化三联体**（catalytic triad），在众多与胰凝乳蛋白酶同类的蛋白酶中普遍存在。

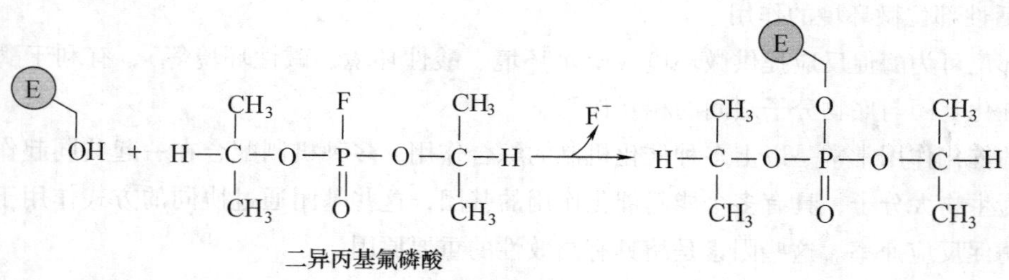

图 6 - 12　用 DFP 修饰酶的丝氨酸残基 Ser[195]

胰凝乳蛋白酶的催化机制主要是利用以乙酸 - p - 硝基苯酯等简单有机酯为底物的动力学研究阐明，通过对实验结果进行分析，发现由胰凝乳蛋白酶催化的反应有两个阶段，第一阶段为酰化作用，酶与底物通过共价结合形成一种共价中间复合物，并释放出第一种产物；第二阶段为脱酰作用，水分子攻击共价中间复合物，释放出第二种产物并产生游离酶。这两个阶段反应的机制是：①底物与酶结合，使被断裂的肽键刚好处于酶催化部位，Ser^{195}附近的一个疏水口袋决定了酶的专一性，它只容纳芳香族与大的疏水性氨基酸的侧链；②His^{57}作为广义碱，从 Ser^{195}得到质子，促进 Ser^{195}亲核攻击应被断裂肽键的羰基碳，形成一个过渡态四面体中间物；③该四面体中间物中的 C—N 键非常脆弱，很快断裂，第一个产物被排出，形成酰基–酶共价中间复合物，His^{57}可供给质子，促进这一过程；④水分子结合到酶的活性部位；⑤His^{57}作为广义碱，从水分子得到质子，使水亲核攻击酶–底物共价复合物中的羰基碳，产生另一个过渡态四面体中间物；⑥四面体中间物在 His^{57}提供的质子作用下瓦解，Ser^{195}的羟基氧得到质子得以还原；⑦第二个产物从酶脱离，反应结束（图 6–13）。

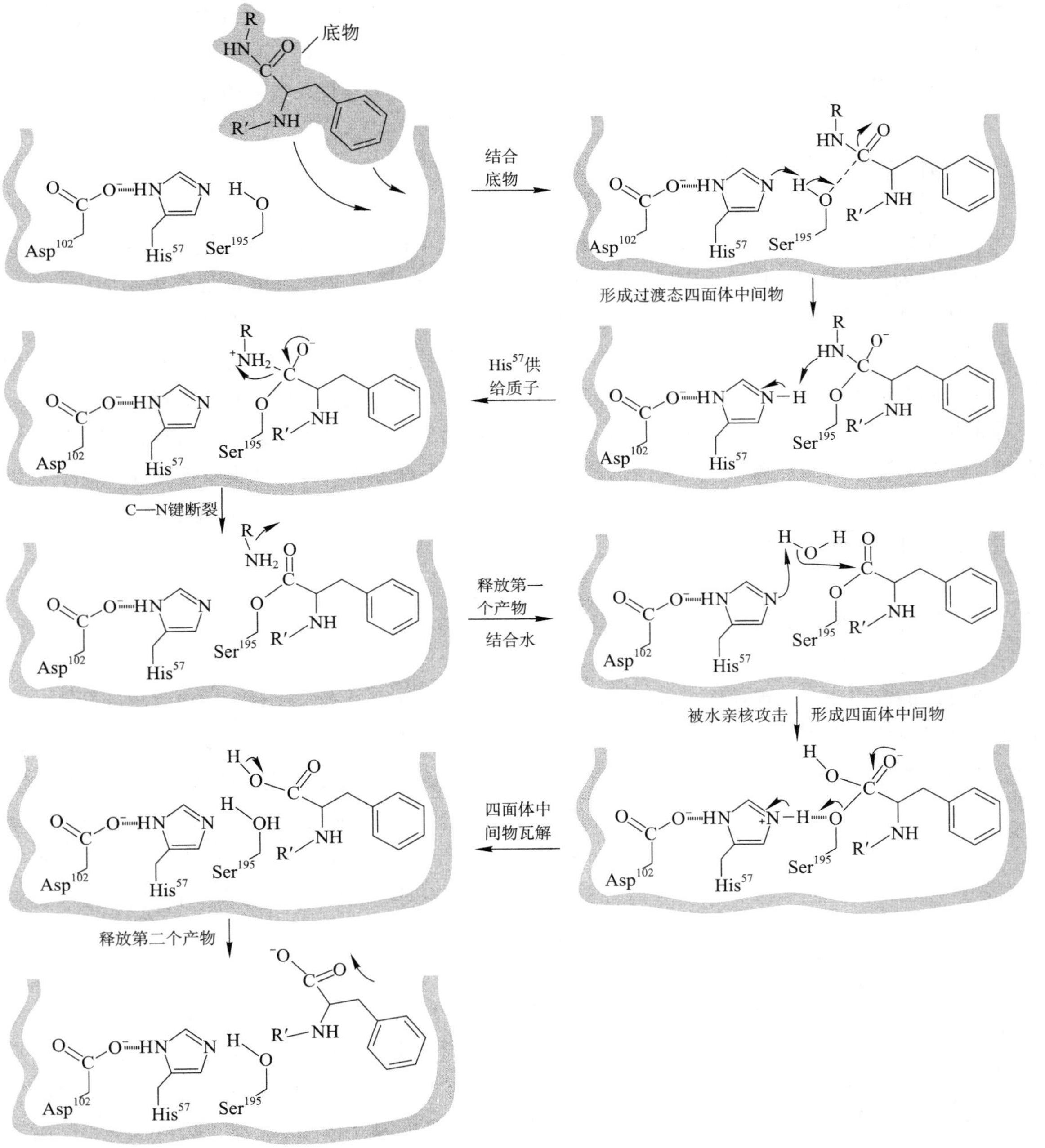

图 6–13　胰凝乳蛋白酶的催化机制

胰凝乳蛋白酶的催化机制是多种催化机制的协同作用，在结合底物过程中，各种结合基团（特别是形成疏水口袋的基团）协同作用，在促进底物进入过渡态四面体中间物的过程中，三种氨基酸残基之间协同配合，His[57]的主要作用是碱催化，Ser[195]的作用是亲核催化。

6.7 酶促反应动力学

酶促反应动力学（kinetics of enzyme-catalyzed reactions）是研究酶促反应的速率以及影响此速率的各种因素的科学。酶促反应动力学的研究有比较重要的理论意义与应用价值，例如其研究成果有助于人们对酶作用机制及某些药物作用机制的了解，有助于寻找有利的反应条件，提高酶促反应的效率。

6.7.1 酶促反应速率的概念

化学反应速率可用以表示化学反应的快慢程度，通常以单位时间内反应物或生成物浓度的改变来表示。由于各种因素的影响，化学反应每一瞬间的反应速率都不相同，所以用瞬时速率表示反应速率，设瞬时 dt 内反应物浓度的变化为 dc，则 $v = -dc/dt$，上式中负号表示反应物浓度随时间延长而减少，如用单位时间内生成物浓度的增加来表示反应速率，则 $v = +dc/dt$，正号表示生成物浓度随时间延长而增加。如果一定时间内反应速率不变，可以用这段时间内的平均速率代表各时刻对应的瞬时速率。

通常酶促反应速率在反应早期阶段保持不变，此后随反应时间增加而逐渐降低（原因包括底物浓度的降低、产物对酶的抑制、酶本身的失活等），因此为消除干扰因素，测定酶促反应速率的正确方法是测定酶促反应初速率，即酶促反应速率保持不变的早期阶段对应的反应速率。本节与下一节内容中如无特殊说明，所涉及的酶促反应速率均指反应初速率。

6.7.2 底物浓度对酶促反应速率的影响

化学反应的反应速率方程式用于表示反应物浓度与反应速率的关系，具有不同反应机制的化学反应对应不同的反应速率方程式，例如零级反应的反应速率为恒定值，不随反应物浓度变化而改变；一级反应的反应速率与反应物浓度成正比例关系。在实际工作中，通常测定不同反应物浓度对应的反应速率，然后以反应速率对反应物浓度作图，可得到不同形状的动力学曲线，例如零级反应对应的动力学曲线是与横坐标轴平行的直线，一级反应对应的动力学曲线是与原点相交、斜率为正数的直线。

1903 年 V. Henri 等研究了蔗糖酶催化的蔗糖水解反应中，底物（蔗糖）浓度对反应速率的影响作用。在酶浓度保持不变的情况下，以反应速率对底物浓度作图，可得到图 6-14 中的动力学曲线。从该曲线可以看出，酶促反应的机制并非简单的零级反应或一级反应，底物浓度与反应速率之间具有更为复杂的关系，当底物浓度较低时，反应速率随底物浓度直线增加，表现出一级反应的特征；当底物浓度非常高时，反应速率不随底物浓度增加而增大，表现出零级反

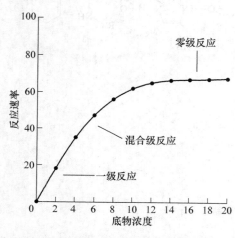

图 6-14 底物浓度对酶促反应初速率的影响

应的特征；在两者之间，随着底物浓度的增加，反应速率依然升高，但不满足任何一个线性方程，表现出混合级反应的特征。

根据这一实验结果，Henri 等提出了酶－底物中间复合物学说，即酶首先和底物结合生成中间复合物，中间复合物再生成产物并释放出酶。中间复合物学说可以解释实验所得曲线的由来：根据该学说，反应速率与中间复合物浓度成正比，在酶浓度保持恒定的前提下，当底物浓度很小时，酶未被底物饱和，复合物浓度完全取决于底物浓度，二者呈线性关系，所以反应速率与底物浓度的关系符合一级反应的特征；随着底物浓度增大，更多中间复合物生成，反应速率随之提高，但由于酶的数量有限，导致复合物浓度不再与底物浓度等比例增加，所以反应速率与底物浓度的关系不再是线性关系，反应曲线的切线斜率逐渐降低；当底物浓度相当高时，溶液中的酶几乎全部被底物饱和，虽增加底物浓度也不会有更多的中间复合物生成，因此酶促反应速率与底物浓度无关，反应达到最大反应速率。

6.7.3 酶促反应的动力学方程式

1913 年 L. Michaelis 和 M. Menten 在中间复合物学说的基础上推导出 **Michaelis-Menten 方程**（Michaelis-Menten equation），简称米氏方程，如下所示：

科学史话 6－5
Michaelis-Menten
方程的建立

$$v = \frac{V_{max}[S]}{[S] + K_S}$$

式中，v 为反应速率，V_{max} 为最大反应速率，K_S 为酶－底物复合物 ES 的解离常数。米氏方程定量地反映了酶促反应速率与底物浓度的复杂关系，是酶促反应动力学研究历史上一个划时代的方程式。

1925 年 G. E. Briggs 和 J. B. S. Haldane 提出**稳态**（steady state）理论，对米氏方程进行了修正，根据他们的理论，酶促反应分两步进行：

第一步，酶与底物作用形成酶与底物的中间复合物：

$$E + S \underset{k_{-1}}{\overset{k_1}{\rightleftharpoons}} ES$$

第二步，中间复合物分解形成产物并释放游离的酶：

$$ES \underset{k_{-2}}{\overset{k_2}{\rightleftharpoons}} P + E$$

这两步反应都是可逆的，共对应 k_1，k_{-1}，k_2，k_{-2} 四个速率常数。

由于酶促反应的速率与中间复合物的浓度直接相关，所以必须考虑中间复合物在反应过程中的浓度变化。酶促反应过程中各物质的浓度变化如图 6－15 所示，可以看到反应开始后，中间复合物的浓度由零逐渐增加到一定数值，此后在一定时间内，尽管底物浓度和产物浓度不断变化，中间复合物也在不断生成和分解，但是中间复合物浓度可以保持不变，其原因为反应体系内中间复合物的生成速率与其分解速率相等，该反应状态称为稳态。

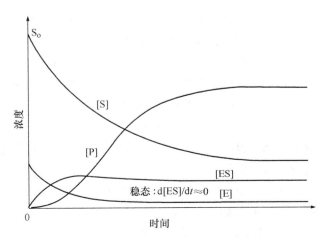

图 6－15　酶促反应过程中各物质的浓度变化

在稳态下，中间复合物的生成速率可用下式表示：

$$v_1 = k_1[E_f] \cdot [S_f] + k_{-2}[E_f] \cdot [P_f]$$

式中，$[E_f]$、$[S_f]$、$[P_f]$ 均表示未形成复合物的游离的酶、底物及产物的浓度。

因为：① $[P_f]$ 很小，可忽略不计

② $[E_f] = [E] - [ES]$（$[E]$ 表示酶的总浓度，$[ES]$ 表示中间复合物的浓度）

③ $[S_f] = [S] - [ES] - [P_f] \approx [S]$（$[S]$ 表示底物的总浓度）

所以

$$v_1 = k_1([E] - [ES]) \cdot [S] \tag{1}$$

中间复合物的分解速率以下式表示：

$$v_2 = k_{-1}[ES] + k_2[ES] \tag{2}$$

在稳态下，$v_1 = v_2$，因此：

$$k_1([E] - [ES]) \cdot [S] = k_{-1}[ES] + k_2[ES] \tag{3}$$

该式移项得：

$$[ES] = \frac{k_1[E][S]}{k_1[S] + (k_{-1} + k_2)} = \frac{[E][S]}{[S] + (k_{-1} + k_2)/k_1} \tag{4}$$

令 $K_m = (k_{-1} + k_2)/k_1$，K_m 称为**米氏常数**（Michaelis-Menten constant），则上式可简化为：

$$[ES] = \frac{[E][S]}{[S] + K_m} \tag{5}$$

酶促反应速率可用产物的生成速率表示，因此：

$$v = k_2[ES] = \frac{k_2[E][S]}{[S] + K_m} \tag{6}$$

当底物浓度 $[S]$ 非常大时，所有的酶被底物饱和形成 ES 复合物，$[ES] = [E]$，同时酶促反应达到最大速率 V_{max}，因此：

$$V_{max} = k_2[ES] = k_2[E]$$

将此式代入公式（6），得：

$$v = \frac{V_{max}[S]}{[S] + K_m} \tag{7}$$

公式（7）即为经稳态理论修正过的米氏方程，可以看到，与 Michaelis 和 Menten 提出的方程相比，解离常数 K_s 被米氏常数 K_m 所取代。

米氏方程式表明了已知 K_m 及 V_{max} 时，酶促反应速率与底物浓度之间的定量关系。若利用米氏方程以反应速率对底物浓度作图，将得到一条双曲线（图 6-16a），该曲线与图 6-14 中曲线相吻合。

由米氏方程式可推导出以下规律：

① 当 $[S] \ll K_m$ 时，则米氏方程式变为 $v = V_{max}[S]/K_m$，由于 V_{max} 和 K_m 为常数，两者的比值可用常数 K 表示，因此 $v = K[S]$，它表明底物浓度很小的时候，反应速率与底物浓度成正比，其关系与一级反应动力学相符；

② 当 $[S] \gg K_m$ 时，则米氏方程式变为 $v = V_{max}$，它表明底物浓度远远过量时，反应速率达到最大值，它与底物浓度的关系与零级反应动力学相符；

③ 当 $[S] = K_m$ 时，由米氏方程式得 $v = V_{max}/2$。这意味着当底物浓度等于 K_m 时，反应速率为最大反应速率的一半。由此可以看出 K_m 的物理意义，即 K_m 值是反应速率为最大值的一半时的底物浓度。K_m

单位为 mol/L。

K_m 是酶的特征物理常数，在固定的反应条件下，K_m 的大小只与酶的性质有关，与酶的浓度无关。不同的酶针对不同的底物有不同 K_m 值，因此可以通过测定酶促反应的 K_m 来鉴别酶以及酶的最适底物（K_m 值最小的底物）。

当 $k_{-1} \gg k_2$ 时，$K_m \approx K_S$（$= k_{-1}/k_1$），因此 K_m 值可用于近似地表示酶与底物之间的亲和程度：K_m 值大表示亲和程度小，K_m 值小表示亲和程度大。

与 K_m 相比，V_{max} 不仅与酶的性质有关，还与酶的浓度有关，根据 V_{max} 可以计算出催化常数 k_{cat}（$k_{cat} = V_{max}/[E]$）。

米氏常数 K_m 与 V_{max} 可利用实验测得数据（[S] 与 v）通过多种作图法求出，其中最常用的作图法是 Lineweaver-Burk 双倒数作图法，具体方法是将米氏方程两边取倒数，变换得以下公式：

$$\frac{1}{v} = \frac{K_m}{V_{max}} \times \frac{1}{[S]} + \frac{1}{V_{max}}$$

通过实验方法测得 v 与 [S] 后，以 $1/v$ 对 $1/[S]$ 作图，得到一条直线，如图 6-16b 所示，其横轴截距为 $-1/K_m$，纵轴截距为 $1/V_{max}$，从而得到 K_m 和 V_{max} 值。

知识扩展 6-10
K_m、V_{max} 和 k_{cat} 等动力学参数的意义

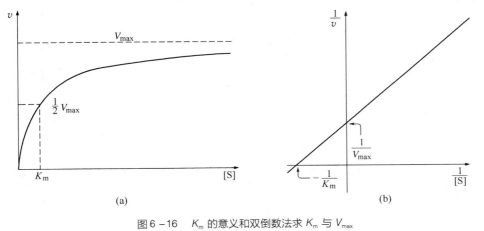

图 6-16　K_m 的意义和双倒数法求 K_m 与 V_{max}

知识扩展 6-11
双底物酶促反应的动力学简介

在生物体内，单底物/单产物反应并不多见，较多见的是双底物酶促反应。双底物酶促反应的动力学较复杂。

6.8　影响酶促反应速率的因素

6.8.1　抑制剂

干扰酶的催化作用，使酶促反应减慢或终止的作用称抑制作用，具有抑制作用的物质称**抑制剂**（inhibitor），抑制剂通常是小分子化合物，但在生物体内也存在生物大分子类型的抑制剂，例如胰内的胰蛋白酶抑制剂就是一种蛋白质。抑制剂对酶活力的抑制程度可用相对活力分数和抑制分数及其百分数表示。

酶的抑制剂分为**不可逆抑制剂**（irreversible inhibitor）和**可逆抑制剂**（reversible inhibitor）两大类。

知识扩展 6-12
相对活力分数和抑制分数

　　不可逆抑制剂与酶的必需基团以共价键结合，引起酶的永久性失活，其抑制作用不能够用透析、超滤等温和物理手段解除。例如青霉素可与细菌糖肽转肽酶活性部位的丝氨酸羟基共价结合，使酶永久失活，从而抑制细菌细胞壁的合成，起抗菌作用。

　　可逆抑制剂与酶蛋白以非共价键结合，引起酶活性暂时性丧失，其抑制作用可以通过透析、超滤等手段解除。可逆抑制剂又可分为竞争性抑制剂、非竞争性抑制剂和反竞争性抑制剂等。

　　① **竞争性抑制剂**（competitive inhibitor）　这些抑制剂的化学结构与底物相似，因而能与底物竞争与酶活性部位的结合，当抑制剂结合于酶的活性部位后，底物被排斥在酶活性部位之外，导致酶促反应被抑制。

　　② **非竞争性抑制剂**（noncompetitive inhibitor）　酶可同时与底物及这类抑制剂结合，且底物和抑制剂与酶的结合能力互不影响，但形成的三元复合物不能进一步分解为产物，导致酶促反应被抑制。抑制剂的结合位点与底物结合位点不同。

　　③ **反竞争性抑制剂**（uncompetitive inhibitor）　酶只有与底物结合后，才能与这类抑制剂结合，形成的三元复合物不能分解为产物，导致酶促反应被抑制。抑制剂的结合位点与底物结合位点不同。

　　以上三种可逆抑制剂的抑制作用分别对应不同的反应平衡式及动力学方程式，以竞争性抑制作用为例，其反应平衡式为：

$$E + S \underset{k_{-1}}{\overset{k_1}{\rightleftharpoons}} ES \overset{k_2}{\longrightarrow} E + P$$

$$+$$

$$I$$

$$k_{i2} \big\| k_{i1}$$

$$EI$$

　　根据稳态理论，E 与底物 S 的反应处于稳态，即 ES 复合物的生成速率与 ES 复合物的分解速率相等，则有方程（推导过程参考上一节）：

$$k_1[E_f][S] = k_{-1}[ES] + k_2[ES]$$

　　此处［E_f］指游离酶的浓度，此方程稍加变换可得：

$$[E_f] = \frac{(k_{-1} + k_2)[ES]}{k_1[S]} = \frac{K_m[ES]}{[S]} \tag{1}$$

　　另一方面，E 与抑制剂 I 的反应也处于稳态，EI 复合物的生成速率和 EI 复合物的分解速率相等，则有方程：

$$k_{i1}[E_f][I] = k_{i2}[EI]$$

　　此方程稍加变换得到：

$$[EI] = \frac{k_{i1}[E_f][I]}{k_{i2}} = \frac{[E_f][I]}{K_I} = \frac{K_m[ES][I]}{K_I[S]} \tag{2}$$

　　此处引入一个新的常数，即 EI 复合物的解离常数 K_I，$K_I = k_{i2}/k_{i1}$。

　　根据反应平衡式，酶的总浓度等于 ES、E_f 和 EI 浓度的总和，即：

$$[E] = [ES] + [E_f] + [EI] \tag{3}$$

　　将式（1）与（2）代入（3），则得到：

$$[E] = [ES] + \frac{K_m[ES]}{[S]} + \frac{K_m[ES][I]}{K_I[S]} = [ES]\left(1 + \frac{K_m}{[S]}\left(1 + \frac{[I]}{K_I}\right)\right) \tag{4}$$

令 $\alpha = 1 + [\mathrm{I}]/K_\mathrm{I}$，则（4）式可简化为：

$$[\mathrm{E}] = [\mathrm{ES}](1 + \frac{\alpha K_\mathrm{m}}{[\mathrm{S}]}) \ \text{或} \ [\mathrm{ES}] = \frac{[\mathrm{E}]}{1 + \frac{\alpha K_\mathrm{m}}{[\mathrm{S}]}} = \frac{[\mathrm{E}][\mathrm{S}]}{[\mathrm{S}] + \alpha K_\mathrm{m}}$$

已知酶促反应速率 $v = k_2[\mathrm{ES}]$，将上式代入，得：

$$v = \frac{k_2[\mathrm{E}][\mathrm{S}]}{[\mathrm{S}] + \alpha K_\mathrm{m}} = \frac{V_{\max}[\mathrm{S}]}{[\mathrm{S}] + \alpha K_\mathrm{m}} \tag{5}$$

式（5）即为竞争性抑制作用对应的动力学方程式（米氏方程）。

将该公式做双倒数处理可得：

$$\frac{1}{v} = \frac{\alpha K_\mathrm{m}}{V_{\max}} \times \frac{1}{[\mathrm{S}]} + \frac{1}{V_{\max}}$$

对于非竞争性抑制剂，其抑制作用的反应平衡式为：

$$\mathrm{E} + \mathrm{S} \underset{k_{-1}}{\overset{k_1}{\rightleftharpoons}} \mathrm{ES} \overset{k_2}{\longrightarrow} \mathrm{E} + \mathrm{P}$$

$$+ \qquad\qquad +$$

$$\mathrm{I} \qquad\qquad \mathrm{I}$$

$$k_{\mathrm{i}2}\,\big\updownarrow\,k_{\mathrm{i}1} \qquad\qquad k_{\mathrm{i}2}\,\big\updownarrow\,k_{\mathrm{i}1}$$

$$\mathrm{EI} + \mathrm{S} \underset{k_{-1}}{\overset{k_1}{\rightleftharpoons}} \mathrm{ESI}$$

利用同样的方法可推导出其动力学方程式为：

$$v = \frac{V_{\max}[\mathrm{S}]}{\alpha[\mathrm{S}] + \alpha K_\mathrm{m}}$$

其中 $\alpha = 1 + [\mathrm{I}]/K_\mathrm{I}$，$K_\mathrm{I} = k_{\mathrm{i}2}/k_{\mathrm{i}1}$。

其双倒数方程为：

$$\frac{1}{v} = \frac{\alpha K_\mathrm{m}}{V_{\max}} \times \frac{1}{[\mathrm{S}]} + \frac{\alpha}{V_{\max}}$$

反竞争性抑制剂对应的反应平衡式为：

$$\mathrm{E} + \mathrm{S} \underset{k_{-1}}{\overset{k_1}{\rightleftharpoons}} \mathrm{ES} \overset{k_2}{\longrightarrow} \mathrm{E} + \mathrm{P}$$

$$+$$

$$\mathrm{I}$$

$$k_{\mathrm{i}2}\,\big\updownarrow\,k_{\mathrm{i}1}$$

$$\mathrm{ESI}$$

其动力学方程式为：

$$v = \frac{V_{\max}[\mathrm{S}]}{\alpha[\mathrm{S}] + K_\mathrm{m}}$$

其中 $\alpha = 1 + [\mathrm{I}]/K_\mathrm{I}$，$K_\mathrm{I} = k_{\mathrm{i}2}/k_{\mathrm{i}1}$。

双倒数方程为：

$$\frac{1}{v} = \frac{K_m}{V_{max}} \times \frac{1}{[S]} + \frac{\alpha}{V_{max}}$$

知识扩展 6-13
混合型抑制的
动力学

在不同类型的可逆抑制剂所对应的酶促反应中，分别固定抑制剂的浓度，以 $1/v$ 对 $1/[S]$ 作图，将得到一组直线，如图 6-17 所示。

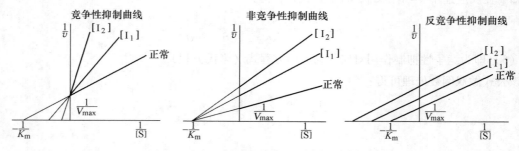

图 6-17 双倒数作图法判断可逆抑制剂抑制类型

由图可见，竞争性抑制剂对应一组相交于纵轴同一点的直线，非竞争性抑制剂对应一组相交于横轴同一点的直线，反竞争性抑制剂对应一组平行直线。因此可以在实际应用中利用Lineweaver-Burk 双倒数作图法判断可逆抑制剂的类型。

知识扩展 6-14
酶抑制剂的应用

酶的抑制剂在医药、农药和科研领域均有广泛应用，例如可利用病毒、细菌或癌细胞特有的酶的专一性抑制剂，制备高效率、低毒副作用的药物。

6.8.2 温度

化学反应速率一般随温度的升高而加快，但在酶促反应中，随着温度的升高，酶会因热变性而失活，从而使反应速率减慢，直至酶完全失活。因此在较低的温度范围内，酶促反应速率随温度升高而增大，超过一定温度后，反应速率反而下降，以反应速率对温度作图可得到一条钟形曲线，曲线的顶点对应的温度称为酶作用的**最适温度**（optimum temperature），此温度对应的酶促反应速率最大（图 6-18）。

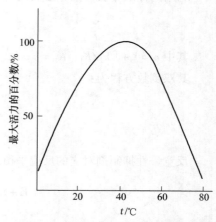

图 6-18 温度对酶促反应速率的影响

知识扩展 6-15
"火山敢上、冰海敢下"的极端酶

每一种酶在一定条件下都有其最适温度，动物体内酶的最适温度在 35~40℃，植物体内酶的最适温度在 40~50℃，一些嗜热菌中的酶的最适温度可高达 90℃以上，分别与生物的生存环境相对应。

需要注意的是，体外实验测得的酶最适温度不是一个恒定不变的常数，其数值与反应时间、底物类型等因素有关，如反应时间的增加可导致最适温度测定值的降低，这说明酶的最适温度只有在一定条件下测定才有意义。

6.8.3 pH

pH 对酶促反应速率的影响主要表现在以下几方面：

① pH 过高或过低可导致酶高级结构的改变，使酶失活，又称为酸变性或碱变性。酶活性部位具有

柔性，比其他部位更容易在酸、碱的作用下发生构象变化，导致酶活力的下降。

　　② 酶具有许多可解离的基团，在不同的 pH 环境中，这些基团的解离状态不同，所带电荷不同，它们的解离状态对酶与底物的结合能力以及酶的催化能力都有重要作用，因此溶液 pH 的改变可通过影响这些基团的解离状态来影响酶活性。

　　③ pH 通过影响底物的解离状态以及中间复合物 ES 的解离状态影响酶促反应速率。

　　若其他条件不变，酶只有在一定的 pH 范围内才能表现催化活性，且在某一 pH 下，酶促反应速率最大，此 pH 称为酶的**最适 pH**（optimum pH）。各种酶的最适 pH 不同，但多数在中性、弱酸性或弱碱性范围内，如植物和微生物所含的酶最适 pH 多在 4.5 ~ 6.5，动物体内酶最适 pH 多在 6.5 ~ 8.0，当然也有例外，如胃蛋白酶的最适 pH 为 1.5，这也与胃中的酸性环境相适应。

　　类似最适温度，酶的最适 pH 可因底物种类和浓度以及缓冲溶液成分改变而变化。

　　大部分酶的 pH – 酶促反应速率曲线是钟形的，但也有少数酶对应半个钟形的曲线，甚至是直线，如木瓜蛋白酶对应的酶促反应速率在 pH 4 ~ 10 之间不受 pH 改变的影响，始终保持不变（图 6 – 19）。

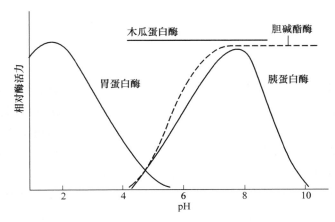

图 6 – 19　pH 对酶促反应速率的影响

6.8.4　激活剂

　　酶的活力可以被某些物质提高，这些物质称为**激活剂**（activator），在酶促反应体系中加入激活剂可导致反应速率的增加。激活剂大部分是无机离子或简单的有机化合物，如 Mg^{2+} 是多种激酶和合成酶的激活剂，Cl^- 是唾液淀粉酶的激活剂，二硫苏糖醇（DTT）可还原酶被氧化的基团，使酶活力增加，被视为酶的激活剂。酶原可被一些蛋白酶水解而激活，这些蛋白酶也可视为激活剂。

　　通常酶对激活剂有一定的选择性，且有一定的浓度要求，一种酶的激活剂对另一种酶来说可能是抑制剂，当激活剂的浓度超过一定的范围时，它就成为抑制剂。有些离子在酶的激活作用方面具有拮抗作用，如钠离子可抑制钾离子的激活作用、钙离子可抑制镁离子的激活作用。有些金属离子可互相替代，如激酶的镁离子可用锰取代。这些复杂的相互作用有助于生物体对酶进行精确的控制和调节。

6.9　酶活性的调节

6.9.1　酶活性的调节方式

生物体内调节酶活性的方式有很多种，可以概括为以下两类：①通过改变酶的数量与分布来调节酶的活性，例如可以通过激素的作用促进或抑制某一特定酶的表达，以增加或降低酶的浓度，或者通过改变酶在细胞中的分布，对特定区域的酶活性和相关酶促反应进行调节；②改变细胞内已有酶分子的活性，这种调节方式又包括通过改变酶的结构来调节酶的活性（如别构调控、可逆的共价修饰、酶原的激活），以及直接影响酶与底物的相互作用来调节酶的活性（如竞争性抑制剂对酶活性的抑制）等方式。以下主要介绍通过改变酶的结构来调节酶活性的几种主要方式。

6.9.2　酶的别构调控

许多酶除具有活性部位外，还具有调节部位，调节部位可以与某些化合物可逆地非共价结合，使酶的结构改变，进而改变酶的催化活性，这种酶活性的调节方式称为酶的**别构调控**（allosteric regulation）。

具有别构调控作用的酶称为**别构酶**（allosteric enzyme）。别构酶通常为由多个亚基组成的寡聚酶，可具有多个活性部位与调节部位，这两种部位可能位于同一亚基上，也可能位于不同亚基上。对别构酶加热或用化学试剂处理，可以使别构酶解离并失去调节活性，称为脱敏作用。

对酶分子具有别构调节作用的化合物称为**效应物**（effector），效应物以小分子化合物为主。效应物可分为两类，一类导致酶活性增加，称为正效应物（positive effector）或别构激活剂；一类导致酶活性降低，称为负效应物（negative effector）或别构抑制剂。

效应物对别构酶的调节作用可分为同促效应与异促效应两类。同促效应中，酶的活性部位也是调节部位，效应物是底物，底物与别构酶某一活性部位的结合通常可促进其他底物分子与该酶剩余活性部位的结合，导致酶促反应速率增加，这样的同促效应称为正协同效应，如果底物与酶某一活性部位的结合导致其他底物与该酶更难以结合，则称为负协同效应。

异促效应中，酶的活性部位和调节部位是不同的，效应物是非底物分子。图 6 – 20 为异促效应的简单模型，模型酶由一个催化亚基和一个调节亚基组成，催化亚基上有一个结合底物的位点，调节亚基上有一个结合负效应物的位点，在没有结合效应物的时候，酶处于高活力状态，活性部位对底物的亲和力较大，当结合一个负效应物后，酶的结构发生一定的变化，活性部位对底物的亲和力减小，从而使酶活性降低。酶结合底物或效应物引起的结构变化，通过各肽链内部的作用以及肽链之间的相互作用，可传递到酶分子的其他亚基，引起高度协同的别构转变。

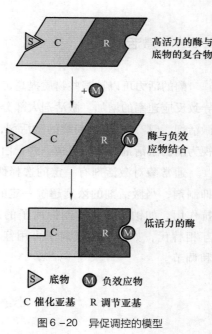

高活力的酶与底物的复合物

酶与负效应物结合

低活力的酶

▷ 底物　　Ⓜ 负效应物
C 催化亚基　　R 调节亚基
图 6 – 20　异促调控的模型

来自大肠杆菌的**天冬氨酸转氨甲酰酶**（aspartate transcarbamoylase，ATCase）是一个典型的别构酶，同时具有同促效应与异促效应的调节方式。该酶是一种转移酶，催化天冬氨酸与氨甲酰磷酸之间的转氨甲酰基反应，反应产物为磷酸和 N-氨甲酰天冬氨酸（见 12.3.3）该反应是胞苷三磷酸（CTP）生物合成系列反应中的第一个反应。此系列反应的最终产物 CTP 被发现是该酶的别构抑制剂，而另一种嘌呤核苷酸 ATP 是它的别构激活剂。

进一步的研究表明，底物也对 ATCase 具有别构调控作用。通过测定对应不同底物浓度的酶促反应速率并做动力学曲线，如果固定一种底物（如氨甲酰磷酸）的浓度，以反应速率对另一种底物（如天冬氨酸）的浓度作图，作出的曲线不是与米氏方程对应的双曲线，而是一条 S 形曲线，如图 6-21 所示。该结果表明底物的结合可改变酶的活性，底物对酶活性有别构调控作用。CTP 与 ATP 的别构调控作用同样可体现于酶促反应动力学曲线，如图 6-22 所示，CTP 使 S 形曲线向下弯曲，表明在同样底物浓度的条件下，CTP 降低了酶的活性；ATP 使 S 形曲线向上凸出，增加了酶活性。

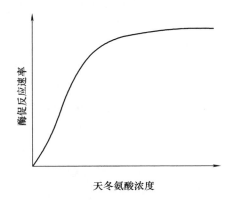

图 6-21　天冬氨酸浓度对 ATCase 活力的影响

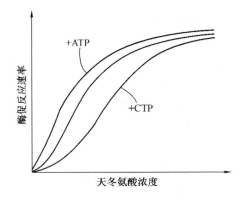

图 6-22　ATP 与 CTP 对 ATCase 活力的影响

ATCase 由两个催化亚基和三个调节亚基组成，每个催化亚基含有三条催化肽链，称催化三聚体，简称 c_3，每个调节亚基含有两条调节肽链，称调节二聚体，简称 r_2，每一个 c_3 亚基有 3 个活性部位（活性部位处于催化肽链之间的界面处），每个调节亚基有一个可结合 CTP 或 ATP 的调节部位，因此一个完整的酶分子共具有 6 个活性部位与 6 个调节部位（图 6-23）。

N-磷乙酰-L-天冬氨酸（PALA）是一种底物过渡态类似物，可以与 ATCase 形成稳定的复合物。制备 ATCase 与 PALA 复合物的晶体进行 X 射线衍射分析，结果表明，酶与 PALA 结合后，其结构发生了显著的变化。来自各方面的研究结果表

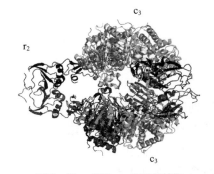

图 6-23　ATCase 的四级结构

明，ATCase 具有两种不同的空间结构，其中一种结构在 ATCase 未与 PALA 或底物结合时占优势，称为 T 态（tense state），另一种结构在 ATCase 结合 PALA 或底物后占优势，称为 R 态（relaxed state）。PALA 或底物的结合均可使酶结构由 T 态转变为 R 态，最明显的表现就是两个催化三聚体之间的距离加大（图 6-24）。为了清晰显示这一点，图中省去了调节亚基。进一步的研究表明，只需 ATCase 的部分活性部位（例如一个 c_3 中的 3 个活性部位）结合底物或其类似物（如琥珀酸），酶的结构就可以由 T 态转变为 R 态。

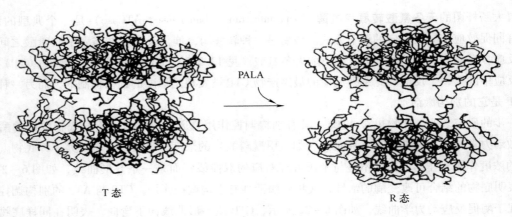

图 6-24　ATCase 由 T 态到 R 态的转变

知识扩展 6-16
别构酶 S 型动力学曲线的理论分析

研究发现，处于 T 态的 ATCase 对底物有低亲和力及低催化活性，处于 R 态的 ATCase 对底物有高亲和力及高催化活性。ATCase 的部分活性部位与底物结合后，可通过高度协同的别构效应，使酶的结构由 T 态转变为 R 态，提高剩余活性部位与底物的亲和力，使酶促反应速率提高，导致 S 型动力学曲线的产生。

在此基础上，人们借助于超离心、X 射线晶体结构分析、酶的化学修饰、酶的杂交等多种实验手段，推导出了 ATP 和 CTP 对 ATCase 进行别构调控的机制，即 ATP 和 CTP 通过改变 ATCase 在 T 态和 R 态之间的平衡来调节酶的活性：CTP 可使酶结构趋向于对底物有低亲和力的 T 态，从而降低酶活性，使动力学曲线向下弯曲；而 ATP 可使酶结构趋向于对底物有高亲和力的 R 态，从而增加酶活性，使动力学曲线向上凸起。

CTP 与 ATP 的别构调控作用具有一定的生理意义，CTP 的作用通常称为**反馈抑制**（feedback inhibition）（图 6-25），其作用为控制生物体内的 CTP 浓度，使其不过量。ATP 通过增强酶活力，促进嘧啶核苷酸的合成，一方面使体内的嘌呤核苷酸与嘧啶核苷酸的比例趋于平衡，另一方面，ATP 浓度增加是生物体内能量充足的信号，在该信号作用下，CTP 的合成增加，有利于促进遗传信息的复制和表达。

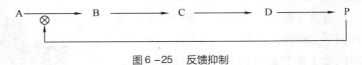

图 6-25　反馈抑制

别构酶通常是代谢过程中的关键酶，正协同效应的特点是，底物浓度在一定范围（S 型动力学曲线较陡直的区域）的较小变化，可引起反应速度的较大变化，使酶活力的调控十分灵敏。别构激活剂和别构抑制剂的协同作用，使酶活力的调控十分准确。生物体可通过对酶的别构调控，控制代谢速率以及各代谢途径之间的平衡。另外，别构调控在基因表达等生命活动中也起一定作用。因此，别构调控在生物体内具有重要的生理意义。

6.9.3　可逆的共价修饰调节

可逆的共价修饰（reversible covalent modifications）指某种酶在其他酶的催化下，其肽链中某些基团发生可逆的共价修饰作用，导致该酶在活性（或高活性）形式和非活性（或低活性）形式之间相互转变。这种酶也称为**共价调节酶**（covalently modulated enzymes）。与别构调控不同，可逆的共价修饰是酶对酶的作用，不是小分子效应物对酶的作用。

可逆的共价修饰同样在新陈代谢的调控中起重要作用，此外在信号转导过程中，可逆的共价修饰是信息在酶与酶之间传递的关键因素之一。

在共价修饰中，共价调节酶肽链上的特定基团可与某种化学基团发生可逆的共价结合，已知的共价修饰包括磷酸化、腺苷酰化、尿苷酰化、ADP-核糖基化、甲基化等。其中磷酸化作用是最为常见，也最有生理意义的一种共价修饰作用。蛋白质的磷酸化是指由**蛋白激酶**（protein kinase）催化的使 ATP 或 GTP γ-位磷酸基转移到底物蛋白质特定氨基酸残基上的过程，其逆过程是由蛋白磷酸酶催化的水解反应，称为蛋白质的脱磷酸化。蛋白质的磷酸化和脱磷酸化作用是生物体内广泛存在的一种调节方式，几乎涉及所有的生理和病理过程。

糖原磷酸化酶是一种典型的共价调节酶，该酶是一个二聚体酶，催化糖原的降解反应，每一个亚基中第 14 位的丝氨酸（Ser^{14}）是该酶被磷酸化修饰的位点。糖原磷酸化酶以两种形式存在，一种是 Ser^{14} 被磷酸化的、高活性的糖原磷酸化酶 a；一种是非磷酸化的、低活性的糖原磷酸化酶 b。如图 6-26 所示，在磷酸化酶激酶的催化下，糖原磷酸化酶 b 的 Ser^{14} 被磷酸化，酶的结构随之发生改变，形成糖原磷酸化酶 a；在磷酸化酶磷酸酶的催化下，糖原磷酸化酶 a 的磷酸化丝氨酸发生脱磷酸基的水解反应，酶结构改变，形成糖原磷酸化酶 b。需要注意的是，糖原磷酸化酶的磷酸化与脱磷酸化互为逆过程，但并非互为正、逆反应，催化这两种反应的酶是不同类型的酶。

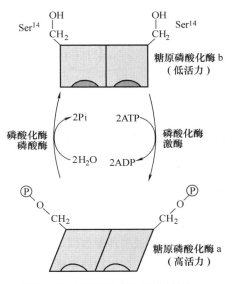

图 6-26 糖原磷酸化酶的共价修饰

科学史话 6-6
酶可逆磷酸化修饰的发现

此处所涉及的磷酸化酶激酶就是一种蛋白激酶，蛋白激酶的底物之一是蛋白质，可催化底物蛋白质中特定氨基酸残基的磷酸化修饰作用。蛋白激酶是一个大家族，根据底物蛋白质被磷酸化的氨基酸残基的种类，可将该家族的主要成员分为两类，丝氨酸/苏氨酸型激酶催化底物蛋白质中丝氨酸或苏氨酸残基的磷酸化，酪氨酸型激酶催化底物蛋白质酪氨酸残基的磷酸化。还可以根据蛋白激酶是否有调节物，将其分为信使依赖性蛋白激酶与非信使依赖性蛋白激酶两类，前者包括 cAMP 依赖性蛋白激酶（蛋白激酶 A）、蛋白激酶 C、表皮生长因子受体等，后者包括酪蛋白激酶（Ⅰ、Ⅱ型）、组蛋白激酶Ⅱ等。

蛋白激酶本身也可被激活，其激活方式主要有两种，一种来自其他蛋白激酶的催化作用，如蛋白激酶 A 对磷酸化酶激酶的激活，另一种来自小分子化合物的作用，例如 cAMP 可激活蛋白激酶 A，表皮生长因子可激活表皮生长因子受体。在生物体内的信号转导系统中含有多种蛋白激酶形成的系列反应，称酶级联反应，少量的起始酶分子被激活后，会依次激活更多的酶，最终导致高浓度、高活性效应酶的生成，因此酶级联反应可导致细胞信号的快速放大。

知识扩展 6-17
糖原磷酸化酶激活的级联放大

6.9.4 酶原的激活

酶原（zymogens）是酶的无活性前体。在特定蛋白水解酶的催化下，对酶原的肽链进行切割，形成酶的活性部位，变成有活性的酶，称为**酶原的激活**（activation of zymogens），酶原的激活是一个不可逆的过程。

酶原的激活参与多种生理过程，如由胰腺细胞合成的胰蛋白酶原进入小肠后，由肠肽酶催化，切除氨基端的 6 肽，引起剩余多肽的构象变化，使 His^{57}、Asp^{102}、Ser^{195} 等残基互相靠近，形成酶的活性部位，酶原转变为有活性的胰蛋白酶（图 6-27）。胰蛋白酶可激活肠内的其他消化酶原，包括尚未被激活的

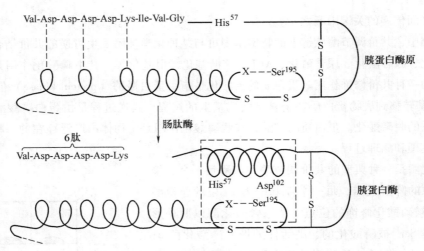

图 6-27　胰蛋白酶的水解激活机制

胰蛋白酶原、胰凝乳蛋白酶原、羧肽酶原、弹性蛋白酶原和脂肪酶原等。

消化酶以酶原的形式存在具有重要的生理意义，例如在胰中，众多消化酶以没有活性的酶原形式存在，可保护胰腺细胞不被其水解破坏。

与酶原的激活密切相关的另一种生理过程是凝血作用中相关凝血因子的激活过程。凝血作用是生物体受到伤害时，避免大量出血而保护自身的一种重要措施，除血管收缩及血小板的黏附和沉积作用外，生物体还可通过多种凝血因子的作用使血液凝集。这些凝血因子经鉴定有十几种，其中多种凝血因子以酶原形式存在，在生物体未受伤时不具备酶活性，在生物体受伤后，这些酶原可以被激活为有活性的蛋白酶，参与凝血作用。各种凝血因子之间具有复杂的相互作用，尤以酶原的激活作用为主，即一种凝血因子的活性形式可激活另一种以酶原形式存在的凝血因子，这些作用汇集在一起形成了酶的级联放大作用，最终使凝血酶原被激活，产生数量充足的凝血酶，该酶作用于血纤蛋白原，形成血纤蛋白及不溶的血纤蛋白凝块。

知识扩展 6-18
凝血作用的生化机制

6.9.5　其他酶活性调节作用

除以上三种主要的酶活性调节作用外，在生物体内还存在其他的酶活性调节作用，这些调节作用常见于代谢调控与信号转导等过程中。

肝中的葡糖激酶催化由葡萄糖形成 6-磷酸葡糖的反应，该酶的活性受一种调节蛋白调控，当肝细胞内 6-磷酸葡糖浓度过高时，该调节蛋白可结合葡糖激酶，使其进入细胞核，不再参与细胞质内的催化反应，从而控制了 6-磷酸葡糖的产量。

知识扩展 6-19
cAMP 对蛋白激酶 A 的激活

蛋白激酶 A（PKA）是由 2 个催化亚基和 2 个调节亚基构成的 4 聚体，调节亚基中的假底物序列占据了催化亚基的催化部位，妨碍了底物的结合，酶无活性，cAMP 与调节亚基结合可导致寡聚酶解离成一个调节亚基二聚体和两个催化亚基，假底物序列离开催化亚基，使其获得酶活性。

表皮生长因子受体在没有结合表皮生长因子的时候，以无活性的单体形式存在，当作为信使的表皮生长因子结合到受体的胞外部分之后，两个单体结合形成有活性的二聚体。

在酶水平的代谢调控中，通常是多种调控机制共同对一种酶起作用，例如丙酮酸激酶是糖酵解途径中重要的调控酶，受到多种别构抑制剂（如 ATP、丙氨酸等）的调节作用，肝中的丙酮酸激酶在血糖浓度降低时还可发生磷酸化共价修饰，变为不活跃的形式，以减缓对葡萄糖的降解作用。糖原磷酸化酶除了受到可逆的共价修饰作用外，还受到 ATP、AMP 等小分子效应物的别构调节作用。这些调控机制的综合作用使生物体能够对新陈代谢进行精确的控制，并能根据内外环境的变化做出及时的调整。

知识扩展 6 − 20
糖原磷酸化酶的共价调节和别构调控

6.10 酶的研究方法与酶工程

6.10.1 酶活力的测定方法

酶活力（enzyme activity）也称为酶活性，是指酶催化指定化学反应（酶促反应）的能力。酶活力的大小可以用在一定条件下酶促反应的速率来表示，反应速率愈快，就表明酶活力愈高。酶促反应速率可用单位时间内底物的减少量或产物的增加量来表示，由于在酶活力测定实验中底物往往是过量的，因此底物的减少量只占底物总量的很小一部分，测定的数据不准确，而产物是从无到有，因此产物的增加量相比于底物的减少量可以更加准确地测定，又由于底物的减少与产物增加的速率其实是相等的，因此实际酶活测定中一般测定产物的增加量。由于酶促反应速率通常可随反应时间增加逐渐降低，因此为准确测定酶活力，应测定酶促反应的初速率。在底物过量的前提下，酶完全被底物饱和，酶促反应初速率与酶量呈线性关系，因此可用其进行酶活力的测定，代表生物材料中酶的含量。

酶活力单位（activity unit）是人为规定的对酶进行定量描述的基本度量单位，其含义是在一定条件下，单位时间内将一定量的底物转化为产物需要的酶量。这样酶的含量就可以用一定质量或体积的生物材料含有多少酶活力单位来表示。为使酶活力单位标准化，1961 年国际生物化学学会酶学委员会规定用统一的国际单位（international unit，IU）来表示酶活力，规定在特定反应条件（25℃、最适 pH、最适离子强度等）下，每分钟内催化 1 μmol 底物转化为产物所需的酶量为一个国际单位（1 IU = 1 μmol/min）。酶的催化作用受各种反应条件的影响，因此只有在规定条件下测定的酶活力才能真实反映酶含量的多少，并方便在不同含酶样品之间进行比较。

酶的**比活力**（specific activity）规定为每毫克酶蛋白所具有的酶活力单位数。比活力是酶样品纯度的指标，对于含有同一种酶的不同酶样品，比活力越高表明样品的纯度越大。

酶活力的测定实际上就是测定不同时刻底物的量或产物的量，即根据底物或产物的物理或化学特性，采用特定的方法测定不同时刻某一种底物或产物的数量或浓度。

常用的测定酶活力（简称测活）方法包括分光光度法、荧光法、同位素测定法、电化学方法等。分光光度法是一种最常用的测活方法，其原理是利用底物、产物或指示剂在紫外光或可见光部分吸光度的不同，选择一个适当的波长，连续地测出反应过程中反应体系吸光度的变化，再进一步推算底物或产物浓度或数量的变化，从而求出酶活力。例如乙醇脱氢酶催化乙醇和 NAD^+ 反应生成乙醛、NADH 与 H^+ 的反应，在所有的底物与产物中，仅有 NADH 在 340 nm 有较强的光吸收，其他物质在此波长下几乎没有光吸收，所以可在试验中测定反应体系在 340 nm 吸光度的变化，利用朗伯 − 比尔定律（$A = \varepsilon bc$，A 为吸光度，ε 为摩尔吸光系数，b 为光径，c 为待测物浓度）以及 NADH 在 340 nm 的摩尔吸光系数推算 NADH 浓度的变化，求出酶活力。分光光度法的优点是操作简便，节省时间和样品，可用于连续测活，但灵敏度相对较低。

由于分光光度法有其独特的优点，因此对于一些没有光吸收变化的酶促反应，可使用适当的调整手段，使其反应速率同样可以用分光光度法测定。以肌酸激酶催化的反应为例，该反应的底物为肌酸与 ATP，产物为磷酸肌酸、ADP 和 H^+，反应有氢离子生成，传统的方法是使用电化学法，但是该方法不能用于需要连续测活的动力学研究，此时可在反应体系中加入百里酚蓝作为指示剂，它在 597 nm 有较强的光吸收，而且在一定的 pH 范围内，吸光度的变化与氢离子浓度的变化成正比，因此在实验中可以测定 597 nm 下反应体系吸光度的变化，用于推算氢离子浓度的变化，求出酶活力，由于该方法可以对吸光度进行连续测定，因此可用于动力学研究。此外，还可以将无吸光度变化的酶促反应（R_1）与一些能引起光吸收变化的酶促反应（R_2）偶联，使反应 R_1 的产物能作为反应 R_2 的底物被转变为在特定波长下有光吸收的产物，从而能间接地测量反应 R_1 的速率，这种方法称为**酶偶联分析法**（enzyme coupling assay）。

连续测定（每 15 s～1 min 监测一次）酶反应过程中某一反应产物或底物的浓度随时间的变化确定酶反应初速度的方法称为**连续监测法**，又称动力学法或速率法。其优点是可将多点的测定结果连接成线，容易选择线性反应期来计算酶活力，不需要终止反应。其缺点是仪器需要有保温装置，在一定的温度条件下测定酶活力。更重要的是，多数产物（或底物）无法被直接测定。因此酶活测定多采用**定时法**，即测定酶反应开始后某一时间内（t_1 到 t_2）产物或底物浓度的总变化量，确定酶促反应初速率。其优点是简单，因测定产物时酶反应已被终止，故仪器无需保温装置，显色剂的选择也可不考虑对酶活力的影响。其缺点是需要做预试验来确定线性反应时间。有些一级反应期很短的酶促反应，用连续监测法和定时法很难测出其初速度，只能采用**平衡法**测定，即通过测定酶反应达到平衡时产物或底物浓度总变化量来求出酶活力。

6.10.2　酶的分离纯化

（1）分离纯化的方法

由于绝大多数的酶都是蛋白质，因此酶的分离纯化实质上就是蛋白质的分离纯化，可综合利用多种蛋白质的纯化方法，例如盐析、透析、凝胶过滤、离子交换层析、亲和层析等，按照一定的流程对酶样品进行纯化（见 2.6.2）。

（2）酶活力的保护

酶容易失活，因此在酶的分离纯化过程中，需要特别注意对酶进行保护，常用的方法是：

① 保持低温　在酶的分离纯化过程中始终保持低温（通常为 4℃左右），一些简单的操作如超声破碎可使用冰浴，离心操作必须使用有制冷功能的离心机，透析、层析或制备电泳等操作应在冷柜或冷室中进行。酶制剂需低温保存，液体酶制剂一般可在 -20～-80℃保存。同时酶的浓度越高，酶越不容易失活。固体酶制剂在低温下可保存较长时间，因此需尽可能将酶制剂做成固体，最常用的方法是冷冻真空干燥法。

② 使用温和的操作条件　在纯化过程中缓冲液的 pH 应为酶的最适 pH，或接近最适 pH，一般情况下不使用强酸或强碱等蛋白变性剂处理酶样品。

③ 使用保护试剂　例如用金属螯合剂去除重金属离子、用巯基试剂拮抗酶的氧化失活、用蛋白酶抑制剂拮抗蛋白水解酶的破坏作用等。

④ 缩短时间　在保证纯化质量的前提下，尽量缩短纯化酶所需要的时间。

（3）纯化步骤的评估

酶是有催化活性的蛋白质，因此在每一步纯化步骤之后，不仅要测量样品的体积、浓度、纯度等参数，还必须测定样品的酶活力，以对酶的纯化过程进行监控和评估，评估指标主要有两种：

① 计算总活力，并用回收率评估纯化过程中酶的损失。

$$总活力 = （活力单位数/mL 酶样品） \times 总体积（mL），回收率（产率） = \frac{纯化后总活力}{粗提物总活力} \times 100\%。$$

② 计算比活力，并用纯化倍数评估纯化方法的效率。

$$纯化倍数 = \frac{纯化后比活力}{粗提物比活力}。$$

成功的纯化工作总活力不能损失太多，比活力应显著增加。即要有较高的回收率和纯化倍数，若二者不能兼得，要根据需要确定合理的纯化目标。如果在某一步纯化步骤之后，总活力迅速下降，比活力没有明显增加，甚至有下降趋势，说明该纯化步骤有问题，或者酶混在杂质中被丢弃，或者酶变性失活，需要进行进一步的研究以找出具体原因。

知识扩展 6 – 21
酶分离纯化过程
中纯化倍数和回
收率的计算

6.10.3 酶工程

酶工程（enzyme engineering）作为现代生物工程的一部分，是研究酶的生产和应用的一门技术性学科，是把酶学基本原理、化学工程技术及基因重组技术有机结合在一起而形成的新型应用技术。酶工程的任务是产生越来越多、越来越好的可以工业化应用的酶。

化学酶工程包括天然酶的制备与应用、酶的化学修饰、酶的固定化等。用于工业和医药业的天然酶制剂可来自于动植物组织和某些微生物，由于从动植物组织大量提取酶的工作涉及众多技术、经济以及伦理问题，人们正越来越多地发展微生物作为酶源。天然酶的分离纯化因用途不同而有所区别，工业用酶一般无须高度纯化，但用途不同则要求不同，如用于洗涤剂中的蛋白酶只需要简单分离提取即可，而食品工业用酶则要确保安全卫生。医药用酶则需经过高度纯化，而且不能含有热源物质。酶的分离纯化步骤越多，酶的收率一般越低，材料和能源消耗越大，成本就越高，因而在符合质量要求的前提下，应尽量简化纯化步骤、提高收率、降低成本。

酶分子的化学修饰是对酶分子进行化学改造，即在体外将酶分子通过人工方法与一些小分子化学基团或具有生物相容性的大分子进行共价连接，使其具有优良性能。常用的酶的化学修饰技术包括小分子修饰技术、定点修饰技术、化学交联技术、单功能聚合物化学修饰技术、辅因子引入技术等。

酶的固定化是将酶分子通过吸附、共价结合、包埋及交联等方式束缚于某种支持物上（图 6 - 28），使水溶性酶成为不溶于水但仍具有酶活性的状态。固定化酶在使用中有很多优点，如酶可以反复使用，从而降低成本；酶的稳定性增加，从而增加了酶的使用寿命；固定化酶有一定的机械强度，可以进行工艺加工；酶不留在产物中，使得产品后处理简单易行；可以对固定化酶催化的反应进行精细控制，也可以进行连续化、自动化管理控制。固定化酶已经成为酶应用的一种重要形式，固定化酶的研制也推动了新型生物反应器、生物传感器和生物芯片等现代生物电子器件的发展。

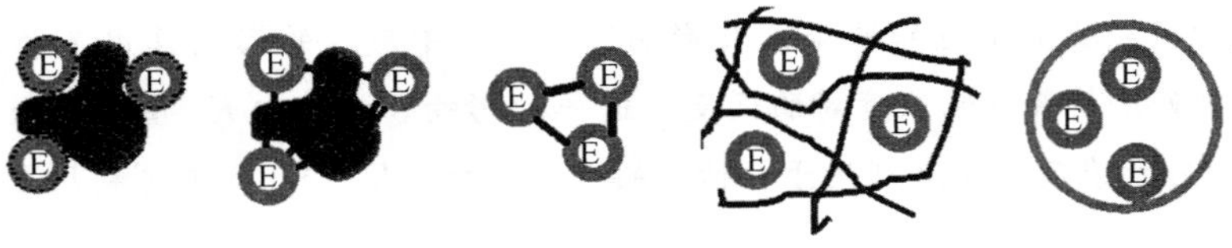

(a) 吸附法   (b) 共价结合法   (c) 交联法   (d) 凝胶包埋法   (e) 微胶囊化法

图 6 – 28   固定化酶的常用方法

生物酶工程是酶学和基因重组技术相结合的产物，重组 DNA 技术的建立使人类在很大程度上摆脱了对天然酶的依赖，特别是当某些酶极难从天然材料中获得时，重组 DNA 技术就更加显示出其独特的优越性。基因工程的发展使人们可以较容易地克隆各种各样的天然酶基因，使其在微生物中高效表达，并通过发酵工程大量生产。

与化学修饰相比，酶的遗传修饰具有专一性强、可操作性好等优点，是真正地将酶学原理与基因工程技术结合在一起的方法，人们可以根据酶分子结构与功能的研究成果去设计方案，利用定点诱变技术，通过改造酶基因中的 DNA 序列，生产出被改造的具有特定氨基酸序列与高级结构的酶，从而改变其理化性质与生物功能，例如提高催化活力、增加热稳定性等。

酶工程是现代生物工程的重要分支，具有巨大的市场潜力与发展前景。

小结

酶具有一般催化剂的共性：可反复使用，能加快反应速度，但不改变化学平衡。酶作为生物催化剂，其主要特性有：高度的专一性、很高的催化效率、容易失活、容易调控。

核酶是指具有催化能力的 RNA，其发现具有重要的理论与实践价值。除核酶外，酶都是蛋白质。根据化学组成，酶可分为单纯蛋白质和缀合蛋白质。大多数的酶为缀合蛋白质，又称全酶。全酶由脱辅酶与辅因子（辅酶与金属离子）两部分组成，二者对于酶活性来说都是必需的。根据分子结构，酶可分为单体酶、寡聚酶和多酶复合体。

酶的习惯名称简单，但容易造成混乱。系统名称较严谨，但比较复杂。同时酶具有包含四个阿拉伯数字的系统编号，每一种酶只有一个系统名称与系统编号。按照酶促反应的类型，所有的酶被分为七大类，分别是氧化还原酶类、转移酶类、水解酶类、裂合酶类、异构酶类、合成酶类与易位酶类。

酶的结构决定其功能。酶的活性部位是酶结合和催化底物反应的场所，其特点是体积小、具有立体三维结构、含有催化基团和结合基团、具有柔性、具有与底物相对互补的结构、位于酶分子表面的裂隙中。酶的活性部位和酶的其他部位之间具有协调统一的关系。同工酶指能催化相同的化学反应，但酶本身的分子结构组成、理化性质、免疫性能和调控特性等方面有所不同的一组酶，在代谢调控和临床诊断方面有重要意义。

酶的专一性主要有结构专一性与立体异构专一性。"过渡态互补学说"可以很好地解释酶的专一性，该学说认为底物与酶在相互作用中形成的过渡态，导致二者形成更好的空间互补，使酶具有高度的专一性。

酶具有高催化效率的分子机制是：酶结合底物形成酶－底物复合物，在酶的作用下（包括共价作用与非共价作用），底物形成特定的过渡态，显著降低了反应所需要的活化能。具体的分子机制包括邻近效应与定向效应、促进底物过渡态形成的非共价作用、酸碱催化、共价催化、金属离子催化等，这些机制可以协同配合发挥作用。酶作为生物大分子，具有多个能起催化作用的基团，这些基团通过协同的方式作用于底物，大幅提高酶促反应速率。抗体酶是具有催化能力的免疫球蛋白，其成功制备为过渡态理论提供了有力的实验证据。

酶促反应动力学研究酶促反应的速率以及影响因素，其中底物的影响作用是动力学研究的关键问题。米氏方程可以很好地解释底物浓度对酶促反应速率的影响。方程中 K_m 值是反应速率为最大反应速率（V_{max}）一半时的底物浓度，二者可用于评估酶的催化性能，K_m 与 V_{max} 值可利用 Lineweaver-Burk 双倒数作图法测定。

酶可受到抑制剂的影响，导致酶促反应速率降低。抑制剂分为不可逆抑制剂和可逆抑制剂两大类，前者通常与酶共价结合，后者与酶以非共价键结合，又可分为竞争性抑制剂、非竞争性抑制剂和反竞争性抑制剂等。不同的可逆抑制剂对应不同的抑制机制与不同的动力学方程，可利用作图法判断这些抑制剂的类型。温度、pH 与激活剂同样对酶促反应速率有影响，多数酶具有最适温度与最适 pH。

生物体内调控酶活性的方式有很多种，可概括为以下 2 类：通过改变酶的数量与分布来调控酶的活性；通过改变细胞内已有的酶分子的活性来对酶进行调节，后者又包括通过改变酶的结构调节酶的活性以及通过直接影响酶与底物的相互作用调节酶的活性等。对酶结构的调节有别构调控、可逆的共价修饰、酶原的激活等多种类型。别构调控指酶的调节部位可以与某些化合物可逆地非共价结合，使酶发生结构的改变，进而改变酶的催化活性，别构酶通常为寡聚酶，它可受到底物与非底物的别构调控。可逆的共价修饰指某种酶在其他酶的催化下，其肽链中某些基团发生可逆的共价修饰，导致该酶在活性（或高活性）形式和非活性（或低活性）形式之间相互转变。在特定蛋白水解酶的催化作用下，酶原（无活性的酶的前体）的结构发生改变，形成酶的活性部位，变成有活性的酶，称为酶原的激活。在酶水平的代谢调控中，通常是多种调控机制共同对一种酶起作用。

酶活力（酶活性）指酶催化指定化学反应的能力，酶活力的大小可以用在一定条件下酶促反应速率来表示，常用的测活方法是分光光度法。酶的分离纯化实质上就是蛋白质的分离纯化，但要尽可能防止酶的失活，对酶的纯化过程进行监控时，需要测定酶的总活力与比活力。酶工程是研究酶的生产和应用的一门技术性学科，包括化学酶工程与生物酶工程两大部分，酶工程具有巨大的市场潜力与发展前景。

文献导读

［1］Kraut J. How do enzymes work？Science，1988，242：533-540.

该论文阐述了酶的作用机制。

［2］Tsou C L. Conformational flexibility of enzyme active sites. Science，1993，282：380-381.

该论文创新性地提出酶活性部位柔性的理论。

［3］Schramm V L. Enzymatic transition states and transition state analog design. Annu Rev Biochem，1998，67：693-720.

该论文阐述了过渡态理论与过渡态底物类似物的设计原理。

［4］Endrizzi J A，Beernink P T，Alber T，et al. Binding of bisubstrate analog promotes large structural changes in the unregulated catalytic trimer of aspartate transcarbamoylase：Implications for allosteric regulation. Proc Natl Acad Sci，2000，97：5 077-5 082.

该论文是天冬氨酸转氨甲酰酶别构调控机制研究领域的重要文献。

［5］www. chem. qmul. ac. uk/iubmb/enzyme

该网页发布了国际生物化学与分子生物学协会对已知酶的命名与分类。

［6］Kirby A J. The lysozyme mechanism sorted-after 50 years. Nat Struct Biol，2001，8：737-739.

该论文综述了溶菌酶的催化作用及其机制。

［7］Ehrmann M，Clausen T. Proteolysis as a regulatory mechanism. Annu Rev Genet，2004，38：709-724.

该论文综述了生物体内由蛋白酶催化的蛋白水解反应的生理功能。

［8］Hammes-Schiffer S，Benkovic S J. Relating protein motion to catalysis. Annu Rev Biochem，2006，75：519-541.

该论文系统阐述了蛋白质的构象变化在其催化机制中的作用。

思考题

1. 作为生物催化剂，酶最重要的特点是什么？

2. 酶分为哪几大类，每一大类酶催化的化学反应的特点是什么？请指出以下几种酶分别属于哪一大类酶：

（1）磷酸葡糖异构酶（phosphoglucose isomerase）

(2) 碱性磷酸酶（alkaline phosphatase）

(3) 肌酸激酶（creatine kinase）

(4) 3 - 磷酸甘油醛脱氢酶（glyceraldehyde-3-phosphate dehydrogenase）

(5) 琥珀酰 CoA 合成酶（succinyl-CoA synthetase）

(6) 柠檬酸合酶（citrate synthase）

(7) 葡糖氧化酶（glucose oxidase）

(8) 谷丙转氨酶（glutamic-pyruvic transaminase）

(9) 蔗糖酶（invertase）

(10) T4 RNA 连接酶（T4 RNA ligase）

3. 什么是诱导契合学说，该学说如何解释酶的专一性？

4. 阐述酶活性部位的概念、组成与特点。

5. 经过多年的探索，你终于从一嗜热菌中纯化得到一种蛋白水解酶，可用作洗衣粉的添加剂。接下来，你用定点诱变的方法研究了组成该酶的某些氨基酸残基对酶活性的影响作用：

(1) 将第 65 位的精氨酸突变为谷氨酸，发现该酶的底物专一性发生了较大的改变，试解释原因；

(2) 将第 108 位的丝氨酸突变为丙氨酸，发现酶活力完全失去，试解释原因；

(3) 第 65 位的精氨酸与第 108 位的丝氨酸在酶的空间结构中是否相互靠近，为什么？

6. 酶具有高催化效率的分子机制是什么？

7. 利用底物形变和诱导契合的原理，解释酶催化底物反应时，酶与底物的相互作用。

8. 简述酶促反应酸碱催化与共价催化的分子机制。

9. 解释中间复合物学说和稳态理论，并用稳态理论推导米氏方程。

10. 乙醇脱氢酶催化如下反应：

$$乙醇 + NAD^+ \rightleftharpoons 乙醛 + NADH + H^+$$

(1) 已知反应体系中 NADH 在 340 nm 有吸收峰，其他物质在该波长处的吸光度均接近于零，请设计一种测定酶活力的方法。

(2) 如何确定在实验中测得的酶促反应速率是真正的初速率？

(3) 在实验中使用了一种抑制剂，下表中是在分别存在与不存在抑制剂 I 的情况下测定的对应不同底物浓度的酶促反应速率，请利用表中的数据计算其各自对应的 K_m 与 V_{max} 值，并判断抑制剂的类型。

[S]/(mmol/L)	v/(μmol · L^{-1} · min^{-1})	
	[I] = 0	[I] = 10mmol/L
20	5.263	3.999
15	5.001	3.636
10	4.762	3.222
5	4.264	2.115
2.5	3.333	1.316
1.6	2.77	0.926

11. 对于一个符合米氏方程的酶，当 [S] = $3K_m$，[I] = $2K_I$ 时（I 为非竞争性抑制剂），则 v/V_{max} 的数值是多少（此处 V_{max} 指 [I] = 0 时对应的最大反应速率）？

12. 试通过一种反竞争性抑制剂的动力学分析解释其抑制常数 K_I 在数值上是否可能等于该抑制剂的 IC 50（IC 50 即酶的活力被抑制一半时的抑制剂浓度，假设酶浓度与底物浓度均固定不变）。

13. 在生物体内存在很多通过改变酶的结构从而调节其活性的方法，请列举这些方法并分别举例说明。

14. 以天冬氨酸转氨甲酰酶为例解释蛋白质功能的别构调控。

15. 当加入较低浓度的竞争性抑制剂于别构酶的反应体系中时，往往观察到酶被激活的现象，请解释这种现象产生的原因。

16. 酶原激活的机制是什么，该机制如何体现"蛋白质一级结构决定高级结构"的原理？

17. 比较酶原激活与可逆的共价修饰这两种酶活性调控机制的异同点。

18. 实验测定胰凝乳蛋白酶的 k_{cat} 随反应体系 pH 的变化规律，得到下图的结果，试解释产生该结果的原因（提示：与 His^{57} 有关，其侧链基团的解离常数 pK_a 约为 6.0）。

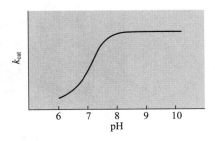

数字课程学习

⬇ 教学课件   ✍ 习题解析与自测

7

维生素和辅酶

　　维生素存在于各种来源的食物中，其中新鲜水果中含有大量维生素 C。

科学史话 7－1
维生素概念的
提出

　　维生素由"Vitamin"一词翻译而来，该名称反映了维生素在维系生命方面所起的重要作用。维生素在人与动物体内不能合成或合成量不足，必须由食物提供，当食物中同样缺乏这些维生素时，则会引起"维生素缺乏症"。维生素的科学定义是参与生物生长发育与代谢所必需的一类微量小分子有机化合物。维生素既不是构成机体组织的主要成分，也不是体内的供能物质，然而在调节物质代谢和维持生理功能等方面发挥着重要作用。一般根据维生素的溶解性质将其分为脂溶性和水溶性两大类。

7.1　脂溶性维生素

　　常见的脂溶性维生素主要包括维生素 A、维生素 D、维生素 E 和维生素 K。其共同特点为不溶于水，易溶于脂质溶剂，在食物中通常与脂质一起存在，其吸收与脂质的吸收密切相关。

7.1.1　维生素 A

　　天然的**维生素 A**（vitamin A）有 A_1 和 A_2 两种形式，维生素 A_1 又称**视黄醇**（retinol），主要存在于哺乳动物及咸水鱼的肝中，维生素 A_2 又称 3－脱氢视黄醇，主要存在于淡水鱼的肝中。维生素 A 在体内的活性形式主要是由视黄醇被氧化形成的**视黄醛**（retinal），特别是 11－顺视黄醛。

科学史话 7－2
Karrer 和 Kuhn
对胡萝卜素和多
种维生素的研究

　　植物中不含有维生素 A，但含有 β－胡萝卜素，β－胡萝卜素被动物取食后，可被小肠黏膜的 β－胡萝卜素－15，15′－二加氧酶作用生成 2 分子视黄醇，所以通常将 β－胡萝卜素称为维生素 A 原（图 7－1）。不过，需要指出的是，β－胡萝卜素的吸收率约为 1/3，转换为维生素 A 的转化率约为 1/2，所以摄入 6 μg 的 β－胡萝卜素才相当于 1 μg 的维生素 A。

　　动物的正常视觉和感光与维生素 A 关系密切，在负责感受弱光的杆状细胞中，11－顺视黄醛与视蛋白组成视紫红质。当杆状细胞感光时，视紫红质中的 11－顺视黄醛在光的作用下转变成全反型视黄醛，导致视紫红质构象发生变化，诱导杆状细胞产生与视觉相关的感受器电位。全反型视黄醛会与视蛋白分离，并通过特定的途径重新成为 11－顺视黄醛，与视蛋白组合成为视紫红质，这一过程称为视循环，在该视循环中部分视黄醛被消耗，因此需要经常补充维生素 A。当食物中缺乏维生素 A 时，11－顺视黄醛不足，视紫红质形成量减少，眼睛对弱光敏感性降低，严重时会产生"夜盲症"。

　　此外，维生素 A 与人体上皮细胞的正常形成和功能有关，还可以提高机体免疫功能，并可促进人体的生长和骨的发育，维生素 A 的缺乏可引起上皮组织干燥、增生和角质化，导致干眼病、皮肤干燥、毛发脱落等症状。

7.1.2　维生素 D

　　维生素 D（vitamin D）又称为抗佝偻病维生素，是**胆固醇**（cholesterol）衍生物（见 10.5）。维生素 D 广泛存在于动物、植物与酵母细胞中，在动物肝、奶与蛋黄等食物中含量丰富。动物体内的维生素 D 为胆钙化醇（又称维生素 D_3），可在紫外光的作用下由储存在皮下的 7－脱氢胆固醇转变而来

科学史话 5－3
胆固醇及相关分子的研究

（图7－2）；植物与酵母细胞中的维生素 D 为麦角钙化醇（又称维生素 D_2），可在紫外光的作用下由麦角固醇转变而来。人类能通过太阳作用于皮肤直接产生维生素 D，因此食物并非该维生素的唯一来源。

来自食物及皮肤中的维生素 D_3 与特异的载体蛋白（维生素 D 结合蛋白，简称 DBP）结合后被运输至肝，在 25－羟化酶作用下成为 25－羟维生素 D_3，再被转运到肾中，在 1－α－羟化酶的作用下成为 1,25－二羟维生素 D_3。

1,25－二羟维生素 D_3 是维生素 D 的活性形式，可在生物体内调节钙与磷的代谢，其靶细胞是小肠黏膜、肾及肾小管，主要的生理功能是促进小肠黏膜细胞对钙及磷的吸收，促进肾小管细胞对钙及磷的重吸收，促进钙盐的更新和新骨的生成。当食物中缺乏维生素 D 时，儿童可发生佝偻病，成人引起软骨病。

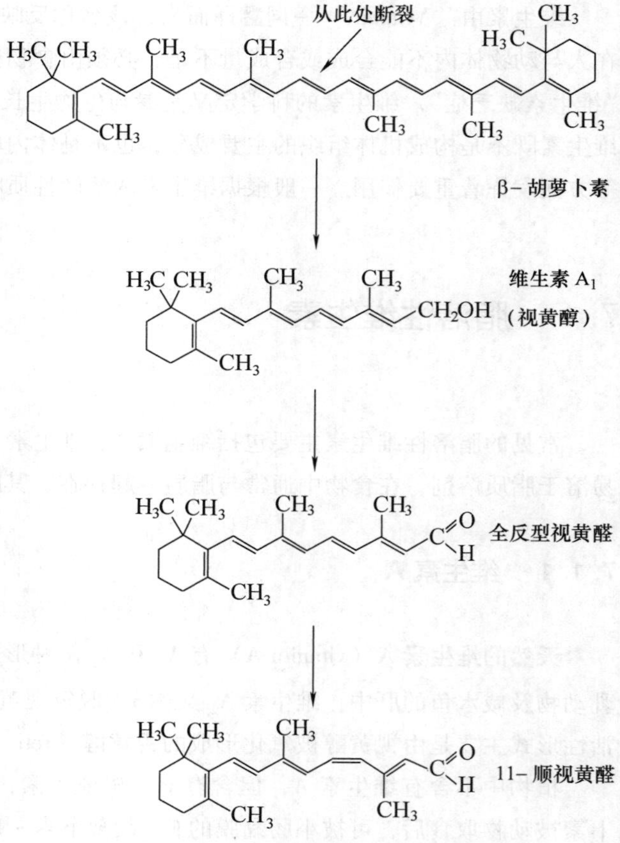

图7－1 由 β－胡萝卜素生成11－顺视黄醛

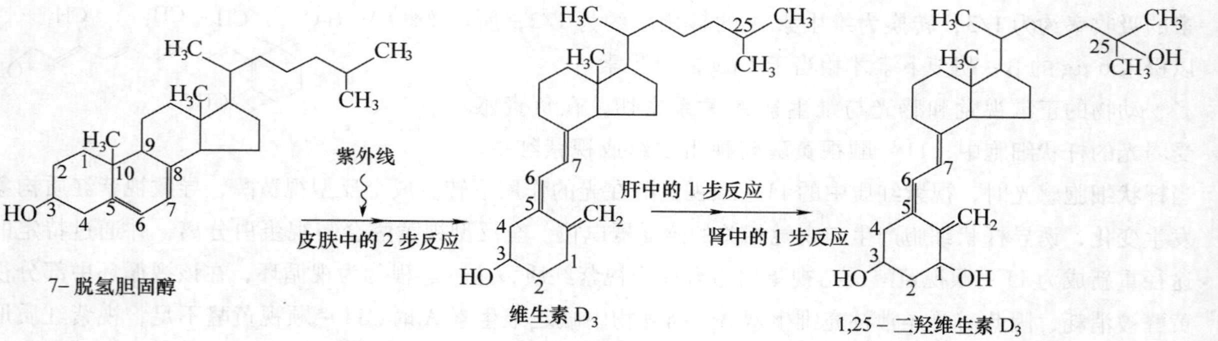

图7－2 由7－脱氢胆固醇生成1,25－二羟维生素 D_3

7.1.3 维生素 E

维生素 E（vitamin E）又称**生育酚**（tocopherol），与动物生育有关，维生素 E 广泛存在于豆类与蔬菜中，人的饮食中维生素 E 的主要来源是植物油。天然的维生素 E 共 8 种，4 种生育酚（T）、4 种生育三烯酚（TT），在化学结构上均为苯骈二氢吡喃的衍生物，其中 α－生育酚活性最高、分布最广。

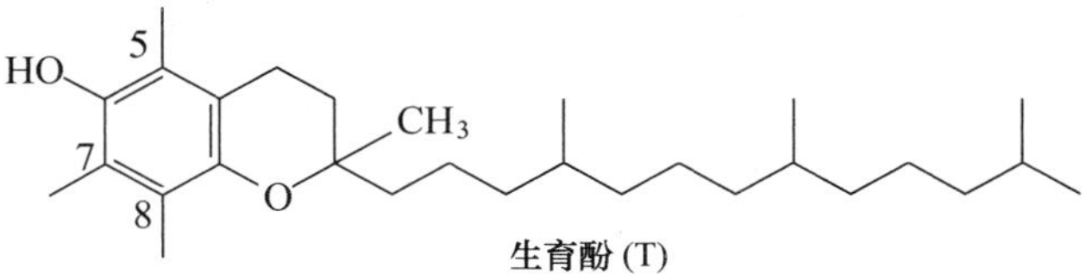

生育酚 (T)

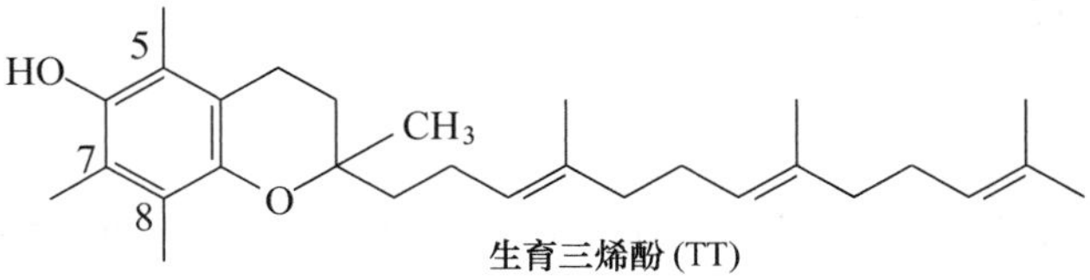

生育三烯酚 (TT)

甲基的位置	T	TT
5,7,8	α-T	α-TT
5,8	β-T	β-TT
7,8	γ-T	γ-TT
8	δ-T	δ-TT

维生素 E 在生物体内容易被氧化，因此能保护其他物质不被氧化，是一种抗氧化剂。生物体自身产生的自由基具有强氧化性，过量自由基对机体有伤害，维生素 E 的酚羟基可以与自由基作用生成生育酚自由基，生育酚自由基进一步与另一个自由基反应生成生育醌，从而起到清除过量自由基的作用。生育醌可在随后的代谢过程中被还原为生育氢醌，与葡糖醛酸结合后随胆汁进入粪便排出。由于维生素 E 具有脂溶性，因此可进入生物膜，避免脂质过氧化物的产生，保护生物膜的结构和功能。

维生素 E 还具有促进血红素合成、影响动物免疫功能与生殖功能、保护肝等作用，当动物缺乏维生素 E 时，其生殖器官易受损而导致不育，部分动物还会产生肌营养不良、心肌受损、贫血等症状。

7.1.4 维生素 K

维生素 K（vitamin K）又称凝血维生素，共有 K_1、K_2、K_3、K_4 四种，其中 K_1、K_2 为天然维生素 K，K_1 见于绿色植物与动物肝，K_2 由人体肠道细菌代谢产生，均为 2-甲基-1,4-萘醌的衍生物。临床上应用的维生素 K 为人工合成的 K_3、K_4，其结构如下所示。

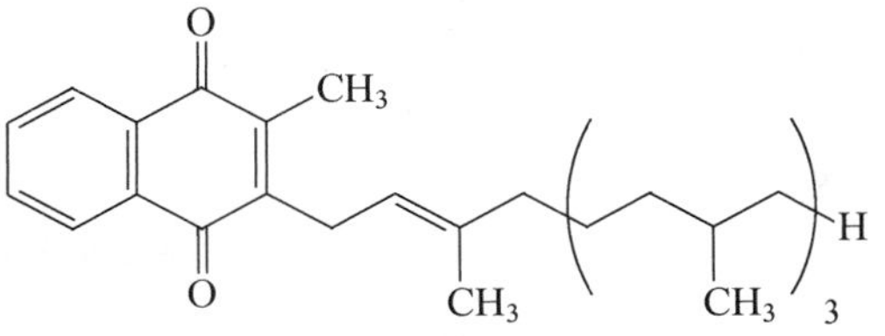

维生素 K_1

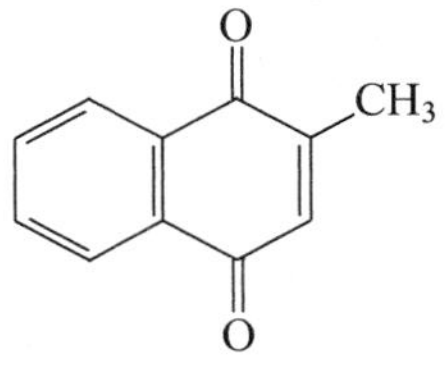

维生素 K_3

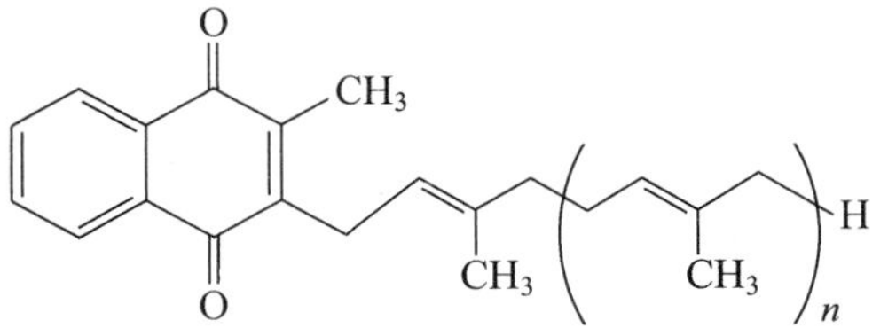

维生素 K_2 $n=5\sim8$

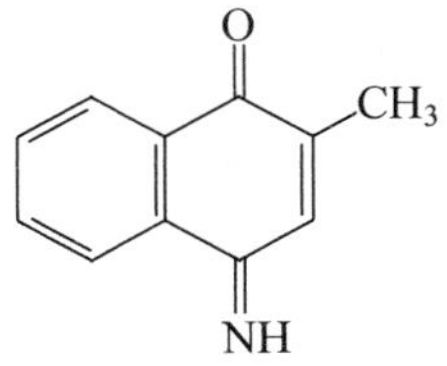

维生素 K_4

维生素 K 可参与人体的凝血过程，其具体作用是维持第 II、VII、IX、X **凝血因子**（coagulation factor）于正常水平。这些凝血因子在经历酶原激活的过程之前，需要酶原的多个谷氨酸残基被羧化为 γ-羧基谷氨酸（Gla）。酶原中的 Gla 可螯合 Ca^{2+}，并结合膜中的磷脂，使酶原被蛋白酶水解激活。催化谷氨酸羧化反应的酶称为 γ – 羧化酶，维生素 K 为该酶的辅助因子。当维生素 K 缺乏时，无法形成含 Gla 的酶原，从而导致酶原不能被激活并参与凝血过程，因此维生素 K 缺乏的主要症状是凝血时间延长。

7.2 水溶性维生素

常见的水溶性维生素主要包括维生素 B_1、维生素 B_2、泛酸、维生素 PP、维生素 B_6、生物素、叶酸、维生素 B_{12}、硫辛酸和维生素 C。其共同特点为易溶于水，除维生素 C 外，均在生物体内转化为辅酶参与代谢或对代谢起调节作用。

7.2.1 维生素 B_1 和硫胺素焦磷酸

维生素 B_1（vitamin B_1）由含硫的噻唑环和含氨基的嘧啶环组成，因此又称为**硫胺素**（thiamine）。维生素 B_1 主要存在于植物种子外皮与胚芽中，因此糙米比精米含有更多维生素 B_1。

维生素 B_1 在生物体内可在硫胺素焦磷酸合成酶的作用下，从 ATP 接受一个焦磷酸基团，形成**硫胺素焦磷酸**（thiamine pyrophosphate，TPP，图 7 – 3），TPP 是参与 α – 酮转移、α – 酮酸的脱羧和 α – 羟酮的形成与裂解等反应的辅酶。TPP 的噻唑环上硫和氮之间的碳原子十分活泼，易释放 H^+ 形成具有催化功能的亲核基团——TPP 碳负离子。TPP 碳负离子可作为亲核试剂攻击底物的缺电子中心，与底物形成共价中间复合物，促进底物的化学反应（图 7 – 4）。例如在丙酮酸脱氢酶复合体（$E_1E_2E_3$）催化丙酮酸脱羧形成乙酰辅酶 A 的反应中，TPP 是丙酮酸脱氢酶（E_1）的辅酶，在酶的催化作用下，TPP 碳负离子与丙酮酸反应形成丙酮酸 – TPP 加成化合物，该中间复合物脱羧形成羟乙基 – TPP 中间物，在二氢硫辛酰转乙酰基酶（E_2）的催化作用下，羟乙基 – TPP 中间物可释放出游离的 TPP 碳负离子，结合下一个丙酮酸分子（见 9.2.2.1）。

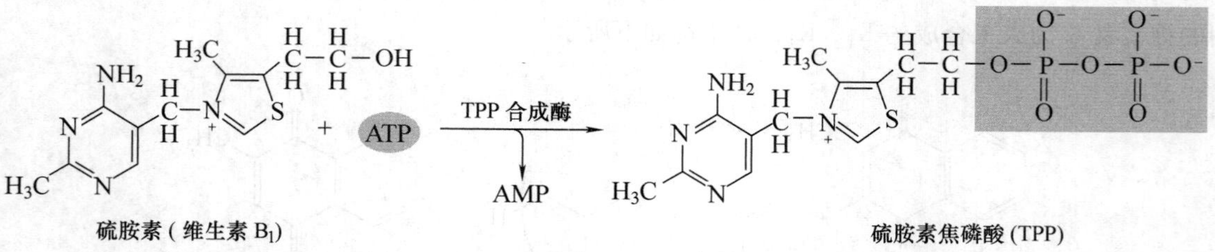

图 7 –3 由硫胺素生成硫胺素焦磷酸

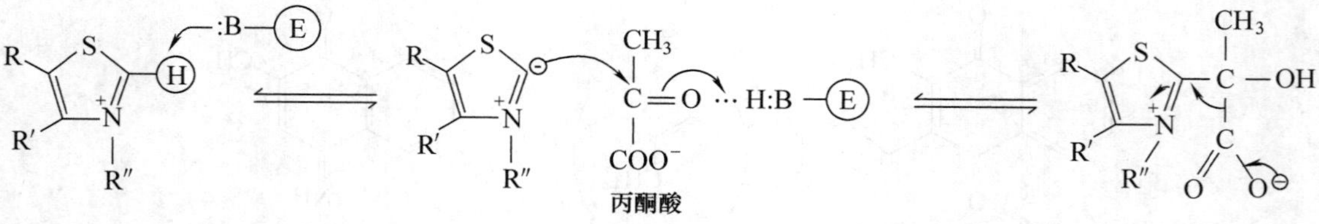

图 7 –4 硫胺素焦磷酸的作用机制

维生素 B_1 和糖代谢关系密切，是糖代谢必需的，例如参与糖的有氧分解的两种关键酶（丙酮酸脱氢酶复合体与 α – 酮戊二酸脱氢酶复合体）均利用硫胺素焦磷酸作为辅酶。当人缺乏维生素 B_1 时，丙

酮酸与 α - 酮戊二酸的氧化脱羧反应均发生障碍，丙酮酸发生堆积，使病人的血、尿和脑组织中丙酮酸含量增多，出现多发性神经炎、皮肤麻木、心力衰竭、肌肉萎缩等症状，临床上称为脚气病。

科学史话 7 – 4
维生素 B$_1$ 的研究

7.2.2 维生素 B$_2$ 和黄素辅酶

维生素 B$_2$（vitamin B$_2$）又称为**核黄素**（riboflavin），在结构上由核糖醇和 7,8 - 二甲基异咯嗪两部分组成。维生素 B$_2$ 广泛存在于动植物中，在酵母，动物肝、肾，蛋黄，奶与大豆中含量丰富。

维生素 B$_2$ 从食物中被吸收后在小肠黏膜黄素激酶的作用下生成黄素单核苷酸（FMN），在体细胞内还可进一步在焦磷酸化酶的催化下生成黄素腺嘌呤二核苷酸（FAD），FAD 和 FMN 是核黄素在生物体内的活性形式（图 7-5）。FAD 和 FMN 是一些氧化还原酶的辅基，与蛋白部分结合很牢。由于在核黄素异咯嗪的 1 位和 5 位 N 原子上具有两个活泼的双键，因此 FMN 与 FAD 容易发生氧化还原反应，在生物体内的代谢过程中起传递氢或电子的作用。黄素辅酶能以 3 种不同氧化还原状态的任一种形式存在，如图 7-5 所示，通过转移 1 个电子的反应可使完全氧化型变为半醌型，半醌型又可得到一个电子变为完全还原型。因此黄素辅酶可以参加 1 个电子和 2 个电子的转移反应，能和许多不同的电子受体和供体一同工作。例如在柠檬酸循环中，FAD 是琥珀酸脱氢酶的辅基，可以从底物琥珀酸得到 2 个电子，还原为 FADH$_2$，FADH$_2$ 再将这两个电子逐一地通过酶中的铁 - 硫簇传递给泛醌。在电子传递链中，FMN 是蛋白复合体 I 的辅基，参与从 NADH 到泛醌传递电子的过程。

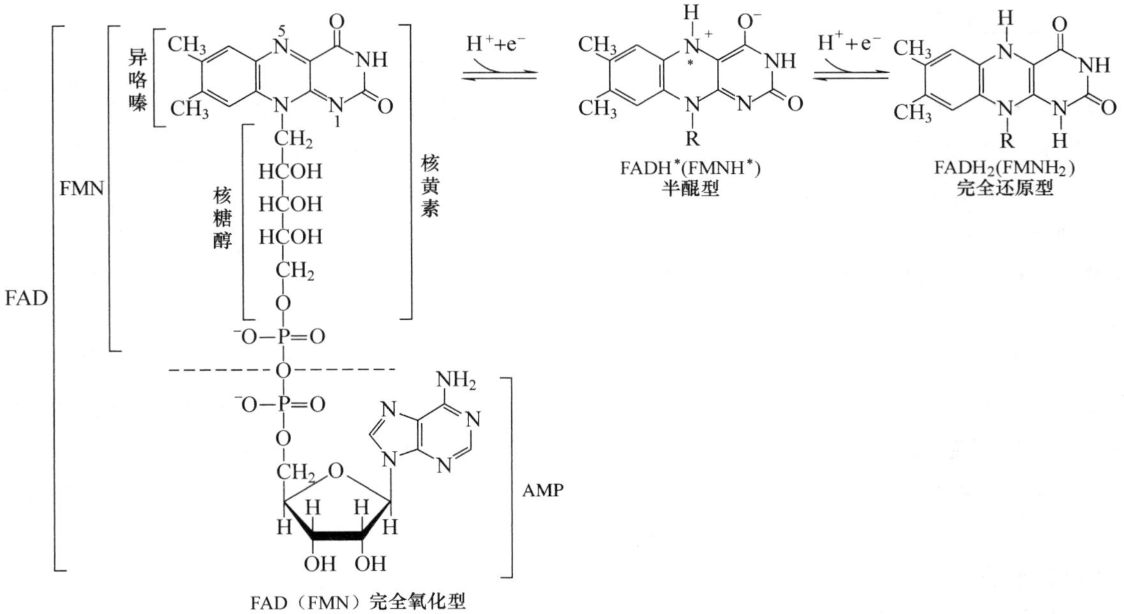

图 7 – 5　FAD 与 FMN 参与转移电子的反应

科学史话 7 – 5
含核苷酸辅酶
的研究

维生素 B$_2$ 能促进糖、脂质和蛋白质的代谢，对维持皮肤、黏膜和视觉的正常机能均有一定的作用。缺乏时组织呼吸减弱，代谢强度降低。主要症状为口腔发炎、舌炎、角膜炎、皮炎等。

7.2.3 泛酸和辅酶 A

泛酸又称**遍多酸**（pantothenic acid），是 α,γ - 二羟基 - β,β - 二甲基丁酸与 β - 丙氨酸通过肽键缩合而成的有机酸分子。泛酸在酵母、小麦、花生、豌豆、动物肝和肾等生物或生物器官中含量丰富。

辅酶 A（简写为 CoA 或 CoA-SH）是泛酸在生物体内的主要活性形式，由 3′,5′ - ADP 以磷酸酐键连接 4 - 磷酸泛酰 - β - 巯基乙胺形成。

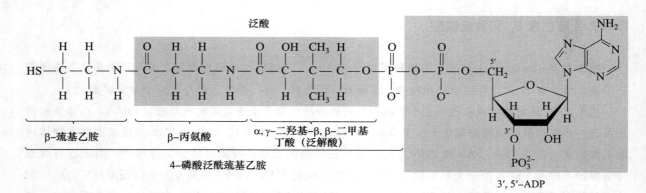

CoA-SH 分子中所含的活泼巯基可与酰基结合形成硫酯，因此可以作为酰基转移酶的辅酶，在糖、脂质、蛋白质等的代谢过程中起传递酰基的作用，例如 CoA-SH 可参与丙酮酸脱氢酶复合体催化丙酮酸脱羧的反应，反应生成**乙酰辅酶 A**（acetyl-CoA）。乙酰辅酶 A 分子中乙酰基与 CoA 通过一个高能硫酯键结合，成为一种活泼的乙酰基团（见 8.1.3 和 8.1.5）。

科学史话 7 - 6
辅酶 A 的研究

因泛酸广泛存在于生物界，所以很少见泛酸缺乏症。

7.2.4 维生素 PP 和烟酰胺辅酶

维生素 PP（vitamin PP）包括**烟酸**（nicotinic acid）和**烟酰胺**（nicotinamide），二者都属于吡啶衍生物。维生素 PP 广泛存在于酵母、花生、谷类植物、大豆、动物肝中，在人体内可由色氨酸生成维生素 PP。

在生物体内烟酰胺与核糖、磷酸、腺嘌呤形成两种活性形式，分别称为烟酰胺腺嘌呤二核苷酸（NAD$^+$，辅酶Ⅰ）和烟酰胺腺嘌呤二核苷酸磷酸（NADP$^+$，辅酶Ⅱ），NAD$^+$ 与 NADP$^+$ 的结构如图 7 - 6 所示。NAD$^+$ 与 NADP$^+$ 通常可作为脱氢酶的辅酶参与生物体内的氧化还原反应，在反应中二者的烟酰胺环上 C4 位

置可接受 2 个电子（这 2 个电子由 1 个氢负离子所携带）从而被还原，NAD$^+$ 的还原型为 NADH，NADP$^+$ 的还原型为 NADPH（图 7 - 6）。例如在糖酵解代谢途径中，NAD$^+$ 作为 3 - 磷酸甘油醛脱氢酶的辅酶，在反应中从 3 - 磷酸甘油醛得到氢负离子形成 NADH，反应同时生成 1,3 - 二磷酸甘油酸与 1 个质子（见 9.2.1.3）。

烟酰胺辅酶可以看作是电子载体，在生物体内起传递电子的重要作用，NAD$^+$ 或 NADP$^+$ 作为电子受体一次性地接受 2 个电子，NADH 或 NADPH 作为电子供体给出 2 个电子，例如，NAD$^+$ 可在糖酵解途径与柠檬酸循环途径中得到 2 个电子，得以形成 NADH，NADH 又在氧化磷酸化途径中将电子通过呼吸链最终传递给氧，促成 ATP 的生成。NADPH 主要在生物合成代谢过程中作为电子的供体起作用。注意 NADH 与 NADPH 均为 2 个电子的载体。

科学史话 7 - 7
维生素 PP 的研究

人类维生素 PP 缺乏症称为癞皮症，主要表现症状是皮炎、腹泻及痴呆等。

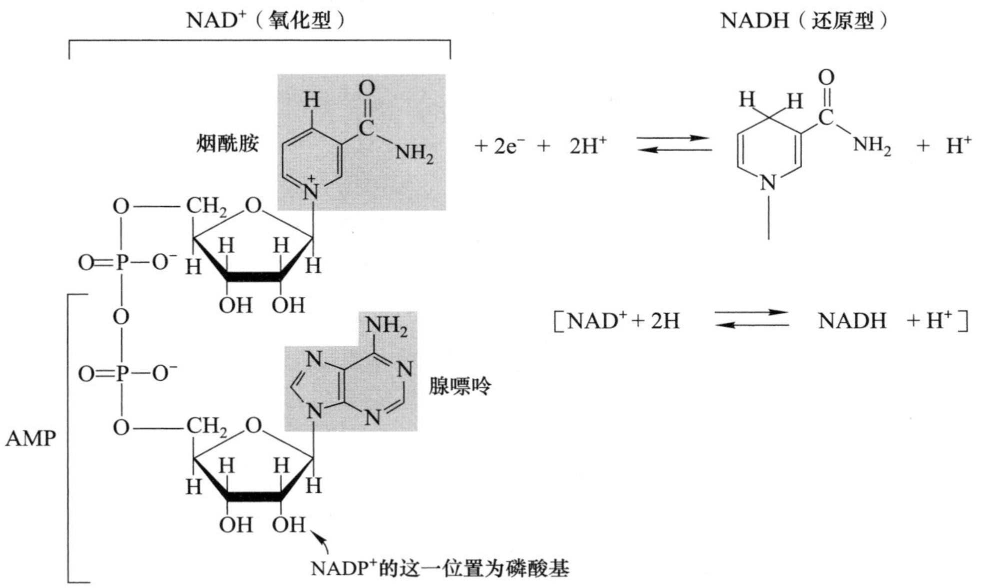

图 7-6 NAD$^+$（NADP$^+$）的结构及其参与的反应

7.2.5 维生素 B$_6$ 和 B$_6$ 辅酶

维生素 B$_6$（vitamin B$_6$）包括**吡哆醛**（pyridoxal）、**吡哆醇**（pyridoxine）及**吡哆胺**（pyridoxamine），均为吡啶衍生物。维生素 B$_6$ 广泛分布于各种动植物中，在谷类外皮中含量丰富。

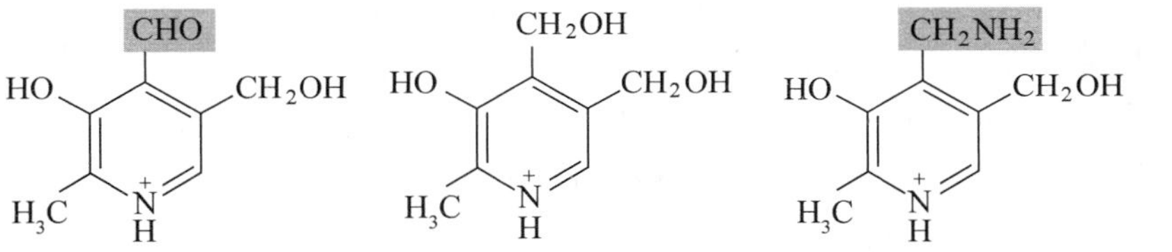

磷酸吡哆醛（pyridoxal-5-phosphate，PLP）和**磷酸吡哆胺**（pyridoxamine-5-phosphate，PMP）为维生素 B$_6$ 在生物体内的活性形式，二者分别为吡哆醛与吡哆胺的磷酸酯，在生物体内可相互转变。

磷酸吡哆醛是氨基酸代谢中的转氨酶及脱羧酶的辅酶，可与酶活性部位 Lys 残基的 ε - 氨基形成西佛碱（Schiffs base）结构（酶 - PLP 西佛碱）。在天冬氨酸氨基转移酶催化的转氨基反应中，通过乒乓反应机制，谷氨酸的氨基向酶 - PLP 西佛碱转移，生成 α - 酮戊二酸和磷酸吡哆胺，磷酸吡哆胺的氨基再转移到草酰乙酸上，生成天冬氨酸（图 7-7）。

此外磷酸吡哆醛还可作为糖原磷酸化酶的重要组成部分，参与糖原分解为 1 - 磷酸葡糖的过程。

由于食物中富含维生素 B$_6$，同时肠道细菌也可以合成维生素 B$_6$ 供人体需要，因此人类未发现维生素 B$_6$ 缺乏的典型病例。

7.2.6 生物素和羧化酶辅酶

生物素（biotin）又称维生素 H，由带有戊酸侧链的噻吩与尿素结合而成，是一个双环化合物。生物素广泛存在于酵母、谷类、豆类、鱼类、肝、肾、蛋黄、坚果中。

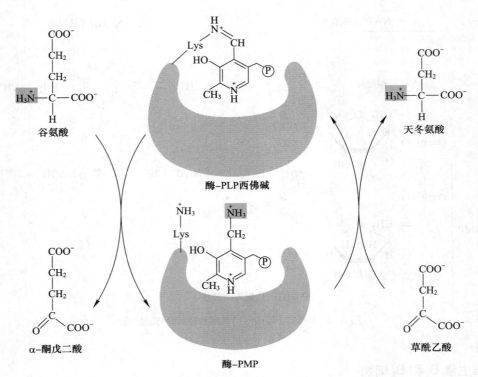

图 7-7 天冬氨酸氨基转移酶催化的反应

生物素是催化羧基转移反应以及催化依赖 ATP 的羧化反应的酶的辅酶。在羧化酶中，生物素戊酸侧链的羧基通常与酶蛋白分子中赖氨酸残基上的 ε - 氨基通过酰胺键共价结合，形成生物素 - 酶复合物，又称**生物胞素**（biocytin），因此生物素（或生物胞素）也被称为这些酶的辅基。生物胞素的结构使生物素带有长的柔性链，可作为活动羧基载体参与酶促羧化反应。反应时，CO_2（或碳酸氢盐）先与尿素环上的一个氮原子结合，然后被转给适当

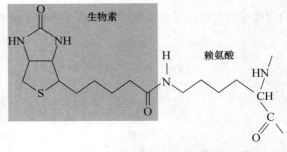

生物素-赖氨酸复合物（生物胞素）

的受体。例如在丙酮酸羧化酶催化的反应中，生物素在酶的一个部位从碳酸氢盐得到羧基，再利用柔性链的可转动性，将该羧基转移到另一个部位的丙酮酸上，导致草酰乙酸的形成（见 9.3.4）。

由于生物素来源广泛，人体肠道细菌也能合成，因此人类中很少出现缺乏症。新鲜鸡蛋的蛋清中有一种抗生物素蛋白，它能与生物素结合使其失去活性不被吸收，蛋清加热后这种蛋白便被破坏，因此大量食用熟鸡蛋不会导致生物素的缺乏。长期使用抗生素可抑制肠道细菌生长，也可能造成生物素的缺乏，主要症状是疲乏、恶心、呕吐、食欲不振、皮炎及脱屑性红皮病。

7.2.7 叶酸和叶酸辅酶

叶酸（folic acid）是一种在自然界广泛存在的维生素，因为在绿色植物的叶片中含量丰富，故称叶酸。叶酸分子由 2 - 氨基 - 4 - 羟基 - 6 - 甲基蝶啶、对氨基苯甲酸与 L - 谷氨酸（1~7 个）连接而成。

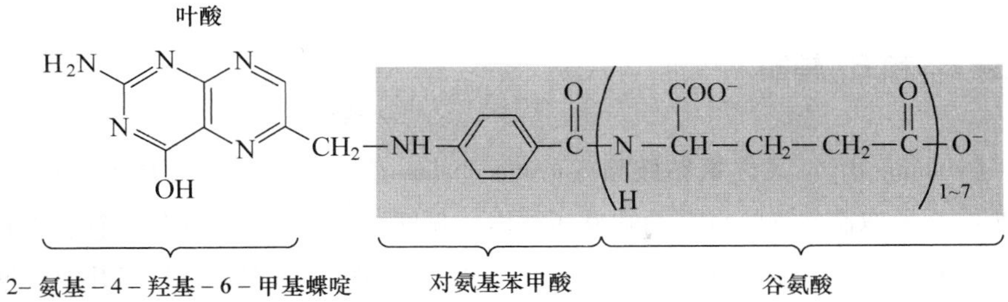

叶酸在生物体内的活性形式是其加氢的还原产物——5,6,7,8-**四氢叶酸**（tetrahydrofolate，THF 或 FH₄），叶酸还原反应由肠壁、肝、骨髓等组织中的叶酸还原酶所催化（图 7-8）。

THF 又称辅酶 F，是生物体内一碳单位转移酶的辅酶，分子内部 N^5、N^{10} 两个氮原子均能携带一碳单位（如—CH_3，—CH_2—，—CHO 等，图 7-9），因此 THF 可作为一碳单位的载体参与多种生物合成过程，例如甲硫氨酸、嘌呤类和胸苷酸的生物合成（图 12-4 和图 12-11）。

图 7-8 叶酸还原成四氢叶酸的反应

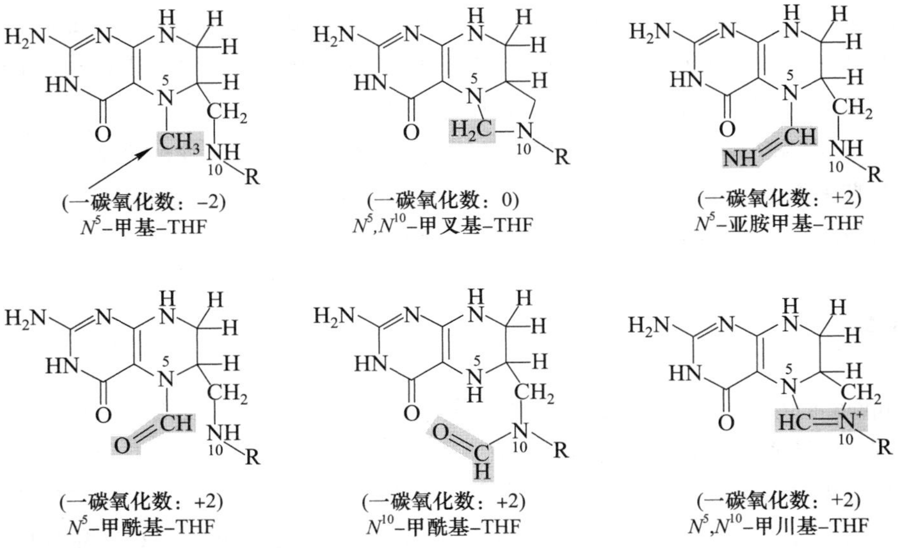

图 7-9 携带一碳单位的四氢叶酸中间物（引自：王镜岩，朱圣庚，徐长法，2008）

因为叶酸广泛存在于各种食物中，人类肠道细菌也能合成，因此人类很少出现缺乏症。当人缺乏叶酸时，DNA 合成受到抑制，骨髓巨红细胞 DNA 合成减少，细胞分裂速度降低，细胞体积变大，造成巨红细胞贫血。怀孕期及哺乳期的人由于因快速分裂细胞增加或因生乳而致代谢较旺盛，应适量补充叶酸。抗癌药物氨甲蝶呤因结构与叶酸相似，能作为竞争性抑制剂抑制二氢叶酸还原酶的活性，使四氢叶酸合成量减少，进而抑制癌细胞内嘌呤和胸腺嘧啶核苷酸的合成，因此有抗癌作用。

7.2.8 维生素 B₁₂ 和 B₁₂ 辅酶

维生素 B₁₂（vitamin B₁₂）又称**氰钴胺素**（cyanocobalamin），是唯一含金属元素的维生素，维生素 B₁₂ 的核心结构为一个类似血红素卟啉环的咕啉环结构（见图 8-7），其中心有一个钴离子。氰化基来自分离过程，体内并无与—CN 结合的 B₁₂ 存在。B₁₂ 广泛存在于动物食品中，肉类和肝中含量丰富。

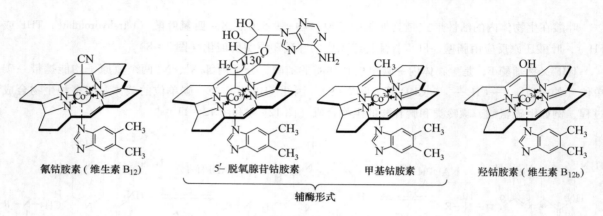

氰钴胺素（维生素 B₁₂）　　　5'-脱氧腺苷钴胺素　　　甲基钴胺素　　　羟钴胺素（维生素 B₁₂ᵦ）

辅酶形式

维生素 B₁₂ 和 B₁₂ 辅酶的简化结构

食物中的维生素 B₁₂ 通常需要由胃黏膜细胞分泌的**内因子**（intrinsic factor）的协助才能被生物体吸收。维生素 B₁₂ 在生物体内因结合的基团不同，可以多种形式存在，如羟钴胺素、甲基钴胺素和 5'-脱氧腺苷钴胺素，其中 5'-脱氧腺苷钴胺素是维生素 B₁₂ 在体内的主要活性形式。

5'-脱氧腺苷钴胺素通常参与若干种酶催化的分子内重排反应，如**变位酶**（mutase）所催化的底物内氢原子和邻近碳上另外一个基团进行交换的反应。此外，5'-脱氧腺苷钴胺素还参与细菌中核苷酸还原为脱氧核苷酸的反应，甲基钴胺素参与甲基转移的反应。

维生素 B₁₂ 广泛存在于动物食品中，食用正常膳食者，很少发生缺乏症，但偶见于有严重吸收障碍疾患的病人及长期素食者。维生素 B₁₂ 缺乏时，可影响四氢叶酸的再生，从而影响到嘌呤、嘧啶的合成，最终导致核酸合成障碍，影响细胞分裂，产生巨红细胞性贫血。

科学史话 7-8

维生素 B₁₂ 的研究

7.2.9 硫辛酸

硫辛酸（lipoic acid）即 6,8-二硫辛酸，是一种八碳酸，在自然界广泛分布，在酵母与动物肝中含量丰富。在食物中硫辛酸常与维生素 B₁ 同时存在。

硫辛酸在生物体内以互相转换的两种形式存在，即氧化型的硫辛酸和还原型的二氢硫辛酸，在氧化型的硫辛酸中，两个硫原子之间形成二硫键，是一种闭环结构，还原型的二氢硫辛酸是开链结构。

硫辛酸是一种酰基载体，存在于丙酮酸脱氢酶复合体和 α-酮戊二酸脱氢酶复合体中，在 α-酮酸的氧化脱羧反应中行使偶联酰基转移和电子转移的功能（见 9.2.2.1）。硫辛酸通常与相关酶分子中的赖氨酸残基的 ε-氨基以酰胺键共价连接，形成的硫辛酰胺复合物是硫辛酸的辅酶形式，具有转动灵活性的硫辛酰赖氨酰臂。例如，丙酮酸脱氢酶复合体由隶属于三种酶的 60 个亚基组成，每一种亚基的活性部位之间有一定距离，存在于二氢硫辛酰转乙酰酶的硫辛酰赖氨酰臂凭借其灵活的长臂结构，从一种亚基的活性部位转动到另一种亚基的活性部位，起到转移酰基和电子的作用。

科学史话 7-9

硫辛酸的发现

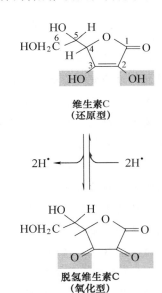

硫辛酸（氧化型）　　　　　二氢硫辛酸（还原型）

硫辛酸　　　　　赖氨酸
硫辛酰胺复合物

7.2.10　维生素 C

维生素 C（vitamin C）又称**抗坏血酸**（ascorbic acid），是含有 6 个碳原子的酸性多羟基化合物。维生素 C 分子中 C_2 及 C_3 位上的两个相邻的烯醇式羟基容易分解释放 H^+，因此维生素 C 虽然没有自由羧基，但是具有有机酸的性质。

维生素 C 广泛地存在于蔬菜和新鲜水果中，绝大多数的动物都能在体内由 D – 葡糖醛酸合成维生素 C，不完全需要从外界获得，但是人、猴、豚鼠以及一些鸟类和鱼类不能在体内合成，需要从食物中取得。

维生素 C 中 C_2 及 C_3 位羟基上两个氢原子可以全部脱去而生成脱氢维生素 C，后者在有供氢体存在时，又能接受 2 个氢原子再转变为维生素 C（图 7 – 10）。脱氢维生素 C 容易被水解成为无活性的 L – 二酮古洛糖酸，因此人体需要经常补充维生素 C。

维生素 C 和脱氢维生素 C 作为一套有效的氧化还原系统，可参与体内氧化还原反应，起抗氧化剂的作用，例如一些酶只有含自由巯基时才有催化作用，维生素 C 能使酶分子中的巯基维持在还原状态，从而使酶保持活性。维生素 C 也可促使氧化型谷胱甘肽（GSSG）还原为还原型谷胱甘肽（GSH）。此外，维生素 C 还参与体内多种羟化反应，例如维生素 C 是胶原脯氨酸羟化酶及胶原赖氨酸羟化酶维持活性所必需的辅助因子（通过维持酶中 Fe^{2+} 的价态），可促进胶原蛋白的羟基化。维生素 C 还具有增加机体对铁元素的吸收、防止贫血、提高机体免疫力等功能。维生素 C 缺乏时可患坏血病，主要为胶原蛋白合成障碍所致，患者可出现皮下出血、肌肉脆弱等症状。

各种维生素的活性形式和重要功能见表 7 – 1，各种维生素的功能、来源及缺乏症见数字课程中知识扩展 7 – 1。

维生素 C
（还原型）

$2H^\cdot$　　　　$2H^\cdot$

脱氢维生素 C
（氧化型）

图 7 – 10　维生素 C 的氧化还原

科学史话 7 – 10
维生素 C 的研究

表 7 – 1　各种维生素的主要活性形式及其功能

类型	人体内的主要活性形式	主要功能
维生素 A	11 – 顺视黄醛	暗视觉形成
维生素 D	1,25 – 二羟维生素 D_3	调节钙与磷的代谢
维生素 E	α – 生育酚	抗氧化作用、维持动物正常生殖功能

知识扩展 7 – 1
各种维生素的功能、来源及缺乏症

类型	人体内的主要活性形式	主要功能
维生素 K	维生素 K_1 和 K_2	参与凝血因子的激活过程，促进凝血
维生素 B_1	硫胺素焦磷酸（TPP）	参与 α-酮转移、α-酮酸的脱羧和 α-羟酮的形成与裂解等反应
维生素 B_2	黄素单核苷酸（FMN） 黄素腺嘌呤二核苷酸（FAD）	参与氧化还原反应，传递氢和电子
泛酸	辅酶 A（CoA）	酰基转移作用
维生素 PP	烟酰胺腺嘌呤二核苷酸（NAD^+） 烟酰胺腺嘌呤二核苷酸磷酸（$NADP^+$）	参与氧化还原反应，转移氢和电子
维生素 B_6	磷酸吡哆醛、磷酸吡哆胺	氨基酸转氨基、脱羧作用
生物素	生物胞素	传递 CO_2
叶酸	四氢叶酸	传递一碳单位
维生素 B_{12}	5'-脱氧腺苷钴胺素、甲基钴胺素	氢原子重排作用，甲基化
硫辛酸	硫辛酰胺复合物	酰基转移，电子转移
维生素 C	维生素 C（抗坏血酸）	抗氧化作用，羟基化反应辅因子

小结

　　维生素是参与生物生长发育与代谢所必需的一类微量小分子有机化合物，在调节物质代谢和维持生理功能等方面发挥着重要作用。一般根据维生素的溶解性质将其分为脂溶性和水溶性两大类，脂溶性维生素主要包括维生素 A、维生素 D、维生素 E、维生素 K 等，在体内可直接产生生理作用；水溶性维生素主要包括维生素 B_1、维生素 B_2、泛酸、维生素 PP、维生素 B_6、生物素、叶酸、维生素 B_{12}、硫辛酸和维生素 C，在生物体内通过转变成辅酶参与代谢或对代谢起调节作用。

　　维生素 A 在体内的活性形式主要是 11-顺视黄醛，动物的暗视觉与维生素 A 关系密切。维生素 D 在动物体内的活性形式为 1,25-二羟维生素 D_3，其功能主要为调节钙与磷的代谢。维生素 E 在生物体内容易被氧化，因此能保护其他物质不被氧化，是一种抗氧化剂。维生素 K 作为 γ-羧化酶的辅助因子，有助于多种凝血因子的激活，参与体内的凝血过程。

　　维生素 B_1 在生物体内的活性形式是硫胺素焦磷酸（TPP），TPP 是参与 α-酮转移、α-酮酸的脱羧和 α-羟酮的形成与裂解反应的辅酶。维生素 B_2 的活性形式是 FMN 与 FAD，FAD 和 FMN 是一些氧化还原酶的辅基，在生物体内的代谢过程中起传递氢与电子的作用。辅酶 A 是泛酸在生物体内的主要活性形式，可以作为酰基转移酶的辅酶，在代谢过程中起传递酰基的作用。维生素 PP 的活性形式为 NAD^+ 和 $NADP^+$，NAD^+ 与 $NADP^+$ 通常可作为脱氢酶的辅酶参与生物体内的氧化还原反应，是氢与电子的载体。磷酸吡哆醛和磷酸吡哆胺为维生素 B_6 在生物体内的主要活性形式，是氨基酸代谢中的转氨酶及脱羧酶的辅酶。生物素通常与酶蛋白分子共价结合，形成生物胞素，可作为活性羧基载体参与酶促羧化反应。叶酸在生物体内的活性形式是四氢叶酸，可作为一碳单位的载体参与多种生物合成过程。5'-脱氧腺苷钴胺素和甲基钴胺素是维生素 B_{12} 在体内的主要活性形式，参与若干种酶催化的分子内重排反应、细菌中核苷酸还原为脱氧核苷酸的反应等。硫辛酸在生物体内以互相转换的氧化型与还原型两种形式存在，硫辛酸在 α-酮酸的氧化脱羧反应中行使偶联酰基转移和电子转移的功能。维生素 C 又称抗坏血酸，抗坏血酸与其还原形式脱氢抗坏血酸作为一套有效的氧化还原系统，可参与体内氧化还原反应，起抗氧化剂的作用，还参与体内多种羟化反应。

文献导读

[1] 张迅捷. 维生素全书. 北京：中国民航出版社，2005.

该书系统介绍了维生素的种类、营养知识与药用价值。

[2] Duarte T L, Lunec J. Review: When is an antioxidant not an antioxidant? A review of novel actions and reactions of vitamin C. Free Radic Res, 2005, 39 (7): 671-686.

该论文阐述了维生素 C 的功能与作用机制。

[3] Brigelius-Flohé R, Traber M G. Vitamin E: function and metabolism. FASEB J, 1999, 13: 1 145-1 155.

该论文介绍了维生素 E 的功能与代谢。

思考题

1. 什么是维生素？列举脂溶性维生素与水溶性维生素的成员。
2. 为什么维生素 D 可数个星期补充一次，而维生素 C 必须经常补充？
3. 维生素 A 主要存在于肉类食物中，为什么素食者并不缺乏维生素 A？
4. 在生物体内起到传递电子作用的辅酶是什么？
5. 试述与缺乏维生素相关的夜盲症的发病机制。
6. 试述与缺乏维生素相关的脚气病的发病机制。为什么常吃粗粮的人不容易得脚气病？
7. 试述与缺乏维生素相关的坏血病的发病机制。
8. 完整的鸡蛋可保持 4 到 6 周仍不会腐败，但是去除蛋白的蛋黄，即使放在冰箱内也很快地腐败。试解释为什么蛋白可以防止蛋黄腐败？

数字课程学习

📥 教学课件　　📝 习题解析与自测

8

新陈代谢总论与生物氧化

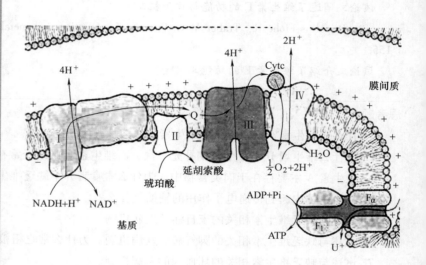

新陈代谢以 ATP 的形式为生物体的各种生命活动提供能量。生物氧化过程中 H_2O 和 ATP 的生成是经过线粒体内膜上由 4 种蛋白质复合物组成的电子传递链完成的。

　　新陈代谢（metabolism）是生物最基本的特征，是生命存在的前提。恩格斯曾深刻地揭示了新陈代谢的本质："生命是蛋白体的存在方式，这个存在方式的基本因素在于它与周围外部的自然界的不断的新陈代谢，而且这种新陈代谢一旦停止，生命就随之停止，结果便是蛋白体的分解。"新陈代谢是生物与外界环境进行物质交换与能量交换的全过程。生物体将从周围环境中摄取的蛋白质、脂质、糖类等营养物质，通过一系列生化反应，转变为自身结构化合物的过程称为**同化作用**（assimilation）。反之，将体内物质经过一系列的生化反应，分解为不能再利用的物质排出体外的过程，称为**异化作用**（catabolism）。新陈代谢包括生物体内所发生的一切合成和分解作用。合成代谢是吸能反应，分解代谢是放能反应。合成代谢与分解代谢的关系见图 8－1。

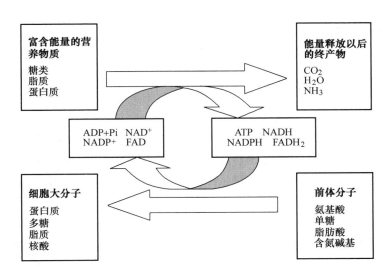

图 8－1　合成代谢与分解代谢的关系

　　合成代谢与分解代谢是相互联系、相互依存、相互制约的。一个合成代谢过程常常包括许多分解反应，一个分解代谢过程也常常包括许多合成反应。在能量代谢的放能与吸能两方面，也是相互联系、相互制约的。如 ATP 在反应中既能供应能量，而它本身合成时又需消耗能量，因此它的合成也受能量供应的限制。合成代谢反应与分解代谢反应的主次关系也是相互转化的，由于这种转化使得生物个体的发展呈现出生长、发育和衰老等不同的阶段。机体通过新陈代谢获得它所必需的能量，建造和修复生物体以及完成遗传信息的贮存、传递和表达过程，使得生物物种世代繁衍、生生不息。

　　各种生物都具有各自特异的新陈代谢类型，此特异方式决定于遗传，环境条件也有一定的影响。各种生物的新陈代谢过程虽然复杂但却有共同的特点：①生物体内的绝大多数代谢反应是在温和的条件下，由酶所催化进行的。②生物体内反应步骤虽然繁多，但相互配合、有条不紊、彼此协调，而且有严格的顺序。③生物体对内外环境条件有高度的适应性和灵敏的自动调节机制，包括分子水平、细胞水平和整体水平的调节机制。④新陈代谢的反应途径一般都有严格的细胞定位，即代谢途径被局限于细胞的特定区域。新陈代谢实质上就是错综复杂的化学反应相互配合、彼此协调，对周围环境高度适应而形成的一个有规律的化学反应网络。

　　新陈代谢过程包括营养物质的消化吸收、中间代谢（物质在细胞中合成和分解所经历的化学反应过程）以及**代谢产物**（metabolite）的排泄等阶段。

　　本章着重讨论新陈代谢和生物氧化过程中的普遍原理及规律。

8.1 新陈代谢总论

8.1.1 新陈代谢的研究方法

生物体的新陈代谢构成了错综复杂的反应网络，研究代谢的方法有多种，下面简要介绍最常用的几种方法。

（1）活体内与活体外实验

文献中通常用"*in vivo*"表示活体内实验，"*in vitro*"表示活体外实验。活体内实验结果代表生物体在正常生理条件下，在神经、体液等调节机制下的整体代谢情况，比较接近生物体的实际。活体内实验为明晰许多物质的中间代谢过程提供了有力的实验依据。例如1904年，德国化学家 F. Knoop 就是根据体内实验提出了脂肪酸的 β–氧化学说（见10.2.2）。

活体外实验是用从生物体分离出来的组织切片、组织匀浆或体外培养的细胞、细胞器及细胞抽提物研究代谢的过程。体外实验可同时进行多个样本，或进行多次重复实验。活体外实验曾为代谢过程的研究提供了许多重要的线索和依据。例如糖酵解、柠檬酸循环、氧化磷酸化等反应过程均是先从体外实验获得了证据。

（2）同位素示踪法

同位素是指原子序数相同，在元素周期表上的位置相同，而质量不同的元素。它们是质子数相同而中子数不同的原子。同位素示踪技术是研究代谢过程的最有效方法。因为同位素标记的化合物与非标记的化合物的化学性质、生理功能及在体内的代谢途径完全相同。追踪代谢过程中被标记的中间代谢物、产物及标记位置，可获得代谢途径的丰富资料。例如用 ^{14}C 标记乙酸的羧基，同时喂饲动物，如发现动物呼出的 CO_2 中有 ^{14}C，则说明乙酸的羧基转变成了 CO_2。胆固醇分子中的碳原子来源于乙酰辅酶 A 就是用同位素示踪法得到阐明的。

放射性同位素指相对原子质量不同，衰变中有射线辐射的同位素。放射性同位素根据其衰变时放出的射线性质，可用不同的计数器进行测定。γ 射线可用 γ 计数器测定，β 射线可用液体闪烁计数器测定，稳定性同位素如 ^2H 可用质谱法测定。

同位素示踪法特异性强、灵敏度高、测定方法简便，是现代生物学研究中不可缺少的手段。放射性同位素对人体有毒害，而且某些同位素的半衰期长，容易造成环境污染，因此应在专门的同位素实验室操作。

（3）代谢途径阻断法

在研究物质代谢过程中，还可应用**抗代谢物**（antimetabolite）或**酶抑制剂**（enzyme inhibitor）来阻抑中间代谢的某一环节，观察这些反应被抑制后的结果，以推测代谢情况。例如 H. Krebs 利用丙二酸抑制琥珀酸脱氢酶，造成琥珀酸的积累，为柠檬酸循环途径的确认提供了重要依据。

（4）突变体研究法

突变是研究代谢的有效办法。由于基因的突变，造成某一种酶的缺失，导致相应产物的缺失和酶作用底物的堆积。对这些突变体的研究有助于鉴别代谢途径的酶及中间代谢物。例如，能够在乳糖培养基上生长的大肠杆菌基因突变后，因 β–半乳糖苷酶的缺失，造成了乳糖的堆积（不能被分解为半乳糖和葡萄糖），通过对这种大肠杆菌突变体的研究，最终阐明了乳糖的代谢过程。

营养缺陷型微生物及人类遗传性代谢病的研究，为研究代谢过程开辟了新的实验途径。此外，还可以应用药物来造成实验动物的代谢异常，从而对其进行代谢研究。例如用根皮苷损伤狗的肾小管，使之不能吸收葡萄糖；或者用四氧嘧啶损伤狗的胰岛，使之不能产生胰岛素，上述两种方法都曾用于糖尿病的研究。

8.1.2　生物体内能量代谢的基本规律

伴随着生物体的物质代谢所发生的一系列的能量转变称**能量代谢**（energy metabolism）。生物体能量代谢同整个自然界一样都要服从热力学定律。了解热力学的基本概念和基本原理，有助于理解具体的代谢反应过程能否发生，以及物质转化与能量转移的方向。

热力学第一定律（first law of thermodynamics）是能量守恒定律，指能量既不能创造也不能消灭，只能从一种形式转变为另一种形式。生命活动所需要的能量来自物质的分解代谢。生命机体内的机械能、电能、辐射能、化学能、热能等可以相互转变，但生物体与环境的总能量将保持不变。

热力学第二定律是指任何一种物理或化学的过程都自发地趋向于增加体系与环境的总熵（entropy）。对各种生化反应来说，最重要的热力学函数是自由能（free energy），即生物体在恒温恒压下用以做功的能量，自由能可以判断反应能否自发进行，是吸能反应，还是放能反应。

在没有做功条件时，自由能将转变为热能丧失。熵是指混乱度或无序性，是一种无用的能。在标准温度和压力条件下，自由能变化 ΔG、总热能变化 ΔH、总体熵的改变 ΔS 三者间关系可用下式表示：

$$\Delta G = \Delta H - T\Delta S$$

$\Delta G < 0$ 时，反应能自发进行（为放能反应）；

$\Delta G > 0$ 时，反应不能自发进行，当给体系补充自由能时，才能推动反应进行（为吸能反应）；

$\Delta G = 0$ 时，表明体系已处于平衡状态。

在 25℃，101 325 Pa（1 个大气压），反应物浓度 1 mol/L 时，反应系统自由能变化为标准自由能变化，用 $\Delta G^{\ominus}$ 表示，单位为 kJ/mol。

研究反应体系自由能的变化，对于了解生物体内进行的反应有重要作用。例如，某一反应

$$A + B \rightleftharpoons C + D \tag{1}$$

其自由能变化遵循下式：

$$\Delta G = \Delta G^{\ominus} + RT\ln\frac{[C][D]}{[A][B]} \tag{2}$$

式中，R 为气体常数 [$R = 8.315$ kJ/(mol·K)]，T 为热力学温度（单位为 K）。

某一反应能否进行取决于 ΔG，而 ΔG 决定于标准状况下，产物自由能与反应物自由能之差 $\Delta G^{\ominus}$，并与反应物与产物的浓度、反应体系的温度有关。

当反应平衡时，即 $\Delta G = 0$ 时，（2）式可改写为：

$$\Delta G^{\ominus} = -RT\ln\frac{[C][D]}{[A][B]} \tag{3}$$

因为平衡常数

$$K = \frac{[C][D]}{[A][B]} \tag{4}$$

所以，一个化学反应的标准自由能变化与反应的平衡常数间的关系可以下式表示：

$$\Delta G^{\ominus} = -RT\ln K = -2.303RT\lg K \tag{5}$$

式中，$\ln K$ 为平衡常数的自然对数。$\Delta G^{\ominus}$ 可以通过测定平衡时产物和反应物的浓度计算出来。

这种从已知平衡常数计算反应自由能变化的方法，在生物化学中有较大的实际意义。以反应（1）

为例，若平衡常数 K 大于 1 时，$\Delta G^{\ominus}$ 为一负值，反应趋向于生成 C 和 D 的方向进行。若平衡常数 K 小于 1 时，则 $\Delta G^{\ominus}$ 为正值，反应不能自发发生。需要说明的是，有些 $\Delta G^{\ominus} > 0$ 的反应，在非标准状态下，ΔG 有可能 < 0。$\Delta G > 0$ 的反应可以和 $\Delta G < 0$ 的反应偶联，使反应能够实际发生。此外，热力学第二定律只能确定反应的方向和限度，不能预测反应的速率，许多 $\Delta G < 0$ 的反应，需要提供活化能或使用催化剂才能使反应实际发生。

生物体内的 pH 接近 7，通常用 $\Delta G^{\ominus}{}'$ 表示生物体内的标准自由能变化。此外，水作为反应物或产物时，水的浓度通常规定为 1（实际浓度约为 55.5 mol/L）。则：

$$\Delta G^{\ominus}{}' = -2.303RT\lg K \tag{6}$$

还应注意的是，一反应系统的 ΔG 只取决于产物与反应物的自由能之差，而与反应历程无关。例如葡萄糖在体外燃烧与体内氧化分解成 CO_2 和 H_2O，反应历程截然不同，但却释放相同的 ΔG。葡萄糖在体内氧化总的自由能变化等于各步反应自由能变化的代数和。

8.1.3 高能化合物与 ATP 的作用

在生化反应中，某些化合物随水解反应或基团转移反应可放出大量自由能，称其为高能化合物。高能化合物一般对酸、碱和热不稳定。

（1）生物体中常见的高能化合物

机体内存在着各种磷酸化合物，它们所含的自由能多少不等，含自由能高的磷酸化合物称为高能磷酸化合物。高能磷酸化合物水解时，放出的自由能高达 $30 \sim 60$ kJ/mol。水解时放出大量自由能的键常称为高能磷酸键（常用 ~ 来表示），这与化学中的**键能**（energy bond）（指断裂一个化学键所需要的能量）含义迥然不同。

含自由能少的磷酸化合物如 6 - 磷酸葡糖、3 - 磷酸甘油等水解时，每摩尔仅释放出 $8 \sim 20$ kJ 自由能。

生物体中常见的高能化合物，根据其结构的特点，可以分成几种类型（表 8 - 1）。除高能磷酸化合物外，尚有硫酯型、甲硫型等化合物。

表 8 - 1 生物体中常见的高能化合物类型

高能化合物类型	高能化合物举例		水解时放出的标准自由能 $G^{\ominus}{}'$／（kJ/mol）
磷酸化合物（磷氧型）	烯醇磷酸化合物	磷酸烯醇丙酮酸	-61.9
	酰基磷酸化合物	乙酰磷酸	-42.3

续表

高能化合物类型	高能化合物举例	水解时放出的标准自由能 $G^{\ominus}{}'$ /（kJ/mol）
磷酸化合物（磷氧型）	焦磷酸化合物	−30.5
	三磷酸腺苷（ATP）	
磷酸化合物（磷氮型）	胍基磷酸化合物	−43.0
	磷酸肌酸	
非磷酸化合物	硫酯键化合物	−31.4
	乙酰辅酶 A	
	甲硫键化合物	−41.8
	S - 腺苷甲硫氨酸	

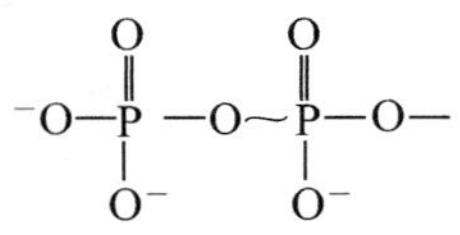

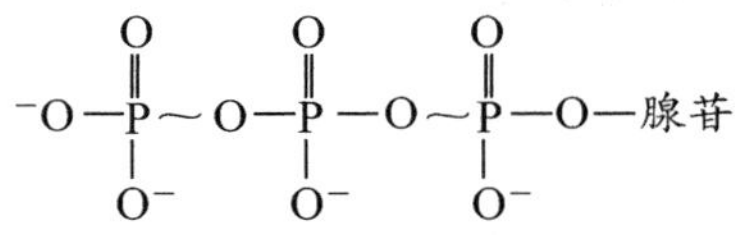

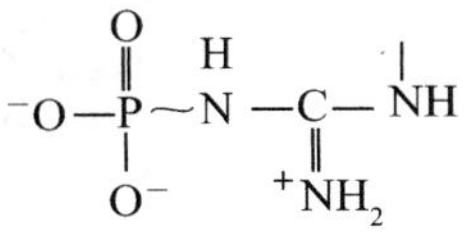

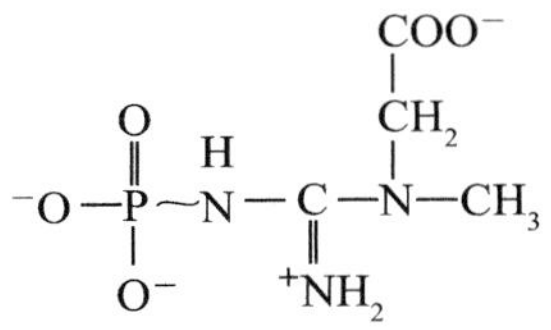

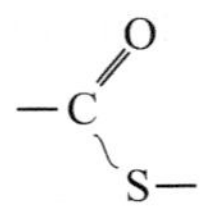

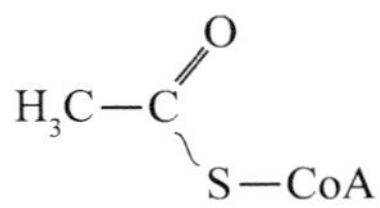

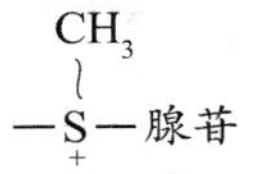

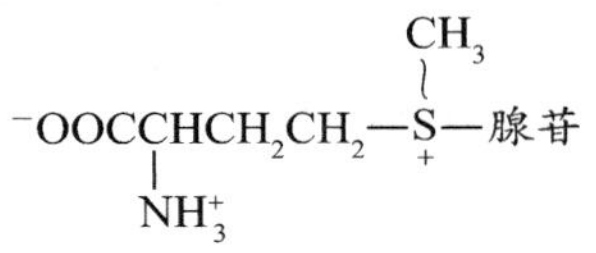

高能化合物水解时，由于水解产物自由能大大降低，远较原来化合物稳定。在代谢中，这些高能化合物具有特殊的生物学作用。

（2）ATP 是细胞内能量代谢的偶联剂

从单细胞生物到人类，能量的释放、贮存和利用都是以 **ATP**（adenosine triphosphate）为中心的。物质氧化时释放的能量大多先合成 ATP。ATP 水解释放的自由能可以直接驱动各种需能的生命活动。ATP 含有一个磷酯键和两个由磷酸基团（α 与 β 之间、β 与 γ 之间）形成的**磷酸酐键**（P anhydride bond）（图 8 – 2）。

磷酯键水解时放出 14 kJ/mol 的自由能，磷酸酐键水解时至少放出 30 kJ/mol 的自由能。当机体代谢中需要 ATP 提供能量时，ATP 可以多种形式实行能量的转移和释放。

① ATP 转移末端磷酸基，本身变成 ADP。例如糖酵解中，己糖激酶催化的反应：

$$葡萄糖 + ATP \longrightarrow 6 - 磷酸葡糖 + ADP$$

② ATP 转移焦磷酸基，本身变为 AMP。如核苷酸生物合成中：

$$5 - 磷酸核糖 + ATP \longrightarrow 5 - 磷酸核糖基焦磷酸 + AMP$$

③ ATP 将 AMP 转移给其他化合物，释放焦磷酸。例如在蛋白质生物合成时，氨基酸要先"活化"才能接到肽链上去，氨基酸的活化即是 AMP 转移给氨基酸生成氨酰 – AMP。

$$氨基酸 + ATP \longrightarrow 氨酰 - AMP + PPi$$

知识扩展 8 –1
ATP 水解释放自由能的机制和影响因素

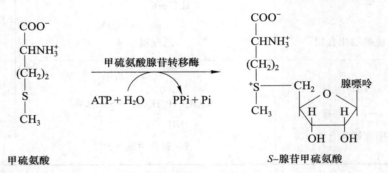

图 8 − 2　ATP 高能键的水解

④ ATP 将其腺苷转移给其他化合物，释放焦磷酸和磷酸，如 S − 腺苷甲硫氨酸的合成。S − 腺苷甲硫氨酸参与生物体内许多甲基化反应，是活性甲基的直接供体。S − 腺苷甲硫氨酸的合成如图 8 − 3 所示：

图 8 − 3　S − 腺苷甲硫氨酸的合成

由于 ATP + H$_2$O $\longrightarrow$ ADP + Pi 其 $\Delta G^{\ominus\prime}$ = − 30.5 kJ/mol；当 ADP + Pi $\longrightarrow$ ATP 时，也需吸收 30.5 kJ/mol 的自由能。ATP 可以把分解代谢的放能反应与合成代谢的吸能反应偶联在一起。利用 ATP 水解释放的自由能可以驱动各种需能的生命活动。例如原生质的流动、肌肉的运动、电鳗放出的电能、萤火虫放出的光能以及动植物分泌、吸收的渗透能都靠 ATP 供给（图 8 − 4）。

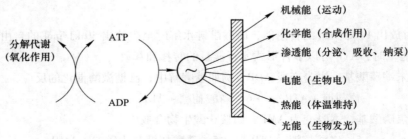

图 8 − 4　ATP 的生理功能

体内有些合成反应可以直接利用其他三磷酸核苷供能。例如 UTP 参与多糖合成，CTP 参与磷脂合成，GTP 参与蛋白质合成等。UTP、CTP 或 GTP 分子中的高能磷酸键不是直接由物质氧化获能产生的。

物质氧化时释放的能量都必须先合成 ATP，然后 ATP 将高能磷酸基转移给相应的二磷酸核苷，生成三磷酸核苷：

$$ATP + UDP（CDP、GDP）\xrightarrow{\text{激酶}} ADP + UTP（CTP、GTP）$$

8.1.4　磷酸肌酸是高能磷酸键的贮存形式

ATP 是能量的携带者或传递者，但严格地说不是能量的贮存者。**磷酸肌酸**（creatine phosphate）是高能磷酸键的贮存形式，但不能直接为生物体利用。当 ATP 合成迅速，ATP/ADP 比值增高时，在**肌酸激酶**（creatine kinase）催化下，ATP 将能量和磷酰基传给肌酸生成磷酸肌酸。当 ATP 急剧消耗时，磷酸肌酸将含有的能量转移给 ADP 生成 ATP 后，再用于耗能的生命活动。

在哺乳动物脑和肌肉组织中，ATP 的含量较低，难以满足激烈运动对能量的需求，而磷酸肌酸的含量远远超过 ATP。磷酸肌酸的 P ~ N 键被水解成肌酸和磷酸，其标准自由能变化约为 − 43.0 kJ/mol。磷酸肌酸相对 ATP 的高含量和高转移势能，使它成为良好的能量贮存者。磷酸精氨酸是某些无脊椎动物如蟹和龙虾等肌肉中的贮能物质，其作用机制和磷酸肌酸相似。

磷酸肌酸　　　　　　　　　　　　　　　肌酸

8.1.5　辅酶 A 的递能作用

辅酶 A（coenzyme A，CoA）作为酰基化合物的载体参与许多代谢过程（见 7.2.3），巯基是 CoA 的功能基团。例如，乙酰 CoA 的硫酯键和 ATP 的高能磷酸键相似，在水解时可释放出 31.4 kJ/mol 的自由能。因此可以说，乙酰 CoA 具有高的乙酰基转移势能。乙酰 CoA 所携带的乙酰基已不是一般的乙酰基，而是活泼的乙酰基团，正像 ATP 所携带的活泼磷酸基团一样。

此外，乙酰 CoA 的甲基碳带有部分负电荷，甲基碳上的一个氢容易作为质子脱离，使甲基碳原子成为碳负离子，受到亲电攻击。如与草酰乙酸的羰基碳反应，生成柠檬酰 CoA，随后转化为柠檬酸。乙酰 CoA 是代谢中起枢纽作用的重要物质，以乙酰 CoA 为中心的反应在代谢网络中占据了重要的位置。乙酰 CoA 既可以由葡萄糖（见 9.2.2.1）、脂肪酸（见 10.2.2）和生酮氨基酸（见 11.2.4）转化而来，又可以进入多种代谢途径参与代谢，如直接进入柠檬酸循环彻底氧化分解（见9.2.2.2），作为原料参与脂肪酸合成（见10.3.2）、酮体合成（见10.2.4）和胆固醇合成（见10.5）。在某些微生物和植物中，乙酰CoA还可通过乙醛酸循环转化为柠檬酸循环的中间产物（见9.2.3）。

8.2 生物氧化

有机物在生物体内氧的作用下，生成 CO_2 和 H_2O 并释放能量的过程称为**生物氧化**（biological oxidation）。高等动物通过肺进行呼吸，吸入 O_2，排出 CO_2，故生物氧化也称呼吸作用。生物体内氧化反应有脱氢、脱电子、加氧等类型。虽然生物体内氧化还原的本质及氧化过程中释放的能量与体外非生物氧化完全相同，但生物氧化有其自身的特点。

8.2.1 生物氧化的特点

科学史话 8－1
Warburg 和 Theorell 对呼吸酶的研究

科学史话 8－2
线粒体功能的研究

① 生物氧化是在37℃，近于中性水溶液环境中，在一系列酶的催化作用下逐步进行的。

② 生物氧化的能量是逐步释放的，并以 ATP 的形式捕获能量。这样不会因氧化过程中能量的骤然释放而损害机体，同时使释放的能量得到有效的利用。

③ 生物氧化中 CO_2 是有机酸脱羧生成的，由于脱羧基的位置不同，又有 α－脱羧和 β－脱羧之分。

④ 生物氧化中 H_2O 是代谢物脱下的氢经一系列的传递体与氧结合而生成的。

⑤ 生物氧化有严格的细胞定位。在真核生物细胞内，生物氧化都在线粒体内进行；在不含线粒体的原核生物如细菌细胞内，生物氧化则在细胞膜上进行。

8.2.2 呼吸链的组成及电子传递顺序

（1）呼吸链的概念

代谢物上的氢原子被脱氢酶激活脱落后，经过一系列的传递体，最后传递给被激活的氧分子，并与之结合生成 H_2O 的全部体系称**呼吸链**（respiratory chain），也称电子传递体系或电子传递链。在具有线粒体的生物中，典型的呼吸链有两种，即 NADH 呼吸链与 $FADH_2$ 呼吸链（图 8－5），这是根据接受代谢物上脱下的氢的初始受体不同划分的。

多数代谢物所脱的氢，是经 NADH 呼吸链传递给氧的，在糖分解代谢中，只有琥珀酸氧化所脱的氢是经 $FADH_2$ 呼吸链传递的。

在生物体内的呼吸链还有其他一些形式，例如某些细菌中（如分枝杆菌）用维生素 K 代替 CoQ。许多细菌没有完整的细胞色素系统，生物进化越高级，呼吸链就越完善。虽然呼吸链的形式很多，但呼吸链传递电子的顺序基本上是一致的。

知识扩展 8－2
常见的呼吸链

知识扩展 8－3
NAD^+ 和 $NADP^+$ 的还原

（2）呼吸链的传递体

传递体有多种，有的是传氢体，如辅酶Ⅰ（NAD^+）、黄素辅酶（FMN、FAD）、辅酶 Q 等；有的是传电子体，如铁硫中心、细胞色素等。氢的传递也可被看作是电子和质子的传递。

① 辅酶Ⅰ　代谢物脱下的氢被酶复合物中的辅酶 NAD^+ 接受而使其转变为 $NADH + H^+$（见7.2.4）。

② 黄素辅酶　FMN 或 FAD 作为相应酶复合物的辅基，可接受一对氢原子生成还原型的 $FMNH_2$ 或

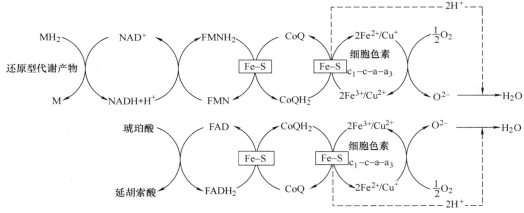

图 8-5 NADH 呼吸链和 $FADH_2$ 呼吸链

$FADH_2$（见 7.2.2）。

③ 铁硫中心（Fe-S） 铁硫中心存在于线粒体内膜上，含非卟啉铁和对酸不稳定的硫。铁硫中心有数种，铁原子都是配位连接到无机硫原子和蛋白质中半胱氨酸侧链的硫原子上（图 8-6）。在铁硫中心内，电子由铁原子携带，其作用是借铁的变价进行电子传递。它在接受电子时由 Fe^{3+} 状态变为 Fe^{2+} 状态。当电子转移到其他电子载体时，铁原子又恢复其 Fe^{3+} 状态。

知识扩展 8-4
复合物 Ⅰ 和复合物 Ⅱ 电子传递的途径

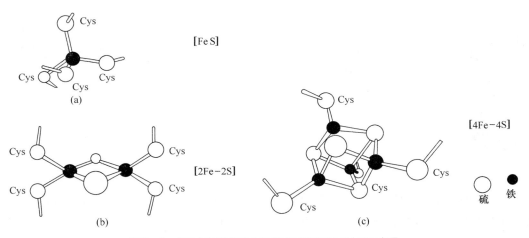

图 8-6 3 种类型铁硫中心的铁原子和硫原子关系示意图

已知的铁硫中心有多种，概括为 3 类，最简单的是 [FeS]，由单个铁四面与蛋白质中的半胱氨酸的硫络合（图 8-6a）；第二类是 [2Fe-2S]，含有 2 个铁原子与 2 个无机硫原子及 4 个半胱氨酸（图 8-6b）；第三类为 [4Fe-4S]，含有 4 个铁原子与 4 个无机硫原子及 4 个半胱氨酸（图 8-6c）。

知识扩展 8-5
铁硫中心结构的图示

④ 辅酶 Q 辅酶 Q（coenzyme Q，CoQ）是存在于线粒体内膜上的脂溶性小分子。因在生物界广泛存在，属于醌类化合物，故又称泛醌。由于它的非极性性质，可以在线粒体内膜的疏水相中快速扩散。辅酶 Q 在呼吸链中处于中心地位，它可以接受电子和氢质子，成为还原型的辅酶 Q（简称为 QH_2）。

氧化型辅酶Q   半醌中间物 $(Q^{-\cdot})$ 还原型辅酶Q (QH_2)

辅酶 Q 有许多不同的种类，不同的辅酶 Q 主要是侧链异戊二烯的数目不同，常用 CoQ_n 表示它的一般结构，动物和高等植物一般为 CoQ_{10}，微生物一般为 $CoQ_{6 \sim 9}$。

⑤ 细胞色素类　1925 年 D. Keilin 发现昆虫的飞翔肌中含有一种色素物质参与氧化还原反应，因这种色素物质有颜色，故命名为**细胞色素**（cytochrome，Cyt）。细胞色素是一类以血红素为辅基的电子传递蛋白，在呼吸链中，主要是依靠铁的化合价的变化来传递电子。根据所含辅基还原状态时的吸收光谱的差异，一般将细胞色素分为 a、b、c 3 种类型。b 型细胞色素含有的血红素辅基是铁 - 原卟啉IX，这种血红素也存在于血红蛋白和肌红蛋白中，也称 b 型血红素（图 8 - 7a），以非共价形式与蛋白质相连。c 型细胞色素含有 c 型血红素（图 8 - 7b），它与 b 型血红素的区别是，通过两个乙烯基以硫醚键与蛋白质的两个半胱氨酸残基形成共价连接。a 型细胞色素含有 a 型血红素（图 8 - 7c），与 b 型、c 型血红素的区别是，其 C8 位连接甲酰基，C2 位连接一个 17C 的异戊二烯聚合物。a 型血红素以非共价形式与蛋白质相连。

(a) b型细胞色素　　　　(b) c型细胞色素　　　　(c) a型细胞色素
(铁-原卟啉IX)　　　　　　(血红素C)　　　　　　　(血红素A)

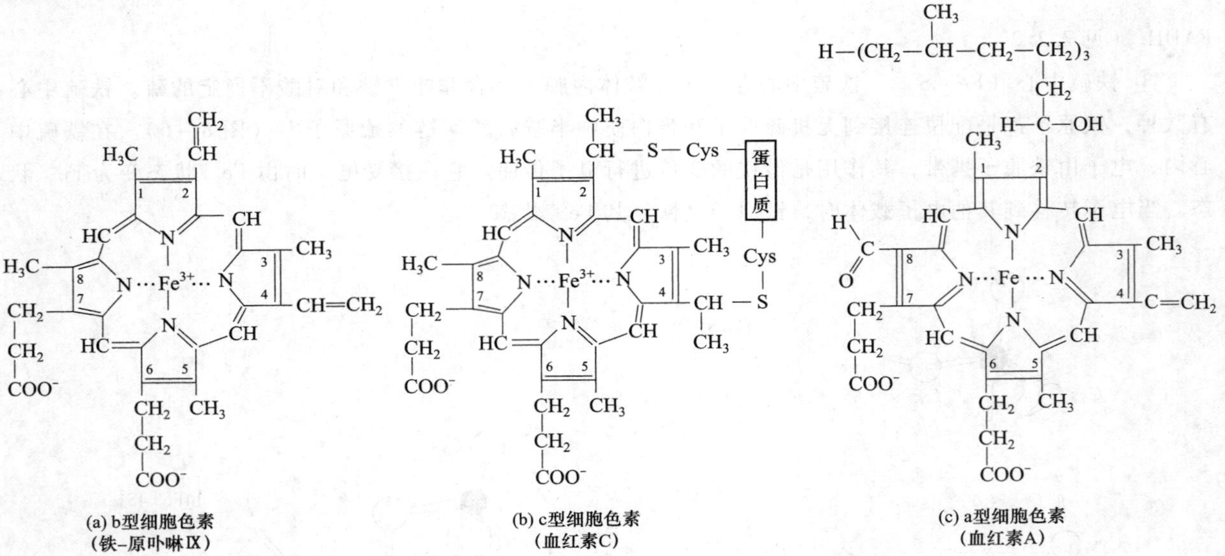

图 8 - 7　细胞色素的血红素辅基

在高等动物的线粒体内膜上常见的细胞色素有 5 种：Cyt b、Cyt c_1、Cyt c、Cyt a 和 Cyt a_3。线粒体中的细胞色素绝大部分和内膜紧密结合，只有 Cyt c 结合较松，易于分离纯化。

除 Cyt a_3 外，其余 4 种细胞色素中的铁原子均与卟啉环和蛋白质形成 6 个配位键。唯有 Cyt a_3 的铁原子形成 5 个配位键，还保留一个配位键，能与 O_2、CO、CN^- 等结合，其正常功能是与氧结合。在呼吸链中，Cyt a_3 与一个铜离子形成活性中心，通过一个精妙的机制防止 O_2 在和电子结合的过程中产生对细胞有害的超氧负离子。

知识扩展 8 - 6
复合体 III 和复合体 IV 的电子传递途径

（3）呼吸链的组成

NADH 呼吸链由线粒体内膜上的复合物 I、III 和IV组成（表 8 - 2、图 8 - 8）。复合物 I 又称 NADH - Q 还原酶（NADH-Q reductase）或 NADH 脱氢酶（NADH dehydrogenase），是一个由大约 45 种亚基组成的酶复合物，辅基包括 FMN 和 Fe - S。该复合物催化的第一步反应是将 NADH 上的两个高势能电子转移到 FMN 辅基上，使其还原为 $FMNH_2$。之后 $FMNH_2$ 又将电子转移给 Fe - S。CoQ 接受复合物 I 催化脱下的电子和质子形成 QH_2 后，再将电子和质子传递给复合物 III，起到在复合物 I 和 III 之间传递电子和质子的作用。复合物 III 又称细胞色素还原酶（cytochrome reductase）或细胞色素 bc_1 复合物等，由 11 个亚基构成，其辅基包括 Fe - S、血红素 b 和血红素 c_1。接受电子的复合物III进一步通过 Cyt c，将电子传递给复合物Ⅳ。Cyt c 位于线粒体膜间隙，起到在复合物Ⅲ和Ⅳ之间传递电子的作用。

需要说明的是，QH_2 将电子通过复合物Ⅲ传递给 Cyt c 不是简单地一次性完成的，而是分为两个阶段。概括起来，相当于两个 QH_2 分别将两个电子中的一个转移给复合物Ⅲ的 Fe-S，再经过 Cyt c_1 传递给两个 Cyt c 形成还原型 Cyt c。剩余的两个失去了一个电子的 QH_2 转变为两个半醌阴离子（$Q^{\cdot-}$），再在 Cyt b（辅基为血红素 b）的电子传递协助下生成了一个 CoQ 和一个 QH_2。

复合物Ⅳ又称细胞色素氧化酶（cytochrome oxidase），由 Cyt a 和 Cyt a_3 等 13 个亚基组成，其辅基包括血红素 a、血红素 a_3 和铜离子 Cu_A、Cu_B。还原型 Cyt c 将所携带的电子先传递给 Cu_A，然后再传递给血红素 a，最后传递给由血红素 a_3 和 Cu_B 共同组成的活性中心，在这里 O_2 经过一系列还原反应最后生成 H_2O。

$FADH_2$ 呼吸链由复合物Ⅱ、Ⅲ和Ⅳ组成，与 NADH 呼吸链不同的是复合物Ⅱ（表 8-2、图 8-8）。复合物Ⅱ又称琥珀酸-Q 还原酶（succinate-Q reductase），由 4 个亚基组成，其辅基包括 FAD 和 Fe-S。这个酶就是在柠檬酸循环中催化琥珀酸氧化为延胡索酸的琥珀酸脱氢酶（见 9.2.2.2）。FAD 作为该酶的辅基将电子传递给 Fe-S，再传递给 CoQ。之后的电子传递过程与 NADH 呼吸链相同。

表 8-2 呼吸链中 4 种复合物的性质

酶复合体		分子量（$\times 10^3$）	亚基数	辅基	电子供体及受体		
					线粒体基质侧	线粒体内膜	膜间隙侧
复合物Ⅰ	NADH-Q 还原酶	880	45	FMN Fe-S	NADH	CoQ	
复合物Ⅱ	琥珀酸-Q 还原酶	140	4	FAD Fe-S	琥珀酸	CoQ	
复合物Ⅲ	细胞色素还原酶	250	11	血红素 b，c_1 Fe-S		QH_2	Cyt c（血红素 c）
复合物Ⅳ	细胞色素氧化酶	160	13	血红素 a，a_3 Cu_A，Cu_B			Cyt c（血红素 c）

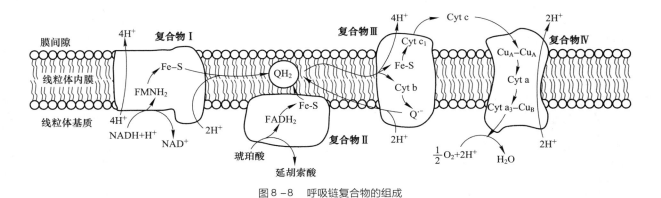

图 8-8 呼吸链复合物的组成

（4）呼吸链中传递体的顺序确定

① 用标准氧化还原电位（$E^{\ominus}$）确定呼吸链中各组分的排列顺序 在氧化还原反应中，如果反应物失去电子，则该物质称为还原剂；如果反应物得到电子，则该反应物称为氧化剂。在氧化还原反应中，一种物质作为还原剂失去电子本身被氧化，则另一种物质作为氧化剂将得到电子被还原。物质得失电子的趋势可以用氧化还原电位 $E^{\ominus}$ 定量表示。

氧化还原物质与标准氢电极组成原电池（图8-9），可测定其 $E^{\ominus}$。用于生物化学测量的标准条件为：参考半反应池的氢离子浓度 1.07 mol/L，氢气气压 101.3 kPa，标准还原电位人为地规定为 0 V，而样品半反应池中含有待测定样品的氧化型和还原型物质各 1 mol/L，pH = 7.0。电流表上的读数表示两个半反应池之间的电势差，即样品半反应池的标准氧化还原电位。表8-3列出了一些重要的生物半反应的标准氧化还原电位。

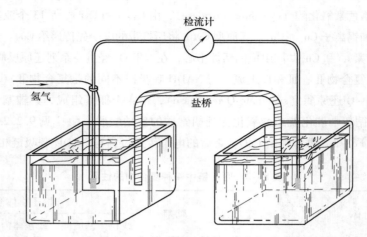

图8-9　化学电池结构示意图

表8-3　一些重要的生物半反应的标准氧化还原电位

氧化还原反应式	标准氧化还原电位 $E^{\ominus}{}'$/V
乙酸 + CO_2 + $2H^+$ + $2e^-$ → 丙酮酸 + H_2O	-0.70
琥珀酸 + CO_2 + $2H^+$ + $2e^-$ → α-酮戊二酸 + H_2O	-0.67
乙酸 + $2H^+$ + $2e^-$ → 乙醛 + H_2O	-0.58
3-磷酸甘油酸 + $2H^+$ + $2e^-$ → 3-磷酸甘油醛 + H_2O	-0.55
α-酮戊二酸 + $2H^+$ + $2e^-$ → 异柠檬酸	-0.38
乙酰 CoA + CO_2 + $2H^+$ + $2e^-$ → 丙酮酸 + CoA	-0.48
1,3-二磷酸甘油酸 + $2H^+$ + $2e^-$ → 3-磷酸甘油醛 + Pi	-0.29
硫辛酸 + $2H^+$ + $2e^-$ → 二氢硫辛酸	-0.29
S + $2H^+$ + $2e^-$ → H_2S	-0.23
乙醛 + $2H^+$ + $2e^-$ → 乙醇	-0.197
丙酮酸 + $2H^+$ + $2e^-$ → 乳酸	-0.185
FAD + $2H^+$ + $2e^-$ → $FADH_2$	-0.18
草酰乙酸 + $2H^+$ + $2e^-$ → 苹果酸	-0.166
延胡索酸 + $2H^+$ + $2e^-$ → 琥珀酸	+0.03
$2H^+$ + $2e^-$ → H_2	-0.421
乙酰乙酸 + $2H^+$ + $2e^-$ → β-羟丁酸	-0.346
胱氨酸 + $2H^+$ + $2e^-$ → 2 半胱氨酸	-0.340
NAD^+ + $2H^+$ + $2e^-$ → NADH + H^+	-0.32
$NADP^+$ + $2H^+$ + $2e^-$ → NADPH + H^+	-0.32
NADH 脱氢酶（FMN 型）+ $2H^+$ + $2e^-$ → NADH 脱氢酶（$FMNH_2$ 型）	-0.30
CoQ + $2H^+$ + $2e^-$ → $CoQH_2$	+0.045
细胞色素 b（Fe^{3+}）+ e^- → 细胞色素 b（Fe^{2+}）	+0.07
细胞色素 c_1（Fe^{3+}）+ e^- → 细胞色素 c_1（Fe^{2+}）	+0.215
细胞色素 c（Fe^{3+}）+ e^- → 细胞色素 c（Fe^{2+}）	+0.235
细胞色素 a（Fe^{3+}）+ e^- → 细胞色素 a（Fe^{2+}）	+0.29
细胞色素 a_3（Fe^{3+}）+ e^- → 细胞色素 a_3（Fe^{2+}）	+0.385
$1/2 O_2$ + $2H^+$ + $2e^-$ → H_2O	+0.815
Fe^{3+} + e^- → Fe^{2+}	+0.77

呼吸链各组分在链上的位置次序与其得失电子趋势的强度有关，电子总是从低氧化还原电位向高的电位上流动，氧化还原电位 $E^{\ominus}$ 的数值越低，即供电子的倾向越大，越易成为还原剂而处在呼吸链的前面。标准氧化还原电位 $E^{\ominus}$ 在 pH 7.0 时用 $E^{\ominus'}$ 表示，因此 $E^{\ominus'}$ 决定了呼吸链中各组分的顺序。

$$NADH \longrightarrow FMN \longrightarrow CoQ \longrightarrow Cyt\ c_1 \longrightarrow Cyt\ c \longrightarrow Cyt\ a \longrightarrow Cyt\ a_3 \longrightarrow O_2$$

$$-0.32 \qquad -0.30 \qquad +0.045 \quad +0.215 \quad +0.235 \quad +0.29 \quad +0.35 \quad +0.815$$

$$FAD$$
$$-0.18$$

电子迁移方向 ——→

$$E^{\ominus'} \qquad 低 \longrightarrow 高$$

② 利用特异性呼吸链的抑制剂研究传递体的顺序　电子传递链上能阻断传递体的特异性抑制剂，为研究呼吸链上电子传递体的顺序提供了有价值的信息。例如抑制剂**鱼藤酮**（rotenone）和**安密妥**（amytal）可切断 NADH 和 CoQ 之间的电子流，鱼藤酮是植物来源的杀虫剂，有极强的毒性。来自淡灰链丝菌的**抗霉素 A**（antimycin A）可切断 CoQ 细胞色素 c_1 的电子流，**氰化物**（cyanide，CN^-）、**CO**（carbon monoxide）是阻断细胞色素 a_3 至 O_2 的电子传递抑制剂，**萎锈灵**（carboxin）可切断 $FADH_2$ 呼吸链中 $FADH_2$ 与 CoQ 之间的电子流。

知识扩展 8 – 7
用呼吸链阻断剂推断呼吸链传递体的顺序

$$NADH \longrightarrow \begin{array}{c} NADH\text{-}Q \\ 还原酶 \end{array} \Vert\!\!\Vert CoQ \Vert\!\!\Vert Cyt\ c_1 \longrightarrow Cyt\ c \longrightarrow \begin{array}{c} 细胞色素 \\ 氧化酶 \end{array} \Vert\!\!\Vert O_2$$

安密妥 鱼藤酮　抗霉素A　　　　　　　　　　　　　CN⁻ CO

萎锈灵

$$FADH_2$$

③ 电子传递体的体外重组实验确认传递体的顺序　用分离出的电子传递体在体外进行重组实验也证明了 NADH 可使复合物 I 还原，而不能直接使其他复合物还原。同样，还原型复合物 I 不能直接与细胞色素 c 起作用，而需要辅酶 Q、细胞色素 b 和 c_1 以及 Fe – S 的存在。另外，从线粒体中分离到一些功能上相关的传递体复合物也说明了各成分的顺序。

8.2.3　氧化磷酸化作用

生物体通过生物氧化所产生的能量，除一部分用以维持体温外，大部分可以通过磷酸化作用转移至高能磷酸化合物 ATP 中，此种伴随放能的氧化作用而进行的磷酸化作用称为**氧化磷酸化作用**（oxidative phosphorylation）。根据生物氧化方式，广义的氧化磷酸化分为底物水平磷酸化及电子传递体系磷酸化，狭义的氧化磷酸化是指电子传递体系磷酸化。ATP 主要由 ADP 磷酸化所生成，少数情况下，可由 AMP 焦磷酸化生成。

（1）底物水平磷酸化

底物水平磷酸化是在被氧化的底物上发生磷酸化作用，即在底物被氧化的过程中，形成了某些高能磷酸化合物，这些高能磷酸化合物通过酶的作用使 ADP 生成 ATP。

$$X \sim ⑪ + ADP \longrightarrow ATP + X$$

式中，X ~ ⑪ 代表底物在氧化过程中所形成的高能磷酸化合物。

在糖的分解代谢中就存在底物水平磷酸化现象，例如：

$$1,3 - 二磷酸甘油酸 + ADP \longrightarrow 3 - 磷酸甘油酸 + ATP$$

伴随着底物的脱氢，分子内部能量重新分布形成了高能磷酸化合物。高能磷酸化合物再将高能磷酸基转移给 ADP 生成 ATP。

依据相同的机制，α-酮戊二酸氧化脱羧生成琥珀酸、2-磷酸甘油酸转化为烯醇丙酮酸并进一步转化为丙酮酸，均发生底物水平磷酸化作用。

（2）电子传递体系磷酸化

电子由 NADH 或 FADH$_2$ 经呼吸链传递给氧，最终形成水的过程中伴有 ADP 磷酸化为 ATP，这一过程称电子传递体系磷酸化。

电子传递体系磷酸化是生物体内生成 ATP 的主要方式。电子传递是氧化放能反应，ADP 与 Pi 生成 ATP 的磷酸化是吸能反应。氧化和磷酸化是偶联进行的，体内 95% 的 ATP 是经电子传递体系磷酸化途径产生的。

（3）呼吸链与 ATP 生成量的关系

① P/O 比值同 ATP 生成量的关系　P/O 比值是指每消耗 1 mol 氧原子所消耗无机磷酸的摩尔数。根据所消耗的无机磷酸摩尔数，可间接测出 ATP 生成量。测定离体线粒体进行物质氧化时的 P/O 比值，是研究氧化磷酸化的常用方法。例如实验测定维生素 C 经 Cyt c 氧化的 P/O 值为 0.88，即认为可形成 1 mol ATP。同理根据 NADH 呼吸链的 P/O 值可确定能形成 2.5 mol ATP，FADH$_2$ 呼吸链形成 1.5 mol ATP。目前的看法是：每个 NADH + H$^+$ 在呼吸链的传递过程中，能将 10 个 H$^+$ 泵出线粒体内膜，FADH$_2$ 则泵出 6 个 H$^+$，而每驱动合成 1 分子 ATP 需要 4 个 H$^+$（其中 1 个 H$^+$ 用于将线粒体内生成的 ATP 转运到胞质）。由此推算 NADH 呼吸链应形成 2.5 mol ATP，FADH$_2$ 呼吸链应形成 1.5 mol ATP。

② 自由能的变化值 ΔG 同 ATP 生成量的关系　在呼吸链中各电子对标准氧化还原电位 $E^{\ominus\prime}$ 的不同，实质上也就是能级的不同。自由能的变化可以从平衡常数计算，也可以由反应物与反应产物的氧化还原电位计算。氧化还原电位和自由能的关系可由以下公式计算：

$$\Delta G^{\ominus\prime} = -nF\Delta E^{\ominus\prime}$$

式中，$\Delta G^{\ominus\prime}$ 代表反应的自由能，单位为 kJ/mol；n 为电子转移数；F 为法拉第常数，值为 96.49 kJ/V；$\Delta E^{\ominus\prime}$ 为电位差值。

利用上式，对于任何一对氧化还原反应都可由 $\Delta E^{\ominus\prime}$ 方便地计算出 $\Delta G^{\ominus\prime}$。

例如：
$$NADH + H^+ + CoQ \rightarrow NAD^+ + CoQH_2$$
$$\Delta G^{\ominus\prime} = -2 \times 96.49 \times [\ +0.045 - (-0.32)\ ] = -70.44\ kJ/mol$$

从 NADH 到 CoQ 的电位差为 0.365 V，从 CoQ 到 Cyt c 的电位差为 0.19 V，从 Cyt a$_3$ 到 O$_2$ 的电位差为 0.43 V。根据公式 $\Delta G^{\ominus\prime} = -nF\Delta E^{\ominus\prime}$ 计算，它们的 $\Delta G^{\ominus\prime}$ 值分别为：-70.44 kJ/mol，-36.67 kJ/mol，-82.98 kJ/mol。每合成 1 mol ATP 需能 30.5 kJ/mol，在 NADH 呼吸链中这 3 个质子转移部位所产生的自由能均超过此值。

（4）氧化磷酸化的机制

知识扩展 8-8
化学渗透学说
的实验证据

化学渗透学说（chemiosmotic hypothesis）是 P. Mitchell 于 1961 年首先提出的，其主要论点是呼吸链起质子泵作用，质子被泵出线粒体内膜的外侧，造成了内膜内、外两侧间跨膜的化学势和电位差，跨膜电化学能被膜上 ATP 合酶所利用，使 ADP 与 Pi 合成 ATP。其要点是：①呼吸链中传氢体和电子传递体是定向排列的。②传氢体从内膜内侧接受从底物传来的氢后，可将其中的电子传给其后的电子传递体，而将 H$^+$ 泵出内膜。③泵出内膜外侧的 H$^+$ 不能自由返回膜内侧，因而使内膜外侧的 H$^+$ 离子浓度高于内侧，造成 H$^+$ 离子浓度的跨膜梯度，此浓度差使外侧的 pH 较内侧低 1.4 个单位左右，并使原有的外正内负的跨膜电位增高，此电位差中就包含着电子传递过程中所释放的能量，就像电池两极的离子浓度差造成电位差而含有电能一样。④H$^+$通过 ATP 合酶上的特殊通道返回线粒体基质，ATP 合酶利用 H$^+$浓度梯度所释放的自由能，使得 ADP 与磷酸结合生成 ATP（图 8 – 10）。

科学史话 8 – 3
化学渗透学说的提出

知识扩展 8 – 9
氧的不完全还原和线粒体抗氧化系统

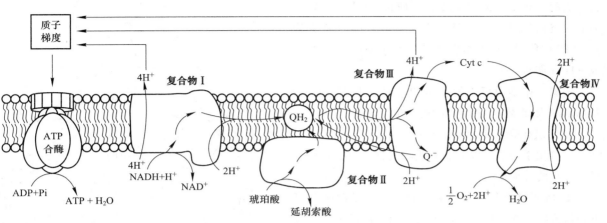

图 8 – 10　化学渗透学说与 ATP 的生成

化学渗透学说得到广泛的实验支持，如在线粒体内膜两侧确实测出了 pH 和电位的差别，在封闭的线粒体内膜两侧人为造成 H$^+$梯度，可以合成 ATP。可以说化学渗透学说从能量转化方面解决了氧化磷酸化的基本问题，因此，Mitchell 荣获 1978 年的诺贝尔化学奖。但化学渗透学说未能解决 H$^+$被泵到内膜外的机制和 ATP 合成的机制。

1964 年 P. Boyer 提出**构象变化学说**（conformational hypothesis），认为电子传递使线粒体内膜的蛋白质分子发生了构象变化，推动了 ATP 的生成。1994 年 J. Walker 等发表了 0.28 nm 分辨率的牛心线粒体 F_1 – ATP 合酶的晶体结构。高分辨的电子显微镜研究表明，ATP 合酶含有像球状把手的 F_1 头部和横跨内膜的基底部分 F_o（图 8 – 11）。

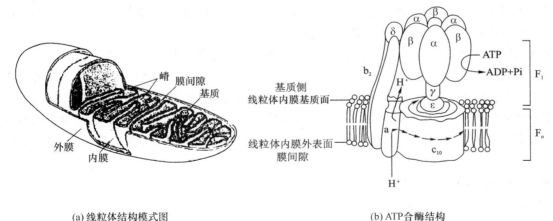

(a) 线粒体结构模式图　　　　　　　(b) ATP合酶结构

图 8 – 11　线粒体及 ATP 合酶的结构

头部 F_1 分子量（M_r）约为 380 000，含有 9 个多肽亚基（$\alpha_3\beta_3\gamma\delta\varepsilon$）。$F_o$嵌合在线粒体内膜中，其中的 10 ~ 12 个 c 亚基形成一个环状结构，1 个 a 亚基和 2 个 b 亚基位于环状结构外侧，c 亚基与 a 亚基构成了跨膜质子通道。

F_1 的 3 个 α 亚基和 3 个 β 亚基交替排列，形成橘子瓣样的结构。γ 和 ε 亚基结合在一起，位于 $\alpha_3\beta_3$ 的中央，构成可以旋转的"转子"，F_1 的 3 个 β 亚基均有与腺苷酸结合的部位，并呈现 3 种不同的构象。其中与 ATP 紧密结合的称为 β – ATP 构象，与 ADP 和 Pi 结合较疏松的称为 β – ADP 构象，与 ATP 结合力极低的称为β–空构象。质子流通过 F_o 的通道时，c 亚基环状结构的扭动使 γ 亚基构成的"转子"旋转，引起 $\alpha_3\beta_3$ 构象的协同变化，使 β–ATP 构象转变为 β–空构象并放出 ATP。当 β–ADP 构象转变为 β–ATP 构象时，使结合在 β 亚基上的 ADP 与 Pi 结合成 ATP（图 8–12）。

构象变化学说可以解释 ATP 生成的机制，Boyer 和 Walker 因此荣获 1997 年的诺贝尔化学奖。

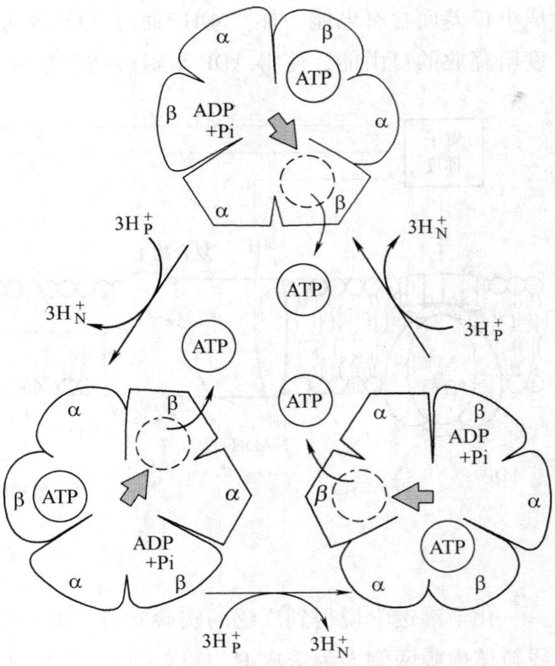

（5）氧化磷酸化的抑制剂

一些化学物质可以抑制氧化磷酸化，根据其作用机制，主要分为 4 类。

① 呼吸链阻断剂　前面提到的呼吸链阻断剂可以降低或完全中断质子和电子的传递，使质子很难或不能转移到膜间隙，因而氧化磷酸化的速度也会降低。这类抑制剂的特点是，耗氧量和 ATP 生成量同步下降。

② 解偶联剂　这类物质如 2，4–二硝基苯酚可以在膜间隙结合质子，穿过内膜，将质子转移到线粒体基质，降低或消除内膜两侧的电化学势，因而抑制 ATP 的合成。在电化学势被降低的情况下，呼吸链将质子转移到内膜外侧会更加容易。因此，解偶联剂作用的结果是耗氧量增加，而 ATP 生成量则下降。

③ 离子载体类抑制剂　这类抑制剂可将一价阳离子从膜间隙转移到线粒体基质，降低内膜两侧的电位差，因此抑制 ATP 的合成。如缬氨霉素可以将 K^+ 从膜间隙转移到线粒体基质，短杆菌肽可以将 K^+、Na^+ 及其他一价阳离子从膜间隙转移到线粒体基质，因而抑制氧化磷酸化。这类抑制剂与解偶联剂一样，使线粒体的耗氧量增加，而 ATP 生成量则下降。

④ 质子通道阻断剂　这类抑制剂可阻断 ATP 合酶的质子通道，从而抑制 ATP 的合成，寡霉素就是通过这一机制抑制氧化磷酸化的。在这类抑制剂的作用下，质子不能返回线粒体基质，呼吸链将质子转移到内膜外侧会面临更大的电化学势。因此，其作用的特点是耗氧量和 ATP 生成量同步下降。

氧化磷酸化的速率主要受 ATP 和 ADP 相对含量的调控。一般而言，较高的 ATP 浓度会抑制氧化磷酸化，较高的 ADP 浓度会促进氧化磷酸化。此外，氧化磷酸化的速率还受细胞内外其他因素的影响。

8.2.4 胞质中 NADH 的跨膜转运

已知糖酵解作用是在胞质中进行的，在真核生物胞质中生成的 NADH 不能通过线粒体内膜，要使糖酵解所产生的 NADH 进入呼吸链氧化生成 ATP，必须将线粒体外的 NADH 所带的 H 转交给某种能透过线粒体内膜的化合物。这些化合物进入线粒体内后再将 H 转交给呼吸链，能完成这种穿梭任务的化合物有 3–磷酸甘油与苹果酸。

（1）3–磷酸甘油穿梭系统

胞质中含有 3–磷酸甘油脱氢酶，可以将磷酸二羟丙酮还原为 3–磷酸甘油，后者可以扩散到线粒体内，线粒体内则有另一种 3–磷酸甘油脱氢酶，可以催化进入的 3–磷酸甘油脱氢，生成 $FADH_2$，于是细胞质的 NADH 便间接地形成了线粒体内的 $FADH_2$，后者通过呼吸链生成 1.5 个 ATP（图 8–13）。

图 8–12　ATP 合成的机制

科学史话 8–4
ATP 合成机制的研究

知识扩展 8–10
经呼吸链合成 ATP 的机制

知识扩展 8–11
ADP 对氧化磷酸化的调控和一些氧化磷酸化抑制剂的作用

这种穿梭作用主要存在于肌肉和神经组织，所以葡萄糖在这些组织中彻底氧化所产生的 ATP 比其他组织要少 2 个，即产生 30 个 ATP。

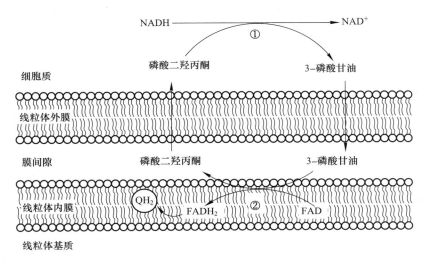

图 8 – 13　3 – 磷酸甘油穿梭系统

①细胞质的 3 – 磷酸甘油脱氢酶；②线粒体内膜的 3 – 磷酸甘油脱氢酶

（2）苹果酸穿梭系统

在肝、肾、心等组织，胞质中的 NADH 是通过苹果酸穿梭作用完成其氧化的。线粒体内外的苹果酸脱氢酶，其辅酶均为 NAD^+。NADH 在线粒体膜外苹果酸脱氢酶的作用下，使草酰乙酸接受两个氢，转变成苹果酸。苹果酸可以自由透过线粒体膜，并在线粒体内苹果酸脱氢酶的作用下脱氢生成 NADH 和草酰乙酸，NADH 通过呼吸链产生 2.5 个 ATP。草酰乙酸不能透过线粒体内膜，需经转氨酶的作用转变为天冬氨酸后才能透过线粒体膜返回胞质中（图 8 – 14）。

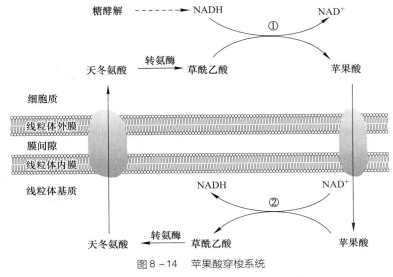

图 8 – 14　苹果酸穿梭系统

①细胞质的苹果酸脱氢酶；②线粒体的苹果酸脱氢酶

小结

各种生物的新陈代谢过程虽然复杂，但却有共同的特点：反应条件温和，由酶所催化，对内外环境条件有高度的适应性和灵敏的自动调节机制。

生物体能量代谢同整个自然界一样要服从热力学定律，对生化反应来说，最重要的热力学函数是自由能。通过自由能可以判断反应能否自发进行，是吸能反应，还是放能反应。

ATP 是细胞内能量代谢的偶联剂。物质氧化时释放的能量可合成 ATP，ATP 水解释放的自由能可以直接驱动各种需能的生命活动。当机体代谢中需要 ATP 提供能量时，ATP 可以多种形式实行能量的转移和释放（转移末端磷酸基、转移焦磷酸基、转移 AMP 及转移腺苷）。体内有些合成反应可用其他核苷三磷酸提供能量，例如 UTP 参与多糖合成、CTP 参与磷脂合成、GTP 参与蛋白质合成等。

有机物在生物体内氧的作用下，生成 CO_2 和 H_2O 并释放能量的过程称为生物氧化。生物氧化中的 CO_2 是通过有机酸脱羧产生的。H_2O 则是代谢物脱下的氢经一系列的传递体与氧结合生成的，这个体系被称为呼吸链。

呼吸链中的传递体有多种，有的是传氢体，如辅酶 I（NAD^+）、黄素辅酶（FMN、FAD）、辅酶 Q 等；有的是传电子体，如铁硫中心、细胞色素等。由这些传递体组成的典型呼吸链有 NADH 呼吸链与 $FADH_2$ 呼吸链两种。NADH 呼吸链由线粒体内膜上的复合物 I（NADH - Q 还原酶）、复合物 III（细胞色素还原酶）和复合物 IV（细胞色素氧化酶）组成。$FADH_2$ 呼吸链由复合物 II（琥珀酸 - Q 还原酶）、复合物 III 和复合物 IV 组成。

标准氧化还原电位（$E^{\ominus}{}'$）决定了呼吸链中各组分的顺序。电子总是从低氧化还原电位向高氧化还原电位流动，$E^{\ominus}{}'$ 的数值越低，供电子的倾向越大，越易成为还原剂而处在呼吸链的前面。

电子经呼吸链传递给氧，最终生成水的过程中伴有 ADP 磷酸化为 ATP，这一过程称电子传递体系磷酸化。其中，电子经 NADH 呼吸链传递可产生 2.5 个 ATP，经 $FADH_2$ 呼吸链传递可产生 1.5 个 ATP。

电子传递体系磷酸化是生物体内生成 ATP 的主要方式。电子传递是氧化放能反应，而 ADP 与 Pi 生成 ATP 的磷酸化是吸能反应，氧化和磷酸化是偶联进行的。化学渗透学说从能量转化方面解决了氧化磷酸化的基本问题，构象变化学说可以详细地解释 ATP 生成的机制。在电子传递过程中，将 H^+ 从线粒体内膜的内侧，转移到外侧的膜间隙，使内膜外侧的 H^+ 浓度高于内侧，形成电化学势，当 H^+ 通过 ATP 合酶回到线粒体内膜的内侧时，释放的能量用于合成 ATP。F_0F_1 - ATP 合酶构成了一个精巧的分子"马达"。质子通过 F_0 的通道时，c 亚基环状结构的扭动使"转子"旋转，引起 $\alpha_3\beta_3$ 的构象变化，使结合在 β 亚基上的核苷酸由 ADP 和 Pi 合成 ATP。

呼吸链阻断剂和质子通道阻断剂可以使线粒体的耗氧量和 ATP 生成量同步下降，解偶联剂和离子载体类抑制剂则使线粒体的耗氧量增加，ATP 生成量下降。

真核生物胞质中的 NADH 不能直接通过线粒体的内膜。在有氧状态下，肌肉、神经组织胞质中的 NADH 通过 3 - 磷酸甘油穿梭，在线粒体内膜转化为 $FADH_2$，通过呼吸链合成 1.5 个 ATP。在肝、肾、心等组织中，NADH 通过苹果酸穿梭进入线粒体，经呼吸链产生 2.5 个 ATP。

文献导读

[1] Mitchell P. Coupling of phosphorylation to electron and hydrogen transfer by a chemiosmotic type of mechanism. Nature, 1961, 191：144-148.

该论文是 Peter Mitchell 提出化学渗透学说的原始文献。

[2] Mitchell P. Keilin's respiratory chain concept and its chemiosmotic consequences. Science, 1979, 206：

1148-1159.

该论文是 Peter Mitchell 获得诺贝尔奖时的演讲稿,主要介绍化学渗透学说的发展过程。

［3］ Boyer P D. The ATP synthase-a splendid molecular machine. Annu Rev Biochem, 1997, 66: 717-749.

该论文是 Paul Boyer 对 ATP 合酶作用机制的综述。

［4］ Abrahams J P, Leslie A G, Lutter R, et al. Structure at 2. 8Å resolution of F_1-ATPase from bovine heart mitochondria. Nature, 1994, 370 (6491): 621-628.

该论文是 John Walker 等对牛心线粒体 F_1-ATP 酶的晶体结构解析。

［5］ Guo R, Gu J, Zong S, et al. Structure and mechanism of mitochondrial electron transport chain. Biomed J, 2018, 41 (1): 9-20.

该论文综述和比较分析了不同物种的呼吸链精细结构。

思考题

1. 已知 $NADH + H^+$ 经呼吸链传递到 O_2 生成水的过程可以用下式表示:

$$NADH + H^+ + 1/2O_2 \longrightarrow H_2O + NAD^+$$

试计算反应的 $\Delta E^{\ominus'}$、$\Delta G^{\ominus'}$。

2. 在呼吸链传递电子的系列氧化还原反应中,请指出下列反应中哪些是电子供体,哪些是电子受体,哪些是氧化剂,哪些是还原剂?（E-FMN 为 NADH 脱氢酶,其辅基为 FMN）

（1） $NADH + H^+ + E\text{-}FMN \longrightarrow NAD^+ + E\text{-}FMNH_2$

（2） $E\text{-}FMNH_2 + 2Fe^{3+} \longrightarrow E\text{-}FMN + 2Fe^{2+} + 2H^+$

（3） $2Fe^{2+} + 2H^+ + Q \longrightarrow 2Fe^{3+} + QH_2$

3. 组成原电池的两个半电池中,半电池 A 含有 1 mol/L 的 3 − 磷酸甘油酸和 1 mol/L 的 3 − 磷酸甘油醛,而另外的一个半电池 B 含有 1 mol/L 的 NAD^+ 和 1 mol/L 的 NADH。回答下列问题:

（1） 哪个半电池中发生的是氧化反应?

（2） 在半电池 B 中,哪种物质的浓度逐渐减少?

（3） 电子流动的方向如何?

（4） 总反应（半电池 A + 半电池 B）的 $\Delta E^{\ominus'}$ 是多少?

4. 鱼藤酮是一种毒性极强的杀虫剂,它可以阻断电子从 NADH 脱氢酶上的 FMN 向 CoQ 的传递。

（1） 为什么昆虫吃了鱼藤酮会死去?

（2） 鱼藤酮对人和动物是否有潜在的威胁?

（3） 鱼藤酮存在时,理论上 1 mol 琥珀酰 CoA 将净生成多少 ATP?

5. 2,4 − 二硝基苯酚（DNP）是一种对人体毒性很大的物质。它会显著地加速代谢速率,使体温上升、出汗过多,严重时可导致虚脱和死亡。20 世纪 40 年代曾试图用 DNP 作为减肥药物。

（1） 为什么 DNP 的消耗会使体温上升、出汗过多?

（2） DNP 作为减肥药物的设想为何不能实现?

6. 某女教师 24 h 需从膳食中获得能量 8 360 kJ (2 000 kcal),其中糖类供能占 60%,假如食物转化为 ATP 的效率是 50%,则膳食糖类可转化为多少摩尔 ATP?

7. 标准条件下,下述反应是否能按箭头反应方向进行?（假定每个反应都有各自的酶催化）

（1） $FADH_2 + NAD^+ \longrightarrow FAD + NADH + H^+$

（2） 琥珀酸 $+ FAD \longrightarrow$ 延胡索酸 $+ FADH_2$

（3）β – 羟丁酸 + NAD$^+$ ——→乙酰乙酸 + NADH + H$^+$

8. 已知共轭氧化还原对 NAD$^+$/NADH 和丙酮酸/乳酸的 $E^{\ominus\prime}$ 分别为 – 0. 32 V 和 – 0. 19 V，试问：

（1）哪个共轭氧化还原对失去电子的能力大？

（2）哪个共轭氧化还原对是更强的氧化剂？

（3）如果各反应物的浓度都为 1 mol/L，在 pH = 7. 0 和 25 ℃时，下面反应的 $\Delta G^{\ominus\prime}$ 是多少？

丙酮酸 + NADH + H$^+$ ——→乳酸 + NAD$^+$

数字课程学习

⬇ 教学课件　　✍ 习题解析与自测

9

糖代谢

　　成人每天所需的能量（7 500～9 200 kJ）55%～60% 来自糖代谢。糖在体内以糖原的形式贮存，以葡萄糖的形式在血液中运输。1 g 葡萄糖在体内氧化可产生 16.7 kJ 的能量，葡萄糖氧化产生的能量转化为 ATP，为人体的各种生命活动提供能量。

糖代谢包括糖的分解代谢与合成代谢。糖的分解代谢主要指大分子糖经酶促降解成单糖后，进一步降解，氧化成 CO_2 和 H_2O，并释放能量的过程；糖的分解代谢在无氧和有氧条件下均可以进行。糖酵解和柠檬酸循环是生命过程中最重要的产能途径。除为机体的生命活动提供能量外，糖分解代谢的中间产物还可为氨基酸、核苷酸、脂肪酸、类固醇的合成提供碳骨架。磷酸戊糖途径提供的 5 - 磷酸核糖和 NADPH，葡糖醛酸途径提供的糖醛酸和 L - 抗坏血酸（维生素 C）均具有重要的生理意义。

糖的合成代谢对于绿色植物和光合微生物来说，是指其利用日光作为能源，CO_2 作为碳源，与 H_2O 合成葡萄糖并释放氧气的过程。依靠光合作用，地球每年约有 10^{11} 吨 CO_2 被转化成糖类化合物。对人和动物体来说，是指如何利用葡萄糖合成糖原，以及非糖物质如何转化为糖。

糖代谢与脂质、蛋白质、核酸等物质代谢相互联系、相互转化，不可分割，构成了代谢的统一整体。

9.1 多糖和低聚糖的酶促降解

多糖和低聚糖由于分子大，不能透过细胞膜，所以在被生物体利用之前必须水解成单糖，其水解均依靠酶的催化。

9.1.1 淀粉与糖原的酶促水解

α - 淀粉酶可以水解淀粉中任何部位的 α(1→4) 糖苷键，水解产物为寡糖和葡萄糖的混合物。β - 淀粉酶只能从非还原端开始水解 α(1→4) 糖苷键，每次水解产生 1 个麦芽糖，其水解产物为糊精和麦芽糖的混合物。在动物的消化液中有 α - 淀粉酶，在植物的种子与块根中有 α - 及 β - 淀粉酶。

淀粉→糊精→麦芽糖

知识扩展 9 - 1
几种淀粉酶的作用位点

α - 和 β - 淀粉酶不能水解 α(1→6) 糖苷键，水解淀粉中的 α(1→6) 糖苷键的酶是 α(1→6) 糖苷酶。

糖原在细胞内的降解是经磷酸化酶的磷酸解作用生成 1 - 磷酸葡糖，由于磷酸化酶也只能磷酸解 α(1→4) 糖苷键，而不作用于 α(1→6) 糖苷键，故糖原的完全分解必须在脱支酶等的协同作用下才能完成。

如图 9 - 1，磷酸化酶作用于糖原分子的非还原端，循序进行磷酸解，连续释放 1 - 磷酸葡糖，直到在分支点之前还有 4 个葡萄糖残基为止。在脱支酶的作用下，将糖原分支上的 3 个葡萄糖残基转移至主链的非还原末端。在分支点处还留下一个 (1→6) 糖苷键连接的葡萄糖残基，被**脱支酶**（debranching enzyme）水解为游离的葡萄糖。脱支酶为 α (1→6) 糖苷酶，可特异性水解 (1→6) 糖苷键。

9.1.2 纤维素的酶促水解

人的消化道中没有水解纤维素的酶，但不少微生物如细菌、真菌、放线菌、原生动物等能产生纤维素酶及纤维二糖酶，它们能催化纤维素完全水解成葡萄糖。

二糖的酶水解在双糖酶催化下进行，双糖酶中最重要的除有麦芽糖酶、纤维二糖酶外，还有蔗糖酶、乳糖酶等，它们都属于糖苷酶类，广泛分布于植物、微生物与动物的小肠液中。

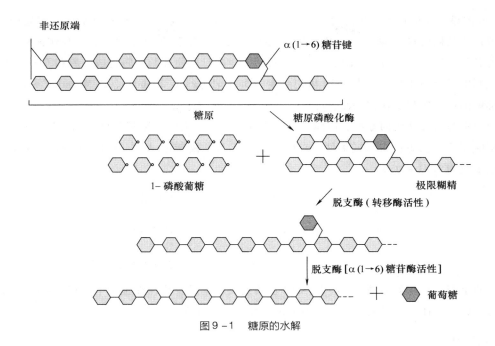

图 9-1 糖原的水解

食物中的糖类经肠道消化为葡萄糖、果糖、半乳糖等单糖。单糖可被吸收入血。血液中的葡萄糖称为血糖。正常人空腹血糖浓度为 3.9~6.1 mmol/L。正常人血糖浓度维持在一个相对恒定的范围内，是因为血糖的代谢有来源有去路（图 9-2）。消化后吸收的单糖经门静脉入肝，一部分合成肝糖原进行贮存；另一部分经肝静脉进入血液循环，输送给全身各组织，在组织中分别进行合成与分解代谢。

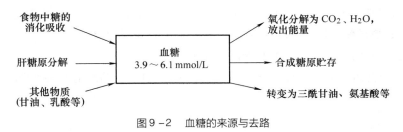

图 9-2 血糖的来源与去路

9.2 糖的分解代谢

为了充分利用糖分子中蕴藏的能量和有特殊生理意义的代谢产物，生物体在不同的组织细胞、不同的环境条件下，采用了复杂微妙的多种糖分解代谢方式。

9.2.1 糖酵解

无氧条件下的**糖酵解**（glycolysis）作用最初发现自肌肉提取液。由于葡萄糖转化为乳酸与酵母内葡萄糖发酵成乙醇和 CO_2 的过程相似，都经历了由葡萄糖变成丙酮酸（pyruvic acid）这段共同的生化反应历程，所以统称 1 mol 葡萄糖变成 2 mol 丙酮酸并伴随 ATP 生成的过程为糖酵解。有时也称 1 mol 葡萄糖到 2 mol 乳酸的整个反应过程为糖酵解。糖酵解是动物、植物、微生物共同存在的糖代谢途径。

科学史话 9－1
糖酵解途径的阐明

糖酵解过程的阐明最早源于对发酵作用的研究。人类很早就利用发酵酿酒、制作面包。早在 1875 年，法国著名科学家 L. Pasteur 就发现，在无氧条件下，酵母可使葡萄糖转化成乙醇和 CO_2。之后的几十年对发酵机制的研究逐步深入，直至 20 世纪中期，O. Warburg、G. Embden、O. Meyerhof 等才比较清楚地阐明了糖酵解的反应历程及代谢机制。

葡萄糖经糖酵解转变为**丙酮酸**，丙酮酸有三条代谢去路：在组织缺氧条件下丙酮酸还原为乳酸；酵母可使丙酮酸还原成乙醇；在有氧条件下，丙酮酸转化为乙酰辅酶 A（acetyl-coenzyme A）进入柠檬酸循环，彻底氧化为 H_2O 和 CO_2。

葡萄糖 ⟶ 丙酮酸 ⟶	乳酸	糖酵解
	乙醛 → 乙醇	乙醇发酵
	乙酰辅酶 A	进入柠檬酸循环

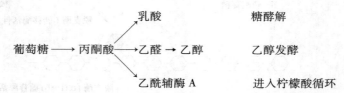

糖酵解的全部过程从葡萄糖开始，包括 10 步酶促反应，反应均在细胞质中进行。糖酵解可划分为 3 个阶段，为了讨论方便，将无氧条件下丙酮酸的去路列为第 4 阶段一并讨论。

9.2.1.1 己糖磷酸酯的生成

葡萄糖或糖原经磷酸化转变成 1,6－二磷酸果糖，为分解成两分子丙糖作好准备。这阶段如从葡萄糖开始，可由三步反应组成，即葡萄糖的磷酸化、异构化，以及磷酸果糖的磷酸化作用。如从糖原开始，则需经过磷酸解作用，生成 1－磷酸葡糖，然后转变成 **6－磷酸葡糖**（glucose-6-phosphate），最后再转变为 1,6－二磷酸果糖。1－磷酸葡糖向 6－磷酸葡糖的转变是由磷酸葡糖变位酶（phosphoglucomutase）催化的（见 7.2.8），磷酸基团的互换是通过酶的磷酸化型与非磷酸化型的互变完成的。

（1）葡萄糖在**己糖激酶**（hexokinase）的催化下，生成 6－磷酸葡糖。

① 激酶使底物磷酸化，但必须是 ATP 提供磷酸基团。

② ATP 将 γ 磷酸基团转移到葡萄糖分子上，消耗一个 ATP。为糖酵解的限速步骤。

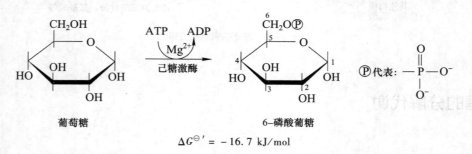

葡萄糖　　　　6－磷酸葡糖

$\Delta G^{\ominus\prime} = -16.7\ kJ/mol$

（2）6－磷酸葡糖在磷酸己糖异构酶（phosphohexose isomerase）的催化下，转化为 6－磷酸果糖。

6－磷酸葡糖　　　　6－磷酸果糖

$\Delta G^{\ominus\prime} = 1.7\ kJ/mol$

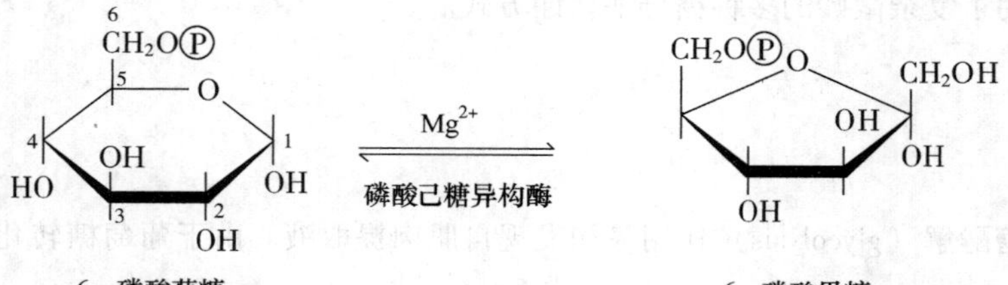

（3）6－磷酸果糖在**磷酸果糖激酶**（phosphofructokinase）的催化下，利用 ATP 提供的磷酸基团生成**1,6－二磷酸果糖**（fructose-1,6-bisphosphate）。

① 激酶催化磷酸基团从 ATP 上转移到某代谢物分子上。当 Mg^{2+} 存在时，激酶才有活性。

② 己糖激酶与磷酸果糖激酶催化的两步反应均是释放大量自由能的不可逆反应。两种酶均是别构酶类，并通过酶活性的调节来控制糖酵解的反应速度。

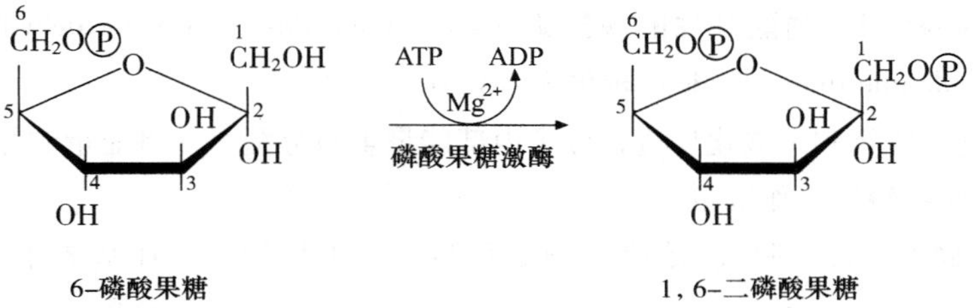

6-磷酸果糖　　　　　　　　1,6-二磷酸果糖

$$\Delta G^{\ominus\prime} = -14.2 \text{ kJ/mol}$$

9.2.1.2 丙糖磷酸的生成

（4）在**醛缩酶**（aldolase）的催化下，1,6－二磷酸果糖分子在第3与第4碳原子之间断裂为两个三碳化合物，即**磷酸二羟丙酮**（dihydroxyacetone phosphate）与**3－磷酸甘油醛**（glyceraldaldehyde－3－phosphate）。

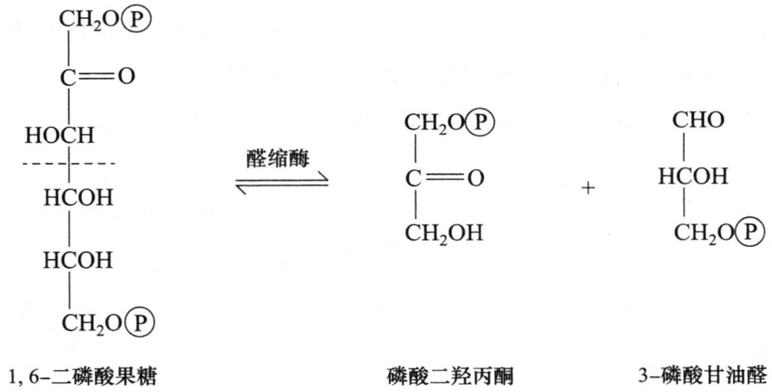

1,6-二磷酸果糖　　　　　磷酸二羟丙酮　　　3-磷酸甘油醛

$$\Delta G^{\ominus\prime} = 23.8 \text{ kJ/mol}$$

醛缩酶催化的是可逆反应，标准状况下，平衡倾向于醇醛缩合成1,6－二磷酸果糖一侧，但在细胞内，由于正反应产物丙糖磷酸被移走，平衡可向正反应迅速进行。

（5）在**磷酸丙糖异构酶**（triose phosphate isomerase）的催化作用下，两个三碳糖之间有同分异构体的互变。

磷酸二羟丙酮　　　　　　　3-磷酸甘油醛

由于3－磷酸甘油醛的持续被氧化，反应的平衡将向生成3－磷酸甘油醛的方向移动。总的结果相当于1分子1,6－二磷酸果糖生成2分子3－磷酸甘油醛。

9.2.1.3 3-磷酸甘油醛生成丙酮酸

在此阶段有两步产生能量的反应，释放的能量可由 ADP 转变成 ATP 贮存。

（6）3-磷酸甘油醛氧化为 **1,3-二磷酸甘油酸**（1,3-bisphosphoglycerate，1,3-BPG）。

① 3-磷酸甘油醛的氧化是糖酵解过程唯一的氧化脱氢反应，生物体通过此反应可以获得能量。

② 催化此反应的酶为 **3-磷酸甘油醛脱氢酶**（glyceraldehyde-3-phosphate dehydrogenase），它的辅酶 **NAD$^+$**（nicotinamide adenine dinucleotide）转化为 NADH。

③ 反应中同时进行脱氢和磷酸化反应，分子内部能量重新分配，并将能量贮存在 1,3-二磷酸甘油酸分子中，为下一步底物磷酸化作准备。

④ 碘乙酸为 3-磷酸甘油醛脱氢酶的抑制剂，可与酶活性中心的—SH 基结合。

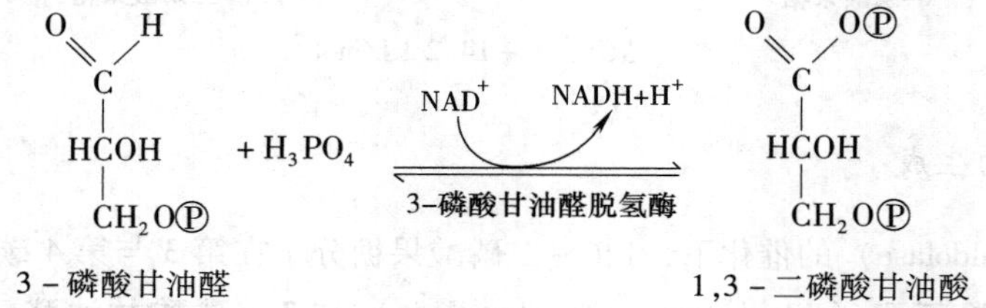

$$\Delta G^{\ominus\prime} = 6.3 \text{ kJ/mol}$$

3-磷酸甘油醛脱氢酶的 M_r 为 14 000，由 4 个相同亚基组成，每个亚基牢固地结合一分子 NAD$^+$，并能独立参与催化作用。已证明亚基第 149 位的半胱氨酸残基的—SH 基是活性基团。能特异地结合 3-磷酸甘油醛。NAD$^+$ 的吡啶环与活性—SH 基很近，共同组成酶的活性部位。

如图 9-3 所示，3-磷酸甘油醛脱氢酶的作用机制如下：①酶活性基团—SH 基攻击 3-磷酸甘油醛

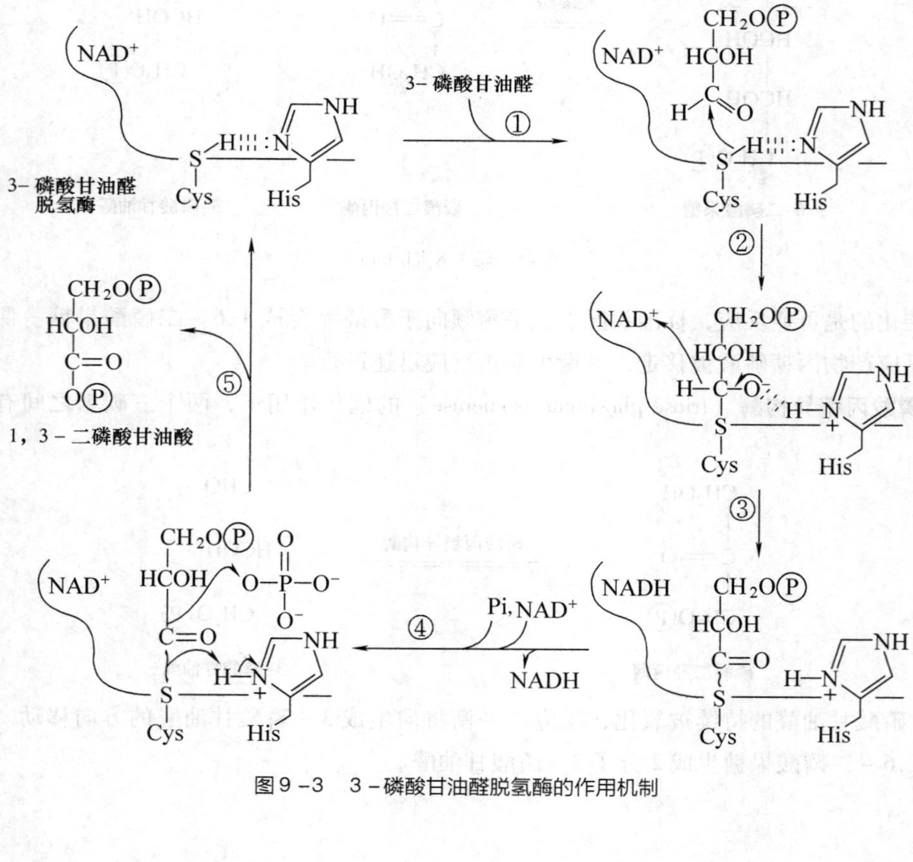

图 9-3　3-磷酸甘油醛脱氢酶的作用机制

的羰基，形成硫酯酰半缩醛。②硫酯酰半缩醛被 NAD$^+$ 氧化，生成与酶共价连接的硫酯酰基化合物，硫酯酰是个高能键。NAD$^+$ 被还原成 NADH。③NADH 被 NAD$^+$ 取代，生成的 NADH 可用于还原丙酮酸或在有氧条件下进入呼吸链。④无机磷酸结合到酶的活性部位，而且攻击硫酯酰 – 酶中间物的羰基，形成磷酰基。⑤产物 1,3 – 二磷酸甘油酸从酶的活性部位上解离，完成整个循环。

（7）1,3 – 二磷酸甘油酸生成 **3 – 磷酸甘油酸**（3-phosphoglycerate，3-PG）。

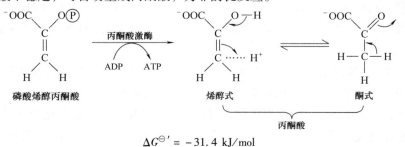

磷酸甘油酸激酶将高能磷酸基团转移给 ADP 生成 ATP。

（8）3 – 磷酸甘油酸转变成 **2 – 磷酸甘油酸**（2-phosphoglycerate，2-PG）。

由磷酸甘油酸变位酶（phosphoglycerate mutase）催化，其变位机制与磷酸葡糖变位机制相似，即3 – 磷酸甘油酸与 2 – 磷酸甘油酸互换磷酰基，互换作用是由磷酸甘油酸变位酶的磷酸化型与非磷酸化型的互变来完成的（见 7.2.8）。

（9）2 – 磷酸甘油酸在烯醇化酶（enolase）的催化下生成**磷酸烯醇丙酮酸**（phosphoenolpyruvate）。

① 脱水使 2 – 磷酸甘油酸分子内部能量重新分配，产生高能磷酸化合物磷酸烯醇丙酮酸。

② 氟化物对烯醇化酶有抑制作用。

（10）磷酸烯醇丙酮酸在**丙酮酸激酶**（pyruvate kinase）催化下生成丙酮酸。

① 经底物磷酸化生成一个 ATP，磷酸烯醇丙酮酸转化成烯醇丙酮酸。

② 烯醇丙酮酸不稳定，可自动生成丙酮酸，为非酶促反应。

从葡萄糖到丙酮酸的所有中间产物都是磷酸化合物，这个现象不是偶然的。磷酰基为化合物提供负电荷基团，使其不能透过膜，使得糖酵解的反应全部在胞质中进行。此外，磷酰基在贮存能量、降低代谢反应活化能及提高酶促反应特异性等方面也具有重要作用。

9.2.1.4 丙酮酸在无氧条件下的去路

从葡萄糖到丙酮酸的糖酵解阶段是几乎所有生物体都存在的普遍代谢途径。只是在氧存在与否的条件下，或在不同的生物体内，丙酮酸的代谢去路又有所不同。

（1）丙酮酸还原成乳酸

人和动物激烈运动时，肌肉组织供氧不足，或乳酸菌在无氧条件下发酵，丙酮酸都会还原为**乳酸**（lactic acid）。剧烈运动后，肌肉及血液中乳酸含量很高就是这个原因。此反应由乳酸脱氢酶（LDH）催化（见6.4.2）。

由葡萄糖到乳酸的总反应式：

$$葡萄糖（C_6H_{12}O_6）+ 2Pi + 2ADP \rightarrow 2 \, 乳酸（CH_3CHOHCOOH）+ 2ATP + 2H_2O$$

利用乳酸菌发酵可生产奶酪、酸奶和乳酸菌饮料。厌氧生物和某些特殊的细胞，例如成熟的红细胞因没有线粒体不能进行有氧氧化，只能以糖酵解作为唯一的供能途径。人和动物在细胞暂时缺氧时也是通过该途径获得能量。

（2）丙酮酸还原成**乙醇**（ethanol）

无氧条件下，酵母等微生物及植物细胞的丙酮酸能继续转化为乙醇并释放出 CO_2，该过程称为乙醇发酵。其反应机制如下：

① 丙酮酸首先在丙酮酸脱羧酶的催化下，以**硫胺素焦磷酸**（TPP）为辅酶，脱羧变成乙醛，放出 CO_2。

② 在**乙醇脱氢酶**（alcohol dehydrogenase）的催化下，以 $NADH + H^+$ 为供氢体，**乙醛**（acetaldehyde）为受氢体，乙醛被还原成乙醇。

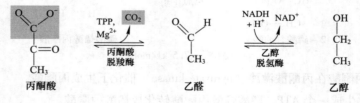

乙醇发酵总反应式为：

$$葡萄糖（C_6H_{12}O_6）+ 2Pi + 2ADP \rightarrow 2 \, 乙醇（CH_3CH_2OH）+ 2ATP + 2H_2O + 2CO_2$$

酿酒、制作面包和馒头均为乙醇发酵过程。某些植物种子发芽或受涝时，由于发酵产生的乙醇会使幼苗和根腐烂。

1个葡萄糖经过乙醇发酵会生成2个 CO_2，资源消耗相当大。用淀粉水解得到的葡萄糖生产乙醇，用作燃料，不论经济方面是否合算，从资源利用角度讲是不合算的。

在无氧条件下，NADH还原丙酮酸为乳酸，最重要的意义是NADH被转化为 NAD^+，使3-磷酸甘油醛的脱氢反应可以持续。否则，一旦 NAD^+ 被耗尽，3-磷酸甘油醛的脱氢反应无法进行，糖酵解途径会因此而终止，细胞会因为得不到能量而死亡。

糖酵解和乙醇发酵的全过程如图 9-4 所示。总的来说，在糖酵解过程中有以下几种类型的反应：①磷酸转移，磷酸基从 ATP 转移到中间产物上，反过来也同样；②磷酸移位，磷酰基在分子内部移位；③异构化，酮糖与醛糖的相互转变；④脱水，脱掉一分子水；⑤氧化脱氢，代谢物氧化脱去的 H 交给 NAD^+，使其还原为 $NADH + H^+$；⑥醇醛断裂，碳 – 碳间键的断裂，相当于醇醛缩合的逆反应。

知识扩展 9-2
糖酵解途径各步骤的反应机制

知识扩展 9-3
其他糖进入糖酵解的途径

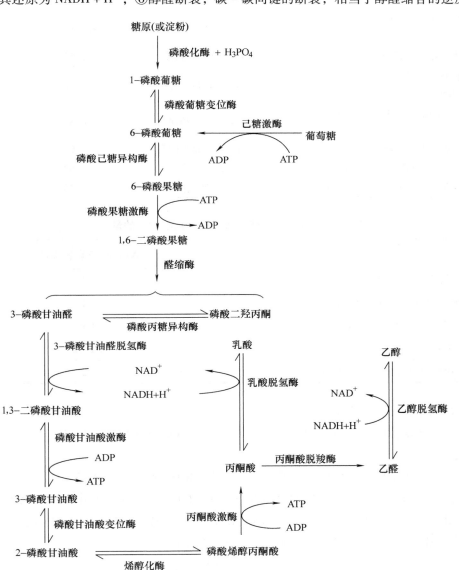

图 9-4 糖酵解与乙醇发酵

9.2.1.5 糖酵解的能量计算

糖酵解作用是一放能过程，各步反应的能量变化见表 9-1。如果从葡萄糖开始净生成 2 mol ATP（表 9-2）。如果从糖原开始，因其磷酸解的产物为 1 – 磷酸葡糖，故少消耗 1 mol ATP，可净得 3 mol ATP。需要注意的是，细胞内反应条件下的 ΔG 与标准状态下的 $\Delta G^{\ominus\prime}$ 差异较大，表 9-1 中 ΔG 所列是红细胞的数据。总体而言，细胞内的反应在能量方面更有利，第 4 步反应尤其明显。

知识扩展 9-4
糖酵解途径各步骤的 $\Delta G^{\ominus\prime}$ 和红细胞内的 ΔG

表 9 – 1 酵解过程中各步反应的能量变化

反应内容	酶	$\Delta G^{\ominus\prime}/(\text{kJ/mol})$	$\Delta G/(\text{kJ/mol})$
1. 葡萄糖 + ATP→6 – 磷酸葡糖 + ADP	己糖激酶	– 16.74	– 33.47
2. 6 – 磷酸葡糖→6 – 磷酸果糖	磷酸己糖异构酶	+ 1.67	– 2.51
3. 6 – 磷酸果糖 + ATP→1,6 – 二磷酸果糖 + ADP	磷酸果糖激酶	– 14.23	– 22.18
4. 1,6 – 二磷酸果糖→磷酸二羟丙酮 + 3 – 磷酸甘油醛	醛缩酶	+ 23.85	– 1.25
5. 磷酸二羟丙酮→3 – 磷酸甘油醛	磷酸丙糖异构酶	+ 7.53	+ 2.51
6. 3 – 磷酸甘油醛 + NAD$^+$ + Pi →1,3 – 二磷酸甘油醛 + NADH + H$^+$	3 – 磷酸甘油醛脱氢酶	+ 6.28	– 1.67
7. 1,3 – 二磷酸甘油酸 + ADP→3 – 磷酸甘油酸 + ATP	磷酸甘油酸激酶	– 18.83	+ 1.26
8. 3 – 磷酸甘油酸→2 – 磷酸甘油酸	磷酸甘油酸变位酶	+ 4.60	+ 0.84
9. 2 – 磷酸甘油酸→磷酸烯醇丙酮酸 + H$_2$O	烯醇化酶	+ 1.67	– 3.35
10. 磷酸烯醇丙酮酸 + ADP→丙酮酸 + ATP	丙酮酸激酶	– 31.38	– 16.74

表 9 – 2 1 mol 葡萄糖经酵解所产生的 ATP 的量

反应	ATP 的增减量/mol
葡萄糖→6 – 磷酸葡糖	– 1
6 – 磷酸果糖→1,6 – 二磷酸果糖	– 1
1,3 – 二磷酸甘油酸→3 – 磷酸甘油酸	+ 1 × 2
磷酸烯醇丙酮酸→丙酮酸	+ 1 × 2
1 mol 葡萄糖酵解净增 ATP 的量/mol	+ 2

葡萄糖分解成乳酸的反应方程式如下：

$$C_6H_{12}O_6 + 2H_3PO_4 + 2ADP \longrightarrow 2CH_3CHOHCOOH + 2ATP + 2H_2O$$

从糖原算起：

$$[C_6H_{12}O_6] + 3H_3PO_4 + 3ADP \longrightarrow 2CH_3CHOHCOOH + 3ATP + 3H_2O$$

葡萄糖分解为乳酸的过程中，自由能的变化为 196 kJ。如从糖原算起，自由能的变化为 183 kJ。由于 ATP 水解为 ADP 与 H$_3$PO$_4$ 时，$\Delta G^{\ominus\prime} = -30.5$ kJ（表 8 – 1），生成 2 mol ATP 就相当于捕获了 61.0 kJ。故葡萄糖在体内酵解的放热量减少为 $\Delta G = 196 - 61 = 135$ kJ/mol。

$$葡萄糖酵解获能效率 = \frac{-61}{-196} \times 100\% = 31\%$$

$$糖原酵解获能效率 = \frac{3 \times (-30.5)}{-183} \times 100\% = 50\%$$

9.2.1.6 糖酵解的生物学意义

从单细胞生物到高等动植物都存在糖酵解过程，是无氧条件下进行的葡萄糖有限氧化，使机体在缺氧情况下仍能进行生命活动。

① 在无氧条件下为生命活动提供能量，特别是在剧烈运动时。另外，红细胞中无线粒体，能量几乎全部来自糖酵解；还有神经组织、白细胞和骨髓等代谢极为活跃的组织和细胞，在不缺氧时也常由糖

酵解供能。

② 中间产物可为机体提供生物大分子合成所需的碳骨架。

③ 是一种遗留下来的古老代谢方式，有进化研究意义。

9.2.1.7　糖酵解的调控

糖酵解反应速度主要受以下 3 种酶的调控。

（1）磷酸果糖激酶是最关键的限速酶

① ATP/AMP 比值对该酶活性的调节具有重要的生理意义。ATP 不仅是该酶的底物，也是别构抑制剂。当 ATP 浓度较高时，该酶几乎无活性，酵解作用减弱；当 AMP 积累，ATP 较少时，酶活性恢复，酵解作用增强。

② H^+ 可抑制磷酸果糖激酶的活性，它可防止肌肉中形成过量乳酸而使血液酸中毒。

③ 柠檬酸含量高，说明细胞能量充足，葡萄糖就无须为合成其前体而降解。因此柠檬酸可增加 ATP 对酶的抑制作用。

④ 6 - 磷酸果糖在磷酸果糖激酶 2 的催化下可磷酸化为 2,6 - 二磷酸果糖。2,6 - 二磷酸果糖能消除 ATP 和柠檬酸对酶的抑制效应，使酶活化。

（2）己糖激酶活性的调控

己糖激酶活性受其产物 6 - 磷酸葡糖的抑制。磷酸果糖激酶活性被抑制时，可使 6 - 磷酸葡糖积累，酵解作用减弱。因 6 - 磷酸葡糖可转化为糖原及磷酸戊糖（见 9.2.4），因此己糖激酶不是酵解过程关键的限速酶（见 6.9.5）。

（3）丙酮酸激酶活性的调控

① 1,6 - 二磷酸果糖是该酶的激活剂，可加速酵解速度。

② 丙氨酸是该酶的别构抑制剂。该酶产物丙酮酸可通过转氨作用直接转化为丙氨酸（见 11.2.1）。丙氨酸抑制丙酮酸激酶的活性，可避免丙酮酸的过剩。

③ ATP、乙酰 CoA 等也可抑制该酶活性，减弱酵解作用。

9.2.2　糖的有氧分解

无氧条件下，糖酵解途径仅释放有限的能量。大部分生物的糖代谢是在有氧条件下进行的。糖的有氧分解代谢实际上是糖的无氧分解的继续。从丙酮酸生成以后，无氧与有氧分解才开始有了不同，因此糖的有氧分解实质上是丙酮酸如何被氧化的问题。

葡萄糖的有氧分解代谢是一条完整的代谢途径。经过糖酵解、柠檬酸循环和氧化磷酸化的过程，葡萄糖最终转化成 CO_2 和 H_2O。为了叙述方便，将糖的有氧氧化分为 3 个阶段。第一阶段为葡萄糖至丙酮酸（糖酵解过程），反应在细胞质中进行；第二阶段是丙酮酸进入线粒体被氧化脱羧成**乙酰辅酶 A**（acetyl-coenzyme A，乙酰 CoA）；第三阶段是乙酰 CoA 进入柠檬酸循环生成 CO_2 和 H_2O。有氧条件下的糖酵解过程与无氧条件基本相同，只是 3 - 磷酸甘油醛氧化脱氢产生的 NADH，其代谢去路不同，因而产生 ATP 的数量也不相同。糖酵解过程已完成了糖有氧氧化的第一阶段，因此本节主要介绍第二、三阶段。

9.2.2.1　丙酮酸氧化脱羧形成乙酰 CoA

（1）丙酮酸脱氢酶系

线粒体基质有**丙酮酸脱氢酶复合体**（pyruvate dehydrogenase complex），又称为丙酮酸脱氢酶系，催化丙酮酸进行不可逆的氧化与脱羧反应，并使之与 CoA 结合形成乙酰 CoA。

$$\begin{array}{c} CH_3 \\ | \\ CO \\ | \\ COO^- \end{array} + HS-CoA + NAD^+ \xrightarrow{\text{丙酮酸脱氢酶系}} \begin{array}{c} CH_3 \\ | \\ CO-SCoA \end{array} + CO_2 + NADH + H^+$$

丙酮酸　　　　　　　　　　　　　　　　　　　　乙酰CoA

$$\Delta G^{\ominus\prime} = -33.4 \text{ kJ/mol}$$

知识扩展 9-6
丙酮酸脱氢酶系
的结构和调控

参加这一酶系的辅酶有硫胺素焦磷酸（TPP）、硫辛酸、CoA、黄素腺嘌呤二核苷酸（FAD）和烟酰胺腺嘌呤二核苷酸（NAD⁺）。组成酶系的共有 3 种酶：**丙酮酸脱氢酶**（pyruvate dehydrogenase，E_1）、**二氢硫辛酰转乙酰基酶**（dihydrolipoic acid acetyltransferase，E_2）和**二氢硫辛酰脱氢酶**（dihydrolipoic acid dehydrogenase，E_3）。

（2）丙酮酸脱氢酶系的反应机制

丙酮酸脱氢酶系催化的反应如图 9-5。反应分 5 步进行：

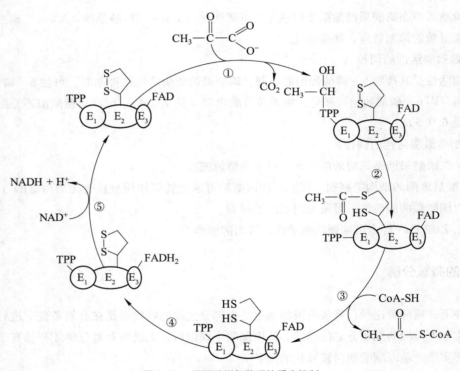

图 9-5　丙酮酸脱氢酶系的反应机制

① 在 E_1 催化下，丙酮酸与 TPP 作用脱羧形成羟乙基 – TPP。

② E_2 催化羟乙基 – TPP，使羟乙基被氧化成乙酰基，同时将乙酰基转移给硫辛酰胺形成乙酰二氢硫辛酰胺。

③ 在 E_2 催化下，乙酰基转移给 CoA 形成乙酰 CoA，并生成二氢硫辛酰胺。

④ E_3 使被还原的硫辛酰胺重新氧化，并将 H 传给其辅基 FAD，生成 $FADH_2$。

⑤ $FADH_2$ 将 NAD^+ 还原成 NADH。

9.2.2.2　柠檬酸循环

乙酰 CoA 的乙酰基部分是在有氧条件下通过一种循环被彻底氧化为 CO_2 和 H_2O 的。这种循环因开始于乙酰 CoA 与**草酰乙酸**（oxaloacetate）缩合生成的含有 3 个羧基的柠檬酸，因此称为**柠檬酸循环**（citric acid cycle）或**三羧酸循环**（tricarboxylic acid cycle，TCA）。依其发现者的名字也称为 Krebs 循环。它不仅是糖的有氧分解代谢的途径，也是机体内一切有机物的碳链骨架氧化成 CO_2 和 H_2O 的必经途径。

柠檬酸循环包括下列多步反应，现分述如下：

（1）乙酰 CoA 在柠檬酸合酶（citrate synthase）催化下与草酰乙酸进行缩合生成**柠檬酸**。

① 该反应为缩合反应，反应不可逆。

② 生成中间产物柠檬酰 CoA，柠檬酰 CoA 的高能硫酯键水解，放出能量推动反应进行，生成柠檬酸。

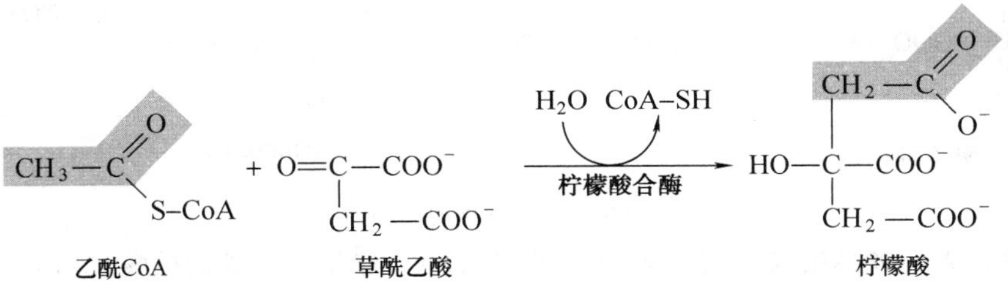

$$\Delta G^{\ominus\prime} = -32.2\ \text{kJ/mol}$$

（2）柠檬酸脱水生成**顺乌头酸**（cis-aconitic acid），然后加水生成**异柠檬酸**（isocitrate）。

① 同分异构化反应，为可逆反应，催化该反应的酶为顺乌头酸酶（aconitase），该酶含有一个 [4Fe - 4S] 型的铁硫中心（图 8 - 6）。

② 从柠檬酸至顺乌头酸至异柠檬酸，先后经历脱水与加水过程，从而改变了分子内的—OH 和—H 的位置，使不能氧化的叔醇转变成可氧化的仲醇。

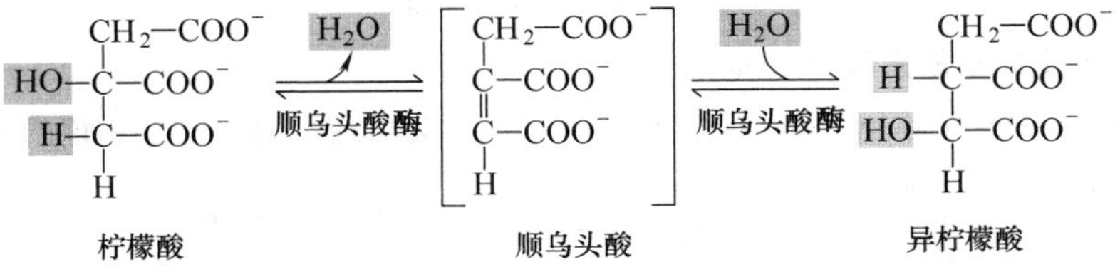

$$\Delta G^{\ominus\prime} = -13.3\ \text{kJ/mol}$$

（3）异柠檬酸氧化与脱羧生成 α - 酮戊二酸。

① 在**异柠檬酸脱氢酶**（isocitrate dehydrogenase）的催化下，异柠檬酸脱去 2H，其中间产物草酰琥珀酸迅速脱羧生成 **α - 酮戊二酸**（α-ketoglutarate）。该反应为不可逆反应。

② 两步反应均为异柠檬酸脱氢酶所催化。该酶具有脱氢和脱羧两种催化能力。

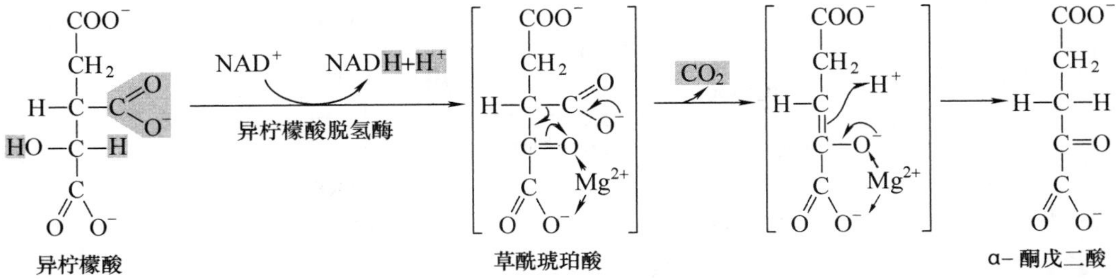

细胞中存在两种异柠檬酸脱氢酶，一种以 NAD^+ 和 Mg^{2+} 为辅因子，另一种以 $NADP^+$ 和 Mn^{2+} 为辅因子。前者只存在于线粒体，其主要功能是参与柠檬酸循环。后者存在于线粒体和细胞质中，其主要功能是产生 NADPH，为还原性合成代谢提供还原力。

🔍 ⋯⋯⋯⋯⋯⋯⋯
科学史话 9 - 2
柠檬酸循环的
发现

由柠檬酸到异柠檬酸的反应都是三羧酸间的转化，在此反应之后则是二羧酸的变化了。

（4）α－酮戊二酸氧化脱羧形成**琥珀酰 CoA**（succinyl CoA），反应由 α－酮戊二酸脱氢酶系（α-ketoglutarate dehydrogenase complex）催化。

① 与丙酮酸氧化脱羧机制类似，释放大量能量。

② 是柠檬酸循环中的第二次氧化脱羧，产生了 NADH 及 CO_2。

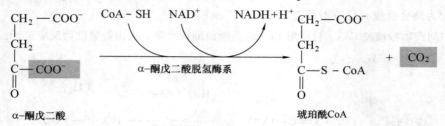

$$\Delta G^{\ominus\prime} = -33.5 \text{ kJ/mol}$$

（5）**琥珀酰 CoA** 在**琥珀酸硫激酶**（succinic thiokinase）催化下生成**琥珀酸**（succinate），同时驱动 GTP 的生成。GTP 可使 ADP 磷酸化生成 ATP。

$$\Delta G^{\ominus\prime} = -2.9 \text{ kJ/mol}$$

（6）琥珀酸被氧化成**延胡索酸**（fumarate）。

琥珀酸脱氢酶（succinate dehydrogenase）催化此反应，为可逆反应。FAD 为该酶的辅基。

（7）延胡索酸加 H_2O 生成**苹果酸**（malate）。

该反应属可逆反应，由延胡索酸酶（fumarase）催化。

$$\Delta G^{\ominus\prime} = -3.8 \text{ kJ/mol}$$

（8）苹果酸被氧化成草酰乙酸。

① 该反应属可逆反应，由苹果酸脱氢酶催化。

② 是柠檬酸循环中的第四次氧化还原反应，也是柠檬酸循环的最后一步，产生 NADH。

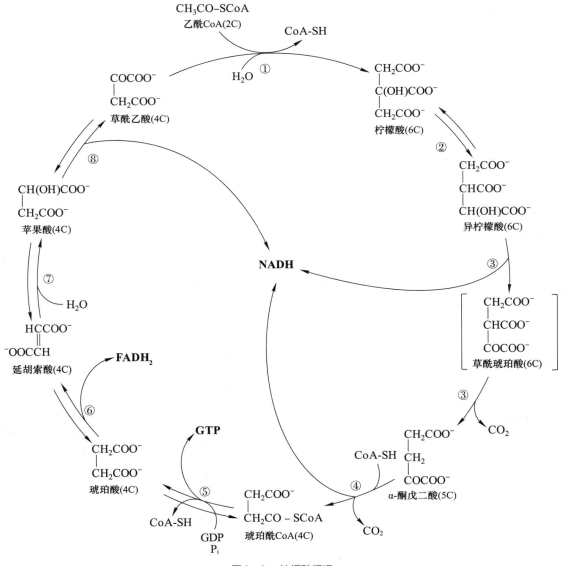

$$\Delta G^{\ominus '} = 29.7\ kJ/mol$$

至此草酰乙酸重新形成，完成一次循环。

柠檬酸循环一周，消耗1分子乙酰辅酶A（二碳化合物）。循环中的三羧酸、二羧酸并不因参加此循环而有所增减。因此，在理论上，这些羧酸只需少量，就可不息地循环，促使乙酰CoA氧化。但是，柠檬酸循环中的某些中间代谢物能够转变成其他物质，可能引起柠檬酸循环运转障碍，这时柠檬酸循环中的某些中间代谢物必须被更新补充。柠檬酸循环的具体流程见图9-6。

知识扩展 9-7
柠檬酸循环各步骤的反应机制

知识扩展 9-8
柠檬酸循环中间产物的补充

图 9-6 柠檬酸循环

丙酮酸所含的 3 个碳原子被氧化生成 3 分子的 CO_2,其中 1 个是在形成乙酰 CoA 时产生的,另外 2 分子的 CO_2 则是在柠檬酸循环中产生的 [③,④](图 9-6)。

丙酮酸氧化脱羧反应及柠檬酸循环中的反应③、④、⑥、⑧,反应物都脱下一对 H 交给 NAD^+ 或 FAD^+,生成 NADH 或 $FADH_2$。NADH 或 $FADH_2$ 经呼吸链完成电子传递体系磷酸化,生成 H_2O 并释放能量生成 ATP(见 8.2.3)。

柠檬酸循环中的反应⑤,是此循环中唯一直接产生 GTP 的反应,即发生了底物水平磷酸化(见 8.2.3)。

柠檬酸循环的多个反应是可逆的,但由于柠檬酸的合成及异柠檬酸和 α-酮戊二酸的氧化脱羧是不可逆的,故此循环是单方向进行。柠檬酸循环是在线粒体内进行的。参与柠檬酸循环的酶及辅助因子见表 9-3。

表 9-3　参与柠檬酸循环的酶及辅因子

反应	酶	反应类型	$\Delta G^{\ominus \prime}$（kJ/mol）	辅因子
①	柠檬酸合酶	缩合	-32.2	CoA
②	顺乌头酸酶	脱水、水化	-13.3	铁硫中心
③	异柠檬酸脱氢酶	脱羧、氧化	-20.9	NAD^+、Mg^{2+}
④	α-酮戊二酸脱氢酶系	脱羧、氧化	-33.5	TPP、NAD^+、CoA、FAD、硫辛酸、Mg^{2+}
⑤	琥珀酸硫激酶	底物水平磷酸化	-2.9	CoA
⑥	琥珀酸脱氢酶	氧化	≈0	铁硫中心、FAD
⑦	延胡索酸酶	水化	-3.8	—
⑧	苹果酸脱氢酶	氧化	+29.7	NAD^+

9.2.2.3　糖有氧分解中的能量变化

葡萄糖无氧分解生成乳酸时,仅放出 196 kJ/mol 自由能,而葡萄糖的有氧分解则可产生 2 867.48 kJ/mol。

生物体放能不是骤然放出,一些放能过程往往与一些吸能过程相偶联。高等生物的活动所需要的自由能,主要是由柠檬酸循环提供的。实验表明,在糖的有氧分解各阶段中,脱去的 H 经 NADH 呼吸链传递至氧时可生成 2.5 mol ATP,经 $FADH_2$ 呼吸链传递至氧时可生成 1.5 mol ATP(见 8.2.3)。1 mol 葡萄糖在有氧分解代谢过程中所产生的 ATP 量用表 9-4 来说明。

表 9-4　1 mol 葡萄糖在有氧分解时所产生的 ATP 摩尔数

反应阶段	反应过程	消耗	合成 底物水平磷酸化	合成 电子传递体系磷酸化	净得
糖酵解	葡萄糖→6-磷酸葡糖	1			-1
	6-磷酸果糖→1,6-二磷酸果糖	1			-1
	3-磷酸甘油醛→1,3-二磷酸甘油酸			2.5×2	5
	1,3-二磷酸甘油酸→3-磷酸甘油酸		1×2		2
	磷酸烯醇丙酮酸→丙酮酸		1×2		2

反应阶段	反应过程	ATP 的消耗与合成			
			合成		
		消耗	底物水平磷酸化	电子传递体系磷酸化	净得
丙酮酸氧化脱羧	丙酮酸 → 乙酰 CoA			2.5×2	5
柠檬酸循环	异柠檬酸 → α - 酮戊二酸			2.5×2	5
	α - 酮戊二酸 → 琥珀酰 CoA			2.5×2	5
	琥珀酰 CoA → 琥珀酸		1×2		2
	琥珀酸 → 延胡索酸			1.5×2	3
	苹果酸 → 草酰乙酸			2.5×2	5
总计		32			

1 mol 葡萄糖在机体内彻底氧化时，净产生 32 mol ATP。若自糖原开始氧化时，因只消耗 1 mol ATP，故每个葡萄糖单位净获得到 33 mol ATP，显然，和葡萄糖无氧酵解时只生成 2 mol ATP 相比较，糖的有氧代谢为机体提供了更多的可利用能。

葡萄糖有氧分解的总反应可表示如下：

$$C_6H_{12}O_6 + 6O_2 + 32ADP + 32H_3PO_4 \longrightarrow 6H_2O + 6CO_2 + 32ATP$$

葡萄糖进行有氧分解时，能量利用率为：

$$\frac{32 \times 30.5}{2867.48} \times 100\% = 34\%$$

9.2.2.4 柠檬酸循环小结

① CO_2 的生成　柠檬酸循环中，异柠檬酸脱氢酶催化的是 β - 氧化脱羧，α - 酮戊二酸脱氢酶系催化的是 α - 氧化脱羧反应。两次反应都同时伴有脱氢作用，并生成了 NADH。

② 柠檬酸循环的 4 次脱氢　其中三对氢原子以 NAD^+ 为受氢体，一对以 FAD 为受氢体，分别还原生成 $NADH + H^+$ 和 $FADH_2$。二者经线粒体内膜呼吸链传递，最终与氧结合生成 H_2O，并分别生成 2.5 mol ATP 和 1.5 mol ATP。再加上柠檬酸循环中有一底物水平磷酸化产生 1 mol ATP，故 1 mol 乙酰 CoA 参与柠檬酸循环共生成 10 mol ATP。

③ 乙酰 CoA 进入柠檬酸循环后，分子中的乙酰基与草酰乙酸缩合，生成六碳的柠檬酸。在柠檬酸循环中有两次脱羧生成 2 分子 CO_2，与进入循环的二碳乙酰基的碳原子数相等。

④ 柠檬酸循环的中间产物可以参与合成其他物质，需要不断补充更新。

9.2.2.5 柠檬酸循环的生物学意义

柠檬酸循环首先是在鸽的横纹肌和鸽肝中证实的。现在知道生物界中均存在着柠檬酸循环途径，因此它具有普遍的生物学意义。

① 糖的有氧分解代谢产生的能量最多，是机体利用糖或其他物质氧化而获得能量的最有效方式。

② 柠檬酸循环的重要性不仅是供给生物体的能量，而且它还是糖类、脂质、蛋白质三大物质转化的枢纽。

③ 柠檬酸循环所产生的各种重要的中间产物，对其他化合物的生物合成也有重要意义。在细胞迅速生长期间，柠檬酸循环可供应多种化合物的碳骨架，以供细胞生物合成之用。

④ 在植物体内，柠檬酸循环中形成的有机酸，既是生物氧化基质，也是在特定生长发育时期，特定器官中的积累物质，如柠檬果实富含柠檬酸，苹果中富含苹果酸等。

9.2.2.6 柠檬酸循环的代谢调节

柠檬酸循环速度受4种酶活性的调控。一般来说，底物和直接产物对酶的活性分别有激活和抑制的作用。

① 丙酮酸脱氢酶系催化的反应虽不属于柠檬酸循环，但对于葡萄糖来说是进入柠檬酸循环的必经之路。ATP 是丙酮酸脱氢酶系的抑制剂，ADP 和 AMP 则是该酶系的激活剂。

② 柠檬酸合酶是该途径关键的限速酶。其活性受 ATP、NADH、琥珀酰 CoA 的抑制；当 ADP 的浓度较高时，可激活该酶的活性。

③ 异柠檬酸脱氢酶受 ATP 的抑制和 ADP 的激活。

④ α-酮戊二酸脱氢酶系是柠檬酸循环的另外一种限速酶。其活性受 ATP 和琥珀酰 CoA 的抑制。

知识扩展 9-9
柠檬酸循环的调控

9.2.3 乙醛酸循环——柠檬酸循环支路

许多微生物如醋酸杆菌、大肠杆菌、固氮菌等能够利用乙酸作为唯一的碳源，并能利用它建造自己的机体。之后，从微生物中分离出两种特异的酶，即苹果酸合酶与异柠檬酸裂解酶。乙酸在 CoA 与 ATP 及乙酰 CoA 合成酶参与下可活化成乙酰 CoA。乙酰 CoA 与乙醛酸可在苹果酸合酶的催化下合成苹果酸，异柠檬酸裂解酶能将异柠檬酸裂解为琥珀酸与乙醛酸，并由此发现了一个与柠檬酸循环相联系的小循环。因为该循环以乙醛酸为中间代谢物，故称之为**乙醛酸循环**（glyoxylate cycle）（图9-7）。

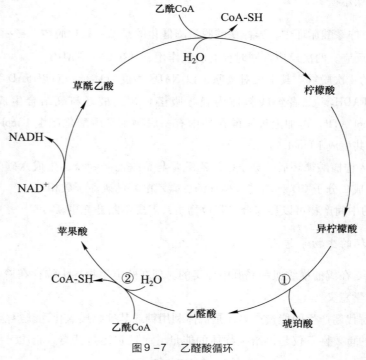

图9-7 乙醛酸循环
①异柠檬酸裂解酶；②苹果酸合酶

（1）乙醛酸循环两个关键酶催化的反应

① 在异柠檬酸裂解酶（isocitrate lyase）催化下，异柠檬酸裂解为琥珀酸和乙醛酸。

$$
\begin{array}{c}
CH_2-COO^- \\
| \\
CH-COO^- \\
| \\
HO-CH-COO^-
\end{array}
\xrightarrow{\text{异柠檬酸裂解酶}}
\begin{array}{c}
CH_2-COO^- \\
| \\
CH_2-COO^-
\end{array}
+
\begin{array}{c}
CHO \\
| \\
COO^-
\end{array}
$$

异柠檬酸　　　　　　　　　　　　　琥珀酸　　　乙醛酸

② 在**苹果酸合酶**（malate synthase）的催化下，乙醛酸与乙酰 CoA 反应生成苹果酸。

$$
\begin{array}{c}
CHO \\
| \\
COO^-
\end{array}
+ CH_3CO\text{-}SCoA + H_2O
\xrightarrow{\text{苹果酸合酶}}
\begin{array}{c}
COO^- \\
| \\
CHOH \\
| \\
CH_2 \\
| \\
COO^-
\end{array}
+ CoA\text{-}SH
$$

乙醛酸　　　乙酰CoA　　　　　　　　　　苹果酸

（2）乙醛酸循环通过乙酸或乙酰 CoA 产生四碳化合物

由图 9-7 可以看出，两分子乙酰 CoA 的进入可产出一分子的琥珀酸。

乙醛酸循环的总反应如下：

$$
2CH_3CO\text{-}SCoA + 2H_2O + NAD^+ \longrightarrow
\begin{array}{c}
CH_2-COO^- \\
| \\
CH_2-COO^-
\end{array}
+ 2CoA\text{-}SH + NADH + H^+
$$

从乙酸开始的乙醛酸循环总反应如下：

$$
2CH_3COOH + NAD^+ + 2ATP \longrightarrow
\begin{array}{c}
CH_2-COO^- \\
| \\
CH_2-COO^-
\end{array}
+ NADH + H^+ + 2AMP + PPi
$$

（3）乙醛酸循环与柠檬酸循环的关系

乙醛酸循环中生成的四碳二羧酸，如琥珀酸、苹果酸仍可返回柠檬酸循环，所以乙醛酸循环可以看作是柠檬酸循环的支路，绕过了柠檬酸循环的两个脱羧步骤。乙醛酸循环与柠檬酸循环的关系见图 9-8。

知识扩展 9-10
乙醛酸循环和柠檬酸循环的关系

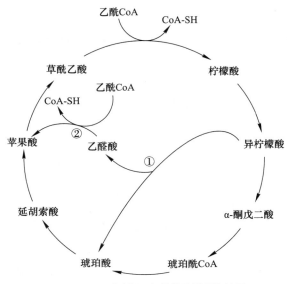

图 9-8　乙醛酸循环与柠檬酸循环的关系
①异柠檬酸裂解酶；②苹果酸合酶

（4）乙醛酸循环的生物学意义

① 可以二碳物为起始物合成柠檬酸循环中的二羧酸与三羧酸，只需少量四碳二羧酸作"引物"，便可无限制地转变成四碳物和六碳物。这些四碳物和六碳物可作为柠檬酸循环化合物的补充。

② 由于丙酮酸的氧化脱羧生成乙酰 CoA 是不可逆反应，在一般生理情况下，依靠三酰甘油大量合成糖是较困难的。但在植物、微生物和个别无脊椎动物体内则发现三酰甘油可转变为糖，这是通过乙醛酸循环途径进行的。两分子乙酰 CoA 合成一分子琥珀酸，经进一步氧化变成草酰乙酸，草酰乙酸脱羧生成丙酮酸后可经糖异生作用合成糖（见 9.3.4）。乙醛酸循环适应了油料种子萌发时的物质转化。

9.2.4　磷酸戊糖途径

糖的无氧酵解及有氧氧化过程是生物体内糖分解代谢的主要途径，但不是唯一的途径，糖的另一氧化途径称为**磷酸戊糖途径**（pentose phosphate pathway）。加碘乙酸能抑制 3 – 磷酸甘油醛脱氢酶，此酶被抑制后，酵解及有氧氧化途径均停止，但许多微生物以及很多动物组织中仍有一定量的糖被彻底氧化成 CO_2 与 H_2O，特别是植物组织普遍地进行此种氧化。1931 年，O. Warburg、F. Lipman 等发现了 $NADP^+$ 是 6 – 磷酸葡糖脱氢酶和 6 – 磷酸葡糖酸脱氢酶的辅酶。1951 年 D. B. Scott 和 S. S. Cohen 分离到 5 – 磷酸核糖，进一步确认了该途径的存在。由于这一途径涉及几个磷酸戊糖的相互转化，所以称为磷酸戊糖途径。因为反应是从 6 – 磷酸葡糖开始的，故又称为磷酸己糖支路（hexose monophosphate pathway）。

（1）磷酸戊糖途径的化学反应过程

它主要包括 6 – 磷酸葡糖脱氢生成 6 – 磷酸葡糖酸，再经过脱羧基作用转化为磷酸戊糖，最后通过转移二碳单位的**转酮醇酶**（transketolase）和转移三碳单位的**转醛醇酶**（transaldolase）的催化作用，进行分子间基团交换，重新生成磷酸己糖和磷酸甘油醛。

① 6 – 磷酸葡糖的脱氢反应　**6 – 磷酸葡糖脱氢酶**（glucose-6-phosphate dehydrogenase）以 $NADP^+$ 为辅酶，催化 6 – 磷酸葡糖脱氢生成 6 – 磷酸葡糖酸内酯。

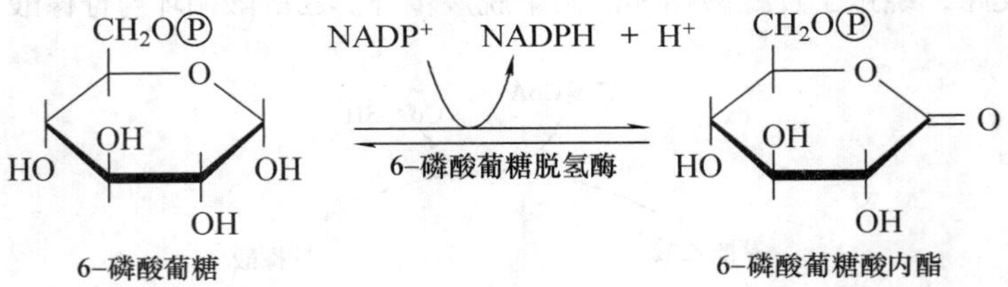

在内酯酶（lactonase）的催化下，内酯与 H_2O 反应，水解为 6 – 磷酸葡糖酸。

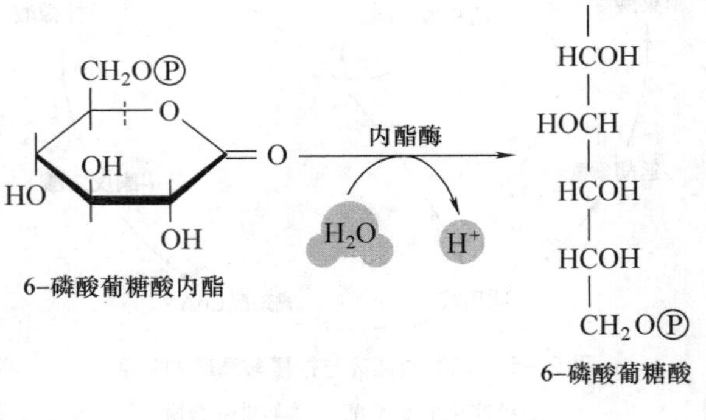

6-磷酸葡糖酸在6-磷酸葡糖酸脱氢酶（6-phosphogluconate dehydrogenase）的作用下，脱羧生成 5-磷酸核酮糖。

② 磷酸戊糖的相互转化

③ 7-磷酸景天庚酮糖的生成 生成的木酮糖由转酮醇酶催化，将木酮糖的酮醇转移给 **5-磷酸核糖**（ribose-5-phosphate）。

④ 转醛醇酶所催化的反应 生成的 7-磷酸景天庚酮糖由转醛醇酶催化，把二羟丙酮基团转移给 3-磷酸甘油醛，生成四碳糖和六碳糖。

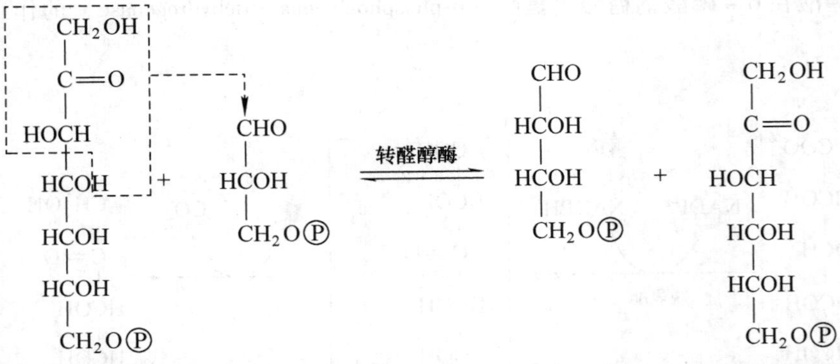

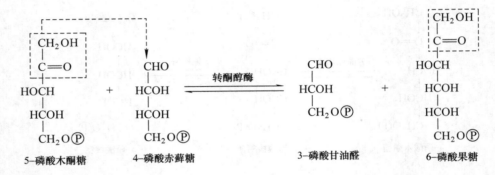

7-磷酸景天庚酮糖　3-磷酸甘油醛　4-磷酸赤藓糖　6-磷酸果糖

知识扩展 9－11 转酮醇酶和转醛醇酶的反应机制

⑤ 四碳糖的转变　生成的**4－磷酸赤藓糖**（erythrose-4-phosphate）并不积存在体内，而是与另一分子的木酮糖进行作用，由转酮醇酶催化将木酮糖的羟乙醛基团交给赤藓糖，生成一分子的6－磷酸果糖和一分子3－磷酸甘油醛。

5-磷酸木酮糖　4-磷酸赤藓糖　3-磷酸甘油醛　6-磷酸果糖

总结以上5步反应如图9－9，图中是两个五碳糖相加生成三碳与七碳糖，后二者相加再生成六碳与四碳糖，五碳与四碳糖相加生成三碳与六碳糖。

由于生成的6－磷酸果糖易转化为6－磷酸葡糖，因此可以明显地看出这个代谢途径具有循环机制的性质，即一个葡萄糖分子每循环一次只脱去一个羧基（放出一个CO_2）和两次脱氢形成2个NADPH＋H^+。若6分子葡萄糖同时参加磷酸戊糖途径反应，可生成6个CO_2、12个NADPH＋H^+和5分子6－磷酸葡糖，相当于1个葡萄糖分子彻底氧化（图9－9）。

知识扩展 9－12 磷酸戊糖途径的调控

（2）磷酸戊糖途径的主要特点

① 葡萄糖直接脱氢和脱羧，不必经过糖酵解途径，也不必经过柠檬酸循环。

② 在整个反应过程中，脱氢酶的辅酶为$NADP^+$而不是NAD^+。

③ 磷酸戊糖途径可分为氧化阶段与非氧化阶段，前者是从6－磷酸葡糖脱氢、脱羧形成5－磷酸核糖的过程；后者是磷酸戊糖分子重排产生磷酸己糖和磷酸丙糖的过程。

（3）磷酸戊糖途径的生物学意义

磷酸戊糖途径的酶类已在许多动植物中发现。这说明磷酸戊糖途径也是普遍存在的一种糖代谢方式，在不同的组织或器官中它所占的比重有所不同。

知识扩展 9－13 6－磷酸葡糖脱氢酶缺陷病

① 磷酸戊糖途径生成的NADPH可被用于合成代谢的还原反应，如脂肪酸和类固醇化合物的生物合成。NADPH可使GSH保持还原状态（见2.3.2），GSH能使红细胞膜和血红蛋白的巯基免遭氧化破坏，因此缺乏6－磷酸葡糖脱氢酶的人，因NADPH缺乏，使GSH含量过低，红细胞易遭破坏而发生溶血性

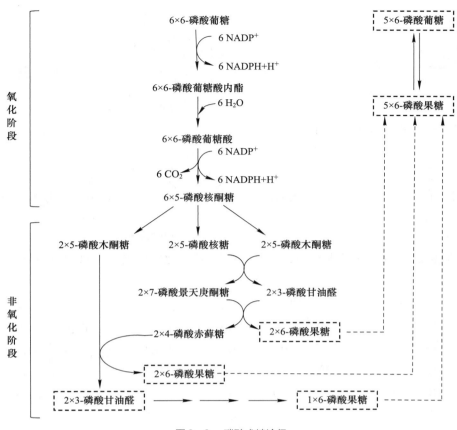

图 9 - 9　磷酸戊糖途径

贫血。肝细胞内质网含有以 NADPH 为供氢体的加单氧酶体系，可参与激素、药物、毒物的生物转化。

② 磷酸戊糖途径中产生的 5 - 磷酸核糖是核酸生物合成的必需原料，并且核酸中核糖的分解代谢也可通过此途径进行。核糖类化合物还与光合作用密切相关。

③ 通过转酮及转醛醇基反应使丙糖、丁糖、戊糖、己糖、庚糖相互转化。

④ 在植物中 4 - 磷酸赤藓糖与 3 - 磷酸甘油酸可合成莽草酸，后者可转变成多酚，也可转变成芳香氨基酸如色氨酸及吲哚乙酸等。

磷酸戊糖途径与糖的有氧、无氧分解途径相互联系。3 - 磷酸甘油醛是糖分解代谢 3 种途径的枢纽点。如果磷酸戊糖途径由于受到某种因素影响不能继续进行时，生成的 3 - 磷酸甘油醛可进入无氧或有氧分解途径，以保证糖的分解仍然能继续进行。糖分解途径的多样性，可以认为是从物质代谢上表现生物对环境的适应性。

9.2.5　葡糖醛酸代谢途径

葡糖醛酸途径（glucuronic acid cycle）主要在肝中进行，是葡萄糖的次要代谢途径。在这个途径中产生两个特殊的产物：D - 葡糖醛酸和 L - 抗坏血酸。葡糖醛酸在外来有机化合物的解毒和排泄中起着重要的作用；而 L - 抗坏血酸又称为维生素 C，是人和许多动物不可缺少的营养物质。

（1）葡糖醛酸代谢过程

首先由 1 - 磷酸葡糖和 UTP 在 UDPG 焦磷酸化酶的催化下生成尿苷二磷酸葡糖（UDPG）：

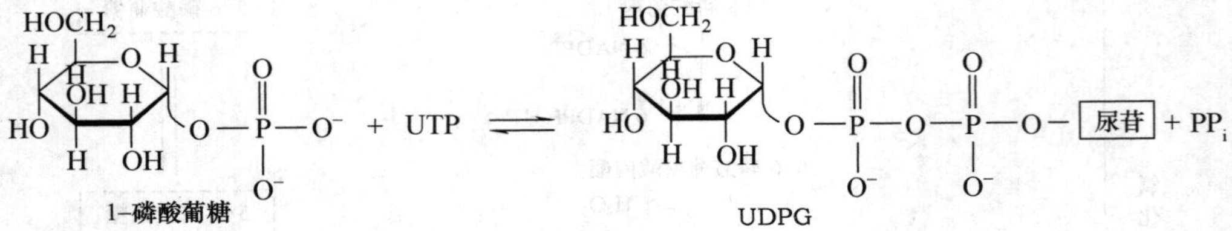

1-磷酸葡糖 ⇌ UDPG

接着 UDPG 被氧化成 UDP - 葡糖醛酸：

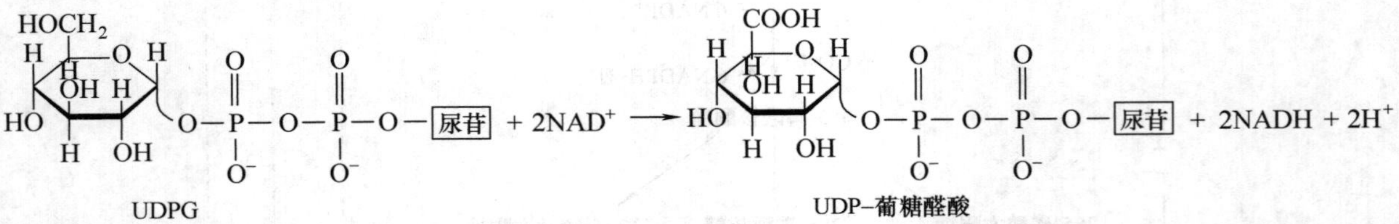

UDPG 　　　　　UDP - 葡糖醛酸

UDP - 葡糖醛酸可水解生成葡糖醛酸，后者经图 9 - 10 的途径生成 L - 抗坏血酸和 5 - 磷酸木酮糖。

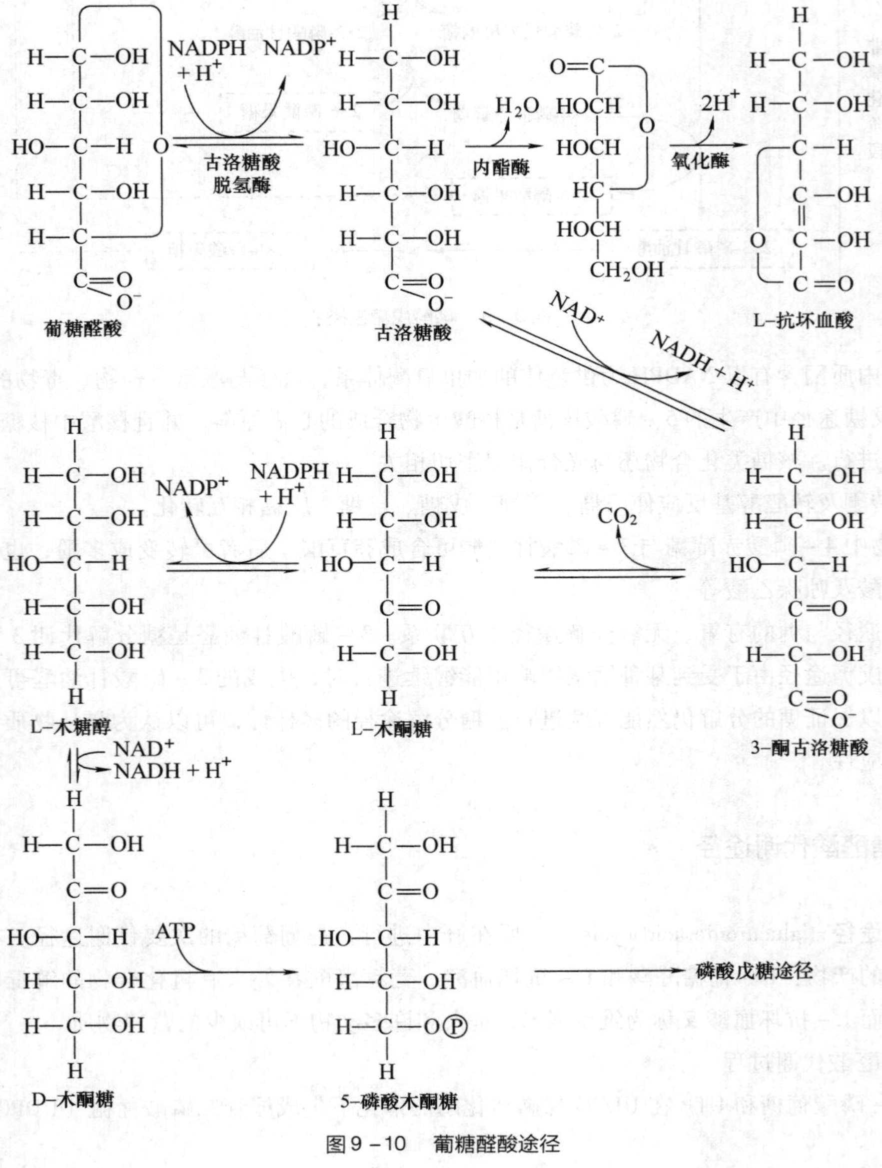

图 9 - 10　葡糖醛酸途径

（2）葡糖醛酸代谢途径的生理意义

葡糖醛酸代谢过程中生成的 UDP - 葡糖醛酸和葡糖醛酸，可参与许多代谢过程。

① 在肝中糖醛酸可与药物或含—OH、—COOH、—NH$_2$、—SH 基的物质结合成可溶于水的化合物，随尿、胆汁排出，从而起着解毒作用。

② UDP - 葡糖醛酸是葡糖醛酸基供体，可以形成许多重要的糖胺聚糖如硫酸软骨素、透明质酸和肝素等。

③ 葡糖醛酸可以转变成抗坏血酸，但是人及其他灵长类动物不能合成抗坏血酸（见 7.2.10）。

④ 从葡糖醛酸可以生成木酮糖，从而与磷酸戊糖途径相联系。

此代谢过程要消耗 NADPH + H$^+$（同时生成 NADH + H$^+$），而磷酸戊糖途径又生成 NADPH，因此两者关系密切。当磷酸戊糖途径发生障碍时，必然会影响葡糖醛酸代谢的顺利进行。

9.3 糖的合成代谢

自然界中糖的基本来源是绿色植物及光能细菌的光合作用，以无机物 CO$_2$ 及 H$_2$O 为原料合成糖。异养生物不能以无机物为原料合成糖。光合作用的生化反应机制将在植物生理学中讨论，本章将着重讨论人和动物体是怎样利用葡萄糖合成糖原，光合作用所合成的糖是如何进一步合成蔗糖和淀粉，以及非糖物质如何转化为糖。

科学史话 9-3 Calvin 循环的发现

9.3.1 糖原的合成

由葡萄糖合成糖原的过程称糖原生成作用。糖原合成过程（图 9-11）可概括如下：

科学史话 9-4 UDPG 的发现

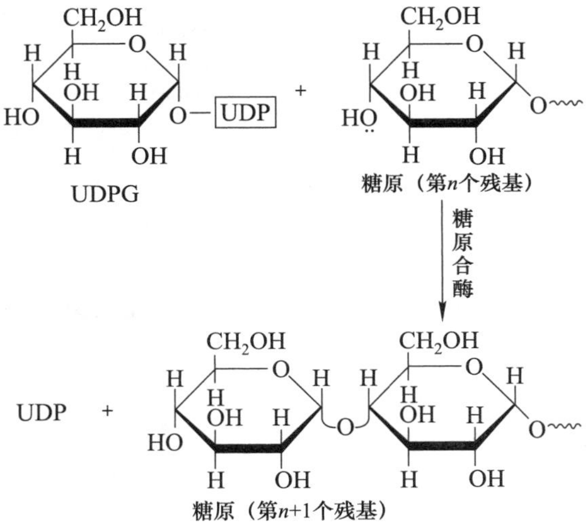

图 9-11 葡萄糖基加到糖原非还原端

① 1 - 磷酸葡糖在 UDPG 焦磷酸化酶催化下生成 UDPG（尿苷二磷酸葡糖）。

② 在**糖原合酶**（glycogen synthase）催化下，UDPG 将葡萄糖残基加到糖原引物非还原端形成 α（1→4）糖苷键。近年研究发现，糖原合成的初始引物是糖原蛋白。

知识扩展 9-14 糖原蛋白的作用

③ 由糖原分支酶（glycogen branching enzyme）催化，将 α（1→4）糖苷键转换为 α（1→6）糖苷键，形成有分支的糖原（图 9 – 12）。

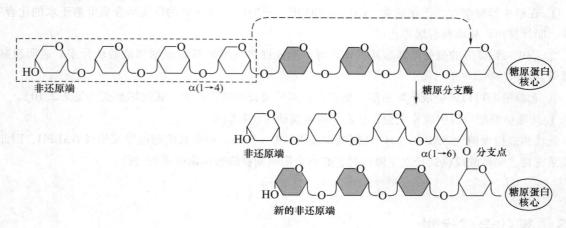

图 9 – 12 糖原新分支点的形成

糖原是葡萄糖的贮存形式。当人和动物体肝及肌肉组织细胞内能量充足时，机体合成糖原以贮存能量。当能量供应不足时，糖原分解、释放能量。糖原合成与分解的协调控制对维持血糖水平的恒定有重要意义。

糖原分解与合成的关键酶是糖原磷酸化酶及糖原合酶。两种酶的活性均受酶磷酸化或脱磷酸化的共价修饰调节。磷酸化的糖原磷酸化酶有活性，而磷酸化的糖原合酶则失去活性；脱磷酸化的糖原磷酸化酶失去活性，而脱磷酸化的糖原合酶则增强活性。这种机制保证了糖原分解与糖原合成不能同时进行（见 6.9.3 和图 16 – 4）。

知识扩展 9 – 15
糖原代谢的调控

糖原合成与分解的速度受激素的调节。例如胰岛素可促进糖原的合成，降低血糖浓度，而肾上腺素、胰高血糖素、肾上腺皮质激素则促进糖原降解，提高血糖浓度。

9.3.2 蔗糖的合成

蔗糖在植物界分布很广，特别是在甘蔗、甜菜、菠萝的汁液中含量很高。蔗糖不仅是重要的光合作用产物和高等植物的主要成分，而且是糖类在植物体中运输的主要形式。

蔗糖在高等植物中的合成主要有两种途径：

① 蔗糖合酶途径　利用 UDPG 作为葡萄糖供体与果糖合成蔗糖。

② 磷酸蔗糖合酶途径（图 9 – 13）　也利用 UDPG 作为葡萄糖供体，但葡萄糖受体不是游离果糖，而是果糖磷酸酯，合成产物是蔗糖磷酸酯，再经专一的磷酸酶作用脱去磷酸形成蔗糖。

因为磷酸蔗糖合酶的活性较强，且平衡常数有

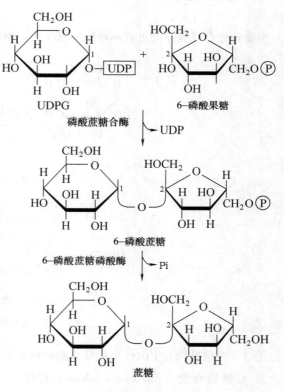

图 9 – 13 蔗糖的合成

利，以及磷酸蔗糖的磷酸酯酶存在量大，故途径②是植物合成蔗糖的主要途径。

蔗糖合酶有两个同工酶，一般认为一个是催化蔗糖合成的，另一个是催化蔗糖分解的。有人认为蔗糖合酶催化的途径①主要是分解蔗糖的作用，逆反应的趋势大于正反应。贮藏淀粉的组织器官把蔗糖转变成淀粉的时候，蔗糖合酶起着重要作用。

9.3.3 淀粉的合成

光合作用所合成的糖，大部分转化为淀粉，很多高等植物尤其是谷类、豆类、薯类作物的籽粒及其贮藏组织中都贮存有丰富的淀粉。

（1）直链淀粉的合成

在淀粉合酶（starch synthase）催化下，ADPG 将葡萄糖残基加到"引物"的非还原端形成 α（1→4）糖苷键。引物可以是麦芽糖、麦芽三糖、麦芽四糖，甚至是一个淀粉分子。

近年来又有研究认为，淀粉合酶具有两个相同的活性部位，可以交互地把葡萄糖残基接到引物的还原端上。

（2）支链淀粉和其他多糖的合成

淀粉合酶催化 α（1→4）糖苷键的形成，但是支链淀粉除了 α（1→4）糖苷键外，其分支上尚有 α（1→6）糖苷键，α（1→6）糖苷键的形成需要另外的酶来完成。植物中的 Q 酶能催化 α（1→4）糖苷键转换为 α（1→6）糖苷键，使直链淀粉转化为支链淀粉。直链淀粉在 Q 酶作用下先分裂为分子较小的断片，而后将断片移到 C_6 上，形成 α（1→6）糖苷键连接的支链。

有些微生物也能利用蔗糖和麦芽糖合成淀粉。例如过黄奈氏球菌可以利用蔗糖合成类似于糖原或淀粉的多糖。糖蛋白糖链和细菌肽聚糖有重要的生物学功能，但生物合成比较复杂。

知识扩展 9-16
淀粉合成的机制

知识扩展 9-17
纤维素的合成

知识扩展 9-18
糖蛋白糖链和细菌肽聚糖的生物合成

9.3.4 糖异生作用

许多非糖物质如甘油、丙酮酸、乳酸以及某些氨基酸等能在肝中转变为葡萄糖，称**糖异生作用**（gluconeogenesis）。

（1）糖异生途径

各类非糖物质转变为葡萄糖的具体步骤基本上按糖酵解逆行过程进行。但从丙酮酸转变为葡萄糖的过程中，并非完全是糖酵解的逆转反应。前已述及糖酵解过程中有 3 个激酶的催化反应是不可逆的。

① 丙酮酸转变为磷酸烯醇丙酮酸反应是沿另一支路来完成的，即丙酮酸在**丙酮酸羧化酶**（pyruvate carboxylase）的催化下，固定 CO_2，由 ATP 供应能量，生成草酰乙酸（见 7.2.6），后者在**磷酸烯醇丙酮酸羧激酶**（phosphoenolpyruvate carboxykinase，PEPCK）的催化下由 GTP 提供磷酸基，脱羧生成磷酸烯醇丙酮酸（phosphoenolpyruvate）。

在线粒体中，CO_2 在碳酸酐酶的催化下水合，生成碳酸氢盐（HCO_3^-）。此外，丙酮酸羧化酶位于线粒体，但参与糖异生的其他酶主要存在于细胞质中，所以丙酮酸羧化酶的产物草酰乙酸一定要被运到细胞质中。这一过程是通过苹果酸穿梭系统完成的（见 8.2.4）。

② 在磷酸烯醇丙酮酸沿逆酵解途径合成葡萄糖的过程中，由于使 6 - 磷酸果糖转变成 1,6 - 二磷酸果糖的磷酸果糖激酶的作用是不可逆的，所以在糖异生中，由 1,6 - 二磷酸果糖转变为 6 - 磷酸果糖不能靠磷酸果糖激酶催化，而需借 1,6 - 二磷酸果糖酶催化水解，脱去磷酸生成 6 - 磷酸果糖。

③ 6 - 磷酸葡糖转变为葡萄糖由 6 - 磷酸葡糖酶催化，水解生成葡萄糖。

从丙酮酸到葡萄糖的总反应式为：

2 丙酮酸 $+ 4ATP + 2GTP + 2NADH + 2H^+ + 4H_2O \longrightarrow$ 葡萄糖 $+ 2NAD^+ + 4ADP + 2GDP + 6P_i$

糖异生过程如图 9 - 14 所示：

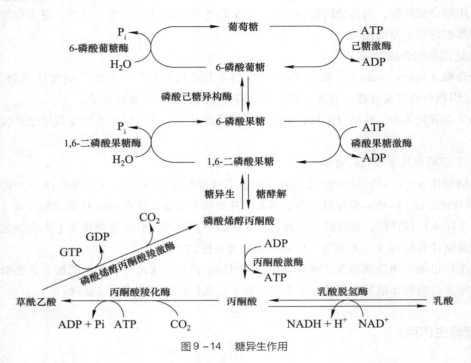

图 9 - 14　糖异生作用

剧烈运动时，肌肉收缩通过糖酵解作用生成的乳酸，通过血液进入肝，在肝内通过糖异生生成为葡萄糖。葡萄糖通过血液又被肌肉摄取，构成一个循环（肌肉—肝—肌肉），称乳酸循环（lactic acid cycle），或以发现者命名称作 Cori 循环（Cori cycle）。

知识扩展 9 - 19
Cori 循环

科学史话 9 - 5
Cori 循环的发现

（2）糖异生前体

① 凡是能生成丙酮酸的物质均可以转变成葡萄糖，例如乳酸、柠檬酸循环的中间物柠檬酸、α - 酮戊二酸、苹果酸等。

② 凡是能转变成丙酮酸、α - 酮戊二酸、草酰乙酸的氨基酸（如丙氨酸、谷氨酸、天冬氨酸等）均可转变成葡萄糖。

③ 三酰甘油水解产生的甘油转变为磷酸二羟丙酮后转变为葡萄糖，但动物体中脂肪酸氧化分解产生的乙酰 CoA 不能逆转为丙酮酸，因而不能异生成葡萄糖。存在乙醛酸循环的植物、某些脊椎动物及某些微生物可以利用乙酰 CoA 转变成葡萄糖（见 9.2.3）。

④ 反刍动物糖异生途径十分旺盛。牛胃细菌可将纤维素分解为乙酸、丙酸、丁酸等，并且可以将奇数脂肪酸转变为琥珀酰 CoA（图 10 - 5），这些物质可异生成葡萄糖。

（3）糖异生作用的调控

糖异生作用主要受以下 2 种酶的调控。

① 1,6 - 二磷酸果糖酶是糖异生的关键酶。2,6 - 二磷酸果糖是调节该酶活性的强效应物，可强

烈抑制 1，6 - 二磷酸果糖酶活性，减弱糖异生作用。此外，AMP 也是该酶的抑制剂。柠檬酸是该酶的激活剂。

② 丙酮酸羧化酶是糖异生的另一调节酶，其活性受乙酰 CoA 激活和 ADP 的抑制。

糖异生和糖酵解是两个相反的代谢途径，二者在细胞内是被高度调控的。例如，同一效应物在激活一条途径的酶活性时，会同时对另一途径的酶活性有抑制作用，保证了两条途径不会同时处于活跃状态。一般来说，当需要能量时，糖酵解比较旺盛，当能量充足时，糖异生作用会占主导。糖异生和糖酵解的协调控制，在满足机体对能量的需求和维持血糖浓度恒定等方面具有重要的生理意义。

综上所述，生物体内糖的各条代谢途径（图 9 - 15）相互关联、相互协调，使糖代谢有条不紊地进行。任何一条代谢途径失调，都可能会造成代谢紊乱或机体病变。

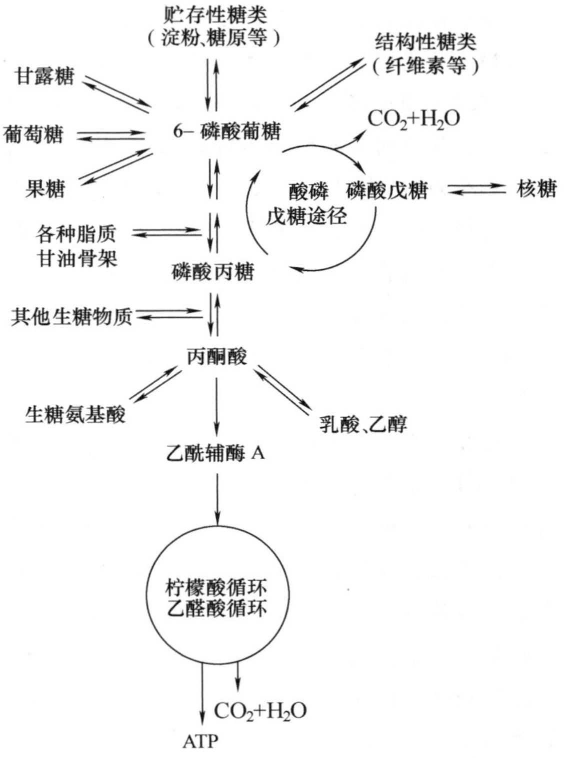

图 9 - 15　糖代谢主要途径

知识扩展 9 - 20
糖异生和糖酵解的调控

小结

淀粉或糖原首先在细胞内经酶的作用降解成单糖，然后进入分解代谢。

糖的分解代谢包括糖酵解、柠檬酸循环、乙醛酸循环、磷酸戊糖途径、葡糖醛酸途径等代谢途径。

广义糖酵解是指葡萄糖转化为丙酮酸的过程。反应在胞质中进行。在糖酵解过程中，每分子葡萄糖可以转化为两分子的丙酮酸，同时净生成两分子 ATP 和两分子 NADH。在无氧条件下，NADH 用于还原丙酮酸。如在激烈运动时，肌肉缺氧进行糖酵解的过程中，乳酸脱氢酶催化丙酮酸还原为乳酸。在乙醇发酵过程中，丙酮酸氧化脱羧生成乙醛，乙醛在乙醇脱氢酶的催化下被还原为乙醇。

糖酵解阶段中，由己糖激酶和磷酸果糖激酶催化的两步反应，各消耗 1 分子 ATP。在丙糖阶段，1，3 - 二磷酸甘油酸和磷酸烯醇丙酮酸经底物水平磷酸化反应，各生成 1 分子 ATP。由于 1,6 - 二磷酸果糖在醛缩酶催化下裂解，相当于生成 2 分子 3 - 磷酸甘油醛。因此，每分子葡萄糖在糖酵解阶段净生成 2 分子 ATP。

酵解途径中存在 3 个不可逆反应，分别由己糖激酶、磷酸果糖激酶和丙酮酸激酶催化，糖酵解反应速度主要受这 3 种酶活性的调控。其中磷酸果糖激酶是最关键的限速酶，其活性被 ATP、柠檬酸别构抑制；被 AMP、2,6 - 二磷酸果糖别构激活。

每分子葡萄糖在有氧条件下氧化分解成 CO_2 和 H_2O 净生成 32 分子 ATP，其反应过程可人为地划分为 3 个阶段。第一阶段是糖酵解阶段。与无氧条件下不同的是，3 - 磷酸甘油醛在脱氢酶的催化下所生成的 2 分子 NADH 将依靠穿梭作用，进入线粒体内的呼吸链，产生 5 或 3 分子 ATP。糖有氧氧化的第二阶段是丙酮酸在丙酮酸脱氢酶系催化下氧化脱羧变成乙酰 CoA。乙酰 CoA 与草酰乙酸缩合为柠檬酸进入柠檬酸循环（第三阶段）。每分子丙酮酸经柠檬酸循环途径能形成 12.5 个 ATP 分子。每分子葡萄糖能产生 2 分子丙酮酸，将产生 12.5×2 即 25 分子的 ATP。丙酮酸脱氢酶系、柠檬酸合酶、异柠檬酸脱氢酶与 α - 酮戊二酸脱氢酶系是调控柠檬酸循环的限速酶，其活性受精细调节。

与柠檬酸循环相关联的乙醛酸循环途径，具有两种关键的酶即苹果酸合酶与异柠檬酸裂解酶。油料作物种子萌发时，可利用该途径将脂肪酸转化为糖和氨基酸。

磷酸戊糖途径是生物体内普遍存在的需氧代谢途径。其特点是葡萄糖直接脱氢和脱羧。在整个反应过程中，脱氢酶的辅酶为 $NADP^+$ 而不是 NAD^+。磷酸戊糖途径产生的 5 - 磷酸核糖是合成核酸的重要原料，产生的 $NADPH + H^+$ 参与脂肪酸、类固醇等的合成代谢。

葡糖醛酸途径产生两个特殊的产物：D - 葡糖醛酸和 L - 抗坏血酸（维生素 C）。葡糖醛酸在外来有机化合物的解毒和排泄中起着重要的作用，而 L - 抗坏血酸是人及许多动物不可缺少的营养物质。

由葡萄糖合成糖原的过程，是在糖原合酶催化下，UDPG 将葡萄糖残基加到糖原引物非还原端形成 α（1→4）糖苷键。再由糖原分支酶催化，将 α（1→4）糖苷键转换为 α（1→6）糖苷键，形成有分支的糖原。

光合作用所合成的葡萄糖，大部分转化为淀粉。与淀粉合成有关的酶主要是淀粉合酶和 Q 酶，前者催化 ADPG 将葡萄糖残基加到"引物"的非还原端形成 α（1→4）糖苷键，后者催化 α（1→4）糖苷键转化为 α（1→6）糖苷键，使直链淀粉转化为支链淀粉。

糖异生指非糖物质如甘油、丙酮酸、乳酸以及某些氨基酸等在肝中转变为葡萄糖的过程。糖异生基本上是糖酵解途径的逆过程，其中有三步与糖酵解途径不同。丙酮酸转变为磷酸烯醇丙酮酸是在丙酮酸羧化酶作用下生成草酰乙酸，再经磷酸烯醇丙酮酸羧激酶催化生成的。因激酶的作用不可逆，1,6 - 二磷酸果糖转变成 6 - 磷酸果糖、6 - 磷酸葡糖转变成葡萄糖，是由相应的 1,6 - 二磷酸果糖酶和 6 - 磷酸葡糖酶催化水解脱去磷酸来完成的。

文献导读

[1] Krebs H A, Johnson W A. The role of citric acid in intermediate metabolism in animal tissues. Enzymologia, 1937, 4: 148-156.

该论文是 Hans Krebs 关于柠檬酸循环研究的原始文献。

[2] Krebs H A. The Intermediary stages in the biological oxidation of carbohydrate. Advanc Enzymol, 1943, 3: 191-252.

该章节是 Hans Krebs 关于柠檬酸循环研究的原始文献。

[3] Kornberg H, Krebs H A. Synthesis of cell constituents from C2-Units by a modified tricarboxylic acid cycle. Nature, 1957, 179: 988-991.

该论文是 Hans Krebs 关于乙醛酸循环研究的原始文献。

[4] Horecker B L. The pentose phosphate pathway. J Biol Chem, 2002, 277, 47965-47971.

该论文讲述了磷酸戊糖途径的发现历程。

[5] Hay N. Reprogramming glucose metabolism in cancer: Can it be exploited for cancer therapy? Nat Rev Cancer, 2016, 16 (10): 635-649.

该论文综述了以肿瘤细胞重新编程的糖代谢为靶点进行肿瘤治疗的可能性。

思考题

1. 假设细胞匀浆中存在代谢所需要的酶和辅酶等必需条件，若葡萄糖的 C - 1 处用 ^{14}C 标记，那么在下列代谢产物中能否找到 ^{14}C 标记。

(1) CO_2 (2) 乳酸   (3) 丙氨酸

2. 某糖原分子生成 n 个 1 - 磷酸葡糖，该糖原可能有多少个分支及多少个 α（1→6）糖苷键（设：糖原与磷酸化酶一次性作用生成）？如果从糖原开始计算，1 mol 葡萄糖彻底氧化为 CO_2 和 H_2O，将净生成多少摩尔 ATP？

3. 试说明葡萄糖至丙酮酸的代谢途径在有氧与无氧条件下有何主要区别。

4. O_2 没有直接参与柠檬酸循环，但没有 O_2 的存在，柠檬酸循环就不能进行，为什么？丙二酸对柠檬酸循环有何作用？

5. 患脚气病的患者体内丙酮酸与 α - 酮戊二酸含量比正常人高（尤其是吃富含葡萄糖的食物后），请说明其理由。

6. 油料作物种子萌发时，三酰甘油减少糖增加，利用生化机制解释该现象，写出所经历的主要生化反应历程。

7. 激烈运动后人们会感到肌肉酸痛，几天后酸痛感会消失，利用生化机制解释该现象。

8. 写出 UDPG 的结构式。以葡萄糖为原料合成糖原时，每增加一个糖残基将消耗多少 ATP？

9. 在一个具有全部细胞功能的哺乳动物细胞匀浆中分别加入 1mol 下列不同的底物，每种底物完全被氧化为 CO_2 和 H_2O 时，将产生多少 mol ATP 分子？

（1）丙酮酸 　　　　　（2）磷酸烯醇丙酮酸 　　　　　（3）乳酸

（4）1,6 - 二磷酸果糖 　　（5）磷酸二羟丙酮 　　　　　（6）草酰琥珀酸

数字课程学习

📥 教学课件 　　📝 习题解析与自测

10

脂质代谢

骆驼驼峰中贮存的脂质，分解代谢时产生的能量和代谢水，可以满足骆驼在干旱缺水和缺少食物的沙漠中数天乃至几周的需要。

生物体含有的脂质基本上分为单纯脂质和复合脂质。前者包括**三酰甘油**（又称脂肪或甘油三酯，triglyceride）和蜡，后者包括磷脂、糖脂、固醇等。这些脂质不但化学结构有差异，而且具有不同的生物学功能。

三酰甘油的生物功能主要是在体内氧化放能，供给机体利用。1 g 三酰甘油氧化可放出能量 37.66 kJ，三酰甘油不仅含有较高热量而且贮存在体内所占体积也小。骆驼的驼峰是一个大家熟知的贮脂的例子，它可以提供骆驼在干旱的沙漠中数天乃至几周的能量和代谢用水。

三酰甘油除在体内氧化供应能量外，还可防止机体热量的散失，也是许多组织和器官的保护层。此外，三酰甘油还能帮助食物中脂溶性维生素（A、D、E、K）的吸收。

脂质还是生物体内不可缺少的组成成分，如磷脂、糖脂、固醇等是构成生物膜的重要结构组分。类固醇（又称甾族化合物）在生物体内可形成类固醇激素、维生素 D 及胆汁酸等，磷酸肌醇有细胞内信使的作用，前列腺素有各种生理效应，糖脂与细胞的识别和免疫有着密切的联系。脂质代谢的中间产物萜，可转变成维生素 A、E、K 及植物次生物质如橡胶、桉树油等。人类的疾病如冠心病、脂肪肝、肥胖症、酮尿症都与脂质代谢紊乱有关。

10.1 脂质的酶促水解

在动物的小肠中和动植物的组织中都含有不同种类的脂质水解酶。三酰甘油在被动物小肠吸收前约有 90% 先被水解。生物体内的脂质代谢，例如油料作物种子的萌发、动物体三酰甘油的氧化，都先要被水解。

知识扩展 10-1

脂质的消化和吸收

10.1.1 三酰甘油的酶促水解

脂肪酶广泛存在于动物、植物和微生物中，它能催化三酰甘油逐步水解产生脂肪酸和甘油。

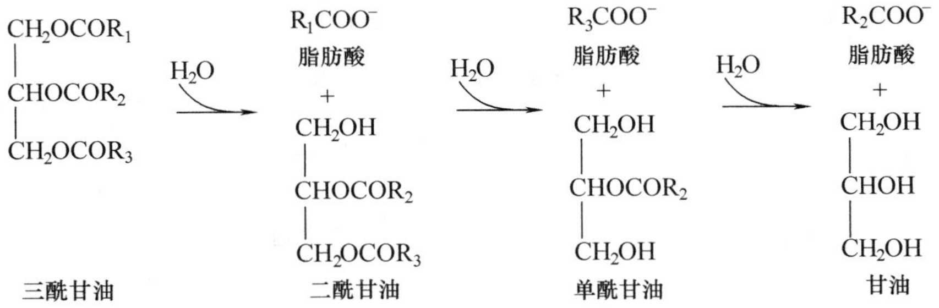

10.1.2 磷脂的酶促水解

生物体内存在着对磷脂分子的不同部位进行水解的磷脂酶。参与磷脂分解的酶主要有磷脂酶 A_1、A_2，磷脂酶 B_1、B_2（即磷脂酶 L，其底物为溶血磷脂），磷脂酶 C，磷脂酶 D 等，其作用方式如下：

磷脂酶 A_1 广泛分布于生物界，磷脂酶 A_2 主要存在于蛇毒、蜂毒和哺乳类胰中（酶原形式），磷脂酶 C 来源于细菌及其他生物组织，磷脂酶 D 存在于高等植物中。磷脂酶 A_1 或 A_2 分别专一地除去 C1 或 C2 上的脂肪酸，生成的仅含有一个脂肪酸的产物称溶血磷脂。它们是体内磷脂代谢的中间产物，正常情况下在细胞或组织中含量很少。溶血磷脂是一种很强的表面活性剂，所以如果浓度高，将会对膜造成损害，例如能使红细胞膜溶解。蛇毒和蜂毒中含有丰富的磷脂酶 A_2，一旦进入体内将产生高浓度的溶血磷脂，导致溶血而危及生命。磷脂酶常作为工具酶与薄层层析技术一起用于磷脂的结构分析。

10.1.3 胆固醇酯的酶促水解

胆固醇酯可以在胆固醇酯酶的作用下水解成胆固醇和脂肪酸。

10.2 三酰甘油的分解代谢

生物体利用三酰甘油作为供能原料的第一个步骤是通过脂肪酶水解三酰甘油生成甘油与脂肪酸。甘油和脂肪酸在组织内进一步氧化生成 CO_2 及 H_2O，所放出的化学能被机体用于完成各种生理功能。

10.2.1　甘油的氧化

甘油的氧化是先经甘油激酶及 ATP 的作用生成3－磷酸甘油。

CH₂OH
|
CHOH + ATP　⇌(甘油激酶)　CH₂O℗
|　　　　　　　　　　　　|
CH₂OH　　　　　　　　　　CHOH + ADP
|
甘油　　　　　　　　　　　CH₂OH
　　　　　　　　　　　　　3-磷酸甘油

3－磷酸甘油再经磷酸甘油脱氢酶催化脱氢，反应需要 NAD⁺ 参加，生成磷酸二羟丙酮及 NADH + H⁺。磷酸二羟丙酮可以循糖酵解过程转变为丙酮酸，再进入柠檬酸循环氧化，也可逆糖酵解途径生成糖。

CH₂O℗
|
CHOH + NAD⁺　⇌(磷酸甘油脱氢酶)　CH₂O℗
|　　　　　　　　　　　　　　　　|
CH₂OH　　　　　　　　　　　　　C=O　+ NADH + H⁺
|
3-磷酸甘油　　　　　　　　　　CH₂OH
　　　　　　　　　　　　　磷酸二羟丙酮 → 糖
　　　　　　　　　　　　　　　↓
　　　　　　　　　　　　　　丙酮酸
　　　　　　　　　　　　　　　↓
　　　　　　　　　　　　　CO₂ + H₂O

10.2.2　脂肪酸的 β－氧化作用

F. Knoop 于1904年开始用苯环作为标记，追踪脂肪酸在动物体内的代谢过程。当时已经知道动物体缺乏降解苯环的能力，部分苯环化合物仍保持着环的形式被排出体外。例如苯甲酸在动物肝中可与甘氨酸结合以马尿酸的形式排出，而苯乙酸也可与甘氨酸结合转变成苯乙尿酸而排出。Knoop 用五种含碳原子数目不同的苯脂酸（即直链分别含1、2、3、4及5个碳原子的苯甲酸、苯乙酸、苯丙酸、苯丁酸及苯戊酸）饲养动物，收集尿液，然后分析尿中带有苯环的物质。结果发现动物食进奇数碳原子的苯脂酸，则排出马尿酸，而食进偶数碳原子的苯脂酸，则排出苯乙尿酸。Knoop 从以上结果得出结论：动物体在进行脂肪酸降解时，是逐步将碳原子成对地从脂肪酸链上切下，而不是一个一个地拆除，如果一个一个地拆除，那么无论你喂饲动物的是偶数碳原子的苯脂酸还是奇数碳原子的苯脂酸，动物的尿中只能

苯乙尿酸　　　　　　　　　马尿酸

检测到马尿酸。他当时在这些实验的基础上提出脂肪酸的 **β-氧化**（β-oxidation）学说，后来证明，他的学说是正确的。Knoop 的实验是应用"标记"化合物研究代谢过程的第一个典型例子，虽然他用的是苯环"标记"而不是我们常用的放射性同位素标记，但这是一个非常重要的开端。这为以后同位素标记研究代谢途径奠定了基础。

以后多家实验室证实了辅酶 A 在脂肪酸氧化中的作用。并分离纯化出脂肪酸 β-氧化所必需的 5 种酶，确定了参加酶促反应的辅因子。脂肪酸在酶和辅因子的作用下 β-碳原子被氧化，生成比原来少两个碳原子的脂酰辅酶 A 和一分子乙酰辅酶 A。一个脂肪酸分子经反复 β-氧化，最终可能全部转变为乙酰辅酶 A。这些乙酰辅酶 A 在正常生理状态下一部分用来合成新的脂肪酸，大部分进入柠檬酸循环，氧化供能。

（1）脂肪酸的活化

脂肪酸（fatty acid）的分解代谢发生于原核生物的细胞质基质及真核生物的线粒体基质中。脂肪酸在进入线粒体基质前，先与辅酶 A（CoA）由与内质网或线粒体外膜相连的**脂酰辅酶 A 合成酶**（acyl CoA synthetase，又称脂肪酸硫激酶Ⅰ，fatty acid thiokinase Ⅰ）催化，生成脂酰辅酶 A。此反应需消耗一个 ATP。由于反应产生的 PPi 立即被水解为两分子的 Pi，使反应的总体是不可逆的。脂酰辅酶 A 合成酶实际是一个家族，至少有 3 种，对不同链长的脂肪酸具有底物特异性。脂肪酸的活化反应如下：

$$RCH_2CH_2CH_2COO^- + ATP \longrightarrow RCH_2CH_2CH_2CO-AMP + PPi$$

脂肪酸　　　　　　　　　　　　　　　　脂酰腺苷酸　　　　焦磷酸

$$RCH_2CH_2CH_2CO-AMP + CoA \longrightarrow RCH_2CH_2CH_2CO-SCoA + AMP$$

脂酰腺苷酸　　　　　　　　　　　　　　脂酰辅酶 A

这个反应是由 CoA 的巯基攻击脂酰腺苷酸混合酸酐中间体，形成脂酰辅酶 A，并将 ATP 水解释放的自由能储存于高能硫酯键中。总的反应是由**无机焦磷酸酶**（inorganic pyrophosphatase）催化焦磷酸水解释放的能量驱动完成的。

（2）脂肪酸的转运

12 个碳原子及以下的脂酰辅酶 A 分子可以渗透通过线粒体内膜，但长链的脂酰辅酶 A 不能透过线粒体内膜。需要与极性的**肉碱**（carnitine）分子结合，再在肉碱的协助下完成跨膜。肉碱在植物和动物组织中都存在。**肉碱脂酰转移酶**（carnitine acyltransferase）催化此反应。

肉碱脂酰转移酶有两种，肉碱脂酰转移酶Ⅰ和肉碱脂酰转移酶Ⅱ，分别位于线粒体外膜和内膜内侧。脂酰 CoA 先与肉碱在肉碱脂酰转移酶Ⅰ的催化下生成脂酰肉碱。再经一种特异的转运蛋白将脂酰肉碱运至线粒体基质。进入线粒体内的脂酰肉碱由肉碱脂酰转移酶Ⅱ催化，重新生成脂酰 CoA（图 10-1）。

（3）β-氧化作用

脂酰辅酶 A 的 β-氧化作用是通过 4 步反应进行的：

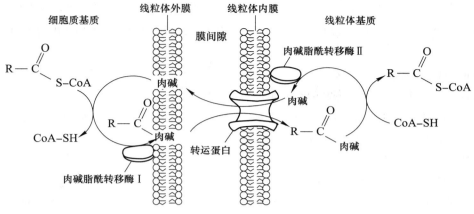

图 10-1 脂肪酸的转运过程

① 脂酰辅酶 A 经脂酰辅酶 A 脱氢酶的催化，脱去两个 H，生成一个带有反式双键的 Δ^2-反烯脂酰辅酶 A；这一反应需要 FAD 作为氢的载体。

② Δ^2-反烯脂酰辅酶 A 经过水合酶的催化，生成 L(+)β-羟脂酰辅酶 A。

③ L(+)β-羟脂酰辅酶 A 经 β-羟脂酰辅酶 A 脱氢酶及辅酶 NAD$^+$ 的催化，脱去两个 H 而生成 β-酮脂酰辅酶 A。

④ 最后一个步骤是 β-酮脂酰辅酶 A 由硫解酶催化与另一分子辅酶 A 反应生成一分子乙酰辅酶 A 及一分子碳链短两个碳原子的脂酰辅酶 A。

此少两个碳原子的脂酰辅酶 A 重复上述脱氢、加水、再脱氢及硫解 4 步反应，又生成一分子乙酰辅酶 A。如此往复进行，最终一分子脂肪酸通过 β-氧化作用生成许多分子乙酰辅酶 A（图 10-2）。乙酰辅酶 A 可以进入柠檬酸循环氧化成 CO_2 及 H_2O，也可以参加其他合成代谢（如参与酮体和胆固醇的生成）。

（4）脂肪酸 β-氧化过程中的能量转变

现以软脂酸（$C_{15}H_{31}COOH$）为例说明脂肪酸 β-氧化过程中的能量转变。1 mol 软脂酸完全氧化成乙酰辅酶 A 共经过 7 次 β-氧化，生成 7 mol FADH$_2$、7 mol NADH + H$^+$ 和 8 mol 乙酰辅酶 A，后者又可参加柠檬酸循环彻底氧化。7 mol FADH$_2$ 和 7 mol NADH + H$^+$ 可提供 $1.5 \times 7 + 2.5 \times 7 = 28$ mol ATP。8 mol 乙酰辅酶 A 彻底氧化可生成 $10 \times 8 = 80$ mol ATP。但在软脂酸氧化开始生成软脂酰辅酶 A 的过程中曾消耗 2 mol ATP，因此每摩尔软脂酸完全氧化，在理论上至少可净合成 $28 + 80 - 2 = 106$ mol ATP。用热量计直接测定 1 mol 软脂酸（256 g）完全氧化成 CO_2 和

知识扩展 10-2
线粒体和过氧化物酶体 β-氧化的比较

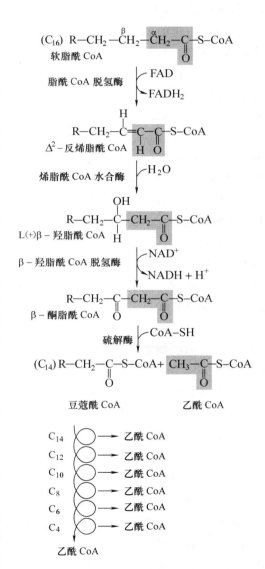

图 10-2 脂肪酸的 β-氧化

H_2O 时，可释放出能量 9 790.56 kJ。因此，脂肪酸 β – 氧化的能量利用率为：30.5 × 106 ÷ 9 790.56 × 100% = 33.0% （ATP 水解为 ADP 和 Pi 时，$\Delta G^{\ominus'}$ = – 30.5 kJ，所以生成 1 mol ATP 相当于捕获 30.5 kJ 的能量）。

（5）不饱和脂肪酸的氧化

常见的含一个双键的单不饱和脂肪酸如油酸（18:1Δ^9）、软脂油酸（16:1Δ^9）等 β – 氧化的前三轮可以正常进行，切掉 3 个二碳单位以后，生成的 Δ^3 – 顺烯脂酰辅酶 A 不是烯脂酰辅酶 A 水合酶的底物，但 Δ^3 – 顺，Δ^2 – 反烯脂酰辅酶 A 异构酶可将 Δ^3 – 顺双键转变为 Δ^2 – 反式，Δ^2 – 反式化合物是烯脂酰辅酶 A 水合酶的正常底物，一旦越过这个障碍，β – 氧化作用可以继续进行（图 10 – 3）。

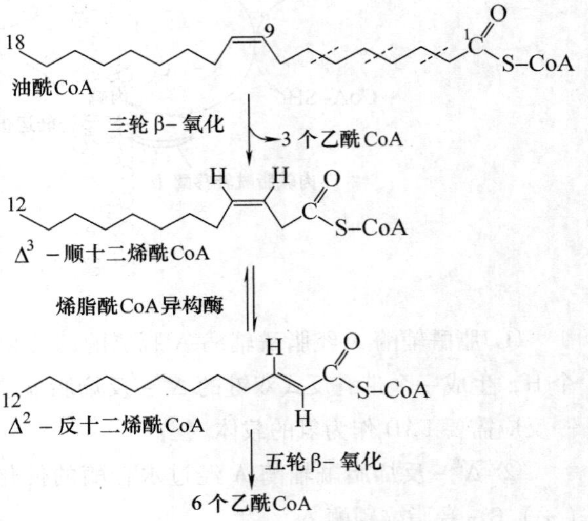

含多个双键的多不饱和脂肪酸也可以通过 β – 氧化作用降解，但需要另两个酶参加。例如亚油酸（18:2$\Delta^{9,12}$），β – 氧化的前三轮正常进行，切掉 3 个二碳单位以后，生成的 Δ^3 – 顺，Δ^6 – 顺二烯脂酰辅酶 A，在 Δ^3 – 顺，Δ^2 – 反烯脂酰辅酶 A 异构酶催化下，生成 Δ^2 – 反，Δ^6 – 顺二烯脂酰辅酶 A，这样 β – 氧化又可以顺利进行，当形成了 Δ^2 – 反，Δ^4 – 顺二烯脂酰辅酶 A 时，在哺乳动物体内由 Δ^2 – 反，Δ^4 – 顺二烯脂酰辅酶 A 还原酶催化，由 NADPH + H^+ 提供氢还原为 Δ^3 – 反烯脂酰辅酶 A，再经 Δ^3 – 反，Δ^2 – 反烯脂酰 CoA 异构酶作用生成 Δ^2 – 反烯脂酰 CoA，使 β – 氧化能继续进行（图 10 – 4）。在 E. coli 则 Δ^2 – 反，Δ^4 – 顺二烯脂酰辅酶 A 经还原直接产生 Δ^2 – 反烯脂酰 CoA。

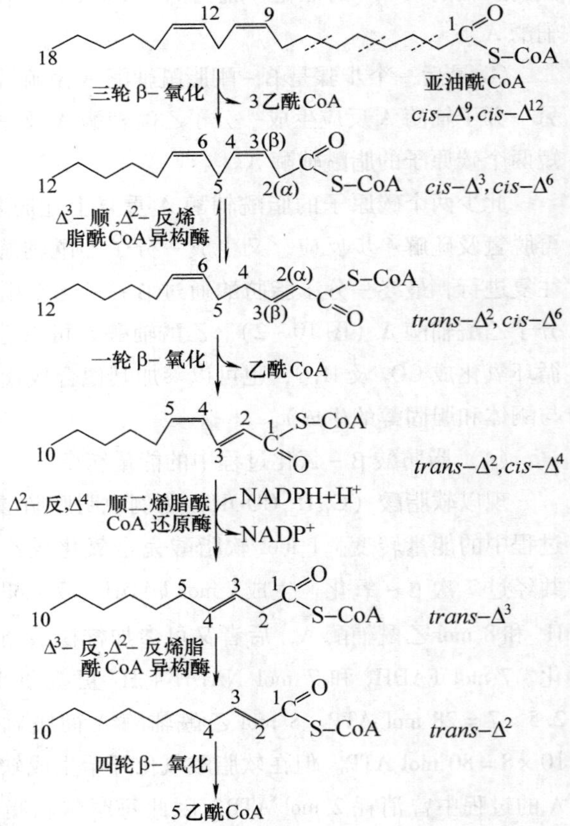

10.2.3　脂肪酸氧化的其他途径

（1）奇数碳链脂肪酸的氧化

虽然天然脂质中含有的脂肪酸绝大多数为偶数碳原子，但在许多植物及一些海洋生物体内的脂质含有一定量的奇数碳原子脂肪酸。牛及其他反刍动物的瘤胃中通过糖的发酵作用生成大量的丙酸，这些丙酸盐吸收入血后可在肝及其他组织进行氧化。含奇数碳原子的脂肪酸依偶数碳原子脂肪酸相同的方式进行氧化，但在氧化降解的最后一轮，产物是丙酰辅酶 A 和乙酰辅酶 A。丙酰辅酶 A 在含有生物素辅基的丙酰辅酶 A 羧化酶、**甲基丙二酰辅酶 A**

图 10 – 3　单不饱和脂肪酸的降解

图 10 – 4　多不饱和脂肪酸的降解

差向异构酶（methylmalonyl-CoA epimerase）、甲基丙二酰辅酶 A 变位酶的作用下生成琥珀酰辅酶 A（图 10 - 5），琥珀酰辅酶 A 可进入柠檬酸循环被氧化。

此外，丙酰辅酶 A 也可以经其他代谢途径转变成乳酸及乙酰辅酶 A 进行氧化。

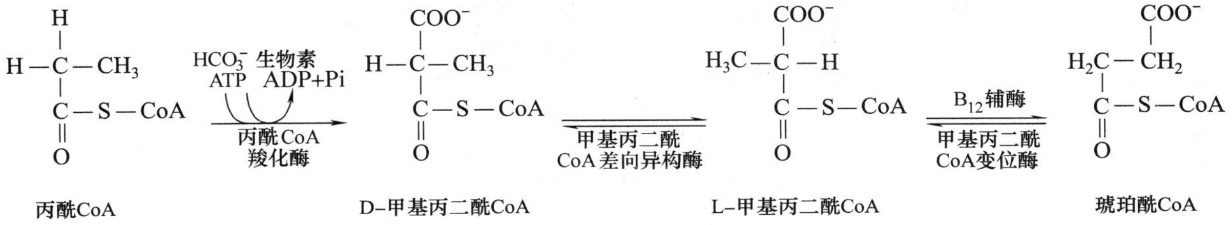

图 10 - 5　丙酰辅酶 A 的代谢

知识扩展 10 - 3
甲基丙二酰辅酶 A 分子重排的机制

（2）α - 氧化和 ω - 氧化

脂肪酸除主要进行 β - 氧化作用外，还进行另两种方式的氧化，即 **α - 氧化**（α-oxidation）与 **ω - 氧化**（ω-oxidation）。

在 α - 氧化途径中，长链脂肪酸的 α - 碳在单加氧酶的催化下氧化成羟基生成 α - 羟脂酸。α - 羟脂酸可用于动物组织中某些脑苷脂和神经节苷脂的合成。在肝、肾等组织中，α - 羟脂酸再进一步经过脱氢、脱羧形成脂肪醛，最后加 H_2O 脱氢氧化成为比原脂肪酸分子少一个碳原子的脂肪酸。

$$RCH_2COOH \longrightarrow RCH(OH)COOH \longrightarrow RCOCOOH \xrightarrow{CO_2} RCHO \longrightarrow RCOOH$$

脂肪酸　　　　α - 羟脂酸　　　　α - 酮酸　　脂肪醛　　脂肪酸
　　　　　　　　　↓
　　　　　脑苷脂、神经节苷脂

植物的种子和叶片也进行 α - 氧化作用，但过程与动物体内不同。长链脂肪酸 α - 氧化的中间产物经还原可生成长链脂肪醇，长链脂肪醇在植物蜡中含量很丰富。

食物中的叶绿醇在代谢时首先被氧化为植烷酸，植烷酸的 β 位有甲基，不能进行正常的 β - 氧化，经过一次 α - 氧化，生成的降植烷酸可经 β - 氧化生成丙酰辅酶 A 和乙酰辅酶 A。缺少 α - 氧化系统的病人血液和脑中积累植烷酸，出现运动失调等症状，称 Refsum 氏病。

知识扩展 10 - 4
脂肪酸的 α - 氧化与 Refsum 氏病

此外脂肪酸的末端甲基（ω - 端）可经氧化作用后转变为 ω - 羟脂酸，然后再氧化成 α,ω - 二羧酸进行 β - 氧化。此途径称为 ω - 氧化，在肝和植物及细菌中均可进行。

$$CH_3(CH_2)_nCOO^- \longrightarrow HOCH_2(CH_2)_nCOO^- \longrightarrow {}^-OOC(CH_2)_nCOO^-$$

某些细菌可以通过 ω - 氧化将烃类氧化为脂肪酸，进而氧化分解，提供菌体生长所需的能量。这类细菌可用于清除石油污染，或制造单细胞蛋白。

10.2.4　酮体的生成和利用

（1）酮体的生成

脂肪酸 β - 氧化所生成的乙酰辅酶 A 在人及哺乳动物肝外组织中，大部分可迅速通过柠檬酸循环氧化成 CO_2 和 H_2O，并产生能量，或被某些合成反应所利用，但是在肝中脂肪酸的氧化不是很完全，二分子乙酰辅酶 A 可以缩合成乙酰乙酰辅酶 A；乙酰乙酰辅酶 A 再与一分子乙酰辅酶 A 缩合成 β - 羟 - β - 甲戊二酸单酰辅酶 A（HMG - CoA），后者裂解成乙酰乙酸；乙酰乙酸在肝线粒体中可还原生成 β - 羟丁酸，乙酰乙酸还可以脱羧生成丙酮（图 10 - 6）。乙酰乙酸、β - 羟丁酸和丙酮，统称为**酮体**（ketone bodies）。

在肝中有活力很强的生成酮体的酶，但缺少利用酮体的酶。肝线粒体内生成的酮体可迅速透出肝细

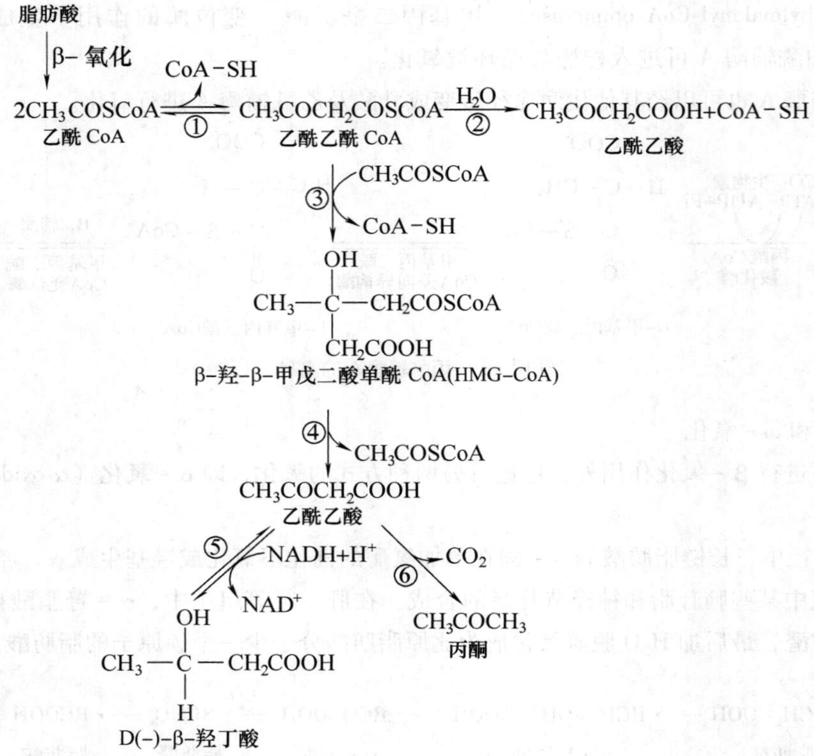

$$脂肪酸$$

$$\downarrow \beta-氧化$$

$$\underset{乙酰CoA}{2CH_3COSCoA} \underset{①}{\overset{CoA-SH}{\rightleftharpoons}} \underset{乙酰乙酰CoA}{CH_3COCH_2COSCoA} \overset{H_2O}{\underset{②}{\longrightarrow}} \underset{乙酰乙酸}{CH_3COCH_2COOH + CoA-SH}$$

$$③\underset{CoA-SH}{\overset{CH_3COSCoA}{\downarrow}}$$

$$\overset{OH}{\underset{|}{CH_3-C-CH_2COSCoA}}$$
$$\underset{|}{CH_2COOH}$$

$$\beta-羟-\beta-甲戊二酸单酰CoA(HMG-CoA)$$

$$④\underset{}{\overset{CH_3COSCoA}{\downarrow}}$$

$$\underset{乙酰乙酸}{CH_3COCH_2COOH}$$

$$⑤\overset{NADH+H^+}{\underset{NAD^+}{\rightleftharpoons}} \qquad ⑥\overset{CO_2}{\searrow}$$

$$\underset{丙酮}{CH_3COCH_3}$$

$$\overset{OH}{\underset{|}{CH_3-C-CH_2COOH}}$$
$$\underset{|}{H}$$

$$D(-)-\beta-羟丁酸$$

图 10-6 酮体的生成

① 乙酰辅酶A酰基转移酶（乙酰乙酰辅酶A硫解酶）；② 脱酰基酶；
③ HMG-CoA 合成酶；④ HMG-CoA 裂合酶；⑤ β-羟丁酸脱氢酶；⑥ 自动进行

胞循血流输送至全身。

（2）酮体的氧化

在肝中形成的乙酰乙酸和 β-羟丁酸进入血液循环后送至肝外组织，主要在心肌、肾皮质、骨骼肌及血糖供应不足的脑组织中通过柠檬酸循环氧化。β-羟丁酸首先氧化成乙酰乙酸，然后乙酰乙酸在β-酮脂酰辅酶A转移酶或乙酰乙酸硫激酶的作用下，生成乙酰乙酰辅酶A，再与第二个分子辅酶A作用形成两分子乙酰辅酶A，乙酰辅酶A可进入柠檬酸循环途径氧化。此过程的反应式如下：

$$\underset{乙酰乙酸}{CH_3COCH_2COO^-} + \underset{琥珀酰CoA}{^-OOCCH_2CH_2COSCoA} \overset{\beta-酮脂酰辅酶A转移酶}{\longrightarrow} \underset{乙酰乙酰CoA}{CH_3COCH_2COSCoA} + \underset{琥珀酸}{^-OOCCH_2CH_2COO^-}$$

或 $$\underset{乙酰乙酸}{CH_3COCH_2COO^-} + CoASH + ATP \overset{乙酰乙酸\ 硫激酶}{\longrightarrow} \underset{乙酰乙酰CoA}{CH_3COCH_2COSCoA} + AMP + PPi$$

$$\underset{乙酰乙酰CoA}{CH_3COCH_2COSCoA} + \underset{CoA}{CoASH} \overset{硫解酶}{\longrightarrow} \underset{乙酰CoA}{2CH_3COSCoA}$$

上式的琥珀酰辅酶A可来源于α-酮戊二酸氧化脱羧作用的中间产物，也可由琥珀酸、ATP与辅酶A作用生成。

$$^-OOCCH_2CH_2COO^- + CoASH + ATP \longrightarrow {}^-OOCCH_2CH_2COSCoA + ADP + Pi$$

酮体的另一化合物丙酮除随尿排出，有一部分可直接从肺部呼出。丙酮在体内也可转变成丙酮酸或甲酰基及乙酰基，丙酮酸可以氧化，也可以合成糖原。

如上所述，肝氧化脂肪酸时可产生酮体，但由于缺乏 β - 酮脂酰辅酶 A 转移酶和乙酰乙酸硫激酶，故不能利用酮体，而肝外组织则相反，在脂肪酸氧化过程中不产生酮体，却能氧化由肝生成的酮体。这样肝把碳链很长的脂肪酸分裂成分子较小，易被其他组织用以供能的酮体，为肝外组织提供可利用的能源。

酮体是人体利用三酰甘油的一种正常生理现象。通常血液中酮体浓度相对恒定，肝内产生的酮体可被肝外组织迅速利用，尤其是心肌和肾皮质具有较强的使乙酰乙酸氧化的体系，其次是肌肉组织。对于不能直接利用脂肪酸的脑组织来说，在血糖供应不足时利用酮体作为部分替代的能源具有重要意义。在病理或某些特殊的生理情况下，如因患糖尿病机体不能充分利用血糖时，或因饥饿将糖原耗尽后，膳食中糖供给不足时，三酰甘油分解加速，肝中酮体生成增加，超过了肝外组织氧化的能力。又因糖代谢减弱，丙酮酸缺乏，使得可与乙酰辅酶 A 缩合成柠檬酸的草酰乙酸减少，更减少酮体的去路，使酮体积聚于血内成为酮血症。血内酮体过多，由尿排出，又形成酮尿。酮体为酸性物质，若超过血液的缓冲能力时，就可引起酸中毒而危及生命。

10.3 三酰甘油的合成代谢

10.3.1 3-磷酸甘油的生物合成

合成三酰甘油所需的 3 - 磷酸甘油可由三酰甘油分解产生的甘油经脂肪组织外的甘油激酶催化与 ATP 作用而成，亦可由糖酵解产生的磷酸二羟丙酮还原而成。

10.3.2 脂肪酸的生物合成

脂肪酸合成途径不同于脂肪酸氧化途径，这是生物合成和降解途径相对独立进行的例子，它允许这两个过程在热力学上都能进行。脂肪酸氧化和合成途径的主要差别如表 10 - 1 所示：

（1）脂肪酸合成的原料及转运

乙酰辅酶 A 是脂肪酸合成的原料，主要是由糖分解代谢产生的丙酮酸在线粒体中由丙酮酸脱氢酶系催化经脱氢脱羧产生的；另一部分也可由脂肪酸的 β - 氧化生成。当机体能量供应充足时，多余的乙酰辅酶 A 即可用于合成脂肪酸。由于产生乙酰辅酶 A 的部位都在线粒体，而脂肪酸生物合成是在细胞质基质中进行，但是乙酰辅酶 A 不能自由通过线粒体膜。在线粒体中的乙酰辅酶 A 可通过**柠檬酸转运系统** (citrate transport system) 进入细胞质基质，来完成它的转运（图 10 – 7）。

表 10 – 1　脂肪酸氧化和合成途径的主要差别

	β – 氧化	脂肪酸合成
细胞内定位	发生在线粒体	发生在细胞质基质中
脂酰基载体	辅酶 A	酰基载体蛋白（ACP）
电子受体／供体	FAD、NAD$^+$	NADPH
羟脂酰辅酶 A 构型	L 型	D 型
生成和提供 C$_2$ 单位的形式	乙酰辅酶 A	丙二酸单酰辅酶 A
酰基转运的形式	脂酰肉碱	柠檬酸

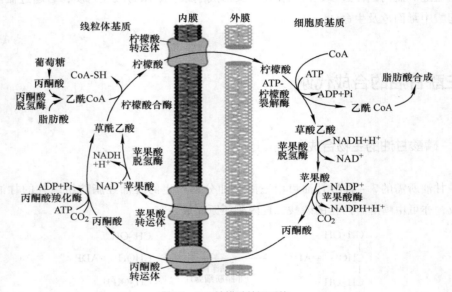

图 10 – 7　柠檬酸转运系统

首先乙酰辅酶 A 和草酰乙酸结合成柠檬酸，后者经柠檬酸转运系统透出线粒体至细胞质基质，在细胞质基质中柠檬酸经 ATP – 柠檬酸裂解酶的催化重新生成乙酰辅酶 A 和草酰乙酸。草酰乙酸不能直接返回线粒体用于柠檬酸的再合成，但可经苹果酸再氧化脱羧而成丙酮酸，然后进入线粒体羧化成草酰乙酸，故实际上可把柠檬酸看作携带乙酰基团出线粒体的运输形式。苹果酸氧化脱羧产生的 NADPH 和磷酸戊糖途径产生的 NADPH 可用于脂肪酸的合成。线粒体外的苹果酸也可进入线粒体再形成草酰乙酸，作为合成柠檬酸的原料。

（2）乙酰 CoA 羧化产生丙二酸单酰 CoA

乙酰 CoA 被用于合成脂肪酸前要先进行羧化，催化此反应的酶是**乙酰 CoA 羧化酶**（acetyl CoA carboxylase），生物素是该酶的辅基，在羧化反应中起了转移羧基的作用，其反应过程如下：

$$\mathrm{CH_3CO-SCoA} + CO_2 \xrightarrow[\text{ATP，Mg}^{2+}\text{，生物素}]{\text{乙酰 CoA 羧化酶}} \begin{array}{l}\mathrm{COO^-}\\ | \\ \mathrm{CH_2}\\ | \\ \mathrm{CO\text{-}SCoA}\end{array}$$

乙酰 CoA   丙二酸单酰 CoA

乙酰 CoA 羧化酶为别构酶，柠檬酸和异柠檬酸是此酶的别构激活剂，软脂酰 CoA 和其他长链脂酰 CoA 是别构抑制剂。另外，此酶也受磷酸化和去磷酸化的调节。

（3）软脂酸的合成

生物体脂肪酸的合成是由脂肪酸合酶复合体所催化的。脂肪酸的合成是锚定在一个**酰基载体蛋白**（acyl carrier protein，ACP）上进行的。ACP 和 CoA 一样，含有一个磷酸泛酰巯基乙胺基团。它含有的巯基可与酰基形成硫酯键，含有的磷酸基团与 ACP 的 Ser—OH 基酯化，在 CoA 中它与 3′, 5′ - ADP 以磷酯键相连（图 10 - 8）。

知识扩展 10 - 5
乙酰辅酶 A 羧化酶的作用机制

图 10 - 8 ACP 分子（a）和 CoA 分子（b）中的磷酸泛酰巯基乙胺

在大肠杆菌中，ACP 是由 77 个氨基酸组成的多肽，磷酸泛酰巯基乙胺的磷酸基与其第 36 位的 Ser 的羟基以酯键相连。在大肠杆菌和植物中，脂肪酸合酶是由 7 种不同的多肽链组成的多酶复合体，其中由一分子 ACP 和 6 个催化脂肪酸合成的酶所组成。在酵母中，脂肪酸合酶复合体也由 ACP 和 6 种酶组成，不同的是它由 6 个二聚体组成（$\alpha_6\beta_6$），二聚体中一个亚基具有 ACP 和 2 种酶的活性，另一亚基具有 4 种酶的活性。在动物中，ACP 和 7 种酶（与其他生物不同，动物多了硫酯酶）都定位在同一肽链上，并且两条多功能的多肽链头尾相连形成具有活性的二聚体（单体是无活性的，图 10 - 9）。

知识扩展 10 - 6
脂肪酸合酶的结构

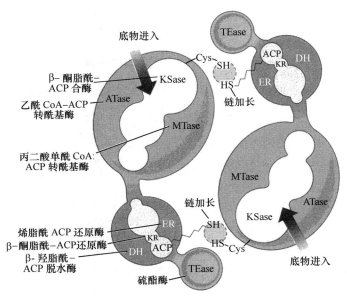

图 10 - 9 动物脂肪酸合成多功能酶二聚体的结构

软脂酸的合成过程如图 10 – 10 所示。

① 乙酰 CoA 在乙酰 CoA – ACP 转酰基酶的催化下，将乙酰基转移到 ACP 的磷酸泛酰巯基乙胺的—SH 基上（图 10 – 10①），然后再转移至 β – 酮脂酰 – ACP 合酶的半胱氨酸的—SH 上形成乙酰 – β – 酮脂酰 – ACP 合酶（图 10 – 10②a）。在哺乳动物体内乙酰基可直接转到 β – 酮脂酰 – ACP 合酶的半胱氨酸的—SH 上。

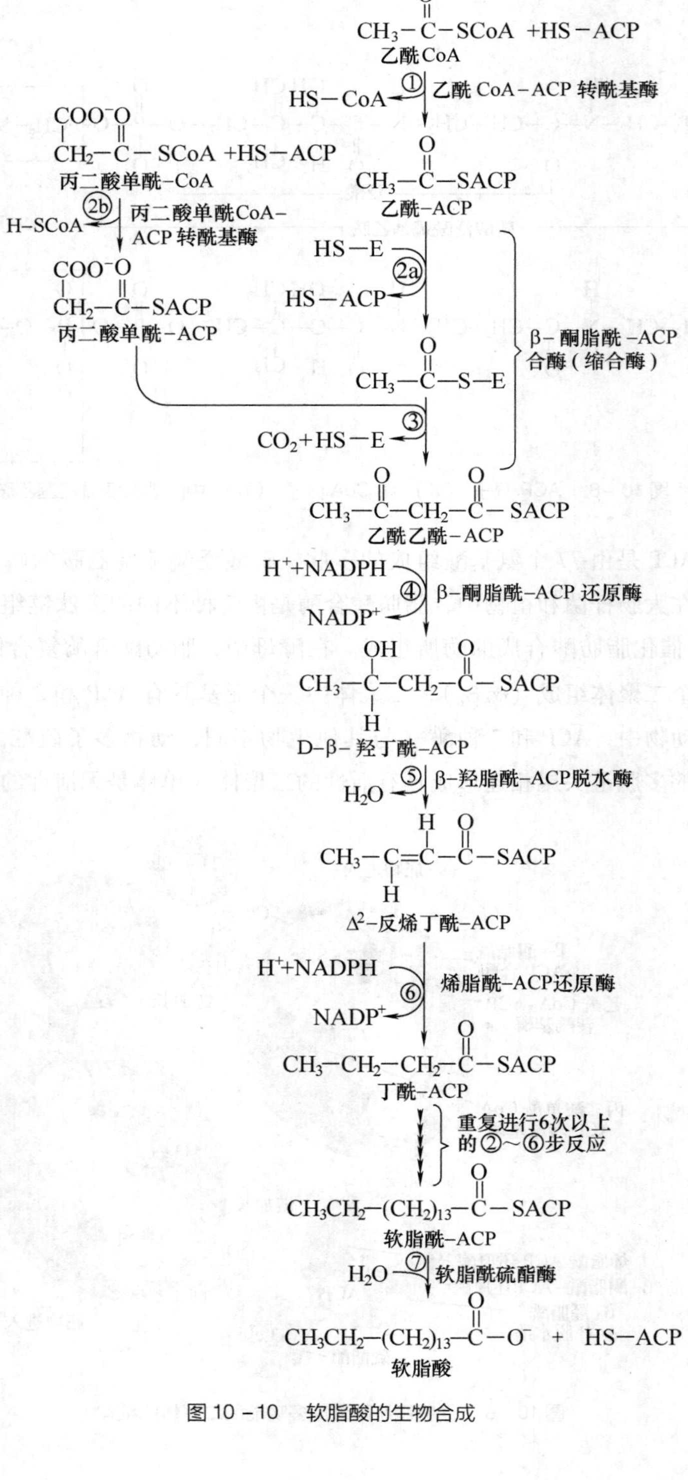

图 10 – 10　软脂酸的生物合成

② 空载的 ACP 的磷酸泛酰巯基乙胺的—SH 基，可在丙二酸单酰 CoA – ACP 转酰基酶催化下生成丙二酸单酰 – ACP（图 10 – 10②）。

③ 丙二酸单酰基通过 ACP 的磷酸泛酰巯基乙胺的长臂带到 β – 酮脂酰 – ACP 合酶的催化部位，在酶的催化下脱去 CO_2 与 β – 酮脂酰 – ACP 合酶半胱氨酸结合的乙酰基缩合形成乙酰乙酰 – ACP（图 10 – 10③）。

④ 乙酰乙酰 – ACP 在 β – 酮脂酰 – ACP 还原酶的催化下由 NADPH + H⁺ 提供氢，被还原为 β – 羟丁酰 – ACP，产物是 D 型的（图 10 – 10④）。

⑤ β – 羟丁酰 – ACP 在 β – 羟脂酰 – ACP 脱水酶的催化下脱水，生成 Δ^2 – 反烯丁酰 – ACP（图 10 – 10⑤）。

⑥ Δ^2 – 反烯丁酰 – ACP 在烯脂酰 – ACP 还原酶催化下由 NADPH + H⁺ 提供氢，被还原为丁酰 – ACP（图 10 – 10⑥）。丁酰基被转酰基酶转移至 β – 酮脂酰 – ACP 合酶的半胱氨酸的—SH上形成丁酰 – β – 酮脂酰 – ACP 合酶。

重复②～⑥的步骤。一般当饱和脂酰链达 16 碳原子时，由软脂酰硫酯酶催化水解释放软脂酸，而多酶体系则可反复地被利用。有些生物无软脂酰硫酯酶，而直接利用软脂酰 – ACP。

软脂酸的从头合成途径可总结如下式：

知识扩展 10 – 7
原核细胞和真核细胞脂肪酸合成的图示

$$\text{CH}_3\text{CO} – \text{SCoA} + 7\begin{array}{c}\text{COO}^-\\|\\\text{CH}_2\\|\\\text{CO—SCoA}\end{array} + 14\text{NADPH} + 14\text{H}^+ \longrightarrow \text{C}_{15}\text{H}_{31}\text{COO}^- + 8\text{CoA} – \text{SH} + 14\text{NADP}^+ + 6\text{H}_2\text{O} + 7\text{CO}_2$$

（4）脂肪酸链的延长（线粒体、微粒体延长途径）

在线粒体中可以进行与脂肪酸 β – 氧化相似的逆向过程，使得一些脂肪酸碳链（16C）加长。与 β – 氧化不同的是其最后一步是由 Δ^2 – 反烯脂酰辅酶 A 还原酶催化，NADPH + H⁺ 供氢，还原产生比原来多 2 个碳原子的脂酰辅酶 A，后者尚可通过类似过程，并重复多次而加长碳链（延长至 C_{24}）。

微粒体系统的特点是利用丙二酸单酰辅酶 A 加长碳链，还原过程需 NADPH + H⁺ 供氢，中间过程与软脂酸合成相似，但不需要以 ACP 为核心的多酶复合体。

（5）不饱和脂肪酸的合成

软脂酸和硬脂酸是动物组织中合成软脂油酸和油酸的前体，通过脂酰辅酶 A 加氧酶所催化的氧化反应引入双键。

$$\text{软脂酰辅酶 A} + \text{NADPH} + \text{H}^+ + \text{O}_2 \longrightarrow \text{软脂油酰辅酶 A} + \text{NADP}^+ + 2\text{H}_2\text{O}$$

$$\text{硬脂酰辅酶 A} + \text{NADPH} + \text{H}^+ + \text{O}_2 \longrightarrow \text{油酰辅酶 A} + \text{NADP}^+ + 2\text{H}_2\text{O}$$

上述反应是混合功能氧化反应的例子。因为脂肪酸的单键及 NADPH + H⁺ 两个不同基团同时被氧化。

动物组织很容易在脂肪酸的 Δ^9 部位引入双键，脂肪酸的去饱和作用是在光面内质网膜上进行的。但不能在脂肪酸链的 Δ^9 双键与末端甲基间再引入双键。因此，哺乳动物体内不能自己合成具有多个双键的脂肪酸如亚油酸（$18:2\Delta^{9,12}$）及 α – 亚麻酸（$18:3\Delta^{9,12,15}$）。亚油酸和 α – 亚麻酸是动物体内合成其他物质所必需的，必须由食物获得，故称为**必需脂肪酸**（essential fatty acid），大白鼠饲料中缺乏必需脂肪酸能引起皮肤炎。摄入体内的亚油酸可能转变成其他的多不饱和脂肪酸，特别应当指出的是 γ – 亚麻酸和花生四烯酸只能从亚油酸转化生成。花生四烯酸是一种 20 碳脂肪酸，双键位于 Δ^5、Δ^8、Δ^{11} 和 Δ^{14} 位上，它是绝大多数前列腺素及凝血噁烷的前体物质。前列腺素是激素样物质，能调节多种细胞功能（见 5.2）。

知识扩展 10 – 8
脂肪酸碳链加长和不饱和脂肪酸的合成

10.3.3　三酰甘油的合成

脂酰辅酶 A 和 3 – 磷酸甘油可在磷酸甘油酰基转移酶催化下缩合生成**磷脂酸**（phosphatidic acid），

催化此类反应的酶首先在鼠肝中发现，它只作用于甘油的 3 - 磷酸酯，对于 16C 和 18C 的脂酰辅酶 A 催化作用最强，所以动物体内软脂酸及硬脂酸所组成的三酰甘油分子较多。磷酸二羟丙酮也能与脂酰辅酶 A 作用生成脂酰磷酸二羟丙酮，然后还原生成溶血磷脂酸，溶血磷脂酸和脂酰辅酶 A 作用可生成磷脂酸。磷脂酸也是磷脂合成的中间物。磷脂酸在磷脂酸磷酸酶作用下生成二酰甘油及磷酸。二酰甘油与另一分子的脂酰辅酶 A 缩合即生成三酰甘油。植物和微生物体内三酰甘油的生物合成途径与动物相似，合成过程如图 10 - 11 所示。

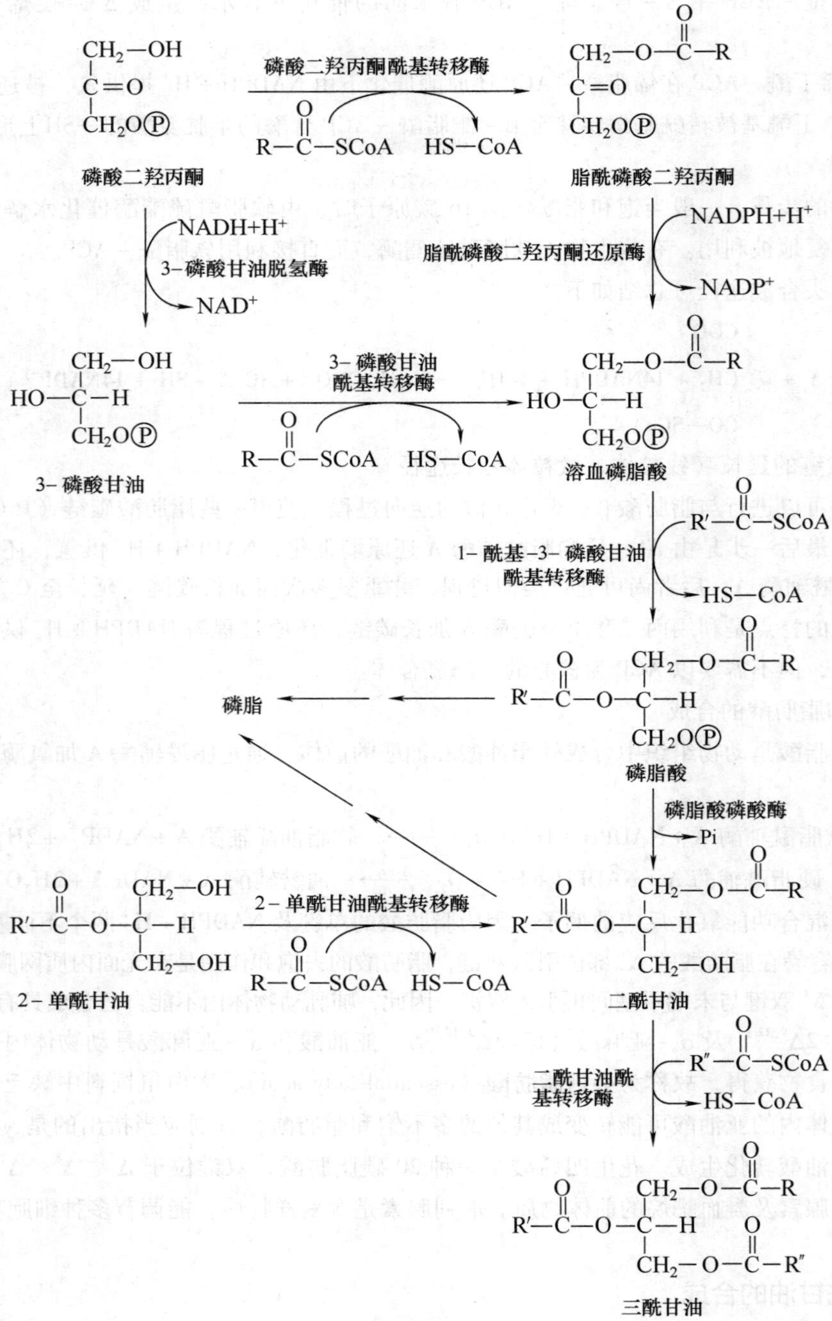

图 10 - 11 三酰甘油的生物合成

人体的三酰甘油代谢调节主要有以下几个方面：①激素对三酰甘油代谢的调节。有调节作用的激素有肾上腺素、生长激素、胰岛素、胰高血糖素等。②脂肪酸代谢关键酶对三酰甘油代谢的调节。主要包括肉碱脂酰转移酶 I 、ATP - 柠檬酸裂解酶和乙酰 CoA 羧化酶。③长时间膳食的改变和细胞营养状态可影响三酰甘油代谢，如高热能低脂膳食促进三酰甘油合成。

知识扩展 10 - 9
三酰甘油代谢的调控

10.4 磷脂的代谢

磷脂在组织内经过磷脂酶的作用先水解生成其组成单位，再分别进行分解代谢。如磷脂酰胆碱在体内水解后，甘油转变成糖，脂肪酸经 β - 氧化作用而分解，磷酸是糖及三酰甘油代谢所不可缺少的物质，也是构成骨骼的主要成分，胆碱可调节三酰甘油的代谢。

各种生物都有合成磷脂的能力。但不同的生物或不同的磷脂合成途径略有不同，在哺乳动物体内磷脂酰乙醇胺和磷脂酰胆碱的合成途径如图 10 - 12 所示。在这一代谢途径中，CDP - 乙醇胺或 CDP - 胆碱的生成，与糖代谢中从 1 - 磷酸葡糖与 UTP 生成 UDPG 的作用相似，磷脂酰胆碱也可以由 S - 腺苷甲硫氨酸提供 3 个甲基给磷脂酰乙醇胺来合成。实际上，在某些生物体内（特别是细菌）仅仅利用一个或两个甲基，生成磷脂酰甲基乙醇胺或磷脂酰二甲基乙醇胺，而不是磷脂酰胆碱。

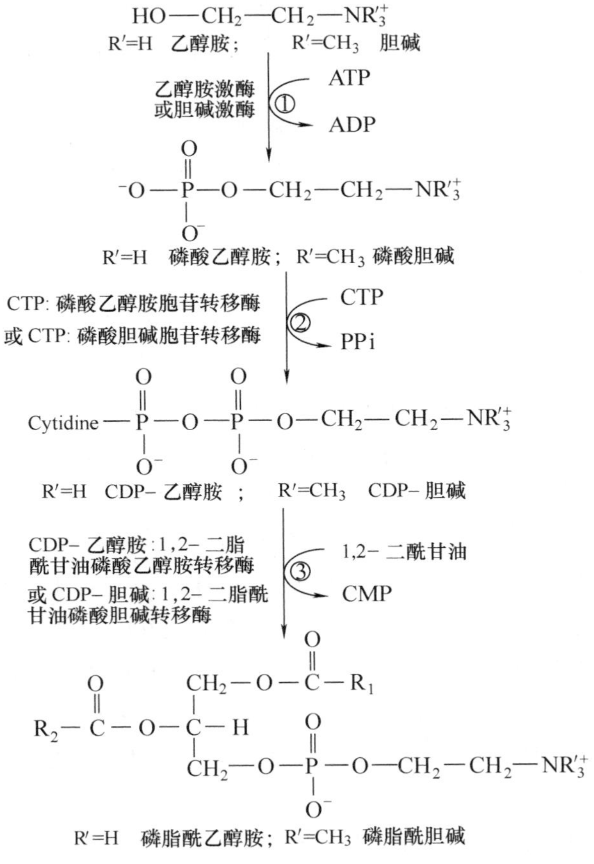

图 10 - 12　磷脂酰乙醇胺和磷脂酰胆碱的合成

知识扩展 10－10

磷脂和类二十碳烷的合成

磷脂酰肌醇、磷脂酰甘油和心磷脂可由活化的 CDP－甘油二酯与相应取代基团反应通过相似的途径生成。

在哺乳动物中，磷脂酰丝氨酸是在 **碱基交换酶**（base-exchange enzyme）的催化下由丝氨酸交换下磷脂酰乙醇胺的乙醇胺而生成。反应是可逆的。在线粒体和大肠杆菌中，磷脂酰丝氨酸可在脱羧酶的催化下脱去羧基生成磷脂酰乙醇胺（图 10－13）。

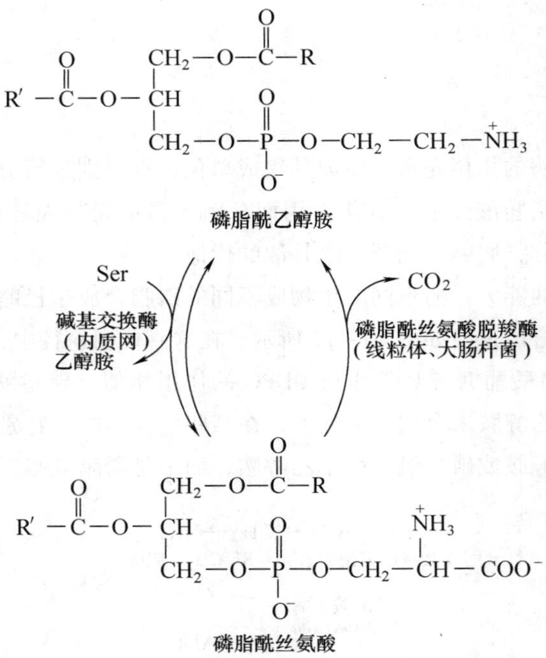

图 10－13　磷脂酰乙醇胺与磷脂酰丝氨酸的转换

10.5　胆固醇的代谢

科学史话 10－1

胆固醇和脂肪酸代谢的研究

知识扩展 10－11

由异戊烯醇焦磷酸合成的萜类化合物

知识扩展 10－12

胆固醇合成的调控

胆固醇（cholesterol）是脊椎动物细胞膜的重要组分，也是脂蛋白的组成成分。动物体内的胆固醇有两个来源，一是自身合成，一是从外界摄入。在动物体内由乙酰辅酶 A 作为合成胆固醇的原料。胆固醇生物合成途径可分为 5 个阶段，即：①乙酰乙酰 CoA 与乙酰 CoA 在 β－羟基－β－甲基戊二酸单酰 CoA 合成酶催化下生成 β－羟基－β－甲基戊二酸单酰 CoA（HMG－CoA，6C），此过程与酮体生成的反应相同，但场所不同；②HMG－CoA 在 HMG－CoA 还原酶催化下还原生成甲羟戊酸（MVA）；③甲羟戊酸（MVA）经焦磷酸化和脱去 CO_2 生成异戊烯醇焦磷酸（IPP）；④6 个异戊烯单位缩合生成鲨烯（30C）；⑤鲨烯转变成羊毛脂固醇（30C）；⑥羊毛脂固醇转变成胆固醇（27C）（图 10－14）。

IPP 除可用来合成类固醇化合物，还可用来合成橡胶、植物色素、挥发油、某些维生素等萜化合物。

HMG－CoA 还原酶是胆固醇合成的限速酶，各种因素对胆固醇合成的调节主要通过对 HMG－CoA 还原酶活性及浓度的影响来实现的。如饮食中胆固醇含量的增加可以抑制 HMG－CoA 还原酶的合成，从而降低机体本身胆固醇的合成；胰岛素和甲状腺素能诱导肝 HMG－CoA 还原酶的合成，胰高血糖素和皮质醇则能抑制并降低 HMG－CoA 还原酶的活性。通过多种因素的调节，使机体的胆固醇保持在一定的水平。血液中胆固醇含量过高是引发冠心病的主要原因。低密度脂蛋白（LDL）过高容易导致高胆固醇血症。

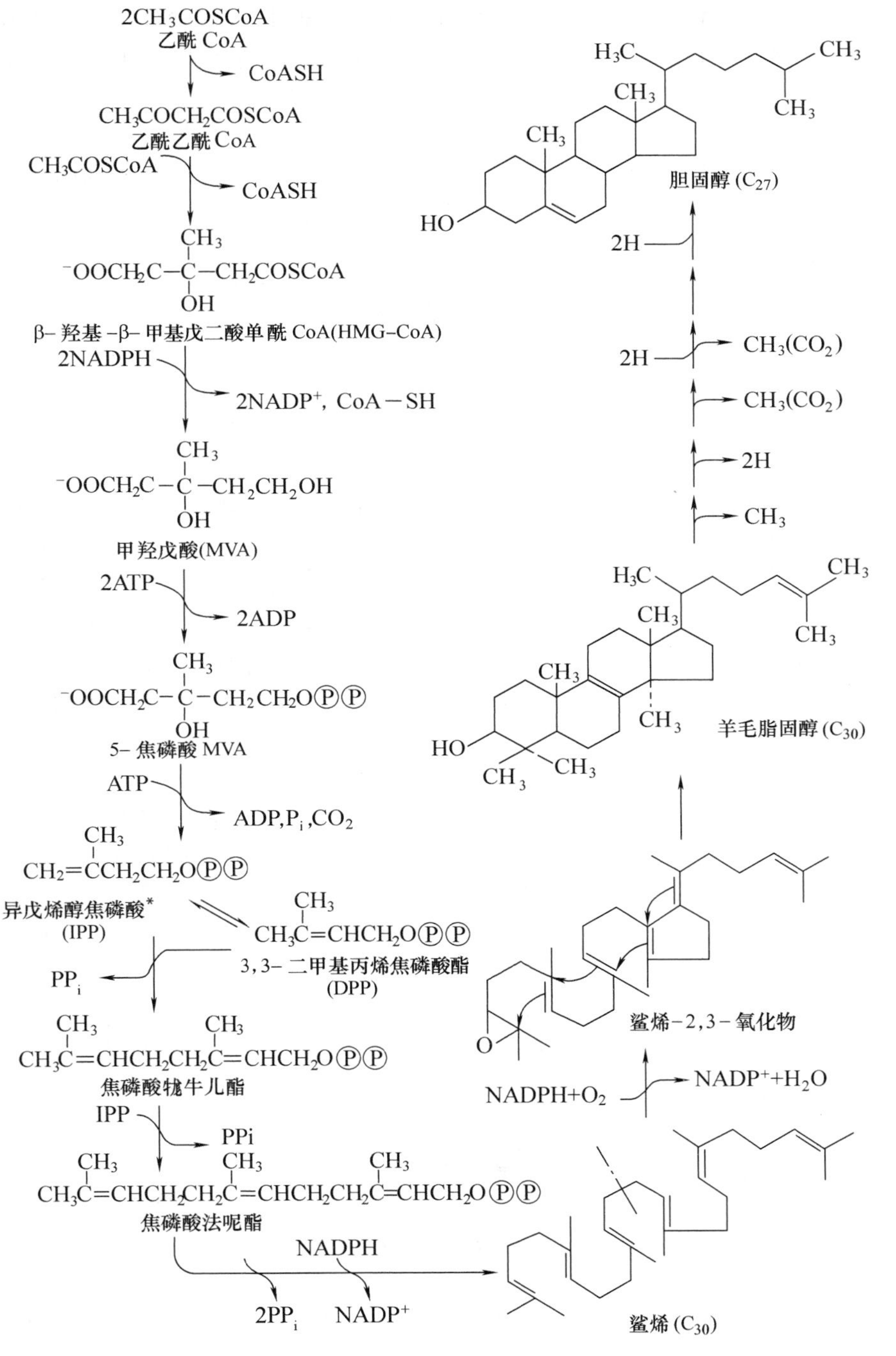

图 10 - 14 胆固醇的生物合成

知识扩展 10 - 13
LDL 与高胆固醇血症的关系

科学史话 10 - 2
LDL 与高胆固醇血症关系的研究

动物体的各种组织都能合成胆固醇，其中以肝及小肠作用最强。胆固醇可以在肠黏膜、肝、红细胞及肾上腺皮质等组织中酯化成胆固醇酯。

胆固醇除了是脊椎动物细胞膜的组成成分，在人或动物体内的类固醇也是由胆固醇转变而来的。胆固醇能转化为孕酮（黄体激素）、肾上腺皮质激素、睾酮（雄性激素）、雌性激素、维生素 D、胆酸等。胆固醇在肠黏膜细胞中可在脱氢酶的作用下生成 7 - 脱氢胆固醇。7 - 脱氢胆固醇在皮肤内受紫外线的照射，即转变为维生素 D_3，维生素 D_3 可促进钙、磷的吸收（见 7.1.2）。胆酸的种类颇多，都是胆固醇在

知识扩展 10 - 14
胆酸和类固醇激素的合成

肝中的代谢产物。不同的胆酸与甘氨酸及牛磺酸结合，即成为胆汁中的各种胆汁酸。各种类固醇激素分别由睾丸、卵泡、黄体及肾上腺皮质生成及分泌。图10-15列出的是某些类固醇化合物间的代谢关系。

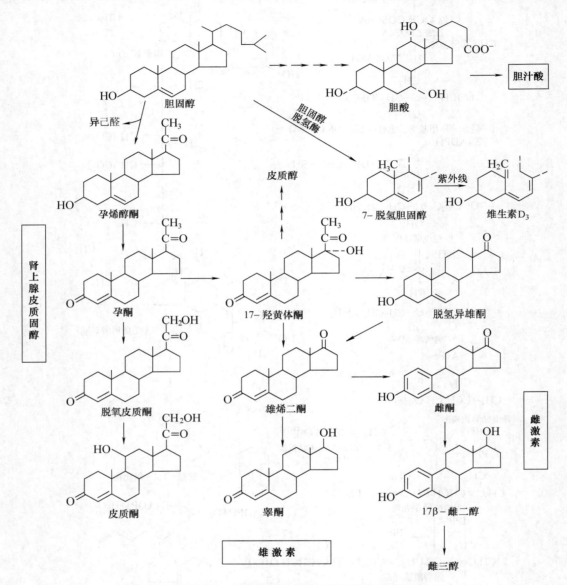

图10-15　胆固醇与各种固醇化合物之间的代谢关系

　　动物体内的胆固醇可从肝中随胆汁或通过肠黏膜进入肠道。胆固醇进入肠道后，大部分重新吸收，小部分可直接或被肠细菌还原成粪固醇随粪排出，虽然粪固醇是由机体排泄的胆固醇转变而成，但是它不是机体本身的代谢最终产物。

小结

　　三酰甘油是重要的贮能物质。在脂肪酶的作用下水解为甘油和脂肪酸。甘油可氧化供能也可逆糖酵解途径生成糖。脂肪酸可彻底氧化供能。

　　脂肪酸的氧化方式主要为β-氧化，细胞质基质中的长链脂肪酸首先被活化为脂酰辅酶A，然后在肉碱的携带下进入线粒体。脂肪酸的β-氧化经历脱氢、加水、再脱氢、硫解四步反应，循环一次，产生少两个碳原子的脂酰辅酶 A 和一分子乙酰辅酶 A。1 mol 软脂酸彻底氧化需要进行 7 次 β-氧化，产生 8 mol 乙酰辅酶 A。每次 β-氧化产生 1 mol $FADH_2$ 和 1 mol $NADH + H^+$，则共产生 7 mol $FADH_2$ 和 7 mol $NADH + H^+$，进入呼吸链氧化生成 28 mol ATP（$1.5 \times 7 + 2.5 \times 7 = 28 ATP$）；8 mol 乙酰辅酶 A 进入 TCA 彻底氧化可产生 80 mol ATP（10×8）；这样 1 mol 软脂酸彻底氧化一共产生 108 mol ATP，因活化时消耗 2 mol ATP，故净得 106 mol ATP。

不饱和脂肪酸的氧化与饱和脂肪酸基本相同，单不饱和脂肪酸氧化需要 Δ^3-顺，Δ^2-反烯脂酰辅酶 A 异构酶；多不饱和脂肪酸氧化还需要 Δ^2-反，Δ^4-顺二烯脂酰辅酶 A 还原酶和 Δ^3-反，Δ^2-反烯脂酰辅酶 A 异构酶的共同作用。

乙酰乙酸、β-羟丁酸和丙酮统称为酮体，酮体在肝中产生，可被肝外组织利用。

脂肪酸合成的原料乙酰 CoA 通过三羧酸转运系统从线粒体转运至细胞质基质。经过羧化产生丙二酸单酰 CoA。在脂肪酸合成过程中，需要酰基载体蛋白 ACP，其功能是负责携带不同长度的脂肪酸合成的中间体在脂肪酸合酶多酶复合物上，从一个酶的活性部位转到另一个酶的活性部位，经历缩合、还原、脱水和再还原，每循环一次延长两个碳原子，还原反应需辅酶 $NADPH + H^+$。

生物体一般先合成软脂酸。线粒体中有脂肪酸的延长体系，可将脂肪酸延长到 18~24C。动物体脂肪酸的去饱和作用是在光面内质网膜进行的，哺乳动物只能在 C-9 位引入双键，而不能在末端甲基与 C-9 位之间引入双键。所以哺乳动物只能合成软脂油酸和油酸，不能合成亚油酸和 α-亚麻酸，这两种多不饱和脂肪酸对于哺乳动物来讲为必需脂肪酸，必须从食物中获得。

磷脂是生物膜的重要成分，磷脂的合成需 CTP 参加，磷脂间可相互转变。

胆固醇合成的原料是乙酰 CoA，合成途径的关键酶是 β-羟基-β-甲基戊二酸单酰 CoA 还原酶（HMG-CoA 还原酶），此酶受多因素的调控，使体内胆固醇维持在一定的水平。胆固醇可转变为胆汁酸促进脂肪的消化，还可衍生为维生素 D_3 和类固醇激素，参与钙、磷代谢和多种生理功能的调节。

文献导读

[1] Eaton S, Bartlett K, Pourfarzam M. Mammalian mitochondrial β-oxidation. Biochem J, 1996, 320: 345-357.

该论文对哺乳动物线粒体 β-氧化作用有较详细的讨论。

[2] Kent C. Eukaryotic phospholipid biosynthesis. Annu Rev Biochem, 1995, 64: 315-343.

该论文详细讨论了真核生物磷脂的生物合成途径。

[3] Sherratt H S. Introduction: the regulation of fatty acid oxidation in cells. Biochem Soc Trans, 1994, 22: 421-422.

该论文讲述了细胞中脂肪酸氧化的调节。

[4] Smith S. The animal fatty acid synthase: one gene, one polypeptide, seven enzymes. FASEB J, 1994, 8: 1 248-1 259.

该论文讲述了动物脂肪酸合酶的结构和功能。

[5] Munday M R. Regulation of mammalian acetyl-CoA carboxylase. Biochem Soc Trans, 2002, 30: 1 059-1 064.

该论文讨论了哺乳动物乙酰辅酶 A 羧化酶的调节作用。

[6] Bloch K. The biological synthesis of cholesterol. Science, 1965, 150: 19-28.

该论文较详细地阐述了胆固醇的生物合成过程。

[7] 李洁琼，郑世学，喻子牛，等. 乙酰辅酶 A 羧化酶：脂肪酸代谢的关键酶及其基因克隆研究进

展. 应用与环境生物学报, 2011, 17: 753 – 758.

该论文系统介绍了乙酰辅酶 A 羧化酶的结构与分类、生物学作用与应用、抑制剂的类型与作用机制，以及基因克隆方面的进展。

思考题

1. 1 mol 软脂酸彻底氧化为 CO_2 和 H_2O 需要进行几次 β – 氧化，产生多少摩尔乙酰 CoA 和 ATP？

2. 由甘油和软脂酸合成三软脂酰甘油需要多少个 ATP 分子提供能量？

3. 用 ^{14}C 标记软脂酸的第 9 位碳原子，经过代谢 ^{14}C 将会出现在于下列化合物的哪个碳位上？①乙酰 CoA；②丁酰 CoA。

4. 体内如果缺少甲硫氨酸，除了不能合成蛋白质外，还会造成什么后果？为什么给予脂肪肝患者起甲基供体作用的化合物即可减轻病情？

5. 解释哺乳动物脂肪组织中脂肪库如何成为细胞内水的来源？

6. 减肥为何要进行有氧训练？

7. 酮体是如何产生和氧化的，为什么肝中产生的酮体要在肝外组织才能被利用？

8. 胆固醇在体内是如何生成、转化和排泄的？

数字课程学习

📥 教学课件　　✍ 习题解析与自测

11

蛋白质的降解和氨基酸代谢

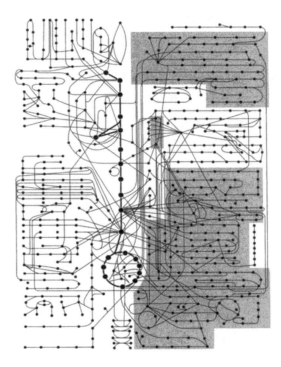

在这个代谢网络简图中，阴影部分为氨基酸代谢，由此可见，
氨基酸代谢是十分复杂的。

细胞内的组分一直在进行着更新，细胞不停地将氨基酸合成蛋白质，又将蛋白质降解为氨基酸。这种看似浪费的过程对于生命活动是非常必要的。首先，可去除那些不正常的蛋白质，它们的积累对细胞有害。其次，通过降解多余的酶和调节蛋白来调节物质在细胞中的代谢。研究表明降解最迅速的酶都位于重要的代谢调控位点上，这样细胞才能有效地应答环境变化和代谢的需求。另外细胞以蛋白质的形式贮存养分，在代谢需要时将其降解。因此细胞中蛋白质降解的速度也随其营养状况和激素水平的变化而变化。

蛋白质降解产生的氨基酸能通过氧化产生能量供机体需要，食肉动物所需能量的 90% 来自氨基酸氧化，食草动物依赖氨基酸氧化供能所占比例很小，大多数微生物可以利用氨基酸氧化供能。光合植物则很少利用氨基酸供能，却能按合成蛋白质、核酸和其他含氮化合物的需求合成氨基酸。

大多数生物氨基酸分解代谢方式非常相似，而氨基酸合成代谢途径则有所不同。例如，成年人体不能合成苏氨酸、赖氨酸、甲硫氨酸、色氨酸、苯丙氨酸、缬氨酸、亮氨酸和异亮氨酸 8 种氨基酸，必须由食物供给，此 8 种氨基酸称为**必需氨基酸**（essential amino acid）；婴幼儿时期组氨酸和精氨酸的合成数量不能满足要求，仍需由食物提供，因此组氨酸和精氨酸对于婴幼儿为半必需氨基酸，昆虫不能合成甘氨酸。人和动物的食物缺少蛋白质或处于饥饿状态或患消耗性疾病时，体内组织蛋白质的分解即刻增强。这说明人和动物要不断地从食物中摄取蛋白质，才能使体内原有蛋白质得到不断更新，但食物中的蛋白质首先要分解成氨基酸才能被机体利用。

11.1　蛋白质的酶促降解

11.1.1　细胞内蛋白质的降解

细胞内的蛋白质有其存活的时间，从几分钟到几个星期或更长。真核细胞对蛋白质的降解有两个体系。其一是溶酶体降解，其二是依赖 ATP，以**泛素**（ubiquitin，Ub）标记的选择性蛋白质的降解。

溶酶体中约含有 50 种水解酶类，其中包括蛋白水解酶。溶酶体内 pH 约为 5，其所含酶类均具有酸性最适 pH，在细胞质基质的 pH 条件下大部分酶都将失活，这可能也是对细胞本身的一种保护。

溶酶体可降解细胞通过胞饮作用摄取的物质，也可融合细胞中的自噬泡。在营养充足的细胞中，溶酶体的蛋白质降解是非选择性的。但在饥饿细胞中，这种降解会消耗掉一部分细胞必需的酶和调节蛋白，此时溶酶体会引入一种选择机制，即选择性降解含有五肽 Lys – Phe – Glu – Arg – Gln 或与其密切相关的序列的胞内蛋白质，为那些必不可少的代谢过程提供必需的营养物质。但是这种选择性只在长时间禁食后才会活化，并具组织特异性（如能发生在肝、肾，而不发生在脑、睾丸）。许多正常和病理过程都伴有溶酶体活性的增加，例如产妇分娩后出现的子宫回缩，在 9 天内这个肌肉型器官的质量，从 2 kg 减少到 50 g 就是这一过程的明显例子。

2004 年 A. Ciechanover、A. Hershko 和 I. Rose 因发现了泛素调节的蛋白质降解过程而获得了诺贝尔化学奖。泛素系统（UPS）广泛存在于真核生物中，是精细的特异性的蛋白质降解系统。它由泛素、26S 蛋白酶体和多种酶构成。在真核细胞中泛素是一个由 76 个氨基酸残基组成的单体蛋白，因其广泛存在且含量丰富而得名。在人、果蝇、鲑鱼中的泛素都是相同的，酵母与人体的泛素比较，也仅 3 个氨基酸的差别，是高度保守的真核蛋白之一。泛素可通过酶的作用，消耗 ATP，给选择降解的蛋白质加上标记，被标记的蛋白质由**蛋白酶体**（proteasome）水解成小肽，小肽再由细胞质基质中的肽酶水解为氨基酸。天然蛋白被选定为降解蛋白质具有一定的结构特征，被称为 **N 端规则**（N-end rule），已发现 N 端为 Asp、Arg、Leu、Lys 和 Phe 残基的蛋白质半衰期只有 2～3 min，而 N 端为 Ala、Gly、Met、Ser 和 Val 残基的蛋白质在原核生物的半衰期超过 10 h，在真核生物中半衰期则超 20 h。原核生物中没有泛素，但发现富含 Pro（P）、Glu（G）、Ser（S）、Thr（T）残基片段的蛋白质很快被降解，删除这些含 PGST 序列的片段，可以延长蛋白质的半衰期，但如何去识别这些信号的，其机制还不清楚，有待进一步的研究。研究发现泛素系统通过特异性地降解蛋白质，调节细胞分化、免疫反应，参与转录、离子通道、分泌的调控及神经元网络、细胞器的形成等，泛素系统还与人类某些疾病有关。

🔍 ·······························•
科学史话 **11 - 1**
泛素调节蛋白质
降解机制的发现

11.1.2　外源蛋白质的酶促降解

外源蛋白质进入体内，必须先经过水解作用变为小分子的氨基酸，然后才能被吸收。以人体为例：食物蛋白质进入胃后，胃黏膜分泌胃泌素，刺激胃腺的胃壁细胞分泌盐酸和主细胞分泌胃蛋白酶原。无活性的胃蛋白酶原经激活转变成的胃蛋白酶将食物蛋白质水解成大小不等的多肽片段，随食糜流入小肠，触发小肠分泌胰泌素。胰泌素刺激胰分泌碳酸氢盐进入小肠，中和胃内容物中的盐酸，pH 达 7.0 左右。同时小肠上段的十二指肠释放出胰促胰酶肽，以刺激胰分泌一系列胰酶酶原，其中有胰蛋白酶原、胰凝乳蛋白酶原和羧肽酶原等。在十二指肠内，胰蛋白酶原经小肠细胞分泌的肠激酶作用，转变成有活性的胰蛋白酶，催化其他胰酶酶原激活。这些胰酶将肽片段混合物分别水解成更短的肽。小肠内生成的短肽由羧肽酶从肽的 C 端降解，氨肽酶从 N 端降解，如此经多种酶联合催化，食糜中的蛋白质降解成氨基酸混合物，再由肠黏膜上皮细胞吸收进入机体。细胞对氨基酸的吸收也是耗能的主动运输过程。胃肠道几乎能把大多数动物性食物的球状蛋白完全水解，一些纤维状蛋白质，例如角蛋白只能部分水解。植物性蛋白质如谷类种子蛋白，往往被纤维素包裹着，胃肠道不能完全消化。

植物和微生物也含有蛋白酶，都可以将蛋白质水解为氨基酸供机体所用。

就高等动物来说，外界食物蛋白质经消化吸收的氨基酸和体内合成及组织蛋白质经降解的氨基酸，共同组成体内氨基酸代谢库。所谓氨基酸代谢库即指体内氨基酸的总量。氨基酸代谢库中的氨基酸大部分用以合成蛋白质，一部分可以作为能源，体内有一些非蛋白质的含氮化合物也是以某些氨基酸作为合成的原料。图 11 - 1 为体内氨基酸代谢概况。

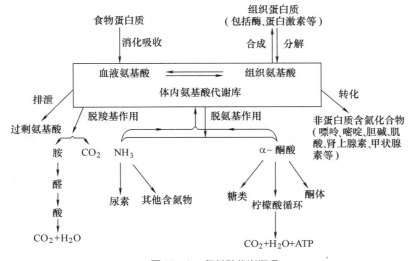

图 11 - 1　氨基酸代谢概况

多数细菌的氨基酸分解不占主要地位，而以氨基酸的合成为主。有些细菌以氨基酸为唯一碳源，这类细菌则以氨基酸的分解为主。高等植物随着机体的不断生长需要氨基酸，因此氨基酸的合成代谢胜于分解代谢。本章主要讨论动物体内氨基酸的代谢。

11.2 氨基酸的分解代谢

天然氨基酸分子大都含有 α-氨基和 α-羧基，因此，各种氨基酸都有其共同的代谢途径。但是由于不同氨基酸的侧链基团不同，所以个别氨基酸还有其特殊的代谢途径。本节着重讨论氨基酸的共同代谢途径，个别氨基酸代谢途径只作概括性阐述。

氨基酸的共同分解代谢途径包括脱氨基作用和脱羧基作用两个方面。

$$
\begin{array}{c}
\text{H} \\
\text{R—C—COO}^- \\
\overset{|}{\text{NH}_3^+}
\end{array}
\quad
\begin{array}{c}
\xrightarrow{\text{脱氨基作用}} \quad \text{R—CO—COO}^- + \text{NH}_4^+ \\
\qquad\qquad\qquad \alpha\text{-酮酸} \\
\xrightarrow{\text{脱羧基作用}} \quad \text{R—CH}_2\text{—NH}_2 + \text{CO}_2 \\
\qquad\qquad\qquad \text{胺}
\end{array}
$$

11.2.1 氨基酸的脱氨基作用

氨基酸的**脱氨作用**（deamination）主要有氧化脱氨基作用、转氨基作用、联合脱氨基作用和非氧化脱氨基作用。

（1）氧化脱氨基作用

α-氨基酸在酶的催化下氧化生成 α-酮酸，消耗氧并产生氨，此过程称**氧化脱氨〔基〕作用**（oxidative deamination）。反应式如下：

$$
\begin{array}{c}
\text{R} \\
\overset{|}{\text{CH—NH}_3^+} \\
\overset{|}{\text{COO}^-} \\
\text{氨基酸}
\end{array}
\xrightarrow[\text{酶}]{2\text{H}}
\begin{array}{c}
\text{R} \\
\overset{|}{\text{C=NH}} + \text{H}^+ \\
\overset{|}{\text{COO}^-} \\
\alpha\text{-亚氨基酸}
\end{array}
\qquad
\text{H}^+ +
\begin{array}{c}
\text{R} \\
\overset{|}{\text{C=NH}} \\
\overset{|}{\text{COO}^-}
\end{array}
\xrightarrow{\text{H}_2\text{O}}
\begin{array}{c}
\text{R} \\
\overset{|}{\text{C=O}} + \text{NH}_4^+ \\
\overset{|}{\text{COO}^-} \\
\alpha\text{-酮酸}
\end{array}
$$

上述反应分两步进行，第一步是脱氢，氨基酸经酶催化脱氢生成 α-亚氨基酸，第二步是加水脱氨。α-亚氨基酸不需酶参加，水解生成 α-酮酸及氨。

催化氨基酸氧化脱氨基作用的酶有 L-氨基酸氧化酶、D-氨基酸氧化酶和 L-谷氨酸脱氢酶等。

L-氨基酸氧化酶催化 L-氨基酸氧化脱氨，D-氨基酸氧化酶催化 D-氨基酸氧化脱氨。前者辅基为 FMN 或 FAD，后者的辅基为 FAD。这类黄素蛋白酶能催化氨基酸脱氢脱氨，脱下的氢由辅基 FMN 或 FAD 转交到氧分子上形成过氧化氢，再由细胞内过氧化氢酶分解为水和氧。但是由于 L-氨基酸氧化酶在体内分布不普遍，其最适 pH 为 10 左右，在正常生理条件下活力低，所以该酶在 L-氨基酸氧化脱氨反应中并不起主要作用。D-氨基酸氧化酶在体内分布虽广，活力也强，但体内 D-氨基酸不多，因此这个酶的作用也不大。

L-谷氨酸脱氢酶的辅酶为 NAD$^+$ 或 NADP$^+$，它能催化 L-谷氨酸氧化脱氨，生成 α-酮戊二酸及氨。L-谷氨酸脱氢酶是一种别构酶，ATP、GTP、NADH 是别构抑制剂，ADP、GDP 是别构激活剂。当

ATP、GTP 不足时，谷氨酸氧化脱氨作用便加速，从而调节氨基酸氧化分解供给机体所需能量。此酶在动物、植物、微生物中普遍存在，而且活性很强，特别在肝及肾组织中活力更强，它的最适 pH 在中性附近，其所催化的反应如下：

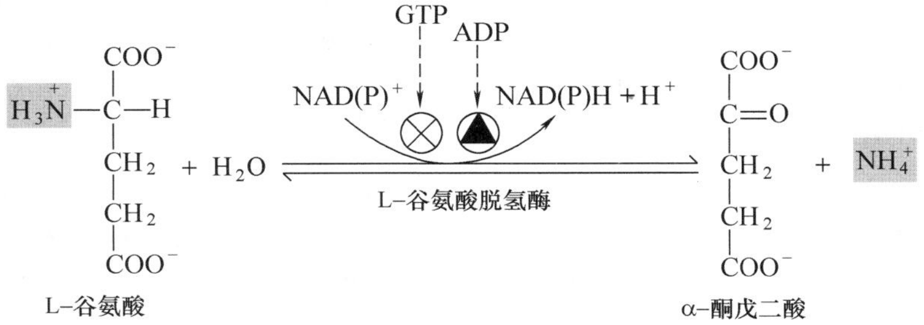

上述反应是可逆的，即在氨、α–酮戊二酸以及 NADH + H⁺ 或 NADPH + H⁺ 存在下，L–谷氨酸脱氢酶可催化合成 L–谷氨酸。从 L–谷氨酸脱氢酶所催化的反应平衡常数偏向于 L–谷氨酸的合成看，此酶主要是催化谷氨酸的合成，但是在 L–谷氨酸脱氢酶催化谷氨酸产生的 NH₃ 在体内被迅速处理的情况下，反应又可以趋向于脱氨基作用，特别在 L–谷氨酸脱氢酶和转氨酶（见联合脱氨基作用）联合作用时，几乎所有氨基酸都可以脱去氨基，因此 L–谷氨酸脱氢酶在氨基酸的代谢上占有重要地位。

（2）转氨基作用

一种 α–氨基酸的氨基可以转移到 α–酮酸上，从而生成相应的一分子 α–酮酸和一分子 α–氨基酸，这种作用称**转氨基作用**（transamination），也称氨基移换作用。催化转氨基反应的酶叫氨基转移酶或转氨酶，它催化的反应是可逆的，平衡常数接近 1.0。转氨基作用的简式如下：

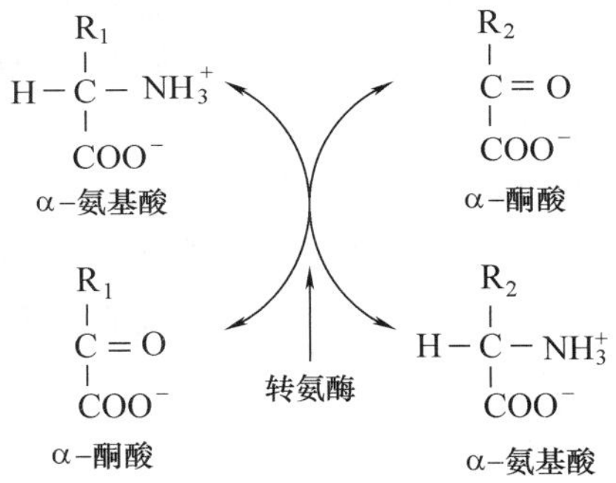

式中，α–氨基酸可以看作是氨基的供体，α–酮酸则是氨基的受体。α–酮酸与 α–氨基酸在生物体内可以相互转化，因此转氨基作用一方面是氨基酸分解代谢的开始步骤，另一方面也是非必需氨基酸合成代谢的重要步骤。由糖代谢所产生的丙酮酸、草酰乙酸及 α–酮戊二酸可分别转变为丙氨酸、天冬氨酸及谷氨酸；同时自蛋白质分解代谢而来的丙氨酸、天冬氨酸及谷氨酸也可转变为丙酮酸、草酰乙酸及 α–酮戊二酸，参加柠檬酸循环，这些相互转变的过程都是通过转氨作用而实现的，从而沟通了糖与氨基酸的代谢。

大多数转氨酶都需要 α–酮戊二酸作为氨基的受体，这就意味着许多氨基酸的氨基，通过转氨作用转给 α–酮戊二酸生成谷氨酸，再经 L–谷氨酸脱氢酶的催化脱去氨基。

转氨酶的种类很多，在动、植物组织和微生物中分布也广，而且在真核生物细胞质基质中和线粒体内都可进行转氨基作用，因此氨基酸的转氨基作用在生物体内是极为普遍的。实验证明，除赖氨酸、苏氨酸外，其余 α–氨基酸都可参加转氨基作用，并且各有其特异的转氨酶。但其中以谷丙转氨酶和谷草转氨酶最为重要，前者是催化谷氨酸与丙酮酸之间的转氨作用，后者是催化谷氨酸与草酰乙酸之间的转氨基作用，反应式如下：

$$
\begin{array}{c}
\text{谷氨酸} \ \begin{matrix} COO^- \\ | \\ (CH_2)_2 \\ | \\ CHNH_3^+ \\ | \\ COO^- \end{matrix}
\qquad
\text{丙酮酸} \ \begin{matrix} CH_3 \\ | \\ C=O \\ | \\ COO^- \end{matrix}
\qquad
\text{谷氨酸} \ \begin{matrix} COO^- \\ | \\ (CH_2)_2 \\ | \\ CHNH_3^+ \\ | \\ COO^- \end{matrix}
\qquad
\text{草酰乙酸} \ \begin{matrix} COO^- \\ | \\ CH_2 \\ | \\ C=O \\ | \\ COO^- \end{matrix}
\end{array}
$$

$$
\begin{array}{c}
\alpha\text{-酮戊二酸} \ \begin{matrix} COO^- \\ | \\ (CH_2)_2 \\ | \\ C=O \\ | \\ COO^- \end{matrix}
\qquad \text{谷丙转氨酶} \qquad
\text{丙氨酸} \ \begin{matrix} CH_3 \\ | \\ CHNH_3^+ \\ | \\ COO^- \end{matrix}
\qquad
\alpha\text{-酮戊二酸} \ \begin{matrix} COO^- \\ | \\ (CH_2)_2 \\ | \\ C=O \\ | \\ COO^- \end{matrix}
\qquad \text{谷草转氨酶} \qquad
\text{天冬氨酸} \ \begin{matrix} COO^- \\ | \\ CH_2 \\ | \\ CHNH_3^+ \\ | \\ COO^- \end{matrix}
\end{array}
$$

在不同动物或人体组织中，这两种转氨酶活力又各不相同，谷草转氨酶（GOT）又称天冬氨酸氨基转移酶（AST），在心脏中活力最大，其次为肝。谷丙转氨酶（GPT）又称丙氨酸氨基转移酶（ALT），在肝中活力最大，当肝细胞损伤时，酶就释放到血液内，于是血液内酶的活力明显地增加，因此临床上有助于肝病的诊断。血清谷草转氨酶的活力变化同样也用于心脏疾病的诊断。

知识扩展 11 –1
氨基转移酶的作用机制

转氨酶的种类虽多，但其辅酶只有一种，即 **5 – 磷酸吡哆醛**（pyridoxal-5-phosphate，PLP），它是维生素 B_6 的磷酸酯。5 – 磷酸吡哆醛能接受氨基酸分子中的氨基而变成 **5 – 磷酸吡哆胺**（pyridoxa；mine-5-phosphate，PMP），同时氨基酸则变成 α – 酮酸。5 – 磷酸吡哆胺再将其氨基转移给另一分子 α – 酮酸，生成另一种氨基酸，而其本身又变成 5 – 磷酸吡哆醛（见 7.2.5）。

（3）联合脱氨基作用

生物体内 L – 氨基酸氧化酶活力不高，而 **L – 谷氨酸脱氢酶**（L-glutamate dehydrogenase）的活力却很强，转氨酶虽普遍存在，但转氨酶的作用仅仅使氨基酸的氨基发生转移，并不能使氨基酸真正脱去氨基。故一般认为 L – 氨基酸在体内往往不是直接氧化脱去氨基，而是先与 α – 酮戊二酸经转氨作用转变为相应的酮酸及 L – 谷氨酸，L – 谷氨酸经 L – 谷氨酸脱氢酶作用重新转变成 α – 酮戊二酸，同时放出氨。这种脱氨基作用是转氨基作用和氧化脱氨基作用联合进行的，所以叫**联合脱氨 [基] 作用**（transdeamination）。动物体内大部分氨基酸是通过这种方式脱去氨基的，其反应式表示如下：

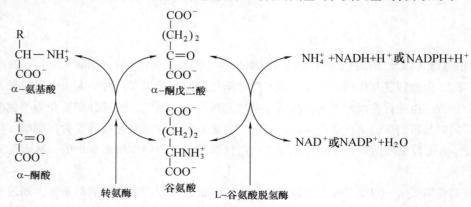

α – 酮戊二酸实际上是一种氨基传递体，组织中除 L – 谷氨酸外其他 L – 氨基酸的脱氨基作用非常缓慢，如果加入少量 α – 酮戊二酸，则脱氨作用显著增强，因此认为联合脱氨基作用可能是体内氨基酸脱氨基作用的主要方式，也是合成非必需氨基酸的重要途径。20 世纪 70 年代初有人提出图 11 – 2 所示的嘌呤核苷酸循环（purine nucleotide cycle）也是氨基酸脱氨基的重要途径，有实验表明，脑组织的氨有 50% 是由嘌呤核苷酸循环产生的。

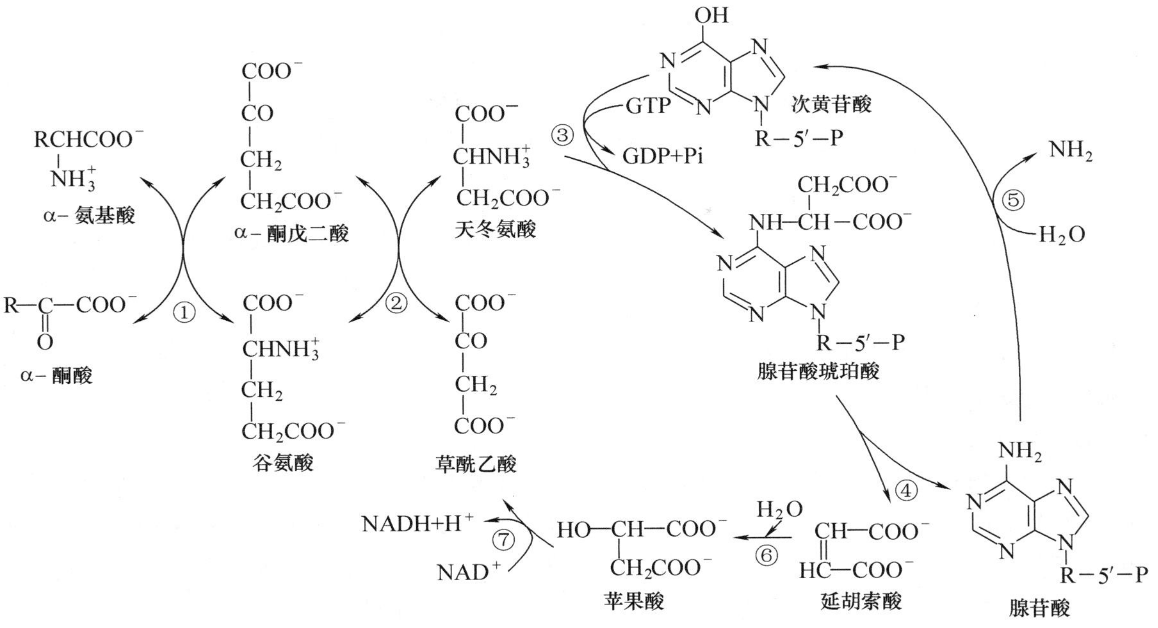

图 11-2 嘌呤核苷酸循环
① 转氨酶；② 谷草转氨酶；③ 腺苷酸琥珀酸合成酶；
④ 腺苷酸琥珀酸裂解酶；⑤ 腺苷酸脱氨酶；⑥ 延胡索酸酶；⑦ 苹果酸脱氢酶

由图 11-2 可知氨基酸分子上的 α-氨基通过二次转氨基作用形成天冬氨酸。天冬氨酸与次黄苷酸缩合成腺苷酸琥珀酸，然后在腺苷酸琥珀酸裂解酶催化下生成腺苷酸。许多组织中含有腺苷酸脱氨酶催化腺苷酸脱去氨基，重新形成了次黄苷酸，在这里次黄苷酸与 α-酮戊二酸相似，起了传递氨基的作用，因此嘌呤核苷酸循环的实质也是联合脱氨基的一种方式。

（4）非氧化脱氨基作用

某些氨基酸还可以进行非氧化脱氨基作用。这种脱氨基方式主要在微生物体内进行。动物体内也有，但并不普遍。非氧化脱氨基作用又可区分为脱水脱氨基、脱硫化氢脱氨基、直接脱氨基和水解脱氨基 4 种方式。

（5）脱酰胺基作用

天冬酰胺和谷氨酰胺的酰胺基可由相应的酰胺酶加水脱去氨基，其反应如下：

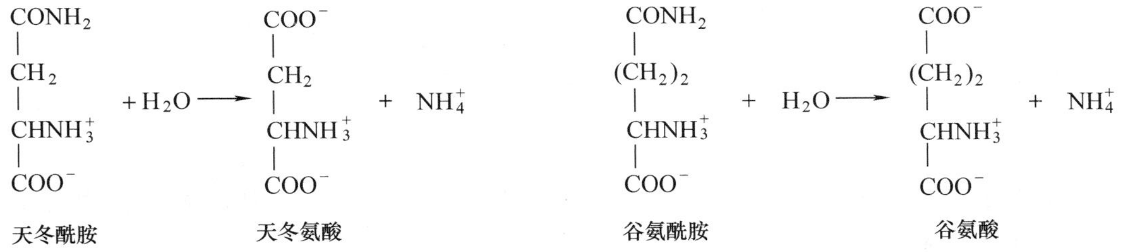

11.2.2 氨基酸的脱羧基作用

氨基酸在氨基酸脱羧酶催化下进行脱羧作用，生成 CO_2 和一个伯胺类化合物。

$$R-\underset{\underset{NH_3^+}{|}}{CH}-COO^- \longrightarrow RCH_2NH_2 + CO_2$$

这个反应除组氨酸外均需要 5 – 磷酸吡哆醛作为辅酶。其作用机制如下：

$$H-\underset{\underset{COO^-}{|}}{\overset{\overset{R}{|}}{C}}-NH_3^+ + O=CH \xrightarrow{\;-H_2O\;} H-\underset{\underset{COO^-}{|}}{\overset{\overset{R}{|}}{C}}-N=CH \xrightarrow{\;-CO_2\;} H-\underset{\underset{H}{|}}{\overset{\overset{R}{|}}{C}}-N=CH \xrightarrow{\;+H_2O\;} CH_2NH_2 + O=CH$$

上式中 PCHO 代表 5 – 磷酸吡哆醛。

氨基酸的**脱羧作用**（decarboxylation）在微生物中很普遍，在高等动、植物组织内也有，但不是氨基酸代谢的主要方式。

氨基酸脱羧酶的专一性很高，除个别脱羧酶外，一种氨基酸脱羧酶一般只对一种氨基酸起作用。氨基酸脱羧后形成的胺类中有一些是组成某些维生素或激素的成分，有一些具有特殊的生理作用，例如脑组织中游离的 γ – 氨基丁酸就是谷氨酸经谷氨酸脱羧酶催化脱羧的产物，是一种重要的神经递质。

天冬氨酸脱羧酶促使天冬氨酸脱羧形成 β – 丙氨酸是维生素泛酸的组成成分（见 7.2.3）。

$$\begin{array}{ccc}
COO^- & & COO^- \\
| & & | \\
(CH_2)_2 & \longrightarrow & (CH_2)_2 \quad + CO_2 \\
| & & | \\
CHNH_3^+ & & CH_2NH_3^+
\end{array} \qquad
\begin{array}{ccc}
COO^- & & COO^- \\
| & & | \\
CH_2 & \longrightarrow & CH_2 \quad + CO_2 \\
| & & | \\
CHNH_3^+ & & CH_2NH_3^+ \\
| & & \\
COO^- & &
\end{array}$$

谷氨酸　　　　　γ – 氨基丁酸　　　　　　　　天冬氨酸　　　　　β – 丙氨酸

组胺可使血管舒张、降低血压，而酪胺则使血压升高。前者是组氨酸的脱羧产物，后者是酪氨酸的脱羧产物。

$$\begin{array}{c}
HC=C-CH_2-\underset{\underset{NH_3^+}{|}}{CH}-COO^- \\
| \quad\quad | \\
HN^+ \quad NH \\
\diagdown \;\; \diagup \\
C \\
| \\
H
\end{array} \longrightarrow
\begin{array}{c}
HC=C-CH_2CH_2NH_2 \\
| \quad\quad | \\
HN^+ \quad NH \\
\diagdown \;\; \diagup \\
C \\
| \\
H
\end{array} + CO_2$$

组氨酸　　　　　　　　　　　　　　　组胺

$$HO-\hexagon-CH_2-\underset{\underset{NH_3^+}{|}}{CH}COO^- \longrightarrow HO-\hexagon-CH_2CH_2NH_2 + CO_2$$

酪氨酸　　　　　　　　　　　　　　　酪胺

如果体内生成过量胺类，能引起神经或心血管等系统的功能紊乱，但体内的胺氧化酶能催化胺类氧化成醛，继而醛氧化成脂肪酸，再分解成 CO_2 和 H_2O。

$$RCH_2NH_2 + O_2 + H_2O \longrightarrow RCHO + H_2O_2 + NH_3$$

$$RCHO + \frac{1}{2}O_2 \longrightarrow RCOO^- + H^+$$

氨基酸经脱氨作用生成氨及 α – 酮酸。氨基酸经脱羧作用产生 CO_2 及胺。胺可随尿直接排出，也可在酶的催化下，转变为其他物质。CO_2 可以由肺呼出。而氨和 α – 酮酸等则必须进一步参加其他代谢过程，才能转变为可被排出的物质或合成体内有用的物质。

11.2.3 氨的代谢去路

在动物体中氨的去路有三条，即排泄、以酰胺的形式贮存、重新合成氨基酸和其他含氮物。

（1）氨的排泄方式

氨是有毒物质，在 pH 7.4 时主要以 NH_4^+ 的形式存在。在兔体内，当血液中氨的含量达到 5 mg/100 mL 时，兔即死亡。高等动物的脑组织对氨相当敏感，血液中含 1% 氨便能引起中枢神经系统中毒。人类氨中毒后引起语言紊乱、视力模糊，出现一种特殊的震颤，甚至昏迷或死亡。关于氨中毒的机制，一般认为高浓度的氨与柠檬酸循环中间物 α-酮戊二酸合成 L-谷氨酸，使大脑中的 α-酮戊二酸减少，导致柠檬酸循环无法正常运转，ATP 生成受到严重阻碍，从而引起脑功能受损。另一方面，大量合成谷氨酸要消耗 $NADPH + H^+$，严重影响需要还原力（$NADPH + H^+$）的反应正常进行。由此可见，动物体内氨基酸氧化脱氨基作用产生的氨不能大量积累，必须向体外排泄，但各种动物排泄氨的方式则各不相同。在进化过程中，由于外界生活环境的改变，各种动物在解除氨毒的机制上就有所不同。水生动物体内及体外水的供应都极充足，氨可以由大量的水稀释而不致发生不良影响，所以水生动物主要是排氨的，也有使部分氨转变成氧化三甲胺再排泄的。鸟类及生活在比较干燥环境中的爬虫类，由于水的供应困难，所产生的氨不能直接排出，需要合成溶解度较小的尿酸，再被排出体外。两栖类是排尿素的。人和其他哺乳类动物虽然在陆地上生活，但其体内水的供应不太欠缺，故所产生的氨主要是变为溶解度较大的尿素，再被排出。这些事实都证明环境条件可以影响生物的物质代谢。

（2）氨的转运

① 以谷氨酰胺的形式转运 多数动物细胞内都有谷氨酰胺合成酶，可将谷氨酸和氨合成谷氨酰胺，反应需要 ATP。

$$NH_4^+ + 谷氨酸 + ATP \xrightarrow{谷氨酰胺合成酶} 谷氨酰胺 + ADP + Pi + H^+$$

谷氨酰胺是电中性的无毒物质，容易通过细胞膜，进入血液循环，是氨转运的主要形式，而谷氨酸带负电，则不能通过细胞膜。排氨动物，如鱼类，通过鳃内的谷氨酰胺酶，将谷氨酰胺降解为谷氨酸和氨，游离的氨则借助扩散作用排出体外。

$$谷氨酰胺 + H_2O \xrightarrow{谷氨酰胺酶} 谷氨酸 + NH_4^+$$

排尿素的动物则通过血液循环将氨运至肝，在肝中合成尿素，然后由肾排泄。

② 以丙氨酸的形式转运 在动物的肌肉中由糖酵解产生的丙酮酸在转氨酶的作用下，接受其他氨基酸的氨基形成丙氨酸，通过血液循环到达肝，在谷丙转氨酶的催化下，将氨基转给 α-酮戊二酸生成丙酮酸和谷氨酸。谷氨酸在谷氨酸脱氢酶的催化下脱去氨基又生成 α-酮戊二酸，氨进入鸟氨酸循环合成尿素，通过血液循环到肾排泄。丙酮酸在肝通过糖异生作用生成葡萄糖，再通过血液循环到肌肉氧化供能。这样转运一分子丙氨酸相当于将一分子氨和一分子丙酮酸从肌肉带到肝，既清除了肌肉中的氨，又避免了丙酮酸或乳酸在肌肉中的积累。这个过程在肌肉和肝中形成了一个循环，即**葡萄糖-丙氨酸循环**（glucose alanine cycle，图 11-3），收到了一举两得的效果，并且将不能提供血糖的肌糖原间接地转变为血糖（肌肉中缺少 6-磷酸葡糖酶，不能将 6-磷酸葡糖转变为葡萄糖，而磷酸葡糖是不能出细胞膜的），具有重要的生理意义。

知识扩展 11-2
氨的转运

（3）尿素的生成机制

正常动物若增加膳食中蛋白质，则血中氨基酸浓度上升，尿中尿素增加。若切除动物的肝，则血及

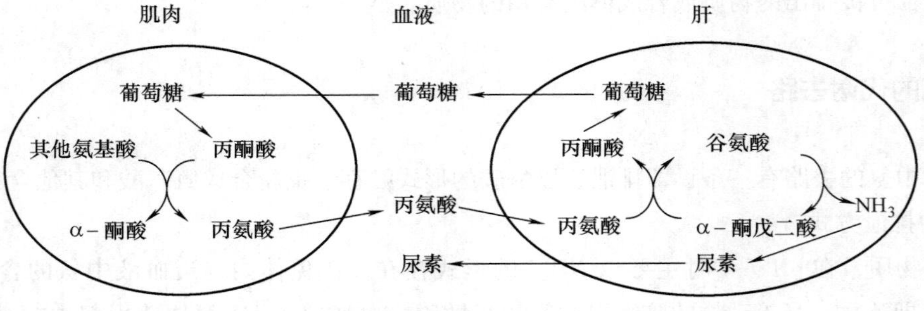

肌肉　　　　　　　　血液　　　　　　　　肝

图 11-3　葡萄糖-丙氨酸循环

尿中的尿素含量降低。若以氨基酸溶液注射或饲养切除肝的动物，则大部分氨基酸存积血中，一部分随尿排出体外；也有一小部分脱去氨基而变成 α-酮酸及氨，血氨因之增多。若将动物的肾切除，则尿素不能排出，血中尿素因之升高。若将肝及肾同时切除，则血中尿素的含量可以维持恒定。急性黄色肝萎缩患者的血及尿中几乎不含尿素，而含有未经脱去氨基的完整氨基酸。这些实验证明肝是合成尿素的主要器官，肾是尿素的排泄器官。

鸟氨酸循环（ornithine cycle）又称**尿素循环**（urea cycle），是 1932 年由 H. Krebs 和他的学生 K. Henseleit 阐明的。这是第一条被了解的代谢循环，比他发现柠檬酸循环要早 5 年。

利用肝切片在有氧环境下与铵盐混合，保温数小时后，发现铵盐的含量减少，同时尿素出现。用同法如加入氨基酸保温，则氨基酸脱氨基所产生的氨也大致全量地合成尿素，若加入少量的鸟氨酸或瓜氨酸，则尿素形成的速度及生成量都大大地增加。若无铵盐，则鸟氨酸或瓜氨酸都不能单独增加尿素的产量。这表示，在合成尿素时，鸟氨酸或瓜氨酸仅具有促进作用。此外，还发现在排尿素的哺乳动物的肝中含有精氨酸酶，这个酶可以催化精氨酸分解为尿素和鸟氨酸。

用同位素 ^{15}N 的铵盐饲养排尿素的动物，发现随尿排出的尿素分子上含有 ^{15}N，数日后由动物体中提取精氨酸，发现精氨酸的胍基上含有 ^{15}N，再用碱性溶液水解精氨酸产生含 ^{15}N 的尿素和不含 ^{15}N 的鸟氨酸，进一步说明氨是合成尿素的前体。

根据上述实验结果，说明尿素的合成不是一步完成，而是通过鸟氨酸循环的过程形成的。此循环可分成三个阶段：第一阶段为鸟氨酸与 CO_2 和氨作用，合成瓜氨酸。第二阶段为瓜氨酸与氨作用，合成精氨酸。第三阶段精氨酸被肝中精氨酸酶水解产生尿素和重新放出鸟氨酸。反应从鸟氨酸开始，结果又重新产生鸟氨酸。实际上这些反应形成一个循环，故称鸟氨酸循环，其反应过程如图 11-4 所示。

在循环中，两分子 NH_3 和一分子 CO_2 生成一分子尿素。鸟氨酸、瓜氨酸及精氨酸只是这个循环中的"催化剂"。

现将中间步骤分述如下：

① 从鸟氨酸合成瓜氨酸　在这一过程中，需要一分子 NH_3 和一分子 CO_2（以 HCO_3^- 形式参与反应）。二者在 ATP 存在下首先合成氨甲酰磷酸，催化此反应的酶为氨甲酰磷酸合成酶 I（氨甲酰磷酸合成酶 II 见 12.2.3），并有 N-乙酰谷氨酸作为别构激活剂参加反应。然后氨甲酰磷酸在鸟氨酸转氨甲酰酶催化下，将氨甲酰基转移给鸟氨酸形成瓜氨酸。

知识扩展 11-3
尿素循环的调节

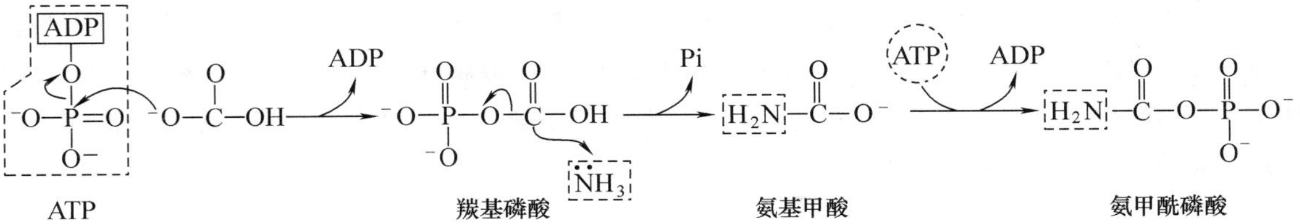

ATP　　　　　羧基磷酸　　　　　氨基甲酸　　　　　氨甲酰磷酸

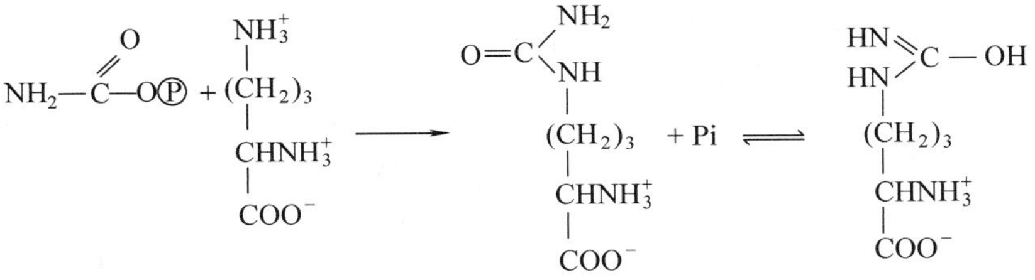

鸟氨酸　　　　　瓜氨酸（酮式）　　　　　瓜氨酸（烯醇式）

② 从瓜氨酸合成精氨酸　在 ATP 与 Mg^{2+} 的存在下，精氨琥珀酸合成酶催化瓜氨酸与天冬氨酸缩合为精氨琥珀酸，同时产生 AMP 及焦磷酸。

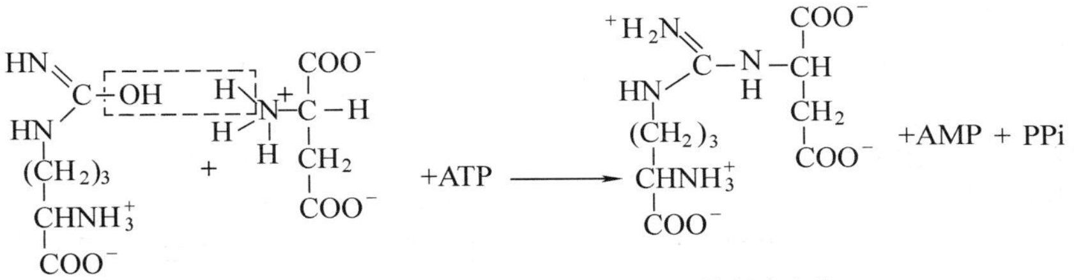

瓜氨酸　　　　　天冬氨酸　　　　　精氨琥珀酸　　　+AMP + PPi

精氨琥珀酸通过精氨琥珀酸裂合酶的催化形成精氨酸和延胡索酸，延胡索酸经柠檬酸循环转变为草酰乙酸。草酰乙酸与谷氨酸进行转氨作用又可转变为天冬氨酸，天冬氨酸在此为氨基的供体。

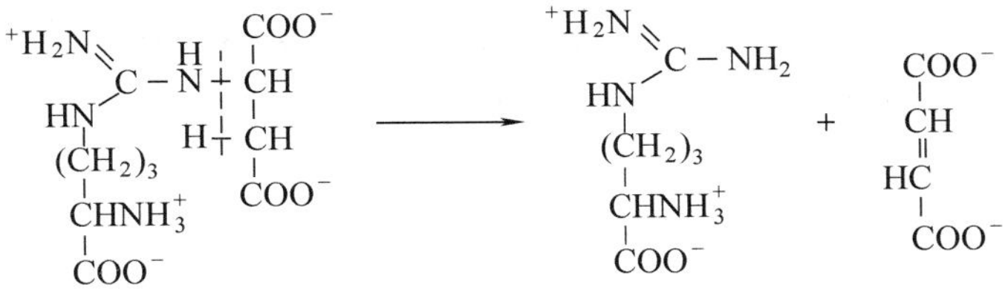

精氨琥珀酸　　　　　精氨酸　　　　　延胡索酸

③ 精氨酸水解生成尿素　精氨酸在精氨酸酶的催化下水解产生尿素和鸟氨酸。此酶的专一性很高，只对 L-精氨酸有作用，存在于排尿素动物的肝中。

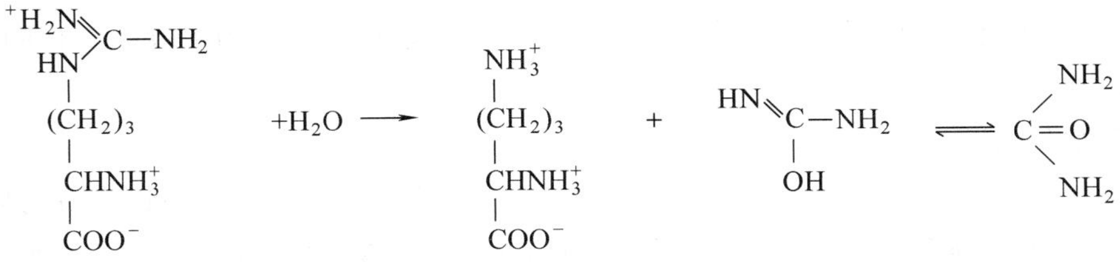

精氨酸　　　　　鸟氨酸　　　　　尿素（烯醇式）　　　　　尿素（酮式）

　　鸟氨酸循环将氨转化成尿素，尿素中的 2 个氨，一分子来源于谷氨酸的氧化脱氨，一分子来自于天冬氨酸，而天冬氨酸的氨是由其他氨基酸通过转氨基作用转给草酰乙酸生成的，每生成 1 mol 尿素要消耗 3 mol ATP（实际是 4 个高能键）。参与尿素生成的酶，氨甲酰磷酸合成酶 I 和鸟氨酸转氨甲酰酶是线粒体酶，瓜氨酸生成后可通过特定的转运系统，从线粒体转至细胞质基质，再通过精氨琥珀酸合成酶、精氨琥珀酸裂合酶、精氨酸酶的作用生成尿素。

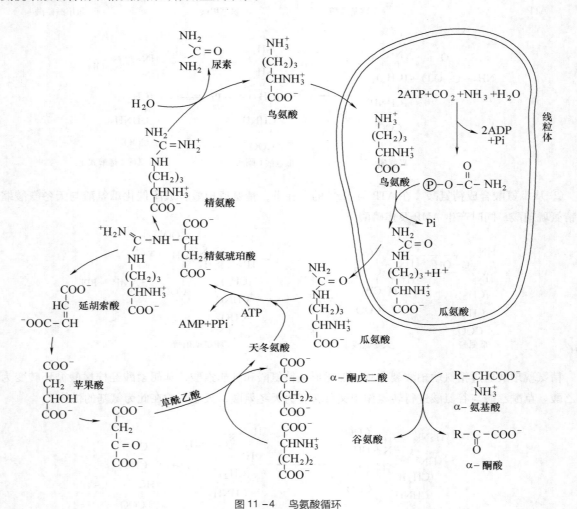

图 11 − 4　鸟氨酸循环

　　鸟氨酸循环中，天冬氨酸与瓜氨酸反应生成精氨琥珀酸后，经裂解生成精氨酸和延胡索酸。延胡索酸转化成草酰乙酸，经转氨作用生成天冬氨酸，再进入鸟氨酸循环，周而复始地运转，因此鸟氨酸循环与柠檬酸循环关系非常密切（图 11 − 5）。通过这一循环不但消除氨毒，还消耗了一部分体内不需要的 CO_2。

　　尿素是哺乳动物蛋白质代谢的最终产物。尿素氮占尿中排出的总氮量的 90%，在蛋白质营养不足时，可降低至 40% ~ 50%。

　　（4）以酰胺的形式贮存

　　氨基酸脱氨作用所产生的氨除了形成如尿素这样的含氮物排出体外，还可以酰胺的形式贮存于体内，供合成氨基酸和其他含氮物所用。谷氨酰胺和天冬酰胺不仅是合成蛋白质的原料，而且也是体内解除氨毒的重要方式。存在于脑、肝及肌肉等细胞组织中的谷氨酰胺合成酶，能催化谷氨酸与氨作用合成

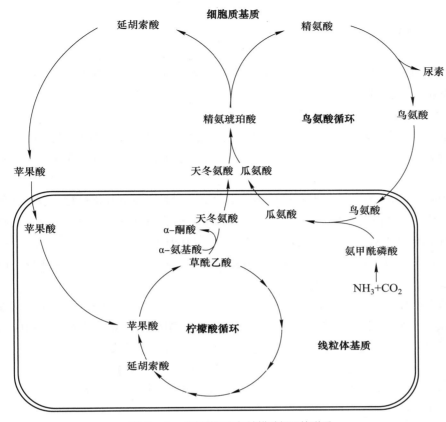

图 11−5 鸟氨酸循环与柠檬酸循环的联系

谷氨酰胺，此反应需要 ATP 参加。

$$\begin{array}{c} COO^- \\ (CH_2)_2 \\ CHNH_3^+ \\ COO^- \end{array} \ + NH_3^+ + ATP \xrightarrow{Mg^{2+}} \begin{array}{c} CONH_2 \\ (CH_2)_2 \\ CHNH_3^+ \\ COO^- \end{array} \ + ADP + Pi$$

谷氨酸   谷氨酰胺

谷氨酰胺是动物体内氨的主要运输形式，除了通过血液循环将氨运送到肝合成尿素外，也可将氨运输到肾以铵盐的形式排出，是尿氨的主要来源。

氨在天冬酰胺合成酶的催化下也可与天冬氨酸反应生成天冬酰胺，它大量存在于植物体内，是植物体中贮氨的重要物质。当需要时，天冬酰胺分子内的氨基又可通过天冬酰胺酶的作用分解出来，供合成氨基酸和其他含氮物所用。

（5）重新合成氨基酸和其他含氮物

氨被利用重新合成氨基酸的过程基本上是联合脱氨基的逆过程（见 11.2.4）。氨也可以用于合成其他含氮物，如分布于细胞质基质的氨甲酰磷酸合成酶 II，利用谷氨酰胺作为氮源，催化合成氨甲酰磷酸，参与嘧啶核苷酸的从头合成（见 12.2.3）。所以氨基酸脱下的氨经谷氨酰胺可转化为嘧啶核苷酸，这也是氨的去路之一。

氨甲酰磷酸合成酶 II 与鸟氨酸循环中的氨甲酰磷酸合成酶 I 都是催化氨甲酰磷酸合成的酶，但二者在细胞内的分布、是否受别构调节以及氨的来源等方面都有所不同。

11.2.4　α-酮酸的代谢去路

α-氨基酸脱氨后生成的α-酮酸可以再合成为氨基酸，可以转变为糖和脂质，也可氧化成 CO_2 和 H_2O，并放出能量以供体内需要。

（1）再合成氨基酸

体内氨基酸的脱氨作用与α-酮酸的还原氨基化作用可以看作一对可逆反应，并处于动态平衡中。当体内氨基酸过剩时，脱氨作用相应地加强。相反，在需要氨基酸时，氨基化作用又会加强，从而合成某些氨基酸。

糖代谢的中间产物α-酮戊二酸与氨的作用产生谷氨酸就是还原氨基化过程，也就是谷氨酸氧化脱氨基的逆反应。此反应是由 L-谷氨酸脱氢酶催化，以还原辅酶为氢供体。动物体内谷氨酸脱氢酶的还原辅酶为 $NADH + H^+$ 或 $NADPH + H^+$，而在植物体内为 $NADPH + H^+$。

用 ^{15}N 标记 NH_3 的实验证明，植物细胞质中最初接受氮素的碳骨架主要是α-酮戊二酸，因此谷氨酸是氮素同化早期阶段含 ^{15}N 最多的化合物。

上述反应是多数有机体直接利用 NH_3 合成谷氨酸的主要途径，不仅如此，该反应在其他所有氨基酸的合成中，都有重要意义，因为谷氨酸的氨基可以转到α-酮酸上，从而形成各种相应的氨基酸。例如，谷氨酸与丙酮酸和草酰乙酸通过转氨基作用分别合成丙氨酸和天冬氨酸。

$$谷氨酸 + 丙酮酸 \rightleftharpoons α-酮戊二酸 + 丙氨酸$$
$$谷氨酸 + 草酰乙酸 \rightleftharpoons α-酮戊二酸 + 天冬氨酸$$

（2）转变成糖及脂质

当体内不需要将α-酮酸再合成氨基酸，并且体内的能量供给又极充足时，α-酮酸可以转变为糖及脂肪，这已为动物实验所证明。例如，用氨基酸饲养患人工糖尿病的犬，大多数氨基酸可使尿中葡萄糖的含量增加，少数几种可使葡萄糖及酮体的含量同时增加，而亮氨酸只能使酮体的含量增加。在体内可以转变为糖的氨基酸称为**生糖氨基酸**（glucogenic amino acids），按糖代谢途径进行代谢；能转变成酮体的氨基酸称为**生酮氨基酸**（ketogenic amino acids），按脂肪酸代谢途径进行代谢；二者兼有的称为**生糖兼生酮氨基酸**（glucogenic and ketogenic amino acids），部分按糖代谢，部分按脂肪酸代谢途径进行。一般说，生糖氨基酸的分解中间产物大都是糖代谢过程中的丙酮酸、草酰乙酸、α-酮戊二酸、琥珀酰 CoA、延胡索酸，或者与这几种物质有关的化合物。生酮氨基酸的代谢产物为乙酰辅酶 A 或乙酰乙酸（图 11-6）。亮氨酸和赖氨酸为生酮氨基酸，异亮氨酸和 3 种芳香族氨基酸为生糖兼生酮氨基酸，其他氨基酸为生糖氨基酸。

（3）氧化成 CO_2 和 H_2O

脊椎动物体内氨基酸分解代谢过程中，20 种氨基酸有着各自的酶系催化氧化分解α-酮酸。各种氨基酸可分别形成乙酰 CoA、α-酮戊二酸、琥珀酰 CoA、延胡索酸、草酰乙酸 5 种中间产物，进入柠檬酸循环进一步分解生成 CO_2，脱出的氢通过呼吸链生成水，释放出能量用以合成 ATP（图 11-6）。

11.3　氨基酸合成代谢

知识扩展 11-4
氨基酸与糖和脂肪的共同中间代谢产物

知识扩展 11-5
氨基酸分解代谢的途径

知识扩展 11-6
氮循环与固氮反应

氨基酸是蛋白质的基本组成单位，不同生物用于合成蛋白质的氮源不同。自然界能直接利用大气中的 N_2 作为氮源的生物不多，仅有与豆科植物共生的根瘤菌和少数细菌能合成固氮酶，可将大气中的 N_2

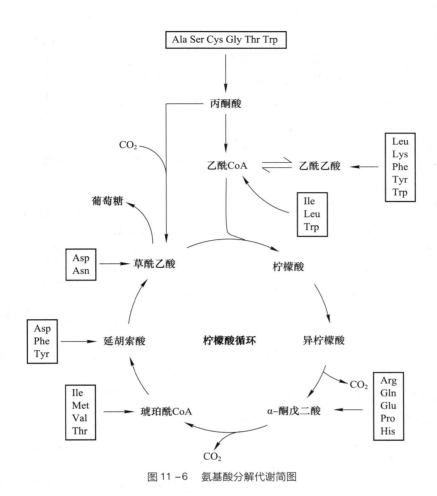

图 11-6   氨基酸分解代谢简图

还原为 NH_3，进而合成氨基酸和蛋白质。植物和绝大多数微生物可以将硝酸盐和亚硝酸盐还原为 NH_3，而动物只能通过降解动植物蛋白来作为合成蛋白质的氮源。

氨基酸代谢的一般规律在上一节已作介绍，但个别氨基酸的代谢还有其特殊性，而且内容极其繁杂，本教材仅介绍氨基酸合成代谢的概况。

11.3.1   氨基酸合成途径的类型

不同生物合成氨基酸的能力有所不同。动物不能合成全部 20 种氨基酸。例如人和大鼠只能合成 10 种氨基酸，其余 10 种自身无法合成，必须由食物供给。这种必须由食物供给的氨基酸称为必需氨基酸，自身能合成的氨基酸称为非必需氨基酸。植物和绝大多数微生物能合成全部氨基酸。动物体内自身能合成的非必需氨基酸都是生糖氨基酸，其原因是这些氨基酸与糖的转变是可逆过程；必需氨基酸中只有少部分是生糖氨基酸，这部分氨基酸转变成糖的过程是不可逆的。所有生酮氨基酸都是必需氨基酸，因为这些氨基酸转变成酮体的过程是不可逆的，因此，脂质很少或不能用来合成氨基酸。

由图 11 - 7 可见，不同氨基酸生物合成途径不同，但许多氨基酸生物合成都与机体内的几个主要代谢途径相关。因此，可将氨基酸生物合成相关代谢途径的中间产物，看作氨基酸生物合成的起始物，并以此起始物不同划分为六大类型：

① α - 酮戊二酸衍生类型　α - 酮戊二酸与 NH_3 在谷氨酸脱氢酶（辅酶为 $NADPH + H^+$）催化下，还原氨基化生成谷氨酸；谷氨酸与 NH_3 在谷氨酰胺合成酶催化下，消耗 ATP 而形成谷氨酰胺；谷氨酸的 γ - 羧基还原生成谷氨酸半醛，然后环化成 5 - 羧酸二氢吡咯，再由二氢吡咯还原酶作用还原成脯氨酸。谷氨酸也可在转乙酰基酶催化下生成 N - 乙酰谷氨酸，再在激酶作用下，消耗 ATP 后转变成 N - 乙酰 - γ - 谷氨酰磷酸，然后在还原酶催化下由 $NADPH + H^+$ 提供氢而还原成 N - 乙酰谷氨酸 - γ - 半醛。最后经转氨酶作用，谷氨酸提供 α - 氨基而生成 N - 乙酰鸟氨酸，经去乙酰基后转变成鸟氨酸。通过鸟氨酸循环而生成精氨酸。

由上所述，α - 酮戊二酸衍生型可合成谷氨酸、谷氨酰胺、脯氨酸和精氨酸等非必需氨基酸。

② 草酰乙酸衍生类型　在谷草转氨酶催化下，草酰乙酸与谷氨酸反应生成天冬氨酸；天冬氨酸经天冬酰胺合成酶催化，在谷氨酰胺和 ATP 参与下，从谷氨酰胺上获取酰胺基而形成天冬酰胺；细菌和植物还可以天冬氨酸为起始物合成赖氨酸或转变成甲硫氨酸。另外以天冬氨酸为起始物合成高丝氨酸，再转变成苏氨酸（苏氨酸合酶催化）。天冬氨酸与丙酮酸作用进而合成异亮氨酸。

由此可见，草酰乙酸衍生型可合成天冬氨酸、天冬酰胺、赖氨酸、甲硫氨酸、苏氨酸和异亮氨酸等 6 种氨基酸。

③ 丙酮酸衍生类型　以丙酮酸为起始物可合成丙氨酸、缬氨酸和亮氨酸。

④ 3 - 磷酸甘油酸衍生类型　由 3 - 磷酸甘油酸起始，可分别合成丝氨酸、甘氨酸和半胱氨酸。3 - 磷酸甘油酸经磷酸甘油酸脱氢酶催化脱氢生成 3 - 磷酸羟基丙酮酸，经磷酸丝氨酸转氨酶作用，谷氨酸提供 α - 氨基而形成 3 - 磷酸丝氨酸。它在磷酸丝氨酸磷酸酶作用下去磷酸生成丝氨酸。丝氨酸在丝氨酸转羟甲基酶作用下，脱去羟甲基后生成甘氨酸。

大多数植物和微生物可以把乙酰 CoA 的乙酰基转给丝氨酸而生成 O - 乙酰丝氨酸。反应由丝氨酸转乙酰基酶催化。O - 乙酰丝氨酸经巯基化而生成半胱氨酸和乙酸。

⑤ 4 - 磷酸赤藓糖和磷酸烯醇丙酮酸衍生类型　芳香族氨基酸中苯丙氨酸、酪氨酸和色氨酸可由 4 - 磷酸赤藓糖为起始物，在有磷酸烯醇丙酮酸条件下酶促合成分支酸，再经氨基苯甲酸合酶作用可转变成邻氨基苯甲酸，经系列反应最后生成色氨酸；分支酸还可以转变成预苯酸，在预苯酸脱氢酶作用下生成对羟基苯丙酮酸，经转氨生成酪氨酸；在预苯酸脱水酶作用下预苯酸转变成苯丙酮酸，经转氨形成苯丙氨酸。

⑥ 组氨酸生物合成　组氨酸酶促生物合成途径非常复杂。它由 5 - 磷酸核糖基焦磷酸（PRPP）开

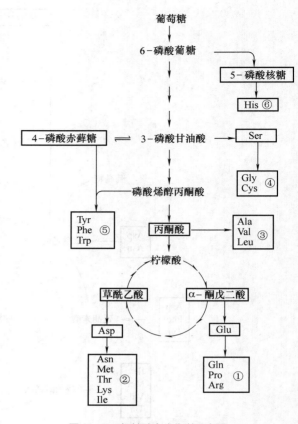

图 11 - 7　氨基酸合成代谢示意图

始（见 12.2.2），首先把 5 – 磷酸核糖部分连接到 ATP 分子中的嘌呤环的第 1 号氮原子上生成 N – 糖苷键相连的中间物［$N-1-$（5 – 磷酸核糖）– ATP］，再经过一系列反应最后合成组氨酸。由于组氨酸来自 ATP 分子上的嘌呤环，故有人认为它是嘌呤核苷酸代谢的一个分支。图 11 – 7 示意 6 种衍生类型衍生有关的氨基酸主要代谢路线。

11.3.2　氨基酸代谢与一碳单位

（1）一碳单位概念

生物化学中将具有一个碳原子的基团称为**一碳单位**（one carbon unit）。生物体内许多物质的代谢和一碳单位有关。体内一碳单位有多种形式（表 11 – 1）。

表 11 –1　生物体内常见的一碳单位及名称

一碳单位	名称
—CH = NH	亚氨甲基
$-\overset{\overset{O}{\|\|}}{C}-H$	甲酰基
—CH₂OH	羟甲基
—CH₂—	亚甲基或甲叉基
—CH =	次甲基或甲川基
—CH₃	甲基

在物质代谢过程中常遇到一碳基团（一碳单位）从一个化合物转移到另一个化合物，这种反应需要一碳单位转移酶参加，这一类酶的辅酶为四氢叶酸（THF），它的功能是携带一碳基团（见 7.2.7）。

（2）氨基酸代谢与一碳单位

体内一碳单位的产生与下列氨基酸代谢有关。

甘氨酸的分解反应产生 N^5,N^{10} – 亚甲基四氢叶酸、CO_2 和 NH_3，催化这一反应的是甘氨酸合酶。

$$\underset{\text{甘氨酸}}{\overset{\displaystyle CH_2-COO^-}{\underset{\displaystyle NH_3^+}{|}}} + NAD^+ + THF \longrightarrow NH_4^+ + CO_2 + N^5,N^{10}-CH_2-THF + NADH$$

丝氨酸降解为甘氨酸也产生 N^5,N^{10} – 亚甲基四氢叶酸，反应是可逆的，催化该反应的酶为丝氨酸转羟甲基酶。

$$\underset{\text{丝氨酸}}{\overset{\displaystyle CH_2-CH-COO^-}{\underset{\displaystyle OH \quad NH_3^+}{|\quad\quad|}}} + THF \rightleftharpoons \underset{\text{甘氨酸}}{\overset{\displaystyle CH_2-COO^-}{\underset{\displaystyle NH_3^+}{|}}} + N^5,N^{10}-CH_2-THF$$

组氨酸降解为谷氨酸的过程中可以形成一碳单位，其降解过程如下：

$$\underset{\text{组氨酸}}{\overset{\displaystyle HC=C-CH_2-CH-COO^-}{\underset{\displaystyle H^+N\quad NH\quad\quad NH_3^+}{\underset{\displaystyle \diagdown C\diagup}{\underset{\displaystyle H}{}}}}} \quad\xrightarrow[\displaystyle NH_4^+]{\text{组氨酸酶}}\quad \underset{\text{咪唑丙烯酸}}{\overset{\displaystyle HC=C-CH=CHCOO^-}{\underset{\displaystyle H^+N\quad NH}{\underset{\displaystyle \diagdown C\diagup}{\underset{\displaystyle H}{}}}}}$$

$$咪唑丙烯酸水合酶 \xrightarrow{\quad} \underset{H_2O}{} \quad 咪唑酮丙酸 \quad 咪唑酮丙酸酶 \xrightarrow{\quad}$$

咪唑酮丙酸

$$^-OOC-CH-CH_2CH_2COO^-$$
$$|$$
$$NH$$
$$|$$
$$CH$$
$$||$$
$$^+NH_2$$

N–亚氨甲基谷氨酸

谷氨酸转亚氨甲基酶

$$N^5-CH=NH-THF$$

$$^-OOC-CH-CH_2-CH_2COO^-$$
$$|$$
$$NH_3^+$$

谷氨酸

苏氨酸在体内过剩时可由丝氨酸羟甲基转移酶催化降解产生甘氨酸和乙醛。甘氨酸进而转变成一碳单位。

$$CH_3-CH-CH-COO^-$$
$$\quad\quad |\quad\ |$$
$$\quad\quad OH\ NH_3^+$$

苏氨酸

丝氨酸羟甲基转移酶

$$CH_2-COO^-$$
$$|$$
$$NH_3^+$$

甘氨酸

$$CH_3C-H$$ 乙醛 CoASH

$$CH_3C \quad SCoA$$ 乙酰辅酶A

（3）一碳单位与含硫氨基酸代谢

含硫氨基酸有半胱氨酸和甲硫氨酸。高等植物和许多微生物可以利用无机含硫化合物来合成半胱氨酸。后者为合成甲硫氨酸提供硫原子。

但在高等动物体内，情况恰恰相反，甲硫氨酸是必需氨基酸，必须由食物供给，而非必需氨基酸半胱氨酸可以由甲硫氨酸合成。

甲硫氨酸是体内重要的甲基供体，可以为很多化合物提供甲基，但甲硫氨酸首先要形成其活化形式 S – 腺苷甲硫氨酸（SAM）才能被转甲基酶催化，将甲基转移给许多甲基受体（见 8.1.3）。虽然甲硫氨酸可以为许多甲基化合物提供甲基，但甲硫氨酸的甲基只能由极少数反应供给，主要是 N^5 – 甲基四氢叶酸上的甲基转移到高半胱氨酸的分子上。

11.3.3 氨基酸与某些重要生物活性物质的合成

生物体需要一些生物活性物质用来调节代谢和生命活动，有些活性物质可由氨基酸合成。表 11 – 2 列举了一部分氨基酸来源的生物活性物质。

表 11 – 2 氨基酸来源的生物活性物质

氨基酸	转变产物	生物学作用	备注
甘氨酸	嘌呤碱	核酸及核苷酸成分	与 Gln、Asp、一碳单位、CO_2 共同合成
	肌酸	组织中贮能物质	与 Arg、Met 共同合成
	卟啉	血红蛋白及细胞色素等的辅基	与琥珀酰 CoA 共同合成
丝氨酸	乙醇胺及胆碱	磷脂成分	胆碱由 Met 提供甲基
	乙酰胆碱	神经递质	
半胱氨酸	牛磺酸	结合胆汁酸成分	

续表

氨基酸	转变产物	生物学作用	备注
天冬氨酸	嘧啶碱	核酸及核苷酸成分	与 CO_2、Gln 共同合成
谷氨酸	γ - 氨基丁酸	抑制性神经递质	
组氨酸	组胺	神经递质	
酪氨酸	儿茶酚胺类	神经递质	肾上腺素由 Met 提供甲基
	甲状腺激素	激素	
	黑色素	皮、发形成黑色	
色氨酸	5 - 羟色胺	神经递质促进平滑肌收缩	即 N - 乙酰 - 5 - 甲氧色胺
	黑素紧张素	松果体激素	
	烟酸	维生素 PP	
鸟氨酸	腐胺	促进细胞增殖	
	亚精胺	促进细胞增殖	
天冬氨酸	—	兴奋性神经递质	
谷氨酸	—	兴奋性神经递质	

肾上腺素、去甲肾上腺素、多巴及多巴胺都属于儿茶酚胺类。这些活性物质的合成可由酪氨酸衍生而来，它们在神经系统中起重要作用。其合成过程简述如图 11 - 8。

又如牛磺酸的合成可通过半胱氨酸侧链氧化成半胱氨酸亚磺酸后，进一步氧化成磺基丙氨酸，然后脱羧而成牛磺酸。合成过程见图 11 - 9。

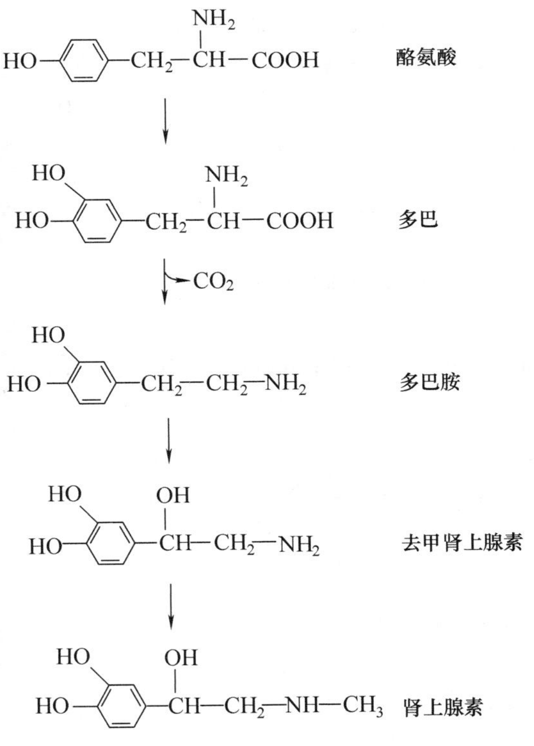

知识扩展 11 - 9
一些其他生理活性物质的合成

图 11 - 8 肾上腺素合成过程

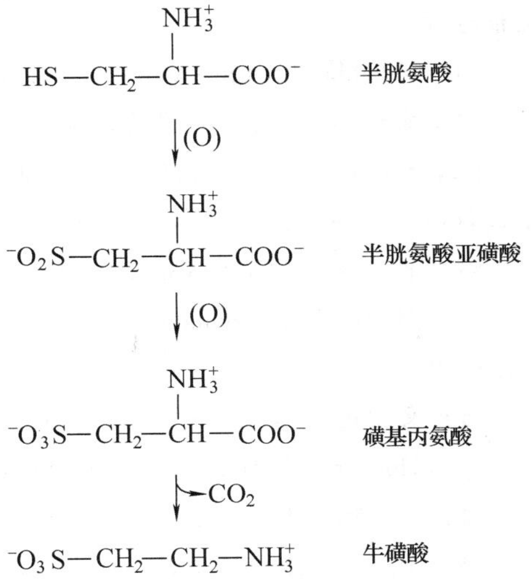

图 11 - 9 牛磺酸合成过程

小结

真核细胞对细胞内蛋白质的降解有两个体系，其一是溶酶体降解，其二是依赖 ATP，以泛素标记的选择性蛋白质的降解。

外源性蛋白质必须先经过水解作用变为小分子的氨基酸，然后才能被吸收。

就高等动物来说，外界食物蛋白质经消化吸收的氨基酸和体内合成及组织蛋白质经降解的氨基酸，共同组成体内氨基酸代谢库。氨基酸代谢库中的氨基酸大部分用以合成蛋白质，一部分可以作为能源物质被分解，体内有一些非蛋白质的含氮化合物也是以某些氨基酸作为合成的原料。

氨基酸的共同分解代谢途径包括脱氨作用和脱羧作用两个方面。

氨基酸经脱氨作用生成氨及 α–酮酸，经脱羧作用产生二氧化碳及胺。胺可随尿直接排出，也可在酶的催化下，转变为其他物质。

氨基酸脱氨基的方式有氧化脱氨基作用、转氨基作用、联合脱氨基作用、非氧化脱氨基作用和脱酰胺基作用。

氨是有毒的，氨基酸脱下的氨在不同的动物体以不同的形式排泄，有排氨的、排尿酸的和排尿素的。人和哺乳类动物是排尿素的。氨基酸脱下的氨除参加氨基酸、核苷酸和其他含氮化合物的合成外，主要在肝中通过鸟氨酸循环形成尿素排出体外。排出 1 mol 尿素等于从体内清除掉 2 mol 的氨和 1 mol 的二氧化碳。合成 1 mol 尿素需消耗 4 个高能磷酸键。延胡索酸将鸟氨酸循环和柠檬酸循环联系在一起。

多数氨基酸经脱氨作用生成的 α–酮酸，能够转化为柠檬酸循环的中间化合物而进入柠檬酸循环。亮氨酸和赖氨酸为生酮氨基酸，异亮氨酸和 3 种芳香族氨基酸为生糖兼生酮氨基酸，其他氨基酸为生糖氨基酸。

不同生物合成氨基酸的能力有所不同。动物自身无法合成，必须由食物供给的氨基酸称为必需氨基酸，自身能合成的氨基酸称为非必需氨基酸。植物和绝大多数微生物能合成全部氨基酸。

不同氨基酸生物合成途径不同，以氨基酸生物合成的起始物不同划分为六大类型。

氨基酸是"一碳单位"的直接提供者。

此外氨基酸还是许多生物活性物质的前体，如肾上腺素、去甲肾上腺素、多巴及多巴胺等。

文献导读

[1] Hershko A，Ciechanover A. The ubiquitin system. Annu Rev Biochem，1998，67：425-479.

该论文详细讲述了细胞内蛋白质降解的泛素系统。

[2] Scriver C R，Beaudet A L，Sly W S，et al. The Metabolic and Molecular Bases of Inherited Disease. 7th ed. New York：McGraw-Hill，1995，Chapters 27-38.

该书的这些章节详细描述了正常和不正常的氨基酸代谢途径。

[3] Morris S M. Regulation of enzymes of the urea cycle and arginine metabolism. Annu Rev Nutr，2002，22：87-105.

该论文讲述了参与鸟氨酸循环与精氨酸代谢酶的调节。

[4] Holmes F L. Hans Krebs and the discovery of the ornithine cycle. Fed Proc，1980，39：216-225.

该论文讲述了 Hans Krebs 和鸟氨酸循环的发现。

[5] Hayashi H. Pyridoxal enzymes：mechanistic diversity and uniformity. J Biochemistry，1995，118：463-473.

该论文讲述了生物体内以吡哆醛作为辅因子的酶的作用机制。

[6] 邱小波，王琛，王琳芳. 泛素介导的蛋白质降解. 北京：中国协和医科大学出版社，2008.
该书系统和深入地介绍了泛素介导的蛋白质降解的基本理论及相关实验技术。

思考题

1. 蛋白质在细胞内不断地降解又合成有何生物学意义？

2. 何谓氨基酸代谢库？

3. 氨基酸脱氨基作用有哪几种方式，为什么说联合脱氨基作用是生物体主要的脱氨基方式？

4. 试述磷酸吡哆醛在转氨基过程中的作用。

5. 什么是鸟氨酸循环，有何实验依据？合成 1 mol 尿素需消耗多少高能磷酸键？

6. 用 ^{15}N 和 ^{14}C 标记谷氨酸的氨基和 α – 碳原子。当在大鼠肝中进行氧化时，请判断下列的化合物中在何处会出现标记物：①尿素，②琥珀酸，③精氨酸，④瓜氨酸，⑤鸟氨酸。

7. 为什么体内高浓度氨会降低柠檬酸循环的速度？

8. 什么是生糖氨基酸、生酮氨基酸、生糖兼生酮氨基酸？为什么说柠檬酸循环是代谢的中心？

9. 对于缺乏延胡索酸酶或丙氨酸转氨酶，哪个对尿素合成的速率影响更大？

10. 什么是必需氨基酸和非必需氨基酸？

11. 何谓一碳单位，它与氨基酸代谢有何联系？

12. 氨基酸生物合成途径可分为哪几种衍生类型？

数字课程学习

📥 教学课件   📝 习题解析与自测

12

核苷酸代谢

鸟类含氮化合物的最终代谢产物尿酸，保留了嘌呤的环状结构，用同位素标记的各种营养物喂鸽子，找出标记物的位置，在阐明嘌呤合成途径中起了关键作用。

　　核苷酸在体内发挥着十分重要的作用：①是核酸的组成成分；②参与 NAD^+、$NADP^+$、FAD、FMN 和 CoA 等辅酶的合成；③某些核苷酸衍生物为生物合成提供活化的中间体，如 UDPG 是糖原合成中糖基的供体，S – 腺苷甲硫氨酸（SAM）是体内重要的甲基供体；④ATP 等核苷三磷酸是能量代谢中通用的高能化合物；⑤cAMP 和 cGMP 是细胞信号转导的第二信使；⑥一些核苷酸类似物在治疗癌症、病毒感染，以及遗传性疾病等方面都有其独特的作用。

　　虽然动物和异养型微生物可以分泌消化酶分解食物或体外的核酸类物质，获取一定量的核苷酸，但核苷酸主要是通过机体自身合成的。因此，核酸不属于营养必需物质。植物一般不能消化体外的有机物质，所以也是通过自身合成核苷酸来满足生理需要的。

　　细胞内既可进行核苷酸的分解代谢，又可进行核苷酸的合成代谢，二者处于动态平衡，受到严格的调控。从简单化合物合成核苷酸称从头合成，其过程十分复杂，以此为基础开发了不少治疗癌症等疾病的药物。用碱基或核苷合成核苷酸称补救合成，该途径中某些酶的缺乏会导致严重的遗传病。

12.1　核酸的酶促降解

　　食物来源的核蛋白经胃酸及蛋白酶的作用分解成核酸和蛋白质，核酸在小肠内受胰液中的核酸酶（包括 RNA 酶、DNA 酶、内切核酸酶和外切核酸酶）、肠液中多核苷酸酶（磷酸二酯酶）作用，生成单核苷酸，再由核苷酸酶（磷酸单酯酶）分解为核苷和磷酸。核苷酸、核苷及磷酸均可被细胞吸收，被吸收的核苷酸及核苷绝大部分在肠黏膜细胞中进一步分解，产生的戊糖参加体内的戊糖代谢，嘌呤碱绝大部分被分解成尿酸等物质排出体外。因此，食物来源的嘌呤实际上很少被机体利用，只有戊糖和磷酸可被机体利用。细胞内含有多种核酸酶，细胞内核酸的分解过程类似于食物中核酸的消化过程。

12.2　核苷酸的分解

12.2.1　嘌呤核苷酸的分解

　　不同生物分解嘌呤的代谢终产物各不相同，但所有生物均可以通过氧化和脱氨基，将嘌呤转化为尿酸。

　　嘌呤的分解首先是在脱氨酶的作用下水解脱去氨基，使腺嘌呤转化成次黄嘌呤，鸟嘌呤转化成黄嘌呤。动物组织中腺嘌呤脱氨酶含量极少，而腺苷脱氨酶和腺苷酸脱氨酶活性较高，因此腺嘌呤的脱氨基主要在核苷和核苷酸水平。鸟嘌呤脱氨酶分布较广，故鸟嘌呤的脱氨基主要在碱基水平。次黄苷、黄苷和鸟苷均可在嘌呤核苷磷酸化酶（purine nucleoside phosphorylase，PNP）作用下，加磷酸脱糖基，分别生成次黄嘌呤、黄嘌呤和鸟嘌呤。次黄嘌呤可在黄嘌呤氧化酶的作用下生成黄嘌呤，鸟嘌呤在鸟嘌呤脱氨酶的作用下生成黄嘌呤，黄嘌呤在黄嘌呤氧化酶的作用下氧化成尿酸（图 12 – 1）。

　　在一些其他生物体内，嘌呤的脱氨基和氧化作用可在核苷酸、核苷和碱基三个水平上进行。灵长类、鸟类、某些爬行类和昆虫不能进一步分解尿酸，但其他类群的动物可以不同程度地分解尿酸（图 12 – 2）。植物和多数微生物广泛存在尿囊素酶、尿囊酸酶和脲酶，可以通过与动物相似的途径将嘌呤类分解为 CO_2、NH_3 和有机酸。

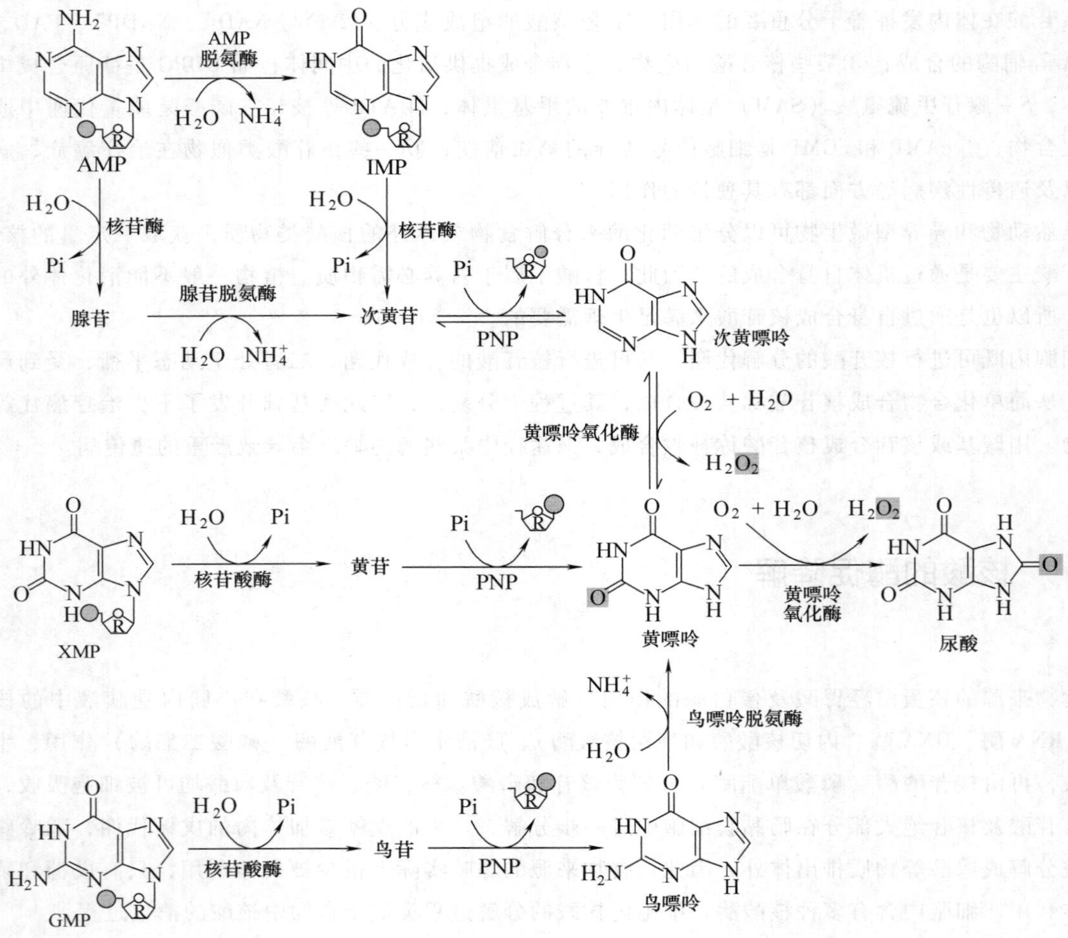

图 12−1 嘌呤核苷酸到尿酸的代谢途径

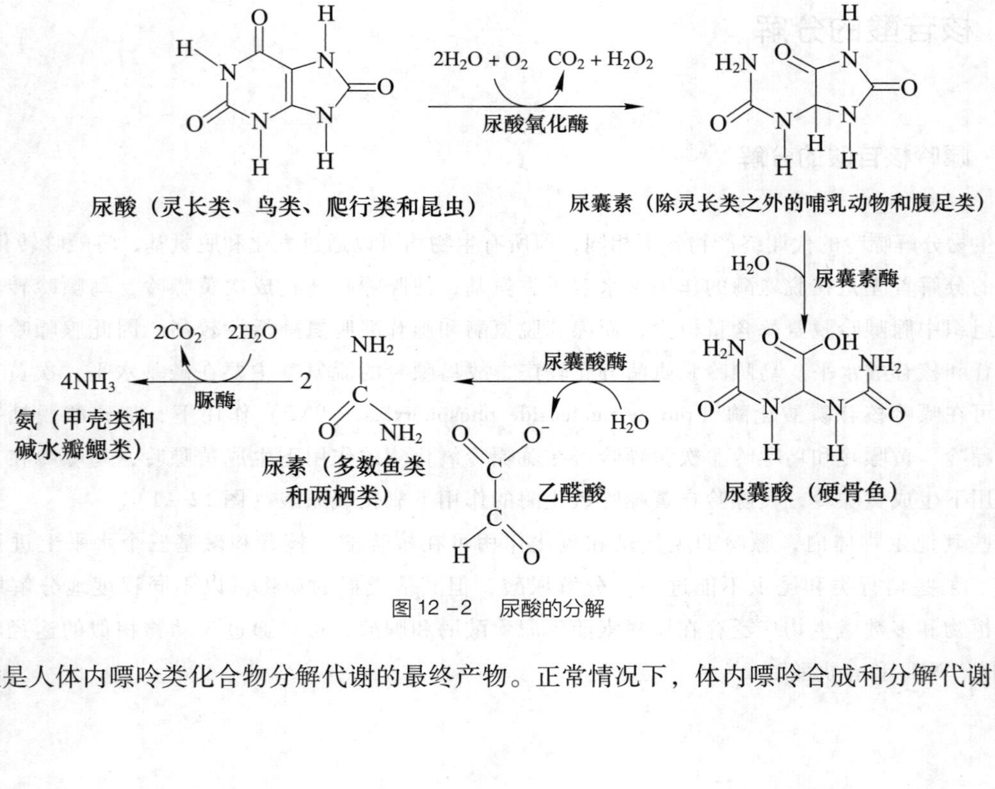

尿酸（灵长类、鸟类、爬行类和昆虫）　　　尿囊素（除灵长类之外的哺乳动物和腹足类）

氨（甲壳类和碱水瓣鳃类）　　尿素（多数鱼类和两栖类）　　乙醛酸　　尿囊酸（硬骨鱼）

图 12−2 尿酸的分解

尿酸是人体内嘌呤类化合物分解代谢的最终产物。正常情况下，体内嘌呤合成和分解代谢的速度呈动态平衡，血中尿酸的水平为 2 ~ 6 mg/100 mL，随尿排出的尿酸量是恒定的。异常情况下，100 mL 血液中尿酸水平超过 8 mg 时，由于尿酸的溶解度很低，尿酸以钠盐或钾盐的形式沉积于软组织、软骨及关节等处，形成尿酸结石及关节炎，这种疾病称**痛风**（gout）。

此外，尿酸盐也可沉积于肾成为肾结石。肾本身的疾患或高血压性心、肾疾病均使尿酸排出受阻，也可导致血尿酸水平升高。长期摄入富含核酸的食物，如肝、酵母、沙丁鱼等均可使血尿酸水平升高。

治疗痛风症的药物别嘌呤醇（allopurinol）是次黄嘌呤的类似物，可与次黄嘌呤竞争与黄嘌呤氧化酶的结合。别嘌呤醇氧化的产物是别黄嘌呤，与黄嘌呤结构相似，可与黄嘌呤氧化酶的活性中心结合，抑制该酶的活性，使次黄嘌呤转变为尿酸的量减少，达到治疗目的。

知识扩展 12 – 1
痛风形成的原因

12.2.2 嘧啶核苷酸的分解

嘧啶核苷酸的分解过程比较复杂，包括脱氨作用、氧化、还原、水解和脱羧作用等。

哺乳类动物嘧啶碱的分解主要在肝中进行。胞嘧啶在胞嘧啶脱氨酶的作用下脱去氨基转变为尿嘧啶，在二氢尿嘧啶脱氢酶的作用下还原为二氢尿嘧啶，然后在二氢嘧啶酶的作用下水解开环生成 β - 脲基丙酸。后者在脲基丙酸酶的催化下脱羧、脱氨转变为 β - 丙氨酸（图 12 - 3）。β - 丙氨酸经转氨作用

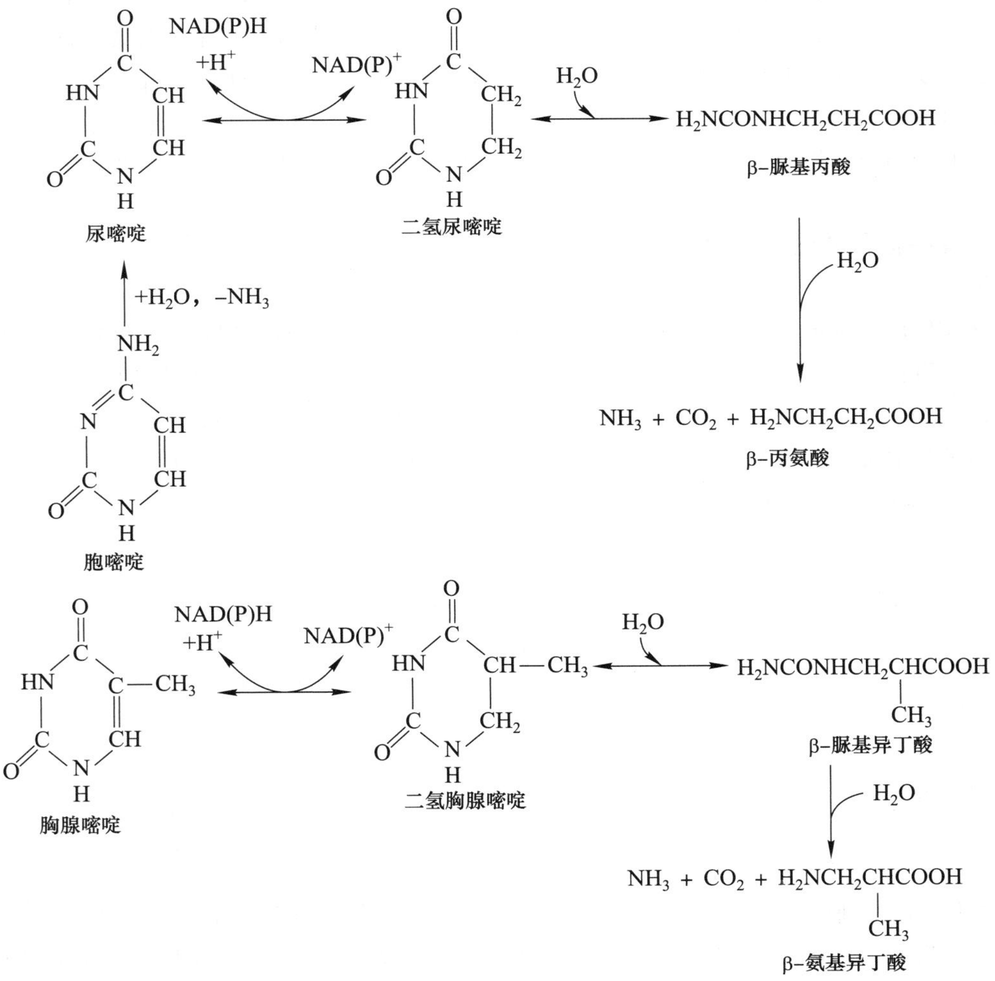

图 12 –3　嘧啶碱的分解（引自：朱圣庚，徐长法，2016）

脱去氨基，参加有机酸代谢。β-丙氨酸亦可参与泛酸及辅酶 A 的合成（见 7.2.3）。胸腺嘧啶在二氢尿嘧啶脱氢酶的作用下还原为二氢胸腺嘧啶，再由二氢嘧啶酶水解生成 β-脲基异丁酸，然后由 β-脲基丙酸酶催化生成 β-氨基异丁酸（图 12-3）。β-氨基异丁酸将氨基转到 α-酮戊二酸，生成的甲基丙二酰-半醛进一步转变为琥珀酰 CoA 进入柠檬酸循环分解。β-氨基异丁酸也可随尿排出一部分，摄入含 DNA 丰富的食物时，可使随尿排出的 β-氨基异丁酸增多。

12.3   核苷酸的生物合成

12.3.1   核苷酸生物合成的概况

动物、植物和微生物通常都能合成各种嘌呤和嘧啶核苷酸。核苷酸的生物合成有两条基本途径，其一是利用 5-磷酸核糖、某些氨基酸、CO_2 和 NH_3 等简单物质为原料，经一系列酶促反应合成核苷酸。此途径并不经过碱基、核苷的中间阶段，称**从头合成**（*de novo* synthesis）途径。其二是利用体内游离的碱基或核苷合成核苷酸，称**补救途径**（salvage pathway）。二者在不同组织的重要性各不相同，如肝组织主要进行从头合成，而脑、骨髓等只能进行补救合成。此外，遗传因素、疾病、药物、毒物甚至生理紧张都能造成从头合成途径中某些酶的缺乏，致使合成核苷酸的速度不能满足细胞生长的需要。此时，补救途径对正常生命活动的维持是必不可少的。补救途径所需的碱基和核苷主要来源于细胞内核酸的分解，细菌生长介质或动物消化管食物分解产生的核苷和碱基，进入细胞后也可用于补救途径。

12.3.2   嘌呤核苷酸的从头合成

由于鸟类体内含氮化合物的最终代谢产物尿酸，保留了嘌呤的环状结构，用同位素标记的各种营养物喂鸽子，即可找出标记物在环中的位置。该法证明甘氨酸是嘌呤环 C_4、C_5 和 N_7 的来源，N^{10}-甲酰基-THF 是 C_2 和 C_8 的来源，CO_2（碳酸氢盐）是 C_6 的来源，N_1 来自天冬氨酸，用其他方法证明 N_3 和 N_9 来自谷氨酰胺的酰胺基（图 12-4）。由于氨基酸的氨基氮和酰胺基氮与细胞内的 NH_3 库处于动态平衡，故不能用同位素标记营养物的方法追踪其去向。

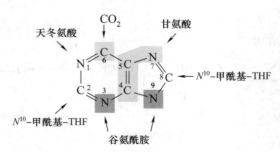

图 12-4   嘌呤环中各原子的来源

科学史话 12-1
嘌呤核苷酸从头合成途径的阐明

由此可见，嘌呤环中不同来源的原子，必然是由不同的化学反应掺入环内的。由于环内的 C 和 N 基本上是相间排列的，合成过程必然涉及很多形成 C—N 键的反应。J. Buchanan 和 G. R. Greenberg 等从动物和细菌无细胞提取物中分离和鉴定了一系列与嘌呤合成有关的酶，基本搞清了嘌呤的合成途径。该途径以 5 - 磷酸核糖为起始物，逐步增加原子合成次黄苷酸（IMP），然后再由 IMP 转变为 AMP 和 GMP。

（1）IMP 的合成

IMP 的从头合成很复杂，包括 11 步反应（图 12 - 5）。

① 嘌呤核苷酸合成的起始物质是 5 - 磷酸核糖基焦磷酸（5-phosphoribosyl pyrophosphate，PRPP）。它是由 ATP 和 5 - 磷酸核糖生成的，催化这个反应的酶是磷酸核糖基焦磷酸激酶（phosphoribosyl pyrophos-

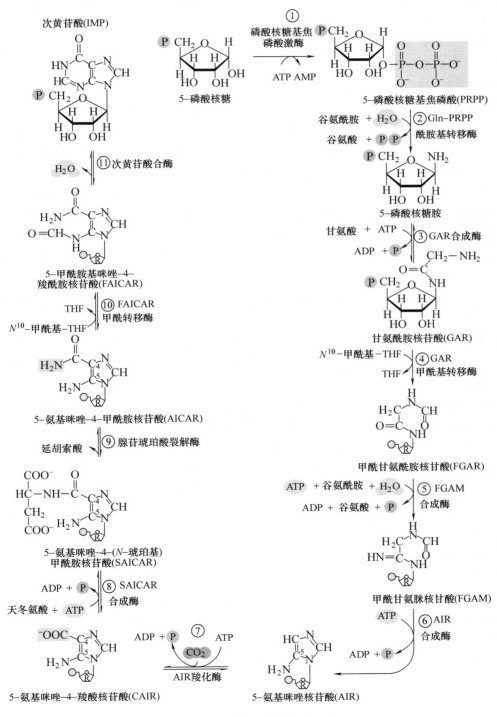

图 12 - 5　次黄嘌呤核苷酸的合成

phokinase)，又称 PRPP 合成酶。在反应中 ATP 的焦磷酸基是作为一个单位转移到 5 - 磷酸核糖的第一位碳的羟基上的。

② 5 - 磷酸核糖焦磷酸与谷氨酰胺反应生成 5 - 磷酸核糖胺（5-phosphoribosyl-β-amide）、谷氨酸和焦磷酸。催化这一反应的酶是谷氨酰胺 - 磷酸核糖焦磷酸酰胺基转移酶（glutamine-PRPP amidotransferase）。在这一反应中，原来的 α - 构型核糖化合物转变为 β - 构型。

③ 5 - 磷酸核糖胺在 ATP 参与下与甘氨酸合成甘氨酰胺核苷酸（glycinamide ribonucleotide, GAR），反应由 GAR 合成酶（GAR synthetase）催化。

④ GAR 进一步生成甲酰甘氨酰胺核苷酸（formylglycinamide ribonucleotide, FGAR）。反应中甲酰基的供体是 N^{10} - 甲酰基 - THF。催化这一反应的酶是 GAR 甲酰基转移酶（GAR transformylase）。经这一步反应，嘌呤环骨架的 4，5，7，8，9 位已经形成。

⑤ FGAR 接受谷氨酰胺提供的 N 原子，生成甲酰甘氨脒核苷酸（formylglycinamidine ribonucleotide, FGAM），反应由 FGAM 合成酶（FGAM synthetase）催化，需 Mg^{2+} 和 K^+ 参与反应，ATP 供能。

⑥ FGAM 在 AIR 合成酶（AIR synthetase）催化下脱水闭环生成 5 - 氨基咪唑核苷酸（5-aminoimidazole ribotide, AIR），反应需 ATP 供能，Mg^{2+} 和 K^+ 参与反应。

⑦ 由 CO_2 提供嘌呤环的 C - 6，使 AIR 生成 5 - 氨基咪唑 - 4 - 羧酸核苷酸（5-aminoimidazole-4-carboxylate ribotide, CAIR），反应由 AIR 羧化酶（AIR carboxylase）催化，需生物素参与。

⑧ 由天冬氨酸提供嘌呤环 N - 1，使 CAIR 生成 5 - 氨基咪唑 - 4 - （N - 琥珀基）甲酰胺核苷酸 [5-aminoimidazole-4-(N-succino)-carboxamide ribotide, SAICAR]，反应由 SAICAR 合成酶（SAICAR synthetase）催化，ATP 供能，Mg^{2+} 参与反应。

⑨ SAICAR 在腺苷琥珀酸裂解酶（adenylosuccinate lyase）催化下脱掉延胡索酸，生成 5 - 氨基咪唑 - 4 - 甲酰胺核苷酸（5 - aminoimidazole-4-carboxamide ribotide, AICAR）。

⑩ 由 N^{10} - 甲酰基 - THF 提供嘌呤环 C - 2，使 AICAR 生成 5 - 甲酰胺基咪唑 - 4 - 羧酰胺核苷酸（5-formamidoimidazole-4-carboxamide ribotide, FAICAR），反应由 FAICAR 甲酰转移酶（FAICAR transformylase）催化。

⑪ FAICAR 在次黄苷酸合酶（IMP synthase）的催化下脱水闭环，生成次黄苷酸（IMP，见图 12 - 5）。

上述反应①是磷酸基转移反应，②和⑤是氨基化反应，③、④、⑧、⑩是合成酰胺键的反应，⑥和⑪是脱水环化反应，⑦为酰基化反应，⑨为裂解反应。可见，此途径虽然相当复杂，但亦有简单的一面，同一类型的反应多次出现，且有些反应与其他代谢途径中的有关反应十分类似。

最近的实验证据表明，当需要嘌呤核苷酸从头合成时，上述催化各步骤的酶会快速聚合在一起，形成嘌呤合成复合体（purinosomes），以促进一种酶的产物顺着复合物之间的疏水通道向下一种酶的活性位点快速移动，提高反应效率。

◆ ⋯⋯⋯⋯⋯⋯•
知识扩展 12 - 2
嘌呤合成复合体

（2）AMP 和 GMP 的合成

IMP 在腺苷琥珀酸合成酶（adenylosuccinate synthetase）与腺苷琥珀酸裂解酶（adenylosuccinate lyase）的连续作用下，消耗 1 分子 GTP，以天冬氨酸的氨基取代 C - 6 上的氧而生成 AMP。由 IMP 转变为 GMP 的过程首先由 IMP 脱氢酶催化，以 NAD^+ 为受氢体，将 IMP 氧化成黄苷酸（xanthosine monophosphate, XMP），然后在鸟苷酸合成酶（guanylate synthetase）催化下，由 ATP 供能，以谷氨酰胺上的酰胺基取代 XMP 中 C - 2 上的氧而生成 GMP（图 12 - 6）。

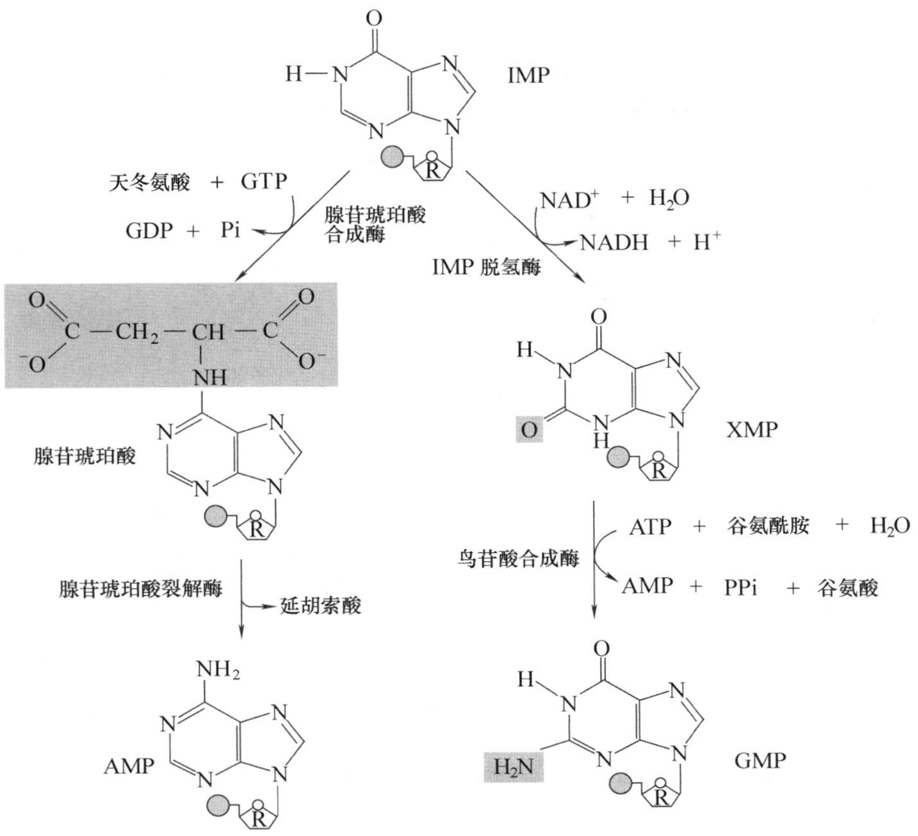

図 12 - 6　AMP 和 GMP 的合成

12.3.3　嘧啶核苷酸的从头合成

嘧啶环上的原子来自简单的前体化合物 CO_2、NH_3 和天冬氨酸（图 12 - 7）。

与嘌呤核苷酸的合成不同，生物体先利用小分子化合物形成嘧啶环，再与 PRPP 结合成乳清酸核苷酸。其他嘧啶核苷酸则由乳清酸核苷酸转变而成。

图 12 - 7　嘧啶环的原子来源

（1）UMP 的合成

如图 12 - 8 所示，UMP 的合成可以人为地分为 3 个阶段。

① 氨甲酰磷酸（carbamyl phosphate）的生成　在胞液中，由谷氨酰胺、CO_2 为原料，在氨甲酰磷酸合成酶 Ⅱ（carbamylphosphate synthetase Ⅱ，CPS Ⅱ）的催化下，由 ATP 供能，合成氨甲酰磷酸。CPS Ⅱ 在细胞中的分布与尿素合成中所需的 CPS Ⅰ 不同，后者存在于肝线粒体中（见 11.2.3）。

② 乳清酸（orotate）的合成　氨基甲酰磷酸在**天冬氨酸转氨甲酰酶**（aspartate transcarbamoylase，ATCase）的催化下，与天冬氨酸反应生成氨甲酰天冬氨酸（carbamoyl aspartate）。天冬氨酸转氨甲酰酶是细菌嘧啶核苷酸合成过程的关键酶，此酶存在于细胞液，受产物的反馈抑制。氨甲酰天冬氨酸经二氢乳清酸酶（dihydroorotase）催化脱水，生成二氢乳清酸（dihydroorotate），再经二氢乳清酸脱氢酶（dihydroorotate dehydrogenase）的作用，脱氢成乳清酸，乳清酸具有与嘧啶环类似的结构。

③ 尿嘧啶核苷酸的合成　在乳清酸磷酸核糖转移酶（orotate phosphoribosyl transferase）催化下，乳

知识扩展 12 - 3
氨甲酰磷酸合成
的机制

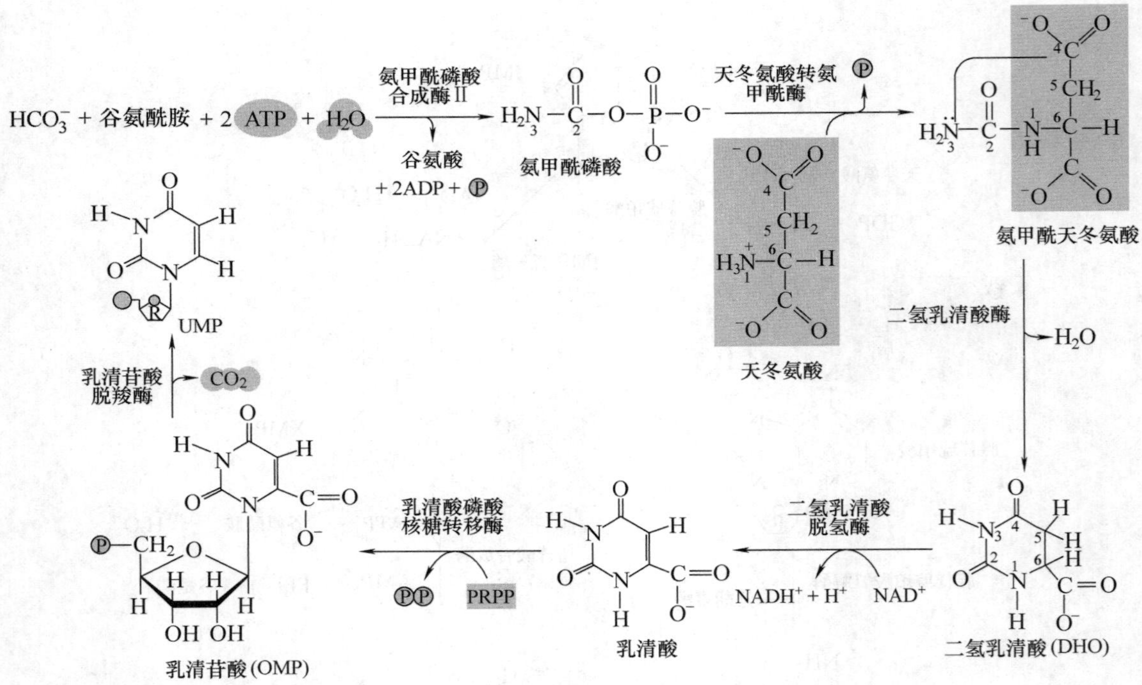

图 12-8 尿嘧啶核苷酸的合成

清酸与 PRPP 反应，生成乳清苷酸（orotidine monophosphate，OMP）。后者再由乳清苷酸脱羧酶催化脱去羧基形成尿苷酸（uriuine monphosphate，UMP）。

嘧啶核苷酸主要在肝中合成。在细菌中，生成 UMP 的 6 种酶是独立存在的，但是在真核细胞中，M_r 为 250 000 的同一蛋白质具有 CPS Ⅱ、天冬氨酸转氨甲酰酶和二氢乳清酸酶三种酶的活性，构成一个多功能酶。另外，乳清酸磷酸核糖转移酶和乳清苷酸脱羧酶，也存在于另一种 M_r 为 52 000 的同一多肽链上，形成双功能酶。多功能酶使酶的催化效率得以提高，也有利于核苷酸合成的调控。

（2）CTP 的合成

UMP 通过尿苷酸激酶和二磷酸核苷酶的连续作用，生成三磷酸尿苷（UTP）。UTP 在 CTP 合成酶的催化下，消耗一分子 ATP，从谷氨酰胺接受氨基而生成三磷酸胞苷（CTP）（图 12-9）。

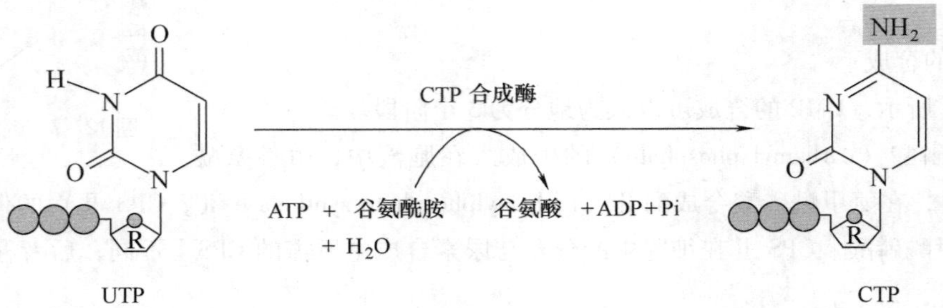

图 12-9 CTP 的合成

12.3.4 三磷酸核苷的合成

核苷酸不直接参加核酸的生物合成，而是先转化成相应的三磷酸核苷后再掺入 RNA 或 DNA。

从核苷酸转化为二磷酸核苷的反应是由相应的激酶催化的。这些激酶对碱基专一，对其底物含核糖或脱氧核糖无特殊要求。

此类反应的通式是：

$$(d) \ NMP + ATP \xrightarrow{\text{激酶}} (d) \ NDP + ADP$$

二磷酸核苷转化为三磷酸核苷由另一种激酶催化，该酶对碱基和戊糖都没有特殊要求，磷酸基的供体为 ATP。

$$(d) \ NDP + ATP \xrightarrow{\text{激酶}} (d) \ NTP + ADP$$

12.3.5 脱氧核苷酸的合成

生物体中的脱氧核苷酸是由核糖核苷酸还原生成的。

在大肠杆菌中，由二磷酸核苷生成二磷酸脱氧核苷的反应如图 12 – 10 所示。反应中作为还原剂的硫氧还蛋白是含 108 个氨基酸残基的多肽。其活性基团是两个半胱氨酸残基，可以氧化成胱氨酸。氧化型硫氧还蛋白在硫氧还蛋白还原酶的作用下被 NADPH 还原。还有一条途径，传递氢的中间体是谷胱甘肽和谷氧还蛋白。

图 12 – 10 脱氧核苷酸的合成

大肠杆菌的二磷酸核苷（NDP）还原酶以 4 种天然二磷酸核苷为底物。动物组织、肿瘤细胞和高等植物中的还原酶和大肠杆菌中的还原酶类似，也以二磷酸核苷为底物，以硫氧还蛋白为还原剂。

许多原核细胞（如乳酸杆菌、枯草杆菌等）中的还原酶与大肠杆菌的还原酶不同，它以三磷酸核苷为底物，以 5′ – 脱氧腺苷钴胺素为辅酶（见 7.2.8）。

脱氧核苷酸合成的机制较复杂，核苷酸还原酶的多重调控不但可以控制脱氧核苷酸的总量，还可以控制 4 种脱氧核苷酸之间的平衡。

知识扩展 12 – 4
脱氧核苷酸合成的机制

12.3.6 胸苷酸的合成

胸苷酸由脱氧尿苷酸甲基化生成，这个反应是由胸苷酸合酶催化的（图 12 – 11）。N^5, N^{10} – 亚甲基四氢叶酸是甲基的供体，产物为脱氧胸苷酸（dTMP）和二氢叶酸。四氢叶酸可以从二氢叶酸再生，还原反应经二氢叶酸还原酶催化，由 NADPH 供氢。随后，由丝氨酸羟甲基转移酶催化，丝氨酸为四氢叶酸提供甲基，生成 N^5, N^{10} – 亚甲基四氢叶酸（见 11.3.2）。

12.3.7 核苷酸的补救合成

（1）嘌呤核苷酸合成的补救途径

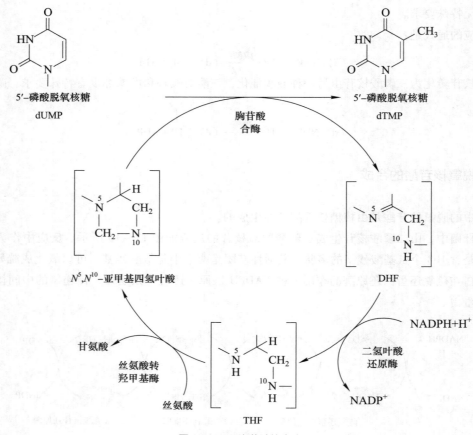

图 12-11 胸苷酸的合成

各种碱基可与 1-磷酸核糖反应生成核苷：

$$碱基 + 1-磷酸核糖 \xrightarrow{\text{核苷磷酸化酶}} 核苷 + Pi$$

由此产生的核苷，在适当的核苷酸激酶作用下，由 ATP 供给磷酸基，即生成核苷酸。

$$核苷 + ATP \xrightarrow{\text{核苷磷酸激酶}} 核苷酸 + ADP$$

在生物体内，除腺苷酸激酶（adenosine kinase）外，缺乏其他嘌呤核苷酸激酶，可见在嘌呤核苷酸的补救合成途径中，上述途径不很重要。

另一个重要的途径是在核糖磷酸转移酶作用下，嘌呤碱与 PRPP 合成嘌呤核苷酸。其中 AMP 的合成由腺嘌呤磷酸核糖转移酶（adenine phosphoribosyl transferase，APRT）催化，IMP 和 GMP 均是在次黄嘌呤-鸟嘌呤磷酸核糖转移酶（hypoxanthine-guanine phosphoribosyl transferase，HGPRT）催化下合成的。

$$腺嘌呤 + PRPP \xrightarrow{\text{APRT}} AMP + PPi$$

$$次黄嘌呤（鸟嘌呤）+ PRPP \xrightarrow{\text{HGPRT}} IMP（GMP）+ PPi$$

知识扩展 12-5
Lesch-Nyhan 综合征

嘌呤核苷酸的补救合成可以节省能量和一些前体分子的消耗。此外，某些器官和组织，如脑和骨髓等缺乏有关酶，不能从头合成嘌呤核苷酸，这些组织只能利用红细胞运来的嘌呤碱及核苷，经补救途径合成嘌呤核苷酸。由于存在于 X 染色体上的 HGPRT 基因缺陷而导致 HGPRT 完全缺失的患儿，表现为自毁容貌症，或称 Lesch-Nyhan 综合征。

（2）嘧啶核苷酸合成的补救途径

嘧啶核苷酸的补救合成主要是由嘧啶碱与 PRPP 合成嘧啶核苷酸：

$$嘧啶 + PRPP \xrightarrow{\text{嘧啶磷酸核糖转移酶}} 嘧啶核苷酸 + PPi$$

从人红细胞纯化的嘧啶磷酸核糖转移酶（pyrimidine phosphoribosyl transferase）能利用尿嘧啶、胸腺嘧啶及乳清酸为底物，但对胞嘧啶不起作用。

UMP 补救合成的另一途径由两步反应完成：

$$尿嘧啶 + 1-磷酸核糖 \xrightarrow{\text{尿苷磷酸化酶}} 尿苷 + Pi$$

$$尿苷 + ATP \xrightarrow{\text{尿苷激酶}} UMP + ADP$$

胞嘧啶不能直接与 PRPP 反应生成 CMP，但尿苷激酶也能催化胞苷的磷酸化反应。

$$胞苷 + ATP \xrightarrow{\text{尿苷激酶}} CMP + ADP$$

脱氧胸苷可通过胸苷激酶（thymidine kinase）生成 TMP，但此酶在正常肝细胞中活性很低，再生肝（指肝受损后代偿性再生产生的肝组织）中活性升高，恶性肿瘤中明显升高，并与恶性程度有关。

12.4 核苷酸生物合成的调节

12.4.1 嘌呤核苷酸生物合成的调控

如图 12-12 所示，嘌呤核苷酸从头合成途径中受到调节的酶有：PRPP 合成酶、谷氨酰胺 - PRPP 酰胺转移酶、腺苷琥珀酸合成酶、IMP 脱氢酶等。

PRPP 合成酶可被 IMP、AMP、GMP 反馈抑制。谷氨酰胺 - PRPP 酰胺转移酶是嘌呤核苷酸从头合成途径的限速酶。该酶可被 AMP、ADP、ATP 及 GMP、GDP、GTP 等反馈抑制，其中对 AMP 和 GMP 尤其敏感。从人胎盘中分离出的谷氨酰胺 - PRPP 酰胺转移酶是一种别构酶，其活性形式为单体，非活性形式为二聚体。过量的 AMP、GMP 及 IMP 等均可使其由单体转变为二聚体，抑制 5 - 磷酸核糖胺生成。PRPP 则可使其由二聚体转变为单体，增强此酶的活性。腺苷琥珀酸合成酶受 AMP 反馈抑制，IMP 脱氢酶受 GMP 反馈抑制。此外，由 GMP 磷酸化生成的 GTP 可以促进 AMP 的生成，由 AMP 磷酸化生成的 ATP 也可以促进 GMP 的生成，这种交叉调节作用对维持 ATP 与 GTP 浓度的平衡具有重要意义。

在补救合成中，APRT 受 AMP 的反馈抑制，HGPRT 受 IMP 和 GMP 的反馈抑制，对维持 ATP 与 GTP 浓度的平衡也有重要意义。

维持 ATP 与 GTP 浓度平衡的另一个机制是 IMP、AMP、GMP 的相互转变。例如，IMP 可以转变成 XMP、

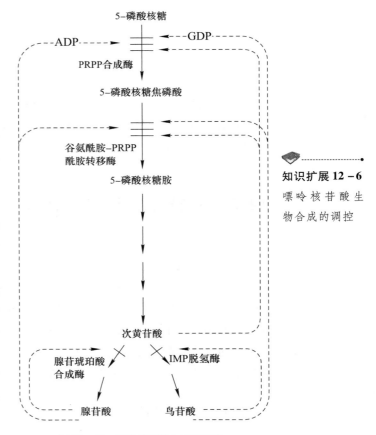

知识扩展 12-6
嘌呤核苷酸生物合成的调控

图 12-12 嘌呤核苷酸合成的调控
（改自：朱圣庚，徐长法，2016）

AMP 及 GMP。AMP 又可在腺苷脱氨酶作用下转变成 IMP，GMP 在鸟苷酸还原酶作用下还原脱氨，也可以生成 IMP。这样的相互转变可使其中过量的嘌呤核苷酸转化为数量不足的另一种嘌呤核苷酸，实现 ATP 与 GTP 浓度的平衡。

12.4.2 嘧啶核苷酸生物合成的调控

如图 12 - 13 所示，嘧啶核苷酸的从头合成受一系列反馈系统的调节。细菌的 ATCase 是嘧啶核苷酸从头合成的主要调节酶，ATP 是其别构激活剂，CTP 是其别构抑制剂（见 6.9.2）。哺乳动物的 CPS Ⅱ 是嘧啶核苷酸从头合成途径的主要调节酶，受 UDP 和 UTP 的反馈抑制，PRPP 则有激活作用。此外，哺乳动物细胞中，上述两个多功能酶的合成还受阻遏或去阻遏的调节。

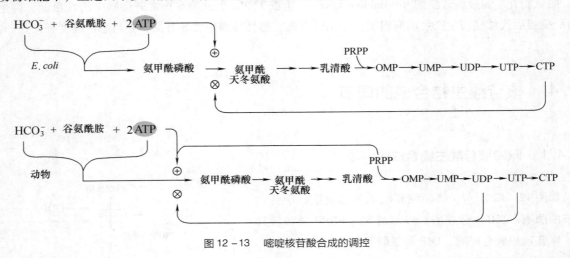

图 12 - 13　嘧啶核苷酸合成的调控

由于 PRPP 合成酶是嘧啶与嘌呤两类核苷酸合成过程中共同需要的酶，它可同时接受嘧啶核苷酸及嘌呤核苷酸的反馈抑制。该酶催化的反应伴随着 PPi 的释放，PPi 会被快速水解，因此核苷酸的合成是不可逆的。同位素掺入实验表明，嘧啶与嘌呤的合成有协调控制关系，二者的合成速度通常是平衡的。

12.5 核苷酸合成的抗代谢物

核苷酸的**抗代谢物**（antimetabolite）是指一些人工合成的嘌呤、嘧啶及其核苷或核苷酸的结构类似物，或参与核苷酸合成过程的某些氨基酸或叶酸的结构类似物。它们可以竞争性地抑制核苷酸合成代谢的某些酶，或者以假乱真地干扰或阻断核苷酸的合成，进而抑制核酸与蛋白质的生物合成。肿瘤细胞和病毒的核酸合成十分旺盛，因此，这些核苷酸的抗代谢物可作为抗肿瘤、抗病毒药物应用于临床。由于核苷酸分子中磷酸根的电负性，核苷酸分子很难进入细胞，因此临床上采用嘌呤、嘧啶或其核苷衍生物，这些物质进入体内可转变为相应的核苷酸而发挥作用。

12.5.1 嘌呤类似物

嘌呤类似物有 6 - 巯基嘌呤（6 - mercaptopurine，6MP）、6 - 巯基鸟嘌呤、8 - 氮杂鸟嘌呤等，其中

6-巯基嘌呤在临床上使用较多。6MP 的化学结构与次黄嘌呤相似,唯一不同的是分子中 C-6 由巯基取代了羟基。6MP 可在细胞内生成 6MP 核苷酸,由于其结构与 IMP 相似,故可抑制 IMP 转变为 AMP 及 GMP 的反应,同时可以反馈抑制 PRPP 酰胺基转移酶,从而阻断嘌呤核苷酸的从头合成。此外,6MP 还能竞争性抑制 HGPRT 的活性,阻止嘌呤核苷酸的补救合成。

12.5.2 嘧啶类似物

嘧啶类似物主要有 5-氟尿嘧啶(5-fluorouril, 5-Fura)、5-氟胞嘧啶和 5-氟乳清酸等(图 12-14),因为氟的范德华半径为 0.135 nm,与氢的范德华半径 0.12 nm 近似,故氟尿嘧啶类似于 U。5-氟尿嘧啶能作为 U 的类似物掺入 RNA,但不能掺入 DNA。5-氟尿嘧啶进入体内后能先转变成核糖核苷酸(F-UMP),再转变成脱氧核糖核苷酸(F-dUMP),后者能抑制胸腺嘧啶核苷酸合成酶,使细胞缺乏 DNA 合成必需的 dTTP,从而显示出抗癌效力。5-氟尿嘧啶能被正常细胞分解为 α-氟-β-氨基丙酸,但癌细胞则不能分解 5-氟尿嘧啶。故 5-氟尿嘧啶能够选择性抑制癌细胞生长,对正常细胞则影响较小,被广泛地用于恶性肿瘤的治疗。

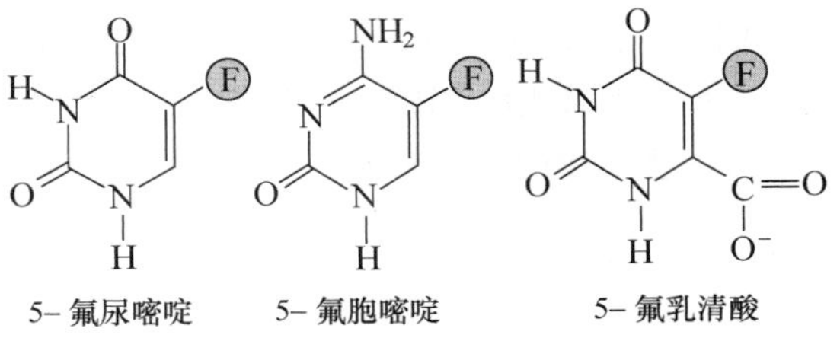

图 12-14 常用的嘧啶类似物

12.5.3 核苷类似物

有一些改变了核糖结构的嘧啶核苷类似物,例如阿糖胞苷(arabinosylcytosine, ARAC)和环胞苷也是重要的抗癌药物。ARAC 抑制 CDP 还原成 dCDP,也能影响 DNA 的合成。

3′-重氮-2′,3′-双脱氧胸苷(3′-azido-2′,3′-dideoxythymidine,AZT)是用于治疗艾滋病的药物,它可转变成相应的 5′-三磷酸核苷,抑制病毒的逆转录酶。2′,3′-双脱氧胞苷(2′,3′-dideoxycytisine,DDC)和 2′,3′-双脱氧次黄苷(2′,3′-dideoxyinosine,DDI)也是首先转变成相应的三磷酸核苷,然后掺入 DNA 分子,但由于它们均缺乏 3′-羟基末端,故可阻止病毒 DNA 复制时链的进一步延长,从而抑制病毒的繁殖。AZT 和 DDI 的结构式如图 12-15 所示。

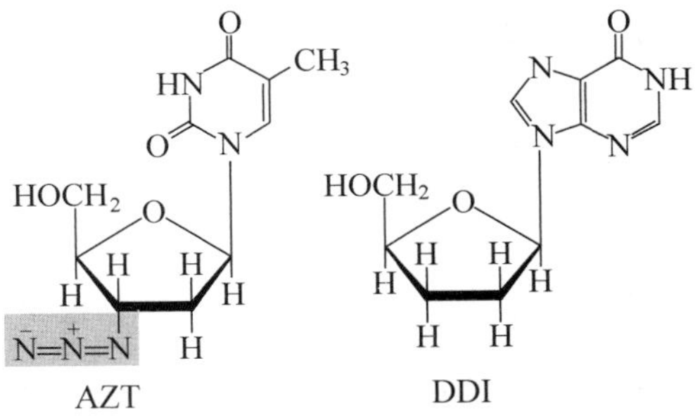

图 12-15 AZT 和 DDI 的结构式

12.5.4 谷氨酰胺和天冬氨酸类似物

重氮丝氨酸(azaserine)、阿雪维菌素及 6-重氮-5-氧正亮氨酸(diazonorleucine)与谷氨酰胺结构相似(图 12-16),可抑制核苷酸合成中有谷氨酰胺参与的反应,因而可干扰 IMP、GMP 及 CTP 的从头合成,对某些肿瘤的生长有抑制作用。同样,天冬氨酸类似物,如羽田杀菌素可强烈抑制腺苷琥珀酸合成酶,阻止天冬氨酸掺入反应。由于这类抗癌药物副作用较大,临床上使用不多。

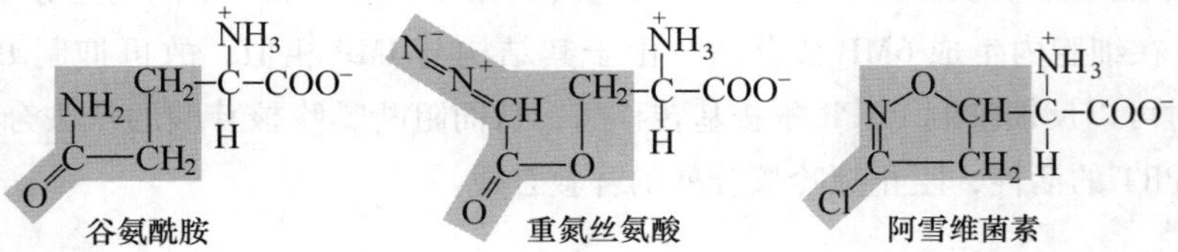
谷氨酰胺
重氮丝氨酸
阿雪维菌素

图 12－16　常用的谷氨酰胺类似物

12.5.5　叶酸类似物

氨基蝶呤（aminopterin）及氨甲蝶呤（methotrexate，MTX）都是叶酸的类似物（见 7.2.7），能竞争性抑制二氢叶酸还原酶，使叶酸不能还原为 DHF 及 THF。因此，嘌呤合成时，C－8 和 C－2 得不到一碳单位供应，从而抑制嘌呤核苷酸的合成。另外，嘧啶核苷酸合成时，胸苷酸合酶催化 dUMP 转变为 TMP，THF 被氧化成 DHF，若抑制二氢叶酸还原酶活性，便会阻碍 DHF 再生成 THF，抑制胸苷酸的合成。叶酸类似物的结构如图 12－17 所示。

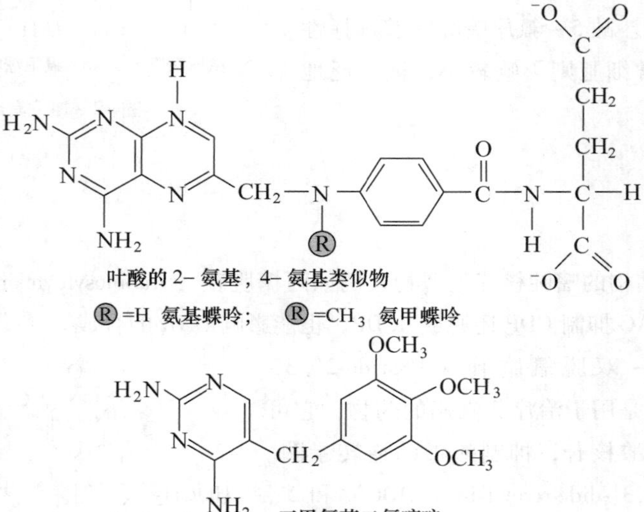
叶酸的 2- 氨基，4- 氨基类似物
Ⓡ=H 氨基蝶呤；Ⓡ=CH3 氨甲蝶呤
三甲氧苄二氨嘧啶

图 12－17　常用的叶酸类似物

抗代谢物均有较强的副作用，某些增殖速度较快的正常细胞，如肠黏膜上皮细胞、造血细胞、免疫细胞等，DNA 合成也很活跃，对这类核苷酸抗代谢物也较敏感。因此，上述药物的局限性是产生胃肠反应、造血系统抑制和免疫系统抑制等严重的毒副作用。此外，肿瘤细胞还可以对抗癌药产生抗药性。例如，经 MTX 长期作用的抗性细胞中编码二氢叶酸还原酶的基因得到选择性扩增，每个细胞中该基因的拷贝数可扩增数倍。因此，用抗代谢物治疗疾病要根据病情合理地选择和使用药物，并着力开发药效好、副作用小的抗代谢物。

科学史话 12－2
核苷酸抗代谢物类药物的研发

12.6 辅酶核苷酸的生物合成

12.6.1 烟酰胺核苷酸的合成

烟酰胺核苷酸包括 NAD^+ 和 $NADP^+$，其合成途径可概括如下：

① 烟酸 + 5 - 磷酸核糖基焦磷酸 $\xrightarrow{\text{烟酸单核苷酸焦磷酸化酶}}$ 烟酸单核苷酸 + PPi

② 烟酸单核苷酸 + ATP $\xrightarrow{\text{脱酰胺 - NAD 焦磷酸化酶}}$ 脱酰胺 - NAD + PPi

③ 脱酰胺 - NAD + 谷氨酰胺 + ATP $\xrightarrow{\text{NAD 合成酶}}$ NAD^+ + 谷氨酸 + AMP + PPi

④ NAD^+ + ATP $\xrightarrow{\text{NAD 激酶}}$ $NADP^+$ + ADP

12.6.2 黄素核苷酸的合成

黄素核苷酸包括 FMN 和 FAD，其合成途径可概括如下：

① 核黄素 + ATP $\xrightarrow{\text{黄素激酶}}$ FMN + ADP

② FMN + ATP $\xrightarrow{\text{FAD 焦磷酸化酶}}$ FAD + PPi

12.6.3 辅酶 A 的合成

辅酶 A 的合成途径可概括如下：

① 泛酸 + ATP $\xrightarrow{\text{泛酸激酶}}$ 4′ - 磷酸泛酸 + ADP

② 4′ - 磷酸泛酸 + 半胱氨酸 $\xrightarrow[\text{CTP 或 ATP}]{\text{磷酸泛酰半胱氨酸合成酶}}$ 4′ - 磷酸泛酰半胱氨酸

③ 4′ - 磷酸泛酰半胱氨酸 $\xrightarrow{\text{磷酸泛酰半胱氨酸脱羧酶}}$ 4′ - 磷酸泛酰巯基乙胺 + CO_2

④ 4′ - 磷酸泛酰巯基乙胺 + ATP $\xrightarrow{\text{脱磷酸辅酶 A 焦磷酸化酶}}$ 脱磷酸辅酶 A + PPi

⑤ 脱磷酸辅酶 A + ATP $\xrightarrow{\text{脱磷酸辅酶 A 激酶}}$ 辅酶 A + ADP

小结

　　食物中的核酸和细胞中的核酸均可被核酸酶水解为核苷酸。细胞内既可进行核苷酸的分解代谢，又可进行核苷酸的合成代谢，二者处于动态平衡。

　　灵长类、鸟类、某些爬行类等将嘌呤转化为尿酸并排出体外，其他动物可进一步分解尿酸，不同的物种可生成不同的代谢产物。植物和微生物可将嘌呤分解成二氧化碳、氨和有机酸。

　　生物体可以利用简单的化合物从头合成核苷酸，也可用碱基或核苷通过补救途径合成核苷酸。嘌呤核苷酸从头合成首先经历 11 步反应生成 IMP，然后由 IMP 生成 AMP 和 GMP。嘧啶核苷酸的从头合成，则首先生成乳清核苷酸，随后脱羧基生成 UMP，CTP 是由 UTP 从谷氨酰胺接受氨基生成的。NMP 可以在激酶的作用下转化为 NDP 和 NTP。在 NDP 还原酶的催化下，NDP 可以被还原为脱氧 NDP，胸苷酸可由脱氧尿苷酸通过甲基化反应生成。核苷酸的补救合成主要是由碱基和 PRPP 生成核苷酸和 PPi。缺乏次黄嘌呤 - 鸟嘌呤磷酸核糖转移酶（HGPRT）的患儿表现为自毁容貌症。

核苷酸的生物合成受到严格的调控使体内核苷酸的浓度维持在正常水平。

核苷酸的抗代谢物可以抑制核苷酸的合成，从而控制细胞的快速繁殖，因而可作为抗肿瘤和抗病毒的药物使用。常用的抗代谢物包括嘌呤类似物、嘧啶类似物、核苷类似物、叶酸类似物、谷氨酰胺类似物和天冬氨酸类似物。抗代谢物作为药物，会产生胃肠反应、造血机能障碍和免疫抑制。要正确地选择和使用抗代谢物，并着力开发药效好、副作用小的抗代谢物。

文献导读

［1］Schachman H K. Still looking for the ivory tower. Annu Rev Biochem, 2000（69）：1-29.

该论文生动地描述了天冬氨酸转氨甲酰酶的研究历程，对于培养科学思维的能力很有启迪作用。

［2］Kappock T J, Ealick S E, Stubbe J. Modular evolution of the purine biosynthetic pathway. Curr Opin Chem Biol, 2000（4）：567-572.

该论文介绍了嘌呤合成途径的进化。

［3］Nelson D L, Cox M M. Lehninger Principles of Biochemistry. 7th ed. New York：W. H. Freeman & Company, 2017.

该书第 22 章很好地叙述了各类核苷酸代谢及其调控。

［4］An S, Kumar R, Sheets E D, et al. Reversible compartmentalization of de novo purine biosynthetic complexes in living cells. Science, 2008, 320, 103-106.

该论文介绍了嘌呤合成复合体形成的细胞学实验，对于理解代谢途径的高效性有帮助。

［5］Berg J M, Tymoczko J L, Gatto G J, et al. Biochemistry. 9th ed. New York：W. H. Freeman & Company, 2019.

该书第 25 章详细叙述了核苷酸代谢及其调控。

思考题

1. 你如何解释以下现象：细菌调节嘧啶核苷酸合成的酶是天冬氨酸氨基甲酰转移酶，而人类调节嘧啶核苷酸合成的酶主要是氨基甲酰磷酸合成酶。

2. 假如细胞中存在合成核苷酸的全部前体物质，①从 5 - 磷酸核糖合成 1mol 腺苷酸需要消耗多少摩尔 ATP？②如果用补救途径合成 1mol 腺苷酸，细胞可节省多少摩尔 ATP？

3. 使用放射性标记的尿苷酸可标记 DNA 分子中所有的嘧啶碱基，而使用次黄苷酸可标记 DNA 分子中所有的嘌呤碱基，试解释以上的结果。

4. 为便于筛选经抗原免疫的 B 细胞和肿瘤细胞的融合细胞，选用次黄嘌呤 - 鸟嘌呤磷酸核糖转移酶缺陷（HGPRT⁻）的肿瘤细胞和正常 B 细胞融合后在 HAT（次黄嘌呤 - 氨甲蝶呤 - 胞苷）选择培养基中培养，此时只有融合细胞才能生长和繁殖，请解释选择原理。

5. 简述 5 - 溴尿嘧啶、6 - 巯基嘌呤在体内的代谢去向，试解释它们为何能抑制 DNA 的复制。

6. 人体次黄嘌呤 - 鸟嘌呤磷酸核糖转移酶（HGPRT）缺陷会引起核苷酸代谢发生怎样的变化，其生理生化机制是什么？

7. 用氚标记胞苷的嘧啶碱基，用 ^{14}C 标记胞苷的核糖部分，用标记好的胞苷注射动物。经过一段时间后，从动物组织中除了分离出游离的带有标记的核糖和胞嘧啶，同时还发现分离出的 DNA 分子中含有带标记的脱氧胞苷酸，从这些实验事实中你可得到什么结论？

数字课程学习

 教学课件　　📝 习题解析与自测

13

DNA 的生物合成

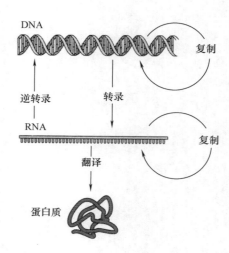

　　DNA 和 RNA 的复制、转录和逆转录都是以碱基配对为基础的，蛋白质的合成更加复杂。

　　20 世纪 50 年代初，众多的研究已充分证明 DNA 是遗传物质。遗传物质应当能够准确地自我复制，将遗传信息传给子代。1953 年 Watson 和 Crick 提出 DNA 双螺旋结构模型时，除考虑到碱基组成规律，X 射线衍射等实验数据外，一个重要因素，是 Watson 深知 DNA 的结构应当有利于其自我复制。而双链结构的碱基配对，使人很容易提出 DNA 复制机制的构想。在提出 DNA 双螺旋结构的那篇划时代的论文中，作者指出"我们没有忽视从我们提出的特异性碱基配对可以立即提出遗传物质复制的一种可能机制"。几周以后，Watson 和 Crick 提出了 DNA 复制的半保留机制，并于 1958 年由 M. Meselson 和 F. Stahl 的同位素实验证实。

　　DNA 复制是一个非常复杂的过程，DNA 双链的解开、新链的合成、错配核苷酸的校对等过程均有相应的酶或蛋白质参与。有关原核生物 DNA 复制的过程，已研究得比较清楚，但尚有一部分问题有待进一步研究。真核生物 DNA 复制的过程大致与原核生物相同，但参与复制过程的酶和蛋白质种类更多，结构更加复杂，还有很多问题有待深入研究。

　　以 RNA 为模板合成 DNA，与转录过程中遗传信息从 DNA 到 RNA 的方向相反，称逆转录，催化这一过程的逆转录酶存在于某些 RNA 病毒中。研究逆转录作用，对于控制肿瘤和艾滋病有重要意义。此外，逆转录酶是分子生物学研究中常用的工具酶。

　　虽然 DNA 复制十分准确，其结构也相当稳定，但在复制产生的子代 DNA 中，难免会有一定概率的错误。在细胞内外的一些理化因子作用下，DNA 也会有一定概率的损伤。本章除了讨论 DNA 复制的机制外，还将讨论 DNA 损伤产生的机制和损伤修复的途径，这一方面的研究会对肿瘤等疾病的控制提供一定的启示。

　　DNA 重组和克隆是现代生物学常用的研究手段。本章将介绍有关的基本概念和基本原理，为遗传学等后续课程提供必要的基础。

13.1　DNA 复制的概况

　　DNA 复制（replication）是指亲本 DNA 双螺旋解开，两条链分别作为模板，合成子代 DNA 分子的过程。不论是原核生物还是真核生物，DNA 均需要精确的复制，随即细胞分裂，将复制好的 DNA 分配到两个子细胞中。染色体外的遗传物质如质粒、噬菌体，以及线粒体、叶绿体 DNA 也有基本相似的复制过程，但它们的复制受到染色体 DNA 复制的控制。

　　DNA 复制过程的研究一般采用三类系统：一是 ΦX174 DNA 或质粒 DNA 及其完成复制所必需的酶、蛋白质及其因子构成的体外系统。二是以 *E. coli* 为模式生物，研究原核生物的 DNA 复制。三是以酵母和动物病毒为模式生物研究真核生物的 DNA 复制。

13.1.1　DNA 的半保留复制

　　Watson 和 Crick 提出 DNA 双螺旋结构模型后不久，就提出了**半保留复制**（semiconservative replication）的设想，即 DNA 的两条链彼此分开，各自作为模板，按碱基配对规则合成互补链。由此产生的子代 DNA 的一条链来自亲代，另一条链则是以这条亲代链为模板合成的新链。由于当时不知道双链是如何解开的，因此也有人提出全保留复制的假设，即新合成的两条链形成一个子代 DNA，亲代链则全保留在另一个子代 DNA 中。直到 1958 年 M. Meselson 和 F. Stahl 应用同位素标记法和 CsCl 密度梯度超速离心

科学史话 13－1
细菌 DNA 半保留复制的实验证据

技术研究 *E. coli* 的 DNA 复制，才证实半保留复制机制是正确的。

这一实验首先用$^{15}NH_4Cl$ 作为唯一氮源培养 *E. coli* 十多代，使所有细菌 DNA 都带有^{15}N 标记，然后将这些细菌转移到$^{14}NH_4Cl$ 培养基上培养，按不同时间取样品，用 SDS 裂解细胞，裂解液中的 DNA 用 CsCl 密度梯度超速离心来分离，用光学系统扫描检测。在离心过程中，从离心管管底到管口形成密度从高到低的梯度分布。不同密度的 DNA 分子分布于同它相等的 CsCl 密度区，用紫外光照射可检测到吸收带。

由于 ［^{15}N］ DNA 比 ［^{14}N］ DNA 的密度大，离心时就形成位置不同的区带。［^{15}N］ DNA 形成的区带靠近离心管底，［^{14}N］ DNA 形成的区带靠近离心管口。Meselson 和 Stahl 发现在 ［^{15}N］ 培养基中的细菌 DNA 只形成一条 ［^{15}N］ DNA 的区带，移至 ［^{14}N］ 培养基经过一代后，所有 DNA 的密度都在 ［^{15}N］ DNA 和 ［^{14}N］ DNA 之间，说明合成的 DNA 一条链含有 ［^{15}N］，而另一条链则含有 ［^{14}N］。实验证明第二代 DNA 一半为 ［^{15}N］ 和 ［^{14}N］ 的杂合分子，另一半则是两条链均为 ［^{14}N］ 的 DNA 分子。第三代以后 ［^{14}N］ DNA 按照半保留复制的机制，成比例地增加（图 13 - 1）。此后，又对细菌、动植物细胞及病毒进行了许多实验研究，都证明了 DNA 是以半保留方式复制的。

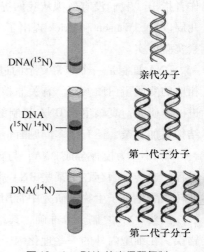

图 13 - 1　DNA 的半保留复制

（图中标注：DNA(^{15}N) — 亲代分子；DNA($^{15}N/^{14}N$) — 第一代子分子；DNA(^{14}N) — 第二代子分子）

13. 1. 2　DNA 复制的起点和方式

基因组中能独立进行复制的单位称**复制子**（replicon）。原核细胞基因组、质粒、许多噬菌体、某些病毒的 DNA 及真核细胞器 DNA 一般由单个复制子构成。复制时，从一个固定的**起点**（origin）开始复制，此时双链 DNA 解开形成两条单链，分别作为模板进行复制，由此形成的结构很像叉子，被形象地称作**复制叉**（replication fork）。复制的方向大多是双向的，并形成含有两个复制叉的复制泡（replication bubble）或复制眼（replication eye）。少数是单向复制的，只形成一个复制叉。

用放射自显影实验可以判断 DNA 复制是双向的，还是单向的。由于^3H 标记的脱氧胸苷可以随着 DNA 的复制掺入 DNA 分子中，1963 年 J. Cairns 在大肠杆菌的培养基中加入^3H 标记的脱氧胸苷，经过适当时间的培养后，用溶菌酶去除细胞壁，分离完整的大肠杆菌 DNA，铺到一张透析膜上，在暗处将感光乳胶覆盖到经过干燥的透析膜上，避光放置数周后显影，由于^3H 放射性衰变所放出的 β 粒子使乳胶感光，显影后可形成黑点（银粒子）记录下来。将显影后的胶片置于光学显微镜下，可以看到大肠杆菌 DNA 的全貌。Cairns 用低放射性作第一次脉冲标记后，再用高放射性作短期标记，然后观察 DNA 复制的复制泡所形成的放射自显影图片，结果低放射活性区（图中的轻标记 DNA）在放射自显影图的中间，而高放射活性区（图中的重标记 DNA）则在两端，说明大肠杆菌染色体的复制是朝两个方向进行的（图 13 - 2）。环形 DNA 复制时，DNA 会形成类似字母 θ 的形状，故称作 θ 型复制。

DNA 复制的起点是含有 100 ~ 200 bp 的一段 DNA。原核生物的环状 DNA 只有一个复制起点，

知识扩展 13 -1
植物和动物 DNA 半保留复制的实验证据

科学史话 13 -2
环状 DNA 双向复制的实验证据

（图 13 - 2 标注：轻标记 DNA；单向复制；重标记 DNA；双向复制）

图 13 - 2　DNA 的双向复制

其复制叉移动的速度约为10^5 bp /min。大肠杆菌的 DNA 复制一次需 40 min，但在迅速生长的原核生物中，第一个 DNA 分子的复制尚未完成，第二个 DNA 分子就在同一个起点上开始复制，从而使原核生物可以用更快的速度繁殖。

在真核生物染色体的不同位置上有多个复制起点，如在 30 000 bp 长的果蝇染色体 DNA 上有 2 000 ~ 3 000 个复制起点。从这些起点开始双向复制就形成多个复制泡，这一状况已用电子显微镜观察得到证实。真核生物的复制叉移动较慢（$5 \times 10^2 \sim 5 \times 10^3$ bp /min），但由于同时起作用的复制叉数目很大，真核生物染色体 DNA 复制的总速度比原核生物还快。例如，果蝇胚胎的 DNA（基因组总长为大肠杆菌的 40 倍）在 3 min 内即可增加 1 倍。

环状 DNA 还有一种复制方式称滚环（rolling circle）复制。噬菌体 ΦX174 DNA 为环状单链分子，复制时首先形成共价闭合环状双链分子（复制型），随后正链的特定位点被内切核酸酶切开，游离出 3′-OH 和 5′-磷酸基。5′-磷酸基在酶的作用下被固定到细胞膜上，3′-OH 处不断掺入脱氧核苷酸。这样，以滚动的负链为模板，合成新的正链。复制完成后，经切割和环化，形成新的环状 DNA。

还有一种复制方式称取代环（diplacement loop）或 D 环（D-loop）复制。复制在一固定点起始，一条链先复制，另一条链形成单链区，在电子显微镜下可看到类似字母 D 的形状，故称 D 环复制。这类 DNA 两条链的复制起点处于不同的位置，当先复制的链复制达到一定的程度，暴露出另一条链的复制起点，该链才能开始复制。两条链复制起点错位的 DNA，如线粒体 DNA 的复制方式就是 D 环复制。

13.2 原核生物 DNA 的复制

13.2.1 参与原核生物 DNA 复制的酶和蛋白质

（1）DNA 聚合酶

DNA 复制过程中最基本的酶促反应是 4 种脱氧核苷酸的聚合反应。1956 年 A. Kornberg 等首先从大肠杆菌中分离出催化该反应的 DNA 聚合酶，即 **DNA 聚合酶 I**（DNA polymerase Ⅰ，pol Ⅰ）。pol Ⅰ 已高度纯化，它是 M_r 为 109 000 的一条肽链，催化 DNA 新链合成时需要 4 种 dNTP 作为底物，还需 Mg^{2+}、DNA 模板以及与模板 DNA 互补的一小段 RNA 引物，酶的活性部位含有紧密结合的 Zn^{2+}。酶催化新加入的脱氧核苷酸单位的 α-磷酸基与引物的 3′-OH 共价结合，并从新加入的 dNTP 分子上释放焦磷酸，因此合成的方向是从 5′端到 3′端。所产生的焦磷酸随即被细胞中的焦磷酸酶分解产生无机磷酸，推动聚合反应的完成（图 13-3）。

脱氧核苷酸单位逐个加到引物的 3′端是按照模板链的碱基顺序，遵循碱基配对的原则进行的。因此 DNA 聚合酶所催化形成的产物是与模板链碱基顺序互补的 DNA 链。进一步的研究表明，DNA 聚合酶 I 不但可催化 DNA

知识扩展 13-2
原核生物复制周期重叠的图示

知识扩展 13-3
真核生物 DNA 的多起点复制

知识扩展 13-4
滚环复制和细菌 F 因子的转移

知识扩展 13-5
DNA 合成的方向

科学史话 13-3
DNA 聚合酶 I 的发现

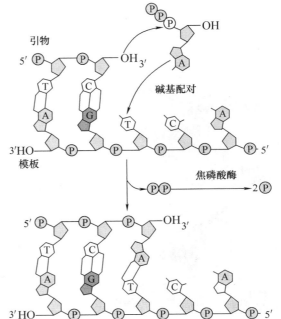

图 13-3 DNA 聚合酶催化的反应

链的延长，也能催化 DNA 链的水解，即它具有从 DNA 分子的 3′端开始，按 3′→5′方向的外切酶活力，也有从 DNA 分子的 5′端开始，按 5′→3′方向的外切酶活力。3′→5′外切酶可切除错配的核苷酸，即具有**校对功能**（proofreading function），5′→3′外切酶可用于切除 RNA 引物。

用枯草杆菌蛋白酶对 DNA pol I 进行有限的水解，得到两个片段：小片段 M_r 为 3.4×10^5（氨基酸残基 1~323 位）具有 5′→3′外切核酸酶活性；大片段（残基 324~928 位）M_r 为 7.6×10^5，按发现者的名字被称作 **Klenow 片段**（Klenow fragment），具有 DNA 聚合酶和 3′→5′外切核酸酶活性。1987 年 T. Steitz 对 Klenow 片段进行 X 衍射分析，发现其空间结构像一个手掌，由其氨基酸残基 324~517 组成的一个小结构域，具有 3′→5′外切核酸酶活性，由残基 521~928 组成拇指（thumb）结构域和掌心（palm）结构域，这两个结构域之间由 β 片层结构连接。拇指和掌心之间形成一个长的裂缝，此裂缝处有线状排列的带正电荷的氨基酸残基，便于与正在复制的 DNA 结合。其内部还有一个适合于 B - DNA 进出的通道（图 13 - 4）。

在大肠杆菌细胞抽提物中，DNA pol I 的活性占全部 DNA 聚合酶活性的 90% 以上。但是人们观察到大肠杆菌染色体 DNA 复制叉的移动速度是 DNA 聚合酶 I 合成速度的 20 倍以上。另外，DNA pol I 复制的连续性较差，连续合成不超过 200 nt，酶就和模板解离。最后，也是最重要的，是 1969 年 J. Cairns 分离得到一株 DNA pol I 基因缺陷菌株，该菌株能够繁殖，说明其能够进行 DNA 复制，即 pol I 不是主要的 DNA 复制酶。另外发现，该菌株很容易发生突变，说明聚合酶 I 在 DNA 损伤的修复中起重要作用。pol I 催化的反应主要是切除 RNA 引物或有损伤的 DNA 片段，并用正确的 DNA 片段填补缺口（图 13 - 5）。

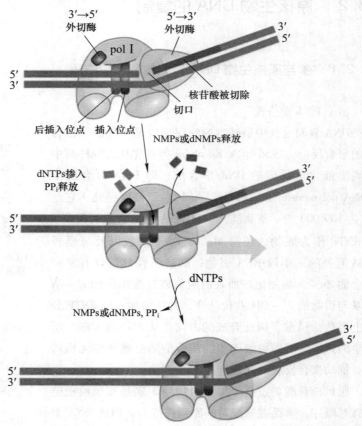

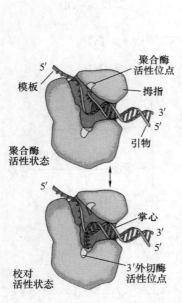

图 13 - 4　Klenow 片段的作用

图 13 - 5　DNA 聚合酶 I 催化的反应（引自：Nelson D L, Cox M M, 2017）

20 世纪 70 年代，人们先后发现了 **DNA 聚合酶 II**（DNA polymerase II，pol II）和 **DNA 聚合酶 III**（DNA polymerase III，pol III）。对这两种酶结构和功能的研究发现，DNA pol II 主要参与 DNA 损伤的修复，DNA pol III 是主要的复制酶。

如表 13-1 和图 13-6 所示，DNA 聚合酶 III 含有 3 个**核心酶**（core enzyme），其亚基组成均为 $\alpha\varepsilon\theta$，具有聚合酶活性和校对活性，τ 亚基二聚体将 3 个核心酶连接为一个复合物。每个核心酶连接一个 **β-滑动夹子**（β-sliding clamp），每个 β-滑动夹子由 2 个 β 亚基构成，可将正在复制的 DNA 固定在夹子中心，并能随 DNA 复制沿着模板 DNA 链滑动（图 13-7）。$\tau_3\delta\delta'$ 5 个亚基形成**夹子装载器**（clamp-loading complex），促进 β-滑动夹子同核心酶的装配。β-滑动夹子结构使 DNA 聚合酶不易从模板脱离，有利于 DNA 的连续复制。需要说明的是，图 13-6 中未能画出与夹子装配器结合的 χ 亚基和 ψ 亚基。

20 世纪 90 年代末发现的 DNA pol IV 和 V 在 DNA 出现严重损伤时，参与 DNA 损伤的修复。

表 13-1　大肠杆菌 DNA 聚合酶 III 的亚基组成

亚基	亚基数	M_r（$\times 10^3$）	基因	亚基的功能
α	3	129.9	*Pol C*（dna E）	核心酶
ε	3	27.5	*DnaQ*（mut D）	
θ	3	8.6	*holE*	
τ	3	71.1	*DnaX*	夹子装配器 γ
δ	1	38.7	*HolA*	
δ′	1	36.9	*HolB*	
χ	1	16.6	*HolC*	与 SSB 结合
ψ	1	15.2	*HolD*	与 τ 和 χ 结合
β	6	40.6	*DnaN*	形成滑动夹子

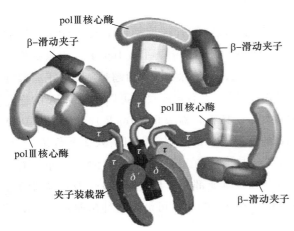

图 13-6　DNA pol III 的结构
（引自：Nelson，Cox，2017）

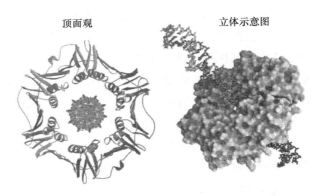

图 13-7　DNA pol III 的 β-滑动夹子结构

（2）参与原核生物 DNA 复制的其他酶和蛋白质

原核生物 DNA 复制时，首先要在**引物酶**（primase）的作用下合成一小段 **RNA 引物**（RNA primer），随即在 DNA pol III 催化下合成 DNA 链。RNA 引物在 DNA pol I 的 5′→3′外切酶作用下被切除，并用脱氧核苷酸填补缺口。但 1 个 DNA 片段的 3′-OH 和另一个 DNA 片段的 5′-磷酸基之间最后一个键的形成，是由 **DNA 连接酶**（DNA ligase）催化的。DNA 连接酶催化的反应如图 13-8 所示，噬菌体和真核细胞的

DNA 连接酶由 ATP 提供能量，在反应过程中，将 ATP 中的 AMP 部分连接到切口的 5′-磷酸基上，释放 PPi。随后，切口的 3′-OH 进攻原 5′-磷酸基，形成磷酸二酯键，释放 AMP。细菌的 DNA 连接酶由 NAD⁺ 提供能量，在反应过程中，将 NAD⁺ 中的 AMP 部分连接到切口的 5′-磷酸基上，释放烟酰胺单核苷酸。随后，切口的 3′-OH 进攻原 5′-磷酸基，形成磷酸二酯键，释放 AMP。细菌的 DNA 连接酶只能连接双链 DNA 一条链上的切口，噬菌体 T4 的 DNA 连接酶在一定的条件下，可连接平末端。这两种 DNA 连接酶均是基因工程中常用的工具酶。

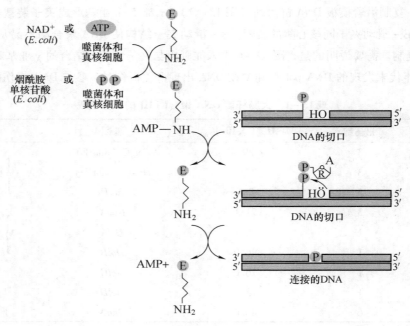

图 13-8　DNA 连接酶催化的反应

DNA 双螺旋的解开需 **DNA 解旋酶**（DNA helicase）参与，该酶解开螺旋需 ATP 提供能量。环状 DNA 复制时，超螺旋的圈数由**拓扑异构酶**（topoisomerase）调整。拓扑异构酶Ⅰ（Top Ⅰ）曾被称作 ω 蛋白、松弛酶等，是 M_r 为 1.1×10^5 的一条肽链，由 *top* 基因编码，可消除和减少负超螺旋，对正超螺旋不起作用。其作用机制是切开 DNA 双链中的一条链，绕另一条链一周后再连接，可以改变 DNA 的连环数，从而改变超螺旋的圈数。其作用过程不需要 ATP 提供能量。拓扑异构酶Ⅱ（Top Ⅱ）可以切断 DNA 的两条链，使其跨越另一段 DNA 后再连接，在消耗 ATP 的情况下，每作用一次可引入 2 个负超螺旋，在不消耗 ATP 的情况下，该酶可消除负超螺旋。Top Ⅰ 和 Top Ⅱ 广泛存在于原核和真核生物，Top Ⅰ 主要集中在转录区，与转录有关，Top Ⅱ 分布于染色质骨架蛋白和核基质部分，与复制有关。DNA 复制时，随着双链的解开，会产生形成正超螺旋的扭曲张力，Top Ⅱ 引入负超螺旋，可消除这种扭曲张力，使复制可持续进行。

知识扩展 13-6
参与原核生物 DNA 复制的酶和蛋白质

DNA 复制时，两条链解开形成的单链区有重新形成双螺旋的扭曲张力。**单链结合蛋白**（single strand binding protein，SSB）很快与单链区结合，除防止重新形成双螺旋外，还可使单链区免受核酸酶的降解。SSB 与单链区的结合存在协同效应，即先期结合的 SSB 可加快后期 SSB 与单链的结合速度。

13.2.2　大肠杆菌 DNA 复制的起始

大肠杆菌的复制原点称 *oriC*，由 245 bp 组成。这一序列在大多数细菌中是高度保守的，其排列方式如图 13 - 9，关键序列是 3 个 13 bp 的重复序列和 4 个 9 bp 的重复序列。

起始复合物的关键成分是 DnaA 蛋白，多个 DnaA 蛋白四聚体在 ATP 参与下与 *oriC* 的 9 bp 重复序列结合（这些序列富含 A - T 对）。然后 DnaB 蛋白四聚体在 DnaC 蛋白的参与下和这个区域结合，DnaB 蛋白是一种解旋酶，使双链解开形成复制泡和两个复制叉。多个 SSB 蛋白同时结合于解开的 DNA 单链部分，稳定单链 DNA。其间 Top II 用来消除 DnaB 解螺旋形成的扭曲张力。至此，DNA 复制的起始阶段基本完成，形成的复合物称预引发体（preprimosome）或预引发复合物。复制起始如图 13 - 9 所示。

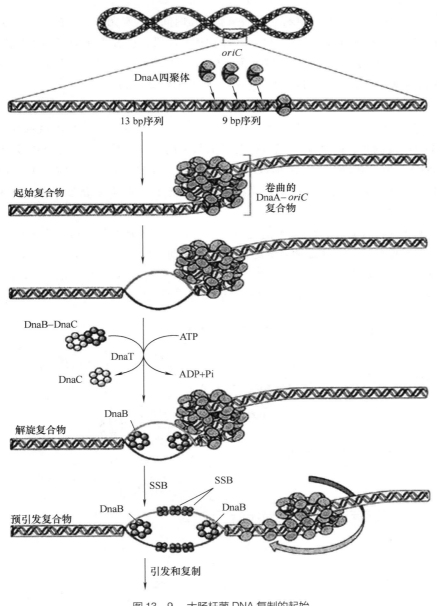

图 13 - 9   大肠杆菌 DNA 复制的起始

DNA 复制的起始阶段需要在**引发体**（primosome）作用下合成 RNA 引物。噬菌体 ΦX174 的引发体是由 DnaB（解旋酶）、DnaG（引物酶）和至少 6 种其他蛋白质构成的复合体，它可以将 SSB 置换下来，并按 5′→3′方向合成 10 ~ 60 nt 的 RNA 引物。

13.2.3 DNA 链的延伸

DNA 的两条链是反向平行的，如果两条新链都沿着复制叉解开的方向合成，则一条链需沿 5′→3′方向合成，另一条链需沿 3′→5′方向合成。但 DNA 合成的原料均为 5′-dNTP，形成酯键时，只能将 5′位的磷酸基连接到引物的 3′-OH 上，与此相对应，迄今发现的 DNA 聚合酶只能催化 5′→3′方向的新链合成。那么，DNA 复制时，通过何种机制才能使两条模板链均得到复制呢？

科学史话 13-4
冈崎片段的发现

1968 年冈崎（R. Okazaki）等用³H 标记的脱氧胸苷短时间处理噬菌体感染的大肠杆菌，然后分离标记的 DNA 产物，发现短时间内首先合成的是较短的 DNA 片段，接着很快即可出现较大的分子。这些 DNA 短片段被按照发现者的名字定名为**冈崎片段**（Okazaki fragment）。进一步的研究证明，冈崎片段在细菌和真核细胞中普遍存在。细菌的冈崎片段较长，有 1 000 ~ 2 000 nt。

冈崎的重要发现以及后来许多其他人的研究成果，使人们认识到 DNA 复制时，一条链是连续合成的，另一条链是由间断合成的短片段连接而成的，这样的复制过程称作**半不连续复制**（semidiscontinuous replication）。复制时，DNA 的一条链按复制叉移动的方向，沿 5′→3′方向连续合成，称为**前导链**（leading strand）；另一条链是在已经形成一段单链区后，先按与复制叉移动的方向相反的方向，沿 5′→3′方向合成冈崎片段，再通过酶的作用将冈崎片段连在一起构成完整的链，称为**后随链**（lagging strand）。

近年发现，前导链和后随链的 DNA 新链是由同一个 DNA pol Ⅲ 的两个核心酶分别催化的。如何使后随链合成位点靠近复制叉，且其延伸方向与复制叉的移动方向一致呢？研究发现后随链的模板链环化，即可使这一问题得到解决。DNA 的半不连续复制如图 13-10 所示。DNA pol Ⅲ 利用它的一套核心酶连续合成前导链，以另一套核心酶合成经过环化的后随链上的冈崎片段。

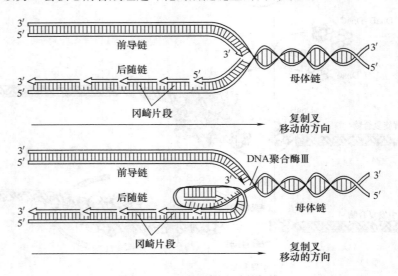

图 13-10　DNA 的半不连续复制

DNA pol Ⅲ 的一个滑动夹子将前导链固定在一个核心酶亚基上，连续合成新链。在后随链的单链区，DNA 引物酶与解螺旋酶结合并合成一个新的 RNA 引物，第二个 β-滑动夹子通过夹子装载器装载模板和新 RNA 引物，合成冈崎片段。当一个冈崎片段合成完毕，核心酶从 β-滑动夹子上解离，原有的滑动夹子被留在后面。接着新的模板、引物及第三个 β-滑动夹子被装载到核心酶上，即开始一个新冈崎片段的合成（图 13-11）。

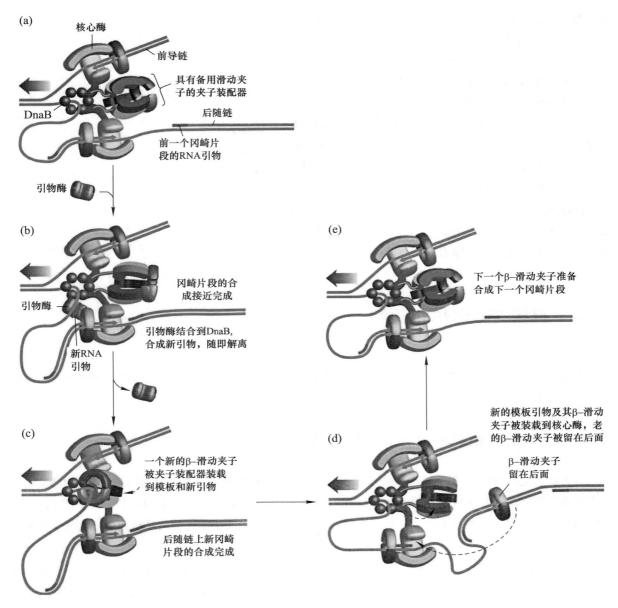

图 13 −11　后随链延伸的机制（引自：Nelson D L，Cox M M，2017）

许多证据表明，上述的复制复合物是与细胞质膜相结合的，DNA 复制时，DNA 链穿过复合体移动。后随链模板构成的环逐渐加大，直至冈崎片段的合成完成，β – 滑动夹子连同新合成的冈崎片段脱离核心酶。在这一过程中复制复合物是相对固定的，这一机制有利于整个 DNA 复制完成后，两个与细胞质膜相结合的子代 DNA 分子，随细胞分裂被分配在两个子细胞中。

在上述过程中，DNA 合成的速度是每条链每秒加接约 1 000 nt。一旦一个冈崎片段被合成完毕，它的 RNA 引物被 DNA pol Ⅰ 除去并用 DNA 替换。留下一个切口（nick）由 DNA 连接酶连接。

13.2.4　复制的终止

单向复制的环状 DNA 分子，其复制的终点就是其原点。双向复制的 DNA 环形分子，在两个复制叉相遇时即完成复制。但两个复制叉合成新链的速度一旦出现差异，就可能为复制的终止造成麻烦。研究发现，大肠杆菌的顺时针复制叉和逆时针复制叉均有多个连续排列的**终止子**（terminator, ter），当复制叉移动到终止子处，被称作终点利用物质（terminus utilization substance, Tus）的蛋白质会结合在 ter 序列上，阻止复制叉的移动。这样，当一个复制叉先期到达终止区时，其复制会停止，待另一个复制叉到达同一位置，两个复制叉相遇，即完成了整个 DNA 的复制过程（图 13 - 12）。

DNA 复制完成后两个子代分子以连环体（catenanes）的形式存在，需要经两次重组，使两个子代分子脱离，并分配到两个子代细胞。

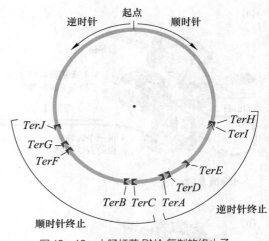

图 13 - 12　大肠杆菌 DNA 复制的终止子

13.3　真核生物 DNA 的复制

真核生物 DNA 复制的基本过程与原核生物相似，但参与复制的酶和蛋白质与原核生物不同，复制起始的调控更加复杂。

13.3.1　参与真核生物 DNA 复制的酶和蛋白质

有关真核生物 DNA 复制的资料主要来源于对 SV40 病毒和酵母的研究。已知的真核生物 DNA 聚合酶主要有 5 种，真核生物 DNA 聚合酶的酶促反应与原核生物 DNA 聚合酶相似，均以 4 种 dNTP 为底物，需要 Mg^{2+} 激活，要求有模板和引物，链的延伸方向为 5′→3′，也按半不连续的机制分别合成前导链和后随链。

SV40 DNA 的复制先后由 DNA 聚合酶 α 和 DNA 聚合酶 δ 或 ε 催化完成，DNA 聚合酶 α（DNA pol α）是一种四聚体蛋白，p180 大亚基具有类似原核生物 DNA pol I 的手型结构。另外三个小亚基中有两个具有引发酶的活性，负责合成 RNA 引物。在 DNA 复制过程中，DNA pol α 与复制起始区结合，先合成短的 RNA 引物（约 10 nt），再合成 20 ~ 30 nt 的 DNA，随后被聚合酶 δ 或 ε 取代。DNA 聚合酶 α 的聚合酶活性不高，不具 3′→5′外切酶（校对）活性。而 DNA 聚合酶 δ 和 DNA 聚合酶 ε 既具有高持续合成能力，又具有校正功能。因此设想在复制叉上由 DNA 聚合酶 α/引物酶合成 RNA 引物和一小段 DNA，DNA 聚合酶 δ 或 DNA 聚合酶 ε 合成前导链和滞后链。此外，有一种类似 β - 滑动夹子的复制因子**增殖细胞核抗原**（proliferating cell nuclear antigen, PCNA）与 DNA 聚合酶结合，大大增加了该酶的持续合成能力。DNA 聚合酶 β 的作用类似于大肠杆菌的 DNA Pol I，是一种修复酶。RNA 引物是由核糖核酸酶 H1 和翼式内切核酸酶 - 1（flanged endonuclease-1, FEN-1）或 FEN1/DNase1 切除的，FEN1 具有切除 RNA 引物的外切核酸酶和内切酶活性。留下的缺口由 DNA 聚合酶 β 填补，切口由 DNA 连接酶连接。DNA 聚合酶 γ 则是用于合成线粒体 DNA 的酶。此外复制因子 C（replication factor C, RFC）相当于大肠杆菌的 γ 复合物，是一种夹子装载器，帮助 PCNA 安装到 DNA 模板上，并与 DNA 聚合酶结合。冈崎片段合成后，PCNA 会从聚合酶及 DNA 链上脱落，加入另一个冈崎片段合成。

近些年在真核生物中又发现了 DNA 聚合酶 θ、λ、μ 等 10 多种用于 DNA 损伤修复的 DNA 聚合酶。

此外，SV40 病毒的 T 抗原可以解开复制起点处的双螺旋，其功能类似原核生物的 DnaB。蛋白质 RPA 由宿主细胞的基因编码，可结合于单链 DNA，功能类似于原核生物的 SSB。真核生物 DNA 复制时，也需要拓扑异构酶Ⅱ和 DNA 连接酶参与。

13.3.2 真核生物 DNA 复制的过程

SV40 DNA 复制的起始和延伸阶段的反应主要步骤包括：

① 2 分子由 SV40 基因组编码的 T 抗原六聚体作为起始蛋白（相当于 *E.coli* 的 DnaB 蛋白），在 ATP 的存在下与 SV40 复制起始区结合，使起始区的 DNA 解链。

② 复制蛋白 A（replication protein A，RPA）作为 SSB 与单链区结合，进一步提高 T 抗原的解旋酶活性，致使解链区不断扩大。

③ DNA pol α - 引物酶复合物与 T 抗原/RPA 复合物结合，合成前导链约 10 nt 的 RNA 引物，以及约 30 nt 的 DNA。

④ RFC 先与新合成的 DNA 3′端结合，随后 PCNA 取代 pol α - 引物酶结合到 DNA 模板上，前导链的合成暂时中断。

⑤ pol δ 结合到 PCNA - RFC 复合物上，由于 pol δ 具有校对能力，PCNA 与模板 DNA 结合牢固，该复合物可以持续地、准确地合成前导链。同时，pol α - 引物酶结合到后随链的模板上，开始后随链的合成。后随链的进一步延伸，需要用 PCNA - pol ε 取代 pol α - 引物酶（图 13 - 13）。

⑥ FEN - 1 - RNase Hl 负责切除 RNA 引物，DNA 连接酶Ⅰ负责连接相邻的冈崎片段，拓扑异构酶Ⅰ负责清除复制叉移动形成的正超螺旋。

SV40 DNA 复制时复制叉的可能结构如图 13 - 14 所示。

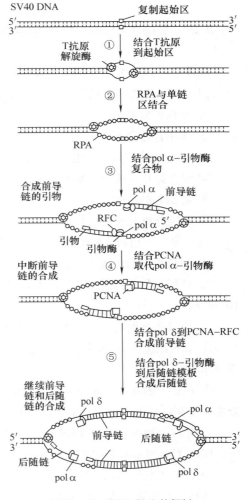

图 13 - 13 SV40 DNA 的复制

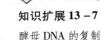

知识扩展 13 - 7

酵母 DNA 的复制

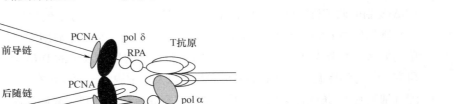

图 13 - 14 SV40 复制叉的结构

13.3.3　真核生物 DNA 复制的特点

原核生物和真核生物 DNA 复制的基本过程是相似的，但也有一些明显的差别。

（1）原核生物和真核生物 DNA 复制的共同点

① 半保留复制。

② 半不连续复制。

③ 需要解旋酶解开双螺旋，并由 SSB 同单链区结合。

④ 需要拓扑异构酶消除解螺旋形成的扭曲张力。

⑤ 需要 RNA 引物。

⑥ 新链合成有校对机制。

（2）原核生物和真核生物 DNA 复制的主要差别

① 原核生物为单起点复制，真核生物为多起点复制，复制子小而多。

② 原核生物复制叉移动的速度快（约 10^5 nt/min），真核生物复制叉移动的速度慢（$5 \times 10^2 \sim 5 \times 10^3$ nt/min）。

③ 原核生物冈崎片段的大小为 1 000 ~ 2 000 nt，真核生物冈崎片段的大小为 100 ~ 200 nt。

④ 真核细胞的 DNA 聚合酶和蛋白质因子的种类比原核细胞多，引物酶活性由 DNA pol α 的两个小亚基承担。

⑤ 原核细胞在第一轮复制还没有结束的时候，就可以在复制起始区启动第二轮复制。真核细胞的复制有复制许可因子控制，复制周期不可重叠。

⑥ 原核生物的 DNA 为环形分子，DNA 复制时不存在末端会缩短的问题。真核生物的 DNA 为线形分子，DNA 复制时末端会缩短，需要端粒酶解决线形 DNA 的末端复制问题。

（3）DNA 复制与核小体组装

真核生物的染色体结构复杂，其 DNA 与组蛋白构成核小体，DNA 缠绕于组蛋白核心外，每个核小体上的 DNA 相当于两个负超螺旋。复制时的冈崎片段长约 200 bp，恰好相当于一个核小体 DNA 的长度。DNA 复制时，组蛋白需同步合成，并与 DNA 组装成核小体。关于二者合成速度的协调，和组装成核小体的机制，目前所知甚少。但关于组蛋白的三维结构及其与 DNA 结合的机制，已取得一些研究成果。

（4）原核生物和真核生物 DNA 复制调控的比较

原核生物 DNA 复制的速率与其生长环境有关，迅速增殖的细胞通常在一次复制尚未完成的情况下，即可开始另一次复制，但复制叉上 DNA 链的延伸速度基本恒定。对大肠杆菌、ColE1 质粒和 λ 噬菌体 DNA 复制的调控机制已有一些较深入的研究，读者可在"分子生物学"等后续课程中进一步学习。

真核生物 DNA 复制的调控至少有 3 个层次，其一是细胞周期水平的调控，酵母细胞 DNA 复制在细胞周期水平的调控已有一些了解，动物细胞在细胞周期水平的 DNA 复制调控更加复杂，且这一领域的研究工作与细胞凋亡、肿瘤的发生和控制以及干细胞技术的应用有关。其二是染色体水平的调控，比如酵母细胞有 17 条线性染色体，其复制时间有先有后，已知其复制的次序与染色体的结构、DNA 的甲基化程度以及基因的转录状况有关，但有序复制的机制还有待研究。其三是复制子水平的调控，复制起点的活化、复制起始复合物的形成和引物的合成等基本过程，可能和原核生物类似，但有关 DNA 元件的结构、蛋白质因子的种类和结构等有明显差别。

（5）端粒 DNA 的复制

真核生物的线性 DNA 复制时，后随链最后一个冈崎片段的 RNA 引物被切除后，由于其缺口的另一侧不存在核苷酸片段的 3′–OH，缺口无法用 DNA 聚合酶填补。随后，模板链的单链部分被水解，因此随着 DNA 的复制，染色体的长度会缩短（图 13–15）。研究发现，染色体的末端具有**端粒**（telomere）结构，其中的一条链是由重复序列 TTTTGGGG 组成的，称 TG 链。另一条链是由重复序列 AAAACCCC 组成的，称 AC 链。这些重复序列的少量丢失，不会伤及基因的结构。但若端粒缩短到一定程度，细胞会停止分裂。

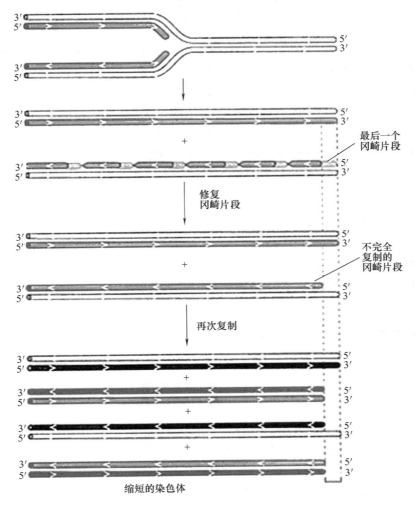

图 13–15　端粒随复制缩短的机制

　　分裂旺盛的细胞存在**端粒酶**（telomerase），这种酶是蛋白质和 RNA 组成的复合物，其 RNA 含有 CA 重复片段。端粒酶以染色体 3′端的 TG 链为引物，以其 RNA 中的 CA 重复为模板，逆转录合成一小段 TG 链（DNA）。随后，端粒酶移位，继续加长 TG 链，直到达到细胞所需要的长度。然后，端粒酶解离，引物酶以新合成 TG 链末端为模板，合成一段 RNA 引物，在细胞内 DNA 聚合酶的作用下，填补 CA 链的缺口，以 DNA 连接酶封闭切口。最后，RNA 引物被切除，端粒的单链部分被端粒结合蛋白保护，双链部分结合端粒双链 DNA 结合蛋白（图 13–16a）。高等真核生物的端粒单链经折叠与其双链互补形成 T 环（T loop），哺乳动物 T 环 DNA 的端粒结合蛋白是端粒重复结合因子 TRF（telomere repeat binding factors）1 和 TRF2（图 13–16b）。

　　高度分化的成熟细胞端粒酶活力较低，端粒的缩短或缺失会导致细胞的衰老和凋亡。相反，癌细胞的端粒酶活力则明显增高。因此，研究端粒和端粒酶，对于衰老机制的探索有重要意义。同时，也可能

科学史话 13–5
端粒酶的发现

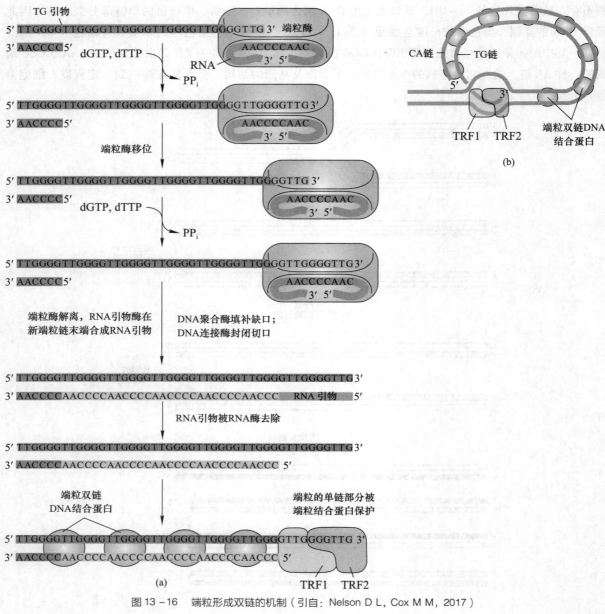

图 13-16　端粒形成双链的机制（引自：Nelson D L, Cox M M, 2017）

知识扩展 13-8
DNA 复制高度
忠实性的保证
机制

为癌症的治疗提供新途径。

　　DNA 作为遗传物质必须准确复制，保障其复制具有高度忠实性的机制见知识扩展 13-8。

13.4　逆转录作用

科学史话 13-6
逆转录酶和癌
基因的发现

　　以 RNA 为模板合成 DNA，与转录过程中遗传信息从 DNA 到 RNA 的方向相反，称**逆转录**（reverse transcription）。催化这一过程的**逆转录酶**（reverse transcrptase，RT）最早是于 1970 年在致癌 RNA 病毒中发现的，含有逆转录酶的病毒称逆转录病毒。

　　像所有 DNA 和 RNA 聚合酶一样，逆转录酶也含 Zn^{2+}，以 4 种 dNTP 为底物，合成与 RNA 碱基序列互补的 DNA，即**互补 DNA**（complementary DNA，cDNA）。当它以病毒本身的 RNA 作模板时，其酶活性最强。

RT 具有 3 种酶的活性：

① RNA 指导的 DNA 合成，形成 RNA – DNA 杂合双链。

② RNA 链的降解（RNase H 活性），在 RNA – DNA 杂合双链的 RNA 链上形成若干个缺口和 RNA 短片段。

③ DNA 指导的 DNA 合成，以单链 cDNA 为模板，以 RNA 短片段为引物，填补缺口，并用 DNA 链取代 RNA 短片段，形成双链 cDNA。

在科研工作中，RT 常被用于合成互补于各种 RNA 的 cDNA。RT 无 3′ – 外切核酸酶活性，因而缺乏校对能力，平均每掺入 2×10^4 个核苷酸就有一个错误，使 RNA 病毒有很高的突变率，这可能是新型病毒频繁出现的一个原因，也是逆转录病毒对许多抗病毒药物产生抗性的主要原因。

病毒 RNA 中一段序列与宿主细胞的 tRNA^Lys 可以进行碱基互补配对，在逆转录病毒中，逆转录酶以 tRNA^Lys 为引物起始 DNA 的合成，在合成一段 DNA 后，新合成的链先后有 2 次跳跃转移，过程比较复杂。正如所有 DNA 和 RNA 聚合酶催化的反应那样，DNA 新链合成的方向始终是 5′→3′。

在科研工作中，常用逆转录酶合成真核生物 mRNA 的 cDNA，由于真核生物的 mRNA 具有 3′ 端的 polyA，因此可以用寡聚 dT 为引物合成 cDNA 的第一链，DNA – RNA 杂合链中的 RNA 链被 RNase H 切割，剩余的 RNA 片段作为 DNA 聚合酶的引物，合成 cDNA 的第二链。这样得到的 cDNA 不含内含子，因而片段较小，适合于用作基因工程中的目的基因。某一细胞的全套 mRNA 经逆转录作用合成的一整套 cDNA，称 **cDNA 文库**（cDNA library），可用于多方面的研究工作。蛋白质序列测定十分困难，可以制备相应 mRNA 的 cDNA，测定其序列，推导出蛋白质的氨基酸序列。

不同的逆转录病毒基因组的结构相似，一些逆转录病毒可引发严重的疾病，如艾滋病等。根据逆转录病毒的特点，可以开发治疗相应疾病的药物。

知识扩展 13 – 9
逆转录病毒基因组的结构和艾滋病的防治

13.5　DNA 的损伤与修复

13.5.1　DNA 损伤的产生

尽管 DNA 聚合酶具有高度精确的聚合反应和高效的校正功能，但 DNA 复制时，还可能发生碱基错误配对，如大肠杆菌每 $10^4 \sim 10^5$ bp 中约有一个错配出现。此外，细胞的正常生理活动也可以引起 DNA 的自发性损伤。比如，碱基自发地改变氢原子的位置，使碱基在酮式和烯醇式之间互变，就可能引起碱基的错误配对，引起突变。在正常生理条件下，碱基还会以一定的概率被氧化或脱氨基，有时，自发的水解反应可以使 DNA 脱嘌呤或脱嘧啶，并可因此而造成链的断裂，这些自发的变化均可造成 DNA 的损伤。

外界环境因素，包括化学诱变剂和物理因子（如紫外线、电离辐射）以及代谢过程中产生的自由基等的影响，也会引起 DNA 损伤，使其结构改变、功能丧失，导致基因突变。因个别核苷酸变化引起的突变称**点突变**（point mutation），若这种突变导致蛋白质中氨基酸的变化，称**错义突变**（missense mutation），若不引起氨基酸的替换称**同义突变**（same-sense mutation）或**中性突变**（neutral mutation），若将氨基酸的密码突变为终止密码，引起肽链合成的中断，称**无义突变**（nonsense mutation）。

科学史话 13 – 7
X 射线诱发突变的研究

由化学诱变剂导致 DNA 发生突变的过程称化学诱变。化学诱变剂如 5 - 溴尿嘧啶、亚硝酸、羟胺、烷化剂和嵌合剂等，以不同的作用方式引起碱基置换、DNA 片段的缺失或插入、移码突变或插入突变。

碱基置换包括两种类型，**转换**（transition）指两种嘌呤之间或两种嘧啶之间的互换，**颠换**（transversion）指嘌呤与嘧啶之间的互换。如 5 - 溴尿嘧啶的酮式与 A 配对，烯醇式与 G 配对，2 - 氨基嘌呤通常与 A 配对，其亚氨形式则与 C 配对，故二者均会引起 AT 对转变为 GC 对，或 GC 对转化为 AT 对。

羟胺（NH_2OH）使胞嘧啶转化为 4 - 羟胞嘧啶而与 A 配对，结果使 GC 对转变为 AT 对。烷化剂如氮芥、硫芥、乙基甲烷磺酸，亚硝基胍等，使 DNA 碱基上的 N 原子烷基化。最常见的是将鸟嘌呤转化为 7 - 甲基鸟嘌呤，使其与 T 配对，引起碱基对的变化。氮芥和硫芥还可使同一条链或两条链之间的 G 共价交联成二聚体，阻断 DNA 的复制。亚硝基胍可在复制叉部位引起多重突变，烷化剂还可能引起 DNA 的脱嘌呤和链的断裂。

一些扁平的稠环分子如吖啶橙、原黄素、溴化乙锭等可插入 DNA 的碱基对之间，在 DNA 复制时，使合成的链插入或缺失核苷酸，引起**移码突变**（frameshift mutation）。若插入或缺失的核苷酸不是 3 的整数倍，可导致肽链中后续的氨基酸全部错误，这样的突变对细菌通常是致死的。

X 射线、γ 射线等高能离子辐射可能使 DNA 失去电子进而断裂，或造成碱基、戊糖的结构损伤。紫外线可直接作用或通过自由基间接作用于 DNA，引起 DNA 断裂、双链交联，或者在同一条链形成胸腺嘧啶二聚体。

一些诱变剂可引发肿瘤等严重疾病，但诱变剂也可用于微生物和植物育种。

知识扩展 13 - 10 诱变剂与人类健康和诱变育种

13.5.2 DNA 损伤的修复

（1）直接修复

知识扩展 13 - 11 光复活酶的作用机制

直接修复包括光修复（或光复活）和单个酶催化的直接回复作用。**光修复**（photoreaction repair）是指在可见光（400 nm 为最有效的波长）激活下，DNA 光复活酶（photoreactivating enzyme）识别并结合到紫外线照射所形成的胸腺嘧啶二聚体上，随即切开嘧啶二聚体的环丁烷结构，使其解聚为单体的过程。DNA 光复活酶广泛存在于原核和真核生物细胞中，但人细胞内目前尚未发现。

单个酶催化的直接修复，指在酶的催化下，改变修饰碱基的结构，使其恢复为正常碱基。O^6 - 甲基鸟嘌呤 - DNA 甲基转移酶可将修饰碱基 O^6 位的甲基转移到酶的半胱氨酸残基上，使修饰碱基恢复为正常的鸟嘌呤。已发现多种酶能催化这一类直接修饰反应，如 DNA 的断裂可由 DNA 连接酶直接修复，无嘌呤位点由嘌呤插入酶直接修复。

（2）切除修复

DNA 损伤修复最普遍的方式是切除异常的碱基和核苷酸，并用正常的碱基或核苷酸替换。

在**碱基切除修复**（base excision repair）中，由特异性的糖基化酶识别损伤部位，切除受损碱基。随后，内切核酸酶切除脱碱基的戊糖，用于修复的 DNA 聚合酶和 DNA 连接酶以未受损的链为模板填补缺口。

核苷酸切除修复（nucleotide excision repair）系统由多种蛋白质识别不同 DNA 损伤造成的双螺旋扭曲，随即在损伤部位 5′ 侧和 3′ 侧切断 DNA 的单链，释放出单链片段（原核生物 12 ～ 13 nt，真核生物 24 ～ 32 nt），缺口由用于修复的 DNA 聚合酶（原核生物为 pol Ⅰ，真核生物为 pol ε）以未受损的链为模板填补，最后由连接酶连接切口（图 13 - 17）。

切除修复可用来修复理化因素造成的 DNA 损伤，如切除胸腺嘧啶二聚体。切除修复系统的缺陷可引起着色性干皮病，甚至皮肤癌。

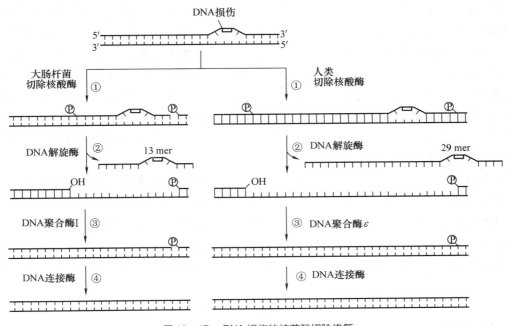

图 13-17　DNA 损伤的核苷酸切除修复

修复 DNA 复制过程中产生的碱基错配，称**错配修复**（mismatch repair，MMR）。由于母体链 DNA 特定序列（原核生物为 GATC）处 A 的 N-6 是甲基化的，子代 DNA 新合成的链在短时间内尚未被甲基化，DNA 修复系统有特定的蛋白质，能区分甲基化和非甲基化的链。在非甲基化的链上切除含错配核苷酸的片段，这样能保证被切除的片段含有复制时错误掺入的核苷酸，而不会将模板链切除，造成错上加错的结果。现已发现，有些肿瘤的发生与错配修复系统的缺陷有关。

（3）应急反应修复和重组修复

DNA 分子严重损伤时，正常的复制和修复系统无法完成 DNA 的复制，此时会启动应急反应（SOS response）修复。在这种状态下，原核生物用 DNA 聚合酶Ⅳ和Ⅴ进行 DNA 复制，这两种酶复制的精确度较差，可以复制有严重损伤的 DNA，生成差错率很高的子代 DNA，使细胞不至于因 DNA 无法复制而死亡。随后由高效的修复系统修复子代 DNA，以维持细胞的生存。在正常的细胞内，与 SOS 反应相关的基因被阻遏物 LexA（一种蛋白质）抑制，DNA 严重损伤时，RecA 蛋白激活，使 LexA 蛋白自我切割为无活性的肽段，SOS 反应相关的基因通过转录和翻译，合成相应的蛋白质，SOS 系统因而被启动。

重组修复（recombination repair）是在 DNA 复制过程中，新链合成遇到其模板链有损伤时，跨越损伤区，合成带缺口的新链，随后通过同源重组，将亲代 DNA 另一条模板链的相应区段连接到缺口处，最后以另一条子代链为模板，填补亲代链上的缺口。这种修复机制并未消除 DNA 损伤，只是使其损伤部分不能复制而得到"稀释"，去除损伤部位还要靠切除修复。

13.6　DNA 重组和克隆

13.6.1　DNA 重组

生物体或细胞内经常发生基因的重新组合。高等生物在细胞减数分裂时，同源染色体之间可以进行

DNA 片段的交换，病毒、噬菌体或质粒 DNA 插入（整合到）宿主的染色体均属于基因重组或遗传重组。

同源重组（homologous recombination）亦称**一般性重组**（general recombination），发生在同源 DNA 片段之间，减数分裂期间同源染色体之间的基因交换，细菌通过接合作用进行的 DNA 转移，是典型的同源重组。同源重组存在于所有的生物，不同来源或不同位点的 DNA，只要二者之间存在同源区段，都可以进行同源重组。对同源重组的机制及相关的酶和蛋白质，已有相当深入的研究。同源重组是物种内群体遗传多样性的重要基础，也为遗传物质通过一定的媒介（如病毒、噬菌体等）在生物体之间的流动提供了途径，还可以在 DNA 损伤的修复中发挥重要作用。此外，同源重组还可在基因功能研究，或某些疾病的基因治疗研究中用于基因敲除。

位点特异性重组（site-specific recombination）可以将两个短的 DNA 特定序列（即特异位点）之间的基因从染色体上切除或组合到染色体另一个特定位点。λ 噬菌体 DNA 在宿主染色体上的整合或切除，免疫球蛋白基因的重排均属于位点特异性重组。有一些 DNA 片段可以从染色体的一个特定位点（供体位点）转移到另一个特定位点（靶位点），被称作**转座子**（transposons），转座子从供体位点切出和到靶位点的插入机制均与位点特异性重组相似。位点特异性重组在遗传多样性和生物发育的遗传控制方面有重要意义。

13.6.2 DNA 克隆和基因工程

（1）DNA 克隆和 PCR

通过人工操作将某 DNA 片段或基因（目的基因）重组到质粒、噬菌体、病毒等载体 DNA 中，再将重组 DNA 导入细菌或其他受体细胞中，随着受体细胞的无性繁殖，使载体 DNA 扩增，同时也使目的基因扩增，这样由一个 DNA 片段产生许多相同 DNA 片段的过程称 **DNA 克隆**（DNA clone）。

使 DNA 片段扩增的另一个方法，是在试管内用 DNA 聚合酶催化 DNA 的合成。这一实验技术称**聚合酶链反应**（polymerase chain reaction，PCR），可以看作是细胞外的 DNA 克隆。如图 13-18 所示，PCR 的基本过程是在试管内加入含有待扩增 DNA 片段的双链 DNA，分别能与待扩增 DNA 片段两侧的特定序列互补的两个寡核苷酸引物，4 种 dNTP，含有一定浓度 Mg^{2+} 的缓冲液，和耐热的 DNA 聚合酶，通过加热到 94℃ 左右使 DNA 变性，降温到 55℃ 左右使引物与模板结合，升温到 72℃ 左右合成新链 3 个步骤的循环，可以使 DNA 扩增。若扩增效率为 100%，每循环 1 次，DNA 可增加 1 倍，若循环 30 次，则 DNA 增加 2^{30} 倍，若扩增效率为 x（用小数表示，如 80% 表示为 0.8），扩增的次数为 n，得到产物的量为目的基因加入量的 y 倍，则可用下列公式计算扩增产物的量：

$$y = (1+x)^n$$

20 世纪 70 年代，H. G. Khorana 等已对 PCR 的原理有详细描述，但由于尚未找到耐热的 DNA 聚合酶，限制了这一技术的应用。80 年代将耐热的 DNA 聚合酶用于 PCR，并有多种类型的 PCR 仪问世，使 PCR 在生命科学的多个领域得到广泛应用。PCR 主要

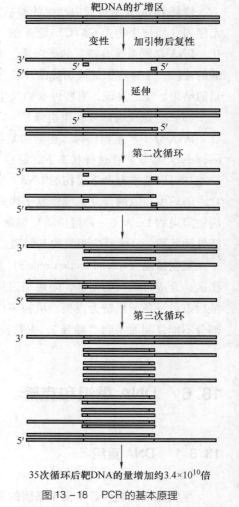

靶DNA的扩增区

变性 ↓ 加引物后复性

延伸

第二次循环

第三次循环

35次循环后靶DNA的量增加约3.4×10¹⁰倍

图 13-18　PCR 的基本原理

的应用领域有：遗传病和疑难病的诊断、孕妇的产前检查、病原体检查、法医和刑侦鉴定、基因探针的制备、基因组测序、染色体步查、cDNA 库的构建、基因的定点诱变、基因突变的分析、基因的分离和克隆等。

（2）基因工程

基因工程（genetic engineering）或 DNA 重组技术（DNA recombinant technology）是将外源基因通过体外重组导入受体细胞，使该基因得以复制、转录和翻译的技术。基因工程是一个复杂的过程，需要有合适的工具酶、载体和宿主细胞，以及合理的技术路线。

① 基因工程需要的工具酶　基因工程需要的最重要的工具酶是**限制性内切核酸酶**（restriction endo-nuclease）。这类酶广泛存在于各种细菌，可以识别 DNA 中特定的核苷酸序列，水解进入细菌的外源 DNA，而细菌自身的 DNA 由于某些核苷酸被甲基化，不被自身的限制性内切核酸酶水解。由于这类酶是"限制"外源 DNA 的，因而得名，可简称为限制酶。限制酶可分为 3 类，Ⅰ型和Ⅲ型限制酶的水解位点与识别位点不一致，水解位点特异性不强，在基因工程中利用价值不大。Ⅱ型限制酶能在特定的位点切割双链 DNA，且种类很多，不同的酶有不同的切割位点，在基因工程中得到广泛的应用。人们需要在 DNA 的某一位点切割 DNA 时，总可以从众多的Ⅱ型限制酶中找到一个合适的限制酶。限制酶来源于不同的细菌，命名时需写出其菌种属名的第 1 个字母（大写），种名的前两个字母（小写）和菌株号，最后写出从该菌株得到的限制酶的序列号（罗马数字），如 *Eco*R Ⅰ。Ⅱ类限制酶的识别序列通常是 4 ~ 6 bp 的回文结构，有些限制酶在两条链的水解位点处于同一位置，水解后产生平头末端。多数限制酶在两条链上的水解位点是错开的，切割后产生的两个末端各有一个单链区，称黏性末端。一些常见Ⅱ类限制酶的水解位点如图 13 – 19 所示。

科学史话 13 –14
限制性内切核酸酶的发现

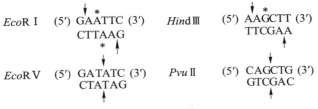

图 13 – 19　一些常见Ⅱ类限制酶的水解位点
箭头指切割位点，＊指甲基化位点

将不同来源的 DNA 用同一限制酶切割，可得到相同的黏性末端，将二者混合，提供复性的条件，再用连接酶处理，有可能得到重组 DNA，这是 DNA 重组的基本方法。除限制酶和连接酶外，基因工程较常用的还有用于 PCR 的 *Taq* 酶，用于标记探针的 DNA pol Ⅰ 和 Klenow 片段，和用于多核苷酸链末端修饰的多种酶。

② 基因工程需要的载体　基因工程中所用的**载体**（vector）应当能够自我复制，携带用于筛选的遗传标记，含有多种限制酶的识别位点（克隆位点），容易导入受体细胞，并可大量繁殖，使用要安全。常用的原核生物载体有质粒和噬菌体，植物细胞的载体常用土壤农杆菌的 Ti 质粒，动物细胞的常用载体是病毒。为了克隆大的 DNA 片段，可以采用黏粒、细菌人工染色体和酵母人工染色体等容量大的载体。对载体的另一个基本要求是要和宿主细胞配套，便于从宿主细胞中筛选出含目的基因的细胞克隆。常用的策略是宿主细胞缺少某些基因，如对某抗生素的抗性基因，而载体中含有该基因。当重组载体进入宿主细胞后，会赋予其相应的性状，如对某抗生素的抗性，依据这一性状，可以筛选出含目的基因的细菌（或细胞）克隆。

知识扩展 13 –15
常用的克隆载体及载体与目的基因的连接方式

知识扩展 13 –16
阳性克隆的蓝白选择和酶切鉴定

若想表达目的基因，载体克隆位点的上游还应具备基因转录和翻译所需的 DNA 序列。此外，外源基因一定要以一定的方向插入载体的特定位点。为此，常用两种不同的限制酶处理载体和目的基因，使二者自身具有的两个末端均不能互补，载体因而不能自身环化，目的基因也不能反向插入载体。另外，目的基因插入的位点要使其编码区能形成正确的读码框，才能得到所需要的蛋白质。还有一个要注意的问题，目的基因的表达应当是可调控的。若含有表达载体的宿主细胞在其细胞快速增殖的同时表达目的基因，则细胞增殖和目的基因的表达均会受到不利的影响，最后得不到大量的表达产物。为此，通常在细胞大量增殖以后，再诱导目的基因的表达，这样才能得到大量的表达产物。为了防止细胞对目的基因表达产物的分解，常用的策略是在目的基因编码区的上游连接信号肽的编码序列，使表达产物可以在信号肽的引导下，分泌到细胞外。或者表达目的基因和宿主细胞某一肽段构成的融合蛋白，分离融合蛋白后，用合适的方法进行水解，得到目的基因的表达产物。

科学史话 13-15
绿色荧光蛋白的研究

在不少研究工作中，为了检测基因表达的状况，可将表达产物容易检测的基因作为报告基因，连接到目标基因的上游或下游，检测报告基因，即可说明目标基因是否表达，还可大致判断其表达量。使用较广的报告基因表达产物为绿色荧光蛋白系列，观察十分方便，且对宿主细胞的影响较小。

③ 目的基因的来源 获取基因工程所需的目的基因是一项困难的工作。对于已知序列的基因，常用基因组 DNA 为模板，设计合适的引物，经 PCR 获取。也可先分离 mRNA，经逆转录获得 cDNA，再用 PCR 获取目的基因，这种技术称**逆转录 PCR**（reverse transcription-PCR，RT-PCR）。对于真核生物，RT-PCR 得到的基因不含内含子，便于基因工程的操作，故常用 RT-PCR 而不用普通的 PCR 获取基因工程所需的目的基因。获取序列未知的基因，是一项非常复杂的工作。可供选择的策略有 10 多种，且原理较复杂，读者可参考有关的专著。

知识扩展 13-17
mRNA 和 cDNA 的制备

（3）基因工程的基本步骤 具备上述基本条件后，基因工程的基本步骤有：

① 用相互配套的 1～2 种限制酶切割含目的基因的 DNA 和载体 DNA（切）；

② 连接目的基因和载体 DNA 得到重组载体（接）；

③ 将重组载体导入宿主细胞（转），若使用的是质粒载体称转化，噬菌体载体称转导，病毒载体称转染；

④ 将经过转化（或转导、转染）的细菌或细胞稀释，在加有选择性培养基的平皿培养基或细胞培养板上培养，选择含目的基因的阳性克隆，并用其他方法进一步鉴定（筛）；

⑤ 扩大培养选出的阳性克隆，分离目的基因（扩）。

⑥ 对于微生物材料，可优化表达目的基因的条件，获得基因工程菌。优化基因工程菌的培养条件，经中试确定基因工程产品的生产方法。对于植物材料，可通过转基因组培苗得到大田苗，经传代获取转基因植物。对于动物材料，可通过操作卵细胞或干细胞获取转基因动物，或研究基因治疗的途径。

（4）基因工程的应用领域

基因工程技术对生命科学的发展有十分重要的意义。比如基因组学的研究，需要将染色体分解成长的 DNA 片段，克隆到细菌人工染色体等载体中，构成重叠群（contig），才能用于进一步的测序。因此，基因组学和蛋白质组学的研究，都需要使用基因工程技术。而基因组学和蛋白质组学的研究，会在一定程度上改变我们的生活。基因工程技术可用于生产蛋白质和肽类药物，对某些疾病特异性的抗体和疫苗。一些过去很难控制的疾病，因此而得到了有效的控制。随着研究工作的深入，将会有更多的疾病得到更加有效的控制。转基因植物已经取得很大的成就，一些抗除草剂、抗虫、抗病、抗逆境的作物已经达到很大的种植规模，产生了很好的经济和社会效益。转基因动物的研究已取得不少成绩，疾病的基因治疗也取得一定进步。新近发展起来的 CRISPR-Cas9 技术，可以对基因进行定点编辑。基因工程技术必将对生命科学的基础研究工作、农学和医学产生越来越大的推动作用。

知识扩展 13-18
转基因植物和转基因动物简介

知识扩展 13-19
CRISPR-Cas9 技术

小结

  DNA 复制时，亲代分子的两条链分开，各自按碱基配对的模式合成其互补链。形成的两个子代分子，各自有一条链来自亲代，这便是半保留复制。环状 DNA 复制时，复制起点处的双链解开，形成复制泡和复制叉。多数原核 DNA 复制采取单起点双向复制，少数采取其他方式，如单向复制、D 环复制、滚环复制等，真核生物一般是多起点双向复制。

  原核生物主要有 3 种 DNA 聚合酶，DNA 聚合酶Ⅲ是主要的复制酶。DNA 聚合酶Ⅰ和 DNA 聚合酶Ⅱ，以及 DNA 聚合Ⅳ和 DNA 聚合酶Ⅴ主要参与 DNA 的修复。此外，原核生物 DNA 的复制还需要连接酶、解旋酶、拓扑异构酶和单链结合蛋白等参与。

  DNA 聚合酶均以 dNTP 为合成新链的原料，按 $5' \rightarrow 3'$ 的方向合成新链，并需要先由引物酶合成一小段 RNA 引物。由于亲本 DNA 的两条链反向平行，子代 DNA 新合成的链只有一条链的延伸方向与复制叉的移动方向一致，这一条链可随复制叉的移动连续合成，称前导链。另一条链需要形成一段单链区后，按与复制叉移动相反的方向，从 $5' \rightarrow 3'$ 先合成较小的 DNA 片段，称冈崎片段。随后，由 DNA 聚合酶Ⅰ的 $5' \rightarrow 3'$ 外切酶活性切除冈崎片段的 RNA 引物，并用 DNA 片段填补缺口，由 DNA 连接酶连接切口形成完整的新链，这条间断合成的链称后随链。DNA 聚合酶Ⅲ有两个核心酶亚单位，可由同一酶催化两条新链的合成。研究发现，后随链模板链的环化，可以使冈崎片段的 $3' - OH$ 靠近 DNA 聚合酶Ⅲ的一个核心酶亚单位，使合成新链的方向与复制叉移动的方向一致。冈崎片段的合成完成后，随着 $\beta -$ 滑动夹子结构脱离核心酶，环状体被打开，下一个冈崎片段连同 $\beta -$ 滑动夹子结构在夹子装配器协助下，形成另一个环状体，合成下一个冈崎片段。

  真核生物 DNA 复制的基本过程与原核生物大致相同。但参与的酶和蛋白质不同，起始过程更加复杂。从真核生物已发现 10 多种 DNA 聚合酶，但参与 DNA 复制的主要有 3 种。DNA 聚合酶 α 合成 RNA 引物和一小段 DNA，前导链和后随链则由 DNA 聚合酶 δ 或 DNA 聚合酶 ε 催化合成。DNA 聚合酶 γ 催化线粒体 DNA 的合成，其他 DNA 聚合酶主要用于 DNA 损伤的修复。真核生物 DNA 合成的速度比原核生物慢，但由于多起点复制，染色体复制的速度较快。真核生物 DNA 复制的起始受到严格控制，且与细胞周期相关。线性染色体复制时，由于最后一个冈崎片段的 RNA 引物切除后，缺口无法填补，染色体末端的端粒会缩短。端粒酶可用酶分子中的 RNA 为模板合成 DNA，使端粒延长。

  有些病毒可以用 RNA 作为模板合成 DNA，催化这一反应的酶为逆转录酶。在科研工作中，可以用逆转录酶合成 cDNA，这一技术可用于多方面的研究工作。

  DNA 复制时会产生一定的错误，一些理化因子也可以引起 DNA 的损伤。细胞中存在修复 DNA 损伤的多种机制，有的损伤可由特异性的酶直接修复，但更普遍的机制是在损伤位点附近切割 DNA 单链，将包含损伤部位的一段 DNA 链切割下来，再由 DNA 聚合酶填补缺口，连接酶连接切口，这种修复称切除修复。

  细胞内的 DNA 可以发生遗传重组，遗传重组可分为同源重组和位点特异性重组两大类。通过人工操作将目的基因插入到载体中，使重组载体在受体细胞中扩增，称基因克隆。使 DNA 片段扩增的另一个方法是在细胞外进行的聚合酶链反应，即 PCR。PCR 操作简单，扩增 DNA 的效率较高，在现代生命科学的研究中，有非常广泛的应用。

  进行基因工程需要有合适的工具酶、载体和宿主细胞，在得到目的基因后，通过切、接、转、筛、扩 5 个环节使基因扩增，随后可分离或表达目的基因。

文献导读

[1] Koutrompas K, Lygeros J. Modeling and analysis of DNA replication. Automatica, 2011（47）: 1156-1164.

该论文分析了 DNA 复制的模型。

[2] Wood R D, Mitchell M, Sgouros J, et al. Human DNA repair genes. Science, 2001（291）: 1 284-1 289.

该论文描述了人类基因组 DNA 修复的机制。

[3] Jackson D A, Symons R H, Berg P. Biochemical method for inserting new genetic information into DNA of simian virus 40: circular SV40 DNA molecules containing lambda phage genes and the galactose operon of *Escherichia coli*. Proc Natl Acad Sci USA, 1972: 2 904-2 909.

该论文是不同物种之间 DNA 重组的第一份研究报告。

[4] Nelson D L, Cox M M. Lehninger Principles of Biochemistry. 7th ed. New York: W. H. Freeman & Company, 2017.

该书第 25 章概述了 DNA 的复制、损伤修复和基因重组。

[5] Krebs J E, Goldstein E S, Kilpatrick S T. 基因Ⅻ. 北京: 高等教育出版社, 2019.

该书第二部分第 9 章至第 16 章深入介绍了 DNA 复制、损伤修复和基因重组。

[6] Berg J M, Tymoczko J L, Gatto G J, et al. Biochemistry. 9th ed. New York: W. H. Freeman & Company, 2019.

该书第 29 章概述了 DNA 的复制、损伤修复和基因重组。

思考题

1. 生物的遗传信息如何由亲代传递给子代?

2. 何谓 DNA 的半保留复制, 是否所有 DNA 的复制都以半保留的方式进行?

3. 若使 ^{15}N 标记的大肠杆菌在 ^{14}N 培养基中生长三代, 提取 DNA, 并用平衡沉降法测定 DNA 密度, 其 ^{14}N – DNA 分子与 ^{14}N – ^{15}N 杂合 DNA 分子之比应为多少?

4. 已知 DNA 的序列为:

W: 5′-AGCTGGTCAATGAACTGGCGTTAACGTTAAACGTTTCCCAG - 3′

C: 3′-TCGACCAGTTACTTGACCGCAATTGCAATTTGCAAAGGGTC - 5′   →

上链和下链分别用 W 和 C 表示, 箭头表明 DNA 复制时复制叉移动方向。试问: ①哪条链是合成后随链的模板? ②试管中存在单链 W, 要合成新的 C 链, 需要加入哪些成分? ③如果需要合成的 C 链被 ^{32}P 标记, 核苷三磷酸中的哪一个磷酸基团应带有 ^{32}P? ④如果箭头表明 DNA 的转录方向, 哪一条链是合成 RNA 的模板?

5. 用什么实验可以证明 DNA 复制时存在许多小片段(冈崎片段)?

6. 某哺乳动物的细胞中, 每个细胞的 DNA 长 1.2 m, 细胞生长周期中的 S 期约为 5h, 如果这种细胞 DNA 延长的速度与 *E. coli* 相同, 即 16 μm/min, 那么染色体复制时需要有多少复制叉同时运转?

7. DNA 复制的精确性、持续性和协同性是通过怎样的机制实现的?

8. 真核生物 DNA 聚合酶主要有哪几种, 它们的主要功能是什么?

9. DNA 的复制过程可分为哪几个阶段, 其主要特点是什么?

10. 哪些因素能引起 DNA 损伤, 生物体有哪些修复机制?

11. 在大肠杆菌 DNA 分子进行同源重组的时候，形成的异源双螺旋允许含有某些错配的碱基对。为什么这些错配的碱基对不会被细胞内的错配修复系统排除？

12. 试比较切除修复和光复活机制是如何清除由紫外线诱导形成的嘧啶二聚体的？你可使用什么方法区分这两种机制？

13. 经证实 2′，3′-双脱氧次黄嘌呤可作为抗 HIV 药，试解释它抑制 HIV 生长的机制。

14. 概述 PCR 的基本过程。

15. 概述基因克隆的基本步骤。

数字课程学习

教学课件　　习题解析与自测

14

RNA 的生物合成

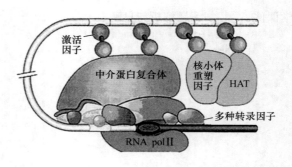

　　RNA 聚合酶需要在特定时间、特定位点，以特定的速率合成 RNA，所以转录的起始复合物结构十分复杂。

除某些病毒 RNA 外，所有 RNA 分子，包括 mRNA、rRNA、tRNA 以及各种有特殊功能的小 RNA，都是在 RNA 聚合酶的作用下，以 4 种 NTP 为原料，以 DNA 为模板，按照碱基配对的规律合成的。以 DNA 为模板合成 RNA 称**转录**（transcription）。

转录与复制的一个重要差别，是转录的选择性。在细胞周期的不同阶段，或由分化形成的不同类型的细胞中，某些特定的基因被转录，而多数其他基因是处于封闭状态，即转录有时间和空间上的严格调控。研究这种调控的机制，及其对于生理和病理过程的意义，是当今生命科学的一个重要领域。转录与复制不同的另一个特点，是转录的初级产物，一般要通过剪接和修饰等复杂的加工过程，才可以形成有功能的成熟 RNA。转录产物的加工过程，也有不少问题有待进一步研究。

有些病毒以 RNA 为遗传物质。其中的逆转录病毒借助逆转录酶以 RNA 为模板合成 cDNA，再以 cDNA 为模板合成病毒 RNA，从而完成病毒的世代交替。还有一些 RNA 病毒可以在 RNA 指导的 RNA 聚合酶（RNA-dependent RNA polymerase）或称 RNA 复制酶（RNA replicase）作用下以 RNA 为模板合成 RNA。

本章将着重讨论转录作用和转录产物的加工，并概要介绍 RNA 复制。逆转录作用已在第 13 章介绍，本章不再重复。有关转录作用的调控，本章只介绍一些基本知识，更加详细的内容可在"分子生物学"或"分子遗传学"等后续课程学习。

14.1 RNA 生物合成的概况

从细菌到人，RNA 聚合酶均催化同一种反应，即在一定的模板（DNA 或 RNA）指导下，以 4 种 NTP 为原料，按碱基配对规律，从 $5' \rightarrow 3'$ 合成 RNA 链。与 DNA 聚合酶不同，负责转录的 RNA 聚合酶不需要引物，可以在称作**启动子**（promoter）的特定起始位点从头合成 RNA。同一类 RNA 聚合酶所能识别的启动子，在核苷酸序列方面可以找到若干段共有的序列。RNA 聚合酶与启动子结合后，一小段双螺旋会解开，形成一个**转录泡**（transcription bubble）。转录过程中新生的 RNA 链与 DNA 模板形成一小段 RNA – DNA 双螺旋（在大肠杆菌中为 8 bp）。随着新链的延伸，RNA 链逐渐从模板剥离。同时转录泡不断向前移动，其前方的双螺旋再不断解开，其后方又有双螺旋逐渐形成。转录泡前方正超螺旋的消除和其后方负超螺旋的形成，由拓扑异构酶催化（图 14 – 1）。

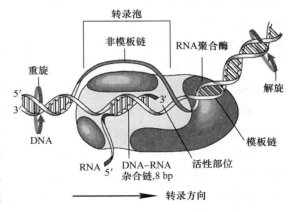

图 14 – 1　转录方向和转录泡

基因转录时，两条互补的 DNA 链有一条作为 RNA 合成的模板，称作**模板链**（template strand）、负链（negative strand）或**反义链**（anti-sense strand），另一条链称作**非模板链**（nontemplate strand）、正链（positive strand）或**有义链**（sense strand）。由碱基配对的规律可知，由 DNA 转录生成的 RNA，其核苷酸序列与有义链是相同的，只是以 U 代替了 T。因此，非模板链也被称作**编码链**（coding strand）。一个 DNA 分子含有若干个基因时，任一条链上都含有若干个基因的编码链（图 14 – 2）。

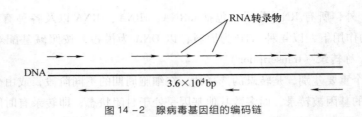

图 14 −2　腺病毒基因组的编码链

14.2　原核生物的转录

14.2.1　原核生物的 RNA 聚合酶

催化转录作用的酶称作 RNA 聚合酶，或称 **DNA 指导的 RNA 聚合酶**（DNA-directed RNA polymerase）。原核生物的转录，不论其产物是 mRNA，rRNA，还是 tRNA，都是由同一种 RNA 聚合酶催化的。用 SDS – PAGE 分离大肠杆菌 RNA 聚合酶可得到几个大小不等的亚基：β 和 β′亚基的 M_r 分别为 1.5×10^5 和 1.6×10^5，α 和 σ 的 M_r 分别为 4.0×10^4 和 7.0×10^4。随后 R. Burgess 和 A. Travers 等用磷酸纤维素柱层析分离出由各个亚基组成的**全酶**（holoenzyme），其亚基组成为 $\alpha_2\beta\beta'\sigma$，$M_r$ 约为 4.65×10^5。并发现 σ 因子易于从全酶上解离，其他的亚基则比较牢固地结合成**核心酶**（core enzyme），后来发现，核心酶还有一个 ω 亚基，因此，核心酶的亚基组成可表示为 $\alpha_2\beta\beta'\omega$，全酶的亚基组成可表示为 $\alpha_2\beta\beta'\omega\sigma$。当 σ 因子与核心酶结合成全酶时，即能起始转录，当 σ 因子从转录起始复合物中释放后，核心酶沿 DNA 模板移动并延伸 RNA 链。可见 σ 因子为转录起始所必需，但对转录延伸并不需要。全酶以 4 种 NTP 为原料，以 DNA 为模板，在 37℃ 下，以 40 nt/s 的速度从 5′→3′合成 RNA。一个大肠杆菌约含 7 000 个 RNA 聚合酶分子，2 000 ~ 5 000 个聚合酶同时催化 RNA 的合成。

原核生物 RNA 聚合酶大多由多亚基组成，但噬菌体 T3 和 T7 的 RNA 聚合酶只由一条多肽链（M_r 为 1.0×10^5）组成，它能识别特异的 DNA 结合序列，并以 200 nt/s 的高速度合成 RNA。

RNA 聚合酶核心酶含两个相同的 α 亚基（由 rpoA 基因编码），为核心酶的组装所必需，负责识别和结合启动子。α 亚基在全酶与某些转录因子相互作用时也发挥重要作用。

β 和 β′亚基分别由基因 rpoB 和 rpoC 编码。由 β 亚基和 β′亚基共同构成催化部位，β 亚基是催化部位的主体。研究表明，β 亚基有两个结构域，分别负责转录的起始和延伸，β′亚基上结合的两个 Zn^{2+} 参与催化过程。

大肠杆菌的 σ 因子由基因 rpoD 编码，其主要作用是特异性地识别转录的起始位点即启动子，**启动子**（promoter）是 RNA 聚合酶识别、结合并起始转录的一段特异性的 DNA 序列，一般位于转录起始位点（+1）的上游，可以同 RNA 聚合酶特异性结合，但本身的序列不被转录。核心酶虽可与 DNA 结合，但不能区别启动子和一般的 DNA 序列，或者说不能正确识别启动子的特异序列。σ 因子与核心酶结合后，全酶对启动子的特异性结合能力是对其他 DNA 序列结合能力的 10^7 倍。

不同的 σ 因子可以识别不同的启动子。如大肠杆菌的一般基因由 σ^{70}（M_r 为 70×10^3）识别，识别热休克应激蛋白基因启动子的为 σ^{32}，枯草芽孢杆菌 σ 因子的主要类型为 σ^{43}，在固氮菌中识别固氮酶相关基因启动子的为 σ^{54}。

在低分辨率的电镜下观察到，RNA 聚合酶具有类似手掌形的结构，其旁侧有一个直径约为 2.5 nm

的通道，适于进出 16 bp 的 B - DNA，故称 DNA 结合通道（DNA-binding channel）。在高分辨率电子显微镜下观察 RNA 聚合酶（RNA pol）形似螃蟹的大钳，β 和 β′ 之间有宽度约 2.7 nm 的沟，能容纳双螺旋 DNA，还含有 Mg^{2+}。核心酶单独存在时，β 和 β′ 闭合，与 σ 因子结合时即张开，DNA 随之进入沟内。识别启动子时，β 和 β′ 又闭合，此时 DNA 双链被局部解旋，形成转录泡，随即开始合成 RNA 链。当 RNA 链延伸至 8~9 nt 时，σ 因子从全酶上解离，此时核心酶牢固钳住 DNA，转录得以持续进行直至终点。图 14-3a 为栖热水生菌（*Thermus aquaticus*, *Taq*）RNA pol 晶体结构解析的空间结构示意图，图 14-3b 为其肽链走向带状图。

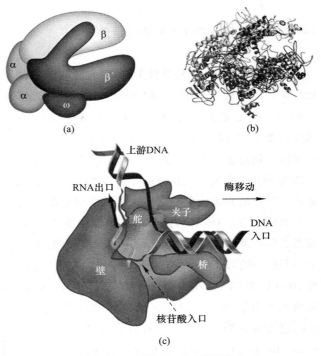

图 14-3　细菌 RNA pol 的空间结构

细菌 RNA 聚合酶的晶体结构显示该酶大小约为 9 nm × 9.5 nm × 16 nm，其中有一个 2.5 nm 宽的 DNA 结合"通道"，可容纳 17 bp 的 DNA。与其近乎垂直的方向，还有一个新合成 RNA 的通道，酶的活性中心可容纳大约 13 个核苷酸。图 14-3c 显示在 RNA 聚合酶活性中心，DNA 单链在"壁"的作用下被迫发生约 90° 转折。核苷酸通过次级通道从酶下面进入活性部位。新生 RNA 链延伸时，一种称为"舵"的蛋白质结构域处于 DNA-RNA 杂交链的一端，使新生的 RNA 链与模板 DNA 分离，DNA-RNA 杂交链的长度被限定为 8~9 bp。同时 RNA 聚合酶的"夹子"覆盖着 DNA 结合通道，以保护 DNA 模板顺利指导 RNA 的合成。

14.2.2　原核生物转录的起始

为了确定启动子的位置和序列，研究者首先使 DNA 与 RNA 聚合酶结合，再用内切核酸酶处理。同时，另取 1 份未与 RNA 聚合酶结合的 DNA，用同样的内切酶处理。然后，在两个泳道进行凝胶电泳，对比二者所形成的电泳条带。未与 RNA 聚合酶结合的 DNA 可形成较多的电泳条带，与 RNA 聚合酶结合的 DNA 片段不能被内切酶水解，会形成较少的电泳条带。根据缺失条带所处的位置，可以确定与 RNA 聚合酶结合的 DNA 片段，这种实验称**足迹法**（foot printing）。足迹法实验证明，若以 DNA 模板对应于 RNA 的第 1 个核苷酸为 +1，其下游（downstream）即转录区依次记为正数，上游依次记为负数（没有 0），则 RNA 聚合酶结合区即启动子从 -70 延伸到 +30。对比分析多种原核生物的启动子，发现在 -10 区有一共有序列（consensus sequence）TATAAT，以发现者的名字命名为 **Pribnow 框**（Pribnow box），或被称作 -10 序列。在 -35 区还有一个共有序列 TTGACA，被称作识别区域或 -35 序列。在不同基因的启动子中，这两个共有序列的位置和序列略有区别。对上述共有序列进行化学修饰和定位诱变证明，-35 序列与聚合酶对启动子的特异性识别有关，-10 区富含 A-T 对，有利于 DNA 局部解链，-10 区与 -35 区之间的距离，明显影响转录的效率。

知识扩展 14-2
足迹法实验和启动子的结构

14.2.3 原核生物 RNA 链的延伸

知识扩展 14-3
RNA 聚合酶催化磷酸二酯键形成的机制

RNA pol 全酶与非特异性 DNA 序列的结合亲和性较低，因此聚合酶可沿 DNA 滑动扫描，一旦遇到 -35 区，便形成封闭复合物（closed complex）。σ 因子可使 DNA 部分解链，形成大小为 12 ~17 bp 的转录泡，足迹法表明，在此阶段聚合酶覆盖 -55 ~ +20 区域。在前两个与模板链互补的 NTP 从次级通道进入聚合酶的活性中心以后，由活性中心催化第一个 NTP 的 3′-OH 亲核进攻第二个 NTP 的 5′-磷酸基，形成第一个磷酸二酯键。由于聚合酶的活性中心只能容纳约 8 nt 的 RNA 链，一旦 RNA pol 合成约 10 nt 的 RNA 链，σ 因子即与核心酶解离。核心酶因此而可以离开启动子，沿模板链移动，进入 RNA 链的延伸阶段，这一过程称启动子清空（promoter clearance）。脱离核心酶的 σ 因子可与另一个核心酶结合，构成 σ 因子循环。

在延伸阶段，聚合酶活性中心在核苷酸不断加入过程中，通过棘轮机制打断并重塑酶与底物的连接，使模板链沿核心酶以 40 nt/s 的速度移动，使新生 RNA 链不断延伸。拓扑异构酶负责消除转录泡前的正超螺旋，形成转录泡后的负超螺旋。转录泡也随转录过程移动，且保持约 18 bp 的长度。一旦转录泡离开启动子一定的距离，另一个 RNA 聚合酶即可与该启动子结合（图 14-4）。因此，同一个转录单位可以同时合成多个 RNA 分子。

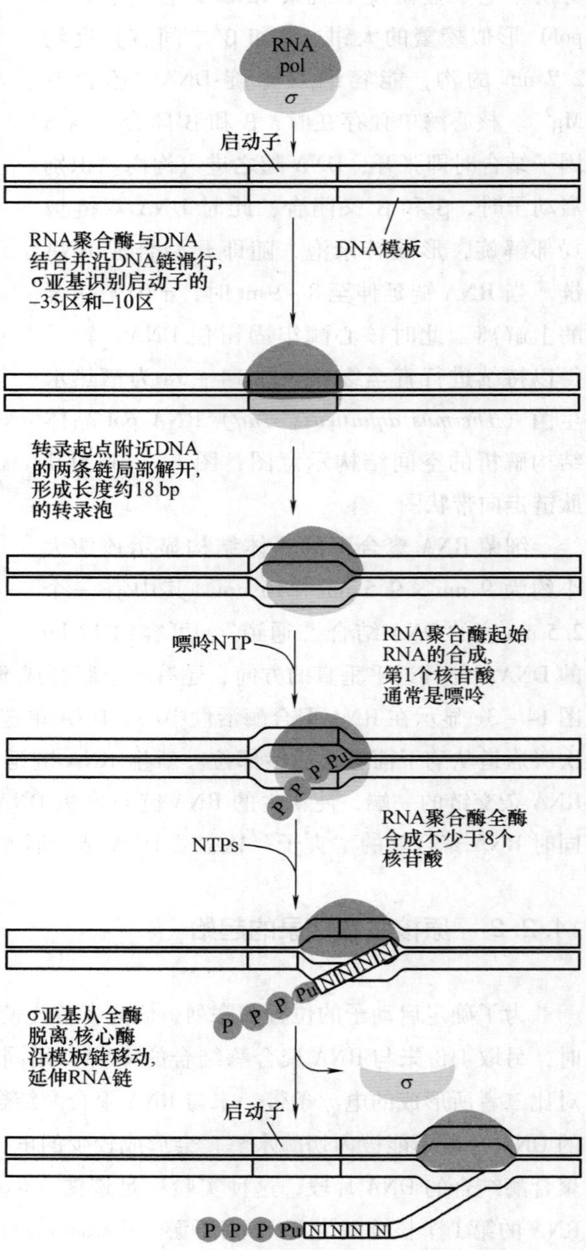

图 14-4 RNA 合成的起始和延伸

14.2.4 原核生物转录的终止

转录终止于具有终止功能的特定 DNA 序列，这一特定的序列称作**终止子**（terminator）。协助 RNA 聚合酶识别终止子的辅助因子（蛋白质）称**终止因子**（termination factor）。根据终止子结构的特点和其作用是否依赖于终止因子，将大肠杆菌终止子分为两类。一类称不依赖于 ρ 因子的终止子，属于强终止子。另一类为依赖于 ρ 因子的终止子，属于弱终止子。

不依赖于 ρ 因子的终止子（Rho-independent terminator）通常有一个富含 AT 的区域和一个或多个富含 GC 的区域，具有回文对称序列，该序列转录生成的 RNA 能形成茎环二级结构，终止 RNA 聚合酶的转录作用。茎环结构的下游存在一串 U 序列，而 RNA 上的多聚 U（rU）和 DNA 模板上的多聚 dA 之间的碱基对，具有相对较弱的氢链，使 RNA 链容易从模板脱离，从而终止转录。另外，茎环结构也可能促进 RNA 聚合酶从模板链脱离（图 14 - 5）。

有些蛋白因子能够使 RNA 聚合酶越过终止位点，称为**抗终止因子**（antitermination factor），如 λ 噬菌体 DNA 转录过程中，N 蛋白就是一个抗终止蛋白因子，能阻止不依赖于 ρ 因子的终止作用。

知识扩展 14 - 4

抗终止因子的作用

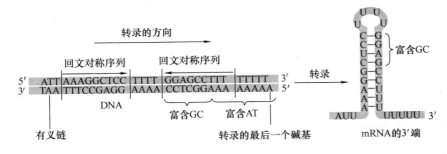

图 14 -5　不依赖于 ρ 因子的终止子

依赖于 ρ 因子的终止子（Rho-dependent terminator），其回文对称序列中不含 GC 区，其 3′ 端也无一串 U 序列。显然，这一结构所形成的茎环结构，既没有强劲的茎，也没有强的终止信号，所以是弱终止子。依赖于 ρ 因子的终止子在细菌中较少见，而在噬菌体中广泛存在。

ρ 因子是一个 M_r 为 4.5×10^4 的蛋白质因子，聚集为六聚体时显示出依赖于 RNA 的 ATPase（或 NTPase）活性，及特异的解旋酶活性。在 RNA 存在时，能水解 ATP，为 ρ 因子结合到新生 RNA 链上，并沿 RNA 链移动提供能量。当 RNA 聚合酶遇到终止子的发夹结构，使转录暂停时，ρ 因子快速追上聚合酶，利用其解旋酶活性，从转录泡内 RNA - DNA（一段模板）杂合体中释放 RNA，并促使聚合酶脱离转录泡，ρ 因子同时从模板上脱落下来。

14.3　真核生物的转录

真核生物转录的基本过程与原核生物相似，但是真核生物有三种 RNA 聚合酶，转录步骤和转录调控更加复杂。真核生物转录过程大致分为装配、起始、延伸和终止四个阶段，其延伸和终止与原核生物大致相似。

14.3.1　真核生物的 RNA 聚合酶

真核生物的 RNA 聚合酶分为三类，均由 10 多个亚基组成。它们的定位、相对活性、合成产物和对 α - 鹅膏蕈碱的敏感性等见表 14 - 1。它们都能依赖模板合成 RNA，但都不能直接识别启动子和起始转录。帮助聚合酶识别启动子的是一些**反式作用因子**（transacting factor），如转录因子等。每种酶分子一般都含有两个或三个大亚基（$M_r > 1.0 \times 10^5$）和 10 个左右小亚基（$M_r < 0.5 \times 10^5$）。例如酿酒酵母（*S. cerevisiae*）RNA 聚合酶 Ⅱ 含 12 个亚基，组成一个分子量约 5.0×10^5 的蛋白质复合物。其中最大的两个亚基分别与细菌的 β 和 β′亚基相当，另一个亚基与细菌的 α 亚基相似，因此认为这三个亚基在结构上组成一个具有功能的核心酶。

R. Kornberg 用结构学的方法研究酵母 RNA pol Ⅱ 的结构，达到 1.6 nm 分辨率。由图 14 - 6 可知，真核生物的 RNA pol 虽然亚基组成与原核生物的 RNA pol 明显不同，但其空间结构及催化机制是非常相似

科学史话 14 - 2

真核生物转录机制的研究

的。Kornberg 因其在真核生物转录机制方面出色的研究工作，荣获了 2006 年的诺贝尔化学奖。

表 14 – 1　真核细胞三种 RNA 聚合酶的某些性质

酶	定位	相对活性	产物	对 α – 鹅膏蕈碱的敏感性
RNA 聚合酶 I	核仁	50% ~70%	45S rRNA 前体	不敏感（>10⁻³ mol/L 抑制）
RNA 聚合酶 II	核质	20% ~40%	mRNA 和 snRNA	高度敏感（$10^{-9} \sim 10^{-8}$ mol/L 抑制）
RNA 聚合酶 III	核质	10%	tRNA、5S rRNA、U6 snRNA 和 scRNA	中度敏感（$10^{-5} \sim 10^{-4}$ mol/L 抑制）

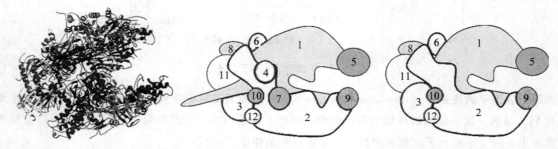

(a) 酵母RNA聚合酶II结构的带状图　　(b) RNA聚合酶II结构的示意图　　(c) RNA聚合酶 I 和III结构的示意图

图 14 –6　真核生物 RNA 聚合酶的空间结构

RNA 聚合酶 II 最大的亚基有一个羧基端结构域（carboxyl terminal domain, CTD），由 7 个氨基酸的序列（Tyr-Ser-Pro-Thr-Ser-Pro-Ser）重复多次构成。其重复次数在酵母中为 26，果蝇为 44，小鼠和人类为 52。重复次数对于基因的转录活性来说，是至关重要的，例如缺失半个重复即会使酵母致死。CTD 的 Ser 和 Thr 残基可被磷酸化，非磷酸化的形式称为 RNA 聚合酶 II a，与转录的起始复合物有较高的亲和力。转录起始后，CTD 的 Ser 和 Thr 残基即被磷酸化，使 RNA 聚合酶 II 转化为被称作 RNA 聚合酶 II o 的磷酸化形式，并脱离起始复合物，沿着模板 DNA 链滑动，使转录进入 RNA 链的延长阶段。

14.3.2　真核生物转录的过程

真核生物的 DNA 包括许多参与转录调控的序列，称**顺式作用元件**（cis-acting element），如启动子、增强子和沉默子等。真核生物转录时，启动子逐步与某些转录因子及 RNA 聚合酶结合（或装配），在模板 DNA 上形成**前起始复合物**（preinitiation complex），然后再与另一些转录因子结合形成转录**起始复合物**（initiation complex）。真核生物的启动子分为三类，即 I 类、II 类和III类，分别控制 RNA 聚合酶 I、II 和III的转录起始。

（1）真核生物 I 类启动子控制的转录

I 类启动子主要控制 45S rRNA 前体的转录起始，由 RNA pol I 催化。rRNA 基因上游区缺失等研究表明，哺乳动物 I 类启动子的**核心启动子**或**核心元件**（core promoter or core element）位于 – 45 至 +20，**上游控制元件**（upstream control element, UCE）位于 – 187 ~ – 107，这两个控制区都富含 G – C 序列。结合了特异因子的 UCE，可使单个核心启动子的转录效率提高 10 ~100 倍。

上游结合因子（upstream binding factor, UBF）是一类可与 UCE 序列结合的蛋白质。UBF1 是 M_r 为 9.7×10^4 的单链多肽，能特异结合于 UCE 的富含 G – C 序列区，还可与核心启动子上游的一段富含 G – C 的序列结合。分别结合在 UCE 和核心启动子上游的两分子 UBF，通过蛋白质 – 蛋白质相互作用而结合，使两个远距离位点之间的 DNA 链绕成一个环，这样将 UCE 贴近于核心启动子，从而大幅度地提高核心启动子的转录效率。当 UBF 不存在时，核心启动子仅有本底水平的转录。

另一个重要的转录因子是 SL1（选择因子），由一个 TBP（TATA binding protein）和三个不同的 TBP 偶联因子（TBP-associated factors，TAFs）组成。SL1 在 UBF1 存在下，既可与 UCE 5′端区域结合，也可结合于核心启动子区域，其作用很像细菌的 σ 因子。它参与 RNA 聚合酶 Ⅰ 对核心启动子的识别，保证聚合酶正确定位在转录起点，因此称为定位因子（positioning factor）。

知识扩展 14−5
RNA 聚合酶 Ⅰ
催化的转录

（2）真核生物Ⅲ类启动子控制的转录起始

Ⅲ类启动子控制 RNA 聚合酶Ⅲ的转录起始。其中 5S rRNA 基因的启动子为类型 Ⅰ（type Ⅰ），包含位于 +50 至 +65 的 A 框（box A）、中间元件和位于 +81 至 +99 的 C 框（box C）。tRNA 和腺病毒 VA RNA 基因的启动子为类型 Ⅱ（type Ⅱ），含有 A 框和 B 框。类型 Ⅰ和类型 Ⅱ都是基因内启动子，分别由三个不同的反式作用因子（转录因子）识别并结合。类型Ⅲ属于上游启动子，它们位于起始点上游区，含三个上游元件，由相应的因子识别和结合，才能促使 RNA 聚合酶正确定位并起始转录。

知识扩展 14−6
RNA 聚合酶 Ⅲ
催化的转录

（3）真核生物Ⅱ类启动子控制的转录

Ⅱ类启动子主要控制编码各种蛋白质的基因转录，该类启动子包含基本启动子（含 TATA 框）、起始子、上游元件、下游元件和应答元件。这些元件通过不同的组合，可以构成巨大数量的不同的启动子，它们可被特异的转录因子识别和相互作用。就一个启动子而言，只含其中的 1~3 种元件。若基因表达不受时间、空间和环境条件的影响，则启动子是组成型的。若基因表达受时间、空间以及环境条件的影响，则是诱导型。

基本启动子（basal promoter）的中心区位于 −25 ~ +30 区域，含 TATA（A/T）A（A/T）7 个碱基的保守序列，称 TATA 框或 Goldberg-Hogness 框，与大肠杆菌 −10 序列的作用相似。

起始子位于 −3 ~ +6，RNA 聚合酶Ⅱ必须与起始子结合蛋白（IBP）结合，才能精确定位在启动子。起始子可与 TATA 框构成核心启动子，用以驱动基因的低水平转录。通常需上游元件或增强子的促进作用，来提高转录水平。上游元件（upstream element）通常位于启动子上游 100 ~ 200 bp 范围内或更上游区段，最常见的**增强子元件**（enhancer element）含有 CAAT 框（共有序列为 GCCAATCT）和 GC 框（共有序列为 GGGCGG 和 CCCCC）。后者的识别因子 SP1 是一种 M_r 为 1.05×10^5 的单体蛋白。与 CAAT 框结合并相互作用的转录因子有 CTF（CAAT-binding transcription factor）家族的成员 CP1、CP2 和 NF−1（核内因子-1），这些转录因子能提高基本启动子的基础转录水平。

应答元件（response element）是能结合核受体、激素受体、维生素受体等转录因子的 DNA 特征序列，这些转录因子的活性通过磷酸化和脱磷酸化来调节。真核生物对外界刺激或对激素等调控物质的应答，都是由这类蛋白因子通过与其应答元件相互作用和共价修饰来调节的。

已发现至少有 20 种以上的蛋白因子参与聚合酶Ⅱ的转录起始过程。这些蛋白因子大致分为三类：一是**通用转录因子**（general transcription factor，GTF），即结合在基本启动子附近的蛋白质，包括 TFⅡA、TFⅡB、TFⅡF、TFⅡH 和 TFⅡJ 等，它们与启动子结合形成转录起始复合物。二是激活因子和抑制因子，大多有 DNA 结合结构域和转录激活或抑制结构域，通过与转录起始复合物中的组分相互作用，或干扰 TFⅡD 与 DNA 的结合方式来调控基因的表达。三是辅助激活因子和中介因子，它们是激活因子和抑制因子进行转录调控的中介者，例如 TFⅡD 中的 TAF。

RNA 聚合酶Ⅱ启动子上转录因子有序结合，起始转录的过程如图 14−7 所示。

首先由 TFⅡD 与 TATA 框结合。TFⅡD 的 M_r 为 8.0×10^6，含一个 TBP 和 11 个 TAFs，TBP 主要识别 TATA 序列，并与 DNA 小沟结合，使 DNA 弯曲约 80°，TBP 还与两个大的 TAFs（TAF 250 和 TAF 150）一起与起点附近的 DNA 接触，覆盖 −37 ~ −17 区域。随后，TFⅡA 与 TAFs 结合，解除 TAFs 对

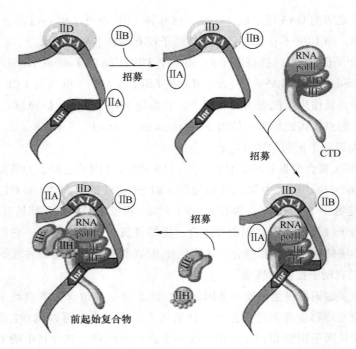

图 14 – 7 RNA pol II 前起始复合物的形成

TBP 的抑制，使覆盖区扩展为 – 42 ~ – 17。接着，TF Ⅱ B 松散地结合在 TATA 框下游 – 10 ~ + 10 区域，并与附近的 TBP 结合，为 RNA 聚合酶 Ⅱ 的结合提供接头，并对模板链有保护作用。同时，也为下一步 TF Ⅱ D 与 TF Ⅱ F – pol Ⅱ 的结合提供接头。

TF Ⅱ F 的大亚基是一个依赖 ATP 的 DNA 解旋酶，在转录起始时催化 DNA 解链。小亚基与核心酶紧密结合，形成聚合酶 Ⅱ 全酶起始复合物。此时 TBP 和 TAFs 与聚合酶 Ⅱ 的 C 端结构域（CTD）尾巴相互作用，同时还与 TF Ⅱ B 相互作用。

TF Ⅱ E 和 TF Ⅱ H 与起始反应无关，但二者对于聚合酶从起始阶段进入延伸阶段是必需的。TF Ⅱ E 的结合使 DNA 被保护区段向下游延伸至 + 30，随后 TF Ⅱ H 结合上去，形成转录起始复合物，从而使转录起始。TF Ⅱ H 包括 ATPase、解旋酶和蛋白激酶活性。蛋白激酶催化聚合酶 Ⅱ CTD 尾巴的磷酸化，促使 pol Ⅱ 复合物构象改变，并促进转录，还可对 DNA 损伤进行修复。一旦聚合酶 Ⅱ CTD 尾巴被磷酸化，TF Ⅱ D、TF Ⅱ B 和 TF Ⅱ A 等逐步从起始复合物解离下来。只有 TBP 和 TF Ⅱ F 保留其上，形成延伸复合物。TF Ⅱ F 在延伸反应中起作用，使新生 RNA 链得以延长。当转录进行到 3′端，遇到终止信号或终止子序列时，聚合酶 Ⅱ 尾巴去磷酸化，转录终止。

知识扩展 14 –7
RNA 聚合酶 Ⅱ
催化的转录

14.3.3　真核生物转录的终止

关于真核生物转录的终止作用，目前了解不多。实验表明，对原核生物的转录终止起重要作用的可能是茎环结构，特别茎部的 3′ – 多聚 U 序列，及其附近的 G – C。但真核生物 RNA 聚合酶转录的终止区，似乎不存在典型的茎环结构，3′端也不见典型的多聚 U，对于真核生物 pol Ⅱ 转录终止的机制目前认为可能与 mRNA 的 3′端形成密切相关。

14.4　原核生物和真核生物转录调控的特点

原核生物与真核生物基因转录的调控有一些共同点，也有一些各自的特点。

（1）原核生物与真核生物基因转录调控的共同点

① 调控的关键步骤在转录的起始阶段。

② DNA 上包括参与转录调控的顺式作用元件，细胞中均含有可以同顺式作用元件相互作用的反式作用因子。

（2）原核生物基因转录调控的特点

① 原核生物只有一种 RNA 聚合酶，核心酶催化转录的延长，σ 因子识别特异的启动子，即不同的 σ 因子协助启动不同基因的转录。

② 除个别基因外，原核生物的绝大多数基因按功能相关性成簇地连续排列在 DNA 分子上，共同组成一个转录单位即**操纵子**（operon），如乳糖操纵子等。一个操纵子含一个启动序列及数个编码基因，在同一个启动序列控制下，转录出多顺反子 mRNA（见 16.2.2）。

③ 在原核生物中特异的阻遏蛋白是控制启动子活性的重要因素。当阻遏蛋白与操纵基因结合或解离时，结构基因的转录被阻遏或去阻遏（见 16.2.2）。

（3）真核生物基因转录调控的特点

① 真核生物有复杂的染色体结构，染色体结构的变化对基因转录的调控有重要作用。

② 与原核生物相比，真核生物有更多种类的顺式作用元件和反式作用因子，基因转录调控的机制更加复杂。

③ 原核生物的反式作用因子对基因表达的调控既有正调控，又有负调控，其中负调控的作用较普遍。真核生物的反式作用因子对基因表达的调控主要是正调控，通常需要多个反式作用因子协同作用，使基因表达调控更加精确。

④ 在真核生物中尚未发现操纵子结构，功能相关基因的协调表达比原核生物更加复杂。

⑤ 原核生物的转录与翻译偶联，其转录产物通常不需要加工，即可用于指导蛋白质合成，真核生物的转录产物通常需要经过复杂的加工，才可用于指导蛋白质合成。

⑥ 真核生物大多为多细胞生物，在细胞分化和个体发育过程中，基因表达除受细胞内调控因子的影响外，还受一些细胞外因子（如激素和细胞因子）的影响。

14.5　转录的选择性抑制

细菌与真核生物中由 RNA 聚合酶催化的 RNA 链的延长能被放线菌素 D（antinomycin D）特异性地抑制。这个分子的扁平部分插入有连续 G – C 碱基对的 DNA 双螺旋中，使 DNA 变形，两条链因此难以解开。这种双螺旋局部的改变，阻止聚合酶沿着模板移动。由于放线菌素 D 可以抑制细胞中和细胞抽提物中的 RNA 延伸，因此被广泛地用来研究依赖 DNA 的 RNA 合成。吖啶类也是扁平分子，以同样的方式抑制 RNA 的合成。

利福平（rifampicin）是一种抑制原核生物 RNA 合成的抗生素，它能特异性地与细菌 RNA 聚合酶的 β 亚基结合，强烈地抑制原核生物的转录起始，但对真核生物的 RNA 聚合酶不起作用，因此可用于治疗结核病和麻风病。α - 鹅膏蕈碱（α-amanitin）是毒蘑菇鬼笔鹅膏的有毒成分，可阻断真核细胞 RNA 聚合酶 II 催化的 mRNA 合成。在高浓度时，还可抑制 pol III，但它不影响细菌 RNA 合成。有趣的是，这种物质对于蘑菇自身的转录没有抑制作用。

14.6 转录产物的加工

14.6.1 内含子剪接的四种类型

内含子有四种类型，第一类内含子主要存在于细胞核、线粒体、叶绿体编码的 rRNA、mRNA 和 tR-NA 的基因中。第二类内含子一般存在于真菌、藻类和植物线粒体与叶绿体 mRNA 的初始转录物中，在细菌中，也有少量存在。第三类内含子主要存在于真核生物 mRNA 的初始转录物中。第四类内含子存在于真核生物 tRNA 前体中。

第一类内含子的剪接反应需要一个鸟嘌呤核苷或核苷酸辅因子，这一辅因子并不是被作为能源使用，而是直接参与反应的催化。剪接反应第一步中鸟苷的 3′ - 羟基作为亲核基团，与内含子 5′ 端形成一个正常的 3′,5′ - 磷酸二酯键（图 14 - 8）。这一步中 5′ - 外显子的 3′ - 羟基被释放出来，然后作为亲核基团在内含子的 3′ 端进行同样的反应。导致内含子的切除，及外显子的连接。

第二类内含子的剪接模式与第一类剪接反应的差别是在第一步中的亲核基团是内含子内部一个腺苷酸残基的 2′ - 羟基，而不是外源的辅因子。这步反应中产生一种不寻常的套索样中间体（图 14 - 9）。

在研究第一类、第二类内含子剪接反应时，人们惊奇地发现，许多内含子是自我剪接的，不需要蛋白质酶的参与，从而导致了核酶的发现。

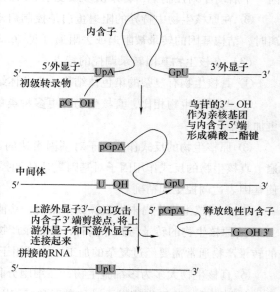

图 14 - 8 I 型内含子的剪接机制

在真核生物的细胞核中，mRNA 初始转录物中发现的第三类也是最大的一类内含子，通过同样的套索机制进行剪接。然而，它们的剪接需要形成剪接体（spliceosome），这种剪接的机制将在下文介绍（见 14.6.4）。

在一些 tRNA 中发现的第四类内含子与第一、二类不同，它的剪接需要 ATP 提供能量，由内切核酸酶水解内含子两端的磷酸二酯键，两个外显子随即被连接起来，连接反应与 DNA 连接酶的连接机制相同。

内含子并不局限于真核生物，在一些细菌和噬菌体中也有发现。内含子在细菌中不多见，但在古细菌（archeobacteria）中存在较普遍。

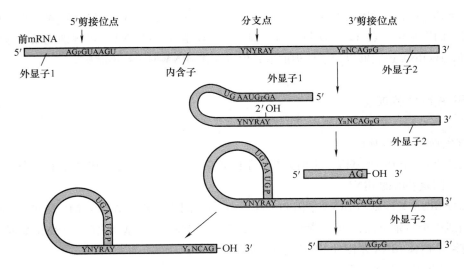

图 14 –9　Ⅱ型内含子的剪接机制

14.6.2　rRNA 前体的加工

原核生物中编码 rRNA 的基因以 16S rRNA – tRNA – 23S rRNA – 5S rRNA 的顺序排列，它们被转录成 30S 的前体 rRNA 后，经切割形成 rRNA 和 tRNA 前体。然后经过特异酶的切割，释放出成熟的有功能的 rRNA 和 tRNA。负责加工原核 rRNA 前体的酶主要有两类：第一类主要是催化 rRNA（5S rRNA 除外）核糖 2′位上甲基化的修饰酶，对 16S rRNA 前体修饰 10 个甲基，对 23S rRNA 前体修饰 20 个甲基。第二类是切割前体的核酸酶，如大肠杆菌的 RNaseⅢ能识别 rRNA 前体的特定双螺旋区，经水解作用生成 16S rRNA 和 23S rRNA 的前体。RNase E 则作用于前体 rRNA 的特定螺旋区，产生 5S rRNA 的前体。每种前体比其成熟的 rRNA 略长，它们的 5′和 3′保留的附加序列，必须通过剪切或修剪，才能转变为成熟的产物。图 14 – 10 为原核生物 rRNA 前体加工的示意图，图中 1 所指的是 RNaseⅢ的水解位置，2 所指的是 RNase P 的水解位置，3 所指的是 RNase E 的水解位置。

不同生物的 rRNA 前体大小不同。例如，哺乳动物的 18S、5.8S 和 28S rRNA 基因转录产物为 45S rRNA 前体，果蝇的 18S、5.8S 和 28S rRNA 基因的转录产物为 38S rRNA 前体，酵母的 17S、5.8S 和 26S rRNA 基因的转录产物为 37S 的 rRNA 前体。前体在转录后不久，就对 110 多个核糖 2′ – OH 进行甲基化修饰。例如，哺乳类细胞的 18S 和 28S rRNA 分别含约 43 和 74 个甲基。前体分子的切割次序在不同的细胞中略有不同，在 HeLa 细胞中首先在 45S 前体中 18S 5′端的特异位点进行切割，生成 41S rRNA 前体，然后在 18S 和 5.8S 的间隔区切割，生成 20S 和 32S 的 rRNA。其中的 20S rRNA 切除 3′端的多余片段后，生成 18S rRNA。32S 的 rRNA 切除 3′端的多余片段，及 5.8S rRNA 和 28S rRNA 之间的间隔区，生成成熟的 5.8S rRNA 和 28S rRNA。

从真核细胞核仁发现的 200 多种核仁小 RNA（small nucleolar RNA，snoRNA）是一类新的调控

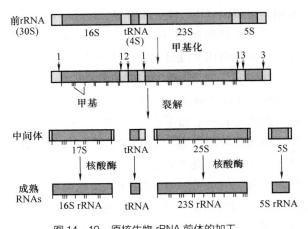

图 14 –10　原核生物 rRNA 前体的加工

知识扩展 14 –9
snoRNA 指导 rRNA 的核苷酸修饰

分子，可指导 rRNA 中核糖和碱基的修饰。snoRNA 分子含有的 C 框（AUGAUGA）和 D 框（CUCA），可识别 rRNA 前体的甲基化位点（2′-OMe）和切割位点，H 框（ANANNA）可识别生成假尿嘧啶核苷酸的位点。此外，snoRNA 还能够以分子伴侣的形式促进前体 rRNA 形成高级结构。

14.6.3　tRNA 前体的加工

（1）原核生物 tRNA 前体的加工

大肠杆菌约有 60 个 tRNA 基因，它们大都以基因簇存在，如 T4 噬菌体 DNA 上有一个 tRNA 基因簇，含有转运 7 个不同氨基酸的 tRNA。

另有一部分 tRNA 基因则与 rRNA 基因和编码蛋白质的基因（如 RNA 聚合酶的亚基、EF-Tu 蛋白因子等）混合组成一个转录单位，如 rrn 操纵子，在其 16S 和 23S rRNA 基因之间有 tRNA 基因。又如 TyrU 操纵子，含有 4 个前体 tRNA 基因和 EF-Tu 蛋白的基因。

原核生物 tRNA 前体的加工包括：

① 切割（cutting）　内切核酸酶将 tRNA 前体分子切断，得到含有附加序列的 tRNA 分子。

② 剪切（trimming）和修剪（clipping）　RNase P 特异地剪切 tRNA 前体 5′附加序列，产生成熟的 5′端，修剪酶 RNase D（3′-外切核酸酶）从 3′端逐个切除附加序列，暴露出 tRNA 的 3′端。

③ 添加 3′端 CCA-OH　tRNA 前体经切割后，若没有 3′端 CCA-OH 就没有活性，需要在 tRNA 核苷酰转移酶催化下，在 3′端生成 CCA-OH。

④ 核苷酸的修饰和异构化　分别由甲基化酶和 tRNA 假尿嘧啶核苷酸酶催化，生成甲基化碱基和假尿嘧啶核苷。

（2）真核生物 tRNA 前体的加工

真核 tRNA 基因数目比原核的更多，如酵母有 320～400 个，果蝇 750 个，爪蟾约 8 000 个。它们转录出的都是 tRNA 前体，所有这些前体的反密码子臂均有 16～46 nt 的插入序列（内含子）。有的插入序列还存在茎环结构，这是真核 tRNA 前体与原核 tRNA 前体的重要区别。

真核生物 tRNA 前体的加工与原核生物基本相同，也包括剪切、修剪和剪接，核苷的修饰有的需要在 3′端添加 CCA-OH。二者的主要区别是，真核生物 tRNA 前体的加工需要切除内含子。

如图 14-11 所示，在切除内含子时，首先内切核酸酶在特异部位切割产生带有 2′,3′-环磷酸的 5′-半分子和带有 5′-OH 的 3′-半分子，同时释放出完整的内含子。再经折叠，在 2′,3′-羟磷酸单酯酶作用下，生成带 2′-磷酸的 5′-半分子。在 ATP 存在下，由激酶催化生成带 5′-磷酸的 3′-半分子。随后，RNA 连接酶将两个半分子连接成完整的 tRNA 分子，并由

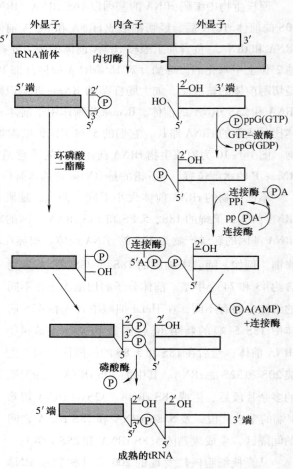

图 14-11　酵母 tRNA 前体的拼接

磷酸酶切断 5′ 端的 2′ − 磷酸单酯键。

14.6.4 mRNA 前体的加工

原核生物由于没有明显的细胞核，多数基因转录出的原初 mRNA 转录本无需加工，在转录尚未完成即可开始翻译。少数多顺反子 mRNA 需要由内切酶切割成较小的单位，才能进行蛋白质的合成。而真核生物的转录和翻译分别在核内和胞质进行，在核中转录出的 mRNA 初级转录本中存在内含子，为大小极不均一的 hnRNA。hnRNA 经过复杂的加工，才能形成成熟的 mRNA。

（1）帽子结构的生成

hnRNA 初级转录本的 5′ 端为三磷酸腺苷（pppA），经 RNA 三磷酸酶作用释放一个 Pi，再在鸟苷酰转移酶催化下，与 GTP 反应生成 $G^{5'}ppp^{5'}N_1pN_2p$-RNA，并释放出焦磷酸。最后由甲基供体 SAM（S − 腺苷甲硫氨酸），在 mRNA（鸟嘌呤 −7）甲基转移酶和 mRNA（核苷 −2′）甲基转移酶催化下，分别对鸟嘌呤（G）和起始核苷酸（N_1 和 N_2）进行甲基化，生成 5′ 端帽子结构（图 14 − 12）。帽子结构可以提高 mRNA 的稳定性，在肽链合成的起始阶段有重要作用。

知识扩展 14 − 10
RNA pol Ⅱ 与加帽反应的关系

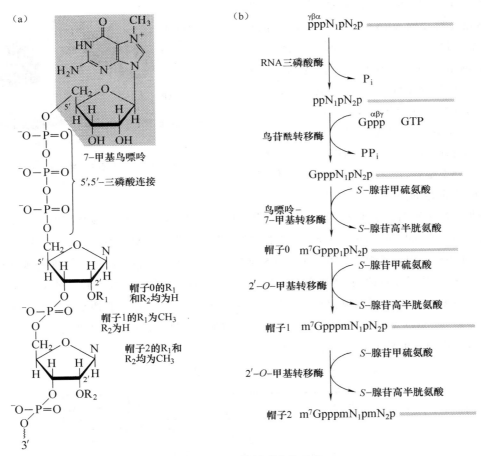

图 14 − 12   5′端帽子结构的形成

（2）多聚 A 尾的生成

真核生物 mRNA 的 3′ 端大多有 20 ~ 150 个腺苷酸残基的多聚 A 尾（polyA）。hnRNA 3′ 端的 polyA 长度为 150 ~ 200 nt，表明 mRNA 的 3′ 加尾是在核中完成的。

在初始转录物距 3′端 10 ~ 30 个核苷酸处，有一段保守序列 UUAUUU，在转录完成时，由 RNAaseⅢ（或 polyA 聚合酶的切割活性）在保守序列 UUAUUU 下游 10 ~ 30 nt 处切割，产生自由的 3′ - OH 末端，然后由 polyA 聚合酶将腺苷酸逐个加上去，使 polyA 链延伸。UUAUUU 序列是切割和聚腺苷酰化特异因子（cleavage and polyadenylation specificity factor, CPSF）的识别位点，与 CPSF 结合的剪切因子 Ⅰ 和 Ⅱ（cleavage factor Ⅰ / Ⅱ，CF Ⅰ/CF Ⅱ）为内切核酸酶，负责剪切反应。CPSF 的作用很像原核生物 RNA 聚合酶中的 σ 因子，一旦 polyA 延伸至约 10 nt 时，它便从识别位点上脱落下来，使 polyA 链继续延伸。polyA 聚合酶（polyA polymerase，PAP）是一种特殊的 RNA 聚合酶，它不需要 DNA 模板，而且只对 ATP 有亲和性，负责催化在切开的 mRNA 的 3′ - 羟基上连续添加多聚腺苷酸序列。随后，polyA 结合蛋白（polyA binding protein，PABP）与新生的 polyA 结合，一方面能够提高 PAP 的聚合反应的连续性，加速 polyA 的延伸，另一方面对 polyA 具有保护作用，还能控制 polyA 的长度（图 14 - 13）。polyA 可延长 mRNA 的寿命，增强 mRNA 翻译的效率，此外在 mRNA 转运到细胞质的过程中，也有一定的作用。

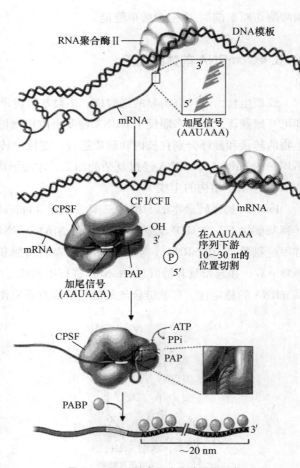

图 14 - 13　3′端多聚腺苷酸尾的形成

知识扩展 14 - 11
加尾元件的图示

（3）mRNA 前体的剪接

通过分析比较多种内含子拼接位点附近的核苷酸序列，已确定了控制拼接反应的 4 个顺式元件。其一是 5′ - 拼接点（5′-splicing site，5′-SS），内含子的前两个核苷酸通常是 GU。其二是 3′ - 拼接点（3′-splicing site，3′-SS），内含子中的最后两个核苷酸通常是 AG，两个拼接点的这一规律被称为 GU - AG 规则（GU-AG rule）。值得注意的是，GU 和 AG 两侧的序列也有一定的保守性。其三是在 3′ - SS 上游不远处存在的一段主要由 11 个嘧啶碱基组成的序列，称富含嘧啶序列（Py）。其四是存在于内含子内部的一段被称为分支点（branch point）的保守序列。在酵母细胞中，这一段序列高度保守，为 UACUAAC，该序列对于拼接反应的发生是至关重要的（图 14 - 14）。

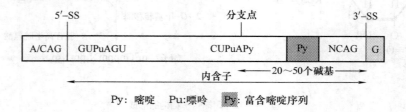

Py：嘧啶　　Pu：嘌呤　　Py：富含嘧啶序列

图 14 - 14　控制拼接反应的顺式元件

拼接反应的过程如图 14 - 15 所示，首先是分支点结合蛋白（branch point binding protein，BBP）识别并结合到分支点，然后，U1 - snRNP（U1 - snRNA 和蛋白质的复合物）与 mRNA 前体 5′ - SS 互补结合，

U2 - snRNP（U2 - snRNA 和蛋白质的复合物）取代 BBP，并与分支点的共有序列发生碱基配对，形成一段短的 RNA - RNA 双螺旋。这一步需要 U2 辅助因子（U2 auxiliary factor，U2AF）参与，并需要水解 ATP，这一步还是整个拼接途径的限速步骤。U2 - snRNA 与分支点之间配对时，在分支点内有一个 A 突出在双螺旋之外而被激活，为随后的第一次转酯反应提供了条件。接着 U4/U6 - U5 - snRNP 三聚体进入拼接体。U6 在进入拼接体之前与 U4 通过互补区结合，在进入拼接体之后，则与 U4 脱离，转而与 U2 结合。同时，还代替 U1 与 5′ - SS 的共有序列结合。在这一状态下，U6 作为中间桥梁将分支点上突出的腺苷酸上的 2′ - 羟基拉近到 5′ - SS，使 2′ - 羟基能够对 5′ - SS 处的磷酸二酯键进行亲核进攻，而导致该位点的 3′,5′ - 磷酸二酯键断裂。同时，分支点腺苷酸 2′ - 羟基与内含子 5′ - 磷酸基之间形成 2′,5′ - 磷酸二酯键，完成第一次转酯反应。紧接着 U5 - snRNP 通过依赖于 ATP 的重排，使相邻的外显子靠近，为第二次转酯反应创造了条件。此时，第一次转酯反应中游离出来的外显子上的 3′ - 羟基，亲核进攻 5′ - SS 上的磷酸二酯键，导致内含子以套索结构释放出来，并很快被水解，而外显子则被连接起来。一旦拼接反应完成，拼接体的所有成分即解体，参与下一轮拼接反应。可见，mRNA 前体的剪接类似 Ⅱ 型内含子的剪接机制，只不过它依赖于**剪接体**（spliceosome）内多种 RNP 之间的相互作用。

拼接常与转录偶联，这有利于外显子依次拼接。此外，还有一些蛋白质因子协助外显子依次拼接。只有在某些调控因子作用下，才可能出现外显子的选择性剪接。

（4）选择性剪接和反式剪接

同一个初级转录物，通过不同方式的剪接，可以得到不同的 mRNA 产物，称为**选择性剪接**（alternative splicing）。选择性剪接所产生的各种蛋白质产物称为同源体。例如大鼠编码 7 种组织特异性的 α - 原肌球蛋白的基因，通过变换选择剪接位点可得到 10 个不同的蛋白质（如平滑肌、横纹肌、成纤维细胞、肝细胞和脑细胞等的原肌球蛋白），又如肌钙蛋白基因转录物通过选择性剪接可产生 64 个同源体蛋白。这种选择剪接在基因表达的调控中起重要的作用。

选择性剪接主要有四种类型，即**外显子跨跃**（exon skipped）或外显子缺失，即在剪接时将某个外显子切除；**外显子延长**（exon extended），即某些内含子的一部分被保留下来，使外显子的长度增加；**内含子保留**（intron retained），即在剪接时保留了某个内含子；**外显子交替**（alternative exon），即不同的加工产物选择了不同的外显子（图 14 - 16）。此外，有些基因的 5′剪接点或 3′剪接点是可变的，亦可生成不同的蛋白质产物。

一般情况下，转录后加工主要进行**顺式剪接**（cis-splicing），即发生在同一个 RNA 前体分子内部的剪接。少数生物体内出现**反式剪接**（trans-splicing），即发生在两种 RNA 前体分子之间的剪接反应。如锥虫中许多 mRNA 的 5′端有一段含 35 nt 的前导序列，它不是由自身的转录单位编码的，而是来自其他转录本的上游序列。一个分子 5′剪接点的上游序列与另一个分子 3′剪接点的下游序列相连，被切除的内含子序列形成 Y 字形结构。随后，分支点不稳定的磷酸酯键水解脱去分支，形成线性的内含子。

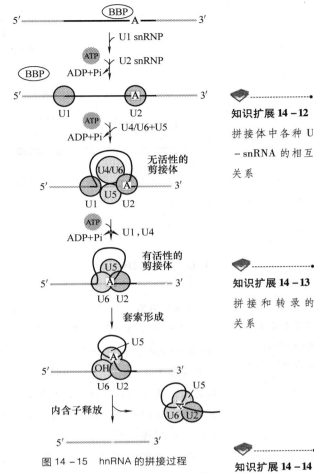

图 14 - 15 hnRNA 的拼接过程

知识扩展 14 - 12
拼接体中各种 U - snRNA 的相互关系

知识扩展 14 - 13
拼接和转录的关系

知识扩展 14 - 14
外显子依次拼接的机制

知识扩展 14 - 15
选择性剪接的研究进展

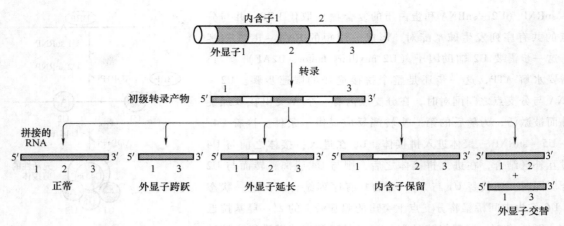

图 14-16 选择性剪接的方式

14.6.5 RNA 编辑

科学史话 14-3
RNA 编辑的发现和研究进展

RNA 编辑（RNA editing）指 mRNA 转录后，通过碱基替换，插入或缺失改变遗传信息，从而表达出不同蛋白质的过程。碱基替换的一个典型例子，是载脂蛋白基因 *Apo*B 在肝中转录生成的 mRNA，其 6 666~6 668 位的序列是 CAA，是 Gln 的密码子，而在肠组织中被替换为 UAA，为终止密码子，由 C→U 的变化是由胞苷脱氨酶催化的。结果，在肠组织中合成的蛋白质，缺少了 C 端的一半序列（LDC 受体结合区），这一变化使肠组织中合成的该蛋白质不能转运胆固醇。

有多种基因可通过 U 的插入进行 RNA 编辑，如细胞色素氧化酶亚基Ⅱ（coxⅡ）基因有一个 -1 移码区，改变了正常的开放读码框。由该基因转录生成的 mRNA，经 RNA 编辑，在 -1 移码区的 5′附近插进了 4 个 U，即恢复了原有的读码框。

研究发现，**指导 RNA**（guide RNA，gRNA）可为插入和删除 U 提供模板，gRNA 与 mRNA 通过互补区形成双链后，gRNA 的 polyU 尾部的 3′-OH 对编辑位点的磷酸二酯键进行亲核攻击，结果，5′gRNA 以其 polyU 尾部与 mRNA 的 3′-OH 形成连接体，游离的 mRNA 5′片段，则以其 3′-羟基对连接体进行第二次亲核进攻，并进行转酯反应，导致了 gRNA-mRNA 连接体断裂，由此向 mRNA 插入 U 残基，随后 mRNA 的 5′端和编辑后的 mRNA 部分重新连接，完成插入过程（图 14-17）。

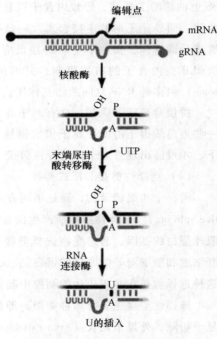

图 14-17 gRNA 指导的 U 插入

高等植物中的 RNA 编辑主要发生在细胞器（叶绿体、线粒体）基因的转录物中，且编辑的机制与动物中不同，由植物中新发现的一大类五肽重复蛋白（pentatricopeptitide repeat protein，PPR）参与完成 RNA 编辑。

14.6.6 非编码 RNA 的转录及加工

利用全基因组覆瓦式芯片技术（whole-genome tiling arrays）和高通量全细胞 RNA 测序技术（wholecell RNA-sequencing）发现，真核生物基因的非编码区和非模板链，以及基因之间的区域、端粒和着丝粒都能被转录，大约有 70% 的人基因可以产生反义 RNA。此外，来自编码（有义）和非编码（反义）链的转录还可产生具有调节功能的 ncRNA，包括 miRNA、siRNA、circRNA、lncRNA 等。ncRNA 主要由 RNA pol Ⅱ 转录生成，随后有多种酶参与其切割和加工。

知识扩展 14－16
RNAi 和一些非编码 RNA

microRNAs（miRNAs）是大多数真核生物中发现的一类约 22 nt 的单链 RNA，可调控基因表达。人基因组估计有 1 500 个基因编码 miRNAs（RNAi），这些 miRNAs 大约一半来自编码基因的内含子，还有约一半来自长链 ncRNAs。少数 miRNAs 可能来源于假基因（pseudogenes）。miRNA 的生成主要由 RNase Ⅲ 家族中的两种内切核酸酶 Drosha 和 Dicer 介导。

小干扰 RNA（siRNA）为 21～23 bp 的双链 RNA，有 2 nt 的黏性末端。siRNA 由双链 RNA 内切酶（Dicer）处理产生，可以引起靶 mRNA 的降解，同时还具有扩增效应，即以靶标 mRNA 为模板，在 RNA 依赖性 RNA 聚合酶的作用下，产生"次级"siRNA，并启动 RNA 诱导的连锁反应。

科学史话 14－4
RNA 干扰机制的发现

环状 RNA（circle RNA，circRNA）是一类环形 RNA 分子，通常由一个以上外显子构成，由特殊的选择性剪切产生，存在于真核细胞的细胞质中，起到 miRNA 海绵（miRNA sponge）的作用，可解除 miRNA 对其靶基因的抑制。

长链非编码 RNA（long non-coding RNA，lncRNA）占 ncRNA 的约 80%，参与不少重要生理生化过程的调控。

14.7 RNA 的复制

RNA 病毒种类很多，其 RNA 的复制可分为四种类型。

（1）正链 RNA 病毒

病毒含有正链 RNA（可直接用来指导蛋白质合成），进入宿主细胞后首先合成 **RNA 复制酶**（RNA replicase，亦可称作依赖 RNA 的 RNA 聚合酶）和相关的蛋白质，随后进行 RNA 复制，最后由病毒 RNA 和蛋白质组装成病毒颗粒。

科学史话 14－5
噬菌体和病毒基因结构的研究

这类病毒的代表为噬菌体 Qβ 和灰质炎病毒。Qβ RNA 复制酶由 α（M_r 为 7.0×10^4）、β（M_r 为 6.5×10^4）、γ（M_r 为 4.5×10^4）和 δ（M_r 为 3.5×10^4）4 个亚基组成，其中 β 亚基由噬菌体 Qβ 编码，并在感染细胞中合成，负责 RNA 的合成。其他 3 个亚基是宿主合成的蛋白质，α 亚基可与 Qβ RNA 结合，γ 亚基负责识别模板并与底物结合，δ 亚基可稳定 α 亚基和 γ 亚基。Qβ 复制酶对模板的识别高度专一，只能识别 Qβ RNA，不能识别类似噬菌体 MS2、R17、f2 的 RNA。

Qβ RNA 为单链，其基因组成为 5′－成熟蛋白－外壳蛋白（或 A1 蛋白）－复制酶的 β 亚基－3′，其中的外壳蛋白基因有两个终点，若在第一个终点处停止肽链合成，则生成外壳蛋白，若在第一终点处通读，在第二终点处停止肽链合成，就生成 A1 蛋白。

灰质炎病毒感染细胞后，利用宿主细胞的核糖体合成一条长肽链，在宿主蛋白酶的作用下，水解生成 1 个复制酶、4 个外壳蛋白和 1 个功能不明的蛋白质。随后，才由复制酶催化病毒 RNA 的复制。

知识扩展 14－17
流感病毒的生活史

（2）负链 RNA 病毒

病毒含有负链 RNA 和 RNA 复制酶，侵入宿主后，借助于病毒带进去的 RNA 复制酶，先合成正链 RNA，再以正链 RNA 为模板，分别合成病毒蛋白质和病毒 RNA。这类病毒的典型例子是流感病毒、狂犬病病毒和马水疱性口炎病毒。

（3）双链 RNA 病毒

病毒含有双链 RNA 和 RNA 复制酶，侵入宿主后，以双链 RNA 为模板，在病毒 RNA 复制酶的作用下，合成正链 RNA，并以正链 RNA 为模板，合成病毒蛋白质。随后，合成负链 RNA，形成双链 RNA，并与蛋白质组装成病毒颗粒。

（4）逆转录病毒

逆转录病毒含有 RNA 和逆转录酶，侵入宿主后，首先合成 cDNA，再由 cDNA 转录生成 mRNA，合成相应的蛋白质。这类病毒包括白血病病毒、肉瘤病毒、HIV 等，其基因组的结构和 cDNA 的合成过程比较复杂，本书 13.4 已作概述，详细机制可在"分子生物学"或"微生物学"等后续课程中学习。

小结

原核生物和真核生物的 RNA 聚合酶均以 DNA 或 RNA 为模板，4 种 NTP 为原料，从 5′→3′ 合成 RNA 链。原核生物的各种 RNA 是由同一种 RNA 聚合酶催化合成的，该酶由 $\alpha_2\beta\beta'\omega$ 构成核心酶，其中的 β 和 β′ 亚基共同构成催化部位，α 亚基参与识别和结合启动子。σ 因子与核心酶构成全酶，其作用是特异性地识别启动子。原核生物的启动子位于 −70 ~ +30 区域，−35 序列与聚合酶对启动子的特异性识别有关，−10 区富含 A − T 对，有利于 DNA 局部解链。不同启动子的 −10 区与 −35 区序列大同小异，二者之间的距离明显影响转录的效率。

RNA 合成时，−10 序列附近的 DNA 双链局部解开，形成约 18 bp 的转录泡，并以反义链为模板，按碱基配对规律从 5′→3′ 合成 RNA 链，在合成 8 个以上核苷酸后，σ 亚基从全酶脱离，模板链沿核心酶以 40 nt/s 的速度移动，使新生 RNA 延伸，并逐渐从模板链脱离，转录泡也以同样速度向模板链的 5′ 方向移动。转录终止于终止子，强终止子可不依赖于蛋白质因子终止 RNA 合成，弱终止子需要 ρ 因子协助才能终止 RNA 的合成。

真核生物有三种 RNA 聚合酶，也有三类相应的启动子。真核生物的 RNA 聚合酶不能直接识别启动子，需要多种称作反式作用因子的蛋白质与 DNA 上特定的调控序列（顺式作用元件）结合，才能协同 RNA 聚合酶组装成转录的起始复合物，从而起始转录。真核生物 RNA 链的延伸与原核生物相似，有关转录的终止尚了解不多。放线菌素 D、利福平和 α−鹅膏蕈碱等能抑制 RNA 的合成，因而可用于科学研究或用作药物。

真核生物转录的初级产物含有内含子，需要通过剪接和加工才能形成成熟的 RNA 分子。第一类内含子的切除需要鸟苷或鸟苷酸为辅因子，释放出线性内含子。第二类内含子的切除需要内含子中间的一个腺苷酸残基的 2′−羟基参与剪接反应，释放出套索样的内含子。第三类内含子剪接时也释放套索样内含子，但剪接时需要由多种 U 系 snRNA 和蛋白质形成剪接体。第四类内含子的剪接是由内切酶直接切除内含子，再由连接酶连接两个外显子。

原核生物的 rRNA 初级转录本是含各种 rRNA 和少数 tRNA 的 30S 前体，哺乳动物的 rRNA 初级转录本是含各种 rRNA 和少数 tRNA 的 45S 前体。二者的加工过程相似，首先对若干个核苷酸进行修饰，然后通过切割和修剪，生成成熟的 rRNA。其中被切除的内含子属于一类或二类内含子。tRNA 的初级转录本含有多个 tRNA，其间存在间隔序列。通过切割、修剪和修饰，形成成熟的 tRNA，其中被切除的内含子属于第四类内含子。原核生物的多数 mRNA 不需加工即可用于合成蛋白质，真核生物的 mRNA 前体需要 5′端加帽，3′端形成 polyA 尾，切除内含子，核苷酸的修饰和编辑等加工，其中被切除的内含子属于第三类内含子。同一初级转录本通过选择性加工可形成不同的 mRNA，合成不同的蛋白质。

真核生物基因的非编码区和非模板链，以及基因之间的区域、端粒和着丝粒均可被转录生成

ncRNA。ncRNA 主要由 RNA pol Ⅱ 转录生成，随后有多种酶参与其切割和加工。

RNA 病毒可以借助 RNA 复制酶，以 RNA 为模板，复制自身的 RNA。正链 RNA 病毒感染宿主后，先合成有关蛋白质，再复制其 RNA。负链 RNA 病毒则先合成正链 RNA，再合成相应的蛋白质和负链 RNA。双链 RNA 病毒先合成正链 RNA 和蛋白质，再合成负链 RNA，构成双链 RNA。逆转录病毒则需先合成 cDNA，再转录生成 mRNA 和蛋白质。

文献导读

［1］Svelov V, Nudler E. Clamping the clamp of RNA polymerase. The EMBO Jornal, 2011（30）：1 190-1 191.

该论文介绍了 RNA 聚合酶的夹子结构。

［2］Murakami K S, Darst S A. Bacterial RNA polymerases：the wholo story. Curr Opin Struct Biol, 2003（13）：31-39.

该论文介绍了细菌 RNA 聚合酶结构和功能。

［3］Woychik N A, Hampsey M. The RNA polymerase Ⅱ machinery：structure illuminates function. Cell, 2002，（108）：453-463.

该论文介绍了真核生物 RNA 聚合酶Ⅱ结构和功能。

［4］Krebs J E, Goldstein E S, Kilpatrick S T. 基因Ⅻ. 北京：高等教育出版社，2019.

该书第 17～21 章对转录及转录后加工修饰有详细的叙述，第 29～30 章对 microRNAs、RNA 干扰及 ncRNA 也有很好的介绍。

［5］Nelson D L, Cox M M. Lehninger Principles of Biochemistry. 7th ed. New York：W. H. Freeman & Company, 2017.

该书第 26 章很好地叙述了转录的过程，以及转录后加帽、加尾和切除内含子的分子机制。

思考题

1. 原核生物的 RNA 聚合酶由哪些亚基组成，各个亚基的主要功能是什么？

2. 真核细胞中有几种 RNA 聚合酶，它们各自的主要功能是什么？

3. 单链 DNA 模板的碱基序列 5′ATCTTCGTATGCATGTCT 3′，将它与 RNA 聚合酶、GTP、CTP、UTP 和 ［α - ^{32}P］ATP 混合物一起保温，再用脾磷酸二酯酶水解 RNA 产物，试问可得到哪些 3′ - ^{32}P 标记的 NMP？比例如何？

4. 原核生物的启动子和真核生物的三类启动子各有何结构特点？

5. 简要说明原核生物和真核生物转录调控的主要特点。

6. 简要说明四类内含子剪接作用的特点。

7. 设计一个实验确定体内基因转录时，RNA 链延伸的平均速率，即每一条 RNA 链每分钟掺入的核苷酸数目。

8. 为什么野生型的大肠杆菌细胞内得不到 rRNA 基因的初级转录物？

9. HIV 的什么性质使得研制艾滋病的疫苗非常困难？

10. 如果一种突变菌株合成的 σ 因子与核心酶不易解离，对 RNA 合成可能产生什么影响？

11. 一个正在旺盛生长的大肠杆菌细胞内约含 15 000 个核糖体。①如果 rRNA 前体的基因含有 5 000 bp，若转录反应从 5′ - NMP 和 ATP 开始，生成这么多 rRNA 共需消耗多少分子 ATP？②如果这些能量由葡萄糖的有氧氧化提供，共需消耗多少分子葡萄糖？

12. 鸡卵清蛋白基因为 7 700 bp，经转录后加工从前体分子中剪去内含子，拼接成 1 872 nt 的成熟 mRNA，其中卵清蛋白的编码序列含 1 164 nt（包括一个终止密码子）。如果戴帽和内部修饰消耗的 ATP 忽略不计，计算从转录出 mRNA 前体到最后加工成一个成熟的卵清蛋白 mRNA（假定 3′ 端还有 200 个腺苷酸残基组成的尾巴）需要消耗多少分子 ATP？

13. 试解释为什么 RNA 聚合酶缺少校正功能对细胞并无很大害处。

14. 自我拼接反应和 RNA 作为催化剂的反应之间的区别是什么？

15. DNA 和 RNA 各有几种合成方式，各由什么酶催化新链的合成？

数字课程学习

 教学课件　　　　习题解析与自测

15

蛋白质的生物合成

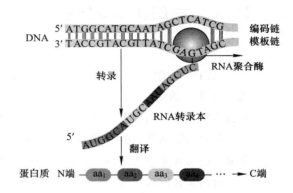

贮存在 DNA 分子上的遗传信息，通过转录成 mRNA 的核苷酸序列，在蛋白质合成时，被转化为氨基酸序列，因此被称作翻译。

生物体处于不断地新陈代谢之中，蛋白质的生物合成在细胞代谢过程中占有十分重要的位置。在大肠杆菌细胞中，蛋白质占细胞干重的 50% 左右，每个菌体约有 3 000 种不同的蛋白质分子。而大肠杆菌细胞分裂周期仅 20 min，可见蛋白质在生物体中的合成速度非常之快。

这个过程将核苷酸顺序转变为氨基酸顺序，因此被形象地称为翻译。

与其他生物大分子的合成相同，蛋白质的生物合成过程也经历起始、延长和终止 3 个阶段。合成后的多肽链多数要经过加工、折叠才能成为具有生物活性的蛋白质。

在生物体中蛋白质合成的数量和种类受到严格调节控制，使蛋白质浓度维持在细胞生理需要的水平。

15.1 蛋白质合成体系

蛋白质合成的原料是氨基酸，其合成过程非常复杂。真核细胞合成蛋白质需要 70 多种核糖体蛋白质，20 多种活化氨基酸的酶，10 多种辅助酶和其他蛋白质因子参加，同时还要 100 多种附加的酶类参与蛋白质合成后的修饰、40 多种 tRNA、4 种 rRNA，总计约有 300 多种不同的大分子参与多肽的合成。一个典型的细菌其细胞干重 35% 的物质参与蛋白质合成过程。蛋白质合成所消耗的能量，约占全部生物合成反应总耗能量的 90%，所需要的能量由 ATP 和 GTP 提供。

蛋白质合成机制的研究工作早期采用大肠杆菌**无细胞系统**（cell-free system）。所谓无细胞系统即把大肠杆菌温和地破碎，离心去除细胞壁和细胞膜得到的粗提物，其中包括 DNA、mRNA、核糖体、酶以及其他蛋白质合成所需的细胞组分。加入 DNA 酶使无细胞体系中原有的 DNA 降解，使系统不能再合成 mRNA，而原有的 mRNA 也随之降解，这时可加入纯化或合成的 mRNA，并加入 ATP、GTP 和氨基酸后，这个系统即可合成蛋白质。用于蛋白质合成研究的无细胞系统还有麦胚无细胞系统和兔网织红细胞系统。研究表明原核生物和真核生物的蛋白质生物合成有许多相似之处，但也存在差异。本节主要介绍原核生物的蛋白质合成，并在每一个环节概要介绍真核生物蛋白质生物合成的特点。

15.1.1 mRNA

科学史话 15－1
mRNA 的发现

DNA 上的遗传信息通过转录传递给 mRNA，mRNA 携带了能指导氨基酸掺入到肽链中的信息。

mRNA 中的核苷酸仅有 4 种，而氨基酸有 20 种，4 种核苷酸怎样排列组合才足以代表 20 种氨基酸呢？用数学方法推算，如果每一种核苷酸代表一种氨基酸，那么只能代表 4 种氨基酸，这显然是不可能的。如果每两个核苷酸代表一种氨基酸，可以有 $4^2 = 16$ 种排列方式，仍不足以为 20 种氨基酸编码。如果由 3 个核苷酸代表一种氨基酸，就可以有 $4^3 = 64$ 种排列方式，这就满足了 20 种氨基酸编码的需要。以后大量的实验结果证明密码确实是由 3 个连续的核苷酸所组成的，称**三联体密码**（triplet code）或**密码子**（coden）。

1961 年 M. Nirenberg 等用大肠杆菌无细胞系统，外加 20 种同位素标记的氨基酸混合物及人工合成的简单的多核苷酸 polyU（多聚尿苷酸）代替天然的 mRNA，观察这种结构的 RNA 可以指导合成怎样的多肽，从而推测氨基酸的密码。结果发现只有多聚苯丙氨酸生成。这一实验结果证明：UUU 是决定苯丙氨酸的密码。同样用 polyA（多聚腺苷酸）和 polyC（多聚胞苷酸）替代 mRNA，结果只得到多聚赖氨酸和多聚脯氨酸。这就表明 AAA 是赖氨酸的密码、CCC 是脯氨酸的密码。polyG（多聚鸟苷酸）本身因有强烈的氢键结合，不能与核糖体结合，因此不能用这种方法推断 GGG 的密码意义。

以后在此基础上，应用人工合成的具有特定重复序列的多核苷酸，如 CUCUCUCU…进行体外蛋白质生物合成，发现其合成的产物为 Leu - Ser - Leu - Ser 交替出现的多肽，说明了 CUC 是编码 Leu 的密码子，UCU 是编码 Ser 的密码子。应用人工合成的三核苷酸的重复序列作模板，也能得到十分有意义的结果，如用 polyUUC 作模板，得到 3 种不同的产物：多聚苯丙氨酸、多聚丝氨酸及多聚亮氨酸。这是因为在体外，核糖体可以在这些合成的 mRNA 上，以 3 种可能的**阅读框**（reading frame）来阅读 mRNA 上的密码子（图 15 - 1）。

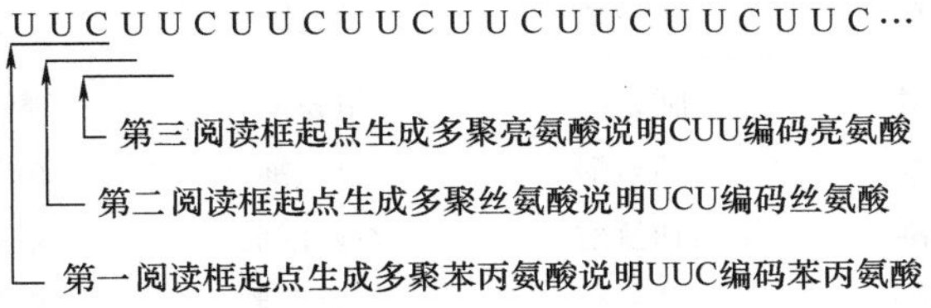

U U C U U C U U C U U C U U C U U C U U C…
第三阅读框起点生成多聚亮氨酸说明CUU编码亮氨酸
第二阅读框起点生成多聚丝氨酸说明UCU编码丝氨酸
第一阅读框起点生成多聚苯丙氨酸说明UUC编码苯丙氨酸

图 15 - 1 3 个可能的阅读框产生 3 种不同的多肽

另一种测定密码子中的核苷酸排列序列的方法是核糖体结合技术。在无 GTP 存在时，三核苷酸可以促进与其对应的携带有氨基酸的 tRNA 结合在核糖体上，而不生成蛋白质。这样，利用结合的 tRNA 复合物可被硝基纤维素膜吸附的性质，可将其与未结合的 tRNA 分开。由于三核苷酸只与一定的 tRNA 对应，此 tRNA 又只与一定的氨基酸结合，因此只要有带标记的氨基酸被滤膜保留，即可推测出模板是什么氨基酸的密码子。例如加入 UUU 时，苯丙氨酰 tRNA 结合于核糖体；加入 AAA 时，赖氨酰 tRNA 结合于核糖体。因此可以确定它们分别是苯丙氨酸和赖氨酸的密码子。此法实验条件简便，用它确定了绝大多数密码子的序列。

利用酶法或化学法合成有特定序列的共聚核苷酸，以及核糖体结合技术等方法，仅仅用了 4 年时间，于 1965 年完全弄清了 20 种天然氨基酸的 60 多组密码子，编制了遗传密码子表（表 15 - 1）。

遗传密码子的基本特点：

① 密码子是不间断和不重叠的 mRNA 的阅读是从 5′到 3′方向，若由起始密码子 AUG 开始，到终止密码子为止，可以称为一个**开放读码框架**（open reading frame，ORF）。读码框架内每 3 个核苷酸组成的三联体，就是决定一个氨基酸的密码子。在两个密码子之间没有任何分隔信号。因此要正确地阅读密码子，必须从起始密码子开始，依次连续地 3 个核苷酸（即一个密码子）一读，直至遇到终止密码子为止。mRNA 链上碱基的插入或缺失，会造成框移，使下游翻译出来的氨基酸完全改变，这样的突变称为移码突变。

生物体中的基因多数是不重叠的，即使在重叠基因中，还是从不同的起点开始，以各自的读框按三联体方式连续读码。

② 密码子的简并性 遗传密码子中，除色氨酸和甲硫氨酸仅有一个密码子，其余氨基酸的密码子不止一个。同一种氨基酸有两个或更多密码子的现象称为**简并性**（degeneracy）。对应于同一种氨基酸的不同密码子称为同义密码子。

从遗传密码子表上我们可见，有 2 个以上密码子的氨基酸，三联体上第一、第二位上的碱基大多是相同的，只是第三位不同。例如 CUU、CUC、CUA、CUG 都是亮氨酸的密码子，这些密码子的第三位如果发生突变，不会影响到翻译出的氨基酸的种类。因此，密码子的简并性可以减少突变造成的影响。

③ 摆动性 翻译过程中氨基酸的正确加入，需要靠 tRNA 反密码子来阅读 mRNA 上的遗传密码子。阅读时两个 RNA 是反平行配对的，即反密码子的第一个碱基（从 5′到 3′方向阅读）与密码子的第三个碱基配对。

科学史话 15 - 2
遗传密码子的破译

表 15 – 1　遗传密码子

5′端碱基	中间碱基				3′端碱基
	U	C	A	G	
U	苯丙氨酸	丝氨酸	酪氨酸	半胱氨酸	U
	苯丙氨酸	丝氨酸	酪氨酸	半胱氨酸	C
	亮氨酸	丝氨酸	终止	终止	A
	亮氨酸	丝氨酸	终止	色氨酸	G
C	亮氨酸	脯氨酸	组氨酸	精氨酸	U
	亮氨酸	脯氨酸	组氨酸	精氨酸	C
	亮氨酸	脯氨酸	谷氨酰胺	精氨酸	A
	亮氨酸	脯氨酸	谷氨酰胺	精氨酸	G
A	异亮氨酸	苏氨酸	天冬酰胺	丝氨酸	U
	异亮氨酸	苏氨酸	天冬酰胺	丝氨酸	C
	异亮氨酸	苏氨酸	赖氨酸	精氨酸	A
	甲硫氨酸*	苏氨酸	赖氨酸	精氨酸	G
G	缬氨酸	丙氨酸	天冬氨酸	甘氨酸	U
	缬氨酸	丙氨酸	天冬氨酸	甘氨酸	C
	缬氨酸	丙氨酸	谷氨酸	甘氨酸	A
	缬氨酸	丙氨酸	谷氨酸	甘氨酸	G

　　* AUG 既是甲硫氨酸的密码子，也是起始密码子，在原核生物起始密码子编码的是甲酰甲硫氨酸，真核生物是甲硫氨酸。
　　上表的读法是先读左边的碱基，再读中间的碱基，最后读右边的碱基。表中所对应的氨基酸即为这个"三联体"所代表的氨基酸。例如 UCA 代表丝氨酸、CAU 代表组氨酸，而 ACU 则代表苏氨酸。

　　tRNA 上的反密码子与 mRNA 的密码子配对时，密码子的第一位、第二位碱基是严格按照碱基配对原则进行的，而第三位碱基配对则不很严格，这种现象称为**摆动性**（wobble）。特别是 tRNA 反密码子中除 A、G、C、U4 种碱基外，往往在第一位出现 I（次黄嘌呤）。次黄嘌呤的特点是与 U、A、C 都可以形成碱基配对，这就使带有次黄嘌呤的反密码子可以识别更多的简并密码子。如反密码子 IGC 可阅读 GCU、GCC、GCA 3 个密码子，而这 3 个密码子都可以编码同一种氨基酸丙氨酸。反密码子的第一位如是 U 可以和 A、G 配对，如是 G 可与 U、C 配对，但 A 和 C 只能与 U 和 G 配对（表 15 – 2）。在已知一级结构的 tRNA 中，其反密码子的第一位碱基为 U、G、C、I，还没有发现 A。由于摆动性的存在，合理地解释了密码子的简并性，同时也使基因突变造成的危害程度降至最低。

表 15 – 2　密码子与反密码子之间的配对

反密码子第一位碱基	A	C	G	U	I
密码子第三位碱基	U	G	U，C	A，G	A，U，C

　　④ 密码子的通用性　即不论病毒、原核生物还是真核生物都用同一套遗传密码子。但 1980 年底，有实验室报导酵母链孢霉和哺乳动物线粒体的遗传密码子有的不同于标准密码。如在线粒体中 UGA 不是终止密码子而是色氨酸的密码子。AUA 是甲硫氨酸的密码子，而不再是异亮氨酸的密码子；CUA 应是亮氨酸的密码子，但是在线粒体中却是苏氨酸的密码子。由此看来，细胞核和亚细胞的密码子略有不同。这到底是进化结果还是突变的产物，尚没有统一的认识。

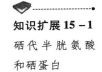
知识扩展 15-1

硒代半胱氨酸和硒蛋白

后来发现终止密码子 UGA 可以编码**硒代半胱氨酸**（selenocysteine）。硒代半胱氨酸是原核生物和真核生物某些酶的组分，是半胱氨酸分子中的硫被硒所替代形成的特殊氨基酸。由于它不是翻译后修饰的结果，而是在翻译的过程中掺入的，并有其相应的密码子，因而也有人将硒代半胱氨酸作为蛋白质中的第 21 种氨基酸。

原核生物的一个 mRNA 分子往往为功能相关的几种蛋白质编码（称为多顺反子 mRNA）。例如大肠杆菌中一个 7 000 nt 的 mRNA 可以编码合成色氨酸代谢有关的 5 种酶。每一种酶蛋白合成都有自己的起始和终止密码子，以控制多肽链合成的起始与终止，形成各自的开放读码框架。在 mRNA 的 5′端和 3′端以及各开放读码框架之间都有一段核苷酸序列是不翻译的，也称非编码区，这些区域往往与遗传信息的表达调控有关。

真核生物的 mRNA 通常只为一条多肽链编码，称为单顺反子 mRNA。它的 5′端和 3′端也有一段核苷酸序列是不翻译的。在真核生物 mRNA 的 3′端，通常还含有转录后加上去的多聚腺嘌呤核苷酸（polyA）序列作尾巴，其功能可能与增加 mRNA 分子的稳定性有关。

无论是原核生物还是真核生物，密码子的阅读都是从 mRNA 的 5′端到 3′端。原核生物的起始密码一般为 AUG，偶尔为 GUG。真核生物大多是 AUG。AUG 除了是起始密码子，还是甲硫氨酸的密码子。mRNA 分子的 5′端序列对于起始密码子的选择有重要作用，这种作用对于原核生物和真核生物是有所差别的。原核生物 -10 区的有一段富含嘌呤的序列。这一序列最初由 Shine-Dalgaino 发现的，因此称为 **SD 序列**（Shine-Dalgaino sequence）。SD 序列可以与小亚基 16S rRNA 3′端的序列互补，使 mRNA 与小亚基结合。表 15-3 列举出一些原核生物的 SD 序列，SD 序列与 16S rRNA 3′端片段之间的互补关系如图 15-2 所示，这一结合位点使得核糖体能够识别正确的起始密码子 AUG。

表 15-3　一些 mRNA 的 SD 序列

16S rRNA	3′HO A U U C C U C C A C U A G ……………………………… 5′
噬菌体 MS2 外壳蛋白	5′…… U C A A C C G G A G U U U G A A G C A U G ……… 3′
复制酶	5′…… C A A A C A U G A G G A U U A C C C A U G ……… 3′
噬菌体 λCro	5′A U G U A C U A A G G A G G U U G U A U G ………………… 3′
gal E	5′…… A G C C U A A U G G A G C G A A U U A U G ……… 3′
β - 内酰胺酶	5′ U A U U G A A A A A G G A A G A G U A U G ………… 3′
脂蛋白	5′…… A U C U A G A G G G U A U U A A U A A U G ……… 3′
核糖体蛋白质 S12	5′…… A A A A C C A G G A G C U A U U U A A U G ……… 3′
RNA 聚合酶 β	5′…… A G C G A G C U G A G G A A C C C U A U G ……… 3′
trpE	5′…… C A A A A U U A G A G A A U A A C A A U G ……… 3′

图 15-2　mRNA 的 SD 序列与 16S rRNA 3′端序列互补示意图

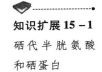
知识扩展 15-2

原核生物和真核细胞 mRNA 的结构

真核生物 mRNA 5′端的帽子结构对于翻译起始有重要作用，核糖体与其结合之后，通过一种消耗 ATP 的扫描机制向 3′端移动来寻找起始密码子，核糖体向下游扫描到的 AUG 能否起始肽链合成，与其上、下游序列相关。

15.1.2 核糖体

早在 1950 年就有人将放射性同位素标记的氨基酸注射到大鼠体内，经短时间后，取出肝制成匀浆，离心，将其分成细胞核、线粒体、"微粒体"及上清液，并测定各部分的放射性强度，发现只有"微粒体"部分的放射性强度最高。他们还发现用放射性标记氨基酸与新制备的大鼠肝无细胞匀浆一起保温，也有放射性标记氨基酸掺入到"微粒体"蛋白质中。把标记的"微粒体"部分再进一步分离就发现掺入的放射性大部分集中在小的核糖核蛋白颗粒中。这些核糖核蛋白颗粒后来称为核糖体。将微粒体用去污剂处理，可以使核糖体从内质网上分离出来，离心后即可获得纯化的核糖体。将核糖体与放射性标记氨基酸、ATP、Mg^{2+} 和大鼠肝的胞质上清液部分一起保温，就可以进行肽链的合成。此后又发现许多其他的细胞，如网织红细胞、大肠杆菌等均可使氨基酸掺入核糖体。上述一系列实验结果表明：核糖体是细胞内蛋白质合成的部位。

（1）核糖体的组成和结构

核糖体是细胞质里的一种球状小颗粒。原核细胞的核糖体直径约 18 nm，M_r 为 2.8×10^6，沉降系数 70S。它含 60% ~ 65% rRNA 和 30% ~ 35% 蛋白质。真核细胞的核糖体较大，直径为 20 ~ 22 nm，它含 55% 左右的 rRNA 和 45% 左右的蛋白质，M_r 约为 4.0×10^6，沉降系数为 77 ~ 80S。在原核细胞中核糖体或自由存在或与 mRNA 结合。在真核细胞中，核糖体或与糙面内质网结合或者自由存在。当多个核糖体与 mRNA 结合时称为多聚核糖体。真核细胞的线粒体和叶绿体中也有核糖体存在，沉降系数为 50 ~ 60S。平均每个原核细胞含有 15 000 个或更多的核糖体，每个真核细胞含有 10^6 ~ 10^7 个核糖体。

原核生物的核糖体由沉降系数各为 50S 和 30S 的亚基所组成。50S 的大亚基含 23S rRNA 和 5S rRNA 各一分子和 36 种蛋白质。30S 小亚基含一分子 16S rRNA 和 21 种蛋白质。上述 57 种蛋白质和 3 种 RNA 的一级结构几乎全部阐明，并且在核糖体体外重组研究中取得重大进展。真核细胞的核糖体由沉降系数各为 60S 和 40S 的两个亚基所组成。60S 大亚基含 28S rRNA、5.8S rRNA、5S rRNA 各一分子和大约 49 种蛋白质。40S 小亚基含 18S rRNA 和大约 33 种蛋白质（表 15 - 4）。

科学史话 15 - 3
核糖体结构的
研究

表 15 - 4　核糖体的组成及某些特性

核糖体		亚基（M_r）	rRNA（碱基数目）	蛋白质种类
原核生物 细菌、放线菌 蓝细菌				
70S	→	30S（900 000）	16S（1 540）	21
	→	50S（1 800 000）	5S（120） 23S（3 200）	36
真核生物 动物、植物				
80S	→	40S（1 400 000）	18S（1 900）	约33
	→	60S（2 800 000）	5S（120） 5.8S（160） 28S（4 700）	约49

（2）核糖体的功能

核糖体可以看作是一个蛋白质生物合成的分子"机器"，机器内的各组分相互精密配合，彼此分工明确，分别参与多肽链合成的起始、延长、终止，并可"移动"含有遗传信息的模板mRNA。

如图15-3所示，原核生物核糖体上有3个tRNA结合位点：肽酰-tRNA结合位（peptidyl site，P位）、氨酰tRNA结合位（aminoacyl site，A位）和脱肽酰-tRNA结合位（exit site，E位）。P位大部分位于小亚基，其余少部分在大亚基。A位主要分布在大亚基上，在A位处5S rRNA有一序列能与氨酰-tRNA的TψC环的保守序列互补，以利于延长用的氨酰tRNA进入A位，而起始用的tRNA无此互补序列，因此，进入核糖体时，它只能进到P位。核糖体的30S亚基与50S亚基结合成70S起始复合物时，两亚基的接合面上留有相当大的空隙。两亚基的接合面空隙内有结合mRNA的位点和多肽链离开通道。在50S亚基上还有一个GTP水解的位点，为氨酰tRNA移位过程提供能量。蛋白质生物合成可能在两亚基接合面上的空隙内进行。

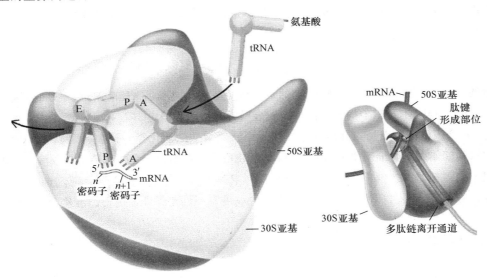

图15-3 核糖体的功能部位

15.1.3 tRNA

tRNA是氨基酸进入核糖体形成肽链的载体，是联系mRNA核苷酸序列与多肽链中氨基酸序列信息间的桥梁。tRNA分子上与蛋白质生物合成有关的位点至少有4个，即：①3′端CCA上的氨基酸接受位点；②氨酰tRNA合成酶识别位点；③核糖体识别位点，使延长中的肽链附着于核糖体上；④反密码子位点。在蛋白质合成时，带着不同氨基酸的各个tRNA通过反密码子较为准确地在mRNA分子上"对号入座"（依次与其密码相结合）。通过"对号入座"在核糖体上将mRNA的核苷酸顺序转变为多肽链中的氨基酸顺序。

科学史话 15-4
tRNA 的发现

tRNA分子上某个碱基或某些碱基对能决定tRNA携带氨基酸的专一性。例如大肠杆菌的丙氨酸tRNA的氨基酸接受臂上的$G_3 \cdot U_{70}$被其他碱基对取代，丙氨酸tRNA便不能携带Ala。如果把$G_3 \cdot U_{70}$碱基对引入半胱氨酸tRNA或苯丙氨酸tRNA，结果这两种tRNA具有携带Ala的功能。因此，氨酰tRNA合成酶不仅对其活化的氨基酸专一，而且对tRNA专一，正是这种专一性才保证蛋白质生物合成的忠实性。tRNA分子中某些碱基或碱基对决定着携带专一氨基酸的作用，被称为**第二套遗传密码子系统**（second genetic code）。

知识扩展 15-3
tRNA 分子上的
鉴别元件

15.2　蛋白质的合成过程

蛋白质的生物合成可分为五个阶段：氨基酸的活化，活化氨基酸的转运，肽链合成的起始，肽链合成的延长和肽链合成的终止。

15.2.1　氨基酸的活化

组成蛋白质分子的 20 种氨基酸在合成蛋白质前，均必须活化以获取能量。活化反应是在专门的**氨酰 tRNA 合成酶**（aminoacyl-tRNA synthetase）催化下进行的，即每一种氨基酸由一种氨酰 tRNA 合成酶催化，反应如下：

$$\text{ATP} + \text{氨基酸} \xrightarrow[\text{Mg}^{2+} \text{或 Mn}^{2+}]{\text{氨酰 tRNA 合成酶}} \text{氨酰} - \text{AMP} - \text{酶} + \text{PPi}$$

氨基酸的—COOH 通过酸酐键与 AMP 上的 5′-磷酸基相连接形成高能酸酐键，从而使氨基酸的羧基得到活化，氨酰 – AMP 本身很不稳定，但与酶结合后就变得较为稳定。

氨酰 tRNA 合成酶的特点是具有高度专一性，每种氨基酸的活化至少需要一种特定的氨酰 tRNA 合成酶。有的氨基酸如大鼠肝细胞中的 Gly 和 Ser 的活化可有 2 种特定的氨酰 tRNA 合成酶。氨酰 tRNA 合成酶只作用于 L – 氨基酸，对 D – 氨基酸不起作用。氨酰 tRNA 合成酶有 2 个识别位点，一个是识别氨基酸的位点，另一个是识别 tRNA 的位点。酶的这种高度专一性是保证遗传信息准确翻译的重要条件。

15.2.2　活化氨基酸的转运

氨基酸不能阅读遗传密码子，它必须由专一的 tRNA 携带，通过 tRNA 上的反密码子来阅读 mRNA 上的遗传密码子。因此氨酰 – AMP – 酶复合物还是在氨酰 tRNA 合成酶催化下，将活化了的氨酰基转移到相应的 tRNA 分子上，形成氨酰 – tRNA，这个过程就是活化氨基酸的转运。

各种 tRNA 的 3′端都有 CCA 序列。活化了的氨基酸通过它的羧基与腺苷酸核糖的 3′-羟基以酯键相连，形成氨酰 tRNA（图 15 – 4）。氨酰 tRNA 合成酶根据它催化形成酯键的方式不同可分为两类：氨酰 tRNA 合成酶 I 将活化了的氨酰基转移到腺苷酸核糖的 2′-羟基上，然后经转酯反应转移到 3′-羟基上。氨酰 tRNA 合成酶 II 直接将活化了的氨酰基转移到腺苷酸核糖的 3′-羟基上。各种氨酰 tRNA 合成酶的分类见表 15 – 5。

知识扩展 15 – 4
合成氨酰 tRNA
的反应机制

表 15 – 5　两类氨酰 tRNA 合成酶

氨酰 tRNA 合成酶 I	Arg	Cys	Glu	Gln	Ile	Leu	Met	Trp	Tyr	Val
氨酰 tRNA 合成酶 II	Ala	Asn	Asp	Gly	His	Lys	Phe	Pro	Ser	Thr

氨酰 tRNA 合成酶在转运过程中还有校对作用，即一旦发生 tRNA 装载了错误的氨基酸，它能把错误的氨基酸水解下来，换上正确的氨基酸。这种校对作用也保证了翻译的正确性。

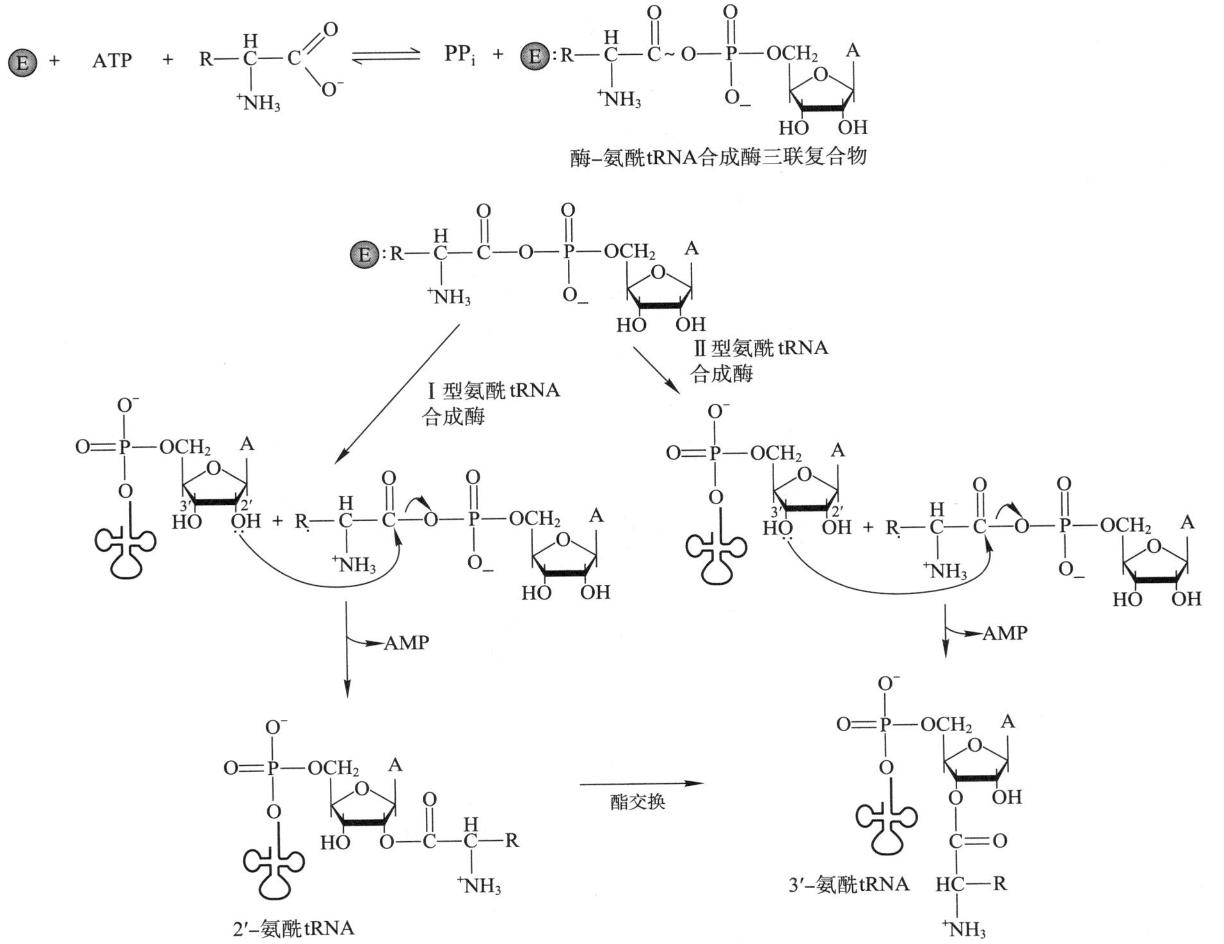

图 15 – 4　氨酰 tRNA 的合成

15.2.3　肽链合成的起始

原核细胞中肽链合成的起始需要 30S 亚基、50S 亚基、mRNA、N – 甲酰甲硫氨酰 tRNA，**起始因子**（initiation factor）IF – 1、IF – 2 及 IF – 3，GTP、Mg^{2+} 参加。

起始复合物的形成分三个步骤进行（图 15 – 5）。①在完成了一轮多肽链的合成后，起始因子 IF – 3 与 30S 亚基结合后可促使 70S 核糖体的解离。IF – 1 可协助 IF – 3 与 30S 亚基的结合。然后 30S 亚基中的 16S rRNA 3′端富含嘧啶核苷酸序列与 mRNA 中的 SD 序列结合，并从 5′端到 3′端移动至 AUG 起始密码子，形成 30S·mRNA·IF – 3·IF – 1 复合体。②30S·mRNA·IF – 3·IF – 1 复合体与 IF – 2·GTP·甲酰甲硫氨酰 tRNA 结合形成 30S 起始复合物。③30S 起始复合物释放出 IF – 3 后就与 50S 核糖体大亚基结合，与此同时与 IF – 2 结合的 GTP 水解生成 GDP 及 Pi 释放出来，IF – 1 及 IF – 2 也离开此复合物，形成具有起始功能的 70S 起始复合物。这时 fMet – tRNA 占据了核糖体上的 P 位，空着的 A 位准备接受下一个氨酰 tRNA。

大肠杆菌和其他原核生物的蛋白质生物合成几乎都起始于甲酰甲硫氨酸。识别起始密码子的 tRNA^{fMet}和携带内部 Met 残基的 tRNA^{Met}是不同的两种 tRNA，尽管它们都识别相同的密码子，也可由相同的甲硫氨酰 tRNA 合成酶催化，装载上甲硫氨酰基，但甲酰转移酶只能催化 Met – tRNA^{fMet}（装载上 Met 的

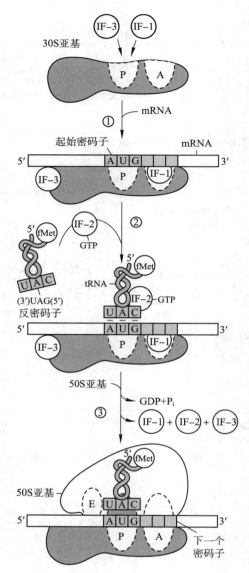

图 15 – 5　蛋白质合成的起始

tRNA^{fMet}）甲酰化生成 fMet – tRNA^{fMet}，而不能催化 Met – tRNA^{Met}甲酰化，甲酰基由 N^{10} – 甲酰基 – 四氢叶酸提供。

真核生物蛋白质生物合成的起始与原核生物基本相同，但是也存在一些差异：①蛋白质合成起始于 Met，而不是原核的 fMet。②真核生物 mRNA 没有 SD 序列，但 5′端的帽子结构可与核糖体的40S 亚基结合，通过滑动扫描寻找 AUG 起始密码子。③真核细胞的核糖体为 80S。④真核细胞蛋白质合成的起始因子即真核起始因子（eukaryote Initiation Factor，eIF）种类多，起始过程十分复杂。⑤真核生物核糖体的 40S 亚基在与 mRNA 结合前，先与 Met − tRNA$_i^{Met}$ 结合，形成 43S 前起始复合物。⑥形成起始复合物需要依赖于 RNA 的 ATP 酶和解链酶消除 mRNA 的二级结构，即起始过程不仅需要 GTP，而且需要 ATP。

15. 2. 4 肽链合成的延长

原核生物肽链的延长需要 70S 起始复合物，由密码子对应的氨酰 tRNA，GTP、Mg^{2+} 和**延长因子**（elongation factor，EF）。原核生物的延长因子有 EF − Ts、EF − Tu 和 EF − G，真核生物的延长因子是 eEF − 1 和 eEF − 2。

肽链的延长，经历**进位**（entrance）、**转肽**（peptide bond formation）和**移位**（translocation）三个步骤。

① **进位** EF − Tu·GTP 与氨酰 tRNA 结合形成氨酰 tRNA·EF − Tu·GTP 三元复合物。此三元复合物中的氨酰 tRNA 通过反密码子识别相应的密码子，并且结合于核糖体的 A 位。伴随三元复合物中 GTP 水解成 GDP 和 Pi，EF − Tu·GDP 和 Pi 从核糖体释放，释放的 EF − Tu·GDP 由 EF − Ts 取代 GDP 生成 EF − Tu·EF − Ts，转而 EF − Ts 又帮助 GTP 与 EF − Tu 生成 EF − Tu·GTP 二元复合物。此 EF − Tu·GTP 再与氨酰 tRNA 结合形成氨酰 tRNA·EF − Tu·GTP 三元复合物，进入肽链的延长（图 15 − 6）。

② **转肽** 在肽基转移酶的催化下，A 位上氨酰 tRNA 3′端氨基酸的氨基对 P 位 fMet − tRNA^{fMet} 的甲酰甲硫氨酰的羰基进行亲核攻击形成肽键。由此也决定了肽链合成的方向是从 N 端→C 端。用 ^3H − 亮氨酸作标记，分析兔网织红细胞无细胞系统中血红蛋白的合成过程证明，新生的多肽链通过在其 C 端加上一个氨基酸残基而得以延长，并由此被转移到 A 位的 − tRNA 上，这个过程称为转肽作用。肽键形成的能量来自于氨酰 tRNA 的"高能"酯键。转肽后，脱酰基 − tRNA^{fMet} 留在 P 位而二肽酰 − tRNA 在 A 位（图 15 − 7）。

研究发现，嗜热细菌完整的 50S 亚基或 23S rRNA 中都可以完成转肽反应，而氯霉素和 RNase 等可抑制转肽反应。因此认为 23S rRNA 在肽基转移酶活性中起主要作用，后来的突变试验进一步验证了这个结果。

③ **移位** 随后，携带着肽基的 tRNA 从 A 位移到 P 位，这个过程称为移位。在移位酶 EF − G 催化作用下，GTP 水解为 GDP + Pi，核糖体使 mRNA 从 5′→3′方向移动，使下一个密码进入 A 部位，等待着第三个氨酰 tRNA 进入；二肽

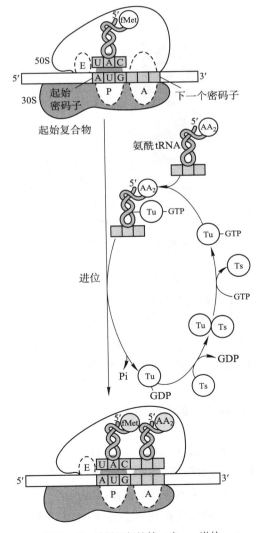

图 15 − 6 肽链延长的第一步——进位

酰－tRNA 进入 P 位；脱酰基－tRNA^{fMet}进入 E 位（图 15－8）。在 E 位上的脱酰基－tRNA^{fMet}，在下一个氨酰 tRNA 进入 A 位时，由于核糖体构象改变，使其脱离核糖体。真核生物核糖体无 E 位，脱酰基－tRNA 在移位过程中直接从 P 位离开核糖体。

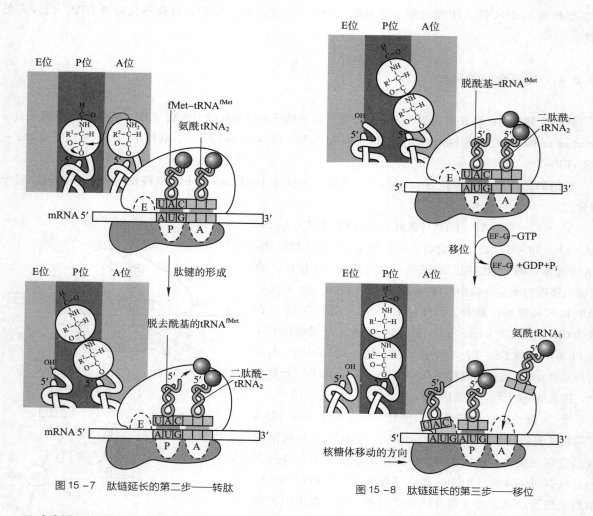

图 15－7　肽链延长的第二步——转肽　　　　　图 15－8　肽链延长的第三步——移位

以后肽链上每增加一个氨基酸残基，就按进位、转肽和移位这三个步骤一再重复（核糖体循环），直至肽链增长到必需的长度。

真核生物的在延伸阶段也经历进位、转肽和移位的不断循环，只是由 eEF－1α 和 eEF－1βγ 代替了原核系统中的 EF－Tu 和 EF－Ts，eEF－2 代替了 EF－G，转肽酶的活性可能由核糖体的 28S RNA 和蛋白质提供。真核生物肽链延伸的速度低于原核生物，大概是每秒钟掺入 2 个氨基酸。

15.2.5　肽链合成的终止

肽链合成的终止需要有肽链**释放因子**（release factor，RF）。原核生物释放因子有 3 种：RF－1、RF－2、RF－3。RF－1 识别终止密码子 UAA、UAG，RF－2 识别终止密码子 UAA、UGA，RF－3 是一种 G 蛋白，它不参与终止密码的识别，但是可促进核糖体与 RF－1、RF－2 的结合。

当肽链延长到终止密码进入核糖体的 A 位时，释放因子识别终止密码子，使肽基转移酶活性转变为水解酶活性，使 P 部位多肽链与 tRNA 之间的酯键水解，多肽链和空载的 tRNA 被释放，同时伴随着

RF-3 上的 GTP 水解成 GDP + Pi，释放因子也被释放出核糖体。mRNA 与 70S 核糖体分离，IF-3 与 30S 亚基结合，使 70S 核糖体大、小亚基分离，核糖体进入下一轮的蛋白质合成（图 15-9）。

真核生物的肽链终止只需 2 种释放因子，eRF-1 可识别 3 种终止密码子，eRF-3 是 G 蛋白，结构和功能与 RF-3 相似。

根据晶体结构和计算机辅助分析，RF-1，RF-2 和 eRF-1 结构与 tRNA 相似，称 tRNA 模拟物（tRNA-mimicry）或 tRNA 样翻译因子（tRNA-like translation factor），可识别终止密码子，促进肽酰 - tRNA 的酯键水解。RF-3 和 eRF-3 具有 GTPase 活性，能增强第 I 类释放因子的活性。这两类释放因子协同作用，共同完成翻译的终止。

以上所述的蛋白质合成是在单个核糖体上的情况，实际上生物体内合成蛋白质常是多个核糖体附着在同一 mRNA 上形成多聚核糖体（图 15-10），每一个核糖体按上述步骤依次在 mRNA 的模板指导下，各自合成一条肽链。例如血红蛋白多肽链的 mRNA 分子较小，只能附着 5～6 个核糖体，而合成肌球蛋白多肽链的 mRNA 较大，可以附着 50～60 个核糖体。

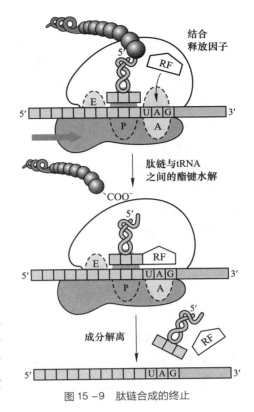

图 15-9 肽链合成的终止

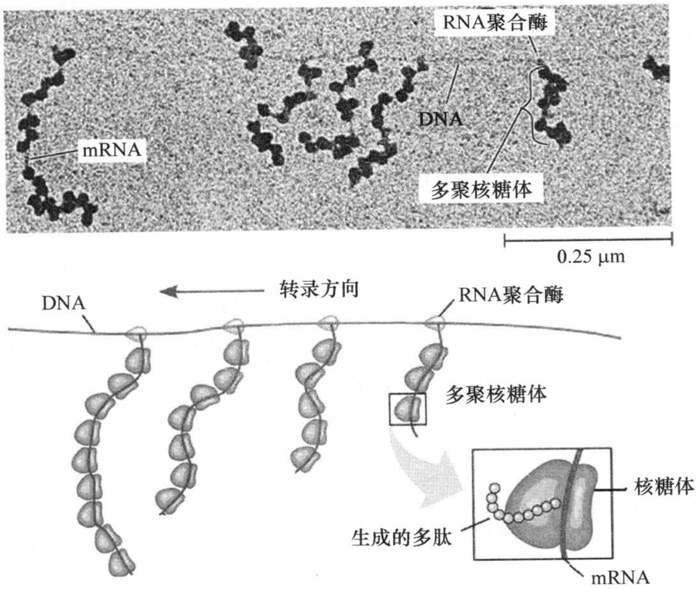

图 15-10 多聚核糖体

15.3 蛋白质合成后的加工

由 mRNA 翻译出来的多肽链，一般要经过各种方式的"加工处理"才能转变成为有一定生物学功能的蛋白质。这些加工包括：

① N 端甲酰基或 N 端氨基酸的切除 原核生物蛋白质的 N 端为甲酰甲硫氨酸，往往先被脱甲酰基酶催化水解除去 N 端的甲酰基，然后在氨肽酶的作用下，再切去一个或多个 N 端氨基酸。在真核生物中，N 端的甲硫氨酸常常在肽链的其他部分还未完全合成时即被切除。

② 信号肽的切除 某些蛋白质在合成过程中，在 N 端有一段 15 ~ 30 个氨基酸组成的**信号序列**（signal sequence），用以引导合成的蛋白质到细胞的特定部位（见 15.5）。之后，这些信号序列将在特异的信号肽酶作用下除去。

③ 氨基酸的修饰 蛋白质中有些氨基酸不是由遗传密码子直接编码的，而是在肽链合成后，由专门的酶修饰形成的。如某些蛋白质的一些丝氨酸、苏氨酸及酪氨酸残基中的羟基，可通过酶促磷酸化作用，生成磷酸丝氨酸、磷酸苏氨酸及磷酸酪氨酸残基。某些酶的活性就是通过酶分子中特定丝氨酸羟基的磷酸化和去磷酸化而得以调节。一些蛋白质中特定的酪氨酸残基的磷酸化是正常细胞转化成癌细胞的重要步骤。又如胶原蛋白中的羟脯氨酸和羟赖氨酸是蛋白质合成后由脯氨酸和赖氨酸经酶促羟基化而形成的。

④ 二硫键的形成 信使 RNA 中没有胱氨酸的密码子，二硫键是通过两个半胱氨酸的巯基氧化形成的。二硫键在蛋白质空间构象的形成中起极大的作用。

⑤ 糖链的连接 在多肽链合成时或合成后，在酶的催化下，糖链可通过 N - 糖苷键与肽链中的天冬酰胺或谷氨酰胺的酰胺 N 相连，也可通过 O - 糖苷键与丝氨酸或苏氨酸的羟基 O 相连，形成糖蛋白或蛋白聚糖（见 4.5.1）。

⑥ 蛋白质的剪切 有些新生的多肽链要在专一性的蛋白酶作用下水解掉部分肽段后，才能转变成有功能的蛋白质。如前胰岛素转变为胰岛素，前胶原转变为胶原，蛋白酶原转变为蛋白酶等。有些动物病毒的信使 RNA 则先翻译成很长的多肽链，然后再水解成许多个有功能的蛋白质分子。

知识扩展 15 - 6
多肽前体的剪切

⑦ 辅基的附加 许多蛋白质的活性需要共价结合的辅基。这些辅基是在多肽链离开核糖体后才与多肽链结合的。如乙酰 CoA 羧化酶与生物素的共价结合，以及细胞色素与血红素的共价结合等。

⑧ 多肽链的正确折叠 蛋白质的一级结构决定高级结构，即多肽链氨基酸顺序包含着蛋白质高级结构的全部信息，然而生物体内多数肽链的准确折叠和组装过程需要某些辅助蛋白质参与。这种辅助蛋白质称为**分子伴侣**（molecular chaperones）或监护蛋白。分子伴侣一般与没有折叠或部分折叠的多肽链的疏水表面结合，诱发多肽链折叠成正确构象，防止多肽链间相互聚合或错误折叠。在生物进化过程中，分子伴侣是十分保守的蛋白质家族成员中的一类。在行使功能时要 ATP 提供能量，而无序列的偏爱性。在细胞膜、线粒体膜和内质网膜的内外空间都存在。

知识扩展 15 - 7
多肽链的折叠

15.4 蛋白质合成所需的能量

蛋白质合成所消耗的能量，约占全部生物合成反应总耗能量的90%，所需要的能量由 ATP 和 GTP 提供。每一分子氨酰 tRNA 的形成需要消耗 2 个高能磷酸键。在延长过程中有一分子 GTP 水解成 GDP。在移位过程中又有一分子 GTP 水解，因此在蛋白质合成过程中每形成一个肽键至少需要 4 个高能键。1 mol 肽键水解时，标准自由能的变化为 - 20.9 kJ，而合成一个肽键消耗能量为 122 kJ/mol（30.5 kJ/mol × 4）。所以肽键合成标准自由能变化为 101 kJ/mol，说明蛋白质合成反应实际上是不可逆的。大量的能量消耗可能是用于保证 mRNA 的遗传信息翻译成蛋白质的氨基酸序列的准确性。

15.5   蛋白质的定向转运

无论是原核生物还是真核生物，不少新合成的蛋白质必须转运到特定的亚细胞部位或运输到胞外。尤其在真核生物中，新合成的多肽被送往溶酶体、线粒体、叶绿体、细胞核等细胞器。蛋白质的加工修饰也在特定的细胞器中进行，如蛋白质的糖基化是在内质网和高尔基体中进行的。蛋白质被定向运输到特定的亚细胞部位或细胞外，称**定向转运**（protein targeting）。

G. Blobel 等发现跨膜运输蛋白质均含有一段或几段称为信号肽（signal peptide）的特殊氨基酸序列，用于引导蛋白质进入细胞的特定部位，因此提出信号学说（signal hypothesis）。随后发现，肽链定向输送的途径分为两条。一条为共翻译途径，即在蛋白质翻译过程中启动定向输送。通过这条途径输送的蛋白质定位于内质网、高尔基体、细胞膜和溶酶体，或分泌到细胞外。另一条为翻译后途径，即在翻译结束后进行定向输送，通过这条途径输送的蛋白质包括定位于细胞核、线粒体、叶绿体和过氧化物酶体的蛋白质。

科学史话 15 –5
Blobel 和信号肽学说

知识扩展 15 –8
蛋白质的定向输送

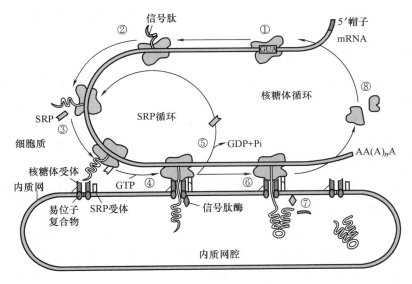

图 15 –11　信号肽指导真核蛋白进入内质网

共翻译途径的第一阶段是信号肽引导新生肽链进入内质网进行初步加工，可看作 8 个步骤。①首先在细胞质基质中开始蛋白质合成。②肽链 N 端的信号肽首先被合成。③当多肽合成到约 70 个氨基酸长时，由一分子 7S RNA 和 6 个不同的多肽组成**信号识别颗粒**（signal recognition particle，SRP）识别信号序列，并与核糖体结合，使肽链延长暂停，防止未成熟蛋白质提前释放入细胞质基质中。④SRP 与内质网上的 SRP 受体结合，新生肽链和核糖体因此与内质网上的易位子复合物结合。SRP 受体也叫**停泊蛋白**（docking protein），是一个跨膜的二聚体蛋白，结合需要 GTP。⑤新生肽链通过易位子进入内质网，信号识别颗粒解离并被重新利用。⑥蛋白质合成重新开始，在 ATP 的驱使下，将正在生长的多肽转入内质网腔。⑦信号肽被信号肽酶切除。⑧肽链合成完毕，核糖体从内质网膜上解离重新进入核糖体循环。

在内质网腔内，新合成的蛋白质经过几种途径修饰。除了除去信号序列，多肽链还进行折叠和形成

知识扩展 15−9

蛋白质定向输送的共翻译途径

二硫键，许多蛋白质还被糖基化。经初步加工的蛋白质，因某些肽段或糖基的不同，有的被插入膜中，有的滞留内质网，有的被输送到高尔基体进一步加工后被输送到不同部位。

共翻译途径的信号肽多数位于肽链的 N 端，但也有例外，如卵清蛋白的信号肽位于多肽链的中部，但功能相同。目前已有许多蛋白质的信号肽序列被测定，虽然这些序列长度不等（13 至 36 个氨基酸残基），但是它们都有：①10～15 个残基的疏水氨基酸序列；②在疏水序列的前端近 N 端有一个或多个带正电荷氨基酸残基；③在 C 端（近信号肽酶裂解位点）有一短的序列具有相当的极性，特别是接近信号肽酶裂解位点的氨基酸残基常带有短的侧链（如甘氨酸）。

知识扩展 15−10

蛋白质定向输送的翻译后途径

线粒体、叶绿体、过氧化物酶体和细胞核中的一些蛋白质是在细胞质的游离核糖体合成的，然后被定向输送到各种细胞器。

肽链定向输送的翻译后途径比较复杂，特别是蛋白质在细胞质和细胞核之间的双向输送十分复杂。

15.6　蛋白质合成的抑制剂

蛋白质的生物合成受各种药物和生物活性物质的干扰，不少抗生素就是通过抑制蛋白质的生物合成而杀菌或抑菌的。

四环素和土霉素由于封闭了 30S 亚基上的 A 位，使氨酰 tRNA 的反密码子不能在 A 位与 mRNA 结合，因而阻断了肽链的延长。真核细胞核糖体本身对四环素也敏感，但四环素不能透过真核细胞膜，因此不能抑制真核细胞的蛋白质合成。

链霉素、新霉素、卡那霉素的作用是与原核生物核糖体 30S 亚基结合，使核糖体构象发生改变，使氨酰 tRNA 与 mRNA 上密码子的结合松弛，引起密码的错读。另外还能抑制 70S 起始复合物的形成，或使其解体，而阻碍蛋白质合成的起始。

氯霉素可与原核生物 50S 亚基结合，抑制肽酰转移酶的活性，从而阻断肽键的形成。氯霉素对人的毒性，可能是抑制了线粒体内蛋白的合成。

嘌呤霉素的结构与氨酰 tRNA 相似，可以和 50S 亚基的 A 位结合，阻止氨酰 tRNA 的进入，同时转肽酶也能将合成中的肽酰基转到嘌呤霉素分子上形成肽酰嘌呤霉素，但其连接键是酯键而不是肽键，因此阻止了肽酰基的转移，由于肽酰嘌呤霉素不像 tRNA 可以与密码子形成碱基配对，很容易从核糖体上脱落，使蛋白质合成终止。它对原核生物和真核生物的蛋白质合成都有抑制作用，所以不能作为抗菌药。

红霉素、麦迪霉素可与 50S 亚基结合，抑制移位反应。

放线菌酮、环己亚胺可抑制真核生物的转肽酶，而抑制蛋白质的合成。

白喉杆菌产生的白喉毒素是一种对真核生物有剧毒的毒素蛋白，它是一种修饰酶，可对真核生物的延长因子−2（EF−2）进行共价修饰，生成 EF−2 的二磷酸腺苷核糖衍生物，使 EF−2 失活。从而使蛋白质合成受阻。极微量即有毒性，这与酶的高效催化性能有关。

干扰素是由真核生物感染病毒后分泌的能够抗病毒的蛋白质。它对病毒的作用有两个方面：①在双链 RNA（如 RNA 病毒）存在下，可以诱导一种蛋白激酶使 eIF−2 磷酸化，失去启动翻译的能力，而抑制蛋白质的合成。②可诱导产生 2′−5′A（即 2′,5′−磷酸二酯键连接的多聚腺苷酸），此 2′−5′A 则可活化一种称为 RNase L 的内切核酸酶，由 RNase L 降解病毒 RNA。

15.7　寡肽的生物合成

寡肽与细胞分化、免疫、应激、肿瘤、衰老、生殖、生物钟、分子进化都有着重要的联系，因此越来越多地被用于临床。

寡肽一般由两个到几十个氨基酸残基组成，有的含 D - 氨基酸，有的含非 α - 氨基或羧基形成的肽键，少数为环状，有的还含有非氨基酸成分。

寡肽的生物合成有两种途径：一种是在核糖体上合成长肽链，再切割形成寡肽。一种是由多酶体系，如同脂肪酸那样合成，不需模板。已知寡肽内的 D - 氨基酸首先是以 L - 氨基酸作为底物，然后变旋成为 D - 氨基酸的。15 个氨基酸残基以下的寡肽几乎都是以多酶体系方式合成的，其中以短杆菌肽 S 的合成研究最为详细。短杆菌肽 S 为环状十肽，环是以 2 个 D - 苯丙氨酰 - 脯氨酰 - 缬氨酰 - 鸟氨酰 - 亮氨酸的方式合成后，再头尾相连，呈环内对称结构。催化短杆菌肽 S 合成的酶系有两个组分，第一组分有 4 个巯基和一个 4' - 磷酸泛酰巯基乙胺长臂辅基，和脂肪酸生物合成中 ACP 相似。第一组分能依次合成脯氨酰 - 缬氨酰 - 鸟氨酰 - 亮氨酸四肽，然后在第二组分上与 D - 苯丙氨酸相连成五肽。两个五肽再到第一组分上头尾相连形成环状的十肽：D - 苯丙氨酰 - 脯氨酰 - 缬氨酰 - 鸟氨酰 - 亮氨酰 - D - 苯丙氨酰 - 脯氨酰 - 缬氨酰 - 鸟氨酰 - 亮氨酸。由此可见不需模板的肽链合成中的氨基酸顺序是由酶的专一性决定的。

部分寡肽在多酶体系上而非在核糖体上合成，说明了自然界肽类化合物的生物合成并非单一途径。

小结

绝大多数生物的遗传信息贮存在 DNA 分子上，通过转录传递给 mRNA，在核糖体上翻译为蛋白质。

mRNA 上每三个核苷酸决定一个氨基酸，因此称为三联体密码或密码子。密码子有 64 种，其中 61 种用于编码氨基酸。UAA，UAG，UGA 为终止密码。AUG 为起始密码并编码甲硫氨酸。遗传密码子连续排列，具有简并性，而且在各种生物中几乎是通用的，但也有例外。

tRNA 用它们的反密码子来识别 mRNA 上的密码子。在识别过程中，密码子上第三位碱基则配对不严格，即具有摆动性。摆动性降低了由遗传密码子的突变而引起的基因产物中的错误。

核糖体是蛋白质生物合成的场所，由 rRNA 和蛋白质组成。原核生物核糖体为 70S，由 50S 与 30S 两个亚基组成；真核生物核糖体为 80S，由 40S 与 60S 两个亚基组成。若干个核糖体与一分子 mRNA 同时结合，形成多聚核糖体。

原核生物与真核生物肽链合成时延伸的方向都是从 N 端到 C 端，mRNA 上密码阅读的方向是从 5' 端向 3' 端。

氨基酸的活化和转运须由 ATP 供能，在氨酰 tRNA 合成酶催化下与特定的 tRNA 结合形成氨酰 tRNA。氨酰 tRNA 合成酶具有较高的专一性。对氨基酸和 tRNA 都具有高度的选择性，以防止错误的氨基酸掺入多肽链。

原核生物 mRNA 在起始密码上游约 10 个核苷酸处有 SD 序列可以与小亚基 16S rRNA 3' 端的序列互补，而确定起始密码的位置。真核生物蛋白质合成起始于甲硫氨酸，装载 Met 的是 $tRNA_i^{Met}$，需要 40S 小亚基和 60S 大亚基，并需要十几种起始因子参与。真核生物核糖体可能与 mRNA 5' 端的帽子结构结合之后，通过一种消耗 ATP 的扫描机制向 3' 端移动，在位置恰当的 AUG 起始肽链的合成。

蛋白质生物合成的延长阶段经历进位、转肽和移位三个步骤。肽链的延长需要起始复合物，密码子对应的氨酰 tRNA，GTP、Mg^{2+} 和延长因子。

肽链合成的终止需要有肽链释放因子，当碰到 mRNA 的终止信号时，释放因子可完成终止信号的识别并使肽链释放。

蛋白质合成所消耗的能量约占全部生物合成反应总耗能量的 90%，大量的能量消耗可能是用于保证翻译的准确性。

由 mRNA 翻译出来的多肽链，一般要经过各种方式的"加工处理"才能转变成有一定生物学功能的蛋白质。这些加工包括：N 端甲酰基或 N 端氨基酸的切除、切除信号肽、形成二硫键、氨基酸修饰、糖基化、分子折叠等。

许多抗生素和毒素是蛋白质合成的抑制剂，但它们的作用机制各不相同。

蛋白质合成的定向转运的机制较为复杂，目前普遍为人接受的是信号肽理论。

文献导读

[1] 霍勒斯·贾德森. 创世纪的第八天. 李晓丹译. 上海：上海科学技术出版社，2005：147-326.

该书这部分讲述了破解遗传密码子的历史。

[2] Cusack S. Aminoacyl-tRNA synthetases. Curr Opin Struct Bio1，1997，7：881-889.

该论文概述了 14 种已知的氨酰 tRNA 合成酶的结构特征。

[3] Saks M E，Sampson J R，Abelson J N. The transfer identity problem：a search for rules. Science，1994，263：191-197.

该论文讨论了氨酰 tRNA 合成酶的专一性。

[4] Ibba M，Soil D. Aminoacyl-tRNA synthesis. Annu Rev Biochem，2000，69：617-650.

该论文讲述了氨酰 tRNA 的合成过程。

[5] Cech T R. The ribosome is a ribozyme. Science，2000，289：878-879.

该论文阐述了核糖体具核酶的功能。

[6] Ramakrishnan V. Ribosome structure and the mechanism of translation. Cell，2002，108：557-572.

该论文较详细地讨论了核糖体的结构和翻译机制。

[7] 张玉娟，张燕琼，文建凡. 植物叶绿体和线粒体蛋白质转运. 生命的化学，2011，31：809-812.

该论文对植物叶绿体和线粒体蛋白质转运的研究新进展进行综述并就该研究领域的发展做了展望。

[8] 郭雷，胡洪，任列娇，等. 蛋白质翻译起始因子的作用与调控. 云南农业大学学报，2011，4：554-559.

该论文综述了近年来关于真核生物蛋白质翻译起始因子的作用及调控的最新研究进展。

思考题

1. 在一个基因的 DNA 编码链中，密码子 ATA 被突变为 ATG。伴随 DNA 的复制，在多肽产物中会引起什么变化？

2. 假设从第 1 个核苷酸开始编码，写出被①UAAUAGUGAUAA 和②UUAUUGCUUCUCCUACUG 编码的肽（参考密码表）。

3. 在蛋白质生物合成中每合成一个肽键需要消耗多少能量（ATP→ADP + Pi 释放的自由能为 −30.5 kJ/mol），原核生物与真核生物是否相同？

4. 计算在 *E. coli* 中合成 400 个氨基酸残基的蛋白质时，需要水解有多少个高能磷酸键？不包括合成氨基酸、mRNA、tRNA 或核糖体时所需能量。

5. 试比较原核生物与真核生物在蛋白质合成上的差异。

6. 密码子的简并性和摆动性有何生物学意义？

7. 何谓信号肽，有什么作用？

8. 蛋白质合成后的加工有哪些方式？

数字课程学习

📥 教学课件　　✏️ 习题解析与自测

16

物质代谢的调节控制

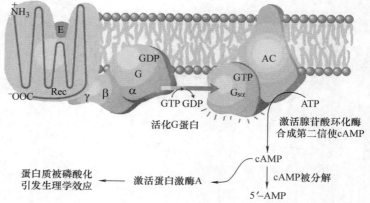

激素等调控因子通过信号转导通路调节细胞机能并产生信号放大效应。

生物体内各代谢途径之间相互联系，错综复杂。正常情况下，机体各种物质代谢能适应内外环境不断的变化，有条不紊地进行。这是由于机体存在精细的调节机制，不断调节各种物质代谢的强度、方向和速度以适应内外环境的变化。**代谢调节**（metabolic regulation）普遍存在于生物界，是生物体新陈代谢的重要特征之一。

就整个生物界来说，代谢的调节是在 3 个不同水平上进行的。即分子水平的调节、细胞水平的调节、多细胞整体水平的调节。分子水平和细胞水平的调节是最基本的调节方式，为动、植物和单细胞生物所共有。多细胞整体水平的调节是随着生物进化而发展起来的调节机制，植物出现了激素水平的调节，而动物不但有激素水平的调节而且还出现了更加完善的神经水平的调节，但高级水平的神经和激素的调节仍然是通过分子水平和细胞水平的原始调节发挥其作用的。

生物体的调控机制十分复杂，非常精确，本章只进行概要的介绍，为分子生物学、遗传学和生理学等后续课程奠定基础。

16.1　物质代谢的相互联系

前几章我们分别叙述了糖类、脂质、蛋白质与核酸等物质的代谢，这样做仅仅是为了便于叙述。实际上，生物体内的新陈代谢是一个完整统一的过程。各个代谢之间是相互联系、彼此协调的。

众所周知北京鸭是用含糖甚多的谷类食物饲喂的，但久则鸭变肥胖。一些实验也证明糖可以在生物体内变成三酰甘油。例如，用 ^{14}C 标记的葡萄糖饲养大鼠，可以从组织中分离出含 ^{14}C 的软脂酸。又如，酵母在含糖培养基中可生成三酰甘油，最高生成量可达酵母干重的 40%。

糖酵解作用产生的磷酸二羟丙酮经磷酸甘油脱氢酶的催化转变为 3 - 磷酸甘油。而糖酵解作用产生的丙酮酸经氧化脱羧作用生成乙酰 CoA，乙酰 CoA 经脂肪酸生物合成途径合成脂肪酸。由此可见，糖在生物体中可转化为三酰甘油。

油料作物种子萌发时，动用所贮存的大量三酰甘油并将其转化为糖类。三酰甘油可分解成甘油和脂肪酸，甘油经激酶的作用磷酸化成 3 - 磷酸甘油，再脱氢生成磷酸二羟丙酮，然后逆酵解途径生成糖。而脂肪酸经 β - 氧化生成的乙酰 CoA，在植物和微生物体内可通过乙醛酸循环合成琥珀酸，经柠檬酸循环生成草酰乙酸，然后经脱羧、磷酸化生成磷酸烯醇丙酮酸逆酵解途径生成糖。在动物体内甘油可转化为糖，但脂肪酸不能转化为糖。这是因为动物体不存在乙醛酸循环，而丙酮酸氧化为乙酰 CoA 是不可逆的，脂肪酸 β - 氧化生成的乙酰 CoA，在通常情况下通过柠檬酸循环氧化成 CO_2 和 H_2O。但有人用 $CH_3^{14}COOH$ 饲喂动物后，确有 ^{14}C 掺入肝糖原分子中，只是量非常少。这是由于当柠檬酸循环的中间物从其他来源得到补充时，草酰乙酸量增加才可以转化为糖。

用蛋白质饲养患人工糖尿病的狗，则 50% 以上的食物蛋白质可以转变成葡萄糖，并随尿排出。如改用丙氨酸、天冬氨酸、谷氨酸等饲养患人工糖尿病的狗，随尿排出的葡萄糖大为增加。用氨基酸饲养饥饿动物，其肝糖原贮存量增加，也可证明多种氨基酸在体内转变成肝糖原。氨基酸经过脱氨基生成的 α - 酮酸可转变为柠檬酸循环的中间物，使草酰乙酸量增加，经糖异生途径生成糖。糖类、脂质、蛋白质及核酸代谢的相互关系见图 16 - 1。

代谢组（metabolome）是指某一生物或细胞在一特定生理时期内所有的小分子代谢物，代谢组学（metabonomics）则是对代谢组进行定性和定量分析的一门新学科。代谢组学可为代谢综合征（metabolic syndrome）等疾病的诊断和治疗提供线索。

知识扩展 16 -1

代谢组学和代谢综合征

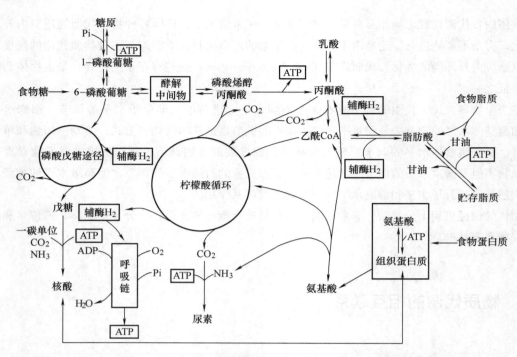

图16-1　糖类、脂质、蛋白质及核酸代谢的相互关系（辅酶H_2代表还原性辅酶）

知识扩展 16-2
人体各器官在代谢及其调控中的分工和协调

知识扩展 16-3
人体物质代谢的整体调控

人体各器官在代谢及其调控中有精巧的分工和协调。人体物质代谢的整体调控对适应不断变化的内外环境十分重要，并与代谢综合征等疾病有关。

16.2　分子水平的调节

分子水平的调节即酶水平的调节，酶水平的调节是代谢最基本的调节。酶水平的调节可以分成两大类：酶活性的调节包括酶的别构效应和共价修饰两种方式，它属于快速调节。而酶浓度的调节则属于基因表达调节，是慢速调节。

16.2.1　酶活性的调节

凡是导致酶结构改变的因素都可影响酶的活性，使酶的活性增高或降低，从而调节体内的代谢。

（1）反馈调节

反馈调节（feedback regulation）主要指酶促反应系统中的最终产物对起始步骤的酶活性的调节。最终产物抑制起始步骤酶活性的称负反馈或反馈抑制；最终产物激活起始步骤酶活性的作用称正反馈。

终产物反馈抑制起始步骤的酶活性，使反应速度减慢，当最终产物被消耗或转移，其浓度降低时，有利于反应进行，如此不断地进行调节，维持体内代谢的动态平衡。例如机体长链脂肪酸合成多了，就可以反馈抑制催化脂肪酸合成第一步反应的酶乙酰CoA羧化酶，使丙二酰CoA的产量减少，脂肪酸合成速度减慢。大肠杆菌中苏氨酸转变为异亮氨酸代谢途径中的第一个酶是苏氨酸脱氨酶，它受最终产物异亮氨酸的抑制（图16-2）。

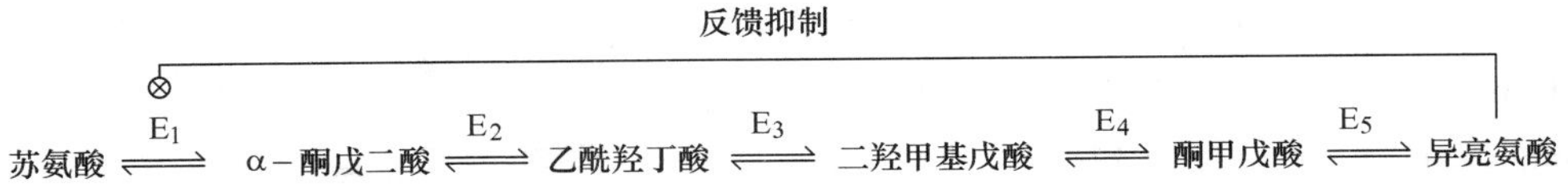

反馈抑制

苏氨酸 $\overset{E_1}{\rightleftharpoons}$ α-酮戊二酸 $\overset{E_2}{\rightleftharpoons}$ 乙酰羟丁酸 $\overset{E_3}{\rightleftharpoons}$ 二羟甲基戊酸 $\overset{E_4}{\rightleftharpoons}$ 酮甲戊酸 $\overset{E_5}{\rightleftharpoons}$ 异亮氨酸

图 16 - 2　大肠杆菌中异亮氨酸合成体系的反馈调节

也有使酶活化的代谢产物，例如在糖的分解代谢中，当乙酰 CoA 积累时，一方面可抑制丙酮酸脱氢酶的活性不再产生乙酰 CoA，另一方面可对丙酮酸羧化酶起反馈激活作用，催化丙酮酸直接变为草酰乙酸逆酵解途径生成糖，是调节葡萄糖分解和合成的机制之一（图 16 - 3）。

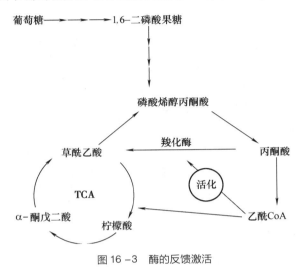

图 16 - 3　酶的反馈激活

一些别构酶还可以受核苷酸类化合物的调节。如糖酵解和柠檬酸循环等与能量生成有关的代谢途径中，一些酶的活力可因 ATP、ADP、AMP 的浓度改变而被抑制或激活。

除反馈调节外，有些酶也可受系列反应前段物质的调节，如糖原合成中的前段产物 6 - 磷酸葡糖是糖原合酶的别构激活剂，它能促进糖原的合成。

有些酶可直接受其产物的抑制。例如在动物组织中己糖激酶为产物 6 - 磷酸葡糖所抑制。二磷酸腺苷抑制肌肉三磷酸腺苷酶等。产物抑制除了由于产物的浓度增加促进了逆反应外，还有一种机制是由于产物的积累抑制了酶的活性。产物抑制是生物体局部控制以避免产物过多堆积的一种简单调节方式。

（2）别构调节

代谢调控的关键酶多为别构酶，通过别构激活和别构抑制对代谢途径进行快速和精确的调控（见6.9.2）。

（3）共价修饰调节作用

可逆共价修饰作用主要有 6 种类型：①磷酸化/脱磷酸化；②乙酰化/脱乙酰化；③腺苷酰化/脱腺苷酰化；④尿苷酰化/脱尿苷酰化；⑤甲基化/脱甲基化；⑥S—S/SH 相互转变。其中磷酸化/脱磷酸化共价修饰参与了很多生理和生化过程的调控，在细胞的信号转导中也有重要作用。

共价修饰调节和别构调节不同，修饰基团是以共价键与酶分子结合，且因修饰过程是酶促反应，故对调节信号有放大效应。只要催化量的调节因素，就可产生很大的生理效应。例如肾上腺素和胰高血糖素对磷酸化酶 b 的激活就属这种类型。只要有极微量的肾上腺素或胰高血糖素到达靶细胞，就会使细胞内 cAMP 含量升高，然后通过**级联放大**（cascade amplication），最终使无活力的磷酸化酶 b 转变为有活力的磷酸化酶 a。在这些连锁的酶促反应过程中，前一反应的产物是后一反应的催化剂，每进行一次修饰

知识扩展 16 - 4
代谢途径中的别构酶及其别构效应剂

知识扩展 16 - 5
酶促化学修饰对酶活力的调节

 科学史话 6 - 6
酶可逆磷酸化修饰的发现

反应，就产生一次放大作用。经过放大，调节效率放大了 10^4 倍（图 16-4）。图中的 G 蛋白也叫 **GTP 结合蛋白**（GTP binding protein），激素结合到受体上后，可使 G 蛋白释放 GDP 而与 GTP 结合被激活，被激活的 G 蛋白可活化腺苷酸环化酶。G 蛋白的种类很多，它们分别介导不同的信号转导系统。

科学史话 16-1
G 蛋白及 G 蛋白偶联受体的研究

16.2.2 基因表达的调节

原核生物蛋白质生物合成的调控主要在转录水平，若细胞不需要某种蛋白质，则翻译水平的调控不但滞后，还因无效转录造成浪费。因此，翻译水平的调控只起辅助作用。真核生物由于存在细胞核，转录和翻译在空间和时间上都被分隔，基因表达为多层次调控调控。

（1）原核生物基因表达调节

科学史话 16-2
乳糖操纵子的发现

20 世纪 40—60 年代，法国巴黎的巴斯德研究所的 J. Monod 和 F. Jacob 对大肠杆菌乳糖发酵过程酶有关突变型进行广泛深入的研究，提出乳糖操纵子模型（lac operon model）。后来发现，操纵子是原核生物基因表达调控的主要模式。

① 酶合成的诱导作用 某些诱导物能促进细胞内酶的合成，称酶合成的诱导作用。

乳糖操纵子（lactose operon）是由一组功能相关的结构基因（Z、Y、A），操纵基因（O），和与 RNA 聚合酶结合的启动基因（P）组成。调节基因（I）编码的产物阻遏蛋白可调节操纵基因的"开"与"关"。

若诱导物乳糖不存在，调节基因编码的**阻遏蛋白**（repressor protein）处于活性状态，可与操纵基因相结合，阻止 RNA 聚合酶与启动基因的结合，使结构基因不能转录。诱导物别乳糖可同阻遏蛋白结合，使阻遏蛋白处于失活状态，不能与操纵基因结合，此时 RNA 聚合酶可以转录结构基因。图 16-5 为乳糖操纵子诱导和阻遏状态的示意图，需要说明的是，该图没有按比例画，P 和 O 实际上比其他基因小得多，由于 P 和 O 并不编码蛋白质或 RNA，与传统的基因的概念不符，所以有人分别称其为启动子和操纵子，而把原来翻译为操纵子的 operon 改为操纵元。

在这个操纵子体系中，真正的诱导物是乳糖在细胞内经原先存在于细胞中的少量 β-半乳糖苷酶催化，转变而成的别乳糖。

② 降解物的阻遏作用 当细菌在含有葡萄糖和乳糖的培养基中生长时，优先利用葡萄糖，只有当葡萄糖耗尽后，才能利用乳糖。研究发现，大肠杆菌含有一种基因表达的正调控蛋白，称代谢产物活化蛋白（catabolite activator protein，CAP），又称 cAMP 受体蛋白（cAMP receptor protein，CRP），CAP 能够与 cAMP 形成 cAMP-CAP 复合物，结合到乳糖操纵子的启动基因上，可促进转录的进行。可见，

图 16-4 磷酸化酶激活的级联反应

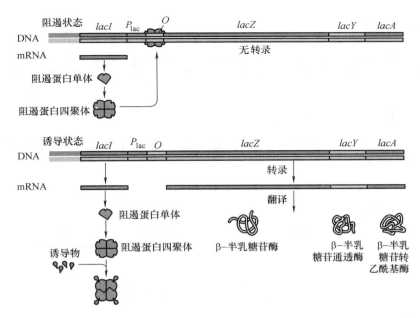

图 16 –5　乳糖操纵子的阻遏状态和诱导状态

cAMP – CAP 是一个正调控因子。葡萄糖分解代谢的降解物能抑制腺苷酸环化酶活性，并活化磷酸二酯酶，从而降低 cAMP 浓度，不能形成 cAMP – CAP 复合物，使许多与分解代谢相关酶的基因不能转录。

乳糖操纵子"开"与"关"是在 CAP 和阻遏蛋白两个相互独立的正、负调节因子的作用下实现的，原核生物不少与分解代谢有关的操纵子均有与此类似的调控机制。

③ 基因表达的阻遏作用和衰减作用　原核细胞合成同一个氨基酸的各种酶，其基因一般同处一个操纵子中。当细胞内某一氨基酸的供应不足时，相应的操纵子被表达。当这种氨基酸充足时，相应的操纵子被抑制。

色氨酸操纵子的阻遏蛋白是无活性的，称阻遏蛋白原。在色氨酸含量不足时，无活性的阻遏蛋白原不能与操纵基因结合，此时结构基因（E、D、C、B、A）可转录并翻译成由分支酸合成色氨酸的 5 种酶。在色氨酸含量充足时，色氨酸（或 Trp – tRNA）作为辅阻遏物与阻遏蛋白原结合，则形成的有活性阻遏蛋白与操纵基因结合，可阻止结构基因的转录进行（图 16 –6）。

色氨酸合成途径中除了阻遏蛋白的调节外，还存在衰减子所引起的衰减调节。色氨酸操纵子的衰减作用是通过位于 mRNA 5′端 162 nt 的前导顺序形成不同的茎环结构完成的。前导顺序位于第一个结构基因的起始密码子的前面，可被分成四个片段，分别标为 1，2，3，4 号顺序。3 号与 4 号顺序能通过碱基配对形成茎环结构，其茎部富含 G – C 碱基对，其后有一段 polyU，实际上是一个不依赖 ρ 因子的转录终止子。当这种结构形成时，转录受到阻碍。这种茎环结构能否形成，取决于为 14 个氨基酸残基编码的前导顺序的翻译。

前导顺序中的 1 号顺序含有 2 个色氨酸密码子，可以看成是色氨酸传感器。当色氨酸浓度高时，Trp – tRNA^{Trp}浓度也高，紧跟着转录的翻译可通过两个色氨酸密码子，在 3 号顺序合成之前进入 2 号顺序。在这种情况下 2 号顺序被核糖体所覆盖，不能与 3 号顺序配对，3，4 号顺序配对形成终止子，转录被终止。当色氨酸浓度很低时，由于缺少 Trp – tRNA^{Trp}，核糖体被滞留在两个色氨酸密码子上，此时 2 号顺序能与 3 号顺序配对，形成的茎环结构不阻碍转录，因此转录就可继续进行（图 16 –7）。

各种氨基酸合成操纵子都使用类似的衰减机制，苯丙氨酸操纵子编码的前导肽含有 15 个氨基酸，其中 7 个是苯丙氨酸残基。组氨酸操纵子的前导肽含有连续的 7 个组氨酸残基，而亮氨酸操纵子的前导

科学史话 16 –3
衰减子的发现

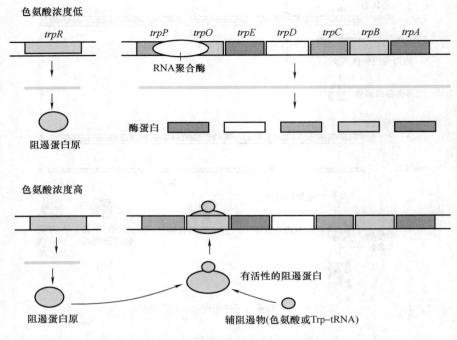

图 16 −6　*trp* 操纵子的阻遏机制

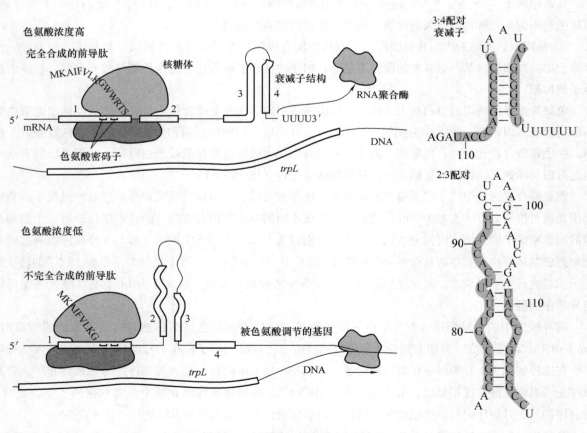

图 16 −7　色氨酸操纵子的衰减作用

肽含有 4 个连续的亮氨酸残基。

　　酶蛋白分子的降解速度也能调节细胞内酶的含量。细胞蛋白水解酶主要存在于溶酶体中，故凡能改变蛋白水解酶活性或影响蛋白酶从溶酶体释出速度的因素，都可间接影响酶蛋白的降解速度。通过酶蛋白的降解来调节酶的含量远不如酶的诱导和阻遏重要。近年来发现除溶酶体外，细胞内还存在由泛素来介导的蛋白质降解体系（见 11.1.1）。该降解体系在代谢调控中起着重要作用。

　　（2）真核生物基因表达的调控

　　真核生物基因表达的调控远比原核生物复杂，是一种多级调控方式（图 16-8）。

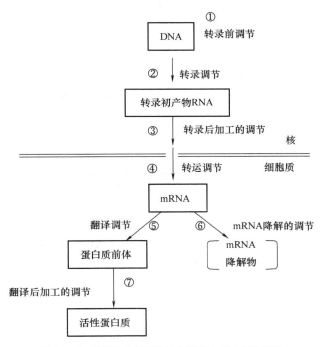

图 16-8　真核生物基因表达在不同水平上进行调节

　　转录前水平的调控指通过改变 DNA 序列和染色质结构调控基因的表达，包括染色质的丢失、基因扩增、基因重排、基因修饰等。但转录前水平的调控并不是普遍存在的调控方式。例如，染色质的丢失只在某些低等真核生物中发现。真核生物的基因表达调控主要集中在转录水平的调控，关于真核生物基因转录调控的研究，目前主要集中在**顺式作用元件**（*cis*-acting element）和**反式作用因子**（*trans*-acting factor）以及它们的相互作用上。

　　基因转录的顺式作用元件包括**启动子**（promoter）和**增强子**（enhancer）两种特异性 DNA 调控序列。启动子是 RNA 聚合酶识别并与之结合，从而起始转录的一段特异性 DNA 序列。增强子是能够增强基因转录活性的调控序列。这种增强作用是通过结合特定的转录因子或改变染色质 DNA 的结构而促进转录。基因调控的反式作用因子主要是各种蛋白质调控因子，这些蛋白质调控因子一般都具有不同的功能结构域。研究基因调控序列和蛋白质调控因子的相互作用是阐明真核生物基因表达调控分子机制的基础。

　　转录后水平的调控包括转录产物的加工和转运的调节。通过不同方式的拼接可产生不同的 mRNA，从而产生多种多样的蛋白质。

　　翻译水平的调控主要是控制 mRNA 的稳定性和 mRNA 翻译的起始频率。

　　翻译后水平的调控主要控制多肽链的加工和折叠，产生不同功能活性的蛋白质。

16.3　细胞水平的调节

原核细胞无明显的细胞器，其细胞质膜上连接有各种代谢所需的酶，例如参加呼吸链、氧化磷酸化、磷脂及脂肪酸生物合成的各种酶类，都存在于原核细胞的质膜上。真核细胞中存在核、线粒体、核糖体和高尔基体等细胞器，有些细胞器如线粒体，又可分为外膜、内膜、嵴、基质等部分。由于 ADP/ATP 的比例、NAD^+/NADH 比例、$NADP^+$/NADPH 比例、磷酸离子浓度、Mg^{2+} 浓度、代谢物浓度、酶浓度、氧的分压和 CO_2 分压在各分室中有很大差别。因此，各分室有不同的功能。如果这些分室间相互联系的机制出现紊乱，会引起细胞内代谢的紊乱。

此外，各分室中的酶系分布也有区域化现象，从而对代谢进行调节（表 16 – 1）。例如，线粒体的内膜含有与电子转移及氧化磷酸化有关的酶系，外膜含有脂肪酸氧化，脂肪酸合成等酶系。上述酶系在膜上的定向排列对代谢的协调进行有很大的作用。

表 16 – 1　酶在真核细胞内的分布

细胞器	酶系
细胞核	DNA、RNA、NAD 的合成，糖酵解，柠檬酸循环，磷酸戊糖途径等
线粒体	柠檬酸循环，电子传递，氧化磷酸化，尿素循环，脂肪酸氧化，脂肪酸合成（碳链延长）、铁卟啉生成，转氨作用，蛋白质合成，DNA、RNA 聚合等
溶酶体	水解酶类（脂酶、酸性磷酸酶、DNA 酶、组织蛋白酶等）
微粒体（核糖体、多核糖体、内质网）	蛋白质合成，药物解毒，脂肪酸合成（碳链延长），黏多糖、胆固醇、磷脂的合成等
过氧化物酶体	氧化酶，过氧化氢酶等
高尔基体	多糖、核蛋白、黏液生成
可溶部分	糖酵解途径，磷酸戊糖途径，糖原分解，糖原合成，糖异生，脂肪酸合成（从头合成），嘌呤与嘧啶分解，氨基酸合成等
质膜	ATP 酶，腺苷酸环化酶等

16.4　多细胞整体水平的调节

多细胞整体水平的调节是随着生物进化而发展起来的调节机制，植物出现了激素水平的调节，而动物不但有激素水平的调节，而且还出现了更加完善的神经水平的调节，但高级水平的神经和激素的调节仍然是以分子水平和细胞水平的原始调节为基础的。

16.4.1　激素对代谢的调节

激素（hormone）是由多细胞生物（植物、无脊椎动物与脊椎动物）的特殊细胞所合成，并经体液输送到其他部位显示特殊生理活性的微量化学物质。哺乳动物的激素依其化学本质大致分为 4 类：氨基酸及其衍生物、肽及蛋白质、固醇、脂肪酸衍生物。此外昆虫体表还释放外激素，无脊椎动物内分泌腺也分泌激素。植物激素可分为 5 类：生长素、赤霉素类、细胞分裂素类、脱落酸、乙烯。激素对代谢起着强大的调节作用，体内的一种代谢过程常可受多种激素影响，一种激素通常也可影响多种代谢过程。

激素对代谢的调节是通过与靶细胞**受体**（receptor）特异结合，将激素信号转化为细胞内一系列化学反应，最终表现出激素的生物学效应（图 16 – 9）。

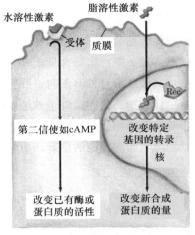

图 16 – 9　激素作用的机制

知识扩展 16 – 6

重要激素及其对代谢的调节作用

蛋白质、肽类激素及大多数氨基酸衍生物类激素从内分泌腺分泌出来后，经血液循环送到靶细胞，首先与细胞膜上的特定受体相结合，然后激活细胞膜上的腺苷酸环化酶，促使细胞内的 ATP 转化为 cAMP，cAMP 能与催化蛋白质磷酸化反应的蛋白激酶结合使其活化，活化的蛋白激酶再催化细胞内的蛋白质或酶磷酸化，通过共价修饰改变其活性而产生一定的生理效应。此后，所生成的 cAMP 在细胞内又可被磷酸二酯酶水解为 $5'$ – AMP 而使浓度降低。在这一调节过程中激素为"第一信使"，cAMP 为"**第二信使**"（second messenger）。除 cAMP 外，作为第二信使的还有三磷酸肌醇（IP_3）、二酰甘油（DAG）和 Ca^{2+}，有时，cGMP 和 NO 等也可起第二信使的作用。

固醇类激素从内分泌腺分泌出来后，经血液循环送到靶细胞，即进入细胞内与受体蛋白结合，形成的激素 – 受体蛋白复合物在一定条件下进入细胞核，与 DNA 上特定核苷酸序列结合，通过影响 RNA 的合成而影响某种酶蛋白的合成及其活性，发挥其调节作用。因此固醇类激素的作用也是分两步完成的，激素仍然是"第一信使"，而细胞内的激素 – 受体蛋白复合物为"第二信使"。

然而这两类作用机制也不能绝对分开，如胰岛素除作用于细胞膜受体外，还能进入靶细胞，与细胞核等亚细胞结构结合，而甲状腺素除能进入细胞外，似乎对细胞膜上的腺苷酸环化酶也有激活作用。

昆虫的蜕皮激素和保幼激素分泌出来后，先与载体蛋白结合，经体液运送至靶细胞，再与细胞膜上受体结合进入细胞核，能分别对染色质纤维上的不同部位起作用，促使转录出具有不同遗传信息的 mRNA，合成相应的蛋白质而发挥调节作用。

植物激素的作用机制可能与动物激素相似，它们也与受体结合从而特异性地影响核酸合成、蛋白质合成、酶活力以及其他某些生理作用，如膜通透性的改变。生长素的作用机制可能是与质膜作用释放出一种因子从胞质进入细胞核。这一因子控制核中 RNA 聚合酶 II 的活力引起新 mRNA 的合成。所合成的新 mRNA 在胞质中翻译成新的蛋白质从而促进细胞的生长。脱落酸的作用可能是抑制 DNA 的复制和转录及蛋白质的生物合成，它也能调节膜的通透性。乙烯的作用可能包含着调节 DNA 转录或者 RNA 翻译的某些方面。细胞分裂素的作用可能是通过抑制核酸酶，保护含有细胞分裂素的 tRNA。赤霉素的作用可能是通过调节基因的转录，或者作用于细胞膜而实现的。

16.4.2 神经系统对代谢的调节

高等动物有完善的神经系统，神经系统不仅控制各种生理活动，也控制物质代谢。很多内分泌腺的活动受中枢神经系统的控制，即神经系统对代谢的控制在很大程度上是通过激素而发挥其作用的。此外，神经对其所支配的器官组织的代谢也有直接影响，其机制可能是直接或间接影响了分子和细胞水平的调节机制。例如刺激兔延脑第四脑室底部的神经核，使冲动经由交感神经而作用于肝细胞，促进肝糖原转化为葡萄糖，使血糖含量升高出现糖尿。用电刺激兔下丘脑交感中枢可引起磷酸化酶活力上升，肝糖原含量下降，血糖含量上升。刺激副交感中枢可引起糖原合成酶活力上升，血糖含量降低。又如人在精神紧张或遭意外刺激时，肝糖原即迅速分解使血糖含量增高，这是大脑直接控制的代谢反应。和糖代谢一样，脂肪代谢也处于神经系统的影响下。例如切除大脑半球的小狗其肌肉中的脂肪含量减少，肝胆固醇显著增加。损伤动物下丘脑可以引起动物肥胖。在内分泌腺中，垂体、性腺、甲状腺、胰腺和肾上腺均参与脂肪代谢的调节，而它们的活动又受中枢神经系统的调节。

小结

生物体内的新陈代谢是一个完整统一的过程。各个代谢途径是相互联系、彼此协调的。糖类、脂质、蛋白质及核酸代谢可通过各代谢之间共有的中间物而相互联系，正常情况下，体内各种物质代谢能适应内外环境不断的变化，有条不紊地进行。这是由于机体存在精细的调节机制，不断调节各种物质代谢的强度、方向和速度，以适应内外环境的变化。

代谢的调节可分为分子水平的调节、细胞水平的调节和多细胞整体水平的调节。

分子水平的调节即酶水平的调节，可以分为酶活性的调节和酶浓度的调节。酶活性的调节包括酶的别构效应和共价修饰两种方式，它属于快速调节。而酶浓度的调节，即酶蛋白的合成则属于基因表达调节，是慢速调节。

J. Monod 和 F. Jacob 提出的操纵子模型可以很清楚地说明原核生物基因表达的调节机制。操纵子由一组在功能上相关的结构基因和控制位点所组成。控制位点包括启动基因和操纵基因。此控制位点可受调节基因产物如阻遏蛋白的调节。

某些物质（诱导物）能促进细胞内酶的合成，这种作用称为酶合成的诱导作用。别乳糖能够诱导大肠杆菌合成利用乳糖的酶，而乳糖操纵子"开"与"关"则是在两个相互独立的正、负调节因子的作用下实现的。阻遏蛋白对乳糖操纵子起负调节作用，而代谢产物活化蛋白 CAP 起正调节作用。

大肠杆菌色氨酸操纵子模型说明了某些代谢产物阻止细胞内酶生成的机制。色氨酸操纵子中除了阻遏蛋白对操纵基因的阻遏调节外，还存在衰减子所引起的衰减调节。衰减调节可使转录终止或减弱，是比阻遏作用更为精细的调节。阻遏作用是控制转录的起始，衰减调节控制转录可否继续进行下去。

真核生物基因表达在多层次受多种因子协同调节控制，包括转录前水平、转录水平、转录后加工的调节、转运的调节、翻译水平的调节、翻译后水平的调控、mRNA 的降解，是一种多级调控方式。

各类酶在细胞中有各自的空间分布，因而使不同代谢途径分别在细胞的不同部位进行。

多细胞整体水平的调节是随着生物进化而发展起来的调节机制，植物出现了激素水平的调节，而动物不但有激素水平的调节而且还出现了更加完善的神经水平的调节，但神经和激素的调节仍然是以分子水平和细胞水平的调节为基础。

文献导读

［1］Jacob F，Monod J. Genetic regulatory mechanisms in the synthesis of proteins. J Mol Biol，1961，3：318-356.

该论文讲述了 Jacob F，Monod J 的操纵子学说。

［2］孙大业，郭艳林，马力耕. 细胞信号转导. 2 版. 北京：科学出版社，2000.

该书 42 – 51 页讲述了 G 蛋白的结构及其信号转导功能；52 – 67 页讲述了 cAMP 的发现和第二信使学说的提出及作用机制；143 – 156 页讲述了蛋白质的可逆磷酸化及其对基因表达的调控。

［3］周秋香，余晓斌，涂国全，等. 代谢组学研究进展及其应用. 生物技术通报，2013（1）：49 – 55.

该论文综述了代谢组学的发展和应用。

［4］李济宾，张晋昕. 代谢综合征的研究进展. 中国健康教育，2010，26（7）：528-532.

该论文综述了代谢综合征的研究进展。

思考题

1. 1 mol 谷氨酸彻底氧化成二氧化碳和水，可产生多少摩尔 ATP？

2. 软脂酸合成中用于还原反应的 NADPH 是从何而来的？

3. 猪吃了含糖类的饲料为何能长肥？

4. 油料作物种子萌发时三酰甘油是如何转变为糖的？

5. 动物体三酰甘油能转化为糖吗？

6. 不同代谢途径可以通过交叉点代谢中间物进行转化，在糖、脂、蛋白质及核酸的相互转化过程中三个最关键的代谢中间物是什么？

7. 举例说明激素与细胞代谢调节的关系。

8. 生物体内的代谢调节可在哪 3 个水平上进行，各通过什么方式进行调节？

数字课程学习

📥 教学课件　　✏ 习题解析与自测

主要参考书目

1. Berg J M, Tymoczko J L, Gatto Jr G J, et al. Biochemistry. 9th ed. New York：W. H. Freeman & Company, 2019.
2. Nelson D L, Cox M M. Lehninger Principles of Biochemistry. 7th ed. New York：W. H. Freeman & Company, 2017.
3. Garrett R H, Grisham C M. Biochemistry. 6th ed. New York：Cengage Learning, 2017.
4. Campbell M K, Farrell S O. Biochemistry. 8th ed. New York：Cengage Learning, 2015.
5. Moran L A, Horton H R, Scrimgeour K G, et al. Principles of Biochemistry. 5th ed. New York：Pearson Education Inc, 2012.
6. Voet D, Voet J G. Biochemistry. 4th ed. New York：John Wiley & Sons, Inc, 2010.
7. Weaver R F. Molecular Biology. 5th ed. New York：McGraw-Hill Companies, 2012.
8. Lodish H, Berk A, Kaiser C A, et al. Molecular Cell Biology. 8th ed. New York：W. H. Freeman & Company, 2016.
9. 朱圣庚, 徐长法. 生物化学. 4 版. 北京：高等教育出版社, 2017.
10. 周海梦, 李森, 陈清西. 生物化学. 北京：高等教育出版社, 2017.
11. 杨荣武. 生物化学原理. 3 版. 北京：高等教育出版社, 2018.
12. 周春燕, 药立波. 生物化学与分子生物学. 9 版. 北京：人民卫生出版社, 2018.
13. 王希成. 生物化学. 4 版. 北京：清华大学出版社, 2015.
14. 王镜岩, 朱圣庚, 徐长法. 生物化学教程. 北京：高等教育出版社, 2008.
15. 王镜岩, 朱圣庚, 徐长法. 生物化学. 3 版. 北京：高等教育出版社, 2002.
16. 陈钧辉, 张冬梅. 普通生物化学. 5 版. 北京：高等教育出版社, 2015.
17. 张楚富. 生物化学原理. 2 版. 北京：高等教育出版社, 2012.
18. 陈彻, 席亚明. 生物化学. 英文版. 北京：高等教育出版社, 2012.
19. Nelson D L, Cox M M. Lehninger 生物化学原理. 3 版. 周海梦, 等译. 北京：高等教育出版社, 2005.
20. Hames B D, Hooper N M. 生物化学. 3 版. 王学敏, 焦炳华, 等译. 北京：科学出版社, 2010.
21. Devlin T M. 生物化学——基础理论与临床. 5 版. 王红阳, 等译. 北京：科学出版社, 2008.
22. Weaver R F. 分子生物学. 5 版. 郑用琏, 等译. 北京：科学出版社, 2013.
23. Voet D, Voet J G, Pratt C W. 基础生物化学. 朱德熙, 郑昌学, 等译. 北京：科学出版社, 2003.

索　引

读者意见反馈

为收集对教材的意见建议，进一步完善教材编写并做好服务工作，读者可将对本教材的意见建议通过如下渠道反馈至我社。

咨询电话　400-810-0598

反馈邮箱　gjdzfwb@pub.hep.cn

通信地址　北京市朝阳区惠新东街4号富盛大厦1座
　　　　　高等教育出版社总编辑办公室

邮政编码　100029

防伪查询说明

用户购书后刮开封底防伪涂层，使用手机微信等软件扫描二维码，会跳转至防伪查询网页，获得所购图书详细信息。

防伪客服电话　（010）58582300